钱学森系统科学与系统工程研究

系统工程讲堂录

——2015—2017中国航天系统科学与工程研究院优秀论文

（第五辑）

中国航天系统科学与工程研究院　编著

科学出版社

北京

内 容 简 介

　　本书是中国航天系统科学与工程研究院 2015–2017 年度研究院优秀论文奖活动评选出来的优秀论文合集。大部分论文作者都是一线的业务骨干，具有丰富的科研工作经验，论文内容具有较高的理论水平和较强的实践参考价值，当中大多数论文都已经在专业学术期刊上发表，内容包括钱学森系统科学思想、航天系统工程、软件工程等成果。为加强优秀论文成果的交流与推广，让更多人得惠于此，特选编成优秀论文集，以期共享资源，共同进步。

　　本书可供系统工程、系统科学与管理科学、信息化等领域的科研人员，企业的科技人员、管理人员、领导干部，高等院校相关专业的师生参考。

图书在版编目（CIP）数据

系统工程讲堂录. 第五辑，2015–2017 中国航天系统科学与工程研究院优秀论文集/中国航天系统科学与工程研究院编著 . —北京：科学出版社，2019.1

（钱学森系统科学与系统工程研究）

ISBN 978-7-03-059199-9

Ⅰ. ①系… Ⅱ. ①中… Ⅲ. ①系统工程–文集 Ⅳ. ①N945

中国版本图书馆 CIP 数据核字（2018）第 241284 号

责任编辑：李　敏／责任校对：彭　涛
责任印制：张　伟／封面设计：王　浩

科学出版社 出版

北京东黄城根北街 16 号
邮政编码：100717
http://www.sciencep.com

北京九州迅驰传媒文化有限公司 印刷
科学出版社发行　各地新华书店经销

*

2019 年 1 月第 一 版　开本：787×1092　1/16
2019 年 1 月第一次印刷　印张：30 3/4　插页：1
字数：706 000

定价：298.00 元
（如有印装质量问题，我社负责调换）

编 委 会

顾问：薛惠锋　雷　刚

　　　刘文军　王玉军　李天春　谢　平

主任：王崑声

成员：何银燕　马　宽　杨　军　陶　春

　　　周晓纪　王旭辉　卢　跃　王家胜

　　　黎开颜　赵　滟　范　承　王若冰

　　　王　瑞　陈　萱　曹秀云　杨春颖

　　　刘大鹏　胡良元

秘书：郭亚飞　曾　洁

序

习近平总书记在党的十九大报告中指出，创新是引领发展的第一动力。面对新一轮科技革命和产业变革大势，面对日趋激烈的科技竞争，无论对国家还是对企业，根本出路就在于创新。对中国航天系统科学与工程研究院来说，实施创新驱动发展战略，是应对环境变化、提高核心竞争力的必然选择，也是突破发展瓶颈、解决深层次矛盾、实现"高质量、高效率、高效益"发展的根本出路。

"创新"对中国航天系统科学与工程研究院也具有非同寻常的历史意义。钱学森倾其智慧，在原航天710所（中国航天系统科学与工程研究院前身）创办的轰动国内外的"系统学讨论班"，开启了我国创建系统学的伟大探索，推动了系统工程在中国的飞跃发展，为系统工程"中国学派"的诞生奠定了重要基础。钱老一生谦恭，从不自诩，但对系统工程、对总体设计部思想，他十分自豪地称为"中国人的发明""前无古人的方法""是我们的命根子"。他在获国务院、中央军委授予的"国家杰出贡献科学家"荣誉称号后就曾说："'两弹一星'工程所依据的都是成熟理论，我只是把别人和我经过实践证明可行的成熟技术拿过来用，这个没有什么了不起，只要国家需要，我就应该这样做，系统工程与总体部思想才是我一生追求的"。系统工程的"中国学派"，就是钱学森学派，是名副其实、当之无愧的中国创造，这也奠定了中国航天系统科学与工程研究院在系统工程学科上不可撼动的地位。

中国航天系统科学与工程研究院成立之初，就把"创新驱动"作为其发展的重要抓手，坚决冲破陈旧思想观念束缚，向积存多年的顽瘴痼疾开刀，探索适宜的创新发展之路。在战略上，"变能启盛，唯变不破"。积极探索新的发展空间和机遇，跳出航天、跳出国防、跳出全中国，努力下好先手棋，打好主动仗，掌握思想意识的制高点，寻求发展的快车道，敢于和世界范围内的巨无霸比高低，以"星火燎原"赢得尊严地位。在战役上，突出"深、广、久、独"，布局具有自身特质的独有的产业，以"事在四方、要在北京"的大格局，选准制高点、突破口和主攻方向，打造唯我独有、唯我独精、唯我独强的拳头品牌，以"席卷天下、包举宇内"的磅礴气势开拓各级市场。在战术上，走"不求所有、但求所用"的捷径，弘扬系统工程的集大成文化，不看出身、不分地域、不拘一格，聚天下英才而用之，实现"集贤汇智、网罗天下"，借船出海、借梯登高，团结一切力量、用好一切资源，既兼收众长、益以创新，又主权在我、自主发展。

经过两年多的创新驱动发展实践，我们举全院之力打造的"四大业态"，正在形成一些独有的产品和品牌，为掌握相关领域规则制定权、发展话语权奠定了基础。在钱学森业态方面，初步形成了由钱学森智库决策咨询、钱学森综合集成研讨厅、钱学森论坛、钱学森传媒、钱学森出版物、钱学森教育、钱学森故居建设、钱学森创新研究院、钱学森人体自修复工程、太空体验园、航天育种11项子版块业务构成的钱学森业态，取得了显著的经济效益和社会效益。其中，以"六大体系、两个平台"为主要特色的钱学森综合集成研讨厅在淮南、福州、青岛落地建设；钱学森智库水治理（宁夏）研究中心发展迅速；16期钱学森论坛影响空前，先后被CCTV报道10余次，被《新华社》《光明日报》《解放军报》等媒体报道数十次，体现了中央对其作为"智库的智库"的重要地位的认可。与相关高校和地方政府共建了钱学森学院、钱学森创新研究院、钱学森特种医学研究中心，与多地中小学共建了钱学森班，与相关企业签订了两千万量级合同，共同推动了西安钱学森系列学校的建设。智慧业态方面，形成了以"四个统筹""十智"模型为特色的理论方法、以航天先进技术为特色的技术应用体系、以高端平台为支撑的咨询服务体系和以军民融合为主体的产业配套服务体系。另外，以"星融网"为核心架构，成功推动了多个5000万量级的重大项目落地。其中，宁夏水利"盐环定扬黄"信息化自动化工程，为陕甘宁三省区解决供水难题、打赢脱贫攻坚战、全面建成小康社会提供了有力支撑。福建长乐综合应急指挥中心项目为金砖五国会议召开提供了保障。军民融合业态方面，以"需求牵引、政府搭台、航天推进、企业唱戏、基金跟随、民众受益"为思路，建设专业化的技术交易、成果转化、资本积聚、产业孵化平台。在军民融合技术转移中心、成果转化中心、创新促进中心等相关中心建设，以及网信军民融合、军民融合产业园、航天体验园等军民融合特色领域，取得了一系列成果。推动了合肥蜀山、江苏南通、山东威海、辽宁沈阳、广东佛山及深圳等10多个地方、企业军民融合转移中心的建设运营。组织举办的"中国军民两用技术创新应用大赛"，形成了1500余项成果，并在党十九大召开前被列入了"砥砺奋进的五年"大型成就展，体现了中央对我院军民融合产业平台建设总体地位的高度认可。军工业态方面，形成了如科技评估、试验鉴定、数据工程、反无人机、反恐维稳与应急管理装备、防核生化攻击、微纳卫星及应用、地面测控运控、指控与态势展示、工控安全互联、仿真与评估、系统集成等业务方向，推动态势感知、指挥控制系统、低慢小目标监测防控、网络化反隐身等技术在军方占据了一席之地，使中国航天系统科学与工程研究院不再只是做咨询、写文章、搞信息化的软单位，逐步具备了保军强军的硬实力，推动了与中国人民解放军火箭军共建武器装备体系创新研究院、与中国人民解放军军事科学院共建钱学森军事系统工程研究院、与中国人民解放军信息工程大学共建军民融合创新研究院。中国共产党中央军事委员会装备发展部政委安兆庆中将、副部长王力中将、陆军司令员韩卫国上将、中国人民解放军火箭军副司令员张振中中将等军方首长莅临我院调研或参加我院活动、考察我院项目。四大业态的蓬勃发展，使我院在旧的增长点逐步褪色难以为继的当下，一系列新的增长点正在破茧而出、应运而生，凝聚形成经济发展的强大新动能。而且始终重视管理创新，面对治理体系不适应、跟不上的矛盾，精准施策、靶向治疗，狠抓制度建设、程序完善、督察督办三个方面，为经济发展提供了坚实的保障。

历史证明，每一次创新变革，给中国航天系统科学与工程研究院带来的都是一次大发展、大飞跃，"把历史变为我们自己的，我们就从历史进入永恒"。今天的中国航天系统科学与工程研究院，正团结一心，众志成城，坚持创新驱动发展，把科技创新作为发展的最大动力，传承钱学森的战略思想、赶超意识、创新精神，想别人没想过的事，走别人没走过的路，成就别人没能成就的伟业，在赶超跨越中使自己处于不败之地，把履行"三大使命"、打造"四大业态"不断引向深入、推向新高，确保我院"高质量、高效率、高效益"发展。"中国航天系统科学与工程研究院优秀论文奖"也是其为激发全院员工的工作积极性和创造性，扩大研究院的影响力和知名度而设立的奖项。近年来在我院浓烈的创新氛围中，得到了全院员工的纷纷响应，每年都有近百篇论文参与评选。为了展现员工的这些辛苦创作，进一步挖掘其中所蕴含的价值，鼓励大家在科研生产工作中继续坚持创新，并不断推出精品，中国航天系统科学与工程研究院科学技术委员会组织把近三年评选出的优秀论文编辑成了《中国航天系统科学与工程研究院优秀论文集（2015—2017）》，并与人力资源部商议确定此文集为《中国航天系统科学与工程研究院研究生教程（第五辑）》。《中国航天系统科学与工程研究院研究生教程》是中国航天系统科学与工程研究院硕士研究生、博士研究生和博士后培养的必备教程，此前已先后出版了四辑，收录了近年来"系统工程高级研讨班""钱学森系统科学与系统工程讲座""口述钱学森工程"等的最新成果，汇集了系统科学与系统工程领域的著名专家、学者的最新论述，为系统科学与系统工程的发展和传播做出了重要贡献。本书作为该系列的第五辑，也是为了进一步宣传钱学森思想，使读者能更深刻地理解钱学森思想，并在钱学森思想指引下有更多的创新，为强军梦、航天梦、中国梦的实现贡献更大的力量。

　　是为序。

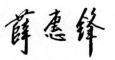

2018 年 11 月 20 日

目　　录

对我国现行政治体制改革顶层设计的建议[①]

薛惠锋　李琳斐

（中国航天系统科学与工程研究院，北京，100048）

摘要： 顶层设计政治体制改革，必须在思想观念上实现新的突破。半个多世纪的探索，我国形成了具有中国特色的社会主义理论、制度和道路，当前我们处在一个关键历史时期，全面深化改革的要求，考问我们是否在政治体制改革领域有勇气实现突破，从而使中国社会主义发展实现赶超跨越，这对进一步促进世界历史发展进程也具有重要意义。

关键词： 十八届三中全会；政治体制改革；顶层设计；依法治国

党的十八届三中全会是我国在改革开放重要关头召开的一次重要会议，大会做出了全面深化改革的决定，描绘了全面深化改革的新蓝图、新愿景、新目标，是全面深化改革的又一次总部署、总动员。在十八届四中全会以法治为核心的主题即将出台之前如何进一步落实三中全会精神，助推政治体制改革，提出如下建议：

1　改革和调整国家政治制度的价值取向

人民代表大会制度是按照民主集中制原则，由选民直接或间接选举代表组成人民代表大会作为国家权力机关，统一管理国家事务的政治制度，以人民代表大会为基石的人民代表大会制度是我国的根本政治制度。

人民代表大会制度是适合我国国情的根本政治制度，它是建立我国其他国家管理制度的基础，在阶级矛盾突出时期，它直接体现民主专政的国家性质。但随着改革开放的牵引，国家政治体制改革的不断推进，人民代表大会应转向发挥人民群众参加国家治理的层面上，需要最大限度地发挥人民的自主性、基础性和监督性。所以，人民代表大会制度的核心价值取向应调整为"人民捍卫国家主权和维护国家安全"。

第一，它有利于保证国家权力体现人民的意志。人民不仅有权选择自己的代表，随时向代表反映自己的要求和意见，而且对代表有权监督，有权依法撤换或罢免那些不称职的代表。

第二，有利于保证中央和地方的国家权力的统一。在国家事务中，凡属全国性的、需要在全国范围内做出统一决定的重大问题，都由中央决定；属于地方性问题，则由地

---

①　本文原载于《中国教育科学探究》．2014（10）：1-4

方根据中央的方针因地制宜地处理。这既保证了中央集中统一的领导，又发挥了地方的积极性和创造性，使中央和地方形成坚强的统一整体。

第三，有利于保证我国各民族的平等和团结。依照《中华人民共和国宪法》和法律规定，在各级人民代表大会中，都有适当名额的少数民族代表；在少数民族聚集地区实行民族区域自治，设立自治机关，使少数民族能管理本地区、本民族的内部事务。

总之，我国人民代表大会制度，能够确保国家权利掌握在人民手中，符合人民当家做主的宗旨，适合我国的国情。

从性质和地位上来看，中华人民共和国的一切权力属于人民。人民行使国家权力的机关是全国人民代表大会制度。代表大会和地方各级人民代表大会。全国人民代表大会和地方各级人民代表大会都由民主选举产生，对人民负责，受人民监督。国家行政机关、审判机关、检察机关都由人民代表大会产生，对它负责，受它监督。全国人民代表大会是最高国家权力机关；地方各级人民代表大会是地方国家权力机关。

只有充分发挥人民在人民代表大会制度中的主人翁地位，培育人民自主捍卫国家主权和国家安全的价值取向，才能保证国家治理体系和治理能力实现现代化的目标。当前应该大胆创新，努力将人民代表大会制度建成：一是人民代表大会制度的核心价值取向是中国人民捍卫国家主权和维护国家安全。二是人民代表大会制度是中国共产党领导的人民民主制度。三是人民代表大会制度是中国的根本政治制度。

改革开放 40 年来党积累的宝贵经验是：共产党的统一领导。人民当家做主，必须建立法治国家，实行依法治国。实践是理论提升的基础，在新一轮的全面深化改革中，政治体制改革必须打破固有的僵化思想，勇于探索新思路。

创新是党保持生机与活力的源泉，也是推动党的建设与时俱进的强大动力。面对国情、党情的深刻变化、改革发展稳定的重大任务，必须在思想上引起重视，行动上主动探索，实践中积极创新，以理念创新带动思路创新，以机制创新推进工作规范，以方法创新提高工作水平，从而使党的建设始终体现时代性，把握规律性，富于创造性，不断开创新局面。

观念是行动的先导。创新工作，首先思想观念要创新。要进一步推动观念创新，深入研究和解决工作中的新情况新问题，善于换位思考、多角度思考、创造性地思考，勇于突破不合时宜的观念、做法、体制和机制，使改革创新成为一种自觉的思维理念、行为方式和目标追求。

2　依法治国是政治体制改革的护航舰

改革的科学定义指各种包括政治、社会、文化、经济、宗教组织做出的改良革新，相较于以极端的方式推翻原有政权以达成改变现状为目的的革命而言，改革是在现有的政治体制之内实行变革，是对旧有的生产关系、上层建筑作局部或根本性的调整变动。

改革的成功与否会影响一个国家的命运。中国的改革阶段由"摸着石头过河"进入了"深水区"和攻坚期。党的十八届三中全会展示了党坚定的改革姿态，体现了坚持和发展中国特色社会主义的道路自信、理论自信和制度自信，体现了中国共产党对当代中国发展阶段性特征、现代化规律和世界发展潮流的把握，体现了当代中国共产党与时俱进的时代品质和精神特质，体现了党实现国家治理体系和治理能力现代化的自主抉择，昭示了新一届中央领导集体大胆改革、坚定改革的决心、信心和勇气，充分体现了党高度的改革自信、改革自觉、改革自主。

我国现阶段的改革已经切入到制度层面、利益调整层面和自我革命层面等深层问题，触及了转变政府职能、缩小收入差距、打破行业垄断、强化权力制约等一系列"硬骨头"问题，越往后改，难度越大，越需要啃"硬骨头"。中国古代就有"治大国如烹小鲜"，"如履薄冰，如临深渊"等警语。要改掉"存在明确问题的、不合理的、落后的、严重影响生产力发展的"部分，使之更加合理完善，具有历史性进步意义。反思近年改革出现的一些倾向性问题，就不难发现，其症结在于决策改革长期存在有法不依的突出问题。

改革开放以来，以《中华人民共和国宪法》为核心的立法突飞猛进，法律已经涵盖社会生活的方方面面，但存在一个必须引起高度警觉的突出问题，就是在执行机关和地方官的具体操作中，决策改革存在有法不依的突出问题，如《中华人民共和国宪法》规定"社会主义经济制度的基础是生产资料的社会主义公有制，即全民所有制和劳动群众集体所有制"。

十八届四中全会确定了依法治国的主题，这是历史上的第一次。如果依法治国理念能得到贯彻实施，任何利益集团完全从一己之力，绑架、吞噬经济进程与成果的行为将得到最大程度的遏制，经济生产力与效率也自然能够得到大幅提升，因此，顺势强化全党全国的依法治国理念，也是顺理成章的事。

3　重点要在全面深化制度建设上下功夫

改革必须竭尽全力、拼搏奋进、敢于担当、勇于负责。伟大建树，体现在哲学、经济学、政治学、文化学、社会学、外交学、军事学等的学科和领域，无论是习总书记的讲话也好，谈话也好，还是作的报告也好，都包含了很多睿智的思想，提出了振聋发聩的观点，需要我们很好地去深思、领悟。笔者认为就是要"所学、所思、所做"，才是改革的最好的方法。

当前的改革，已经由 35 年前——那时候就叫改革，而现在是进入了一个全面深化改革的新阶段，叫全面深化改革，就是在原有的改革前面，加上了"全面深化"四个字。这就是说，它不是一般的改革。笔者的理解，这个"全面"，就是全方位；这个"深化"，就是深层次，全面深化改革就是全方位、深层次改革。什么是全面深化改革确立起来的或者塑造的目标呢？笔者认为就是，通过全面深化的制度建设达到全面深化的国家治理。什么是全面深化的制度建设呢？就是要建立健全比较系统、完备的制度体系，依法治国实现法治化。什么是全面深化的国家治理呢？就是要涵盖经济、政治、文化、社会、生态、国防和军队、执政党建设各个领域、各个方面。国家治理是一个结构性的动态均衡调试过程。尤其是面对社会经济结构性变化和对传统国家治理能力的重大挑战，必须首先保障国家治理结构的相对稳定和防止制度性崩溃。

"全面深化改革的总目标是完善和发展中国特色社会主义制度，推进国家治理体系和治理能力现代化"。这是党的十八届三中全会《公报》所强调的。我们要准确把握国家治理体系和治理能力现代化的新内涵，努力使国家治理走上科学化、规范化之路，从而实现政治清明、社会公正、民心稳定、长治久安。对目前中国改革发展中存在的问题，有观点认为①，只有实行西方资本主义民主，才能根本解决。这一主张在理论上不成立，在实践上也蕴含着巨大风险。因此，在当前条件下，"治理创新而不是西方式民主化"，或者说"功能的提升而不是根本结构的改变"，才是中国政治体制改革的方向和核心内容，也是推进中国式民主的现实路径。通过治理创新，既可以解决中国目前面临的问题，也可以最大限度地降低经济社会转型的风险。

正是在这样的目标指引下，最近中央关于改革的政策、措施出台了不少，如户籍改革、公车改革、央企薪酬改革、财税体制改革、领导干部限权改革等，非常鼓舞斗志、振奋人心。这些改革我们过去想也想到了，也议论很久了，但是就是碰不得、推不动，而现在雷厉风行、说干就干。改革的步伐明显在加快，措施越来越多。

有了科学的国家治理体系才能孕育高水平的治理能力，不断提高国家治理能力才能充分发挥国家治理体系的效能。强调国家治理体系和治理能力的现代化，就是要使国家治理者善于运用法治思维和法律方式治理国家，从而把中国特色社会主义各方面的制度优势转化为治理国家的效能。现在看来，全面深化改革事业将面临一个大好的转机，一个大好的发展趋势和局面。

4　克服僵化的社会主义思想

指导党和国家事业发展的理论基础是马克思主义。马克思主义的核心是辩证历史唯物主义。它要求一切从实际、实践出发，从客观存在的事物出发，寻求内在的规律，使之上升到理论，再用理论去指导实践，并在实践中检验理论的正确与否，给以总结、修正、提高。马克思主义的本质是实事求是、与时俱进，就是客服一切僵化的陈旧思想。

时代在不停前进，社会在不断发展。新的事物层出不穷，新的社会实践不断进行，新的探索不断进行。对旧有的理论，进行总结、修正、提高也应不断进行。这正是马克思主义的活力所在。抱着旧有残缺的理论，不容许任何批评，就是僵化思想的突出表现。

改革的历史经验总结告诉我们，党要进步，国家要发展，就必须破除教条主义和僵化模式。人们总以为保守是安全的，事实却并非如此。例如，守着盲目建设、GDP崇拜、不讲生态环境保护、继续采用透支未来的粗放型发展模式和发展理念不放，认为这是敢闯敢干，还口口声声说"发展是硬道理"。而不知道科学发展、和谐发展才是正确的发展战略。片面的和破坏性的增长、无效的增长、无前途的增长、无未来的增长、无幸福的增长，是思想僵化的表现。盲目地开发，盲目地上项目，继续引进一些发达地区不要的垃圾项目，都是应该被淘汰的观念和做法。

要克服因循守旧观念，就要找到其根源，以便对症下药。从思想认识方面来说，一是缺乏强烈的事业心和责任感，不求有功，但求无过，敷衍了事，得过且过；二是不讲学习，满足于已有的知识，不愿意接受新事物和汲取群众创造的新鲜经验；三是骄傲自满，小进即止，小富即安，小成即骄，缺乏忧患意识；四是主观主义，不深入实际，不

---

① 来自《转型期社会问题与国家治理创新》；求是理论网，[2011-10-31].

调查研究，不尊重客观规律，满足主观意志和已有经验；五是官僚主义，脱离群众，不走群众路线，只凭长官意志办事。

思想指导行动，思路决定出路。创新是一个民族进步的灵魂，是经济和社会发展的不竭动力，是加快发展、科学发展、率先发展的力量源泉。在坚持改革开放上实现新突破，必须强化改革创新意识，克服僵化思想，强化改革创新意识，改革创新应该是一个系统的工程，外在的创新首先需要内在的创新，就是思维的创新。不能只停留在口头上，而要落实在行动上，着力解决影响经济社会发展的体制机制问题。

5　建立健全干部人事制度是政治体制改革的先锋军

"执政党的作风关系党的形象，关系人心向背，关系党和国家的生死存亡。"执政党作为执掌国家政权的政治组织，由千万个党员干部组成，他们的整体素质决定了国家的兴衰成败。可以说，党员干部能否"清正廉洁"决定了执政党能否长期执政的命运。

为了遏制吏治腐败，保证党和国家的长治久安，现阶段党和国家的反腐败斗争和干部人事制度改革与时俱进、双管齐下，新的法规、条规不断出台，既"打苍蝇"也"打老虎"，有关纪律三令五申，对腐败分子严惩不贷，始终保持高压态势。花大气力进行思想教育、条规约束、事后惩治，这虽然是必要的，但只能治标，不能治本，只是权宜之计。只有找准选人用人这个着力点，改革用人制度，才能对吏治腐败"釜底抽薪"。

现阶段党和国家在干部人事制度改革取得了巨大成就，但在许多地方领导干部实际上还是"任命制"。通过政治体制改革，现在要赶快把好的干部人事制度建立起来，我们就要多在民主上下功夫，想一些办法，用民主的方法考察干部，避免片面的由领导人说了算。同时，我们也要尊重民意，对干部选拔工作有很好的监督，打击歪风邪气。人民群众是国家的主人，国家机关工作人员代表人民管理国家事务，是人民的公仆。只有让各级领导干部"升降去留"的权力掌握在人民手中，"公仆"对"主人"才不敢懈怠；只有让人民监督政府，才不会人亡政息。现在一些地方探索实行的新的选举办法，明显增加了选人用人的透明度，大大压缩了暗箱操作的空间。如果能再建立相应的制度，对不作为、乱作为的领导者，党员和群众有权随时提出问责、罢免或撤换，则能促使其时时当心，如履薄冰，谨言慎行，不敢懈怠，遏制吏治腐败的长效机制就会真正建立。

随着改革逐步从宏观层面演化到微观操作层面，新一轮政治体制改革正步入攻坚期，有很多人心存顾虑、配套政策和法治环境不完善等"硬骨头"将制约改革进程。所以要先培育出一批信念坚定、为民服务、勤政务实、敢于担当、清正廉洁的好干部，才能将政治体制改革进行到底，产生实效。

总而言之，治国理政，重在用人，政治体制改革应以人事制度改革为先导。

基于贝叶斯神经网络遗传算法的锅炉燃烧优化

方海泉　薛惠锋　李　宁　费　晰

（北京信息控制研究所，北京，100048）

摘要：燃煤电站发电用煤在我国整个能源消耗中所占比重居首位，提高电站火力发电机组的效率，降低污染物排放，对提高我国整体能源利用水平，解决当前日益突出的制约国民经济发展的能源问题，实现社会的可持续发展具有重大意义。贝叶斯神经网络在很多领域都得到广泛应用，本文将贝叶斯神经网络和遗传算法（genetic algorithm）相结合，对锅炉燃烧多目标优化问题进行研究。

关键词：贝叶斯神经网络；燃烧控制；多目标优化；节能减排

锅炉是燃煤电站的主要设备，锅炉热效率和 NO_x 排放是电站锅炉燃烧系统的两个首要控制目标。实践表明，通过燃烧优化调整可以获得较高的锅炉燃烧效率与较低的 NO_x 排放，是一种经济有效的方法[1]。近年来一些学者已经开展了燃煤电站锅炉多目标优化方面的研究。杨巧云[2]采用遗传算法，对锅炉高效低 NO_x 排放燃烧进行优化；鲍春来和张竞飞[3]运用径向基函数神经网络建立锅炉运行优化模型并进行优化；周霞[4]利用人工蜂群算法对锅炉燃烧多目标问题进行优化；余廷芳等[5]提出了改进非劣分类遗传算法在燃煤锅炉多目标燃烧优化中的应用；卢洪波和王金龙[6]利用改进的支持向量机算法对锅炉燃烧系统进行建模，结合微分进化算法，通过调整参数，得到飞灰含碳量和 NO_x 排放浓度的最优值；王志心等[7]应用神经网络建立锅炉燃烧模型，并用遗传算法进行多目标优化；高正阳等[8]利用支持向量机模型结合数值方法建立锅炉燃烧的数学模型，采用加权方法把锅炉燃烧多目标优化问题转换为单目标优化问题进行优化。

1　理论基础

1.1　贝叶斯神经网络

1.1.1　反向传播神经网络

人工神经网络是一种模拟人脑结构及其功能的非线性动力系统，具有自组织、自适应、自学习和较强的鲁棒性与容错性等显著特点[7]。反向传播（back propagation，BP）

神经网络是目前应用最广泛的神经网络模型之一，是基于误差反向传播算法的多层前向神经网络，它的学习规则是使用最速下降法，通过误差反向传播来不断调整网络的权值和阈值，使网络的误差平方和最小[7]。

1.1.2 正则化方法

正则化方法可以通过控制网络权值的大小来有效地限制过拟合的现象，正则化方法最大的变化是对误差函数的修改，通过在样本数据外设置一定的约束，以正则项的形式加入误差函数[9]。一般神经网络的训练性能函数采用均方误差函数 mse，即

$$\text{mse} = \frac{1}{N}\sum_{i=1}^{N}(t_i - a_i)^2 \tag{1}$$

式中，t_i 和 a_i 分别是 N 个训练样本中第 i 个训练时的目标值与输出值。在正则化方法中，网络性能函数 msereg 经改进变为如下形式：

$$\text{msereg} = \gamma \times \text{mse} + (1-\gamma) \times \text{msw} \tag{2}$$

$$\text{msw} = \frac{1}{N}\sum_{i=1}^{N}\omega_j^2 \tag{3}$$

式中，γ 为比例系数；msw 为所有网络权值平方和的平均值，ω 为多网络的权值。

通过采用新的性能指标函数，可以保证在网络训练误差尽可能小的情况下，网络具有较小的权值，这实际上相当于自动缩小了网络规模，当网络规模远小于训练样本集的大小时，则发生过度训练的机会很小，有利于提高网络的泛化能力，常规的正则化方法通常很难确定比例系数的大小，而贝叶斯正则化方法可以在网络训练过程中自适应地调整其大小，并使其最优[9]。

1.1.3 贝叶斯方法

贝叶斯方法利用概率语言对事物进行描述，贝叶斯学派的最基本观点是：任何一个未知量 θ 都可以看成一个随机变量，应该用一个概率分布去描述对 θ 的未知状况，在获得任何数据前，用于描述一个变量 θ 的未知情况的概率分布称为先验分布[10]。

贝叶斯公式可表示为

$$\pi(\theta \mid x) = \frac{p(x \mid \theta)\pi(\theta)}{\int_{\Theta} p(x \mid \theta)\pi(\theta)\,\mathrm{d}\theta} \tag{4}$$

后验分布 $\pi(\theta \mid x)$ 是反映人们在抽样后对 θ 的认识，是样本 x 出现后人们对 θ 认识的一种调整[10]。

1.2 遗传算法

遗传算法是一类借鉴生物界自然选择（nature selection）和自然遗传机制的随机搜索算法（random searching algorithms）[2]。它是由美国的 J. Holland 教授 1975 年首先提出，其主要特点是直接对结构对象进行操作，不存在求导和函数连续性的限定；具有内在的并行性和更好的全局寻优能力；采用概率化的寻优方法，能自动获取和指导优

化的搜索空间，自适应地调整搜索方向，不需要确定的规则[2]。遗传算法中的主要步骤包括参数编码、种群初始化、适应度函数的设定、遗传操作设计和终止原则的判定等部分[2]。

2 锅炉燃烧系统建模与优化方法

通过调整运行参数可以提高锅炉燃烧的运行状态，从而达到燃烧优化的目的，而实现锅炉燃烧优化需要解决的主要问题有两方面：

（1）建立锅炉燃烧的模型；

（2）确定优化目标函数及优化策略。

2.1 锅炉燃烧系统模型的建立

首先建立贝叶斯神经网络的结构，根据需要优化的目标即提高燃烧效率和降低 NO_x 排放量，确定神经网络的输出变量为热效率和 NO_x 浓度，再看哪些因素会影响输出变量进而确定网络的输入变量，由此也就确定了神经网络的输入层输出层神经元的数目，还需要确定隐层神经元的数目，隐层神经元的数目一般需要通过多次仿真实验才能确定，设定隐层神经元的数目的一个取值范围，通过编程可以找到隐层神经元的数目的最佳取值。

其次对建好的贝叶斯神经网络进行训练和测试，将测试工况划分为训练集和测试集两部分。用训练集对建好的神经网络模型进行学习，训练完之后用测试集进行测试，检测该神经网络的泛化能力是否符合需求，泛化能力好的神经网络说明其预测更加准确，才能用于后续与遗传算法结合进行优化。

2.2 锅炉燃烧系统的多目标寻优

锅炉燃烧优化的主要目标是提高锅炉燃烧效率同时尽可能降低 NO_x 的排放，然而这两个目标的实现往往相互矛盾，所以选取一个合适的优化目标函数显得尤为重要。本文目标函数为

$$f(x_{NO_x}, y_\eta) = a \times \frac{x_{NO_x} - \min(NO_x)}{\max(NO_x) - \min(NO_x)} - (1-a) \times \frac{y_\eta - \min(\eta)}{\max(\eta) - \min(\eta)} \quad (5)$$

式中，a 属于 $0 \sim 1$ 的实数，为权重系数；x_{NO_x}、y_η 分别表示 NO_x 和锅炉热效率变量；$\max(NO_x)$、$\min(NO_x)$ 为实测 NO_x 排放浓度的最大值和最小值；$\max(\eta)$、$\min(\eta)$ 为实测锅炉热效率的最大值和最小值。

根据实际情况，确定可调运行参数和不可调运行参数，把可调运行参数作为遗传算法的优化变量进行调节，不可调运行参数作为限制约束条件保持不变。根据测量数据的最大值和最小值来确定可调运行参数的变化区间。以贝叶斯神经网络建立的燃煤锅炉燃烧系统模型为基础，在不可调运行参数保持不变的情况下，采用遗传算法对可调运行参数进行优化调整。

3 锅炉燃烧系统多目标优化算例仿真

3.1 锅炉燃烧系统建模的仿真

3.1.1 数据介绍

采用文献［11］中所提供的 20 组实验工况数据。与文献［12］所分析的数据一致，这样就有可比性。

3.1.2 实验设计

将 20 组测试工况划分为两部分：训练集（17 个工况：工况 1～2、工况 4～11、工况 13～16 和工况 18～20）和测试集（3 个工况：工况 3、工况 12 和工况 17）。以负荷、氧量、给煤机转速等 26 个运行参数作为模型的输入量，锅炉热效率和 NO_x 排放量作为模型的输出量。于是建立贝叶斯神经网络模型时选用 26 个输入节点，2 个输出节点，隐层神经元传递函数采用 tansig，输出层神经元传递函数采用 purelin，通过调用 Matlab7. 11 神经网络工具箱中的 trainbr 函数来实现贝叶斯正则化训练，通过大量仿真模拟发现当隐层神经元数取 17 个时误差最小，于是确定该贝叶斯神经网络的结构为 26-17-2。

3.1.3 算法对比

贝叶斯神经网络算法通过控制网络权值的大小来有效地限制过拟合，从而提高神经网络的泛化能力。文献［12］应用最小二乘快速学习网（least square fast learning network，LSFLN）方法，LSFLN 是快速学习网（fast learning network，FLN）改进的学习算法，FLN 是一种双并联型前馈神经网络，其不仅接收来自隐层神经元的信息，而且还可以直接从输入层接收相关信息。

3.1.4 结论对比

贝叶斯神经网络模型训练完成之后，把测试集放入训练好的贝叶斯神经网络进行预测，表 1 和表 2 给出了对测试集进行预测的结果，可以看出在锅炉热效率方面，贝叶斯神经网络预测 3 个工况的相对误差绝对值都比文献［12］应用 LSFLN 方法的低；NO_x 浓度方面，贝叶斯神经网络预测相对误差绝对值最大为 2. 10%，而 LSFLN 方法预测相对误差绝对值最大为 6. 84%，从而可以看出应用贝叶斯神经网络建立的模型具有更好的泛化能力，可以作为燃烧热效率和 NO_x 排放量预测的模型，从而为锅炉燃烧优化的实现奠定了基础。

表 1 测试样本锅炉热效率的预测值

工况	原始数据	LSFLN 方法		贝叶斯神经网络	
		预测值	相对误差绝对值（%）	预测值	相对误差绝对值（%）
3	89. 46	90. 30	0. 94	89. 95	0. 54

工况	原始数据	LSFLN 方法		贝叶斯神经网络	
		预测值	相对误差绝对值（%）	预测值	相对误差绝对值（%）
12	91.57	92.22	0.71	91.78	0.22
17	90.36	90.54	0.20	90.53	0.19

表 2　测试样本 NO_x 排放量的预测值

工况	原始数据	LSFLN 方法		贝叶斯神经网络	
		预测值	相对误差绝对值（%）	预测值	相对误差绝对值（%）
3	753.50	756.54	0.40	760.34	0.86
12	754.35	805.94	6.84	769.11	1.95
17	577.00	577.97	0.17	564.91	2.10

3.2　锅炉燃烧系统的多目标优化仿真

3.2.1　数据介绍

采用文献［11］中所提供的 20 组实验工况数据。

3.2.2　实验设计

根据电站锅炉燃烧实际运行情况来确定可调运行参数和不可调运行参数，其中，可调运行参数包括氧量、给煤机转速（A、B、C、D）、一次风速（A、B、C、D）、二次风速（AA、AB、BC、CD、DE）、燃尽风挡板开度（OFA 上、OFA 下和 SOFA）共 17个运行参数，其余的锅炉运行参数如负荷、煤质特性、排烟温度是不可调运行参数。

整个算法通过 Matlab7.11 的遗传算法与直接搜索工具箱进行仿真实现，计算过程中设置的参数为：种群规模 50，交换概率 0.8，突变概率 0.15，实数编码，适应度函数就取目标函数。

3.2.3　算法对比

采用遗传算法对锅炉可调参数进行寻优。文献［12］采用的算法是预测选择人工蜂群算法Ⅱ（PS-ABCⅡ），该算法是对人工蜂群算法（artificial bee colony，ABC）的一种改进，人工蜂群算法是受蜂群觅食行为启发而提出的一种的智能优化算法。

3.2.4　结论对比

为了实现既提高锅炉热效率又降低 NO_x 排放浓度的目标，需要确定权重的 a 取值，下面在 a 取不同值下对 20 组工况进行优化，优化结果如图 1 和图 2 所示。从图 1 中可以很直观地看出，a 取 0.68 时是最为理想的，此时 20 个工况优化后锅炉的热效率都得到提升，都大于原始实测效率的最大值 91.8（图 1 中横线表示）；在 NO_x 排放浓度方面，NO_x

排放浓度都有了很大程度的降低，且 20 个工况中有 19 个降低到国家规定的排放标准（650mg/Nm³）以下（图 2 中横线表示），仅第 5 个工况还没有降低到国家规定的排放标准以下，由原来的 906.05 降低到 702.60，该工况的 NOₓ 排放浓度是 20 个工况中最大的。

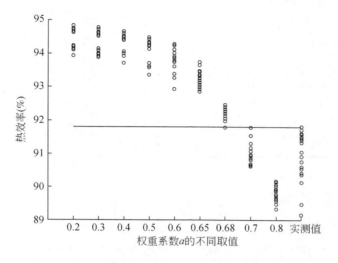

图1 不同权重下优化后得到的热效率

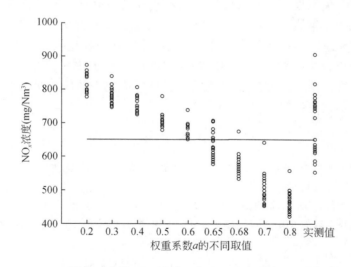

图2 不同权重下优化后得到的 NOₓ 浓度

文献［12］得到的结论是当 a 取 0.6~0.7 时能使多目标优化效果较为理想。当 a 取 0.6 时，热效率较优化前均有所提高，但有 5 个工况的 NOₓ 排放浓度超出国家规定的排放标准；当 a 取 0.7 时，优化后的锅炉热效率中有 8 个工况比实测值有所下降，还有 1 个工况的 NOₓ 排放浓度超出国家规定的排放标准。

以第 6 个工况优化为例，当目标函数的权重 a 取 0.68 时，对上述 17 个可调运行参数进行优化（表3），NOₓ 排放浓度由原来的 787.4mg/Nm³ 下降到 603.49mg/Nm³，下降幅度达 23.36%，并且效率也提升了 0.87%。从而达到了既提高效率又降低污染物排放的目的，实现了多目标同时优化。

表3　第6个工况优化前后参数对比

项目	给煤机转速（r/min）				二次风速（m/s）				
	A	B	C	D	AA	AB	BC	CD	DE
实际值	341	359	343	401	42	43.5	41.3	41.2	35.4
优化值	481.14	472.53	332.44	373.81	48.76	36.20	48.95	30.17	48.32

项目	OFA 上（%）	OFA 下（%）	SOFA（%）	氧量（%）	一次风速（m/s）				效率（%）	NO_x 浓度（mg/Nm³）
					A	B	C	D		
实际值	0	0	0	4.5	29.4	29.3	29.6	28.5	91.65	787.4
优化值	14.20	3.55	9.99	5.81	25.52	25.12	31.77	31.97	92.45	603.49

4　结　　论

针对电厂锅炉燃烧多目标优化问题，锅炉燃烧效率和 NO_x 排放特性模型的建立及多目标优化是本文研究的两个重要内容。首先，应用贝叶斯神经网络建立了多输入和多输出之间的函数映射关系模型，经过验证表明所建立的贝叶斯神经网络模型具有很好的泛化能力，优于最小二乘快速学习网（LSFLN）。然后，在建立的贝叶斯神经网络模型基础上，利用遗传算法进行多目标优化，通过仿真计算得到当权重系数 a 取 0.68 时能使 NO_x 浓度降低到国家规定的排放标准的同时最大限度地提高热效率。由此可知，基于贝叶斯神经网络和遗传算法结合的方法在锅炉燃烧多目标优化上的应用是可行的，对电厂的节能环保具有一定的理论依据和实用价值。

参 考 文 献

[1] 龙文，梁昔明，龙祖强，等 . 基于蚁群算法和 LSSVM 的锅炉燃烧优化预测控制 [J]. 电力自动化设备，2011，31（11）：89-93.

[2] 杨巧云 . 基于遗传算法的锅炉高效低 NO_x 燃烧优化 [J]. 节能技术，2013，31（3）：265-268.

[3] 鲍春来，张竞飞 . 基于 RBF 神经网络模型的电站锅炉燃烧优化 [J]. 发电设备，2013，27（2）：97-100.

[4] 周霞 . 锅炉燃烧优化多目标预测控制方法研究 [J]. 计算机仿真，2013，30（11）：89-94.

[5] 余廷芳，王林，彭春华 . 改进 NSGA-Ⅱ算法在锅炉燃烧多目标优化中的应用 [J]. 计算机应用研究，2013，30（1）：179-182.

[6] 卢洪波，王金龙 . 300 MW 燃煤电站锅炉飞灰含碳量和 NO_x 排放浓度多目标优化 [J]. 黑龙江电力，2013，35（3）：192-195.

[7] 王志心，包德梅，曹黎明，等 . 锅炉燃烧系统神经网络建模及多目标优化研究 [J]. 发电设备，2012，26（2）：97-99，118.

[8] 高正阳，郭振，胡佳琪，等 . 基于支持向量机与数值法的 W 火焰锅炉多目标燃烧优化及火焰重建 [J]. 中国电机工程学报，2011，31（5）：13-19.

［9］冯国章，李佩成. 人工神经网络结构对径流预报精度的影响分析［J］. 自然资源学报，1998，（2）：73-78.

［10］茆诗松，汤银才. 贝叶斯统计 2 版［M］. 北京：中国统计出版社，2012.

［11］许昌. 锅炉典型非线性过程的神经网络建模和控制研究［D］. 南京：东南大学博士学位论文，2005.

［12］李国强. 新型人工智能技术研究及其在锅炉燃烧优化中的应用［D］. 秦皇岛：燕山大学博士学位论文，2013.

An application of the patent co-citation visualization in the analysis of front and hotspot technologies in the field of shale gas

Liu Haibin and Song Chao

(China Aerospace Academy of Systems Science and Engineering,
Beijing, 100048, China)

Abstract: In this paper, a new method for the visualization of patent co-citation based on LinLog force-directed algorithm is proposed, and it's applied to the identification and analysis of hotspot and front technologies in the field of shale gas. The patents related to shale gas are collected, and the correlation between patents according to their co-citation is mesured. The visual clustering of a large number of patents is made. The front and hotspot technologies are identified through the analysis of the properties of patent clusters, which can provide a strong support for the planning and development of technology about shale gas. The theoretical basis, design process and implementation of this method are discussed in detail in this paper. Accordingly 4 hotspot and 5 front technologies are obtained. The validity and superiority of the method are verified.

Keywords: Shale gas; Patent co-citation; Hotspot technology; Front technology; Visualization

1 Introduction

At present, many scholars have put forward some methods and practices using patents for the research of front and hotspot technologies[1], including analysis methods based on International Patent Classification (IPC)[2,3], hot words[4,5] and patent citation[6,7]. The method based on IPC is too much dependent on the classification system, which can only monitor the development of the existing technology category. It's not enough to express the new front and hotspot technologies in the current trend of subject integration and cross field. The method based on hot words is more microscopic. Although selecting words and phrases from patent text for statistical or cluster analysis is more accurate and specific, there're also some problems, such as some highly correlated phrases may be easy to be removed by software because of too frequent emergence, some different expression of professional terms can't be effective recognition, etc, which may cause analysis error. The method based on patent citation can reflect the inheritance and development of technology. Using citation to the clustering of same or similar patents can constitute technical groups with correlation. The method using citation coupling and co-citation analysis combined with visualization has become an effective way in the research of front and hotspot technologies[8].

In this paper, a new method for the visualization of patent co-citation based on LinLog force-directed algorithm is proposed referring to analysis method based on patent citation. A large number of patents related to shale gas are used for clustering based on their co-citation relationship, which can unfold the technology groups intuitively. The front and hotspot technologies can be identified through the analysis of the properties of patent clusters.

2　The method of patent co-citation visualization based on LinLog force-directed algorithm

2.1　Construction of patents related matrix

Co-citation is that two or more patents are all cited by the same patent. Generally, patents with co-citation relationship have certain correlation in content. The more frequently patents are co-cited, the more similar they are. However, it is not comprehensive to measure the related strength only with the total number of co-citations. When basic patents have both large number of citations, they are more likely to be co-cited, which can't mean they're more similar[9]. In this paper, the formula (1) is adopted to express the related strength of patent I and patent J—C_{ij}:

$$C_{ij} = \frac{N_{ij}}{\sqrt{N_i} \cdot \sqrt{N_j}} \tag{1}$$

In the formula, N_{ij} represents the number of co-citations of patent I and patent J; N_i and N_j respectively represent the number of citations of patent I and patent J. The related strength of any two patents is calculated respectively to form the patents related matrix (It can be viewed as a weighted undirected graph), which is the input of the following analysis.

2.2　The method patents layout based on LinLog force-directed algorithm

LinLog algorithm[10] is a kind of force-directed algorithm based on the energy function, in which the mechanical idea is applied to the layout. It assumes that a repulsion force exists between any two nodes, and a pulling force exists between the nodes which are related. The starting positions of nodes are random, then each node can adjust its position according to the repulsion force and pulling force from the other nodes, until the pulling force and the repulsion force reach equilibrium[11]. Obviously, any two nodes will not overlap due to the existing repulsion forces, and the related nodes will be close to each other under the pulling force. Finally, it can automatically cluster the all nodes. This algorithm shows the good clustering effect to a large number of nodes.

Abstract all patents and their correlations as a set of nodes and edges $G = (V, E, W)$. The set of patents node is $V = \{v_i, i = 1, 2, 3, \cdots, n\}$; the set of edges is $E = \{e_{ij} = (v_i, v_j) \mid i, j = 1, 2, 3, \cdots, n, i \neq j\}$, which represent the correlation between patents; the set of weight is $W = \{w_{ij} = w(e_{ij}) \mid i, j = 1, 2, 3, \cdots, n, i \neq j\}$, $w_{ij} > 0$, which represent the related strength between patents. Define p as a layout of a graph G, then the LinLog energy function is formula (2):

$$U_{LinLog}(p) = \sum_{e_{uv} \in E} w_{uv} \| p(v) - p(u) \| - \sum_{(u, v) \in V^{(2)}} \deg(u)\deg(v)\ln \| p(v) - p(u) \| +$$

$$\sum_{v \in V} g\deg(v) \| b(p) - p(v) \| \qquad (2)$$

In the formula, $p(v)$ represents the position of the node V in the layout; $\| p(v) - p(u) \|$ represents the distance between the node U and the node V; $\deg(v)$ represents the sum of the weights of all edges connected to the node V $\deg(v) = \sum_{e \in E: v \in e} w(e)$; g is the central gravitational constant; $b(p)$ is the center of mass of this layout $b(p) = \dfrac{\sum_{v \in V} \deg(v)p(v)}{\sum_{v \in V} \deg(v)}$.

In the right side of the equation, the first part represents the pulling force between the adjacent nodes, and the second part represents the repulsion force between any two nodes. In order to avoid the infinite energy, different nodes need to be in different positions. The third part represents the central attraction of the layout of the graph, of which set up a very small gravity parameter, so that all the nodes will be slightly drawn to the center of mass of the graph. When the graph contains two or more connected sub graphs, the distance between sub graphs can be avoided to be infinite[10]. Because the force and energy are negatively correlated, the minimum value of the energy function (formula 2) means the equilibrium state of the system that represents the best layout.

2.3   The visualization of patents co-citation clustering

Using the patent as metadata, the above method is used to construct a patents co-citation clustering map. Each basic patent is defined as a node, represented with a dot:

· The size of the dot symbolizes the patent's cited frequency, the greater the dot, the higher the cited frequency;

· The color of the dot symbolizes the cluster, the patents of the same group have the same color;

· Set a dynamic label for each dot, the mouse selected to show the Publication Code of the patent.

We use the database to realize the transmission and storage of the data, program with Java language to achieve the above algorithm, co-citation clustering and visualization. The program can also achieve the output of clustering results, including Publication Code, Title, Publication Date, Abstract and the cluster number of the patent. We can understand the characteristics of each cluster by multi-dimensional analysis.

3 An application of patent co-citation visualization in the field of shale gas

Shale gas is a kind of unconventional natural gas, hiding in shale and mudstone layer in a free or adsorbed state. It has characteristics of clean, efficient, and has become a powerful force to impact the structure of world energy market[12]. The United States is the first country to discovery, research, explore and develop the shale gas.

In this paper, we use patent retrieval tool-TI (Thomson innovation), which has the world's largest patent database, including patents from the United States, European countries, Japan, South Korea and so on, also containing the DOCdb (INPADOC) database and the Derwent World Patents Index (DWPI) database [14]. We choose shale gas、horizontal drill、horizontal well、synchronous fracture、hydraulic fracture、multiple stage fracture、refracture and microseismic monitor? As the key words, search and obtain 1547 patents about shale gas. Get the first 30% of the highest cited patents in each year for co-citation clustering and visualization. Fig. 1 is the patent co-citation clustering map.

In this map, each cluster of nodes represents a patents group in which every patent is related to each other. It can represent a certain technical direction or a theme in the field. The number of nodes in a cluster represents the number of core patents contained in the technical direction, it can represent people's attention to the technical direction in some way. Node's size represents patent's cited frequency, the greater the node is, the higher the cited frequency is, the more representative the patent is, which can be gave priority in the analysis of the theme of cluster. Using the mouse to click on the patent node, you can display the patent's information (as shown at left lower corner in Fig. 1), that can be helpful for selection and analysis.

There're 23 patents clusters in this map. Get the number of nodes of each cluster and analyze the title, abstract, publication date of each patent in. The clusters which have large number of patents and long time span of publication date can be regarded as hotspot technology; the clusters new emerging in recent year can be seen as front technology. Taking clustering 2 and cluster 8 as examples, analyze the distribution of the patents? disclosure time in cluster. In cluster 2, the core patents? disclosure time range between 2005–2013, time span long, that means during this period, there have been people to study the technical direction, which can be regarded as a hotspot technology in the field. In cluster 8, the core patents? disclosure time range between 2012–2014, that means in the last few years, people have just started to study the technical direction, which can be regarded as a front technology in the field.

Each cluster in the map has been analyzed using the method above, and 4 hotspot

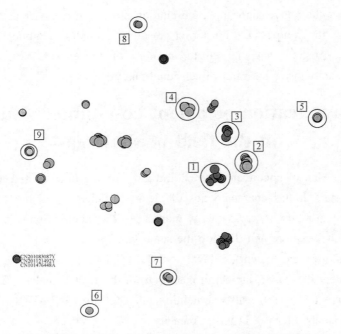

Fig. 1　Patent Co-citation Clustering Map in the Field of Shale Gas

technologies are obtained. The contents of the title and abstract of core patents in each cluster are analyzed, and the technical themes are summarized, as shown in Table 1. It can be seen from the table that the hydraulic fracturing method has been the most popular method in the process of shale gas exploitation, is also a hotspot technology in the field of shale gas. For a long time, a lot of people have taken a variety of researches around the hydraulic fracturing method.

Table 1　Summary table of hotspot technologies

Code	Number of core patents	Time of publication	Technology Theme
1	14	1987−2012	Methods of hydraulic fracture production, including creating fractures, determining and controlling fracture propagation, stress measurement, filling fracture zone, etc
2	11	2005−2013	Hydraulic fracture simulating method, modeling and predicting method, optimizing method, and related devices
3	11	1986−2013	Determining methods and systems of fracture geometry, fracture growth, fracture extension location and microseismicity used in hydraulic fracture in reservoir
4	7	2000−2012	Designing and creation of hydraulic fracture in hydrocarbon zone

　　5 front technologies are obtained. The contents of the title and abstract of core patents in each cluster are analyzed, and the technical themes are summarized, as shown in Table 2. It is found that most of the front technologies are related to horizontal wells, which may be potential technical directions in the future, and need to be focused on.

Table 2　Summary table of front technologies

Code	Number of core patents	Time of publication	Technology Theme
5	5	2010–2013	New pipe columns and tools that used in horizontal well fracturing process and production
6	4	2009–2013	Water-detection, water-plugging, water-controlling and water-releasing devices for horizontal well
7	5	2009–2013	Simulating devices and test analysis methods for use in horizontal well
8	4	2012–2014	Well fracturing chemical dry distillation methods and devices for extracting oil shale gas
9	4	2010–2013	Double horizontal well drilling guiding method and electromagnetic distance measuring method

The authors have investigated the relevant literatures in the field of shale gas, analyzed the research status in the field. Literature[15] researched and analyzed the development related technologies of shale gas, summed up 6 popular techniques in shale gas: horizontal drilling technology, hydraulic fracturing technology, drilling equipment, fracturing equipment, downhole equipment and test equipment[15]. Literature[16] studied the research status of shale gas in China and abroad, analyzed and introduced the key technologies for shale gas development: horizontal drilling technology and hydraulic fracturing technology[16]. Literature[17] has carried on the data mining and the quantitative analysis to the research papers related to shale gas, obtained the hot words in the research of shale gas in international: hydraulic fracturing, adsorption, diffusion, methane, shale and porosity, etc[17]. Through the comparison, the conclusion of this paper is roughly the same as the conclusion from the literatures above, and the "article size" is more moderate: it is more detailed compared with the analysis with IPC classification, and more readable than the analysis with hot words. To sum up, the conclusion of this paper is reasonable and reliable, which proves the validity and superiority of this method.

4　Conclusion

This paper adopts a method for the visualization of patent co-citation based on LinLog force-directed algorithm to construct the patent co-citation clustering map in the field of shale gas, which explicitly expresses the implicit citation information contained in patents documents. Through the analysis of each technical cluster in the map, we obtain 4 hotspot technologies about "hydraulic fracture", 1 front technology about "chemical dry distillation" and 4 front technologies about "horizontal well". In the construction of data set and analysis of front/hotspot technology, this paper uses the co-citation to judge the correlation among patents, which follow the law of inheritance and development of technology. Using artificial analysis to summary the themes of technology groups is more accurate than the methods based on IPC and hot words. At the end, the research results of this paper are compared with relevant literatures of shale gas, which shows that the analysis results are reasonable, proving the validity and superiority of this method.

References

［1］ Sun T T, Tang X L. Research on method and application of technical fronts monitoring in patent literature ［J］. Journal of Medical Informatics, 2011, 32 (10): 40-44.

［2］ Yang H M, Fan L W, Zhang B Y, et al. A patent information analysis of global and China's rubber machinery industry ［J］. Journal of Intelligence, 2014, 33 (6): 53-58.

［3］ Yang Q. Application of patent bibliometrics methods in technology foresight——take the subsection of metallurgy as an example ［J］. Journal of Intelligence, 2013, 32 (4): 34-37.

［4］ Dong K, Wu H. Research focuses of 3D printing technology based on paper-patent integration ［J］. Journal of Intelligence, 2014, 33 (11): 73-76.

［5］ Huang L C, Wang K, Wang K K. Technology hot spots and fronts of household air conditioner: identification and trend analysis based on citeSpace ［J］. Journal of Intelligence, 2014, 33 (2): 40-43.

［6］ Péter Érdi, Makovi K, Somogyvári Z, et al. Prediction of emerging technologies based on analysis of the U. S. patent citation network ［J］. Scientometrics, 2013, 95 (1): 225-242.

［7］ Tang X L, Sun T T. An empirical research on technology research fronts monitoring method by using patent citation analysis ［J］. Library and Information Service, 2011, 55 (20): 77-81.

［8］ Yin L C, Yin F L, Liu Z Y. Visualization of technological frontier transferring in the digit information communication field of China ［J］. Science Research Management, 2010 (11): 36-40.

［9］ Peng A D. Research on patent classification method and related problems based on co-citation ［J］. Information Science, 2008, 26 (11): 1676-1684.

［10］ Noack A. Energy models for graph clustering ［J］. Journal of Graph Algorithms and Applications, 2007, 11 (2): 453-480.

［11］ McGuffin M J. Simple algorithms for network visualization: a tutorial ［J］. Tsinghua Science and Technology. 2012, 17 (4): 383-398.

［12］ Ross D K, Bustin R M. Characterizing the shale gas resource potential of devonian mississippian strata in the Western Canada Sedimentary Basin: application of an integrated formation evaluation ［J］. AAPG Bulletin, 2008, 92: 87-125.

［13］ The official Website of Thomson Innovation ［EB/OL］. ［2015-3-10］. http://www. thomsonscientific. com. cn/productsservices/thomsoninnovation/.

［14］ Hu L. Overview of key technologies and equipment of shale gas development ［J］. Dual Use Technologies and Production, 2014 (9): 8-10.

［15］ Yang D M, Xia H, Yuan J M, et al. Research status of key exploitation technologies and environment problem of shale gas ［J］. Modern Chemical Industry, 2014, 34 (7): 1-5.

［16］ Tian X, Zhang L C, Li X Y, et al. A bibliometrical analysis of shale gas research ［J］. Natural Gas Geoscience, 2014, 25 (11): 1804-1810.

Performance Comparison of TF * IDF, LDA and Paragraph Vector for Document Classification

Chen Jindong[1], Yuan Pengjia[2], Zhou Xiaoji[1], Tang Xijin[2]*

(1. China Aerospace Academy of Systems Science and Engineering Beijing, 100048, China)

(2. Institute of Systems Science, Academy of Mathematics and Systems Science Chinese Academy of Sciences, Beijing, 100190, China)

Abstract: To meet the fast and effective requirements of document classification in web 2.0, the most direct strategy is to reduce the dimension of document representation without much information loss. Topic model and neural network language model are two main strategies to represent document in a low-dimensional space. To compare the effectiveness of bag-of-words, topic model and neural network language model for document classification, TF * IDF, latent Dirichlet allocation (LDA) and Paragraph Vector model are selected. Based on the generated vectors of these three methods, support vector machine classifiers are developed respectively. The performances of these three methods on English and Chinese document collections are evaluated. The experimental results show that TF * IDF outperforms LDA and Paragraph Vector, but the high-dimensional vectors take up much time and memory. Furthermore, through cross validation, the results reveal that stop words elimination and the size of training samples significantly affect the performances of LDA and Paragraph Vector, and Paragraph Vector displays its potential to overwhelm two other methods. Finally, the suggestions related with stop words elimination and data size for LDA and Paragraph Vector training are provided.

Keywords: TF * IDF; LDA; Paragraph Vector, Support Vector Machine; Document Classification

1 Introduction

Text is an important source of information, which mainly includes unstructured and semi-structured information. In web 2.0 era, Internet users are willing to express their opinions online, which accelerates the expansion of text information[1]. Owing to the increasing amount of text information, especially for the unstructured information, to extract useful information or knowledge efficiently, document classification plays an important role[2]. Normally, document classification is to assign the predefined labels to new documents based on the model learned from a trained set of labels and documents.

The process of document classification can be divided into two parts: document representation and classifier training. Compared to classifier training, document representation is the central problem for document classification. Document representation is tried to transfer text information into a machine understandable format without information loss, such as n-gram models. Unfortunately, if n is more than 5, the huge computation cost makes the transformation infeasible. Consequently, several frequently used types of n-gram models are unigram, bigram or trigram[3]. For academic document classification or news classification, owing to the difference of feature words in different categories, those kinds of methods are capable of meeting the requirements of practical application. Meanwhile, a comprehensive analysis of the performances of different classifiers on different data sets is conducted by Manuel et al. , and reveals that support vector machine (SVM) and random forests are more effective for most classification tasks[4].

The rapid increase oftext data brings new challenges to the available traditional methods[5]. Big corpus dramatically increases the dimension of the representations generated by the traditional methods. High-dimensional vectors take up more memory space, even cannot work on low-configuration computer. Furthermore, even if the transformation is available, the big time cost of classifier training on high-dimensional vectors is another issue for document classification. To meet the tendency of information expansion, it is an important task to reduce the dimension of the representation without much information loss for document classification.

Up to date, document classification is not limited for news classification or academic document classification, and expands to more areas, such as sentiment classification [6], emotion classification[7] and societal risk classification[8]. Different from traditional document classification, these types of document classification face two new challenges: one is that the category of document is related with syntax and word order, the other is different categories may use similar feature words. The traditional methods lack in semantic and word order information extraction, which affects their performances in these areas.

To improve the efficiency of document classification, from dimension reduction and semantic information extraction aspects, several strategies of document representation are proposed:

① Topic model. Topic model is not only increasing the efficiency by a more compact topic representation, but also capable of removing noise such as synonymy, polysemy or rare term use. The distinguished methods of topic model include: latent sematic analysis (LSA), probabilistic latent semantic analysis (PLSA) and latent Dirichlet allocation (LDA)[9]. LDA is a generative document model that is capable of dimension reduction as well as topic modeling, and shows better performance than LSA and PLSA. LDA models every topic as a distribution over the words of the vocabulary, and every document as a distribution over the topics, thereby one can use the latent topic mixture of a document as a reduced representation. Based on the representation of latent topic mixture, document clustering and document classification are conducted[10-11].

② Neural network language model. Bengio et al. proposed a distributed vector representation generated by neural network language model[12]. Due to the fixed and small size of document vector, the distributed representation of neural network language model eliminates the curse of dimensionality problem. Meanwhile, through sliding-window training mode, the semantic and word order information are encoded in the distributed vector space. Recently, based on the neural network language model proposed for word vector construction [13], Le and Mikolov[14] proposed a more sensible method Paragraph Vector (PV) to realize the distributed representation of paragraph or document. Combined with an additional paragraph vector, the method includes two models: PV-DM and PV-DBOW for paragraph or document representation, where the paragraph vector contributes to predict the next word in many contexts sampled from the paragraph.

The purpose of this research is to study the efficiency of different methods for document classification. TF * IDF, LDA and PV have been proposed for a while, and Andrew et al. [15] has compared these three methods on two big datasets: Wiki documents and arXiv articles, each contains nearly 1 million documents, but there is no comprehensive comparative study on these methods for Chinese documents and different sizes of datasets, and no result is reported concerning their classification performances on semantic classification etc. Therefore, to further analyze the performances of these three methods, three datasets: Reuters-21578①, Sogou news dataset② and the posts of Tianya Zatan Board③ are selected, which includes English and Chinese documents, and aims for news classification and societal risk classification tasks. Based on the document representations generated by these three methods, SVM is adopted for document classification respectively[8], and the performances of each method are compared.

Afterward, LDA relies on the occurrence of words to extract topics, and PV model generates document vector based on word semantic and word order, so stop words present different impacts to LDA and PV. Hence, to clarify the impacts of stop words to LDA and PV, on Sogou news dataset, the influences of stop words elimination operation to LDA and PV model training are analyzed. Next, due to the iterative learning process of PV model, the size of training samples affects the performance of PV. Therefore, on Reuters-21578, Sogou new dataset with repeated data, the performances of PV-SVM are analyzed.

Therefore, the rest of this paper is organized as follows. The data sets and experimental procedures are explained in Section 2. The results and discussions are presented in Section 3. Finally, concluding remarks are given in Section 4.

2　Data sets and experimental procedure

This section introduces data sets and experimental procedures for the different classification

---

① http://ronaldo. cs. tcd. ie/esslli07/data/reuters21578-xml/
② www. sogou. com/labs/dl/c. html
③ http://bbs. tianya. cn/list-free-1. shtml

algorithms.

2.1 Data sets

Reuters-21578. Reuters document collection is applied as our experimental data. It appeared as Reuters-22173 in 1991 and was indexed with 135 categories by personnel from Reuters Ltd. in 1996. For convenience, the documents from 4 categories, "agriculture", "crude", "trade" and "interest" are selected. In this study, 626 documents from agriculture, 627 documents from crude, 511 documents from interest and 549 documents from trade are assigned as our target data set.

Sogou. Sogou news dataset used in experiments of this paper are from Sogou Laboratory Corpus. Sogou Laboratory Corpus contains roughly 80,000 news documents, which are equally divided into 10 categories. The categories are cars, finance, education, IT, healthy, sport, recruitment, culture, military and tour.

Tianya Zatan. With the spider system of our group[16], the daily new posts and updated posts are downloaded and parsed. According to the framework of societal risks constructed by socio psychology researchers[17] before Beijing Olympic Games, the new posts of Tianya Zatan in 2012 are almost labeled. To reveal the effectiveness of different methods for societal risk classification of BBS posts, the labeled posts of Dec. 2011-Mar. 2012 are used. The amount of posts of these four months and the amount of posts in different societal risk categories of each month are presented in Table 1. Different from previous two datasets, the figures in Table 1 show the risk distributions of the posts are unbalanced. The posts on Tianya Zatan mainly concentrate on risk free, government management, public morality and daily life, the total number of these categories is more than 85% of all posts.

Table 1 The risk distribution of posts on Tianya Zatan board of different months

Period / Risk Category	Dec. 2011	Jan. 2012	Feb. 2012	Mar. 2012
Risk free	1278	2047	2645	14569
Government Management	3373	1809	3099	6879
Public Morality	3337	3730	8715	6065
Social Stability	954	1013	1746	2108
Daily Life	2641	3063	3142	6920
Resources & Environments	223	147	309	329
Economy & Finance	248	133	460	609
Nation's Security	71	90	214	467
Total	12125	12032	20330	37946

2. 2   Experimental procedures

On the three datasets, three kinds of experiments are tested here: 1) SVM based on TF
* IDF method (TF * IDF-SVM), 2) SVM based on LDA method (LDA-SVM), 3) SVM
based on Paragraph Vector model (PV-SVM). The desktop computer for all experiments are
64-bit, 3. 6GHz, 8 cores and 16GB RAM.

The pre-processing of English document includes: tokenizing, elimination of stop words
and stemming. Meanwhile, the main pre-processing step of Chinese document is word
segmentation, and the elimination of stop words is depending on different requirements. Word
segmentation tool is Ansj-Seg①, the stop words dictionary are from Harbin Institute of Technol-
ogy.

The processes of TF * IDF-SVM, LDA-SVM and PV-SVM for document classification
are illustrated in Fig. 1.

The main steps of TF * IDF-SVM include: preprocessing, feature word selection, TF *
IDF processing, SVM training and testing and results evaluation. The CHI-square test is
adopted for feature word selection. Considering the multi-class classification issue in this field,
the One-Against-One approach is adopted.

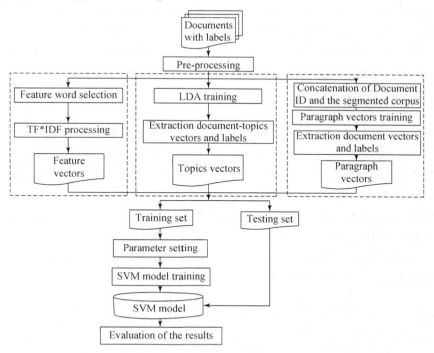

Fig. 1   The process of TF * IDF-SVM, LDA-SVM and PV-SVM for document classification

①   Ansj_Seg tool is a JAVA package based on inner kernel of ICTCLAS. https://github. com/ansjsun/ansj_seg

The main difference of LDA-SVM is the LDA training and topic vectors extraction. The parameters α and β of LDA are set as 1.0/（number of topics）. Based on the mixture topic vectors, SVM is also used for document classification. SVM training adopts the same strategy used by TF * IDF-SVM.

For PV-SVM, after the pre-processing of document, an extra document ID is concatenated with the segmented corpus. The processed corpus is fed into PV model to generate the paragraph vector of document. SVM classifier training is based on the generated paragraph vector.

3 Experiment Results and Discussions

According to the experimental procedures of Section 2.2, through the unsupervised training of TF * IDF, LDA and PV model, the document vectors of each document collection are generated. Based on the generated vectors, the classification experiments are conducted on the three datasets.

3.1 Performances comparison of different methods

The kernel function for SVM is chosen as RBF. The parameters of SVM of TF * IDF-SVM are $C=2$ and $g=0.5$, and the parameters of SVM of LDA-SVM and PV-SVM are $C=2$ and $g=0.1$. 5-fold cross-validations are implemented on the three datasets. The performances are measured by the macro average and micro average on precision, recall and F-measure [7].

3.1.1 TF * IDF-SVM

For χ^2-test, the ratio is set as 0.4. Through feature extraction and selection, feature vectors of the documents in the three datasets are generated by TF * IDF method. According to the procedures of Section 2.2, the classification results of TF * IDF-SVM on the three data sets are shown in Table 2.

From the results in Table 2, it can be found that, owing to the significant difference of feature words in different news categories, TF * IDF-SVM shows better performances on news classification. The low-quality corpus of Tianya Zatan and the semantic understanding of societal risk classification decrease the performance of TF * IDF-SVM significantly.

Table 2　The Macro_F and Micro_F of TF * IDF-SVM

Reuter	1st fold	2nd fold	3rd fold	4th fold	5th fold	Mean
Macro_F	96.23%	96.36%	97.87%	97.62%	97.30%	97.07%
Micro_F	95.90%	96.98%	96.54%	95.90%	96.31%	96.32%
Sogou	1st fold	2nd fold	3rd fold	4th fold	5th fold	Mean
Macro_F	92.83%	92.47%	92.53%	91.95%	88.91%	91.74%

续表

Reuter	1st fold	2nd fold	3rd fold	4th fold	5th fold	Mean
Micro_F	89.49%	89.46%	88.73%	88.71%	85.99%	88.47%
Tianya Zatan	1st fold	2nd fold	3rd fold	4th fold	5th fold	Mean
Macro_F	53.89%	54.85%	53.66%	53.45%	54.84%	54.14%
Micro_F	60.52%	60.91%	60.30%	60.60%	61.15%	60.69%

3.1.2　LDA-SVM

Through the unsupervised training of LDA model, the mixture topic representations of the documents in the datasets are yielded. To reveal the influences of the number of topics, the performances of the numbers of topics: 50, 100, 150, 200, 250, 300 are tested and compared. According to the procedures of Section 2.2, the classification results of LDA-SVM on the three data sets are shown in Table 3.

Table 3　The Macro_F and Micro_F of LDA-SVM

	The number of Topics	50	100	150	200	250	300
Reuters	Macro_F	93.64%	94.48%	91.52%	93.61%	94.41%	93.52%
	Micro_F	91.53%	92.91%	91.92%	92.78%	92.35%	93.00%
Sogou news dataset	The number of Topics	50	100	150	200	250	300
	Macro_F	75.95%	80.09%	85.79%	86.15%	85.35%	87.23%
	Micro_F	75.06%	79.26%	80.78%	81.62%	81.42%	82.11%
Tianya Zatan	The number of Topics	50	100	150	200	250	300
	Macro_F	36.56%	42.26%	42.19%	41.17%	40.15%	43.50%
	Micro_F	52.51%	54.33%	54.30%	54.65%	54.44%	54.73%

From Table 3, it can be found that, with the increase of the number of topics, the improved performances of LDA-SVM are shown on the three datasets. A significant improvement is appeared from 50 to 100, and the differences of other cases become smaller. A similar result is obtained by Andrew[15].

3.1.3　PV-SVM

Through the unsupervised training of PV model, the distributed representations of the documents in the data set are generated. Except for Tianya Zatan dataset, only the labeled documents are used for PV model training. To train PV model on Tianya Zatan dataset, the new posts (title + text) of Dec. 2011-Mar. 2013, more than 470 thousands posts are used.

To reveal the influences of vector sizes, the performances of the vector sizes: 50, 100, 150, 200, 250 and 300 are tested and compared. According to the procedures of Section 2.2, the classification results of PV-SVM on the three data sets are shown in Table 4.

Table 4 The Macro_F and Micro_F of PV-SVM

	Vector size	50	100	150	200	250	300
Reuters	Macro_F	85.06%	88.14%	88.30%	88.75%	88.66%	88.42%
	Micro_F	85.52%	88.02%	88.46%	88.59%	88.54%	88.41%
Sogou news dataset	Vector size	50	100	150	200	250	300
	Macro_F	63.10%	70.16%	75.29%	79.25%	83.34%	86.16%
	Micro_F	61.27%	68.09%	72.13%	75.35%	78.17%	80.40%
Tianya Zatan	Vector size	50	100	150	200	250	300
	Macro_F	35.77%	44.79%	46.25%	47.26%	47.86%	48.20%
	Micro_F	53.48%	55.16%	55.85%	56.36%	56.74%	57.03%

From Table 4, it can be found that, on the three datasets, with the increase of vector size, the performances of PV-SVM are improved. However, the improvements of Macro_F and Micro_F are declined, but the improvement tendencies are different for different data sets.

From the results of Tables 2-4, TF * IDF-SVM obtains overall best performance. Toward Reuters-21578 and Sogou news dataset, the performances of LDA-SVM are better than PV-SVM. Although LDA and PV extract semantic information from documents, the reduced dimension of the two representations loses much information, which leads to the decrease of general performance of LDA-SVM and PV-SVM. However, the dimension of BOW is at least 10 thousands, and the computation and time cost of TF * IDF-SVM are much bigger than the two other methods. Meanwhile, the parameters of SVM are also important to document classification, while this study does not consider the parameter optimization, and the parameters are set by experiences.

3.2 The influence of stop words to LDA and PV

To test the influence of stop words elimination to LDA and PV, Sogou news dataset is selected. Two kinds of experiments are required: ①the training corpus with stop words; ②the training corpus without stop words. As the results presented in Section 3.1, the performances of LDA and PV model training without stop words have been compared.

In this section, only the experiments of model training with stop words are conducted. To fully compare the performance of LDA-SVM and PV-SVM, two more cases: the number of topics or vector size of 400 and 500 are implemented. The results are shown in Table 5.

Table 5 The Macro_F and Micro_F of LDA-SVM and PV-SVM for Sogou with Stop Words

	The number of topics	50	100	150	200	250	300	400	500
LDA-SVM	Macro_F	73.82%	77.26%	79.50%	80.46%	84.42%	85.02%	83.50%	85.71%
	Micro_F	73.32%	76.27%	78.20%	78.57%	79.15%	79.69%	79.56%	80.33%
PV-SVM	Vector size	50	100	150	200	250	300	400	500
	Macro_F	71.72%	77.28%	80.73%	83.80%	86.36%	88.18%	91.28%	92.71%
	Micro_F	66.69%	73.06%	76.95%	79.96%	82.33%	84.23%	87.42%	89.79%

As it can be found in Table 5, without stop words elimination, the performance of PV-SVM is more effective than LDA-SVM on Sogou news dataset. However, the results presented in Section 3.1, the performance of LDA-SVM is more effective than PV-SVM on Sogou news dataset with stop words elimination. Considering the performances of LDA-SVM and PV-SVM on Sogou with/without stop words, PV-SVM on Sogou news with stop words shows dominant superiority. Meanwhile, the performance of PV-SVM on 500-dimension is also better than TF * IDF-SVM, so PV-SVM may generate better performance than LDA-SVM or TF * IDF-SVM with the increase of dimension.

For LDA, if keeping all stop words, these stop words show similar possibility to all topics, which will decline the clarity of each topic, and affect the performance of LDA-SVM. For PV model, the paragraph token acts as a memory that remembers what is missing from the current context-or the topic of the paragraph. The contexts are fixed-length and sampled from a sliding window over the paragraph for PV model training. In this mode, stop words bring useful information to different documents, and improve the performance of PV-SVM. Therefore, for LDA model training, stop words elimination of the training is necessary, but for PV model training, keeping all words will be more effective.

3.3　The influence of data size to PV

From the previous results, it can be found that LDA model performs better on small datasets: Reuter and Sogou, and PV-SVM obtains better performance on the big dataset: Tianya Zatan dataset, due to almost 50 thousands posts for training. For this reason, to reveal the influence of data size to PV training, the documents of Reuter and Sogou are repeated one and two times for PV training, the results are shown in Table 6 and Table 7.

From Table 6 and Table 7, on repeated Reuters-21578 dataset, compared with the non-repeated dataset, the Macro_F and Micro_F of PV-SVM are significantly increased. A tiny growth of performance is shown from the dataset repeated once to the dataset repeated twice. Conversely, a decrease of Macro_F and Micro_F on Sogou news dataset is shown, and the more the data repeated, the bigger decrease of performance is generated. As can be found, the data sizes of Reuters-21578 dataset and Sogou news dataset are different, and the size of Reuters-21578 is much smaller than Sogou news dataset. It can be concluded that the training process of PV on Reuters-21578 dataset is under-fitting, so the repeated dataset improves the performance of classification. While the training samples of Sogou news dataset is enough for PV model training, so the repeated data will lead over-fitting to PV model, which only makes worse results. Hence, a proper size of training samples is important to the performance of PV model.

Table 6　The Macro_F and Micro_F of PV-SVM for Reuters

Reuters repeated once	Vector size	50	100	150	200	250	300
	Macro_F	92.06%	92.12%	92.45%	92.87%	93.04%	92.29%
	Micro_F	91.57%	91.96%	92.69%	92.69%	93.00%	92.65%
Reuters repeated twice	Vector size	50	100	150	200	250	300
	Macro_F	92.92%	92.65%	93.04%	93.60%	93.20%	93.19%
	Micro_F	92.78%	92.65%	93.17%	93.47%	93.56%	93.52%

Table 7　The Macro_F and Micro_F of PV-SVM for Sogou

Sogou repeated once	Vector size	50	100	150	200	250	300
	Macro_F	65.08%	70.71%	75.49%	79.39%	82.96%	85.22%
	Micro_F	62.83%	67.97%	71.44%	74.25%	76.47%	78.41%
Sogou repeated twice	Vector size	50	100	150	200	250	300
	Macro_F	65.01%	70.71%	75.30%	78.72%	82.39%	84.67%
	Micro_F	62.65%	67.65%	70.84%	73.50%	75.62%	77.61%

4　Conclusions

In this paper, experiments are conducted to examine the performances of three document representation methods: TF * IDF, LDA and PV for document classification. Basically, two kinds of metrics should be considered: speed and accuracy. Hence, the contributions of this paper can be summarized as follows.

1) According to the performance comparison of these three strategies on Reuters-21578, Sogou news and Tianya Zatan datasets, TF * IDF-SVM shows overall best performance, and LDA-SVM generates better results on small datasets than PV-SVM;

2) The stop words elimination shows different effects to the performances of LDA-SVM and PV-SVM, and PV-SVM generates much better results when keeping all words, even better than TF * IDF-SVM;

3) Through the experiments on the repeated training data, it is seen that a proper size of training samples is also important to PV model.

Although we have obtained some preliminary conclusions of TF * IDF, LDA and PV methods, more experiments are required for a comprehensive study. Furthermore, based on the conclusions of this research, how to improve the performance of document classification based on these methods is the future task of this research.

Acknowledgements

This research is supported by National Natural Science Foundation of China under Grant

Nos. 61473284, 61379046 and 71371107. The authors would like to thank other members who contribute their effort to the experiments.

References

[1] Cao L N, Tang X J. Topics and threads of the online public concerns based on Tianya forum [J]. Journal of Systems Science and Systems Engineering, 2014, 23 (2): 212-230.

[2] Korde V, Mahender C N. Text classification and classifiers: a survey [J]. International Journal of Artificial Intelligence & Applications, 2012, 3 (2): 85-99.

[3] Sebastiani F. Machine learning in automated text categorization [J]. ACM Computing Surveys, 2002, 34 (1): 1-47.

[4] Manuel F D, Eva C, Senén B, et al. Do we need hundreds of classifiers to solve real world classification problems [J]? Journal of Machine Learning Research, 2014, 15 (1): 3133-3181.

[5] Zhang W, Yoshida T, Tang X J. A comparative study of TF * IDF, LSI and Multi-words for text classification [J]. Expert Systems with Applications, 2011, 38 (3): 2758-2765.

[6] Socher R, Perelygin A, Wu J Y, et al. Recursive deep models for semantic compositionality over a sentiment treebank [R]. Proceedings of the Conference on Empirical Methods in Natural Language Processing (EMNLP). ACL, 2013.

[7] Wen S Y, Wan X J. Emotion classification in Microblog texts using class sequential rules [R]. Proceedings of the Twenty-Eighth AAAI Conference on Artificial Intelligence (Québec, Canada). AAAI, 2014.

[8] Tang X J. Exploring on-line societal risk perception for harmonious society measurement [J]. Journal of Systems Science and Systems Engineering, 2013, 22 (4): 469-486.

[9] Blei D M, Ng A Y, Jordan M I. Latent dirichlet allocation [J]. Journal of machine learning research, 2003, 3 (5): 993-1022.

[10] Tang X B, Fang X K. Research on Micro-blog topic retrieval model based on the integration of text clustering with LDA [J]. Information Studies Theory and Application, 2013, 8: 85–90.

[11] Li K L, Xie J, Sun X, et al. Multi-class text categorization based on LDA and SVM [J]. Procedia Engineering, 15: 1963-1967.

[12] Bengio Y, Ducharme R, Vincent P, et al. A neural probabilistic language model [J]. Journal of Machine learning Research, 2003, 3: 1137-1155.

[13] Mikolov T, Chen K, Corrado G, et al. Efficient estimation of word representations in vector space [R]. Proceeding of International Conference on Learning Representations (ICLR 2013, Scottsdale), 2013.

[14] Le Q, Mikolov T. Distributed representations of sentences and documents [J]. Computer Science, 2014.

[15] Andrew M D, Christopher O, Quoc V L. Document embedding with paragraph vectors [J]. Computer Science, 2015.

[16] Zhao Y L, Tang X J. A preliminary research of pattern of users' behavior based on Tianya forum [R]. The 14th International Symposium on Knowledge and Systems Sciences. (Ningbo, Wang SY eds.). JAIST Press, 139-145, 2013.

[17] Zheng R, Shi K, Li S. The influence factors and mechanism of societal risk perception [R]. Proceedings of the First International Conference on Complex Sciences: Theory and Application (Shanghai, Zhou J eds.). Springer Berlin Heidelberg, 2266-2275.

中国工程科技 2035 技术预见

王崑声[1]　周晓纪[1]　龚　旭[2]　黄　琳[3]，胡良元[1]　孙胜凯[1]　宋　超[1]　侯超凡[1]　陈进东[1]

（1. 中国航天系统科学与工程研究院，北京，100048）

（2. 国家自然科学基金委员会，北京，100085）

（3. 中国工程院，北京，100029）

摘要：技术预见是一种致力于促进科技与经济、重大计划一体化，对远期技术发展进行有步骤探索的过程。在工程科技发展战略研究中引入技术预见，其目的是结合我国未来经济社会发展对工程科技的需求，开展未来 20 年工程科技关键技术预测与选择。中国工程科技 2035 技术预见结合工程科技特点，设计了客观分析法与主观判断相结合的技术预见方法与应用流程，针对 11 个工程科技领域的 800 余项备选技术，提出了 2035 年我国工程科技各领域发展的核心技术、关键共性技术及颠覆性技术，分析了关键技术实现时间、发展水平与制约因素，为各领域制定面向 2035 的工程科技发展技术路线图提供了系统性支撑。

关键词：技术预见；工程科技；2035 年；关键技术选择；实现时间

1　前　　言

技术预见是对未来技术发展及其社会影响进行有步骤、有系统的展望的过程。它将技术发展预测与规划置于经济社会大系统的背景中，致力于促进科技与经济发展一体化，对科学、技术、经济、环境和社会等资源进行优化。技术预见适应了当今时代经济、社会和科学技术协同发展的思路，提出了促进未来发展的研究新机制，成为世界科技政策研究与制定的一种潮流。

国外开展技术预见比较有代表性的国家为日本和英国。日本从 1970 年开始开展技术预见活动，每 5 年一次，至今已开展到第 10 次，成为世界上开展技术预见最具影响的国家。日本的技术预见最初主要采用德尔菲调查，主要服务于科学技术政策的制定，而后不断引入需求调查、引文分析、情景分析和愿景调查等方法，并不断发展和丰富主题，如应对全球与国家重大挑战、服务于国家和区域创新政策等。2015 年，日本完成了第 10 次技术预见，此次预见称为"课题解决型情景规划"，强调科学技术政策、创新政策一体化，强调在未来社会愿景调查、科学技术发展评估基础上进行未来情景创建[1]。英国的技术预见始于 20 世纪 90 年代并延续至今，2002 年开始英国采用了灵活的滚动项目的组织形式，每个项目都围绕一个主题开展，相继完成了"认知系统""全球环境移民""技术与创新未来""未来的识别技术""未来的制造业"等项目，进行"未来老龄化社会"和"未来城市"项目[2,3]。韩国、巴西、俄罗斯等新兴经济体近十余年来也注重以技术预见方法，规划未来的产业战略与政策，促进科技与经济社会协同发展。

21 世纪开始，我国逐渐兴起了系统性的技术预见活动，开展技术预见研究的领军队伍是国家科学技术部和中国科学院。科学技术部从 2002 年开始每五年开展一次技术预测工作，主要服务于国家科技规划的制定，2015 年完成了面向"十三五"科技规划编制的技术预见调查与关键技术研判工作。中国科学院 2003 年开始开展"中国未来 20 年技术预见研究"，2005 年和 2008 年分别完成了 4 个不同领域的技术预见研究[4]。地方层面，上海市、北京市均于 2001 年启动了技术预见研究，上海市至今共开展 3 轮调查，其中第一轮引进了技术路线图、专利地图等方法，第二轮增设了愿景与需求调查，第三轮于 2013 年开始，开展了支撑上海市"十三五"科技规划编制的中长期技术预见研究[5]。此外，广东、武汉、天津、云南、山东、新疆等省（自治区）也先后开展了技术预见活动。

总之，自 20 世纪下半叶以来，技术预见已成为世界科技政策研究与制定的一种重要方法，许多国家、地区和行业、领域持续推进技术预见活动。21 世纪技术预见的发展呈现新的特点，其目的从单纯的预测未来转变为通过引导社会参与而主动影响未来，调查导向和结果分析更加重视未来的需求和挑战；其焦点更加关注技术的不确定性和颠覆性，并更加关注面向产业发展的技术群。

"中国工程科技 2035 技术预见"是中国工程院与国家自然科学基金委员会共同组织的开展的预见活动，是"中国工程科技 2035 中长期发展战略研究"项目的一部分。"中国工程科技 2035 发展战略研究"的目标是研究提出面向 2035 年中国工程科技的发展目标、重点发展领域、需突破的关键技术、需建设的重大工程及需要优先开展的基础研究方向，为国家工程科技及相关领域基础研究的系统谋划和前瞻部署提供咨询服务。为进一步提升工程科技发展战略研究的前瞻性和科学性，项目组织开展了未来 20 年中国工程科技技术预见活动，旨在把握国内外科技发展趋势，提出未来 20 年我国工程科技需要发展及可能实现的技术清单，结合国家重大战略需求和经济社会发展需求，选择关系全局和长远发展的重点技术方向和关键技术，分析关键技术实现时间、发展水平与制约因素，为中国工程科技 2035 中长期发展战略研究提供了重要支撑。

2 2035 工程科技技术预见方法与过程

技术预见是"中国工程科技 2035 发展战略研究"的重要组成部分，由于其研究对象聚焦工程科技领域，研究目的比较明确，在方法设计与应用中主要考虑工程科技战略研究的需求，方法设计思路与应用过程如下。

2.1 方法设计

2035 工程科技技术预见的方法设计主要考虑以下几个方面因素：

（1）根据技术预见的目的，按照工程科技战略研究的范畴和特点进行领域划分、备选技术清单筛选与问卷设计，并特别注重技术方向的可实现性、可用性。

（2）体现工程科技与经济社会密切联系的特点，强调技术预见与需求分析的结合，重视需求的牵引带动作用，将愿景与需求分析作为提出工程科技技术清单的重要依据。

（3）将专家研讨、德尔菲调查等定性研究方法与文献计量、专利分析等定量研究方法结合开展研究，一方面充分发挥中国工程院、国家自然科学基金委员会院士与专家群体的作用，另一方面以文献、专利数据分析结果为各领域备选技术清单的提出、筛选、修正提供参考，并对预见结果起到验证作用。

（4）强调技术预见与战略研究的结合，根据实际研究需要，拉长两次德尔菲专家调查的间隔，期间结合第一轮调查结果与需求分析结果，开展领域深化研究，并针对第一轮调查中的争议性问题或关键性技术等进行深入研究，当战略研究取得一定成果、对技术趋势的把握更加深入时，再开展第二轮调查，增加针对性调查问题，使之更好地服务于战略研究。

2035 工程科技技术预见的思路和流程设计如图 1 所示。

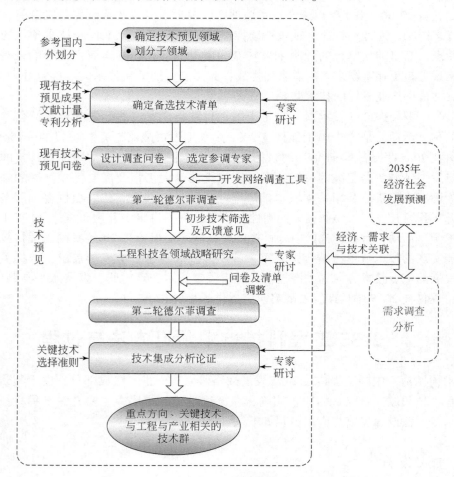

图 1　2035 工程科技技术预见的思路和流程设计

2.2　技术预见领域与备选技术清单形成

2035 技术预见清单，从"技术预见领域–技术预见子领域–技术项目"3 个层面展开，预见技术领域、技术预见子领域和技术项目的选择原则与形成过程如下。

2.2.1 技术预见领域划分

技术预见领域划分反映了技术预见活动的基本目的和思路。通过调研国内外技术预见活动的领域划分情况，结合工程科技战略研究的特点和需求，本次技术预见的领域划分主要考虑两方面原则：一是要体现工程科技的特点，弱化科学学科的概念，领域划分应覆盖工程科技主要领域和重点方向，强调对经济社会的直接作用；二是要体现技术预见的特点，领域划分不能拘泥于工程科技传统领域，应充分反映当前科技发展新热点和跨领域、多学科融合的趋势。经过多轮讨论，最终提出信息与电子、先进制造、先进材料、能源资源、环境生态与绿色制造、空间海洋与地球观测、城镇化与基础设施、交通、农业与食品、医药卫生与人口健康、公共安全共 11 个领域，并根据各领域特点提出了 98 个子领域。

2.2.2 备选技术清单形成

鉴于本次技术预见是结合中国工程科技 2035 中长期发展战略研究项目而开展的有限度的技术预见，技术预见活动需要在战略研究的中前期完成，在时间上受到一定的限制，同时，工程科技领域覆盖广泛，难以在短期内开展大规模的技术清单征集活动。鉴于此，本次技术预见的清单征集前期工作充分借鉴了国内外近期技术预见活动的结果，重点参考了国家科学技术部最新一次技术预见清单。技术清单选择中明确的基本原则是：①备选技术既要符合我国经济社会发展的战略需求，也要反映国际前沿发展方向；②备选技术在未来 10 ~ 20 年有望取得重大突破、得到大规模推广应用，且在国内一般应具有一定的基础和竞争力；③备选技术应包含未来可能具有重大颠覆性或具有重大潜在应用的技术。

备选技术清单征集的途径与过程如下：①以工程科技战略研究领域组、专题组作为领域技术清单拟制的主体，召开领域专家研讨会提出初步技术清单；②结合文献计量、专利分析等工具提出及验证前沿技术方向，本次主要在"智能机器人"和"3D 打印"两个子领域进行了深度研究；③召开领域专家研讨会或者函询进一步开展备选技术征集；利用 2015 院士会议期间广泛征集院士意见，再通过领域专家研讨、打分等多种方式，对技术清单开展深化研究和多轮次修订，形成第一轮备选技术清单；④在第一轮德尔菲调查过程中，征集新的技术项；⑤基于第一轮专家调查结果，以及领域战略研究的初步结果修订技术清单，并进一步扩大专家范围，征集新技术项目。通过上述方式，最终形成第二轮备选技术清单。

2.3 专家调查

大规模专家调查是技术预见的关键环节之一，通过向来自社会各界的专家进行两轮以上的问卷调查，以期更全面地反映社会各界对未来技术发展的预测性意见和愿景式预期。

2.3.1 调查问卷与调查系统设计

本次技术预见问卷的设计，旨在获得专家对备选技术项目的五大判断，其主体问题包括技术本身的重要性、技术应用的重要性、预期实现时间、技术基础与竞争力，以及技术发展的制约因素五方面。其中，技术本身的重要性包括技术核心性、通用性和非连续性三个问题，技术应用的重要性包括技术对经济发展、社会进步和国防安全三个方面的作用，预期实现时间方面，为突出工程科技可用性的判断和纵横向比较分析，设置了世界技术实现时间、中国技术实现时间及中国社会实现时间三个问题。为进一步征集专家对未来的判断，调查中分别设置了几个开放性问题，包括备选技术清单之外的重要技术方向、2035 年可能出现的重大产品，以及需要提前部署的基础研究方向等。

针对此次技术预见调查需求开发了在线问卷调查系统，技术预见调查系统如图 2 所示，网上调查系统按照答题方便、支撑信息易于查询、反馈信息与问卷有效关联等原则设计。采用网上作答的形式加强了问卷调查的直观性、灵活性，有效提高了调查效率和轮次间反馈的有效性。同时，网上调查系统开设了技术预见调查管理模块，各领域组技术预见专员可以实时查询、监测专家调查进展情况，及时采取推进措施。

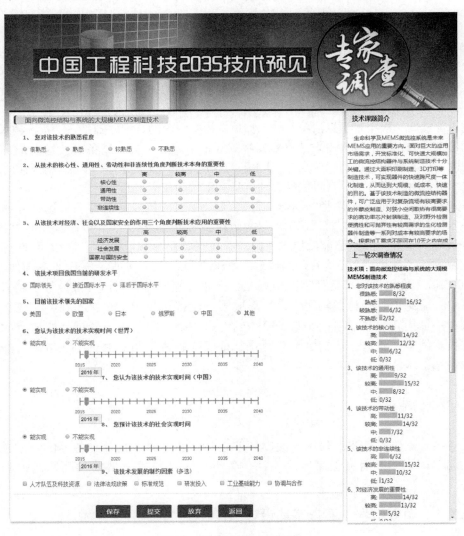

图 2　技术预见调查系统

2.3.2　专家征集

本研究主要针对工程科技各大领域，强调结果的前瞻性和准确性，对参调专家的选择要突出专业性、权威性和全面性，专家库尽可能涵盖科研院所、高校、政府、产业界等方面的专家，以求调查结果能反映科技研究、技术应用、经济社会需求及产业发展等多方面意见。通过广泛征集和推荐，共录入各领域专家近 8000 名，并在调查进行中采取在线滚动推荐的方式，新增专家 2000 多名，形成近万名专家库。

此外，配合战略研究项目的要求，本次技术预见过程中，同时开展了面向 2035 年的经济社会发展需求调查，进一步促进需求分析与技术预见调查、战略研究的结合。

3　技术预见结果分析

本次技术预见于 2015 年 3 月启动，征集形成备选技术清单后，分别于 2015 年 8 ~ 10 月、2016 年 5 ~ 7 月开展了两轮专家调查，获得了 2035 工程科技发展方向的初步预测结果。在此基础上，项目各领域组组织院士专家对技术预见调查结果开展深入讨论和研判，提出领域关键技术方向，并运用到领域发展路线图绘制中。

3.1　专家调查问卷回收情况

技术预见第二轮专家调查共回收各领域问卷 29 542 份，每个技术项平均回收问卷 36.2 份。在参与作答的专家中，32% 的专家来自科研院所，44% 的专家来自高校，其余来自企业和政府部门等，如图 3 所示。这一方面反映了我国技术专家分布在高校和科研院所数量较多、较为集中，另一方面也反映了本次技术预见调查在企业等方面的宣传和开展力度尚有待加强。回收的问卷中，对所填报的技术项，56% 的回答专家选择"很熟悉"与"熟悉"，仅 1% 的专家选择"不熟悉"（不熟悉的答卷不计入统计分析），如图 4 所示，总体来看回答的专业性较高。

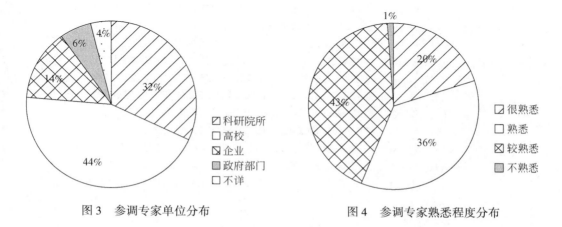

图 3　参调专家单位分布　　　　图 4　参调专家熟悉程度分布

3.2 技术基础与竞争力分析

在问卷调查中设置了"该项技术当前研发水平"问题，向专家征询技术发展处于"国际领先"、"接近国际水平"或"落后国家水平"的何种阶段。分别统计的各领域技术研发水平分布如图5所示，设定20分及以下处于落后国家水平，40~60分接近国际平均水平，80分及以上处于国际领先水平。总体上看，大多数项目我国的研发水平在国际上处于较落后国家水平，1/4以上处于落后国家水平。相对而言，材料领域技术整体研发水平较高。

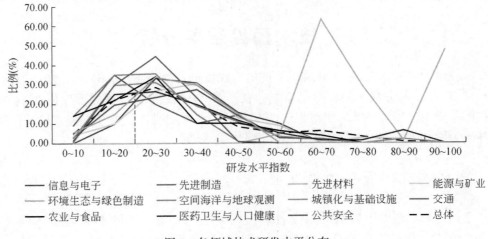

图5　各领域技术研发水平分布

在问卷调查中设置了"目前该项技术的领先国家（组织）"问题，向专家征询世界主要国家（组织）针对各项技术的发展竞争力。分别统计的各领域技术领先国家分布如图6所示。总体上看，美国几乎在各个领域都处于国际领先地位，欧盟在环境生态与绿色制造领域处于领先地位。

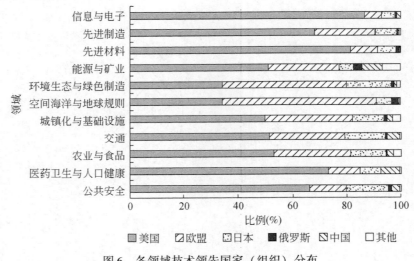

图6　各领域技术领先国家（组织）分布

我国在能源与矿业、交通、医药卫生与人口健康领域的部分技术方向具有一定的优势,通过对子领域和技术项目的进一步分析,得出中国在中医药学、高铁、煤炭开采及发电和水力发电等方面具有较强的技术优势。而在装备制造、深海资源开发利用、绿色环保生产加工和城市管理等方面的技术处于明显落后水平。

3.3 技术实现与应用时间预测

技术实现时间预测结果如图 7 所示,由图可见,本次提出的技术项目实现时间基本呈正态分布,我国的技术实现时间主要分布在 2024 ~ 2027 年,整体上要落后于国际先进水平 4 ~ 6 年;技术项目在我国的社会实现时间主要分布在 2026 ~ 2030 年,整体上落后于技术实现时间 3 ~ 5 年,反映了从技术研发到推广应用所需的时间。

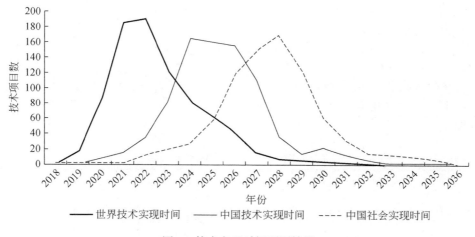

图 7 技术实现时间预测结果

在问卷调查中设置了"该项技术的发展制约因素"问题,主要包含六个方面。分别统计的各领域技术发展制约因素分布如图 8 所示。整体来看,"人才队伍及科技资源"与"研发投入"是所有领域技术发展的主要制约因素。具体到各领域,"人才队伍及科技资源"对先进材料领域的技术发展制约尤为明显,占比超过 50%;"法律法规政策"与"标准规范"对环境生态与绿色制造领域制约较强;"工业基础能力"对先进制造、能源和交通领域的制约较强。

3.4 关键技术选择

基于项目设计,本次技术预见在专家调查的基础上,结合专家研判,筛选面向 2035 年我国工程科技发展的关键技术,主要包含核心技术方向、关键共性技术和颠覆性技术。其中,根据专家调查结果,综合考虑技术本身重要性和技术应用重要性得分情况,判断技术的综合重要程度,初步筛选出核心技术方向;综合考虑技术通用性和应用重要性分值,初步筛选关键共性技术;综合考虑技术非连续性和应用重要性分值,初步筛选颠覆

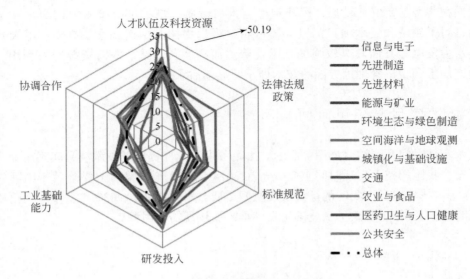

图8 技术发展制约因素分布

性技术。在此基础上，各领域组织院士专家进行分析评估，在 800 余项技术中，提出 100 项核心技术、50 项关键共性技术、20 项颠覆性技术。表 1 列举了 25 项具有一定代表性的核心关键技术方向。

表 1 面向 2035 年的重要技术方向

编号	技术项
1	先进计算技术
2	天空地海一体化信息网络及新型通信技术
3	人工智能及大脑模拟关键技术
4	智能化数控加工单元/系统
5	人机共融机器人技术
6	微纳 3D 打印技术
7	新概念航空动力技术
8	高功率激光和非线性光学晶体、器件及应用技术
9	高性能纤维材料
10	以智能电网为基础的综合能源系统技术
11	智能化采矿技术
12	源头节能减排高效冶金反应器技术
13	地下水、饮用水微污染防治与安全利用技术
14	城市中心区功能提升与再开发关键技术
15	城市安全运行保障与韧性增强关键技术
16	新型高性能结构体系关键技术
17	综合交通大数据多元感知与实时协同处理技术
18	化工园区多灾害耦合风险评估与事故防控技术

编号	技术项
19	可规模化应用的海水淡化技术与装备
20	海洋数值建模科学与技术
21	深海空间探测与作业技术
22	智能农业装备关键技术
23	基于功能基因挖掘及基因组大数据的农作物与畜禽育种技术
24	细胞与组织修复及器官再生的新技术与应用
25	新药发现研究与制药工程关键技术

在关键共性技术中，大数据、机器人、传感器和遥感技术较多，充分体现了信息技术未来在各行业、各领域的广泛应用前景。颠覆性技术中新型材料、无人化、零排放等方面的技术较多，也揭示出未来科技发展面临解放劳动力、提高劳动生产率、环境生态友好化等方面的重大挑战和问题。

4 结 论

工程科技 2035 技术预见作为我国工程科技中长期战略研究中首次开展的技术预见活动，按照紧密联系需求、支撑战略研究的思路，根据工程科技领域特点与战略研究要求，在充分准备和调研基础上，设计了工作模式与流程，实施过程中注重总体协调和过程管理，确保技术预见工作有效推进与顺利完成。在工程科技发展战略研究中采用系统化、规范化技术预见方法，对工程科技 2035 战略各领域研究起到良好的整体推进作用，技术预见结果为展望未来 20 年我国工程科技的发展方向与重点任务、制定各领域技术发展路线图提供了丰富、翔实的支撑资料，进一步提高了战略研究的系统性和规范性。

与此同时，结合工程科技 2035 战略研究而开展的技术预见，也存在不少困难及需要进一步研究的问题，主要体现在：如何在有限的时间内完成有深度、有广度的技术预见；如何更好地体现前瞻性，特别是体现产业界的未来需求；如何推进技术预见中的专家调查，提高参与调查专家的覆盖面、有效性；如何更好地实现技术预见与战略研究的有机结合等。对此，中国工程科技 2035 中长期发展战略研究将每五年一次长期稳定地进行下去，技术预见也将作为一个重要组成部分长期开展。这将有利于我们借鉴本次技术预见工作及国内外其他技术预见活动的经验，持续改进工程科技技术预见活动，一是基于存在的问题和实践经验，研究、改进现有方法和流程，使之更好用、更适用；二是充分利用五年周期加强定量分析方法在各领域的应用；三是建立长期的技术、知识、专家库积累。通过持续改进，提高技术预见的前瞻性、有效性，以更好地发挥技术预见的作用。

参 考 文 献

[1] 文部科学省科学技術・学術政策研究所科学技術動向研究センター. 第 10 回科学技術予測調査 [EB/OL]. http://www. nistep. go. jp/aehiev/ftx/eng/mat077e/html/mat077ae. html. [2015-8-12].
[2] 孟弘, 许晔, 李振兴. 英国面向 2030 年的技术预见及其对中国的启示 [J]. 中国科技论坛, 2013,

（12）：155-160.

［3］ Foresight Horizon Scanning Centre, Government Office for Science. Technology and Innovation Futures：UK Growth Opportunities for the 2020s［EB/OL］. http://www. bis. gov. uk/foresight.［2015-9-15］.

［4］ 中国未来 20 年技术预见研究组. 中国未来 20 年技术预见［M］. 北京：科学出版社，2006.

［5］ 上海市科学学研究所. 上海科技发展重点领域技术预见研究报告（2013-2014）［M］. 上海：上海科学技术出版社，2015.

基于 FPGA 的高可靠高速单向
传输系统的设计与实现

杜兴林

（中国航天系统科学与工程研究院，北京，100048）

摘要：随着计算机网络的迅猛发展，各种高速通信设施争相出现，网络环境也变得越来越复杂，人们可以方便地获取自己想要的资料、信息。但高速网络给人们在生活、工作、学习中带来便利的同时，也带来了很大的安全隐患，洪水、窃听、木马、伪造、病毒、漏洞等网络攻击手段层出不穷，给整个网络防护带来了极大的压力。

随着各种数据信息泄漏事故的发生，各国对网络安全越来越重视。信息安全对银行、政府、军队、科研单位等部门尤为重要，需要采用可靠有效的措施来保证内部网络与互联网间的安全，而不同网络间的完全物理隔离又会造成"信息孤岛"效应的出现，给用户带来极大的不便。为了保证不同网络间的安全，同时避免造成"信息孤岛"效应的出现，部分单位采用网闸或者光闸作为单向传输设备应用于不同网络间，进行信息传输。

传统的单向传输系统存在单通道失效、传输速率不高、不存在与用户的交互等弊端，并且一般不支持数据的准实时甚至实时传输，针对以上问题，本研究提出了一种基于现场可编程门阵列（field-programmable gate array，FPGA）的高可靠高速单向传输系统并予以实现。该系统从安全性、可靠性、高速性进行设计，通过引入多通道冗余传输、万兆光纤等技术克服了当前单向传输系统存在的单通道失效、传输速度低等问题，从用户角度增加了一些人机交互设计并为后期扩展开发预留了空间。

本研究首先介绍了该系统的研究背景、国内外发展现状及本系统的研究目的与意义；其次，通过调研本系统所涉及的基础理论，对系统进行了全面分析，并对系统的关键方面进行了研究，得出系统的整体设计；再次，结合系统设计模型，对各模块进行了详细设计，并对传输所用的关键技术和关键模块进行了介绍，并对实现的系统进行了各方面的测试并做了分析与评价；最后，对全文进行了总结，指出了系统设计中的不足，并指明了进一步的研究方向。

关键词：FPGA；多通道；高可靠；高速；单向传输

1 绪 论

1.1 研究背景

随着互联网及通信技术的发展，工业控制系统的开放性也越来越强，双工协议的传输控制协议/因特网互联协议（transmission control protocol/Internet protocol，TCP/IP）以太网通信得到广泛应用；与此同时 PC 服务器、各种终端产品及通用的操作系统、数据库均应用在工业控制系统中，这虽然给工业控制系统带来了便利，但同时也增加了病毒、木马、黑客攻击的可能性。

2010 年的伊朗核电站"震网"病毒事件敲响了工业控制系统安全的警钟，2011 年工业和信息化部下发了《关于加强工业控制系统信息安全管理的通知》，工业控制系统的安全引起了社会各界的广泛关注。

网络安全事件的发生带来了巨大的经济损失和安全隐患，警示我们：工业控制网络安全正在成为网络空间对抗的主战场和反恐新战场，网络安全成为新的不可避免的工业命题和国家命题[1]。

网络安全对金融、政府、军队和科研机构等用户尤为重要。对这类用户，必须采用可靠的措施来保证内部网路（简称内网）与互联网（简称外网）之间的安全。尽管可以采用防火墙、代理服务器、入侵检查等网络隔离技术，但这些技术都是基于软件的逻辑隔离，容易被黑客突破和利用，无法满足这类用户对数据安全的需求。目前广为采取的办法就是将内网与外网进行物理隔离，使黑客完全无机可乘，然而完全的物理隔离使得用户无法利用网络获取信息资源，形成"信息孤岛"效应，对日常科研生产工作带来极大不便。所以这就需要一种网络隔离技术既能便捷地获取外部信息资源，又能有效地避免内部信息泄露，单向传输产品作为网络隔离技术应用的一种应运而生。单向传输不仅避免了两个不同密级网络系统的完全物理隔离和"信息孤岛"效应的出现，同时因为数据传输的单向性，避免了内网数据泄露，极大地提高了系统的安全性。

随着计算机技术、通信技术和微电子技术的高速发展，各种高速数据传输设备得以制造并使用，这使得人们对数据的传输速度提出了更高的要求。在现代通信系统中，不仅数据交换频繁、数据传输量越来越大、数据处理复杂，而且要求数据准实时甚至实时传输，所以高速数据传输系统是现代通信系统中不可或缺的关键组成部分。然而在单向传输系统中，高速数据传输并未得到充分利用，因此各单位迫切需要一款既可以单向可靠传输以满足系统的安全性，又可以在大数据量传输的情况下能准实时甚至实时传输的设备。

1.2　网络隔离技术发展现状分析

网络隔离技术的核心是物理隔离，其通过专用硬件和安全协议来确保两个链路层断开的网络能够实现数据信息在可信网络环境中进行交互、访问。隔离产品的大量出现大概经历了五代的发展历程。

在第一代隔离技术中，两个网络在物理上是完全隔离的，实际上两个系统是完全独立的两套系统，因此第一代隔离技术又称为完全隔离。由于两个系统的完全隔离，信息的交互只能通过第三方设备如 U 盘等进行拷贝交换，这对用户来说，获取信息的效率极低，而成本却很高，使用极为不便；而在第一代隔离技术的基础上，通过增加一个硬件板卡，通过硬件板卡连接不同客户端的硬盘来实现切换，即用硬件卡来取代人工 U 盘拷贝，即为第二代隔离技术，第二代隔离技术虽然不需要人工拷贝，但硬件隔离卡通过双网线结构的网络布线来连接不同的网络，因此存在着很大的安全隐患；第三代隔离技术吸取前两代技术的缺陷，打破双网线的结构，通过分时拷贝的原理，在同一时间仅能访问一个网络，类似于转播系统，因此被称为数据转播隔离，此种方法虽然避免了双网线结构，但分时拷贝的时间消耗很大，甚至需要人工参与完成，极大地降低了访问速度，在常用网络中并不实用；到第四代隔离技术时，通过采用硬件来实现两个网络的切换访问，采用一个单刀双掷开关在不同的网络间进行切换，称为空气开关隔离技术，此种方法虽然解决了软件的不可靠隔离，但采用单刀双掷开关存在很大的安全隐患；直至第五代隔离技术——安全通道隔离的出现，通过采用专用的通信硬件和专有的安全协议结合来实现网间的隔离，安全通道隔离技术解决了前几代隔离技术存在的安全性等问题，且通过软硬件结合，将两个网络进行隔离，实现了数据在不同网络间的交换，极大地提高了使用效率，受到青睐[2]。

1.2.1 国外研究现状

国外研究网络隔离技术的背景主要是由于军方的应用，美国和以色列为最早研究此技术的两个国家。早在 20 世纪 80 年代美国军方就明确地提出把军方的网络与互联网隔离断开的要求。众所周知，互联网是在美国早期的军用计算机网——阿帕网的基础上发展而来的，虽然互联网的前身是军方的网络，但后来由于大量科研院所、商业公司及高校的介入，美国军方网络受到大量的黑客攻击，在此背景下，网络隔离技术的研究应运而生。以色列与周边部分国家的关系极为紧张，网络安全不得不被重视，因此无论是隔离卡还是网闸，以色列在这些技术上都是领先的。

国外单向传输技术具体的实现技术有下面几种[3-9]：

（1）数据泵（data pump）技术：1993 年为实现低级向高级数据库的可靠数据拷贝，由 Myog H. Kag 等提出 pump 技术，称为"安全存储转发技术"[3]。该技术采用的数据通道是单向的，通过双向协议通道来确认数据是否准确到达，该方法虽然实现了数据的单向传输，但由于控制协议通道仍然为双向，黑客可以利用和攻破双向协议通道来达到反向发送数据的目的，因此此种技术并不是真正意义上的单向，安全隐患较大。

（2）数据二极管（data diode）技术：若在数据泵技术的基础上，连反向控制协议也取消，即数据通道和协议通道均为单向，没有反馈信息，发送方只管发送，接收方只管接收，至于数据是否达到、是否有误码等，发送方都不去管，此种技术即为数据二极管技术。由于不存在反向通道，数据只能从一方发向另一方，而不能反过来发送，这解决了数据泵技术的弊端，属于真正意义的单向传输。

数据二极管技术在国外已经比较成熟，并逐渐走向产品化，比较出名的代表公司有美国惠普（HP）公司、美国 Owl 公司、澳大利亚 Teix 公司、荷兰 Fox-IT 公司。

1.2.2 国内研究现状

不同于国外提出网络隔离的原因，在我国不同网络间进行物理隔离的概念是由国家保密局在 20 世纪 90 年代中后期提出来的，当时提出的背景主要是为了防止涉密网络信息的泄露，因此我国后来在研究网络隔离技术时大多也以防止信息泄露为目的。在 90 年代，国内大部分涉密网络的安全保密防护措施非常薄弱，同时这方面的管理也比较混乱，缺乏规范和规章制度，存在很大的安全隐患。如果这样的网络与互联网相连，很可能会遭遇黑客等的攻击，给国家安全、人民安全和财产带来很大的威胁，因此 1997 年中央提出了涉密网络与保密措施要同步建设，在经过主管部门审批后才能投入使用，而国家保密局在 1998 年发布的《涉及国家秘密的通信、办公自动化和计算机信息系统审批暂行办法》中，也明确提出了涉密系统的物理隔离要求，同时文中明确规定涉密系统不得直接或间接与国际联网，必须实行物理隔离，加强涉密系统的管理[10]。

自物理隔离提出后，大多数的部门首先采用完全隔离的方式，这样不可避免地带来"信息孤岛"效应，而随着单向传输技术的提出和发展，越来越多的单位开始研究和尝试此种方式，目前国内单向传输常见的研究方案主要有基于通用串行总线（universal serial bus，USB）[11-13]、基于光纤[14,15]、基于软件协议[16-18]、基于集成电路（integrated circuit，IC）[19]等手段。国内的单向网闸产品近年来也在发展，比较有名且有产品推出的公司有中铁信安（北京）信息安全技术有限公司和国保金泰信息安全技术有限公司。在产品方面，国内比较出名的有华御网闸、金电网安网闸等产品，这些产品大多数是采用 IC 来实现单向，且传输速率大多等同于一般千兆网卡的速度。而采用 FPGA 结合 PCI①express（PCIe）和万兆光纤做多通道单向传输的，国内文献中少有见到，此方面产品尚属空白。

1.2.3　当前产品存在的不足

通过对现有文献的研究，当前在单向传输系统的研究方面存在一些弊端：

（1）一般的单向传输系统都是基于单通道进行单向传输的，虽然采取了一系列的前向纠错（forward error correction，FEC）编码、循环冗余校验（cyclic redundancy check，CRC）编码等手段，但仍存在单通道失效而造成数据丢失甚至系统崩溃的风险；

（2）在当前已有的单向传输产品中，如单向网闸，基本采用 USB、PCI、以太网、千兆光纤等手段，系统本身传输速率并不高或者在高速传输下数据不可靠，不能实现实时或准实时传输；

（3）很多单向传输系统的单向实现通过软件协议来保证，这依然给黑客留下了攻击漏洞，存在很大的安全隐患；采用硬件作为单向传输设备的，一般通过定制专用集成电路（application specific integrated circuit，ASIC）实现，不仅硬件成本高，功能单一，不具有扩展性，而且单向传输设备与用户不存在交互功能，当数据传输异常时，无法及时确定异常出现的原因。

1.3　研究目的与意义

通过物理隔离高密级网络与低密级网络，可有效阻止来自低密级网络的非法入侵，防止高密级网络信息泄露，从而保障高密级网络信息的安全。当然为避免涉密网络成为"信息孤岛"，需要低密级网络向高密级网络进行信息传递。而从低密级网络向高密级网络进行数据传输时，需要保证数据传输的单向性，即确保高密级网络中的数据不会传至

---

①　PCI（peripheral component interconnect），即外部设备互联总线。

低密级网络。

因为数据在传输过程中是单向的，在传输过程中应该保证数据的高度可靠性，在通信系统中纠正传输差错的方法主要有两种：自动重传技术和前向纠错技术。由于单向传输不存在反馈信息，无法用自动重传技术实现，单向传输产品主要使用前向纠错技术来保证单向传输的可靠性。但前向纠错技术有一定的局限性，当丢失或者错误数据超出一定范围时，该纠错机制将会失去作用。

已有的单向传输产品中，如单向网闸，一般都是采用单通道进行单向传输，这样会存在一个关键问题：由于没有反馈通道的存在，在单通道失效时，发送端一方无法及时地发现这一情况，将会继续传送数据；而接收端一方将一直处于无数据到达的状态。一般的单向传输产品没有可靠的手段来避免上述情况的发生，这对用户单位造成很大的影响，如果该问题不能得到及时的解决，将大大影响用户单位的业务处理效率，甚至造成重要数据的丢失。

此外，在已有的单向传输产品中，产品只能机械式地进行数据传输，与用户端不存在良好的用户交互功能，当传输出现问题时，用户端无法通过查询相关信息来确定是发送端出现异常，还是接收端出现异常。

随着信息化的快速发展和大数据时代的到来，以及万兆光纤等高速设备的出现，人们对数据传输提出了更高的需求，对速度、实时性的要求更为苛刻。而这些先进技术在外网或者是互联网世界逐渐得到应用，但在单向传输系统中还未深入引进。

针对以上现实问题，为增强单向传输系统的可靠性及灵活性，本研究拟设计基于 FPGA 的高可靠高速单向传输系统。通过引入 PCIe、万兆光纤等技术，来提高整个系统的传输速率；通过多通道冗余传输来有效地避免单通道失效造成的数据丢失；通过基于 FPGA 的硬件设计，将部分原先软件实现的算法、功能移植到硬件上，从而提高了整个系统的执行效率；通过 FPGA 端私有协议的开发及单向电路的设计，来保证传输系统的安全性；通过 FPGA 端开发相应的信息统计接口，为用户端提供一定的查询功能，以供调试和出现异常时原因的查找。本研究研发的基于 FPGA 的高可靠高速单向传输系统，可以广泛地应用在不同的安全级别计算机网络之间，作为专用高速单向数据传输的工具，具有广泛的市场应用前景。

1.4　研究内容及组织架构

本研究共分为六章，每章组织架构如下：

第 1 章为绪论，主要介绍研究背景、国内外在相关领域的发展现状，指出当前相关领域的不足，从而引出本研究的研究目的及意义，最后介绍了研究内容及组织架构。

第 2 章对本研究设计的单向传输系统所涉及的相关基础知识进行研究，主要包含单向传输技术、高速串行总线技术、FPGA 技术等。

第 3 章为单向传输系统的研究，从安全传输、可靠传输、高速传输、交互等方面入手，说明了该系统采用哪些关键技术来保证单向传输系统的性能，通过模型的引出，为系统整体设计与实现奠定了基础。

第 4 章为系统的设计与实现，从系统整体设计入手，介绍开发所用到的环境，并从硬件和软件、发送端和接收端分层次分模块进行了具体的设计。本系统涉及应用层、驱动层、硬件底层的设计，模块较多，各模块又涉及不同的处理算法，互相分工，组成系统功能和性能实现必不可少的部分。

第5章在系统实现后，对系统进行了验证，通过实验证明系统达到了方案中设计的目标，对系统进行了包括数据传输、查询等功能测试和传输速率、可靠性、安全性等性能测试。

第6章对本研究进行概括性总结，指出了本研究的工作内容和创新点，同时总结不足，并结合不足做了进一步研究展望。

1.5 小结

本章主要介绍了研究背景、国内外相关领域的研究现状，点出当前领域不足从而提出了研究单向传输系统的实际意义和经济价值。结合研究系统的特点，合理安排了研究内容及组织架构，介绍了各个章节的主要研究内容。

2 系统相关理论研究

2.1 单向传输系统理论

图1是单向传输系统示意图，整个系统包含至少两个不同密级的网络，在图中分别为外部网络和内部网络。外部网络是互相联通的，内部网络也是互相联通的，而两个网络分别与其对应的服务器相连接，在数据交换过程中，要保证数据只能从外部网络服务器流向内部网络服务器，而不能反向传输，即为单向传输系统。

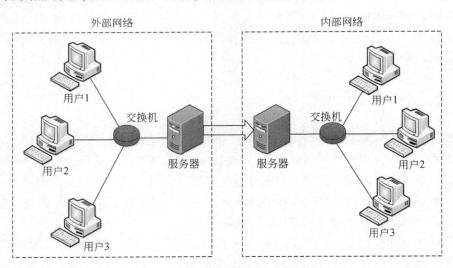

图1　单向传输系统示意

2.1.1 单向传输系统的基本要求

从图 1 中可以对单向传输系统有一种直观认识，那么什么样的系统称为单向传输系统，单向传输系统应该具备哪些条件。通过对单向传输系统的调研分析，将此系统归结为如下特点：

1）数据传输的单向性

在数据传输过程中，通常会采用 TCP/IP、用户数据报协议（user datagram protocol，UDP），但这类协议都有一个共同特点，传输需要"握手"操作，即源设备发送一个协议格式，目标设备需要回复一定的信息进行确认，此种工作模式称为双工模式。在双工模式下，信息的交互是双向的。而在单向传输系统中，只允许数据从源设备传递至目标设备，而不允许反向，即数据的传递过程是单工模式的。单向性是单向传输系统的首要条件，是确保系统安全的重要保证，在单向传输过程中，发送方处于主动方，接收方处于被动接收的地位。

2）数据传输的可靠性

由于没有"握手机制"，发送方只负责将数据发送出去，至于数据是否到达接收方，或者到达接收方的数据是否正确，发送方并不知晓；而接收方只能被动接收，至于数据对不对，接收方也不能去告知发送方。因此在单向传输过程中，确保数据传输的可靠性是单向传输的重点探讨对象。

而作为单向传输系统，在确保以上两条特性的基础上，用户方肯定希望传输的速度越快越好，最好能支持准实时甚至实时传输，因此单向传输系统在满足单向性和可靠性的前提下，应该追求数据传输的高速性。

2.1.2 传统单向传输系统的实现

单向传输系统的应用目的是确保数据的单向流通，防止数据的反向泄露。在当前已有的单向传输系统中，常采用软件单工协议和硬件单向隔离两种方式实现系统的单向传输。软件单工协议虽然不需要"握手"操作，但软件层的实现依然给黑客留下攻击余地，因此要想确保系统的单向性，应从硬件角度去实现。通过硬件进行实现，比较成熟的单向传输系统产品主要通过在两个服务器间加入隔离卡、网闸、光闸等手段来确保数据流的单向性。

隔离卡通过采用基于 PCI 的硬件板卡，将一台电脑主机虚拟为两个部分，这两个部分互不关联，同时计算机硬盘也被对应地分为两部分，隔离卡类似于一个单刀双掷开关，通过隔离卡保证计算机在任意时刻只能跟一个硬盘分区相连，从而实现单通道的建立。

网闸通过一种专用硬件来切断网络间的链路层连接，来实现网间数据交换的安全设备[19]，网闸在当前单向传输应用比较成熟，在政府、军队、科研院所等均有一定的用户量，但由于其采用"摆渡"方式，其传输效率并不高，传输带宽也不宽，越来越不满足用户的需求。

光闸利用光传输的单向性，结合网闸安全隔离的技术原理，采用软硬件结合的方式实现了数据的单向传输，由于采用光纤进行传输，其传输速率比网闸要快，有些甚至可以支持准实时传输，在近几年逐渐成为单向传输系统的热点应用。

而无论是采用网闸还是光闸作为单向传输的手段，均会存在单通道失效导致系统瘫痪的问题，虽然采取多种编码技术，但其传输误码率依然较高，因此其可靠性有一定的限制，且各种编码技术的应用必然导致传输速率的降低，这些都是当前单向传输系统存在的问题。

2.2 高速串行总线技术

总线技术的整体发展经历了串行到并行再到串行的过程，在速度较慢的总线技术中，采用串行点对点的发送方式，如串口采用的总线模式；而随着对速度的追求，人们将串行总线进行扩展，将数据同时并行传输，以提高整体传输速率，如 PCI；然而并行总线控制较为烦琐，并不能无限制地提升，所以量变在此转为质变，随着对差分信号的应用，基于差分对的高速串行总线应运而生。在新一代的高速串行总线中，比较常用的主要有 PCIe、USB 3.0 及基于光纤的各种高速串行总线。

2.2.1 PCIe 技术

20 世纪 90 年代英特尔公司提出外部设备互联总线 PCI，该总线在 33MHz 频率下其传输带宽可达到 132MB/s，此带宽基本满足当时的发展需要。虽然随着处理器的换代，PCI 的传输速度也达到 264MB/s，但大数据时代的到来，使得 PCI 总线不能满足人们对高速通信的要求。在 2001 年英特尔公司提出了第三代 I/O 总线技术，该总线技术最终公布为 PCIe 协议。

PCIe 总线作为新一代总线接口，目前已经基本替代 PCI 成为计算机内部互联的主要高速接口，其通信是双向串行点对点通信，各通信通道可以并行传输，极大地提高了其传输速率。自 PCIe 问世以来已经经历了几代更新，表 1 显示了各带 PCIe 的数据传输率及采用的编码方式。从表 1 中可以看出，无论是 PCIe 协议代数的升级还是通道数目的增加，其传输速度均会增加一倍，而 2017 年推出的 PCIe4.0 协议的单向 8 通道最高传输带宽将达到 32GB/s[20]。

表 1　各代 PCIe 的技术指标

协议版本	数据传输率	编码格式	单向单通道（X1）最高带宽	单向 4 通道（X4）最高带宽	单向 8 通道（X8）最高带宽	发布时间
PCIe1.0	2.5GB/s	8b/10b	250MB/s	1GB/s	2GB/s	2002 年
PCIe2.0	5GB/s	8b/10b	500MB/s	2GB/s	4GB/s	2007 年
PCIe3.0	8GB/s	128b/130b	1GB/s	4GB/s	8GB/s	2010 年
PCIe4.0	16GB/s	128b/130b	2GB/s	8GB/s	16GB/s	2017 年

PCIe 因具有传输速度快、支持热插拔等特点而广泛应用于显卡、网卡等设备。其基本结构拓扑如图 2 所示。因为 PCIe 采用的是端对端的数据传输方式，一条 PCIe 链路的一端只能连接一个 PCIe 设备。因此 PCIe 链路必须使用 switch 进行链路扩展。如图 2 所示，通过 switch 链路扩展后，一个 PCIe 链路可挂载多个 PCIe 设备。

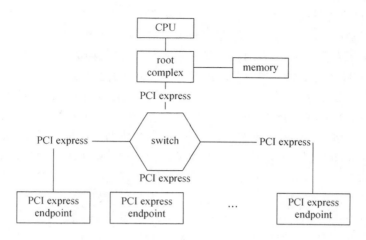

图 2　PCIe 基本结构拓扑

PCIe 总线的层次协议与网络中的层次协议结构类似，只是 PCIe 总线的各个层次都是使用硬件逻辑实现的。如图 3 所示，PCIe 协议层次分为事务层、数据链路层、物理层。事务层主要负责将事务层数据包（transaction layers package，TLP）进行封装和解封装；数据链路层作为中间层主要用于保证数据的完整性，包括错误检测、数据校验恢复等；物理层包括所有接口电路，同时也负责对数据进行初步的逻辑转换。而在 FPGA 开发中，采用 PCIe 知识产权核（intellectual property core，IP 核），该核已将 PCIe 的数据链路层及物理层进行封装，开发者只需对事务层进行了解，直接操作 TLP 完成相应的读写功能，极大节省了开发者的工作量。

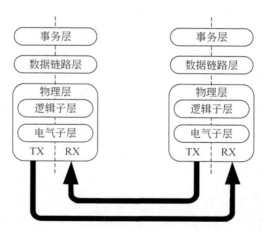

图 3　PCIe 协议层次模型

因为 FPGA 开发中，PCIe 的数据链路层与物理层已经被 IP 进行封装，在本章介绍中，将仅对用户直接接触使用的事务层进行分析。事务层是 PCIe 总线层次结构的最顶层，该层接收来自设备核心层的数据请求，并将其转化为总线事物并在 TLP 包头中进行定义。PCIe 总线继承了 PCI 总线的大多数事物，包括存储器读写（mem 读写）、IO 读写、配置读写等，并增加了消息总线事务。TLP 包是 PCIe 总线传递事务的介质，在事务层中，通过各种 TLP 包的发送与接收完成数据的交互或者配置。一个 TLP 包主要由 TLP 包包头和有效数据载荷组成，其中，有效数据载荷即携带的数据信息，其长度是可变的，最小为 0，最大为 1024 个双字；而 TLP 的包头是区别各种 TLP 及获取各种信息的关键部分。

图 4 为通用 TLP 头格式，其中，Fmt 与 Type 共同确定 TLP 的事务类型，包含 TLP 头的大小是 3 个双子还是 4 个双子，此 TLP 要进行存储器读写还是 IO 读写等操作，所进行的操作是否含有有效载荷。PCIe 规定所有写请求 TLP 均带有有效载荷，而所有的读都不携带载荷，其他 TLP 可能携带数据，也可能不携带数据。同时规定存储器写（即 mem 写）TLP 包为 posted 方式，不需要返回完成包信息，而其他事物为 non-posted 方式，需要返回完成包信息。因此对 mem 写 TLP 可以直接携带数据进行传递，而对 mem 读、IO 读写或者配置读写时，需要先发送请求包，当目标设备收到请求包后，将数据和完成信息组成完成报文（cpl 或者 cpld）传递给源设备。在图 4 中，Length 字段需要特别注意，此字段用来表示 TLP 有效载荷的大小，其取值范围为 0 ~ 1024 个双字（即 0 ~ 4096B），该字段在存储器读写中占用重要地位，通过对该字段的设置，目标设备可以及时知晓源设备需要发送或者请求的数据长度，从而进行合理的缓存处理。需要注意的是，Length 字段是以双字为单位的，当其为 0 时代表数据长度为 1024 个双字，而要想表示该 TLP 不携带数据（即携带载荷为 0），则应将此字段置为 1，然后通过 Byte 7 字节进行判断分析，这里将不再进行详细介绍。有关 TLP 各种事物的详细含义可参考 PCIe 的协议规范。

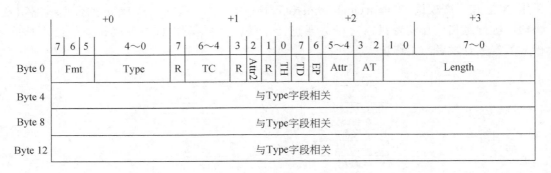

图 4　通用 TLP 头格式

2.2.2　USB 3.0 技术

USB 3.0 是最新一代 USB 协议规范，其理论传输最高速度可达到 5.0Gbps。具有向下兼容性，可以兼容 USB 2.0 接口。表 2 为 USB 3.0 与 USB 2.0 的简单相比，与 USB 2.0 相比，USB 3.0 从物理上就比 USB 2.0 多 5 个针脚，所以 USB 3.0 采用四线制差分信号，可以支持双向同时读写的功能，数据传输是全双工工作模式，而 USB 2.0 仅能采用二线制差分信号，同一时刻只能要么读要么写，数据流向是半双工工作模式。

由于 USB 3.0 支持的带宽更高，数据处理的效率更高，数据纠错能力更强，即插即用，在电池管理和主机识别方面均做了一定的处理等优点，其在网络摄像头、硬盘、数码相机等方面得到广泛应用，在高速传输中也逐渐得以使用。

表2　USB 3.0 与 USB 2.0 对比

项目	USB 3.0	USB 2.0
速度	最高 5Gbps	最高 480Mbps
数据接口	四线制差分信号	二线制差分信号
数据流向	双向	单向
针脚数	9	4

2.2.3　光纤技术

光纤由于其传输速度快（特别是万兆光纤的出现，其理论传输速度可到达 10Gbps）、传输带宽宽、携带信息量大、支持长距离传输、抗干扰强等优点被广泛应用于高速通信。而根据工作波长的不同，以及光信号在光纤中传输模式的不同，光纤可以分为单模光纤（single mode fiber）和多模光纤（multi mode fiber）。单模光纤只能传输一个模式，多模光纤则可传输多个模式。相比于多模光纤，单模光纤的传输速度更快、传输距离更长，可支持超过 5km 的传输距离，适用于长距离、大容量的光纤通信系统中，而在短距离传输中，单模光纤也比多模光纤具有更好的稳定性，传输出错率也低，因只有一种传输模式，因此安全性也高，本系统即采用单模光纤进行传输。

光纤的传输介质是光导纤维，利用光信号进行信息的传输。而我们发送和接收的数据均为电信号，因此需要光模块进行光电信号的转换。光模块主要由光接口、功能电路及光电子器件组成，其中，光接口包含光发送接口和光接收接口，光发送接口只能将光信号发送出去，而光接收接口只能接收光信号，两个接口不能颠倒混用。

光纤传输过程中常常采用以太网协议、rocketIO 协议、aurora 总线协议等协议进行传输，因其传输适用于多种协议，传输速度快，传输误码少，因此在当前网络传输中得到广泛运用。

在高速串行总线技术中，PCIe、USB 3.0 技术在服务器或者个人计算机（personal computer，PC）中应用比较多，但需要配合相应的驱动程序，通过底层硬件和驱动程序的配合开发，均可实现高速数据双向传输。而 PCIe 技术在高速传输情况下，其传输速率稳定，并可通过 PCIe 桥直接访问其物理内存，即支持直接内存存取（direct memory access，DMA）方式，同时支持中断功能，因此在高速数据通信设备中，比 USB 3.0 更加实用。光纤技术的应用虽然也会在服务器和 PC 上有所体现，但服务器和 PC 一般不带有直接接入光纤的接口，因此光纤一般通过其他板卡的引入间接地接入服务器或者 PC 中。

2.3　FPGA 技术

FPGA 被认为是电子设计领域中最具有活力的一项技术，其影响丝毫不亚于 20 世纪 70 年代出现的单片机的发明和使用。而随着微电子技术的发展，FPGA 芯片在逻辑密度、性能和功能上均有了很大提高，可以毫不夸张地说，FPGA 几乎可以实现所有数字器件的功能[21]。

FPGA 由可编辑元件组成，通过硬件描述语言（Verilog 或 VHDL）的开发，经过综合编译布局布线后，最终在芯片里形成逻辑电路，可以实现基本的逻辑门运算，也可以实现复杂的编解码运算或者其他数字处理功能。而大多数的 FPGA 都含有触发器、存储器等记忆元件，因此 FPGA 亦可用于系统的开发。在最新出现的 FPGA 芯片中，甚至集成了数字信号处理（digital signal processing，DSP）、ARM 等处理器，将各个处理器的优点结合 FPGA 的优势集成于一身，大大方便了用户的设计与使用。

FPGA 具有以下特点和优势。

1）并行运算

FPGA 以并行运算为主，在同一个时钟内可并行处理多个任务，相比于 PC 或单片机（无论是冯诺依曼结构还是哈佛结构）的顺序操作有很大区别。其并行处理的效率也是单片机、DSP 等串行处理器所无法比拟的，具有超强的运算处理能力和超高的处理速度。

2）可重复定制、设计成本低、风险小

传统的 ASIC 电路定制后即不可修改，其制片费用高，可重复利用差。而 FPGA 作为 ASIC 领域半定制电路的一种，不仅实现了反复编程定制，不需要流片，而且不需要进行后端设计，升级简单，可以适用于一些如可重构运算等特殊应用。与设计 ASIC 电路相比，FPGA 设计周期短、开发费用低、风险小。

3）IO 口资源丰富

随着电子技术的发展，FPGA 可支持的 IO 口资源和触发器也越来越多，可以支持 PCIe 总线、光纤端口、串行高级技术附件（serial advanced technology attachment，SATA）口、USB 口等多种高速口的使用，甚至可以在芯片上集成 ARM 处理器。

综合以上特点，FPGA 在科研生产开发中越来越流行，而其并行开发的特点，也使得 FGPA 的开发比传统的单片机等串行处理器的开发要难，调试也要麻烦。但其性能上的优势却是串行处理器所替代不了的，随着 FPGA 的使用量增加，各种 FPGA 产品也陆续出现，而市场上的主流产品则主要集中为 altera 和 xilinx 品牌。

2.4 小结

本章对系统中涉及的主要理论基础进行了简单介绍，包括单向传输系统、高速串行总线及 FPGA 知识，通过对各方面理论的阐述，为后续系统的分析研究及设计实现奠定了基础，从而使得该单向传输系统的研究更具有理论和现实意义。

3 基于 FPGA 的单向传输系统研究

本研究所设计的系统作为单向传输系统的一种，首先要保证符合单向传输系统的要求，然后在此基础上去克服当前单向传输系统存在的弊端，进一步去提升本系统的各项性能指标、增加功能设计，从而在将来获得更广阔的市场空间。

2.3 节已经介绍了 FPGA 技术，而在本研究所设计的基于 FPGA 的单向传输系统中，将会充分利用 FPGA 的优势，并引入 PCIe、光纤通信等技术，在确保单向传输系统安全性的前提下，克服当前已有单向传输系统单通道失效、传输不可靠、传输速率低、不存在人机交互等弊端。基于 FPGA 的单向传输系统理论模型如图 5 所示，FPGA 在系统中充当单向传输设备，通过 PCIe 总线与服务器相连，进一步通过多路光纤将两个服务器相连。

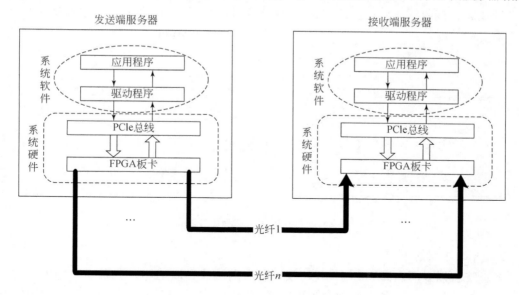

图 5　基于 FPGA 的单向传输系统理论模型

结合图 5，本章将会从安全传输、可靠传输、高速传输、交互研究等方面探讨系统是如何实现上述要求的。

3.1　安全传输研究

通过对单向传输系统的研究，发现软件层面确保传输单向性是不安全的，依然给黑客留下攻击软件协议而获取内部数据的可能性。只有硬件层面确保传输单向性才能从根本上阻止数据的泄露，维护整个系统的安全。在本系统中通过利用 FPGA 的特性，从传输单向性和私有帧协议两个方面来确保系统的安全传输。

3.1.1　传输单向性

当前已有的单向传输系统一般利用光信号或者电信号的单向性，从而确保整个系统的单向传输，而本系统考虑到 FPGA 的功能强大，充分利用 FPGA 的端口特性，从电信号、光信号及链路层上多方面来确保单向性。具体方式如下。

1）FPGA 电端口的单向

FPGA 中对外的 IO 口一般为输入口、输出口或者输入输出口，在 FPGA 芯片制作时已对这些口进行了定义，在应用时仅需要对相应的端口进行配置即可。而在 FPGA 连接到光纤模块的端口中时，为确保单向传输，在发送端 FPGA 仅使用光纤端口的输出端口，输入端口不进行端口配置，在接收端 FPGA 仅使用光纤端口的输入，输出端口不进行配置，因为 FPGA 最终形成逻辑电路，这样从电路层上保证数据的单向传输。

2）光纤光端口的单向

光纤通过光模块进行光电转换后与 FPGA 相连，在每个光纤模块上都有发送

（TX）、接收（RX）两个端口，如图 6 所示。在物理上仅接通发送端 TX 到接收端 RX 的光纤线路，接收端 TX 到发送端 RX 的线路不接通，从光信号上进一步保证数据的单向传输。

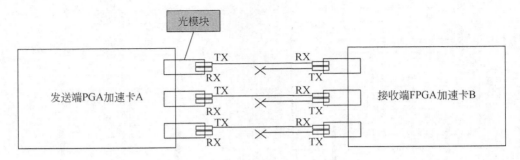

图 6　光纤单向传输示意

3）光纤协议的单向

光纤支持以太网、aurora 等多种协议，以太网协议是双工协议，需要"握手"操作，而 aurora 协议是 xilinx 公司开发的专用于高速传输的总线，既支持双工模式也支持单工模式，因此在本系统中应优先考虑采用 aurora 协议接口，并使用 aurora 协议的单工模式，即发送方设置为发送模式（TX），接收方设置为接收模式（RX），从协议层上进一步保证系统数据传输的单向性。

Aurora 协议是一种可裁剪、轻量级的协议，协议将复杂的 RocketIO 协议进行简化，转化为使用尽可能少的控制信号的简单用户接口，用户仅需要通过控制信号控制协议完成数据的封装、解封并进行传输，并可通过控制信号随时进行数据的暂停传输，因此操作简洁实用，非常适合用于高速点对点数据通信，而其协议的本身是开放的，可在任何可支持的器件上使用。Aurora 协议原理结构如图 7 所示[22]，用户通过控制接口来控制全局逻辑，从而实现数据的接收与发送。当为单工模式时，仅会有接收数据或者发送数据这一个功能，数据通过逻辑控制，最终通过吉比特收发通道接收或者发送出去。

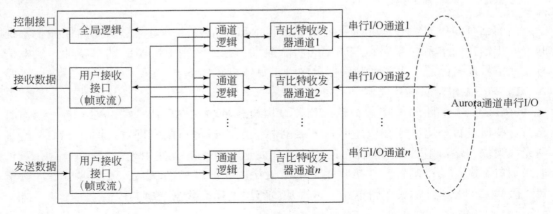

图 7　Aurora 协议原理结构

如图 8 所示，Xilinx 公司将 aurora 协议与 axi 总线相结合，将 aurora 底层协议进行封装，用户仅需要控制 axi 总线即可操作 aurora 进行数据传输，使用户对 aurora 的应用更加方便。如图 9 所示，aurora 与 axi 结合后，通过 axi 控制 aurora 发送数据的协议帧格式，在图 9 中当 s_axi_tx_tready 信号为高电平时，表示 aurora 核已准备完毕，可以进行数据的发送，此时用户通过控制 s_axi_tx_tvalid 及 s_axi_tx_tdata 即可将数据通过吉比特口发送出去，而 s_axi_tx_tlast 控制数据发送结束，同时 s_axi_tx_tkeep 代表最后一个数据的有效字节数；图 10 为接收数据时的 axi 控制接收数据帧格式，接收比发送控制的信号要少一些，在图 10 中，当 m_axi_rx_tvalid 有效时即表示接收到数据[22]。

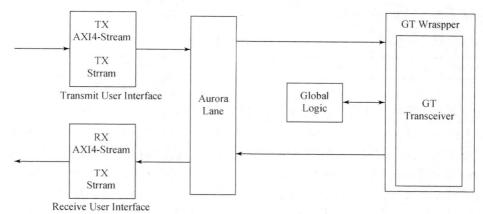

图 8　Aurora 顶层结构

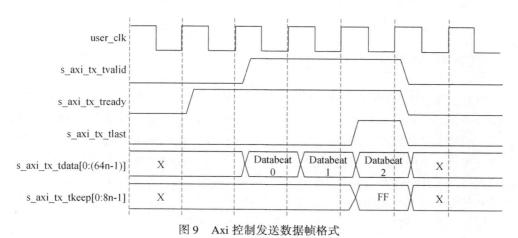

图 9　Axi 控制发送数据帧格式

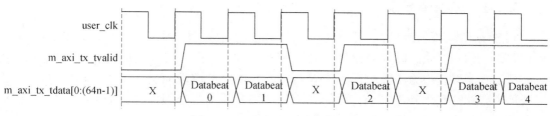

图 10　Axi 控制接收数据帧格式

3.1.2 私有帧协议

从图 5 可知，两台服务器间通过多路光纤进行连接，由于光纤裸露在外部，自然成为系统不安全因素的一部分。特别是在长距离传输时，非法者可通过拦截光纤获得发送端服务器发出的数据，也可通过光纤接入，注入非法信息，破坏系统的性能。考虑这些因素，本系统在设计时通过私有帧的建立，使得光纤信息中的有效信息得到隐藏，同时在私有帧中，加入板卡物理地址（media access control，MAC）及通道 MAC，以及帧计数器等信息，接收端 FPGA 可通过私有帧及时判断收到的数据是否来自正确的通道，是否出现数据丢失的现象。私有帧协议格式见表 3。

表 3 私有帧协议格式

板卡 MAC	通道 MAC	帧计数器	其他信息	数据

在发送端，当有效数据（用户想要传输的目标文件进行初步处理后的数据，下文统称有效数据）需要传输时，发送端 FPGA 将有效数据编入如上私有帧，然后通过 aurora 总线发送出去；而当没有有效数据传输时，发送端 FPGA 自行产生数据编入私有帧协议（此帧称为心跳信号）通过 aurora 总线发送出去。而接收端可通过私有帧协议判断数据来自哪个通道，如果是正确通道则应该将数据进一步处理，如果是错误通道或者错误板卡的数据，则会被认为是非法数据，此时可能会出现光纤异常断开或者光纤通道连接错误等问题，应该及时进行报警，通过私有协议帧和报警机制的引入，进一步提高系统的安全性。

3.2 可靠传输研究

因为数据传输的单向性，不存在反馈通道，因此应通过采用各种手段来确保系统数据传输的可靠性。而在传统的单向传输系统中一般采用各种编码技术，如 FEC、CRC 编码。而编码技术本身的纠错查错能力有一定的局限性，且传统的单向传输系统一般通过一个通道连接两个网络，当该通道异常失效时，无论采用何种编码技术，接收端都不可能收到数据，因此存在单通道失效的危险。考虑这些原因，本系统采用多通道冗余传输的机制来克服单通道失效的弊端，如图 5 引入的多路光纤。同时在多通道冗余传输的基础上，增加相应的编码技术，进一步提高了数据传输的可靠性。

3.2.1 多通道冗余

冗余技术本身的设计理念就是为了提高任务的可靠性，常采用的冗余技术的手段有硬件冗余、信息冗余、时间冗余等。无论哪种方式，都是通过一定的消耗来换取更高的可靠性。在本系统中为克服单通道失效导致系统瘫痪的弊端而引入了多通道的理念，在多通道中，充分利用硬件冗余、时间冗余及 FPGA 的并行处理优势，实现数据的多通道冗余传输，从而提高系统的传输可靠性。

当多条通道传输相同数据时，称为多通道冗余传输。在此种传输模式下，发送端

FPGA 会对要传输的数据进行自行复制，然后通过对通道的调度，将复制数据发送出去。而接收端 FPGA 会根据表 3 私有帧协议格式中的其他信息去判断当前数据是否采用了冗余传输，当为冗余传输时，接收端 FPGA 将会对各通道接收到的数据进行逐一比对，最后选择一路正确的数据作为最终的数据。无论是数据的复制还是数据的比对，可能在纯软件层上去实现会消耗大量的时间，然而因为 FPGA 的并行处理机制，FPGA 在进行多路复制数据比对时，消耗的时间几乎可以忽略不计，所以利用 FPGA 实现多通道冗余传输比软件层实现冗余传输效率高得多。

3.2.2 纠错编码

在远程通信过程中，常常采用前向纠错编码（FEC）和循环冗余校验编码（CRC）等信道编码手段来控制数据在不可靠或强噪声干扰的信道中传输时所带来的误码。前向纠错编码技术通过引入冗余数据，当传输过程中出现有限个错码时可根据冗余数据来进行纠错，具有自动纠正传输误码的优点。20 世纪 40 年代美国数学家理查德·卫斯理·汉明发明了第一种纠错码——汉明码[23]。之后 RS 编码、喷泉码、极化码等作为强化的纠错码陆续被提出。

RS 编码即 Reed-solomon codes，是一类典型的代数几何码，虽然出现的时间跟汉明码几乎同时，但 RS 编码的纠错能力比汉明码要强，在目前通信领域中应用较多。RS 编码最大的优势在于它可以对字节进行编码，因此它在纠正突发错误的性能上比较优越，在光通信中应用这种码字能够达到长距离传输，降低光电设备性能指标的要求[24]。而 RS 编码无论是编码算法还是解码算法均已比较成熟，效率也较高，基于以上原因，本系统在两个服务器通过光纤进行传输时增加了可选的 RS 编码技术，用户可根据应用环境进行选择是否需要进行 RS 编码。

在（n，k）的 RS 中，n 代表码长，k 代表信息段长度，RS 编码的基本思想为寻求一个合适的生成多项式 $g(x)$，使得对每个信息段计算得到的码字多项式均为 $g(x)$ 的倍式，即 $g(x)$ 被码字多项式除余式为 0。而接收端收到的码字多项式去除以 $g(x)$ 如果为 0，则表明传输无误；如果不为 0，则表明接收到的码字多项式存在错误。而 $\frac{n-k}{2}=t$ 则表示可以纠正 t 个错误。如在本系统中采用 RS（239，255）编码机制，即输入 239 个字节，然后根据多项式生成 16 字节的冗余数据组成 255 字节，而接收方根据此 255 字节可实现最大纠正 8 个字节的纠错功能。

系统中除使用 RS 编码技术外，PCIe 总线规范在物理层中采用了 8B/10B 编码、aurora 协议中采用了 64B/66B 编码等，这些手段的采用降低了数据丢码、误码的影响，进一步提高了数据传输的可靠性。

3.3 高速传输研究

随着大数据时代的到来，人们越来越期望数据在传输时可以达到准实时甚至实时传输，而传统的单向传输系统，为尽可能地满足系统的安全性和传输可靠性的条件，往往会降低系统的传输速度，使得系统不支持准实时传输。本研究在系统设计时，从硬件选择就进行高标准的要求，为系统速度的提升做准备，同时结合服务器的特点，合理设计传输方式，从而实现系统的高速传输。

3.3.1　硬件接口

如前所述，本系统在进行硬件选择时，即采用各种高速设备，包括 PCIe、光纤等高速串行总线接口，同时采用可支持这些高速接口且能并行处理的 FPGA 技术。这是硬件的选取，从基础设施上为系统的高速传输的实现准备了条件。

3.3.2　DMA 技术

虽然 PCIe 是一种高速接口，但是如果通过中央处理器（central processing unit，CPU）直接接受 PCIe 端口的数据，CPU 端只能采用查询或者中断的方式，中断方式进行数据传输的效率要比查询方式高，然而在高速数据传输时，中断次数过多，会造成服务器响应不及时而死机，最好的解决策略就是在 PCIe 接口的基础上，采用直接存储器访问（direct memory access，DMA）技术进行数据的直接交换。DMA 技术是一种高速传输操作，允许设备不经过 CPU 直接访问存储中的数据。

在此，定义有效数据从服务器写入 FPGA 板卡为 DMA 读，有效数据从 FPGA 板卡写入服务器为 DMA 写。因为 DMA 技术不经过 CPU 的参与，发送端在 DMA 读的过程中，服务器无法直接将数据发到 FPGA 板卡上，因此需要采用迂回策略，服务器与 FPGA 间通过 PCIe 开辟的 BAR 空间进行交互，传递所需要的信息，包含 DMA 起始物理地址、DMA 大小、DMA 命令及中断命令等信息。DMA 读过程通过图 11 所示流程进行实现：当服务器往 BAR 寄存器写入相应信息后，发起 DMA 读命令，FPGA 收到该命令后会发起 mem 读 TLP 包（可能会连续发多个），然后等待完成包的到来，通过统计收到的完成包和 DMA 大小进行对比，得出 DMA 操作是否完成，当 DMA 读完成后，通过中断方式告知服务器本次 DMA 操作已完成。

与发送端不同的是，接收端接收数据是被动的，而接收端 FPGA 可以通过 PCIe 直接访问内存的物理地址将数据写入，因此接收端可以采用 DMA 写的方式，但接收端的 DMA 缓存的物理地址等信息依然需要从服务器中获得。由于接收端 FPGA 只能被动接收数据，接收端服务器并不知道什么时候需要进行 DMA 写，考虑此因素，接收端采用双中断机制，同样需要 BAR 空间开辟寄存器写入 DMA 起始物理地址、DMA 大小、DMA 命令及中断命令等信息，另外还需要开辟一个寄存器作为中断标识寄存器，用于区别 DMA 写的两种中断类型。其 DMA 写流程如图 12 所示，服务器刚开始一直处于等待中断的状态，直到 FPGA 收到规定大小的数据后发起中断命令告知服务器需要进行 DMA 写，此时接收端服务器往 BAR 寄存器写入相应信息，包含 DMA 物理地址、DMA 大小，并写入 DMA 写命令。FPGA 收到 DMA 写命令后通过带数据的 mem 写 TLP 将数据直接写入内存，直到 DMA 写结束向服务器发送 DMA 写完毕中断。

通过在发送端和接收端分别引入 DMA 读处理器和 DMA 写处理器，极大地降低了服务器响应 PCIe 的负载，DMA 直接将数据写入或读出内存，避免 CPU 参与，其效率和速率都比 CPU 参与时高。

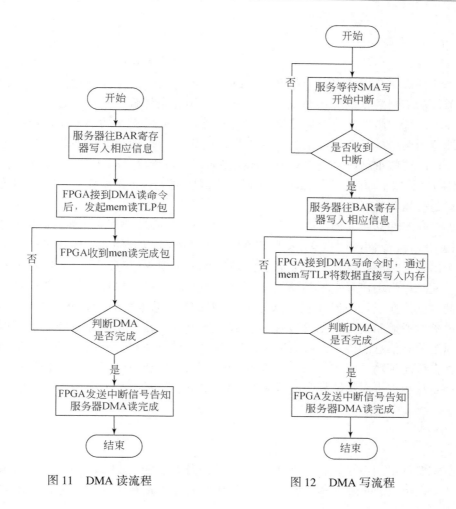

图 11　DMA 读流程　　　　　图 12　DMA 写流程

3.3.3　多通道并行

　　私有帧协议等的加入，使得光纤传输速率受限，而 PCIe 的传输速率要高于光纤，因此在本系统中将会充分利用多通道的优势，通过多通道进一步提高系统传输速率。在3.2.1 节提到多通道冗余传输可以提高系统的传输可靠性，而在对数据传输可靠性要求不高，对数据传输实时性要求高时，即追求数据的传输速率，可利用多通道传输不同的数据，通过数据的并行传输来提高整个系统的传输速率。

　　需要注意的是，在光纤传输过程中先发出去的数据不一定先到，因此在接收端 FPGA先收到的数据并不一定是前面的数据，也有可能是后面的数据，这就是多通道传输带来的乱序问题。而在本系统设计时，通过开辟并行的先入先出队列（first input first output，FIFO），对多路光纤通道的数据分别进行缓存，然后 FPGA 通过及时轮训各 FIFO 的数据，结合表 3 私有帧协议格式中的帧计数器，对收到的数据进行排序。

3.4 交互研究

从上述分析中发现在多通道处理上，既存在多通道传输相同数据的冗余传输，又存在多通道传输不同数据的并行传输，那么何时采用冗余传输，又何时采用并行传输，这就需要在本系统中增加其他单向传输系统所不具备的人机交互功能。用户通过应用程序根据实地应用场景进行选择：当追求高可靠性时则选择多通道冗余传输；当不追求高可靠性时，可能更侧重高速、效率时则可选择多通道并行传输。同样在 3.2.2 节提到的可选的 RS 编码也是这个原理，因为 RS 的编解码均需要消耗一定的资源，所以用户可根据需要，选择是否需要进行 RS 编码。

此外，交互性的研究还可以充分利用 FPGA 作为核心处理器的优势，通过 FPGA 进行数据传输的统计，然后通过 BAR 空间寄存器与服务器交互，使服务器能及时了解传输过程中是否出现丢包等现象。而当多通道传输过程中出现一路甚至几路光纤通道不能正常传输时，此时作为用户肯定希望系统还是可用的，而不是像单通道传输那样处于瘫痪状态，为此本系统在设计时除了设计通道异常报警外，还通过交互研究设计了配置功能，通过发送端对通道的配置告知接收端当前哪些通道是正常传输的，哪些通道是应该忽略的，而通道状态信息的传递则可通过表 3 私有帧协议格式中的其他信息进行实时传递。综上所述，在单向传输系统中，系统的交互性还是很有必要设计的，无论是从用户使用方便性上还是从用户查看系统异常的原因上，系统的交互设计都应是必不可少的。

3.5 小结

本节主要从单向传输系统的基本条件出发，提出了基于 FPGA 的单向传输系统理论模型，从安全传输、可靠传输、高速传输及交互研究上进行了探讨，分析了本研究在实现各项指标所采用的主要技术和方法。

综合概括，在基于 FPGA 的单向传输系统中，通过 FPGA 端开发私有协议及单向电路的设计，来保证传输系统的安全性；通过多通道冗余传输来有效地避免单通道失效造成的数据丢失，联合纠错技术提高了系统的可靠性；通过引入 PCIe、万兆光纤、DMA 处理器等技术，来提高整个系统的传输速率；通过基于 FPGA 的硬件设计，将部分原先软件实现的算法、功能移植到硬件上，从而提高了整个系统的执行效率；通过 FPGA 端开发相应的信息统计接口，为用户端提供一定的查询、配置功能，以供调试和出现异常时原因的查找，方便用户的使用。总之，通过该系统的研究，克服或改善了当前单向传输系统存在的弊端。

通过对本节的分析与研究，使得对基于 FPGA 的单向传输系统有了大概了解，为系统的设计与实现奠定了基础。

4 系统的设计与实现

本研究的前两节分别对系统设计的背景意义及系统所涉及的理论知识进行了介绍，

第 3 节对基于 FPGA 的单向传输系统展开研究，并介绍了核技术与方法，这些知识的介绍主要服务于系统的实现，在本节中将会结合系统的理论模型图 5，设计系统的实现模型，然后对系统进行分模块设计分析与实现。从前文介绍中可知，系统的主要设计在 FPGA 板卡上，驱动层、应用层的设计配合 FPGA 板卡，但却是功能测试及实现必不可少的部分。本节将会在系统实现模型的基础上，从开发环境介绍入手，分别介绍发送端、接收端的 FPGA 板卡硬件设计，以及驱动及应用程序的设计。

4.1 系统整体设计

结合第 3 节中的理论模型，在本节实现过程中，将多通道设计为 3 路光纤通道，发送端可以采用三路冗余的方式进行传输，接收端收到三路数据后进行两两比对，选择正确的一路数据交给接收端服务器（此种方式定义为三选二方式）。基于 FPGA 的单向传输系统实现模型如图 13 所示，系统由发送端服务器和接收端服务器两部分组成，每个部分包含应用层（用户态程序）、驱动层及底层硬件板卡（包含 FPGA 及相应的其他硬件），底层硬件板卡作为单向传输设备，采用三路万兆光纤相连，根据设计需求，数据需要从发送端服务器通过光纤传输到接收端服务器上，整个过程必须保证数据的单向、可靠。

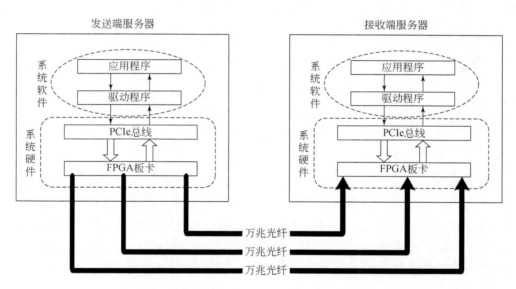

图 13 基于 FPGA 的单向传输系统实现模型

在系统实现过程中，主要的开发工作在 FPGA 中进行，因此对 FPGA 的设计进行模块划分，如图 14 所示。图 14 中各模块仅是功能上的简单划分，实际实现过程中各模块又包含很多子模块。图中各模块均为并行执行但又互相牵连，接收端的各模块是发送端的逆过程但又比发送端的过程复杂很多。整个过程是单向传输的，因此各模块的设计需考虑采用多级缓存机制，以保证高速传输下数据的准确、不丢失。

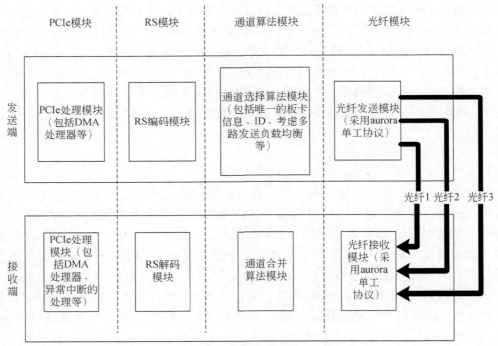

图 14　FPGA 设计模块

4.2　开发环境介绍

　　系统的开发包含应用层、驱动层及底层硬件 FPGA 等，本节将会对各个部分的设计与实现进行叙述，首先介绍各个部分的开发环境。

4.2.1　硬件开发

　　系统中采用 FPGA 板卡作为单向传输设备，根据设计需求 FPGA 板卡应该既能满足 PCIe 通信需求，也能支持至少三路万兆光纤通信。经过大量调研，最终选中 Xilinx 公司下 kintex-7 系列的 xc7k325tffg900-2L 芯片，该芯片含有 326 080 000 个逻辑单元（logic cells），有 500 个输入输出口（I/O），片内有 16MB 块内存（block RAM[①]），支持 PCIe2.0 协议版本，有 16 个高速收发器（GTX），足以满足系统的需求。

　　本系统所采用的 FPGA 板卡示意如图 15 所示，FPGA 板卡实物如图 16 所示。从图 15 可知，该板卡包含 4 个万兆光纤端口，一个 PCI Express X8 端口，一个大小为 4GB 带有校验（ECC）的双倍速率同步动态随机存储器（double data rate synchronous dynamic random access memory，DDR SDRAM，统称 DDR），一个 512MB 的闪存（flash），以及一个 36MB 的静态随机存取存储器（static random access memory，SRAM）。这样的配置足以支持本系统的高速单向传输。而在本系统设计中，考虑到 PCIe 的稳定性及向下兼容

---

　　① RAM（random access memory），即随机存取存储器。

性，在 FPGA 设计时采用 PCIeX4 2.0 协议接口。考虑多路冗余传输时选择三路冗余，因此四路光纤通道选用三路，另一路光纤及 PCIeX8 接口可作为后续扩展使用。

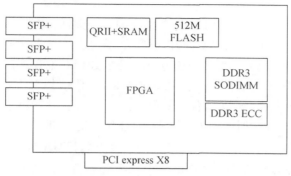

图 15　FPGA 板卡示意

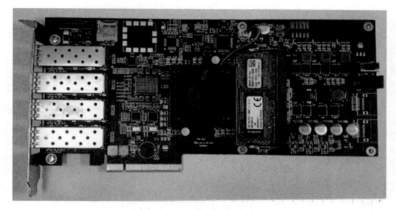

图 16　FPGA 板卡实物

为了突破集成和实现的瓶颈，Xilinx 公司自 2008 年开始打造 ISE 编程工具的升级版 vivado，并于 2012 年推出第一个版本，vivado 主要用于大规模的系统级开发，对 xilinx 7 系列以后的芯片开发极为高效，本系统的开发则是基于 vivado 2015.4 开发环境进行开发。

4.2.2　驱动层及应用层

WinDriver 作为驱动开发的工具，可以支持 PCI、PCIe、DMA 等驱动的开发，并使开发者不需要太了解底层和操作系统，可以在短时内开发一套驱动程序，其开发的驱动程式支持 Windows 及 Linux 系统。鉴于以上优点，本系统驱动层的开发采用 WinDriver 进行开发。

FPGA 板卡代码被烧录以后，WinDrver 可以根据 FPGA 板卡定制出相应的驱动文件，并生成一个简单的用户态驱动程序。开发者仅需要安装相应的驱动程序后，在该程序的基础上继续开发即可。

为方便用户体验，本系统的应用程序采用带有界面开发功能的 visual studio（VS）进行开发，在 Windriver 生成的简单用户态驱动程序的基础上进行开发后，通过动态链接库（dynamic link library，DLL）进行接口调用，由 C#进行界面开发。

4.3 发送端 FPGA 板卡硬件设计

当发送端 FPGA 板卡通过 PCIe 接收到来自发送端服务器事务层数据包 TLP 时，FPGA 应首先通过数据包判断用户要进行查询、配置还是有效数据传输。当用户要进行有效数据传输时，数据包将会在 PCIe 模块进行相应的处理获取最终的有效数据，然后通过应用程序的选择去判断该有效数据是否需要进行 RS 编码、是否需要进行三路数据冗余传输，有效数据经过处理后，组成私有帧协议格式，然后通过三路万兆光纤发送出去；当用户需要进行查询或者配置时，PCIe 模块会配合相应的其他模块获取需要查询的数据信息返回给服务器应用层或者配置相应的寄存器。发送端 FPGA 板卡实现流程如图 17 所示，具体的实现方法将会在各模块中进行讲解。

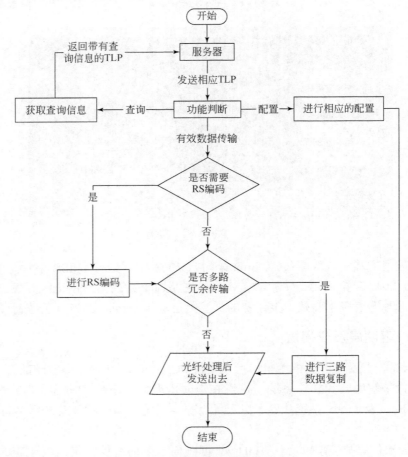

图 17　发送端 FPGA 板卡实现流程

4.3.1 PCIe 模块

该模块的设计基于 FPGA 的 PCIe IP 核，如图 18 所示，在定制 IP 核时，选择 X4 通道，频率为 250MHz（2.0 协议的速率），将 PCIe 传输一帧的数据宽度设置为 64bit，即两个双字。在 IDs 配置栏将发送端的厂商 ID（Vendor ID）定为 10EE，设备 ID（Device ID）定义为 1024，以供驱动根据不同的硬件 ID 号去区别不同的设备。在 BARs 配置栏中，如图 19 所示，本设计采用了三个 BAR 空间，其中，BAR0（IO 方式）大小为 256bytes，在本设计中未用；BAR1（Memory 方式）大小为 4Megabytes，用于查询、配置寄存器的应用；BAR2（Memory 方式）大小为 4Megabytes，用于发送端 DMA 读寄存器的设置及存取通道选择方式和是否纠错编码的信息。

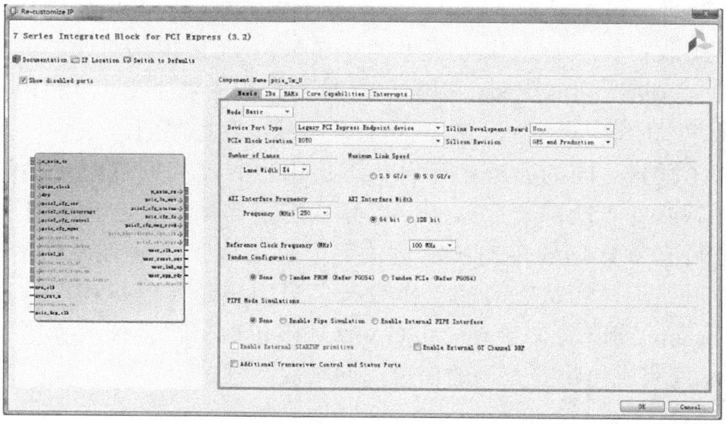

图 18　PCIe IP 核基本配置

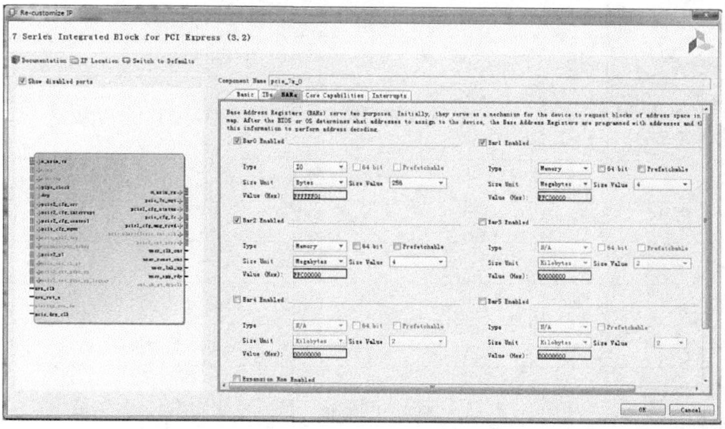

图 19　PCIe IP 核 BARs 配置

用 vivado 将 IP 核配置生成后，可根据 IP 核生成一个参考例程，该例程会对 PCIe IP 核进行初步封装，并形成一个顶层模块，在顶层模块的下一层包含两个例化文件，分别是针对新成立的 IP 核及用户可用的 app 文件，开发者直接在 app 文件进行相应的功能开发即可。

考虑到 PCIe 传输速度较快，因此该模块在接到来自服务器的 TLP 包后，首先将 TLP 包中的有效数据及相应的起始信息、BAR 选中信息等一块缓存到 FIFO 中。然后通过读取 FIFO 数据信息进行包头分析，以鉴定所收到的 TLP 包为 mem 读请求 TLP 包、带数据的 mem 读完成 TLP 包还是 mem 写 TLP 包（在发送端 FPGA 板卡一般仅会收到这三种 TLP 包，且在本系统设计中所有 TLP 包包头均采用 3 个双字的格式）；同时通过 BAR 选中信息可知用户想要进行查询、配置或者进行有效数据的发送。

1) 查询、配置

查询和配置主要通过 BAR1 进行实现，如图 19 所示，BAR1 为 memory（简写为 mem）类型，因此其传输的 TLP 包为 mem 读请求包、mem 读完成包、mem 写请求包。发送端查询寄存器定义见表 4。从表 4 中可知，查询信息寄存器总共占用了 64 字节空间，在 BAR1 空间中定义偏移地址 0x10 ~ 0x4F 供查询寄存器使用。

表 4 中板卡物理地址由开发者定义，为区分不同的板卡，此处使用缺省值，用户可通过配置功能进行更改；板卡 PCIe 接口接收总字节数由 PCIe 模块对收到的来自服务器的有效数据进行统计，并进行实时更新；板卡运行时长指服务器上电后 FPGA 板卡工作时长。1、2、3 号通道信息的统计是对 1、2、3 号通道光纤信息的统计。其中，通道号概念与板卡号类似，是为了区分不同的通道；开启状态指用户有没有通过配置功能将该通道进行关闭，三路通道默认处于全部开启状态；忙碌状态指当用户去查询光纤通信信息时，该通道是否正在进行有效数据的传输；发送总字节数指该光纤通道发送的有效数据数目；运行时长指该通道处于开启状态时的工作时长。当用户需要进行相应的信息查询时，只需让服务器发送 mem 读请求 TLP 包，FPGA 收到该包后，将会读取相应寄存器的值并通过带数据的 mem 读完成包将要查询的信息返回给服务器。

表 4 发送端查询寄存器定义

查询信息寄存器		位数（bit）	取值范围	缺省值
板卡物理地址		16	0x0 ~ 0xFFFF	0x1
板卡 PCIe 接口接收总字节数（只针对有效数据块）		64	数据实时更新，最大可统计约 15EB 的数据	0x0000000000000000
板卡运行时长		32	时间以 s 为单位，可记录 100 多年	0x00000000
备用		16	—	0x0000
1 号通道信息	通道号	8	0x0 ~ 0xFF	0x1
	开启状态	4	0xF（开启），0x0（关闭）	0xF
	忙碌状态	4	0xF（忙碌），0x0（空闲）	0x0
	发送字节数（只针对有效数据块）	64	数据实时更新，最大可统计约 15EB 的数据	0x0000000000000000
	1 号通道运行时长	32	时间以 s 为单位，可记录 100 多年	0x00000000
	备用	16	—	0x0000
2 号通道信息	通道号	8	0x0 ~ 0xFF	0x2
	开启状态	4	0xF（开启），0x0（关闭）	0xF
	忙碌状态	4	0xF（忙碌），0x0（空闲）	0x0
	发送字节数（只针对有效数据块）	64	数据实时更新，最大可统计约 15EB 的数据	0x0000000000000000
	2 号通道运行时长	32	时间以 s 为单位，可记录 100 多年	0x00000000
	备用	16	—	0x0000

续表

查询信息寄存器		位数 （bit）	取值范围	缺省值
3 号 通道 信息	通道号	8	0x0 ~ 0xFF	0x3
	开启状态	4	0xF（开启），0x0（关闭）	0xF
	忙碌状态	4	0xF（忙碌），0x0（空闲）	0x0
	发送字节数（只针对有效数据块）	64	数据实时更新，最大可统计约 15EB 的数据	0x0000000 000000000
	3 号通道运行时长	32	时间以 s 为单位，可记录 100 多年	0x00000000
	备用	16	—	0x0000

图 20 为 FPGA 收到查询功能 TLP 包时的编码状态。当 FPGA 收到 mem 读请求 TLP 包时，首先进入 memrdreq_head1 状态，因为 PCIe 每传输一帧的数据宽度为 64bit，所以在此状态获取 TLP 包包头的前两个双字进行处理，通过该包头获取查询数据的信息长度；之后进入 memrdreq_head2 状态，此状态虽然也为双字，但是仅有第一个双字为 TLP 包的包头，通过该包头获取地址；之后 FPGA 将会获取要查询的数据信息，然后进入 memrd_cpldhead1 状态，在该状态 FPGA 将会组成 mem 读请求的完成包前两个双字的包头，并将该包头通过 PCIe 发送出去；在 memrd_cpldhead2 状态 FPGA 将会完成 mem 读请求完成包的第三个双字包头，而另一个双字可以携带 32bit 的查询数据组成一帧通过 PCIe 发送出去；因此此状态后如果查询的数据信息在 32bit 以内，在下一个状态将会进入 idle 状态等待下一轮循环，如果查询的数据信息大于 32bit 则将会进入 cplddatast 状态，在此状态依然是 64bit 数据组成一帧通过 PCIe 接口发送出去，因此当查询数据信息大于 96bit 时，将会在此状态进行循环，直至查询信息发送完毕（要求查询信息在此状态必须满足最后一帧 64bit，不足 64bit 的由 FPGA 补齐，应用程序自动忽略补齐信息），当查询数据信息小于 96bit 时将会进入 idle 状态等待下一轮循环。

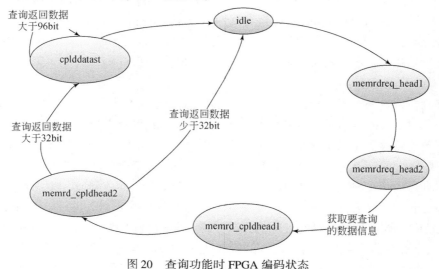

图 20　查询功能时 FPGA 编码状态

配置功能主要是对光纤通道的开启关闭、对各个寄存器的清空、配置板卡信息如更改板卡物理地址等操作，配置功能通过 mem 写直接将相应的配置信息写入相应的 BAR 空间，配置功能不再设计返回信息，用户可以通过查询功能查询配置是否成功。发送端配置寄存器定义见表 5。从表 5 可知，配置寄存器共占用 16 字节的空间，定义 BAR1 空间中偏移地址 0x80 ~ 0x8F 供配置寄存器使用。

表 5　发送端配置寄存器定义

配置信息寄存器		位数 (bit)	取值范围	缺省值
板卡物理地址		16	0x0 ~ 0xFFFF	0x1
板卡 PCIe 接口接收总字节数		8	值为 0x00 时表示复位，此时将清空相应寄存器；值为 0xFF 时表示寄存器值不变	0xFF
板卡运行时长		8		0xFF
1 号通道信息	开启状态	8	值为 0x00 时表示复位，此时将清空相应寄存器；值为 0xFF 时表示寄存器值不变	0xFF
	发送字节数	8		0xFF
	1 号通道运行时长	8		0xFF
	备用	8		0xFF
2 号通道信息	开启状态	8	值为 0x00 时表示复位，此时将清空相应寄存器；值为 0xFF 时表示寄存器值不变	0xFF
	发送字节数	8		0xFF
	2 号通道运行时长	8		0xFF
	备用	8		0xFF
3 号通道信息	开启状态	8	值为 0x00 时表示复位，此时将清空相应寄存器；值为 0xFF 时表示寄存器值不变	0xFF
	发送字节数	8		0xFF
	3 号通道运行时长	8		0xFF
	备用	8	—	0xFF

图 21 为配置功能时 FPGA 编码状态，与查询一样，PCIe 一帧为两个双字，当配置数据小于 32bit 时，memwr_head2 状态将会回到 idle 状态等待，当配置数据大于 32bit 时将会进入 datast 状态，然后同查询类似，判断配置数据是否大于 96bit。与查询状态不同的是，在配置功能时，服务器直接通过 mem 写将数据传至 FPGA。

2）有效数据传输

为提高传输效率，当用户进行有效数据传输时采用 DMA 读的方式，该方式的实现是通过 mem 写和 mem 读请求，以及获取 mem 读请求完成包及中断响应配合完成。发送端有效数据传输寄存器定义见表 6。表 6 中每个寄存器的大小为两个双字，其中偏移地址 0x4 为中断服务寄存器，在该寄存器中，服务器往里写 0x2 表示中断使能，当有中断产生时，该寄存器的值由 FPGA 赋为 0x3，同时触发中断信号，服务器收到中断后先读取该寄存器的值，若为 0x3 表示开发板产生了中断，服务器往里写入 0x2 进行中断清除；偏移地址 0x8 为 DMA 读首地址寄存器，此值为服务器开辟的 buf 的物理地址；偏移地址 0xc 为 DMA 读大小寄存器，由服务器写入；偏移地址 0x10 为 DMA 命令寄存器，当写入 0x1 时表示进行 DMA 读操作；偏移地址 0x14 为通道方式选择寄存器，当服务器写入 0x3 时表

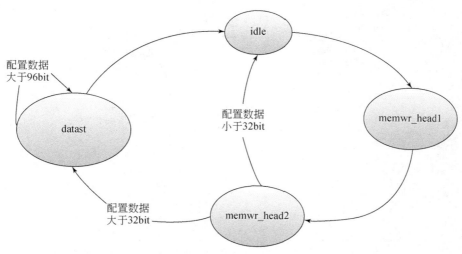

图 21　配置功能时 FPGA 编码状态

示要采用三选二的模式发送，此时 FPGA 发送端板卡要将有效数据复制三份进行三路冗余传输，否则为单路传输；偏移地址 0x18 为纠错寄存器，当写入 0x1 表示需要进行 RS编码，否则不需要进行编码。

表 6　发送端有效数据传输寄存器定义

BAR2 偏移地址	发送端	写入值
0x4	中断服务寄存器	0x2、0x3
0x8	DMA 读首地址寄存器	写入上位机开辟 dmardbuf 所对应的物理地址
0xc	DMA 读大小寄存器	根据用户输入的 DMA 大小，发送端默认 0x800
0x10	DMA 命令寄存器	0x1
0x14	通道方式选择寄存器	0x1、0x3
0x18	纠错寄存器	0x、0x1

发送端有效数据传输 FPGA 编码状态如图 22 所示，FPGA 先接收来自服务器的 mem写 TLP 包，包含清除中断寄存器，写入 DMA 起始物理地址，写入 DMA 传输的大小，写入通道选择方式和是否前向纠错，最后写入 DMA 命令寄存器；当 FPGA 收到 DMA 命令寄存器值为 0x1 时，FPGA 将会进入发送 mem 读请求 TLP 模式，首先从以上写入信息中获取 DMA 地址及大小，组成相应的 mem 读请求 TLP 包，在本设计中，结合读完成包TLP 的要求，在 DMA 读请求 TLP 包中，将一个读完成 TLP 包所能携带的数据长度定义为 512 字节，因此 DMA 传输大小在缺省 0x800（2048 字节）时，FPGA 会连续发送四个读请求包；其次 FPGA 将会等待接收服务器传输来的带数据的读完成包，即进入 memrd_cpldhead1 至 cplddatast 状态，当然此处 FPGA 也会接收多个读完成包；当 DMA 传输完毕后，FPGA 会往中断寄存器写入 0x3 同时触发中断信号（定义此中断标号为 0x3）告知服务器 DMA 传输完成，之后 FPGA 进入中断应答（int_ack）状态等待服务器清除中断。图 22 只是概念上表示一次 DMA 读过程，实际在开发时是分小模块开发的，各小模块并行执行，各小模块间可能需要循环多次来完成各自的任务状态。

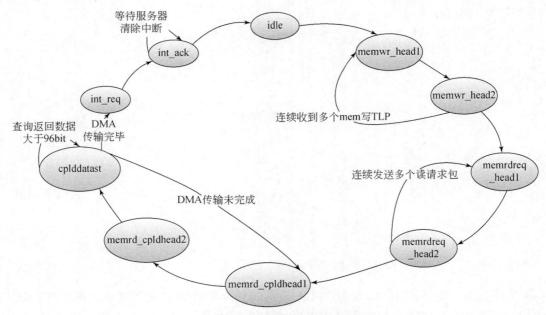

图 22　发送端有效数据传输 FPGA 编码状态

由 PCIe 协议可知，对同一个 DMA 读请求 TLP 包可能会对应多个读完成 TLP 包，而不同请求的 TLP 包及不同请求所对应的完成包可通过包头中的 tag ID 加以区分。根据协议规范，如果完成报文与之前的完成报文的 tag ID 不同，该报文可以超越之前的完成包，如果相同则不能超越。对 PCIe 总线上的这种乱序，开发者是必须要处理的，在本模块设计中，引入一个双口 RAM，根据 tag ID 及包头中的字节信息对收到的有效数据进行排序，当一个 DMA 完成后，排序才会完成，此时通过 RAM 的另一个端口将有效数据按顺序存入到位宽为 64bit 的 FIFO 中以供 RS 编码模块使用。为保证有效数据的时效性，在有效数据进入接下来的模块时，通道选择状态和 RS 编码状态应随有效数据一块传输。

4.3.2　RS 编码模块

在本模块中将 FIFO 有效数据读出，同时检测从 PCIe 模块中传入的 RS 编码状态，通过 RS 编码状态位判断是否需要进行 RS 编码。

本模块中 RS 编码仅对有效数据进行编码，采用 RS（239，255）机制，通过调用 RS Encoder IP 核可进行直接定制，如图 23 所示。从图 23 可知，该 RS 编码输入数据宽度为 8bit，而 FIFO 中有效数据位宽为 64bit，需要进行位宽异步转换。同时 RS 编码以 239 字节为一帧，进行编码加入冗余字节后输出为 255 字节。因此如果有效数据需要进行 RS 编码，在 FPGA 取有效数据时按 238 字节（最后不足 238 字节时，FPGA 用 0xFF 进行补足）为一帧进行拆分，再加一个字节的有效数据个数计数（当该帧有 238 字节有效数据时，最后一个字节为 0xEE，否则为有效数据个数）组成 239 字节输入 RS Encoder 的 IP 核，IP 核输出的 255 字节将会送入下一个模块。而当有效数据不需要进行 RS 编码时，为保证与 RS 编码后结果的一致性，将有效数据按 254 字节（不足的由 FPGA 补足 0xFF）进行拆分，再加一个字节有效数据个数计数（当该帧有 254 字节有效数据时，最后一个字节为

0xFE，否则为有效数据个数）组成 255 个字节，送入下一模块。这样无论是否需要 RS 编码，该模块的输出均为 255 字节。

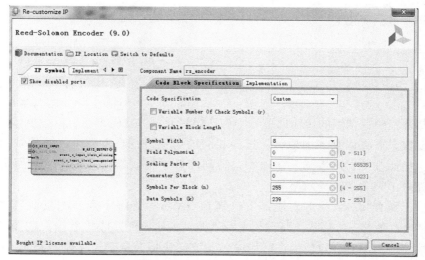

图 23　RS Encoder IP 核配置

4.3.3　通道选择算法模块

RS 编码模块输出的数据为 255 字节为一帧，为方便后续模块的操作，在此模块首先对 RS 编码模块输出的 255 字节进行一个字节补齐，组成 256 字节为一帧的数据包。如前所述，本系统采用三路光纤进行传输，而当从 PCIe 模块传递到该模块的通道选择状态为采用三选二的方式（即发送端发送三路相同的数据，接收端根据三选二的比对法则选取一路正确的数据）时，三路光纤并行发送三路相同的数据；否则三路光纤并行发送三路不同的数据。

为提高系统的安全性，在该模块中将会增加一些私有帧协议，同时为防止三路数据在高速并行下的乱序，私有帧协议应包含相应的 ID 编码，接收端可以根据此 ID 编码对接收到的数据进行排序，同时一旦出现丢帧现象也能通过 ID 及时发现与统计。在本系统中私有帧协议按表 7 所示格式进行组帧。由表 7 可知，在此帧中有效数据位宽为 32 位，而从 RS 编码模块中位宽为 8 位，因此同样需要进行位宽异步转换。而协议中通道使能标识位代表光纤通道的开启状态，发送端关闭或打开某个通道，相应的通道使能标识位也会实时发生变化，这样接收端可通过此标识位及时知道某路光纤通道是处于关闭状态还是处于开启状态。

表7　私有帧具体协议格式

私有帧（64bit）	代表意义
63－56	板卡号（板卡 MAC）
55	预留给通道 4
54	通道 3 使能标识位
53	通道 2 使能标识位
52	通道 1 使能标识位
51－50	数据帧的传输通道号（通道 MAC）

续表

私有帧（64bit）	代表意义
49–46	通道选择方式
45–42	纠错方式
41–40	帧复制次数（三选二方式下有用）
39–32	帧计数器（作为 ID）
31–0	有效数据

表 7 私有帧中数据帧的传输通道号则为该模块通过依次轮询后，对数据帧进行依次编号，光纤模块只需要识别该通道号，选择相应的通道进行盲发即可。数据帧的依次编号虽然简单，也牺牲了发送端的发送速率，但却降低了接收端排序的难度和所需的缓存空间，侧面提高了整个系统的效率。

表 7 中，私有帧协议的加入使得发送单 FPGA 板卡光纤 1 通道的数据只能由接收端 FPGA 板卡的 1 通道进行接收，其他板卡或者其他通道不能接收该数据，这提高了系统传输的安全性。而当没有有效数据进行传输时，该模块将会自动产生带有板卡 MAC、通道 MAC 等信息的心跳信号，当接收端板卡 4s 内既没有收到有效数据也没有收到相应的心跳信号时，相应的光纤通道会产生中断报警信号，及时通知用户。

4.3.4 光纤发送模块

通道选择算法模块按照私有帧协议组帧后，会将 64bit 数据送入光纤发送模块，在该模块中采用 aurora 单工协议，aurora 模块调用 IP 核定制，如图 24 所示。

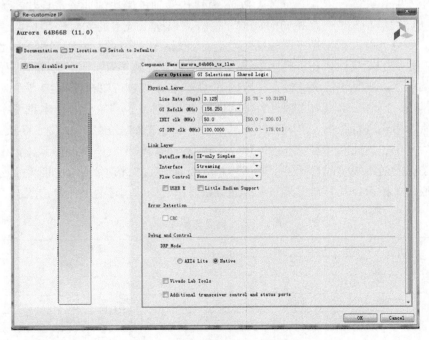

图 24 发送端 aurora IP 核配置

而本系统采用三路光纤，因此需要例化三个 aurora 接口，同时通道选择算法模块生成的私有数据帧在该模块中也需要三个通道轮询发送。而在配置外部 IO 口时，光纤的 IO 口仅配置发送接口，不配置接收接口，以保证传输的单向性。

4.4 发送端驱动及应用程序的设计

发送端 FPGA 板卡开发完毕后，可以通过 WinDriver 生成相应的驱动，并伴随生成简单的用户态驱动程序。该用户态驱动程序提供了设备的打开、关闭、寄存器的读写、中断的处理等操作，以命令行模式进行展现与操作。应用程序根据发送端 FPGA 板卡的具体实现，在此基础上进行开发。

图 25 为发送端应用程序处理流程，应用程序运行后，首先会查找并打开设备，然后分配 DMA 传输的内存，并将该内存绑定其物理地址，接下来用户可以通过应用程序选取要传输的目标文件，应用程序将会根据 DMA 的大小（在发送端默认选择是 0x800）分多次对目标文件进行传输（最后不满足 DMA 大小时，由应用程序自动补足，并做好标记位），在进行 DMA 传输时，需要先往 BAR2 寄存器写入 DMA 物理地址、DMA 大小、目标文件是否采用三路冗余传输、是否需要进行纠错编码等信息，然后写入 DMA 读命令。FPGA 收到该命令后发起 DMA 读请求，流程如 4.2.1 节所述，在 DMA 传输完毕后，FPGA 将会发送中断（此中断标号为 0x3）。应用程序在写入 DMA 命令后将会等待标号为 0x3 的中断的到来，如果中断在规定时间内到来，再判断是进入下一次循环还是结束，否则则中断超时报警。

需要指出的是，在传输目标文件的时候，目标文件的大小不一定正好是 DMA 大小的倍数，因此需要对目标文件的大小进行标识。在此系统设计中，通过发送端和接收端的应用程序配合来获取最终的目标文件数据。在发送端应用程序中，规定目标文件最后一包假如不够一次 DMA 读包时，在应用程序中记录此包实际有效数据的个数，同时向此包通过写入 0xFF 进行补足，然后应用程序自动增加一次 DMA 包，在新增加的 DMA 包中除最后四个字节外全部循环写入有效数据的个数（每个数据占用 4 个字节），最后四个字节写入 DMA 读的大小，供接收端判别使用。例如，在发送端 DMA 大小默认为 0x800 的情况下，当目标文件的最后一包个数为 0x600 时，应用程序会在此包中写入 0x200 个 0xFF 以补足该包，同时应用程序自动生成另一包除最后四个字节数据全为 0x00000600 的 DMA 读包，该包最后四个字节为 0x00000800，并且发送出去。而当目标文件的最后一包恰好为 0x800 时，应用程序同样会增加一包，只是自动生成的一包数据全为 0x00000800，然后发送出去。这样发送端的 FPGA 板卡认为收到的有效数据均为 0x800 的倍数。而在接收端的应用程序中再通过此规格提取最终的目标文件即可，具体的将会在 4.6 节中进行介绍。

4.5 接收端 FPGA 板卡硬件设计

接收端是发送端的逆过程，接收端是光纤接到数据经过处理通过 PCIe 传给接收端服务器的过程，因此接收端 FPGA 板卡实现的功能是发送端各个模块的逆过程。在接收端

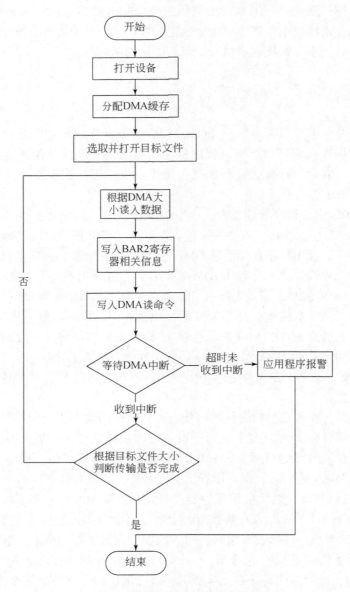

图 25　发送端应用程序处理流程

FPGA 板卡的实现过程中，会有很多设计与发送端相似，在此不再雷同介绍，仅就两者的不同进行着重介绍。

4.5.1　光纤接收模块

在该模块中采用 aurora IP 核的接收单工方式，其 IP 核的定制如图 26 所示。因为接收端需要接收三路并行光纤的数据，因此同样需要例化三个 aurora IP 核。

该模块接收到来自光纤的数据后，首先检测数据是否为合法数据，即检测板卡号和通道号是否正确，如果这两个条件有一个不满足，将会认为是非法数据，该模块将会计

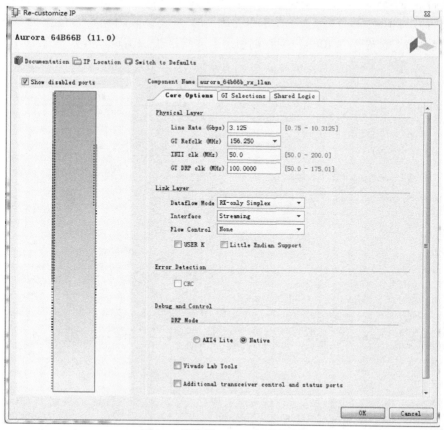

图 26　接收端 aurora IP 核配置

时，当收到非法数据连续超过 4s 时，该模块将会向 PCIe 模块传递信息，通过 PCIe 模块的中断机制向接收端发送光纤异常中断报警；而当两个条件均满足时，将会检测接收的是有效数据帧还是心跳信号帧，如果是心跳信号，则不进行数据处理直接丢弃，如果是有效数据，则将接收到的 64bit 数据直接送入位宽为 64bit 的 FIFO 中，以待进一步处理。因为传输是单向的，光纤模块需要有足够快的速度来处理所接收的有效数据，否则将会出现数据丢失，为提高缓存效率，该模块将三路光纤收到的三路有效数据分别存放于三个位宽为 64bit 的 FIFO 中，等进入通道选择算法模块后再进一步进行处理。

4.5.2　通道合并算法模块

此模块将会轮训三个 FIFO，通过发送端在通道选择算法模块中设计的私有协议帧中加入的 ID 编码（即帧计数器）来对收到的三个 FIFO 的有效数据进行排序，同时检测通道选择方式，当为三路数据冗余传输时，需要进行两两比对，选取一路正确数据存取以供下一个模块使用，而通道选择方式不为三路冗余传输时，则该数据直接存储。当出现丢帧（一帧含有 32 位有效数据）现象时，该模块将会根据帧计数器丢弃前后 256 字节的数据，以防止进入 RS 解码模块进行错误的解码。同时该模块会记录丢弃的帧数，以供用户随时查询。在本模块的存储过程中，为了配合丢帧的调度处理，将数据存放在 RAM

中，通过控制 RAM 的地址来实现数据丢帧的处理。同时将通道选择方式（4bit）和 RS 纠错编码方式（4bit）一块存入 RAM 中，因为本模块获取的纯有效数据为 32bit，拓宽 8bit，因此 RAM 的宽度为 40bit。接收端通道合并算法模块实现流程如图 27 所示。

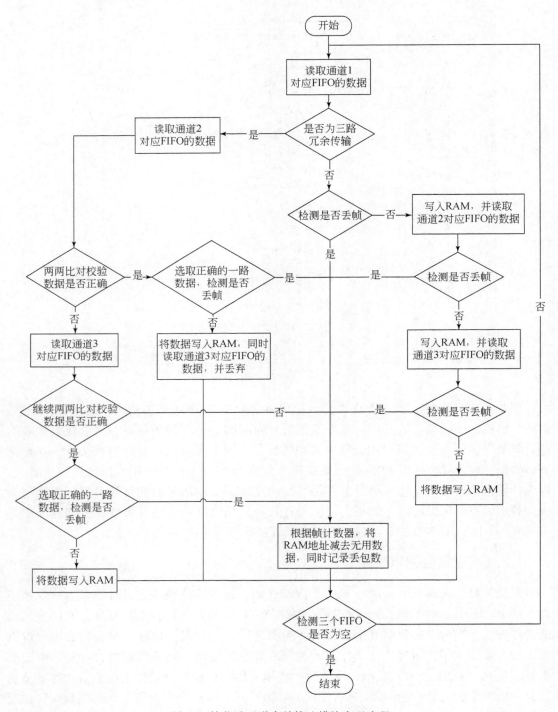

图 27　接收端通道合并算法模块实现流程

4.5.3　RS 解码模块

从 RAM 中读取的有效数据位宽是 32bit，正如发送端介绍的一样，在 255 个字节后补充了 1 个字节进行补齐，因此在该模块首先要去掉多余的第 256 个字节。然后根据与有效数据同样存入 RAM 中的 RS 编码寄存器的状态，检测接收到的数据是否需要经过 RS 解码，如果是则需要送入 RS 解码的 IP 核进行解码，RS 解码的 IP 核配置如图 28 所示，解码后 255 个字节数据将会去掉冗余数据，输出 239 个字节数据。输出的 239 个字节并不全是有效数据，最后一个字节为本帧中有效数据的个数，因此应该通过最后一个字节进行有效数据的提取，提取方法也是采用 RAM，通过控制地址，去掉无效的数据。如若不需要进行解码，则获得 255 个字节数据，再根据最后一个字节判断有效数据的个数，同样通过 RAM 的控制地址去掉无效数据。

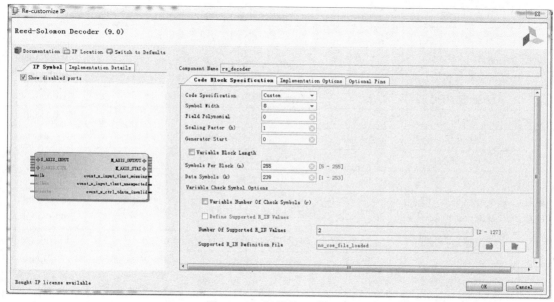

图 28　RS 解码的 IP 核配置

4.5.4　PCIe 模块

与发送端类似，该模块同样需要实现查询、配置、有效数据传输的功能，此外还要实现异常报警的功能。接收端的 PCIe IP 核配置与发送端相同，只是为区分发送端和接收端驱动、板卡等的不同，接收端设备 ID（device ID）定义为 2024（发送端为 1024）。

1）查询配置

查询、配置功能的 FPGA 实现状态与发送端类似，这里不再赘述，只是与发送端相比，接收端查询与配置的寄存器略有差别。表 9 和表 10 分别对应接收端查询寄存器定义和配置寄存器定义。表 9 中接收端查询寄存器与发送端寄存器定义基本相同，只是多了一个统计丢帧帧数的寄存器。而在表 10 中因为接收端的通道开启状态是由发送端控制的，因此表 10 少了配置通道开启的寄存器，同时增加了配置丢帧帧数寄存器。

表 9　接收端查询寄存器定义

查询信息寄存器		位数（bit）	取值范围	缺省值
板卡物理地址		16	0x0 ~ 0xFFFF	0x2
板卡 PCIe 接口发送总字节数（只针对有效数据块）		64	数据实时更新，最大可统计约 15EB 的数据	0x0000000000000000
板卡运行时长		32	时间以 s 为单位，可记录 100 多年	0x00000000
备用		16	—	0x0000
1号通道信息	通道号	8	0x0 ~ 0xFF	0x1
	开启状态	4	0xF（开启），0x0（关闭）	0xF
	忙碌状态	4	0xF（忙碌），0x0（空闲）	0x0
	接收字节数（只针对有效数据块）	64	数据实时更新，最大可统计约 15EB 的数据	0x0000000000000000
	1 号通道运行时长	32	时间以 s 为单位，可记录 100 多年	0x00000000
	备用	16	—	0x0000
2号通道信息	通道号	8	0x0 ~ 0xFF	0x2
	开启状态	4	0xF（开启），0x0（关闭）	0xF
	忙碌状态	4	0xF（忙碌），0x0（空闲）	0x0
	接收字节数（只针对有效数据块）	64	数据实时更新，最大可统计约 15EB 的数据	0x0000000000000000
	2 号通道运行时长	32	时间以 s 为单位，可记录 100 多年	0x00000000
	备用	16	—	0x0000
3号通道信息	通道号	8	0x0 ~ 0xFF	0x3
	开启状态	4	0xF（开启），0x0（关闭）	0xF
	忙碌状态	4	0xF（忙碌），0x0（空闲）	0x0
	接收字节数（只针对有效数据块）	64	数据实时更新，最大可统计约 15EB 的数据	0x0000000000000000
	3 号通道运行时长	32	时间以 s 为单位，可记录 100 多年	0x00000000
	备用	16	—	0x0000
丢帧帧数		64	数据实时更新，最大可统计约 15E 帧的数据	0x0000000000000000

表 10　接收端配置寄存器定义

配置信息寄存器	位数（bit）	取值范围	缺省值
板卡物理地址	16	0x0 ~ 0xFFFF	0x2

配置信息寄存器		位数 （bit）	取值范围	缺省值
板卡接收总字节数		8	值为 0x00 时表示复位，此时将清空相应寄存器； 值为 0xFF 时表示寄存器值不变	0xFF
板卡运行时长		8		0xFF
1 号通道信息	发送字节数	8	值为 0x00 时表示复位，此时将清空相应寄存器； 值为 0xFF 时表示寄存器值不变	0xFF
	1 号通道运行时长	8		0xFF
2 号通道信息	发送字节数	8	值为 0x00 时表示复位，此时将清空相应寄存器； 值为 0xFF 时表示寄存器值不变	0xFF
	2 号通道运行时长	8		0xFF
3 号通道信息	发送字节数	8	值为 0x00 时表示复位，此时将清空相应寄存器； 值为 0xFF 时表示寄存器值不变	0xFF
	3 号通道运行时长	8		0xFF
丢帧帧数		8	值为 0x00 时表示复位，此时将清空相应寄存器； 值为 0xFF 时表示寄存器值不变	0xFF
备用		8	—	0xFF

2）有效数据传输

在接收端，数据的接收是被动的，为了能将接收端 FPGA 板卡及时传递给接收端服务器，FPGA 在设计时采用双中断的方式，因为中断采用传统的 INTA 中断方式，所以在接收端通过增加中断标识寄存器来区分多个中断。同时接收端收到的有效数据个数不一定恰好为 DMA 写大小的倍数，因此接收端通过增加有效数据计数器寄存器来向接收端应用程序传递每次 DMA 写有效数据的个数，当接收端 FPGA 连续 5s 未收到有效数据（注意此时光纤传递心跳信号并未异常，5s 未收到有效数据则认为本次目标文件的传输已经完毕），且接收端 FPGA 中还有剩余数据（这些剩余数据个数不够一包 DMA 写）需要传递给应用程序时，此时接收端 FPGA 会自动写入 0xFF 进行补足一包 DMA 写，同时在有效数据计数器中记录该 DMA 写包的有效数据个数，接收端应用程序通过此寄存器来获得最终有效数据。接收端有效数据传输寄存器定义见表 11。

表 11　接收端有效数据传输寄存器定义

BAR2 偏移地址	发送端		写入值
0x4	中断服务寄存器		0x2、0x3
0x8	DMA 写首地址寄存器		写入上位机开辟 dmawrbuf 所对应的物理地址
0xc	DMA 写大小寄存器		根据用户输入的 DMA 大小，接收端默认 0x8000
0x10	DMA 命令寄存器		0x100
0x1C	低 12bit	中断标识寄存器	0x12、0x3、0x102、0x202、0x302
	高 20bit	有效数据计数器	每次 DMA 写的有效数据个数

图 29 为接收端有效数据传输 FPGA 编码状态，从 RS 解码模块 RAM 读出的数据经过位宽异步转换后会集中放到 64bit FIFO 中进行缓存，当该模块检测到 FIFO 中的数据已够

DMA 写大小（默认 0x8000）时，该模块在偏移地址为 0x1C 寄存器中写入 0x08000012，在偏移地址 0x4 位置写入 0x3 同时发送中断请求信号（定义此中断标号为 0x12），服务器清除中断后，会读取 0x1C 寄存器的值，然后通过 mem 写向 FPGA 发送 DMA 写首地址等信息，当往 0x10 寄存器写入 0x100 时表示 DMA 写启动，此时 FPGA 将会组成 mem 写 TLP 包，将有效数据写入 DMA 所给的物理地址，传输完毕后会产生标号为 0x3 的中断（即偏移地址 0x1C 上写入 0x08000003），等待服务器清除中断后完成一次 DMA 写操作，每次 DMA 写操作完成后，应用程序可根据从 0x1C 读取数据的高 20bit 来判断本次 DMA 写的有效数据个数，从而得到最终的有效数据。

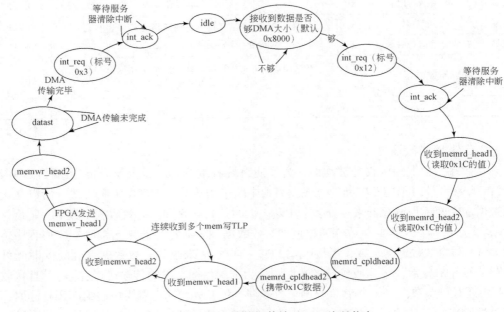

图 29　接收端有效数据传输 FPGA 编码状态

3）异常报警

如前所述，当光纤断开或非法数据入侵（即接收端连续 4s 内既没有收到心跳信号也没有收到有效数据）时，光纤模块会向该模块传递相应光纤异常信息，该模块会直接操作偏移地址 0x1C、0x4 及中断请求信号向服务器发送光纤异常中断报警。表 11 0x1C 中断标识寄存器值 0x102、0x202、0x302 分别代表光纤通道 1 号、2 号、3 号异常。

4.6　接收端驱动及应用程序的设计

接收端的驱动及应用程序的设计与发送端类似，只是接收端在处理流程上要比发送端烦琐一些，图 30 是接收端应用程序处理流程。与发送端不同的是，接收端需要等待数据的接收，因此在分配 DMA 缓存后，接收端应用程序将会进入等待中断状态，当收到中断标号为 0x12 的中断时，则进入 DMA 写状态，完成 DMA 后会继续进入等待中断状态，如此循环。而在应用程序运行的任意时刻，如果收到中断标号为 0x102、0x202、0x302 的中断时，分别表示光纤 1 号通道、2 号通道、3 号通道异常，应用程序需要报警。

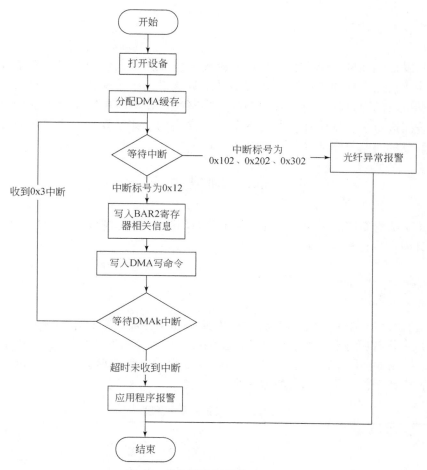

图 30 接收端应用程序处理流程

同样需要特别指出的是，发送端应用程序和 FPGA 均对目标文件进行补足处理，因此接收端应用程序需要对收到的有效数据进行补足，得到最终的目标文件。首先，当接收端应用程序进行连续 DMA 写收到有效数据后，在 4s（FPGA 控制为 5s）后又收到一次 DMA 写，则认为此次 DMA 写是本次目标文件传输的最后一包，FPGA 对此包可能做了补足处理，需要根据从 0x1C 中读取的前 20bit 获取有效数据的个数，得到最终发送端 FPGA 传递过来的有效数据。得到有效数据后，根据有效数据最后四个字节判断发送端 DMA 读的大小，然后根据最后一包 DMA 读的数据得出目标文件最后一次 DMA 读时的个数，最后从倒数第二包 DMA 读的数据中提取最终的目标文件。例如，发送端目标文件最后一包为 0x600，得到有效数据后，该数据的最后四字节为 0x00000800，可知 DMA 读包的大小为 0x800。有效数据最后 0x800 字节为 DMA 读时自动增加的包，该包除最后四个字节为 0x00000800，其余数据按四字节划分全为 0x00000600，可知有效数据最后 0x1000 个字节中，仅有前面的 0x600 字节为目标文件，其余的应全部略去，这样即得到了最终的目标文件。

4.7 小结

本节从发送端和接收端入手，结合系统整体设计模型，分别介绍了系统底层硬件设计、驱动应用层的设计并加以实现，在本系统具体设计中按模块划分，接收端的各模块是发送端各模块的逆过程，但又有不同的处理策略。在本节中对重点模块的算法通过状态图、流程图进行了详细阐述，通过本节对各模块的具体实现，该系统按设计要求搭建完毕，为后续的实验与测试奠定了基础。

5 系统测试与评价

通过第4节对系统的设计与实现，整个单向传输系统搭建完毕，在本节中，将会结合系统的设计需求进行实验验证。

5.1 系统测试环境

本系统设计的单向传输板卡最终应用在服务器中，而在测试本系统时，系统测试采用两台主机来代替服务器，系统测试所需要的硬件环境和软件环境见表12和表13。

图31为测试主机的实物，其中在图31（a）中，白色矩形标注的为FPGA板卡，在图31（b）中两个白色圆圈标注的为三路光纤接口。

表 12　系统测试硬件环境

序号	设备名称	设备参数	数量
1	发送端主机	型号：GIGABYTE GA-Z97 型号	1
		操作系统：Windows7 64 位	
		CPU：Inter Pentium 3.20GHz 双核	
		内存：8GB	
		硬盘：1T	
		PCIe 插槽：PCIe X16、X8、X4 插槽各一个	
2	接收端主机	型号：GIGABYTE GA-Z97 型号	1
		操作系统：Windows7 64 位	
		CPU：Inter Pentium 3.20GHz 双核	
		内存：8GB	
		硬盘：1T	
		PCIe 插槽：PCIe X16、X8、X4 插槽各一个	
3	发送端 FPGA 板卡	FPGA 型号：xc7k325tffg900-2L	1
		支持：PCIe X4，四路光纤，带有 4GB DDR3	
4	接收端 FPGA 板卡	FPGA 型号：xc7k325tffg900-2L	1
		支持：PCIe X4，四路光纤，带有 4GB	
5	光纤	SFP+ 10Gb/s，单模，长度为 5m	3

表 12　系统测试软件环境

	软件配置	备注
发送端	操作系统：Windows7 64 位	
	安装 WinDriver 生成的发送端驱动	
	安装发送端应用程序	
接收端	操作系统：Windows7 64 位	
	安装 WinDriver 生成的接收端驱动	
	安装接收端应用程序	

(a)板卡正面图　　　　　　　　　　　(b)系统实物图

图 31　测试实物

　　从表 12 可知，主机上的内存均为 8GB，而为了尽可能测试单向传输系统的性能，仅 8GB 内存可能不足以满足数据传输需求，因此在本节测试时，需要安装测试所用的应用程序。该应用程序在发送端会在开辟 DMA 缓存发起 DMA 读后循环往此内存写数，以供 DMA 读使用；在接收端应用程序将有效数据放入 DMA 缓存后会进行及时的校验，然后清除缓存以供下一次 DMA 写使用。这样发送和接收可以连续不断的传送数据，使得系统可以进行长时间测试，更能体现系统的性能。

5.2　测试方法与结果

　　在系统开发过程中，PCIe 的开发占有很大的工作量，无论是 FPGA 板卡上 DMA 处理器的设计，还是驱动层、应用层的配合，PCIe 的研制决定了整个系统的功能和性能的实现。因此在测试环节中，先对 PCIe 模块进行单独测试，然后对整个系统的功能和性能进行测试。

5.2.1　PCIe 测试

PCIe 测试指对 FPGA 板卡中开发的 DMA 处理器及根据 FPGA 板卡生成的相应的驱动进行测试，通过对不同大小的 DMA 读和 DMA 写的测试，检验 FPGA 板卡与驱动的开发质量，同时得出在不加光纤和各种私有帧协议的情况下，PCIe 的饱和传输速率。DMA 读的测试方法是主机开辟 DMA 缓存后自动循环往里写数，通过 DMA 读向 FPGA 发送数据，FPGA 收到数据后直接丢弃，防止 FPGA 因缓存不足造成溢出的异常现象；DMA 写的测试方法是 FPGA 自动循环产生数据，通过 DMA 写往主机发送数据，主机获得数据统计接收速度后直接丢弃。

表 14 是对不同 DMA 大小进行测试的数据，需要指出的是，表中 DMA 大小为 0x400、0x800、0x2000、0x4000 的测试是测试了传输 10 亿次 DMA 的时间，而 0x20000、0x40000、0x80000 则是测试了传输 1 亿次 DMA 的时间。从表 14 可知，随着 DMA 大小增大，其传输速率也在增加，当 DMA 大小超过 0x40000 时，传输速率增加不明显，基本达到 PCIe 的饱和传输状态。

表 14　PCIe 速度测试

DMA 大小（Bytes）	DMA 读		DMA 写	
	测试时长（h）	DMA 读平均速度（MB/s）	测试时长（h）	DMA 写平均速度（MB/s）
0x400	4.29	64.626	4.01	69.338
0x800	4.36	127.546	4.22	131.558
0x2000	6.20	358.409	5.73	387.793
0x4000	8.08	549.911	7.11	625.428
0x20000	3.92	936.699	3.40	1045.163
0x40000	6.45	1102.670	5.95	1194.248
0x80000	10.61	1193.877	10.41	1211.853

5.2.2　系统数据传输测试

系统正常运行时，主要的任务就是进行有效数据的传输，因此有效数据的传输在系统设计中占有重要地位，而在测试时必然也是必不可少的一部分。在本节中，有效数据的测试路径指有效数据从发送端主机发出，到接收端主机接收数据并完成数据校验的过程。需要指出的是，接收端因采用双中断机制，当发送端与接收端的 DMA 大小一致时，接收端的中断次数是发送端的两倍左右，为减轻接收端的负载，将接收端的 DMA 大小设置为 0x8000，而发送端的 DMA 大小设置为 0x800（序号 1、2）、0x400（序号 3）。由表 14 可知，DMA 大小为 0x800 时，其 PCIe 速度大概在 130MB/s。虽然 130MB/s 的速度没达到系统的极限，但对大多数用户来说此速度已满足需求，后期如若需要更快的速度，可将 DDR 加入，通过更改两端 DMA 传输的大小来提高传输速率；或者加入多套板卡，通过横向扩展，来提高整个系统的传输速率。图 32（a）和图 32（b）分别为发送端和接收端有效数据传输应用程序界面，其中可通过图 32（a）蓝色矩形处更改测试次数，而两图中红色圆圈则显示当前正常工作的光纤通道数。

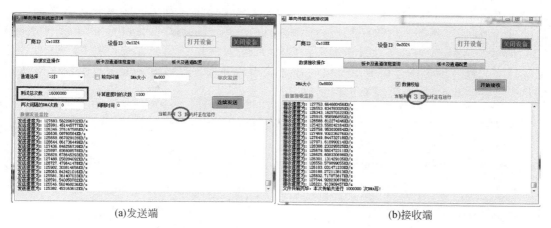

(a)发送端   (b)接收端

图 32　发送端、接收端有效数据传输应用程序界面

  运行图 32 所示的应用程序，分别对不同方式下的传输进行测试，其测试结果见表 15（为增强说服力，有效数据传输测试时发送端测试总次数不采用默认值 16 000 000，而是分别采用了 10 亿次、20 亿次）。表 15 中序号 1 表示数据在进行 RS 编码同时不采用三选二的方式，序号 2 表示数据不进行 RS 编码但采用三选二的方式（测试方法为：发送端按三选二的方式进行正常三通道发送，将接收端 2 号光纤突然断开，此时会有异常报警，因为传输方式为三选二的方式，如若继续传输，系统仍可正常运行），序号 3 表示数据既进行 RS 编码也采用三选二的方式，此种方式会使有效数据在环境恶劣的情况下仍然能保证数据的传输可靠性，但必然会带来速度的降低。从表 15 测试 1 中可知，该系统可以在 120MB/s 的速度下可靠运行；从测试 2 中可知，当 2 号光纤断开后，会出现光纤报警现象（报警现象如图 36（b）所示，在 5.2.5 节进行介绍），此时若用户选择继续传输，则可以通过三选二的比对方式获取正确的数据，其丢帧率、误码率依然为 0；从测试 3 中可知，当加入 RS 编码后，其传输速率可能会相应地降低，但当长距离传输时，RS 编码可以对数据在传输过程中因信噪环境差而造成的误码进行纠正，此种传输方式适合于用户对数据传输可靠性要求极高的情况。

表 15　系统测试

序号	是否三选二	是否 FEC	测试时长 （h）	发送数据大小 （GB）	传输速度 （MB/s）	丢帧数	误码数	备注
1	否	否	4.69	1907	127.23	0	0	
2	是	否	5.13	1907	126.82	0	0	2 号光纤断开
3	是	是	8.86	1907	64.19	0	0	

5.2.3　系统查询功能测试

  区别于传统单向传输系统，与用户的交互功能作为系统的特色之一，通过查询功能的引入，用户可以及时了解发送端和接收端分别发送和接收有效数据的数目，传输过程中是否出现丢数。在本测试中，分别将系统运行一段时间（发送端测试总次数采用默认值即可），然后发送端和接收端均进行查询功能测试，其测试结果如图33（a）和图33（b）所示，从图33中可知，发送端和接收端无论是PCIe接口还是光纤接口，其有效数据统计均一致（因传输过程中协议帧和补足数据的处理，有效数据的统计会比实际传输的目标文件包数大一些），没有出现丢包误码现象。

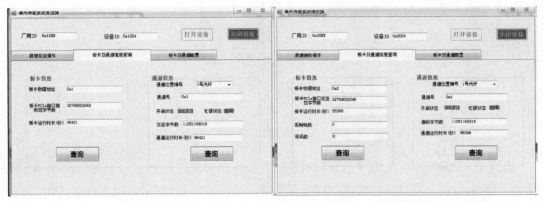

(a)发送端　　　　　　　　　　　(b)接收端

图33　发送端、接收端查询功能测试

5.2.4　系统配置功能测试

配置功能主要用于清空FPGA板卡寄存器，此外还用于配置光纤通道使能，在此模块中，将会对3号光纤通道进行关闭，如图34所示，然后测试系统的正常运行，测试结果如图35所示。结果表明，在通道配置为关闭的情况下，另外两条通道依然可以完成整个系统的功能。

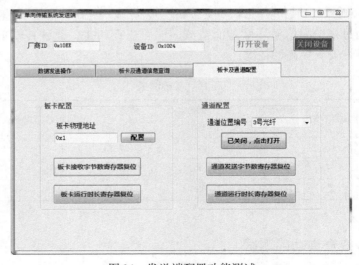

图34　发送端配置功能测试

(a)发送端　　　　　　　　　　　　　　　(b)接收端

图35　发送端、接收端两路光纤有效数据传输测试

5.2.5　系统报警功能测试

系统报警功能测试增加了系统的安全性，对系统报警功能测试主要指系统在三路光纤通道下正常运行，突然断开 2 号光纤通道，系统弹出报警警告，测试结果如图 36（a）和图 36（b）所示，图 36（a）为不采用冗余传输下光纤突然断开的报警，此时系统不能正常运行，需要检测修复或通过发送端进行配置才能使用；图 36（b）为三路冗余传输情况下，光纤突然断开，此时因为数据为三路冗余传输，可以通过另外两路数据进行比对获得正确的数据，因此如果此时传输的文件较为重要，系统需要照常运行，可以选择先进行传输，用户可在传输完毕后再进行检查修复或通过发送端进行配置。

(a)一对一方式下报警　　　　　　　　　　(b)三选二方式下报警

图36　接收端报警功能测试

5.3　系统评价

通过对系统整体和各环节进行测试，表明该单向传输系统的设计是可行的，也同样

克服了当前单向传输系统单通道失效、传输速率低、传输数据不可靠、不存在人机交互等弊端，更是从硬件物理环境上保证了系统的安全性，进一步提高了系统的安全性。该系统的研究虽然还存在一定的不足，如 FPGA 板卡硬件虽然有 DDR，但系统设计中未将DDR 加入来扩大 FPGA 的缓存，从而不得不降低系统的传输速率来进行测试，但该系统无论是当前的传输速率还是传输误码率，均优于当前已有的单向传输系统，相信随着系统的完善，该系统将会有很好的市场应用前景。

5.4　小结

本节主要对单向传输系统进行了测试，获得测试数据，并进行了一定的分析与评价，将系统运用于实践，从实践的角度证明了系统的可行性。

6　总结与展望

6.1　研究工作总结

本研究在大量调研当前单向传输系统的基础上，发现当前单向传输系统存在单通道失效、传输速率不高、不能支持准实时甚至实时传输、系统安全性低、与用户不存在交互功能等缺点。针对这些问题本研究提出了基于 FPGA 的多通道冗余传输的单向传输系统，在系统设计和实现时增加了如 8b/10b、64b/66b、前向纠错等编码算法进一步提高传输可靠性，系统从应用层、驱动层和底层硬件进行分模块实现，并最后对实现的系统进行了实验测试，测试结果满足设计要求，该单向传输系统可以应用于不同网络间进行单向传输，安全性强，可靠性高，具有广阔的市场前景。通过总结与分析，研究工作主要包括以下几个方面：

（1）查阅国内外文献，对当前单向传输系统进行调研，分析归纳当前单向传输系统的弊端及用户的需求；

（2）查找本系统设计所用到的理论知识，调研本系统的可行性，理论成熟后对系统进行全方位研究，对系统涉及的关键方面和关键技术进行分析；

（3）根据研究的系统模型，进行系统的整体设计，并将系统按模块划分进行实现，对系统进行实验测试，并对实验结果进行分析与评价。

本研究设计的单向传输系统涉及高速、单向、高可靠传输，在系统设计和实现过程中，着重解决了以下关键技术：

（1）高速数据的分发与处理。无论是 PCIe 还是万兆光纤都是高速通信接口，而整个系统又是单向传输，因此系统在实现时合理设计了多级缓存机制，既保证数据能及时接收处理不丢失，又保证 FPGA 内部缓存得以合理利用。

（2）DMA 处理器的实现。DMA 处理器是本系统的主要工作量，涉及各种状态各种TLP 包头的识别、转换、响应等处理。

（3）私有帧协议的设计。作为光纤端口的私有帧协议，其合理的设计既可以满足系统的安全性，又可以保证光纤的传输效率得到合理利用，还可以降低接收端通道合并算法的难度系数。

（4）通道选择算法和合并算法的实现。系统设计中将多通道冗余传输和多通道并行传输相结合，因此通道选择算法和合并算法的合理设计是本研究的关键点之一。

而本研究所设计的单向传输系统有如下几个创新点：

（1）灵活得多通道传输设计。多路冗余传输解决了单通道失效时的弊端；多路并行传输提高了系统的整体传输效率，并为后续速度的大幅度提升做了准备。而本研究结合FPGA 的特性，进行了交互功能的开发，用户可根据自己的需要，选择传输方式、通道工作数量等，这种设计在当前单向传输系统应用中极为罕见。

（2）系统的高效、高速性。系统充分利用 FPGA 并行的优势，将软件算法尽可能地在硬件上实现，减轻服务器端的负载；系统选型合理，利用 PCIe、DMA、万兆光纤等高速传输技术，合理设计传输算法，提高了系统的传输速度及效率。

（3）私有帧协议的设计。系统多次采用私有协议，确保数据在传输过程中不会被黑客获取并解读，也不会被注入非法信息，当有光纤异常断开、数据非法拦截或注入时，可以及时中断报警，保证了系统的安全性。

6.2　下一步工作展望

本研究的单向传输系统虽然克服了当前传输传输系统中单通道失效、速率低、不存在与用户交互功能等弊端，但仍有需要改进的地方：

（1）虽然硬件板卡设计时包含 DDR，但在本系统中仅使用了 FPGA 内部存储，未使用 DDR，因内存的限制，速度仅能压制在 120MB/s 的速率，而在实验中 PCIe 传输速率可达到1GB/s，万兆光纤的速率也可达到1GB/s，因此内存的限制使得整个系统的速率未能在饱和状态下运行；

（2）光纤传输私有帧协议中有效数据的位宽为 32bit，仅占光纤协议位宽的 50%，这也降低了光纤的利用率。

针对以上不足，下一步的工作展望可以从两方面入手：

（1）在系统中加入 DDR 作为缓存，特别是接收端，增加整个系统的缓存空间，从而提高整个系统的传输速率；

（2）DDR 的加入使得缓存变大，可以考虑设计更为有效的光纤私有协议，提高光纤的传输效率。

参 考 文 献

［1］张伟. 代码战争全球工业网络安全新战场大揭秘［J］. 中国经济周刊, 2016, (16)：16-17, 88.
［2］任丽, 王惠敏, 严清兰. 电子政务系统的信息安全技术［J］. 甘肃科技, 2006, (3)：24, 85-86.
［3］Kang M H, Moskowitz I S. A pump for Rapid Reliable Secure Communication［C］. Proceedings of The 1st ACM Conference on Computer and Communications Security, 1993：119-129.
［4］Kang M H, Moskowitz I S, Chincheck S. The pump：a decade of covert fun［C/OL］. 21st Annual Computer Security Applications Conference（ACSAC´05）, 2005：352-360.
［5］Tenix defence systems interactive link data diode device［DB/OL］. http：//www. dsd. gov. au/library/

pdfdocs/EPL-Listings-ST-CRs/network-security-pdf/Tenix/IL-DDD-CER-4. 0. Pdf.

［6］ Tenix America. Tenix data diode-absolute information protection ［EB/OL］. http://www. tenixamerica. com/images/whitepapers/datasheet-datadiode. pdf.

［7］ Slay J T. The uses and limitations of unidirectional network bridges in a secure electronic commerce environment ［C/OL］. INC 2004 Conference, Plymouth UK, 2004：6-9.

［8］ Du J, Liu P. Design and Implementation of Efficient One-way Isolation System Based on PF_RING ［C］. 2012 Fourth International Conference on Multimedia Information Networking and Security, 2012：106-108.

［9］ Sasaki Y. Security information flow analysis for data diode with embedded software ［C］. Symposium on Cryptography and Information Security （SCIS'05）, 2005：21-24.

［10］ 姚家鸣. 网络安全隔离 GAP 技术研究 ［D］. 兰州：西北师范大学硕士学位论文，2009.

［11］ 肖远军，方勇，周安民，等. 基于 USB2.0 接口的单向数据传输系统设计 ［J］. 计算机应用，2006，（6）：1490-1491.

［12］ 卢震宇，潘理，倪佑生. 一种基于 USB 的安全隔离与数据交换的实现方法 ［J］. 计算机工程，2006，（3）：158-160.

［13］ 李波，刘嘉勇，蒋瑜，等. 基于 EZ-USB FX2 的单向传输系统设计与实现 ［J］. 信息与电子工程，2008，（1）：46-50.

［14］ 姜黎，高志军，曹新星. 基于光纤通信技术的数据单向传输设备研究 ［J］. 计算机与数字工程，2012，40 （3）：83-85.

［15］ 王海洋，孟凡勇. 基于光纤的数据单向传输系统设计与实现 ［J］. 信息网络安全，2011，（9）：107-109.

［16］ 赖英旭，胡少龙，杨震. 基于虚拟机的安全技术研究 ［J］. 中国科学技术大学学报，2011，41 （10）：907-914.

［17］ 朱团结，艾丽蓉. 基于共享内存的 Xen 虚拟机间通信的研究 ［J］. 计算机技术与发展，2011，21 （7）：5-8, 12.

［18］ 李小庆，赵晓东，曾庆凯. 基于硬件虚拟化的单向隔离执行模 ［J］. 软件学报，2012：23 （8）：2207−2222.

［19］ 包益民. 基于光闸单向安全传输系统的研究与实现 ［D］. 杭州：浙江工业大学硕士学位论文，2012.

［20］ 王齐. PCI Express 体系结构导读 ［M］. 北京：机械工业出版社，2010.

［21］ 亿特. CPLD/FPGA 应用系统设计与产品开发 ［M］. 北京：人民邮电出版社，2005.

［22］ Aurora 64B/66B v11. 1 logicore IP product guide, April 6, 2016

［23］ 金文杰，刁盛锡，张迪，等. 基于 DFT 与 FEC 迭代的 OFDM 系统信道估计 ［J］. 通信技术，2016，49 （9）：1115-1121.

［24］ 陈曦. 基于 RS 编码的光通信系统的设计与实现 ［D］. 成都：电子科技大学硕士学位论文，2009.

［25］ 李江崃. 隔离网闸技术的现状与应用 ［J］. 软件导刊，2005，（18）：34-35.

［26］ 吴欢，詹静，赵勇，等. 一种高效虚拟化多级网络安全互联机制 ［J］. 山东大学学报 （理学版），2016，51 （3）：98-103, 110.

［27］ 张宗橙. 纠错编码原理和应用 ［M］. 北京：电子工业出版社，2003.

［28］ 胡飞，朱耀庭，朱光喜. 基于 Galois 域 Reed-Solomon 码的数据包层 FEC 编码软件实现 ［J］. 通信学报，2002，23 （3）：57-64.

［29］ 温春江. FPGA 与 PC 间基于 PCIe 和千兆以太网的通信设计 ［D］. 西安：西安电子科技大学硕士学位论文，2014.

［30］ 李木国，黄影，刘于之 . 基于 FPGA 的 PCIe 总线接口的 DMA 传输设计［J］. 计算机测量与控制，2013，21（1）：233-235，249.

［31］ 刘波，陈曙辉 . 一种基于 Bell-LaPadula 模型的单向传输通道［J］. 计算机科学，2012，39（S2）：26-29.

［32］ 徐天，何道君，徐金甫 . 基于 IP 核的 PCI Express 接口［J］. 计算机工程，2009，35（24）：239-241.

［33］ 何琼，陈铁，程鑫 . 基于 FPGA 的 DMA 方式高速数据采集系统设计［J］. 电子技术应用，2011，37（12）：40-43.

［34］ 汪精华，胡善清，龙腾 . 基于 FPGA 实现的 PCIE 协议的 DMA 读写模块［J］. 微计算机信息，2010，26（29）：7-9.

［35］ 火一莽，张福奎，张春霁 . 光闸技术方案设计［J］. 电子世界，2011（3）：26-30.

［36］ 陈卫勃 . 网络隔离技术在 DCS 中的应用［J］. 山东工业技术，2016，（4）：290.

［37］ Sundararajan P. High performance computing using FPGAs［J］. Xilinx White Paper：FPGAs，2010：1-15.

［38］ Vesper M，Koch D，Vipin K，et al. JetStream：an open-source high-performance PCI express 3 streaming library for FPGA-to-host and FPGA-to-FPGA communication［C］//Field Programmable Logic and Applications（FPL），2016 26th International Conference on. IEEE，2016：1-9.

［39］ Xu X，Zhou Z，Li N，et al. The design and realization of PXIe bus DMA based on FPGA［J］. Microprocessors，2010，4：004.

［40］ Gong J，Wang T，Chen J，et al. An efficient and flexible host-fpga PCIe communication library［C］//2014 24th International Conference on Field Programmable Logic and Applications（FPL）. IEEE，2014：1-6.

［41］ Farrell P G. Essentials of error-control coding［M］. John Wiley & Sons，2006.

［42］ Shan Y，Yi S，Kalyanaraman S，et al. Adaptive two-stage FEC scheme for scalable video transmission over wireless networks［J］. Signal Processing：Image Communication，2009，24（9）：718-729.

［43］ Kodama Y，Hanawa T，Boku T，et al. PEACH2：an FPGA-based PCIe network device for tightly coupled accelerators［J］. Acm Sigarch Computer Architecture News，2014，42（4）：3-8.

［44］ 吴德铭，陆达 . 高速通信中基于 FPGA 的 PCI 总线接口研究与设计［J］. 计算机应用，2005，25（11）：2717-2719.

［45］ 孟会，刘雪峰 . PCI Express 总线技术分析［J］. 计算机工程，2006，32（23）：253-255，258.

［46］ 郭绍日，张振宇 . PCI Express 总线技术剖析［J］. 电子测试，2004（11）：55-60.

［47］ 吴帅 . 基于 PCI Express 总线和光模块的高速串行传输系统设计与实现［D］. 长沙：国防科技大学硕士学位论文，2008.

［48］ Tamasi A M，Tsu W，Case C S，et al. PCIE clock rate stepping for graphics and platform processors：U. S. Patent 9，262，837［P］. 2016-2-16.

［49］ Boffi P，Parolari P，Gatto A，et al. PCIe-based network architectures over optical fiber links：an insight from the advent project［J］. 2016.

［50］ Chavan M T，Rupanagunta S. System and method for virtualizing PCIe devices：U. S. Patent 7，743，197［P］. 2010-6-22.

［51］ Ho K J，Chen M H，Chu H M. Method for configuring a Peripheral Component Interconnect Express（PCIE）：U. S. Patent 7，506，087［P］. 2009-3-17.

［52］ Goodart J E，Wu S. System and method for providing PCIe over displayport：U. S. Patent 8，051，217［P］. 2011-11-1.

［53］Asnaashari M. SATA mass storage device emulation on a PCIe interface：U. S. Patent 8，225，019［P］. 2012-7-17.

［54］Kosug M，Yasuda M，Satoh A. FPGA implementation of authenticated encryption algorithm Minalpher［C］//2015 IEEE 4th Global Conference on Consumer Electronics（GCCE）. IEEE，2015：572-576.

［55］Gayasen A，Tsai Y，Vijaykrishnan N，et al. Reducing leakage energy in FPGAs using region-constrained placement［C］//Proceedings of the 2004 ACM/SIGDA 12th international symposium on Field programmable gate arrays. ACM，2004：51-58.

［56］Abdelwahab M M. High performance FPGA implementation of Data encryption standard［C］//Computing，Control，Networking，Electronics and Embedded Systems Engineering（ICCNEEE），2015 International Conference on. IEEE，2015：37-40.

［57］Khan A，Patel K，Aurora A，et al. Design and development of the first single-chip full-duplex OC48 traffic manager and ATM SAR SoC［C］//Custom Integrated Circuits Conference，2003. Proceedings of the IEEE 2003. IEEE，2003：35-38.

［58］Leroux C，Jego C，Adde P，et al. Towards Gb/s turbo decoding of product code onto an FPGA device［C］//Circuits and Systems，2007. ISCAS 2007. IEEE International Symposium on. IEEE，2007：909-912.

［59］邵旭东，蒋海平，张菡. 基于光纤通信技术的数据单向传输可靠性研究［J］. 信息网络安全，2016，10：13.

［60］王景中，王精丰，王宝成，等. 基于 PF_RING 和 TNAPI 的高性能单向光闸数据传输技术的研究［J］. 信息通信，2016（4）：139-141.

基于改进 D-S 证据理论的国防采办绩效评估方法

王　萌　刘海滨　王婷婷

（中国航天系统科学与工程研究院，北京，100048）

摘要：为了提升国防采办项目的实施绩效，对其进行绩效评估是十分必要的。在深入分析国内外国防采办绩效评估研究现状的同时，发现了现有绩效评估指标体系中存在忽视采办计划层面的问题。为解决这一问题，将采办计划的评估放入指标体系内，吸收美国评估实践的经验，从成本、进度等六个方面建立了我国国防采办绩效评估指标体系。在对专家组打分数据进行处理时，建立专家评语与绩效等级的隶属关系，采用测度贴近度公式构建 Mass 函数，并用 Pignistic 概率距离对其进行改进，提出了一种针对国防采办绩效的综合评估方法，最后通过算例验证了该方法的可行性。

关键词：国防采办绩效评估；D-S 证据理论；Pignistic 概率距离

1　引　　言

国防采办通常指研究、发展、获取和使用武器装备全过程的活动[1]，其作用在于扩充军备实力，维护国家安全。在国防采办领域引入绩效评估机制有利于提供项目各阶段具体工作实施情况的依据，并在项目实施与职能部门之间形成反馈机制，为解决规划不细、执行不力、监督不严等导致的如进度拖延、质量下降、经费超支等问题创造条件[2]。建立国防采办项目整体运行绩效科学的综合评价体制应首先搭建一个客观合理、全面科学、公平公正的绩效评估指标体系，国内外对此都进行了相关研究。

国外对国防采办绩效评估的研究以美国为主。美国国防部一直非常重视对国防采办系统的管理和评估，为提升采办系统绩效，主导了多个采办绩效评估调查报告的发布，其典型代表是美国国防部采办绩效与原因分析办公室（Performance Assessments and Root Cause Analysis，PARCA）发布的《采办系统年度绩效报告》[3]和美国审计署（Government Accountability Office，GAO）发布的《采办系统——部分武器项目分析》[4]，文献［3］中的指标涵盖了成本、进度、技术、采办机构、人才队伍、政策影响和横向对比等多个方面，针对美国国防采办系统的特点全面评估了重大国防采办项目采办实施绩效。文献［4］不仅对采办项目的成本、进度、技术绩效进行了评估，还依照采办项目不同阶段的任务在 3 个关键时间节点共设立了 29 个检查项，通过检查项的完成好坏对项目绩效做出评价。

国内主流思想是运用平衡计分卡（balanced score card，BSC）理论，以实现战略目标为目标，在财务、需求方、内部运行、发展等多个维度上建立财务和非财务指标，达到综合评估采办绩效的目的[5-8]。例如，国内张蓉和张执国[5]提出了基于业绩、成本、内部运行、供应商和发展与创新五个维度的三级采办指标体系；尹铁红和谢文秀[8]在此基础上进行改进，提出以财务、用户、内部运营、成长进度等为主的武器装备采购绩效评价指标体系和量化的评估方法。然而采用该方法建立层级多、范围广的指标体系，导致评估过程过于烦琐，并且该方法从平衡多个采办活动主体的利益角度出发，而实际采办项目中通常只有军方和采购商作为主体，造成指标与实际脱节。除运用BSC理论外，刘皓[9]兼顾采办效率和结果，从微观（资金效率、军事效率）和宏观（规模效率、人员效率、政策效率、管理效率）两个层面构建了评估体系，但其指标仅限于装备需求确定到装备交付部队这一阶段，缺少对后续绩效的考虑。

2 国防采办绩效评估指标体系的建立

综合国内外研究成果来看，它们都只强调了采办活动执行层面的绩效评估，缺少对国防采办计划层面的考虑。国防采办计划阶段是对其实际运行时的投入、产出和效益进行具体规划的过程，随着国防采办管理体制的日益完善，计划阶段对采办行为起着越来越重要的主导作用，采办绩效的衡量也是以计划作为基础。以成本为例，在对其绩效进行评估时，应将其实际成本与计划成本的比值作为判断指标。因此，在采办绩效评估时也应对采办计划的合理性进行评估，若计划制订不合理，会影响后续的实施绩效。

结合上述分析，按照整体性、关联性、可度量性的原则，针对国防采办中的"涨、拖、降"问题，吸取美国采办绩效评估的经验，从国防采办项目的实际出发，依照"制订计划—项目执行—绩效评估"的流程建立国防采办绩效评估指标体系，如图1所示。共设一级指标6个，分别是成本、进度、质量、技术、管理和效益；每个一级指标下设若干二级指标，二级指标作为对一级指标的细分，通过对二级指标评估结果的综合能够得到一级指标的评估结果，二级指标共19个。

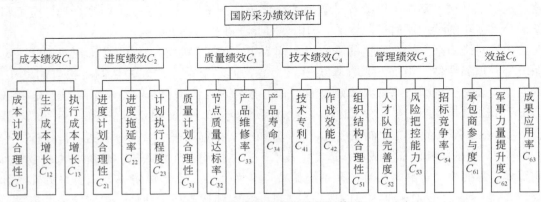

图1　国防采办绩效评估指标体系

在实际项目的评估过程中，采用专家组评分的方式进行评估。事先邀请多领域多学科的多名评估专家组成专家组，组织方负责提供评估参考数据、制定评估问卷和评分细则。评估开始后，专家组依照评估数据给出每个指标的具体评分，问卷回收后，采取一定的分析手段得出采办绩效的最终评估结果。由于存在定性指标难以量化衡量的问题，该评估方式依靠专家的经验和智慧将指标的评估结果转化为模糊评语代替打分结果。学术界常采用层次分析法（analytic hierarchy process，AHP）、模糊综合评价法等作为综合评价方法使用，但在该种评估方式中，如何解决多名专家对同一指标的评估结果融合、多项指标的评估结果融合成为重点。本研究引入能够更好地解决证据融合问题的方法——Dempster-Shafer 证据理论（简称 D-S 证据理论），利用 Dempster 合成理论解决数据融合问题，积累多名专家意见，尽量缩小答案的不确定范围并得出综合评估结果。

3 基于改进 D-S 证据理论的评估方法

D-S 证据理论是 Dempster 于 1967 年首先提出并由其学生 Shafer 于 1976 年进行拓展，形成的一套完整的证据推理理论[10]。D-S 证据理论的核心是 Dempster 合成理论，即将同一识别框架下的多个基本概率函数（Mass 函数）合成一个函数。人们应用 Dempster 合成理论成功地解决了许多领域的不确定信息的处理问题[11]，如模式识别、故障诊断、人工智能等。黄冠亚等[12]、杨春和李怀祖[13]、董建军[14]等对其在评估领域的应用进行了相关研究。针对证据融合中存在的证据冲突问题，文献［15–17］通过修改证据源的方法对冲突证据进行合成，对 D-S 证据理论合成方法进行改进。本研究将 D-S 证据理论引入国防采办绩效评估中，并基于改进 D-S 证据理论对评估结果进行融合，提出一种基于改进 D-S 证据理论的国防采办绩效的综合评估方法，最后通过案例计算和分析验证了该方法的可行性和有效性。

3.1 理论基础

对识别框架 Θ，A 为其中某个子集，称为焦元，若存在集函数 $M: 2^{\Theta} \rightarrow [0, 1]$，满足 $m(\Phi) = 0$ 且 $\sum\limits_{A \subset \Theta} m(A) = 1$，则称 M 为 2^{Θ} 上的 Mass 函数。

若同一识别框架 Θ 上有 M_1，M_2，$\cdots$，M_n 共 n 种不同的 Mass 函数，各自的焦元分别为 A_1，A_2，$\cdots$，A_n，则存在它们的正交和为

$$m(\Phi) = 0$$

$$m(A) = \frac{\sum\limits_{\cap A_i = A1} \prod\limits_{1 \leqslant i \leqslant n} m_i(A_i)}{1 - k} \quad A \neq \Phi \text{ 且 } 0 < k < 1$$

这叫作 Dempster 合成规则，其中，$k = \sum\limits_{\cap A_i = \Phi1} \prod\limits_{1 \leqslant i \leqslant n} m_i(A_i)$，代表 n 个证据之间的冲突程度，冲突程度越高，k 值越接近 1。彼此冲突的证据在进行合成时，往往会得到与常识相悖的结论。改进 D-S 证据理论的思想之一是通过减小冲突证据之间的冲突程度使其融合结果的可靠性增强。

本研究将多名专家对每个二级指标的评语看作同一识别框架下的不同 Mass 函数，采用 Dempster 合成理论将其进行合成，形成多名专家意见融合下的每个二级指标统一的评估结果。并将多个二级指标的评估结果看作同一识别框架下的不同 Mass 函数再次进行合

成，得出对应一级指标的评估结果。以此类推，得出所有一级指标的评估结果后，再次融合即得到整个采办项目的综合绩效评估结果。

3.2 绩效评估方法步骤

（1）确定识别框架与模糊评语集。绩效评估等级的识别框架为 $\Theta = \{k_k \mid k=1, 2, \cdots, 5\} = \{$优秀，良好，中等，合格，不合格$\}$，这五个焦元分别代表绩效评估的五个等级。专家使用模糊评语对每个指标完成情况进行评价，一般评语设 $5 \sim 7$ 个等级能够较好地描述指标完成情况，本研究设立专家模糊评语集为 5 个等级，表示为集合 $G = \{g_r \mid r=1, 2, 3, 4, 5\} = \{$很好，较好，一般，较差，很差$\}$。

参照文献［18］的定义列出"评语–隶属度–等级"关系见表1。

表 1　评语–隶属度–等级

评语	专家评语相对每个绩效等级的隶属度					隶属度代表的具体含义
	优秀	良好	中等	合格	不合格	
很好	0.67	0.33	0	0	0	很大程度上属于优秀等级
较好	0.25	0.5	0.25	0	0	很大程度上属于良好等级
一般	0	0.25	0.5	0.25	0	很大程度上属于中等等级
较差	0	0	0.25	0.5	0.25	很大程度上属于合格等级
很差	0	0	0	0.33	0.67	很大程度上属于不合格等级

假设有 p 位专家对某二级指标打出了评语，那么根据表1可得各位专家的评语相对各绩效等级的隶属度。

（2）构造 Mass 函数。利用计算模糊集之间贴近度的测度贴近度公式[19]构造 Mass 函数。

设第 i（$i=1, 2, \cdots, p$）位专家对第 j（$j=1, 2, \cdots, q$）项指标的模糊评语与第 k 级（$k=1, 2, 3, 4, 5$）绩效等级的测度贴近度为 $q_{ij}(g, h_k)$：

$$q_{ij}(g, h_k) = \frac{\sum_{a=1}^{5} G_k(a) \wedge H_k(a)}{\sum_{a=1}^{s} G_k(a) \vee H_k(a)}, \quad a=1, 2, 3, 4, 5 \tag{1}$$

$$0 < q_{ij}(g, h_k) < 1$$

式中，$G_k(a)$ 代表该专家的评语对第 k 级绩效等级的隶属度；$H_k(a)$ 代表第 k 级绩效等级相对第 k 级绩效等级的隶属度，当 $k=1$ 时，$H_k(a)$ 可以表示为 $\{1, 0, 0, 0, 0\}$。

测度贴近度越大，代表该评语蕴含的证据越支持指标 j 属于第 k 级指标这一命题。

归一化处理后就得到 Mass 函数为

$$m_{ij}(h_k) = \frac{q_{ij}(g, h_k)}{\sum_{k=1}^{s} q_{ij}(g, h_k)}$$

$$0 < m_{ij}(h_k) < 1 \text{ 且 } \sum_{k=1}^{s} m_{ij}(h_k) = 1$$

若此时存在 $\min\{m_{ij}(h_k)\} = 0$，$i = 1, 2, \cdots, n$，则称此时存在 Mass 函数的"0 绝对化"问题，该问题导致此 Mass 函数无法进行 Demsper 合成。

对原函数值进行改进[20]：令 $\min\{m_{ij}(h_k)\} = 0.01$，那么 $\max\{m_{ij}(h_k)\} = \max\{m(A_i)\} - 0.01x$，$x$ 代表最小值为 0.01 的 Mass 函数值的个数。则此时构成新的 Mass 函数值能够进行 Demsper 合成。

（3）Mass 函数的改进。D-S 证据理论的一大缺陷在于当有 2 种或者多种证据高度冲突时，按照规则融合成的结果可靠性大大降低。为解决 D-S 理论这一缺陷，采用肖建于等[17]的方法，引入 Pignistic 概率距离描述不同证据的冲突程度，并将这种冲突程度转化为证据间的相似程度，通过相似程度的大小对不同证据的 Mass 函数赋权值，从而在进行证据合成时弱化证据冲突的效果，得到可靠程度较高的结果。

第 i 位专家的评语对应的 Mass 函数的 Pignistic 概率函数 BetP_m 为

$$\mathrm{BetP}_{m_i}(A) = \sum_{B \subseteq \Theta} \frac{|A \wedge B|}{|B|} \frac{m_i(B)}{1 - m_i(\varPhi)|B|} \tag{2}$$

$$\forall A \subseteq \Theta$$

式中，$|B|$ 代表 B 中的集合数；BetP_{m_i} 代表 Mass 函数值对各绩效等级的支持程度。在本评估问题中，由于识别框架中各绩效等级之间互斥，式（2）可简化为式（3）：

$$\mathrm{BetP}_{m_i}(A) = \frac{m_i(A)}{1 - m_i(\phi)} = m_i(A) \tag{3}$$

则第 1 位、第 2 位专家评语对应的 Pignistic 概率距离为 $\mathrm{DifBetP}_{m_2}^{m_1}$，见式（4）：

$$\mathrm{DifBetP}_{m_2}^{m_1} = \max_{A \subseteq \Theta}\{|m_1(A) - m_2(A)|\} \tag{4}$$

设 m_1 与 m_2 之间的相近程度为

$$s(m_1, m_2) = 1 - \mathrm{DifBetP}_{m_2}^{m_1}$$

则第 i 位专家的评语对应的 Mass 函数 m_i（$i = 1, 2, \cdots, p$）相对其他所有 Mass 函数的相近程度之和为

$$v_i = \sum_{j=1, j \neq i}^{p} S(m_i, m_j)$$

v_i 越大，m_i 与其他 Mass 函数越相似，则 m_i 对应的专家评语的相对可靠性越高，融合时其对应权重应越大。

因此设立 $v_{\max} = \max_{i=1,2,\cdots,p}\{v_i\}$ 对应的专家评语作为关键评语，其权重为 1；作为其他专家评语的权重，则可得到式（1）中经过赋权后的 Mass 函数：

$$\begin{cases} \overline{m}_{ij}(h_k) = w_i m_{ij}(h_k), h_k \neq \Theta \\ \overline{m}_{ij}(\Theta) = w_i \overline{m}_{ij}(\Theta) + 1 - w_i \end{cases}$$

在改进后的 Mass 函数中，权重削减了原函数 m_{ij} 对前五个等级的确定性信息，致使其 mass 函数中增加了不确定信息 $\overline{m}_{ij}(h_0)$ 的值。

（4）专家评语的融合。p 位专家针对指标 j 的 Mass 函数融合得出指标 j 的 Mass 函数 $\overline{m}_j(h_k)$：

$$\overline{m}_j(h_k) = \frac{\sum\limits_{\cap h_a = h_k} \prod\limits_{1 \leqslant i \leqslant p} \overline{m}_{ij}(h_a)}{1 - u}, \quad a = 0, 1, 2, 3, 4, 5$$

$$u = \sum_{\cap h_a = \Phi} \prod_{1 \le i \le p} \overline{m}_{ij}(h_a)$$

（5）给指标赋权重。在实际评估中，各项指标的权重是不同的。采用权值因子判断法对各项指标赋权重，计算过程如下：

请专家组对每个指标相对其他指标的重要度进行打分，两指标间相对重要度打分规则和某一位专家对指标间相对重要性的打分见表2、表3。

表 2　两指标间相对重要度打分规则

指标 A 对指标 B 的重要程度	打分
非常重要	4
比较重要	3
一般重要	2
不重要	1
很不重要	0

表 3　第 i 位专家对指标间相对重要性的打分

评估指标	第位专家对指标 A 和指标 B 之间相对重要性的打分 e_{AB}				评分值之和 E_{iA}
	指标 1	指标 2	…	指标 s	
指标 1		e_{12}	…	e_{1s}	E_{i1}
指标 2	e_{21}			e_{2s}	E_{i2}
…	…	…	…	…	…
指标 s	e_{s1}	e_{s2}	…		E_{is}

指标相对权值的计算结果见表4。

表 4　指标相对权值的计算结果

评估指标	专家对每个指标的评分结果 E_{pn}			总计评分 E_j	权值 W_j	相对权值 W_s
	专家 1	…	专家 p			
指标 1	E_{11}		E_{p1}	E_1	w_1	$\overline{w}_1 = \dfrac{w_1}{w_{max}}$
指标 2	E_{12}		E_{p2}	E_2	w_2	$\overline{w}_2 = \dfrac{w_2}{w_{max}}$
…				…		
指标 s	E_{1s}		E_{pn}	E_s	w_s	$\overline{w}_s = \dfrac{w_s}{w_{max}}$
合计				E	1.0	

（6）Mass 函数的融合。q 项二级指标加权融合得出某一级指标的 Mass 函数为

$$\begin{cases} M_j(h_k) = w_j \overline{m}_j(h_k) \\ M_j(\Theta) = w_j \overline{m}_j(\Theta) + 1 - w_j \end{cases}$$

$$M_l(h_k) = \frac{\sum\limits_{\cap h_a = h_k} \prod\limits_{1 \leqslant j \leqslant q} \overline{m}_j(h_a)}{1 - u}, a = 0,1,\cdots,5$$

$$u = \sum\limits_{\cap h_a \neq \Phi} \prod\limits_{1 \leqslant j \leqslant q} \overline{m}_j(h_a)$$

以此类推，求出项一级指标加权融合的 Mass 函数，得出项目的最终绩效评估结果。

4 算例分析

由于国防采办项目的数据较难采集，采用模拟数据带入方法中加以验证。

假设对某已结束的国防采办项目进行了绩效评估，有 5 位专家对采办项目的完成情况根据绩效指标体系进行了评价，并对指标的相对重要度进行打分，专家评价结果见表 5。

表 5 专家评价结果

二级指标	专家 1	专家 2	专家 3	专家 4	专家 5
C_{11}	很好	很好	很好	一般	较好
C_{12}	较好	很好	较好	很好	一般
C_{13}	一般	较好	较好	一般	较好
C_{21}	很好	较好	较好	一般	较好
C_{22}	较好	很好	很好	很好	较好
C_{23}	较好	较好	很好	较好	较差
C_{31}	很好	很好	较好	较好	很好
C_{32}	较好	很好	很好	很好	很好
C_{33}	很好	很好	较好	一般	较好
C_{34}	一般	较好	一般	较好	较好
C_{41}	一般	一般	较好	一般	较差
C_{42}	较好	一般	较差	较差	很差
C_{51}	一般	一般	较好	一般	较好
C_{52}	一般	较好	较好	一般	较好
C_{53}	较差	一般	一般	较差	一般
C_{54}	较好	较差	较差	一般	较好
C_{61}	一般	较好	很好	很好	较好
C_{62}	很好	一般	较好	很好	很好
C_{63}	较好	一般	一般	一般	较差

根据上述算法可得到专家对每个指标融合后的结果及指标间的相对权重，将相对权重赋予各二级指标。赋权后的二级指标对各评估等级的基本概率分配见表6。

表6　赋权后的二级指标对各评估等级的基本概率分配

一级指标	二级指标	相对权重	优秀	良好	中等	合格	不合格	不确定
C_1	C_{11}	0.7940	0.8190	0.1410	0.0100	0.0100	0.0100	0.0100
	C_{12}	1.0000	0.3149	0.6215	0.0335	0.0100	0.0100	0.0101
	C_{13}	0.9120	0.0100	0.6390	0.2339	0.0100	0.0100	0.0971
C_2	C_{21}	1.0000	0.0718	0.7582	0.0850	0.0100	0.0100	0.0650
	C_{22}	1.0000	0.2478	0.7088	0.0133	0.0100	0.0100	0.0101
	C_{23}	0.7142	0.0827	0.552	0.0524	0.0100	0.0100	0.2929
C_3	C_{31}	0.8627	0.6644	0.1597	0.0100	0.0100	0.0100	0.1459
	C_{32}	1.0000	0.9151	0.0449	0.0100	0.0100	0.0100	0.0100
	C_{33}	0.8235	0.2593	0.5083	0.0276	0.0100	0.0100	0.1848
	C_{34}	0.8824	0.0279	0.6546	0.1711	0.0100	0.0100	0.1265
C_4	C_{41}	0.8333	0.0100	0.0651	0.6748	0.0651	0.0100	0.1750
	C_{42}	1.0000	0.0100	0.0100	0.2730	0.6203	0.0767	0.0100
C_5	C_{51}	0.9792	0.0100	0.0765	0.7964	0.0765	0.0100	0.0306
	C_{52}	0.9792	0.0100	0.6882	0.2512	0.0100	0.0100	0.0306
	C_{53}	1.0000	0.0100	0.0100	0.7035	0.2565	0.0100	0.0100
	C_{54}	0.9375	0.0100	0.0817	0.7448	0.0817	0.0100	0.0719
C_6	C_{61}	0.8571	0.2699	0.5299	0.0287	0.0100	0.0100	0.1515
	C_{62}	1.0000	0.8196	0.1404	0.0100	0.0100	0.0100	0.0100
	C_{63}	0.8286	0.0100	0.0647	0.6709	0.0647	0.0100	0.1797

根据 D-S 证据理论由表6得出的赋权后的一级指标对各评估等级的基本概率分配见表7。

表7　赋权后的一级指标对各评估等级的基本概率分配

一级指标	相对权重	优秀	良好	中等	合格	不合格	不确定
C_1	0.9341	0.1502	0.7392	0.0153	0.0100	0.0100	0.0753
C_2	0.9451	0.0240	0.8816	0.0100	0.0100	0.0100	0.0644
C_3	1.0000	0.8109	0.1491	0.0100	0.0100	0.0100	0.0100
C_4	0.8242	0.0100	0.0100	0.4660	0.3012	0.0288	0.1841
C_5	0.9121	0.0100	0.0100	0.8630	0.0100	0.0100	0.0970
C_6	0.7802	0.5254	0.2040	0.0230	0.0100	0.0100	0.2276

将各一级指标评估结果融合得到该采办项目的绩效综合评估结果为
$\{0.1857,\ 0.7692,\ 0.0152,\ 0.0100,\ 0.0100,\ 0.0100\}$

按照最大隶属度原则，该项目对良好等级的隶属度最大，为 0.7692，因此确定该采办项目的绩效评估等级有很大可能为良好。

5 结　　语

本研究建立了一个针对国防采办绩效评估的指标体系，与国内外相关研究相比，提出的指标体系将采办前期规划的合理性评估列入其中，充分完善了采办绩效评估指标，形成了完整的三级指标体系。为解决专家评估结果的融合问题，采用改进 D-S 证据理论的方法将专家打分分级进行融合，并带入案例进行评估。评估结果表明，该方法能够有效解决专家评估结果之间的融合问题，并对不同指标对最终结果的影响有科学的计算方式，证明了该方法的有效性，为国防采办绩效评估工作提供了一个较好的评估方法。

参 考 文 献

[1] 姜振铎，朱宪政. 武器采办与人才培养 [J]. 继续教育，1999，(1)：22-25.
[2] 江华诚，郑绍钰. 建立完善装备采购工作中"四个机制"的思考 [J]. 装备指挥技术学院学报，2003，14 (3)：5-8.
[3] Department of Defense. Performance of the defense acquisition system, 2016 annual report [R]. Washington D. C.，2016.
[4] Walker D M. Defense acquisitions：assessments of selected weapon programs：GAO-16-329SP [R] // Government Accountability Office. Gao Reports. Washington D. C.，2016.
[5] 张蓉，张执国. 基于 BSC 装备采办绩效评价体系的建立 [J]. 物流技术，2007，26 (9)：118-121.
[6] 张雪胭，刘沃野，薛蕊. 基于平衡计分卡的装备采购绩效评价构架设计 [J]. 装甲兵工程学院学报，2006，20 (6)：25-27.
[7] 张敏，刘沃野. 基于熵权的装备采购组织绩效评价研究 [J]. 商业研究，2008，(3)：139-142.
[8] 尹铁红，谢文秀. 基于 BSC 的武器装备采购绩效评价体系设计 [J]. 装备学院学报，2014，25 (5)：19-24.
[9] 刘皓. 武器装备采办绩效及评价指标体系研究 [J]. 国防技术基础，2008，(10)：3-6.
[10] Dempster A P. Upper and lower probabilities induced by a multivalued mapping [J]. Annals of Mathematical Statistics，1967，38 (2)：325-339.
[11] 时洪会，蒋文保. D-S 证据理论综述 [J]. 信息化建设，2015，(11)：331.
[12] 黄冠亚，赵全明，刘锋国，等. D-S 证据理论在综合评估中的应用 [J]. 微计算机信息，2007，23 (15)：264-266.
[13] 杨春，李怀祖. 一个证据推理模型及其在专家意见综合中的应用 [J]. 系统工程理论与实践，2001，21 (4)：43-48.
[14] 童建军. 证据理论及其在决策评价中应用研究 [D]. 合肥：合肥工业大学硕士学位论文，2005.
[15] 杨永旭. 基于 D-S 证据和模糊集理论的多源信息融合算法研究 [D]. 兰州：兰州理工大学硕士学位论文，2011.
[16] 刘海燕，赵宗贵，刘熹. D-S 证据理论中冲突证据的合成方法 [J]. 电子科技大学学报，2008，37 (5)：701-704.
[17] 肖建于，童敏明，朱昌杰，等. 基于 pignistic 概率距离的改进证据组合规则 [J]. 上海交通大学

学报，2012，46（4）：636-641，645.

[18] 田树棠. 八盘峡水轮机抗磨蚀性能模糊综合评价［J］. 陕西水力发电，1990，（2）：10-18.

[19] 李超. 模糊数贴近度公式及应用［D］. 阜新：辽宁工程技术大学硕士学位论文，2013.

[20] 徐从富，耿卫东，潘云鹤. 解决证据推理中一类"0 绝对化"问题的方法［J］. 计算机科学，2000，27（5）：53-56.

宁夏水资源管理情况的系统分析和建议

李琳斐　　薛惠锋

（中国航天系统科学与工程研究院，北京，100048）

摘要：当前我国水利面临着严重的水资源短缺、水灾害加剧、水环境恶化和水生态失衡等问题。世界银行近年发布的《解决中国水稀缺：关于水资源管理若干问题的建议》研究报告称："中国正面临有效管理稀缺的水资源，以便在未来一些年维持经济增长的挑战。这是一项艰巨的任务。"水资源矛盾和水资源管理已成为制约社会经济发展的主要瓶颈，因为宁夏地区的水资源来源较为单一，具有典型代表性，现以宁夏为例，就水生态文明建设方面的历史经验教训、最严格水资源管理制度保障的法律法规的执行情况、最严格水资源管理工作的执行情况，以及最严格水资源管理制度的有关技术保障情况对宁夏水资源管理情况进行综合分析，保护宁夏水利事业的健康发展。

关键词：水资源管理；系统工程；水利建设；水生态文明

水是生命之源、生产之要和生态之基。水安全保障能力是一个国家综合国力的重要体现。在推动治水思路战略性转变上，习近平总书记在 2014 年 3 月 14 日讲话中明确提出的十六字方针："节水优先、空间均衡、系统治理、两手发力"，是保障水安全的基本思路。这标志着党中央领导层对水的认识日益深刻，对治水规律的把握逐步深化，对待水安全问题，不是一般的水资源短缺、水污染等，而是上升到了国家安全的高度。治水就是治国，这对推进中华民族治水兴水大业，具有重大而深远的意义。

1　宁夏水问题现状

宁夏处西北干旱半干旱地区，受地理气候条件影响，干旱少雨、缺水严重、生态脆弱是基本区情。总的来看，宁夏对水问题高度重视，对做好水资源管理工作决心很大，力度很强，进行了一系列水利改革的探索和实践并取得了显著的成就，以不到 40 亿 m³ 的黄河水资源可利用量，保障了全区 650 万人民、8609 万亩[①]灌区及宁东能源基地、湖泊湿地等城乡生活、工农业生产和生态用水，实现了连续多年经济快速发展。

1.1　水资源概况

（1）地表水资源量。全区多年平均降水量仅为 289mm，水面蒸发量为 1250mm，多

---

① 1 亩 ≈ 666.67m²。

年平均当地地表水资源量 9.49 亿 m^3，扣除难以利用汛期洪水、苦咸水和预留生态基流量 6.49 亿 m^3，当地地表水可利用量为 3.0 亿 m^3。

（2）地下水资源量。全区多年平均浅层地下水资源量为 23.53 亿 m^3，可开采量为 11.2 亿 m^3。

（3）黄河过境水资源量。黄河干流水资源为过境水资源，多年平均进入宁夏地表水资源量为 306.8 亿 m^3。根据"八七"黄河分水方案，按耗水口径分配给宁夏黄河可利用水资源量为 40 亿 m^3。

（4）水资源总量和可利用总量。全区当地水资源总量为 11.63 亿 m^3，水资源可利用总量为 41.5 亿 m^3。

（5）国家分配全区用水指标。根据《国务院办公厅关于印发实行最严格水资源管理制度考核办法的通知》，按取水口径分配给宁夏取用水总量 2015 年为 73 亿 m^3，2020 年为 73.27 亿 m^3，2030 年为 87.93 亿 m^3。

（6）分区水资源情况。全区分为北部引黄灌区、中部干旱风沙区和南部黄土丘陵区。北部引黄灌区面积占全区的 25%，区域降水量小于 200mm，区域水资源利用以黄河地表水为主，区域水资源可利用总量为 33.4 亿 m^3，占全区的 80.5%。中部干旱风沙区面积占全区的 53%，区域降水量在 200~400mm，区域水资源可利用总量为 5.18 亿 m^3，占全区的 7.0%。区域固海、红寺堡、盐环定、固海扩灌四大扬黄工程覆盖范围内，黄河水保障程度高。扬黄灌区以外广大区域人均水资源可利用量不足 50m^3，土地荒漠化和沙化现象严重，水资源严重匮乏。南部黄土丘陵区面积占全区的 22%，区域降水量大于 400mm，区域水资源可利用总量为 2.96 亿 m^3，占全区的 12.5%。区域水资源以当地地表水为主，供水工程以水库、机井引提水为主，保障程度不高。

1.2 水资源开发利用现状

据全区 2013 年水资源开发利用情况来看：

（1）2013 年全区用水总量为 72.127 亿 m^3，其中，黄河水为 65.638 亿 m^3，地下水为 5.59 亿 m^3，当地地表水为 0.764 亿 m^3，污水处理回用量为 0.166 亿 m^3。按照用水行业划分，农业用水量为 65.058 亿 m^3，工业用水量为 5.010 亿 m^3，城镇生活水量为 1.428 亿 m^3，农村人畜用水量为 0.631 亿 m^3。

（2）2013 年全区耗水总量为 35.368 亿 m^3。其中，耗黄河水 31.909 亿 m^3，耗地下水 2.590 亿 m^3，耗中水 0.166 亿 m^3，耗当地地表水 0.703 亿 m^3。分行业耗水量中，农业占 88.6%，工业占 8.4%，城镇生活占 1.2%，农村人畜占 1.8%。

1.3 水利建设现状

根据调查了解，近年来宁夏不断深化对区情、水情的认识，全面贯彻中央新时期治水方针，创新治水思路。北部引黄灌区以节水为中心，加大灌区续建配套、水权转换和末级渠系节水改造力度，坚持不懈地大搞农田水利基本建设，发展现代高效节水农业，加快现代节水型灌区建设。中部干旱风沙区以调水为中心，拓展延伸扬水工程供水范围，加快重点饮水工程建设，启动实施大型泵站更新改造、高效节水补灌工程，发展旱作高效节水农业，基本解决了中部干旱带群众生活用水难题。南部黄土丘陵区以开源增效为中心，加大水库、坝系、机井配套建设和水保生态建设力度，建设水源涵养和雨洪水集蓄工程，发展生态高效节水农业。

（1）在落实最严格水资源管理制度方面。宁夏出台了《中共中央　国务院关于加快水利改革发展的决定》，确定了全区用水总量控制、用水效率控制、纳污总量控制"三条红线"指标体系。一是全面推进规划水资源论证；二是率先建立三级行政区初始水权指标体系；三是率先在全国开展水权转换试点工作；四是严格管理和保护地下水资源；五是加强考核工作。到 2015 年，全区用水总量控制在 73 亿 m³ 以内，万元工业增加值用水量降低 27% 以上，农业灌溉水利用系数提高到 0.48，重要水功能区水质达标率提高到 67% 以上；到 2020 年全区用水总量控制在 73.27 亿 m³，农业灌溉水利用系数提高到 0.53 以上，重要水功能区水质达标率提高到 79% 以上。

（2）在全力推进节水型社会建设方面。一是建立完善组织机构，合力推动试点建设；二是大力实施节水改造，构建工程技术体系；三是不断完善管理体制，推进水资源优化配置；四是稳步深化水价改革，发挥市场调控作用；五是深入开展宣传教育，动员社会各方参与。2006 年宁夏率先开展了省级节水型社会建设试点，2011 年通过国家验收，2013 年与 2005 年相比，全区年取用水总量减少近 6 亿 m³，农业灌溉水利用系数由 0.38 提高到 0.46，万元工业增加值用水量下降为 54m³，城镇污水处理率由 30% 提高到 76%，万元 GDP 用水量由 1288m³ 下降到 296m³，引黄耗水量连续 5 年不超过国家分配指标。

（3）在水生态文明建设方面。加大水土保持生态建设力度，突出"经济、生态、社会"三大效益，年均治理水土流失面积达 1000km²，治理区群众生活生产条件进一步改善。与环保部门建立了水环境保护联动机制，与国土资源部门联合开展地下水勘查，加大城市供水覆盖范围内企业自备井关闭力度，地下水管理不断加强。

（4）在水资源监控能力建设方面。在黄河干流工农业取水口统一调度与管理的基础上，将隶属于市县管理的工业取水口和县管农业取水口统一纳入调度管理范围，实施了取水、排水、主要用水户检测实施建设，提高监控、预警和管理能力。增设 25 处县市界排水检测断面，实行水量、水质双指标监测。

1.4 "十三五"规划思路

总结评价"十二五"水利发展状况，研究分析水利改革发展面临的新形势和新要求，提出"十三五"水利改革发展总体思路、目标指标、发展布局与区域领域重点、建设主要任务、管理主要任务、投资规模与重点项目安排及规划实施的保障措施。主要包括：一是以水利现代化建设为统揽，进一步完善顶层设计；二是构建供水安全保障体系；三是构建水资源高效利用体系；四是构建防洪减灾体系；五是构建水生态保护与修复体系；六是构建水管理服务体系。

2　存在的问题

虽然宁夏水利工作取得了明显成效，但水安全问题仍然是制约宁夏经济社会发展的主要瓶颈。通过调研发现，宁夏水利工作方面存在以下几个突出问题。

2.1 水资源供需矛盾突出

2013 年国务院最严格水资源取水总量、用水效率、水功能区限制纳污"三条红线"控制指标分配给宁夏地区。受约束指标限制，经济社会快速发展，全区用水需求不断增加，水资源供需矛盾日益突出。

2.2 水利基础设施薄弱

引黄灌区是具有 2000 多年历史的特大型灌区。因历史欠账多，水利工程体系还不完善，工程老化失修仍未得到根本改善，水资源调控能力还不够强。

2.3 用水效率和效益不高

全社会节水意识不够强，农业用水效率仍然较低，用水效率不高，用水结构不合理，省级节水型社会示范区建设任务艰巨。

2.4 水生态环境形势严峻

引黄灌区下游土壤盐渍化的问题没有根本解决，农药、化肥、农膜等农业面源污染趋势仍在加剧，尚未治理的水土流失面积占 40%。全区约 1/4 的工业废水未经处理直接排入河流、湖泊和水库，部分水域富营养化严重。干旱持续、洪水频发、水土流失严重、灾害加重，以及河流、湖泊和地下水污染等问题仍然存在。

2.5 水忧患意识亟待增强

长期以来，一些地区和部门水安全意识淡漠，对日益严峻的水资源短缺形势认识不够，缺乏水资源危机感，全社会节水氛围未能形成，公众节水、惜水、护水意识仍旧缺乏。

2.6 资源整合难度较大

资源整合难度大，项目来源多、建设标准不统一、管理部门不同，造成系统开发各自为政、软硬环境统一利用困难、应用分散，水利信息化建设的整体作用发挥有限。

2.7 系统管理和信息技术难题尚未突破

旱情监测问题、冬季黄河下游结冰后水资源量的监测问题、非满管道的水量监测问题、灌溉水量的精度统计问题、水位监测与水量监测如何换算的问题、泵站的自动化监控问题、无线通信渠道不稳定问题、人工进行旱情监测存在安全隐患等一系列水资源系统管理与信息技术问题难以突破。

2.8 水资源监控能力有待提高

水资源监控数据上报采用有线与无线相结合的方式，其中，无线方式以通用分组无线服务（general packet radio service，GPRS）或 3G 网络为主，缺点在于整体覆盖不足，水资源监控系统受传输网络限制，整体监控能力不足。另外，缺乏数据挖掘和综合分析手段，对上报数据应用不够，缺乏信息交互，不能利用已有的数据资源进行综合分析。

3 几点建议

3.1 建立系统、协同的水资源管理保障体系，加强依法治水

要实现水资源的可持续化发展，必须首先通过人们生活习惯和方式的改变，产业结构的调整，充分利用城市当地水资源，在符合区域社会经济发展、水资源安全和生态环境安全的前提下，进行区域水资源分配，构筑水资源安全战略体系，强化水资源统一管理，实现区域水资源化管理一体化。

而健全的法律、法规是水资源切实得到有效管理的重要保证。完善的管理体制必须有相应的法规、制度及政策与之匹配，才能统筹协调有关地区和部门对流域水资源开发利用及环境治理的要求，理顺各方面关系，取得水资源管理的最佳效益。要统一规划、统一协调、统一管理与统一执法。

3.2 调整产业结构，合理配置水资源，加强水权转换力度

产业结构比例与水资源利用之间存在着密切的关系。产业结构调整本身就是对用水结构进行调整，从经济学的角度实现水资源的合理配置，以使有限的水发挥最大的经济效益。建立并完善适水型产业结构，是缓解宁夏水资源问题的一个有效途径。

在全区严格执行建设项目水资源论证制度、取水许可制度和水资源有偿使用制度，完善水权实施监控体系建设。落实基于初始水权分配的水量调度预案，建立和完善用水管理制度。建立用水总量控制与定额管理相结合的用水管理制度，确定各行业单位产品生产和服务用水量指标。在水权分配的框架下，严格控制用水总量，科学制定不同行业的控水调度预案，确定各干渠的引水指标；确定各市县的供水量；按照定额配水到支斗渠。

3.3 完善节水机制，加大水价调整步伐

节水是水资源管理的首要任务，是缓解水资源供需矛盾最基本的措施。虽然宁夏目

前的各种节水措施已取得明显效果，但推广力度还不够，节水资金和劳动力缺乏是一个重要影响因素；公众节水意识还比较薄弱，漫灌现象依然存在；水价过低也是节水实施的主要障碍。因此对水资源的利用必须采取经济手段，引入市场经济机制。

水价的调节是缓解水资源供需矛盾，促进供需平衡形成的重要途径。而在水资源短缺时低价供水，则会造成更大程度的浪费，导致高耗水低效益。这也正是我国缺水地区普遍存在的问题。因此水价改革必须进一步深化，科学合理地提高水价，可刺激节约用水，大幅减少用水量。同时，由于水的质量和数量是随着时间和空间变化的，水价的制定应随不同的来水情况、不同用水部门、不同行业进行浮动，在遵循市场经济规律的同时考虑政府相关扶持政策，将污水回收和处理费用合理加入水价中。

3.4　重视生态环境用水，维持生态系统平衡

生态系统的稳定和平衡是可持续发展的基础。维护生态系统的良性循环必须重视水资源的合理开发和保护，充分考虑生态环境用水和水资源的永续利用。重视生态水利和环境水利，实现经济、资源、环境的协调。从区域水分与能量、水分与盐分、水量与泥沙量及水量的供需四个方面进行调控。重点保护引用水源、与城市人居环境密切且具有重要生物多样性意义的湿地湖泊。制定法规，规范企业污水排放标准，并严格执行实施，从根源上减少水污染源头。加大科技投资力度，进一步提高水资源处理率，减轻水污染，改善河流、湖泊、水库水质，遏止水资源生态环境的恶化，改善城市人居环境。

3.5　探索农业用水监测手段

农业用水相对城市用水、工业用水的监控条件复杂，监控数据种类繁多，导致目前宁夏地区农业水资源的使用情况没有得到有效监控，对农田灌溉水有效利用系数的确认存在技术障碍。为了推进最严格水资源管理制度的落实及对水资源的精细化管理，建议在宁夏首先开展农业用水监测试点工作。

3.6　采用卫星通信手段对水资源进行全面监测

水资源的管理是国家战略重点，未来各项水资源监控数据都应该及时汇总到国家水利部信息中心。建议设立水资源卫星监测中心，为水资源统筹规划、实时调度提供直观、准确、实时的数据支撑。对已有的监测站、点可升级为卫星通信手段，在后续新建项目中重点考虑卫星通信、监测手段。

3.7　采用大数据融合分析水资源监测数据

建议建立水资源数据分析中心，结合水资源卫星监测中心，综合最严格水资源管理制度考核四项指标的实时监控数据、历史数据及其他部委的相关数据进行大数据融合分析，为宁夏水资源精细化管理提供分析手段、数据支持、决策支撑。

面向航天器的体系结构框架设计及应用

从帅军[1]　任　迪[2]　周晓纪[1]

（1. 中国航天系统科学与工程研究院，北京，100048）

（2. 中国空间技术研究院，北京，100094）

摘要：首先结合航天器体系的特点，设计面向航天器的体系结构框架（China spacecraft architecture framework，CSAF），研究了 CSAF 框架概念数据模型（concept data model，CDM），在 CDM 的基础上设计体系结构开发的逻辑顺序；其次结合应用实例，基于统一建模语言 UML，利用体系结构开发软件 EA（enterprise architect），开发海洋卫星对地观测系统体系结构；最后基于仿真验证平台 Rhapsody 进行模型验证，证明模型构建的正确性，从而证明 CSAF 设计的有效性，对推动大型航天复杂系统的顶层设计具有一定意义。

关键词：航天器体系；体系结构框架；UML 中图分类号：E91；V41

随着航天技术的不断发展与应用需求的不断拓展，世界卫星应用进入体系化发展和全球化服务新阶段，我国应用卫星发展也面临着从单星到系列、从系列到体系、从体系向体系优化的发展问题。针对此类大型复杂系统顶层设计问题，利用体系结构理论指导开发正逐步成为热门研究课题。体系结构利用规范化的图形、表格等工具，清晰、直观、形象地描述复杂系统的任务、能力需求、业务活动、系统组成等组成单元，是开展复杂大系统顶层设计的重要手段[1]。由于航天器体系结构设计的复杂性、特殊性，传统开发方法易造成数据不一致、模型构建返工量大、各部门协调性差、全生命周期效能低等问题，不能满足应用导向、系列化、体系化发展的要求，在这一背景下，面向复杂航天器体系结构框架的设计应运而生，它对形成面向复杂航天器体系结构、定性与定量相结合的系统体系顶层设计技术能力有重要意义。

目前，国外典型体系结构框架包括 Zachman 框架、Do DAF、MoDAF 等[2]。国内关于体系结构框架的研究，大部分是基于 Do DAF 体系结构框架进行应用研究，这些研究主要关注各自的领域问题，所构建的体系结构主要适用于所研究领域，开发方法不具有普适性，对航天器体系结构构造的参考性低[3,4]。同时，Do DAF 体系结构框架模型繁杂，工作量大，在开发上容易造成数据丢失、不一致等问题。还有些学者主要基于 Do DAF 体系结构框架中作战视角[5]或者服务视角[6]进行应用研究，用于构建武器装备体系等，这也是研究的热点问题，但航天器体系在需求统筹、任务规划、资源部署等方面有别于武器装备体系[7]，所以在模型定义、开发方法和开发步骤方面都有待研究。

本研究首先在研究国内外体系结构框架的基础上，结合航天器体系的特点，设计面向航天器的体系结构框架（CSAF），在研究体系结构框架概念数据模型（CDM）的基础上，提出体系结构开发的逻辑顺序；其次基于统一建模语言 UML，开发海洋卫星对地观测系统体系结构；最后利用仿真验证平台 Rhapsody 验证模型构建的正确性，从而证明 CSAF 设计的有效性。

1 面向航天器的体系结构框架设计

1.1 航天器体系的特点

航天器体系指由若干种不同类型的航天器系统及地面系统组成的有机整体，系统之间相互协作，可对不同用户提供特定功能和服务。

面向业务化应用和综合应用，航天器体系主要有以下特点：

（1）航天技术的应用需求多样化，涉及领域广。我国的民用空间系统在国土、测绘、交通、海洋、环保、气象、农业、统计、水利、林业等领域发挥重要作用，仅遥感系统的需求就包括21个领域140余项。

（2）为满足各领域应用需求，需要按照"一星多用、多星组网、多网协同、数据集成"的思路进行航天器体系设计和优化统筹。例如，遥感卫星系统包括陆地观测、海洋观测、大气观测卫星星座等，卫星星座在承担各自观测任务的同时，也和其他星座联合组网观测，完成特定任务。由此可见，满足上述要求的航天器体系组成更加复杂，体系结构设计难度大。

（3）航天器技术种类多、涉及面广，从研制生产到应用，专业配套和社会协作面广。

（4）航天器体系的研制、发射、应用等需要天地一体化协同配合，卫星、空间站等空间航天器的研制应用和发射场、卫星运控中心、接收站等地面系统的建设必须保持协同发展，构成具有航天特色的体系构建模式。

1.2 构建面向航天器的体系结构框架

面向航天器的体系结构框架是航天器体系结构开发的规范、指南和工具，全面、系统地阐述开发航天器体系结构过程中常用的方法、体系结构视角和模型，为特定任务的体系结构开发和综合集成提供一个共同的基准。

本研究按照 2+4 的视角进行航天器体系结构框架设计，其中，"任务视角、能力视角、活动视角、系统视角"是体系结构框架的主干内容，分别从型号任务、技术能力、业务活动、物理资源 4 个方面综合反映体系结构数据；"全景视角、标准视角"是体系结构框架的通用视角，奠定体系结构开发基础和制定航天技术标准。如图 1 所示。

结合航天器体系的特点，对各视角下的模型进行设计。

（1）全景视角：构建概述和摘要信息模型，明确航天器体系设计的背景、研究目的等基础信息，同时构建综合词典，记录构建航天器体系结构采用的术语和缩略词，建立综合词典数据库。

（2）标准视角：设计标准配置文件和标准预测两个模型，规范航天器体系结构开发中涉及的技术标准和非技术标准，同时预测未来对航天器体系设计有影响力的标准。

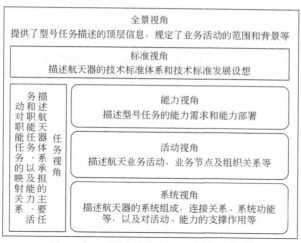

图1 航天器体系结构框架各视角关系

（3）任务视角：任务视角模型是对概述和摘要信息模型中任务背景的扩展，以进一步明确各主体承担的任务。构建使命任务模型和航天职能任务模型，设计航天职能任务对使命任务的支撑模型，明确各类任务的主体，搭建不同领域、不同专业人员之间的沟通联系，使航天技术的应用更具针对性。

（4）能力视角：在制定航天器体系的任务后，需要搭配航天器体系的业务输出和能力。设计能力构想模型，确定能力开发的战略背景和高层目标；构建能力分类、能力隶属模型，将任务中涉及的各学科、各专业航天技术能力具体化、体系化，以满足航天器体系能力战略需求；在高层目标的驱动下，构建能力阶段划分模型，划分航天器体系能力实现的时间阶段和要求。

（5）活动视角：构建活动视角模型，从逻辑层面分析完成任务应当采取的活动，以及满足能力需求的过程信息。首先设计高级活动概念图，划定业务活动范围；其次构建活动节点连接图、活动信息交换矩阵模型，定义活动范围内完成任务的逻辑节点，研究逻辑节点的动作及属性；进而构建活动模型，设计系统完成任务进行的活动；最后构建组织关系模型，明确航天器体系的组织管理模式。

（6）系统视角：系统视角是从物理层面对航天器体系的描述，部署支撑完成任务和满足能力需求的物理资源。设计系统组成模型，研究航天器体系的物理组成；构建系统资源流描述、系统资源流矩阵模型，规范物理资源之间的信息交换；根据体系任务，设计系统功能模型、系统度量模型，研究航天器的各项功能及详细参数，合理规划航天器的使用，设定航天器运行参数，节约运行成本；设计系统技术和技能预测模型，预测分析未来的航天技术对航天器体系的影响。

（7）支撑模型和功能性描述模型：航天器体系结构框架中，"任务视角、能力视角、活动视角、系统视角"组成体系结构框架的主干内容，设计视角之间的支撑模型，搭建主干内容之间的联系，形成以任务为目标，以数据为中心的体系结构开发模式。从逻辑和物理层面设计活动视角、系统视角的功能性描述模型，构建活动规则模型和系统规则模型，设定系统运行的业务规则和资源约束；构建活动和系统状态转变描述模型，描述逻辑节点和物理资源对不同事件响应的状态变化，以及构建活动和系统事件跟踪描述模型，用图形化的方式描述系统突发事件对逻辑节点和物理资源的影响。

面向航天器的体系结构框架各视角下的模型名称、模型符号见表1。

表1　面向航天器的体系结构框架各视角下的模型名称、模型符号

序号	视角	模型名称	模型符号
1	全景视角	概述和摘要信息模型	QS-1
2		综合词典模型	QS-2
3	标准视角	标准配置文件	BS-1
4		标准预测	BS-2
5	任务视角	使命任务模型	RS-1
6		航天职能任务模型	RS-2
7		职能任务对使命任务支撑模型	RS-3
8		能力对职能任务支撑模型	RS-4
9		活动对职能任务支撑模型	RS-5
10	能力视角	能力构想	NS-1
11		能力分类	NS-2
12		能力阶段划分	NS-3
13		能力隶属关系	NS-4
14		能力对组织部署的映射关系	NS-5
15		能力对活动的映射关系	NS-6
16	活动视角	高级活动概念图	HS-1
17		活动节点连接图	HS-2
18		活动信息交换矩阵	HS-3
19		组织关系图	HS-4
20		活动模型	HS-5
21		活动规则模型	HS-6a
22		活动状态转变描述	HS-6b
23		活动事件跟踪描述	HS-6c
24	系统视角	系统组成描述	XS-1
25		系统资源流描述	XS-2
26		系统资源流矩阵	XS-3
27		系统功能描述	XS-4
28		系统功能对活动追溯矩阵	XS-5
29		系统度量矩阵	XS-6
30		系统技术和技能预测	XS-7
31		系统规则模型	XS-8a
32		系统状态转变描述	XS-8b
33		系统事件跟踪描述	XS-8c

2 面向航天器的体系结构框架应用技术

2.1 面向航天器的体系结构框架的概念数据模型

CSAF 的概念数据模型是对 CSAF 模型中基本元素的完善和扩展，描述框架理论中各视角模型的关键数据元素及其之间的关系，用于制定体系结构框架中模型的构建顺序。

CSAF 的概念数据模型包括 6 个视角中 29 个关键数据元素，是描述模型的模型，如图 2 所示。概念数据模型是概念模型，提供如何组织体系结构信息的概念视角，是建立体系结构关键的、共用的、最少的信息基本要素的集合。

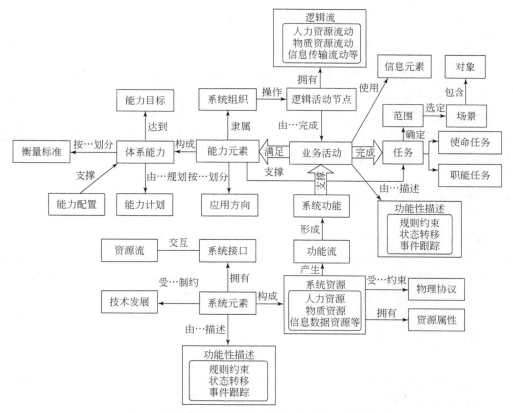

图 2 面向航天器的体系结构框架的概念数据模型

2.2 面向航天器的体系结构框架的逻辑开发顺序研究

在分析面向航天器的体系结构框架概念数据模型的基础上，以体系结构数据为中心，根据模型之间的依赖关系，构建航天器体系结构的开发逻辑顺序。首先以概述和摘要信息模型（QS-1）为起点，再开发体系结构中的其他模型[8]，如图 3 所示，RS-3、NS-6、

NS-5、XS-5 等支撑模型表示开发两个指向模型后，再联合开发此模型。

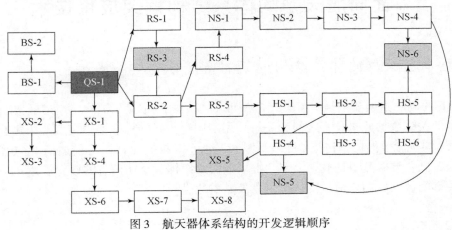

图 3　航天器体系结构的开发逻辑顺序

3　面向航天器的体系结构框架的应用

本研究以海洋卫星对地观测系统为研究对象，以全球海域观测任务为背景，基于统一建模语言（unified modeling language，UML）[9]构建相应的体系结构模型，使用开发软件 Enterprise Architect（EA）实现。

3.1　开发任务视角模型，细分型号任务

依据海洋观测系统建设任务，构建航天职能任务模型（RS-2），得出海洋卫星对地观测系统完成全球海域观测任务中的航天职能任务，航天职能任务包括利用卫星支撑海洋防灾减灾、海洋权益维护、海洋环境保护、海域使用管理、海上执法监察、海洋资源调查与服务 6 个方面，基本满足应用部门对海洋卫星对地观测数据的要求。

3.2　开发能力视角模型，明确所需的体系能力

海洋卫星对地观测系统体系结构的体系能力体现在海洋卫星有效载荷对地观测能力方面，以完成航天职能任务为目标，构建能力隶属关系模型（NS-4），合理规划航天器体系能力。基于海洋卫星观测任务，从海洋卫星自身有效载荷的性能出发，综合分析海洋卫星有效载荷的对地观测能力，形成海洋卫星对地观测能力群，支持体系完成 6 项航天职能任务，搭建能力视角和任务视角模型数据之间的关系，如图 4 所示。

3.3　开发活动视角模型，梳理系统运行流程

活动视角描述系统运行涉及的各项业务活动，开发活动视角模型，提供满足体系能力需求的过程、信息、实体及其之间的互操作性。

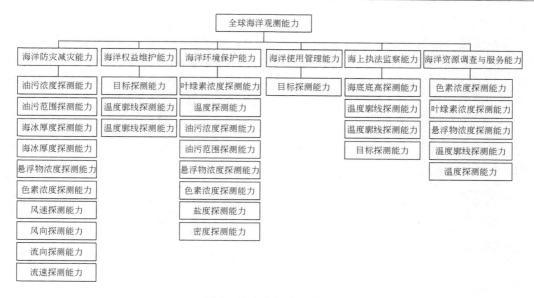

图 4　能力隶属关系模型

1）高级活动概念图（HS-1）

分析航天器体系结构涉及的研究范围，研究体系结构主要的业务活动，基于卫星运行过程、资源配置等活动背景想定，以航天科研院所等 6 个参与者、以海洋卫星对地观测等 9 个用例构建高级活动概念图，如图 5 所示。

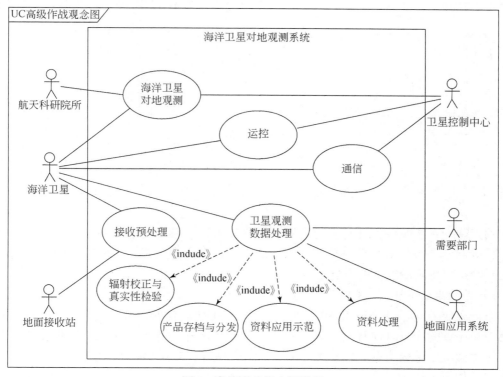

图 5　高级活动概念图模型

2）活动模型（HS-5）

海洋卫星对地观测系统的活动模型建立在对高级活动概念图模型分析的基础上，其目的是对系统如何满足任务要求、如何利用物理资源满足能力需求进行逻辑分析。采用带泳道的 UML 活动图描述活动模型可以明确完成任务所需要采取各项活动的行为主体，如图 6 所示。

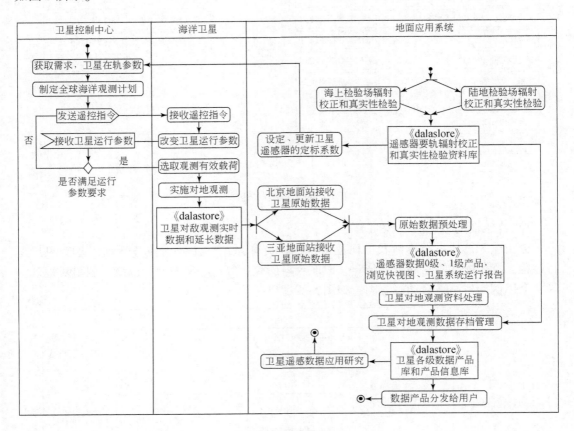

图 6　活动模型

3.4　开发系统视角模型，部署支撑体系能力、业务活动的系统物理组成

通过建立系统模型，研究各组成资源的数据流向、系统功能和系统功能对业务活动的支持等问题，有利于海洋卫星的规划、部署等，有利于分析系统物理资源的变化对海洋卫星全球海域观测能力的影响。

1）系统组成描述（XS-1）

系统组成描述图使用 UML 组件图来描述，根据研究目的划分研究范围，本研究选取遥感卫星主载荷作为对地观测遥感器，选取主服务器作为地面应用系统物理组成，海洋卫星及地面应用系统均设置必要的接口（供给类和需求类），端口的流向表明系统资源流的流向，如图 7 所示。

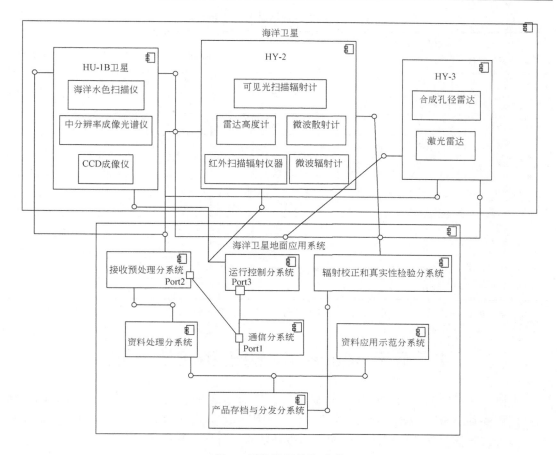

图7 系统组织结构示意

2）系统功能描述（XS-4）

系统功能描述模型通过树状结构图描述系统资源拥有哪些功能，支持系统完成相应的业务活动，在图7的基础上，按照空间系统 A、地面应用系统 B 两方面进行分析，空间系统功能包括有效载荷对地观测功能 A1、卫星数据传输功能 A2、卫星运行轨道和姿态调整功能 A3、卫星数据存储功能 A4、卫星通信功能 A5 等，地面应用系统包括卫星遥控功能 B1、卫星数据接收功能 B2、卫星数据处理功能 B3、数据资料存档分发功能 B4、地面系统通信功能 B5、卫星载荷辐射校正功能 B6 等。

3）系统功能对活动追溯矩阵（XS-5）

基于图6，构建系统功能对活动追溯矩阵，以明确完成职能任务所应采取的业务活动对系统物理资源的部署需求，搭建系统视角和活动视角模型数据之间的关系。

表2中矩阵的"列"为图6中活动图的活动单元：发送遥控指令1、接收卫星运行参数2、改变卫星运行参数3、实施对地观测4、地面站接收卫星原始数据5、辐射校正和真实性检验6、原始数据预处理7、卫星对地观测资料处理8、卫星对地观测数据存档管理9；矩阵的"行"为系统功能单元（限于篇幅，未列出全部活动单元和功能单元）。

表 2　系统功能对活动追溯矩阵示意

系统功能	活动单元	1	2	3	4	5	6	7	8	9
A	A1				★	◆	◆			
	A2					◆				
	A3			★						
	A4									
	A5	◆	◆							
B	B1	★		◆						
	B2				◆	★				
	B3							★	★	
	B4									★
	B5		◆	◆	◆					
	B6						★			

注：★表示对应的"行"为主功能，表示对应的"行"为辅助功能；◆表示空间、地面系统间的辅助功能

4　基于 Rhapsody 的模型仿真验证

本研究在 CSAF 框架的指导下构建海洋卫星对地观测系统体系结构，所构建体系结构模型需要基于 Rhapsody 的仿真验证平台，利用其仿真验证功能，对其模型的正确性和合理性进行验证，从而证明体系结构框架设计的有效性和适用性。

Rhapsody 仿真验证平台具有遵循 UML2.0 的模型驱动开发（model driven development，MDD）环境，并提供完备的模型验证功能。Rhapsody 主要有两种不同的验证方式：

（1）语法验证。利用代码生成、编译、运行方式检验模型的形式化语法；

（2）语义验证。基于人机界面的交互仿真，验证模型的规则正确性、逻辑的可行性[10]。由于 Rhapsody 本身没有编译器，本研究将 VC＋＋软件的编译器通过 Rhapsody 的 IDE 功能与软件对接，利用 VC＋＋的编译器对模型生成的代码进行编译。

模型的验证是基于用例进行的系统功能性验证，验证构建的系统能否满足用例需求[11]，本研究选择用例"海洋卫星对地观测"进行模型验证。

（1）语法验证。首先基于 HS-1 模型，在 Rhapsody 中构建用例"海洋卫星对地观测"，然后对用例进行分析，基于 HS-5 模型，设计为满足该用例系统需要完成的活动，即构建活动图；基于 XS-5 模型，设计完成活动所需要的系统组件，即构建组件图；使用 Rhapsody 的 SE-Toolkit 组件对活动图生成代码，并通过 VC＋＋进行编译，进行形式化语法和语义的检测，结果会在 Rhapsody 操作界面显示出来，如图 8 所示，语法和语义正确表明编译成功，进入下一步。

（2）语义验证。基于构建的状态图、组件图，使用组件 SE-Toolkit 生成用例"海洋

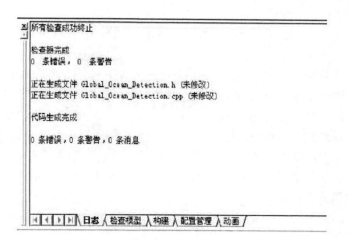

图 8　语法验证结果

卫星对地观测"的顺序图，描述为完成该用例系统需要和参与者之间进行交互的消息、系统操作，即状态图运行的仿真顺序图，如图 9 所示，检查生成的仿真顺序图，对比系统实际运行的分析顺序图，得知模型设计准确，从而证明 CSAF 设计的有效性。

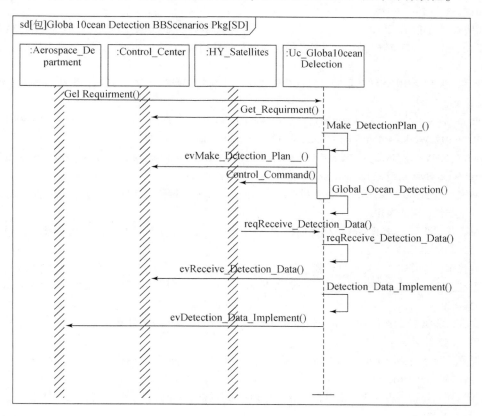

图 9　语义验证结果

5 结 束 语

本研究基于体系结构框架理论，提出面向航天器的体系结构框架（CSAF），选取 7 个模型用于构建海洋卫星对地观测系统体系结构，从任务、能力、活动、系统等视角描述系统的组成单元，并构建了各组成单元之间的关系，使得海洋卫星对地观测系统形成一个有机整体，并通过 Rhapsody 仿真验证平台验证了模型的正确性，从而证明了 CSAF 设计的有效性。实例证明，针对大型航天复杂系统，应用 CSAF 理论，可以从不同视角描述复杂系统，为航天器体系的分析、设计、研发和应用等奠定基础，也提高了航天器体系的可重用性和可维护性。

参 考 文 献

[1] 梁振兴，沈艳丽，等 . 体系结构设计方法的发展及应用 [M]. 北京：国防工业出版社，2012.

[2] DoD Architecture Framework Working Group. DoD archi-tecture framework [R]. Version 2.0. May 2009.

[3] 芮平亮，傅军 . 面向网络中心化信息系统的体系结构描述框架 [J]. 指挥信息系统与技术，2012，3（3）：6-10.

[4] 李龙跃，刘付显 . Do DAF 视图下的反导作战军事概念建模与仿真系统设计 [J]. 指挥控制与仿真，2012，34（5）：76-80.

[5] 王明贺，刘建闯，汪洋 . 基于 Do DAF 的作战能力视图研究 [J]. 兵工自动化，2012，31（3）：1-4.

[6] 王磊 . C4ISR 体系结构服务视图建模描述与分析方法研究 [D]. 长沙：国防科技大学博士学位论文，2011.

[7] 舒宇 . 基于能力需求的武器装备体系结构建模方法与应用研究 [D]. 长沙：国防科技大学博士学位论文，2009.

[8] Wang W K, Zhao B Q. Research on Construction Method of Do DAF View based on DEVS and Sys ML—2012 World Automation Congress [C]. Mexico, 2012：24-26.

[9] John C Z. Paring UML And Do DAF Down To The Project-Vital Set Of Diagrams—3rd Annual IEEE International Systems Conference [C]. Canada, 2009：23-26.

[10] 谢娟 . 基于 Do DAF 的无人机飞行管理计算机系统体系结构研究 [D]. 南京：南京航空航天大学硕士学位论文，2010.

[11] 倪忠建，张彦，李漪，等 . 模型驱动的系统设计方法应用研究 [J]. 航空电子技术，2011，42（1）：18-23，43.

[12] 刘代军，董秉印 . 中远程复合制导空空导弹末制导方式综述 [J]. 航空兵器，2000，（1）：34-36.

[13] 安红，杨莉 . 脉冲多普勒雷达导引头仿真研究 [J]. 中国电子科学研究院学报，2009，4（6）：624-629.

[14] 裴云，陈贵春 . 连续波半主动雷达制导空空导弹截获跟踪距离计算 [J]. 电光与控制，2003，（1）：42-46.

[15] 栗苹，耿小明，闫晓鹏 . 同步闪烁干扰对雷达导引头天线伺服系统的影响 [J]. 兵工学报，2010，31（5）：558-561.

[16] 郑学合，孙丽 . 防空导弹主动雷达导引头地/海杂波功率谱计算 [J]. 现代防御技术，2001，29（2）：23-26.

[17] 张旭东，耿小明，熊华刚，等 . 非相干两点源干扰下最优双机距离分析 [J]. 北京理工大学学报，2010，30（6）：737-740.

技术成熟度在国家科技重大专项评估中的应用

李　达　王崑声　马　宽

（中国航天系统科学与工程研究院，北京，100048）

摘要：通过在国家科技重大专项评估中应用技术成熟度方法，评价专项关键核心技术成熟度的基线状态、当前状态和预期状态，了解专项技术攻关进展情况和存在的差距，对专项调整和聚焦下一步技术攻关提供帮助。同时对重大专项后续在科研管理中引入技术成熟度评价方法提出建议。

关键词：科技重大专项；技术成熟度；关键核心技术；评价

我国的科技重大专项是《国家中长期科学和技术发展规划纲要（2006—2020年）》确立的战略任务，事关创新驱动发展战略的实施和战略性新兴产业的发展。党中央、国务院高度重视，将其作为集中力量抢占制高点、推动科技创新和经济社会紧密结合的重要抓手。2013年9月至2014年5月，在重大专项实施时间已经过半之际，为深入了解专项进展情况，客观评价取得的成效，及时总结经验、分析问题，进一步聚焦目标，为科学部署"十二五"末期专项任务和制定专项"十三五"规划提供重要依据，根据"国务院研究加快推进科技重大专项有关工作会议"的要求，中国工程院牵头会同中国国际工程咨询公司、国家科技评估中心，对民口10个科技重大专项实施情况开展中期评估。

《国家中长期科学和技术发展规划纲要（2006—2020年）》和各专项制定的实施方案从突破一批重大关键核心技术、打造一批重大战略产品等方面提出了各专项的总体目标和阶段目标，为了更好地对专项目标的完成情况进行评估，对专项关键核心技术的攻关进展情况进行评价，分析关键核心技术距离预期目标的差距，此次中期评估采用了国际上广泛应用的技术成熟度评价方法[1]，对制约各专项2020年目标实现的"卡脖子"关键核心技术的基线状态、当前状态和预期状态进行了技术成熟度评价，一方面使管理部门及时掌握技术攻关进度，提高管理精细化程度和决策科学性，另一方面使技术专家准确了解技术进展所处的状态，科学辨识和应对技术差距。

1　技术成熟度的概念及评价准则

1.1　技术成熟度的概念

技术成熟度（technology readiness levels，TRL），是国际上广泛应用于对重大科技攻关和工程项目进行技术成熟程度量化评价的规范化方法，于20世纪60年代由美国航空航天局（National Aeronautics and Space Administration，NASA）提出[2]，90 年代成熟，1999 年之后逐步被美国审计署、国防部、能源部、国土安全部等广泛使用。尤其是，美国审计署将技术成熟度作为审计重大科技项目的主要工具之一，定期对重大项目进行技术成熟度评价，每年向国会报告重大项目进展情况[3]。

技术成熟度等级制定的依据是，任何一项新技术从无到有和从有到被应用，都必然有一个发展成熟的过程。一般而论，各种技术的成熟和发展过程都遵循相似的规律。人们用技术成熟度来规范地表述这个过程中各个阶段的技术进展状态。

1.2 技术成熟度的评价准则

技术成熟度准则通常把高难度、高风险技术的研发过程（从认知原理到规模化应用）分为原理和技术概念验证（1~3 级）、技术攻关和演示验证（4~6 级）、产品开发及初步应用（7~8 级）、产品规模化应用（9 级）共 4 个阶段 9 个级别来定义技术的成熟状态。美国航空航天局、国防部等机构都制定了各自的技术成熟度评价准则[4]。表 1 是笔者在参考国外相关评价准则的基础上，制定本土化的中国工业类技术成熟度 9 级评价准则，在具体进行评价时，需要根据各行业、各领域的特点制定各自的评价准则。

表 1 本土化的中国工业类技术成熟度 9 级评价准则

技术成熟度	4 个阶段	评价准则
1	原理和技术概念验证	研究并观察到了支撑该技术研发的基本原理
2		提出了将基本原理应用于要研发的系统或产品中的设想
3		应用于系统或产品的技术关键功能和特性初步通过实验室可行性验证
4	技术攻关和演示验证	低逼真度的系统或产品通过实验室环境验证
5		中逼真度的系统或产品通过模拟使用环境验证
6		高逼真度的系统或产品通过模拟使用环境验证
7	产品开发及初步应用	系统或产品的原型通过典型使用环境验证
8		系统或产品通过使用环境测试和应用
9	产品规模化应用	系统或产品通过广泛应用和考验

注：逼真度指系统或产品当前状态相对于最终要求状态的相似程度

2 技术成熟度的国内外应用情况

2.1 技术成熟度的国外应用情况

美国国防部[5]先后制定并发布了 2003 版、2005 版、2009 版和 2011 版的《国防部技术成熟度评价指南》，并且多次在《国防部采办指南》和采办条例中进一步规范技术成熟度评价要求。美国国防部还将技术成熟度作为武器装备采办过程的重要评价工具和控制手段。美国审计署[6]将 TRL 作为评价国防项目的 3 个准则之一，定期对重大国防采办项目进行评价，每年向美国国会报告重大国防采办项目的进展情况。自 2003 年开始，美国审计署将 TRL 评价作为重要的审计工具。美国航空航天局、美国国土安全部、美国能源部、卫生和公众服务部等美国其他机构也都制定了应用 TRL 的政策和方法。2005 年，美国国会立法要求 NASA 进入重大系统开发合同的技术应达到 TRL 6 级[7]。

英国国防部、欧洲空间局、法国航天局、北大西洋公约组织等其他国家和机构也都制定了应用 TRL 的政策和方法[8]。此外，国际标准化组织（International Organization for Standardization，ISO）2013 年发布了空间系统技术成熟度评价标准（ISO 16290 2013）。目前有关国家和机构还制定了先进制造、环境保护、核能、油气开发、医药等技术的 TRL 评价准则。

2.2 技术成熟度的国内应用情况

近年来，技术成熟度在国内逐步得到推广应用[8-11]。为配合我国"十二五"国防基础科研重大项目论证和立项工作，2009 年国防科技工业局制定下发了《军工核心能力重大项目技术成熟度评价报告审核程序》，要将技术成熟度评价报告作为重大项目指南编制和项目立项的重要依据。中国人民解放军总装备部制定了国家军用标准（《装备技术成熟度等级划分及定义》(GJB 7688—2012)、《装备技术成熟度评价程序》(GJB 7689—2012)。国家标准化管理委员会和国家质量监督检验检疫总局[12]联合发布了《科学技术研究项目评价通则》(GB/T 22900—2009)，该标准中采用技术就绪水平（即技术成熟度）为基础研究、应用研究、开发研究三类项目的投入产出效率评价提供了一种量化管理的方法。

3 技术成熟度在国家科技重大专项评估中的应用

3.1 技术成熟度评价的目的

在本次 10 个国家民口科技重大专项中期评估工作中，采用技术成熟度评价方法对关键核心技术的发展状态进行评估。通过"向前看"理清制约专项发展的"卡脖子"的关键核心技术，通过技术成熟度评价这些关键核心技术的基线状态、当前状态和预期状态的技术成熟度级别，可以对关键核心技术攻关进展和距离预期目标的差距进行度量，希望对发现和明确技术瓶颈、了解达到预期目标的困难程度、聚焦和调整技术攻关有一定的帮助。

3.2 技术成熟度评价表单

表 2 为本次中期评估所采用的国家科技重大专项关键核心技术基本信息及技术成熟度评价信息，表单中需要填写所识别的关键核心技术的基本信息情况，再根据这些基本信息判断技术基线状态、当前状态、预期状态的技术成熟度等级。

表2　国家科技重大专项关键核心技术基本信息及技术成熟度评价

技术名称		
相关项目（课题）		说明该项关键核心技术所属项目或相关项目（课题）
研发起止时间		说明该项关键核心技术进入专项支持的时间和结束时间
技术重要性		说明该项技术对所属专项成败的重要性或贡献程度，并简要阐述理由（200字左右）
技术困难程度		说明该项技术研发的核心瓶颈和主要技术难点，并简要阐述理由（200字左右）
预期状态	预期目标	说明该关键核心技术预期完成时间及预期实现的研究目标，重点说明该项关键核心技术预期研制的技术产品、达到的功能和性能指标及进行试验验证的环境等（300字左右）
	预期TRL	根据技术成熟度定义，重点从技术产品逼真度、试验环境逼真度两个特征综合评价该项关键核心技术的TRL级别（1~9级）。TRL_____
当前状态	既定目标及完成情况	说明既定的2013年9月底前该项关键核心技术应该达到的研究目标，其中包括该项关键核心技术研制的技术产品、达到的功能和性能指标、进行试验验证的环境（200字左右）； 说明2013年9月底前目标的完成情况（100字左右）
	技术产品已达到的逼真度	依据上面表格中填报的技术产品及其功能和性能信息，对照TRL 9级最终成熟的技术产品要求，判断当前的逼真度，在方框中打√。 □支撑该技术研发的基本原理（TRL 1级） □技术概念和应用设想（TRL 2级） □验证概念可行性的产品（TRL 3级） □实验室产品（TRL 4级） □初级演示验证产品（TRL 5级） □高级演示验证产品（TRL 6级） □工程原型产品（TRL 7级） □试用产品（TRL 8级） □成熟产品（技术成果得到广泛应用和考验）（TRL 9级）
	试验环境已达到的逼真度	对照TRL 9级最终使用环境的要求，判断当前的试验环境逼真度，TRL1~2级可不做判断，在方框中打√。 □简易实验室环境（TRL 3~4级） □模拟使用环境（TRL 5~6级） □典型使用环境（TRL 7级） □实际使用环境（TRL 8~9级）
	当前TRL级别	根据技术成熟度定义，从技术产品逼真度、试验环境逼真度两个特征出发，综合评价该项关键核心技术的TRL级别（1~9级）。技术产品逼真度和试验环境逼真度一般是同步发展的，如果不一致，采用"就低不就高"的原则进行判断 TRL_____
预期目标可实现性		根据当前进展情况，说明后续需要开展的主要研究内容，分析距离预期目标的主要差距，判断预期目标的可实现程度。并说明是否需要调整该关键核心技术的最终目标和原定的进度计划（300字左右）
联系人		联系电话

3.3 技术成熟度评价的几个关键问题

1）评价对象

中期评估中技术成熟度的评价对象是各个重大专项中的关键核心技术，不应简单地将项目或课题作为评价对象。关键核心技术主要指对实现 2020 年专项预期目标具有重要贡献并且研发难度大的技术，重点面向目前在专项中尚未完全突破或尚未开展、存在重大技术瓶颈及可能制约专项目标实现的关键技术。关键核心技术的识别是通过说明该项技术的重要性（对专项成败的重要性或贡献程度）和困难程度（技术研发的核心瓶颈和主要技术难点）两个维度来判断一项技术是否为关键核心技术。对那些已经完全突破的技术，由于当前不存在技术瓶颈、不制约专项目标实现，不在本次评价的范围内。

2）评价准则

由于此次中期评估涉及的技术面广，存在复杂性和技术多样性等特点，单一的技术成熟度评价准则很难适应各个专项的关键技术[13]，这给评价工作造成了一定难度。针对这一问题，除了采用在美国航空航天局、国防部等机构制定的评价准则基础上进行本土化的工业类评价参考准则（如表 1）之外，还提供了转基因技术、新药研制技术的评价参考准则，并且为油气开发专项制定了专用的技术成熟度评价参考准则。在具体的评价过程中，根据各技术领域制定相应评价参考准则，提高了技术成熟度方法的适用性及评价的可操作性。

3）评价的信息依据

技术成熟度评价的信息依据主要是从技术产品已达到的逼真度及试验环境已达到的逼真度两个维度来进行综合判断。在技术成熟的各个阶段都会形成一些产品，将各个阶段的产品与最终使用要求的成熟产品接近的程度称为技术产品的逼真度，如实验室产品、初级演示验证产品、工程原型产品等；各个阶段的技术产品都要在一定的试验环境中进行验证，将各个阶段产品的试验环境与实际使用环境接近的程度称为试验环境的逼真度，如简易实验室环境、模拟使用环境、实际使用环境等。另外，依据技术成熟度评价准则，从技术的两个逼真度出发，综合评价该项关键核心技术的 TRL 级别。技术产品逼真度和试验环境逼真度一般是同步发展的，如果不一致，采用"就低不就高"的原则进行判断。

4）评价的 3 个状态

从各专项识别出关键核心技术之后，对其预期状态、基线状态及当前状态的技术成熟度进行评价。预期状态指专项完成时，该关键核心技术预期达到的状态；基线状态指该关键核心技术进入专项支持时的状态；当前状态指此次中期评估开始时，该关键核心技术达到的状态。通过对基线状态和当前状态的评价，可以反映出技术攻关的进度和当前的攻关进展水平；通过对预期状态的评价，可以反映技术攻关的目标及当前距离目标的差距。

5）评价流程

评价流程分为 3 个步骤，即专项自评价、专家评价、综合评价。专项自评价过程首先由各专项牵头组织单位识别出制约专项实施的关键核心技术，并进行技术成熟度自评价，然后由评价支撑人员对自评价报告进行规范化检查，将审查意见及时反馈给各专项填报人员并进行修改，确保无误。

专项自评价报告具备专家评价条件。专家评价是在专项自评价的基础上，各专项的评估专家根据自评价信息及自己掌握的实际情况，审查所识别的关键核心技术是否合适，以及其技术成熟度自评价结果是否正确。综合评价是专家组对 10 个专项的评估结果进行综合分析、系统评价，最终形成评估结论和报告。

4 评 估 结 果

通过对 10 个专项的技术成熟度评价，一方面可以对各专项内所选关键核心技术的成熟情况进行对比分析，让各专项的管理人员了解关键核心技术的攻关进展情况，哪些技术攻关情况较好、哪些技术攻关存在困难和瓶颈；另一方面也可以对 10 个专项之间的技术攻关情况进行对比分析，即让专项的管理人员掌握 10 个专项整体的技术攻关情况，从而为管理机关任务部署提供决策帮助。

图 1 为某科技重大专项关键核心技术成熟度评价结果，从图 1 中可以清楚地看出，所选的 10 个关键核心技术的基线状态、当前状态及预期状态的技术成熟度等级。其中，4 项关键核心技术当前状态的技术成熟度比基线状态提升了 2 级以上，技术攻关较为顺利；7 项关键核心技术当前已达到 6 级以上，说明已经取得基本突破，所选的关键核心技术预计在 2020 年都能达到 8 级以上，说明技术预期能够成熟且有望实现产业化；但是，也有 2 项关键核心技术成熟度未能提高，技术存在一定的攻关难度和瓶颈，还需要加强技术攻关。

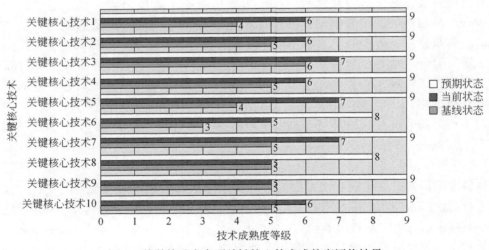

图 1 某科技重大专项关键核心技术成熟度评价结果

5 建 议

国内外在重大科技攻关和工程项目中广泛使用技术成熟度方法的实践表明，技术成熟度对加强科研项目管理、完善项目评价机制、促进技术协同攻关都具有很好的作用[14]。此次在我国重大专项中期评估中，通过对部分关键核心技术进行评价，反映技术攻关进展和存在的问题，提供改进的方向。为此，提出以下建议：

（1）科技重大专项管理人员应深化对技术成熟度的理解和认识。技术成熟评价对完善专项评价机制具有重要意义，是科研管理理念和管理制度创新的重要举措，建议专项管理人员加强对技术成熟度评价意义的认识和核心理念的理解，形成共识。

（2）将技术成熟度评价引入到专项实施绩效评估中。技术成熟度评价对科研项目的"事前策划、事中检查、事后评估"具有一定的作用，能够对科研项目的整个过程进行监督检查，因此，可以采用其对专项项目实施绩效进行评价，作为项目立项论证、过程检查和结题验收时的重要内容。

（3）制定各专项适用的技术成熟度评价指南和标准。由于各专项的复杂性和技术多样性等特点，采用统一的技术成熟度评价标准很难适应专项需求，也很难发挥实际的作用，各专项应加强技术成熟度的理论和应用研究，制定相应的评价指南和标准，同时出台相应的管理办法，融入专项科研管理中。

（4）采取"试点先行、循序渐进"的原则进行推广应用。在专项中推广应用技术成熟度这一创新的管理方法，需要加强顶层策划，应统筹管理，合理布局，可先选择具有典型代表的项目进行试点评价，总结评价的实践经验，再逐步完善评价方法，先易后难，逐步推广。

参 考 文 献

[1] John C M. Technology readiness levels：a white paper，Office of Space Access and Technology NASA ［EB/OL］．（1995－04－06）http:／/www. hq. nasa. gov/office/codeq/trl. pdf ［2014－10－21］．

[2] Wikipedia. Technology readiness levels ［EB /OL］．（2010－01－03）http：en. Wikipedia. org/wiki/Tchnolo-gy_Readiness_Levels ［2014－10－2］．

[3] General accounting office. Better management of technology development can improve weapon system outcomes ［EB/OL］．（1999）http://gao. gov/archive/1999 /ns99162. pdf ［2014－10－21］．

[4] US. Department of defense. Definitions of TRLs for components and subsystems / systems ［EB / OL］．（2010－01－08）http://files. harc. edu / Projects / Bluewater / TRL Definitions. pdf ［2014－10－21］．

[5] US. Department of defense. Technology readiness assessment（TRA）deskbook ［Z］．Washington，DC：US Department of Defense，2009.

[6] General accounting office. Defense acquisitions：assessments of selected weapon programs. GA0-10-388SP ［R］．Washington，D. C. ：General Accounting Office，2010.

[7] Shishkior，Ebbeler D H，Fox G. NASA Technology Assessment Using Real-Options Valuation ［J］．Systems Engineering，2003，7（1）：1-13.

[8] 李达，王崑声，马宽. 技术成熟度评价方法综述 ［J］．科学决策，2012，（11）：85-94.

[9] 朱毅麟. 开展航天技术成熟度研究 ［J］．航天工业管理，2008，（5）：10-13.

[10] 李瑶. 航空发动机技术成熟度评价方法研究 ［J］．燃气涡轮试验与研究，2010，23（2）：47-51.

[11] 郭道劝. 基于 TRL 的技术成熟度模型及评估研究 ［D］．长沙：国防科技大学硕士学位论文，2010.

[12] 中国标准化研究所，中国电子科技集团公司，北京加集巨龙管理咨询有限公司 . GB /T 22900－

2009科学技术研究项目评价通则 ［S］. 北京：中国标准出版社，2009.

［13］陈华雄，欧阳进良，毛建军. 技术成熟度评价在国家科技计划项目管理中的应用探讨 ［J］. 科技管理研究，2012，32（16）：191-195.

［14］吴燕生. 技术成熟度及其评价方法 ［M］. 北京：国防工业出版社，2012.

国外国防数字化设计技术的发展分析

侯俊杰　刘骄剑

（中国航天系统科学与工程研究院，北京，100048）

数字化设计技术是产品研制过程重要的方法和技术手段，是现代信息技术与传统的设计技术的有机集成与融合，是提高产品研制和生产能力、提高产品性能和生产效率、缩短研制周期、降低研制成本的系统性技术。国防数字化设计技术，则是数字化设计技术在军工领域的深入应用，是构建国防科技工业新型研制体系的重要基础性技术，是复杂高技术装备研制生产的保障性技术，也是提高国防科技工业竞争力和可持续发展的重要途径。

1　军工数字化技术是发达国家占领制造业制高点的核心

近年来，国际金融危机使美国等发达国家开始重振制造业，纷纷实施再工业化和制造业升级回归，推出了一系列以数字化制造、智能制造为核心的战略发展计划，拟争夺国际制造业竞争制高点。美国政府将先进制造业作为振兴国家经济、确保全球竞争优势的龙头，从 2009 年开始，一直采取各种措施，重点推进先进制造业的创新发展。美国国防部 2012 年 11 月发布的国防部《制造技术（ManTech）战略规划》中，着重描绘了"国防制造愿景""ManTech 任务"，其中，强调积极保障高度互联和协同的国防制造企业，发展创新性、企业级制造技术，推进网络化协同制造，在整个国防采办周期内全面实施"面向可制造性的设计"等。2013 年 1 月美国国防工业协会发布了"21 世纪先进制造建模与仿真路线图关键领域建议"报告，指出国防工业应重点发展先进建模与仿真技术，提升系统工程早期设计能力，以解决武器系统研发复杂性急剧增加，以及困扰多年的经济可承受性问题。

德国"工业4.0"战略，更是将传统的工业生产与信息技术深度融合，最终实现工厂智能化，提高德国工业竞争力。"工业4.0"战略强调通过网络与信息物理生产系统的融合来改变当前的工业生产与服务模式，突出强调物联网、信息通信技术及大数据分析等相关技术在设计、生产、制造、管理等方面的创新应用，将集中式控制向分散式增强型控制的基本模式转变，并最终实现工厂智能化、生产智能化。俄罗斯、英国、日本等也陆续发布了一系列通过发展先进设计制造技术提升制造业的战略政策及计划。由此可见，发展数字化技术已经成为全球制造强国的战略重点和共识，是提高国防工业综合竞争力的重要推动力。

2　发展军工数字化设计技术，提升产品创新研制能力

作为整个数字化研制体系的基础和核心，先进的数字化设计技术的发展应用更是极大地提高了研发效率，缩减了成本，尤其是多学科综合优化设计、虚拟样机、数字化仿真、基于模型的设计等技术的发展，全面提高了数字化集成与创新设计能力。

2.1　多学科综合优化设计技术

多学科综合优化设计技术是通过研究复杂工程系统和子系统交互影响协同作用，应用于复杂工程系统与子系统的分析与设计的方法，其主要思想是在复杂系统设计的整个过程中利用分布式计算机网络技术来集成各个学科的知识，应用有效的设计优化策略组织和管理设计过程。其目的是通过充分利用各个学科之间的相互作用所产生的协同效应，获得系统的整体最优解，通过实现并行设计来缩短设计周期，从而使研制出的产品更具竞争力。

多学科综合优化设计技术研究在航空航天及船舶等领域的效果突出。美国国家航空航天局（National Aeronautics and Space Administration，NASA）在旋翼飞行器、超音速飞行器等型号研制中，深入应用该技术有效地解决旋翼飞行器的噪声问题。通过应用计算流体动力学、计算结构动力学及高保真声学等多学科综合耦合方法，建立基于物理特性的、全系统紧密联系的，多学科分析预测工具 MUTE，精确有效地建模旋翼飞行器噪声的物理特性，并能够在远区观测位置进行噪声预测。另外，欧洲航天局（European Space Agency，ESA）应用多学科优化工具进行火箭上升阶段弹道优化，美国海军在 DD21 驱逐舰、DDG51 驱逐舰、导弹护卫舰等产品研制中应用多学科综合优化设计技术，均取得良好效果。

2.2　模块化设计技术

模块化设计技术指在对一定范围内的不同功能或相同功能不同性能、不同规格的产品进行功能分析的基础上，划分并设计出一系列功能模块，通过选择和组合来构成不同配置的产品，以满足市场的不同需求的设计方法。模块化是实现武器系统快速响应的关键所在，模块化设计技术在空间飞行器、防空导弹、月球探测器、无人平台、装甲车、舰艇等产品研制中得到了广泛的应用，大幅降低了系统集成的复杂性，降低了成本。

诺格公司应用模块化、快速可重构体系结构开发模块化空间飞行器，为国家提供低成本的、可应对快速变化多任务需求的选择，该公司建设的多任务飞船总线，采用模块化开放式系统架构、即插即用技术，满足快速制造、集成和测试的需求。这种方法为美国作战指挥官和其他客户提供了创新的、可承受的、便捷的解决方案，大幅降低了系统集成复杂性，便于在低成本的前提下快速构建满足不同载荷要求的飞行器。

2.3 基于模型的设计技术

基于模型的设计是用模型化的方法来支持产品的设计、分析、验证、确认等活动，这些活动从概念性设计阶段开始，持续贯穿设计开发及所有的寿命周期阶段。基于模型的定义（model based definition，MBD）是基于模型的设计技术的核心，MBD 是用集成的三维数字化模型来完整表达产品定义信息的方法，详细规定三维模型中产品尺寸、公差的标注规则和工艺信息的表达方法。利用模型来定义、执行、控制产品设计、制造等全部技术和业务流程，从根本上减少产品创新、开发和制造的时间及成本。美国政府和研究机构大力推进基于模型的设计技术的应用，发布了 MI LSTD-31000-A 版本，以三维计算机辅助技术（computer aided design，CAD）零件规范来代替传统二维技术数据包，并推进基于模型的设计技术向更高的阶段发展。

随着技术的发展，与基于模型的定义技术一起，基于模型的系统工程、基于模型的工程、基于模型的企业等技术都将促进武器装备全寿期所有过程的研制方式发生彻底改变。基于模型的企业是一种革命性的、新型协同环境，所有制造企业能够共享详细三维产品定义，实现从概念设计到部署全过程的快速、无缝及经济可承受。空客 A350 XWB 项目，采用 3D 产品数字化定义技术建立 A350 的数字样机（digital mock-up，DMU），分布在多处的研制团队利用该 DMU 形成了一个虚拟团队，在研制与制造的每个阶段共享 DMU 的最新信息，加速研制，这一全新的研制模式将在项目整个寿命周期内带来显著效益，研制时间从目前的 5~6 年减为 4 年到 4 年半。

美国国防部高级研究计划局（Defense Advanced Research Projects Agency，DARPA）进行了一系列创新性研究工作，以打破传统设计方法的这种局限性，尤其在自适应车辆制造（adaptive vehicle make，AVM）项目的快速设计与制造中，使用基于组件模型的设计、基于环境模型的虚拟测试及可自动提供成本和生产费用反馈的制造模型，提供复杂防御系统和车辆设计、建造和验证的革命性方法。

2.4 数字化建模与仿真技术

数字化建模与仿真技术已成为军工领域分析各类系统（特别是复杂巨系统），研制先进装备的有力工具。数字化建模与仿真技术在产品结构设计优化、可行性与可靠性分析、功能调试与验证、运行环境与应用场景分析等方面发挥着越来越重要的作用，可大幅减少设计过程迭代，降低研制风险，提高产品设计效率和水平，减少成本，保证设计质量。

数字化建模与仿真技术在核动力火箭、重型太空运载系统、导弹等的研制过程中得到了较深入的应用，如 NASA 通过无核仿真试验，使用非核材料模拟替代热核火箭燃料，为核低温推进段的设计提供重要试验数据，从而减小风险和成本；NASA 在重型太空运载系统研制中应用数字化建模与仿真，以便为重型太空运载系统提供重要的空气动力数据；MBDA 公司牵头研发先进的建模技术，探索创新的导弹气动外形。

3 建立数字化设计平台，实现研制模式向并行和协同变化

PLM 技术的发展促进了并行和协同研制模式的实现，通过建立协同设计平台，支持企业间能够建立跨地域、跨专业、跨学科的并行协同设计，用最短的时间开发出客户需求的产品，而基于模型的设计技术将模型作为产品全生命周期数据传递的纽带，也极大地为 PLM 技术的深入应用提供技术支撑，从根本上促进了已有设计制造模式的变革，实现设计制造一体化与并行化。在此基础上，网络化进一步促进了并行、协同的技术不断深化和扩展，如跨供应链的多企业协同、众包设计等多种设计模式进一步促进了设计模式变革。

3.1 跨供应链的多企业协同设计技术

目前，武器装备结构越来越复杂，所使用的零部件越来越多，研制周期则要求缩短，其研制、论证、设计整个过程涉及的技术范围广、承研单位分布离散，采用的新技术、新结构、新材料多，设计质量要求高、周期短、成本控制严格，给设计单位带来了新的挑战。国防领域 70%～80% 的价值来自供应链，供应链链条上的大多数企业是中小企业，伴随着各个企业电子商务项目所产生的专有文件格式数量的快速膨胀，对大量解决方案的需求使供应商集成更加困难而昂贵。这些都需要开展跨上下游供应链企业的协同设计技术研究，促进信息资源共享，有效整合设计与制造资源，提高武器装备整个行业的竞争力。这方面典型的例证包括欧洲宇航防务集团（EADS）、空客公司、法国达索航空公司、SAFRAN 公司及泰勒斯公司五家公司创建的名为 BoostAeroSpace 的欧洲宇航数字中枢，主要包括 AirCollab（协同工作区、协同会议）、AirDesign（PLM 协同、数字样机共享）、AirSupply（供应链协同、后勤保障信息交互）等，以支撑跨企业数字化协同。BoostAeroSpace 为欧洲航空航天企业提供专门的"云计算"服务，确保供应链的数字化联通，进而提高整个欧洲国防工业的整体竞争力。

3.2 基于众包的数字化协同设计技术

基于众包方法实现设计和制造模式变革，是美国 DARPA 与美国通用电气公司、麻省理工学院等共同提出并成功应用的协同技术，目标在于共同开发一种众包平台，以支持复杂计算机-物理系统（cyber-physical system，CPS）的协同设计，在协同环境下实现数据连接、工具设计和仿真模拟，加快军用车辆、航空系统和先进医疗设备等复杂系统的制造进程，大幅缩短研制周期。通过开发"基于进化设计的群众驱动型生态系统"（crowd-driven ecosystem for evolutionary design，CEED），创造一个虚拟的开放式协同工作环境，使得来自不同领域的开发人员能够组建起若干个项目团队，自由地分享、重用、融合使用或者是以其他人的设计资源为基础而进行设计，使用者能够方便地通过互联网对外公开自己的几何设计方案、计算机辅助工程（computer aided engineering，CAE）设

计图、制造或市场推广能力，自发地快速创建集成设计模型，不被严格定义的集成设计环境约束，允许关注设计场景的开发和分析。而后，这些设计方案将进行一系列反复修改、检验，并接受公众的审查。该众包平台用于 DARPA 的快速自适应下一代地面战车（fast，adaptable，next-generation，FANG）竞赛，它将吸纳各种突破性的创意和理念，使专业技术人员能够通过工业互联网与全球专家更安全地进行交流，从而可以在更短的时间内，更好、更有效地进行产品设计。这种协同设计平台是产品设计制造模式的一次变革，对加速军用车辆和其他复杂国防系统的研制进程，提高研制效率具有重要影响。

4　国防数字化设计技术的发展趋势

现代武器装备的高度复杂性、系统性，以及协作单位多、研制周期短、更新换代快等特点，使数字化设计技术快速发展和深入应用成为军工制造业发展的必需，依靠数字化手段，建立起以数字化为核心的武器装备快速研制生产综合能力平台和体系，是快速研制出高质量的武器装备的关键。当前，在信息技术和先进设计技术的推动下，数字化设计技术经历了从二维绘图到三维建模，从基于文档到基于模型的设计的过程，正在朝着模型化、协同化、虚拟化、智能化、集成化方向发展，并已经成为企业创新发展的关键性和使能性技术。

4.1　基于模型开展全三维数字化设计成为现代设计的基础

随着 MBD 技术的深入应用，企业的设计方式已经从传统的二维绘图发展到基于三维模型的设计，逐步建立起 MBD 的设计模式，三维制造信息与三维设计信息共同定义产品的模型，并可以直接使用三维数字化标注技术作为制造依据，实现产品设计、工艺设计、零件加工、部件装配、测量监测等的高度集成、协同，三维模型成为主要的载体和制造依据，设计制造一体化的深度不断加强。

4.2　多学科综合优化设计技术成为复杂产品研发中的关键总体设计技术之一

多学科综合优化设计利用各学科间相互作用的协调机制，考虑各学科之间的耦合作用，利用多学科的综合优化与分析算法寻求系统的最优解，为实现复杂产品设计提供了可行的技术途径，正得到各设计人员的高度重视。

4.3　数字化仿真技术不断发展

建模仿真技术逐步成为创新产品研制的关键核心技术之一，对减少产品研制周期、降低成本等具有重要作用。各学科大量成熟商用软件的发展，如 ANSYS、ADAMS 等，能有效地对动力、控制、热分析等进行设计仿真分析。但当前现有仿真分析工具还只能有效地辅助进行大部分单学科的分析评估，而对涉及多专业学科交叉的复杂仿真等问题，现有仿真系统还有一定的局限性。

4.4　网络化协同与集成技术向纵深发展

信息技术快速发展为网络环境下开展协同与集成提供了良好的支撑，并延伸出许多协同研制的新模式，尤其是跨供应链进行设计协同和信息集成，有效地提高了研制效能。通过 PLM 可以有效地实现产品研制不同阶段的跨不同地域组织的协同研制与业务集成，通过并行设计设施的不断深化可以提供并行协同的环境保障，随着这些平台的完善，协同与集成技术将在未来的产品研制中发挥更重要的作用。

Attitude Determination of Autonomous Underwater Vehicles based on Hydromechanics

(China Aerospace Academy of Aerospace Systems Science and Engineering Beijing, 100048, China)
(University of South Australia)

Abstract: Attitude determination is an important part for autonomous underwater vehicles (AUVs) to achieve their designed mission. This paper presents a novel attitude solution based on the hydrodynamic model. The hydrodynamic parameters can be calculated by the known hydrological parameters. Meanwhile, the pressure information of AUV's surface can be measured by the pressure sensor array. The attitude information can be solved based on the values above. In order to verify the effectiveness of the proposed method, a multi-sensor integrated system is designed. The hydrodynamic parameters are solved by the finite element method. The quaternion model and EKF are selected to estimate the attitude information. Simulation results demonstrate that the proposed method is effective to improve the accuracy of the attitudes.

1 Introduction

Autonomous underwater vehicles (AUVs) are widely used in many applications, identification and detection of marine objects, modeling and positioning of the marine environment and other aspects[1]. Navigation remains a fundamental challenge to AUVs[2]. For many robotic missions on land and in the air the global positioning system (GPS)[3] has revolutionized this problem. However, saltwater is impenetrable to most forms of electromagnetic radiation, including GPS signals, challenging underwater remote-sensing and navigation schemes[4].

Inertial navigation systems (INS) having the ability to navigate autonomously are the core of navigation devices. However, INS cannot meet the long-time, long-range requirements of underwater vehicles because of the INS positioning errors accumulating over time[5]. Thus, AUVs are usually equipped with gyroscopes, accelerators and other exteroceptive sensors with different resolutions to estimate navigation states, including visual odometer, ultra-short baseline (USBL), doppler velocimetry (DVL), external beacons or buoys, among others[6]. In addition, simultaneous localization and mapping (SLAM) techniques developed for above ground robotics applications are being increasingly applied to underwater systems. The result is that bounded error and accurate navigation for AUVs is becoming possible with less cost and overhead[7].

Attitude determination is an important part for AUVs to achieve their designed mission. Accurately solving the attitude information of AUV is the key technology of underwater navigation[8]. In paper [9], the authors think that the attitudes are mainly determined by three methods at the time being. The first method is to integrate the instantaneous angular information obtained by gyroscopes. The second method is to utilize values of geophysical parameters （i. e. magnetic and gravity）measured by sensors（i. e. magnetometers and accelerometers）to solve the attitude information. The third method is to estimate the attitudes using integrated sensor systems with redundant and fusion technologies[10].

Blind cave fish are capable of sensing flows and movements of nearby objects even in dark and murky water conditions with the help of arrays of pressure-gradient sensors present on their bodies called lateral-lines[11]. Lateral line inspired sensor arrays have been presented in [12]. Zhi et al. presents a novel sensor array constituted by four pressure sensors, which is used to sense the attitudes[9]. However, that article only considers the situation of AUV and water are relatively stationary, which is worthless in the practical application. Due to speed, temperature, salinity, currents and other factors, the hydrodynamic parameters of AUVs change all the time[13]. Importantly, the hydrodynamic parameters are closely related to the attitude information.

This paper presents a novel attitude solution based on the hydrodynamic parameters. The hydrodynamic parameters of AUV's surface can be calculated if the hydrological parameters are known. Meanwhile, the pressure information of AUV's surface can be measured by the pressure sensor array. Based on the theoretical analysis, the relationship between the measurements of pressure sensors and the attitudes is established. The attitude information can be solved based on the above calculated values and measured values. In order to verify the effectiveness of the proposed method, we design a multi-sensor integrated system of AUV combined with triaxial gyroscope, magnetic compass and pressure sensor array. The hydrodynamic parameters are obtained by the finite element method[14]. The quaternion model and EKF are selected to estimate the attitudes. The simulation results demonstrate that the proposed method is effective to improve the accuracy of the attitudes.

2　Model description of attitude determination based on hydromechanics

The pressure sensors are often chosen to measure the depth. This paper attempts to analyze the pressure changes of underwater vehicles to solve the attitudes during the voyage.

Algorithm block diagram of the proposed method of attitude determination based on hydromechanics is shown in the Fig. 1. Attitudes are determined in the dashed box based on the measurements obtained by the pressure sensor arrays and the theoretical values solved by hydrodynamic models. The pressure changes can be measured by the pressure sensor arrays located on the surface. The hydrological parameters can be obtained by doppler velocimetry, thermometer, salinometer, hydrometer and other sensors. The theoretical analysis method and finite element method can be used to solve the hydrodynamic parameters, which are calculated based on known hydrological parameters in the case of assumed attitude information. The finite element method is the main method of calculation[15]. If measurements equals theoretical values, assumed attitudes are real ones. On the contrary, we can determine attitudes based on the differences between measurements and theoretical values.

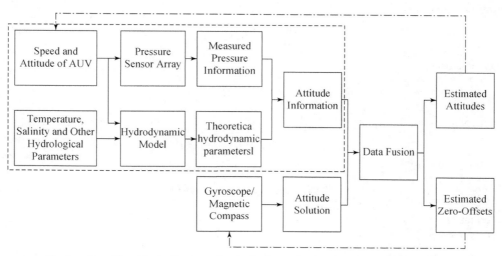

Fig. 1   Algorithm block diagram of attitude determination based on hydromechanics

The attitude determination system is a multisensor system. Attitude information obtained above and attitudes obtained by gyros and magnetic compasses are fused to get more precise information. Estimated zero-offsets are used to correct the gyros' errors.

3   Model of hydrodynamic parameters solution

Hydrodynamic parameters solution is an important part of the proposed method. The movement of fluid follows three basic laws of conservation of mass, momentum conservation and conservation of energy, which are the basis for all kinds of calculation methods. Fluid dynamics calculations are introduced from two aspects. One is the theoretically analytical method, and the other one is to use the finite element software to solve the numerical solution.

3.1   Theoretically Analytical Method

The mathematical expressions are firstly established according to some fundamental physical laws and assumptions, which is the fundamental equations of fluid motion. Then the model is rationalized to be simplified according to the conditions of equipment operation. The stress distribution on the surface can be solved by the boundary conditions and initial conditions.

Fluid meets the following basic laws of physics in motion: momentum balance, moment of momentum balance, conservation of mass, energy conservation, the second law of thermodynamics, in addition to the equation of state and constitutive equations. The relationship Mathematical expressions above satisfying the basic laws are summarized as follows[16].

Equations of motion,

$$\rho \frac{Dv}{Dt} = \rho F_b + \mathrm{div}P \tag{1}$$

Continuity equation,

$$\frac{D\rho}{Dt} + \rho\ \mathrm{div}v = 0 \tag{2}$$

Energy equation,

$$\rho \frac{Di}{Dt} = \frac{Dp}{Dt} + \varphi + \mathrm{div}k\ \mathrm{grad}\ T \tag{3}$$

Moment of momentum equation,

$$p_{xy} = p_{yx},\ p_{yz} = p_{zy},\ p_{zx} = p_{xz} \tag{4}$$

Constitutive equations,

$$P = -pI + 2\mu\left(S - \frac{1}{3}\mathrm{div}vI\right) \tag{5}$$

State equation,

$$\rho = \rho(p,\ T) \tag{6}$$

Where $\frac{D}{Dt} = \frac{\partial}{\partial t} + (v \cdot \nabla)$, t is time, ρ represents density, v represents the speed, F_b represents mass force per unit mass, P expresses the force per unit volume, e represents the internal energy per unit mass, p is pressure, φ represents dissipated energy (power dissipation), k is the thermal conductivity, T is temperature, I is the second-order unit tensor (third-order unit matrix), S represents the strain rate tensor.

Unknown variables, u, v, w, ρ, p, T, p_{xx}, p_{yy}, p_{zz}, p_{xy}, p_{yz}, p_{zx}, are in the equations above containing 12 formulas. Strictly speaking, the equations above are not closed. And solving the equation is still almost impossible because of nonlinear characteristic equation and variables being coupling.

3.2 Numerical Solution by Finite Element Software

With the development of computer science, the numerical solution promotes the development of computational fluid dynamics (CFD) . Numerical Simulation CFD software Fluent is now widely used, which is used to simulate fluid flow with a complex shape and heat conduction. Currently, Fluent component is a lower computational fluid module, which is integrated within comprehensive finite element software ANSYS.

CFD resolution procedure can be divided into three steps on the overall: preprocessing, solving and postprocessing. Pre-processing includes the establishment of three-dimensional solid model and the finite element mesh division. Solving process includes the setting of fluid parameters and boundary conditions. Postprocessing is to analyze numerical results.

4 Mathematical model of multi-sensor integrated system

This section models the mathematical model of the multisensor integrated system of AUV, which is combined with inertial sensors, magnetic compass and pressure sensor array. [9]

4.1 Continuous process model

It is assumed that the inertial sensor is located approximately in the center of the vehicle. Compared to the Euler angle models, the quaternion models do not depend on rotational sequences, and there is no singular point. Thus, quaternion set is used as the attitude parameters. The biases are modeled as random walks with zero mean Gaussian driving terms in the gyro measurements. Thus, the process model in continue-time state-space form is,

$$\dot{x}(t) = f[x(t)] + G[x(t), t]w(t) \tag{7}$$

The system state vector $x = [q \quad b_\omega]^T$. Eq. (7) is further represented by [17],

$$\begin{cases} \dot{q} \dfrac{1}{2}\Omega(\bar{\omega}^b)q - \dfrac{1}{2}Z(q)n_\omega \\ \dot{b}_\omega = n_{b_\omega} \end{cases} \tag{8}$$

Where

$$\bar{\omega}^b = \omega_m^b - b_\omega = [\bar{\omega}_1 \quad -\bar{\omega}_2 \quad -\bar{\omega}_3]^T,$$

$$Z(q) = \begin{bmatrix} -q_1 & -q_2 & -q_3 \\ q_0 & -q_3 & q_2 \\ q_3 & q_0 & -q_1 \\ -q_2 & q_1 & q_0 \end{bmatrix},$$

$$\Omega(\bar{\omega}^b) = \begin{bmatrix} 0 & -\bar{\omega}_1 & -\bar{\omega}_2 & -\bar{\omega}_3 \\ \bar{\omega}_1 & 0 & \bar{\omega}_3 & -\bar{\omega}_2 \\ \bar{\omega}_2 & -\bar{\omega}_3 & 0 & \bar{\omega}_1 \\ \bar{\omega}_3 & \bar{\omega}_2 & -\bar{\omega}_1 & 0 \end{bmatrix} \tag{9}$$

where $q = [q_0 \quad q_1 \quad q_2 \quad q_3]^T$ denotes quaternion, $b\omega$ is gyro bias. $n\omega$ and n_{b_ω} are gyro noise and bias noise terms which are assumed to be zero-mean and white Gaussian noises.

The state vector includes four quaternion components $q = [q_0 \quad q_1 \quad q_2 \quad q_3]^T$ and three angular rate biases $b\omega = [b\omega x \quad b\omega y \quad b\omega z]^T$. $n\omega$ and n_{b_ω} are gyro noise and gyro bias noise terms which are assumed to be zero-mean and white Gaussian noises.

4.2 Measurement model

Since magnetic compass, pressure sensor array measure yaw angle, pitch angle and roll angle respectively. The measurement model is,

$$y_k = h(x_k) + n_k \qquad (10)$$

where $y_k = \begin{bmatrix} \psi_k & \theta_k & \varphi_k \end{bmatrix}^T$ represent yaw angular, pitch angular, roll angular respectively, which can be solved using the direction cosine matrix (DCM)[18]. $n_k = \begin{bmatrix} n_{\psi k} & n_{\theta k} & n_{\varphi k} \end{bmatrix}^T$ are zero-mean, white Gaussian random noises. Thus, the measurement model is listed as follows,

$$\begin{cases} \psi_k = -atan2\,\dfrac{2(q_1q_3 + q_0q_2)}{q_0^2 + q_1^2 - q_2^2 - q_3^2} + n_{\psi k} \\ \theta_k = asin[2(q_1q_2 - q_0q_3)] + n_{\theta k} \\ \varphi_k = atan2\,\dfrac{-2(q_2q_3 + q_0q_1)}{q_0^2 - q_1^2 + q_2^2 - q_3^2} + n_{\varphi k} \end{cases} \qquad (11)$$

4.3　Data Fusion Algorithm

The system constituted by Eq. (8) and Eq. (11) is nonlinear obviously. Extended kalman filter is selected as the nonlinear data fusion algorithm. Nonlinear system is linearized into the corresponding linear system using Jacobian transformation. Thus, the state transformation matrix satisfies,

$$\Phi_{k,\,k-1} \simeq I + T \cdot \left(\frac{\partial f}{\partial x} \bigg| x = x_{k-1} \right) \qquad (12)$$

The measurement matrix is written as follow,

$$H_k = \frac{\partial h[X(t_k),\,t_k]}{\partial X^T} \qquad (13)$$

The initial conditions $(x(t_0) \sim N(\hat{x}_0, P_0))$ are assumed to be known and have the following form,

$$\hat{x}_0 = E[x(t_0)], \qquad (14)$$

$$P_0 = E[(x(t_0) - \hat{x}_0)(x(t_0) - \hat{x}_0)^T]. \qquad (15)$$

5　Simulation

To show the effectiveness of the proposed method, the following simulation is performed. The navigation system of AUV is combined with inertial sensors, magnetic compass, DVL and pressure sensor array.

Assume that the initial attitude angle is (0°, 0°, 0°). The sampling frequency is 100Hz within 400s. Suppose that AUV is cylindrical. The axial length is 2 meters, and diameter is 0.5 meter. Gyroscope is chosen and mounted at the center. The noises standard deviation of gyro is 0.2°/s. Zerooffsets of gyro are (0.3, 0.4, 0.2)°/s respectively. Pressure sensor array is assumed to cloud on the surface of AUV. The standard deviation of yaw angular measurements obtained by magnetic compass is 0.5°.

Fluent is selected to solve the numerical values. A rectangular basin is selected to build the flow of space. The specific dimensions are as follows. It is shown in the Fig. 2.

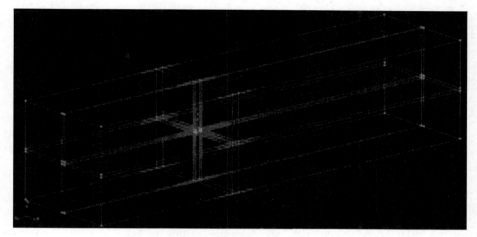

Fig. 2   This basin is divided into 19 sub-areas

Size of z direction (the axial direction) rectangular basin is 100 meters. To ensure the full development of the wake, the negative direction of z-axis is 75 meters. Cross section perpendicular to the axial watershed is 20m×20m square. This basin is divided to 19 sub-areas.

After dividing the flow area being completed, the sideline of each region is refined in the meshment number. The grid of meshment along outward is more and more sparse. The results are set to be shown in Fig. 3. The grid is the most dense because of around AUV being the studied area.

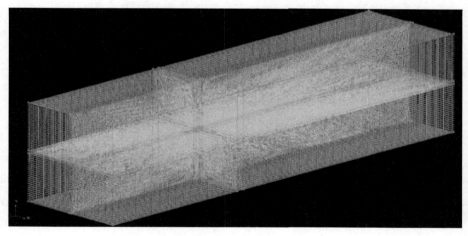

Fig. 3   Meshing

The material of the flow is selected to be seawater with density 1025kg/m^3. The solver is set to be uncoupled, implicit and steady. The standard k-epsilon turbulence model is selected to be calculated in Fig. 4.

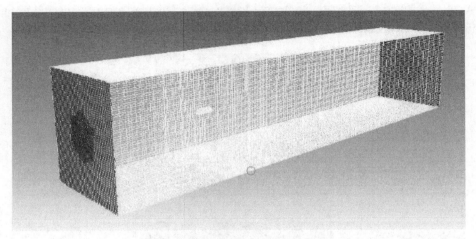

Fig. 4 Hydrodynamic solution model

After the calculations completed, the pressure results of AUV's surface are extracted. Fig. 5 shows the pressure distribution in the axial direction.

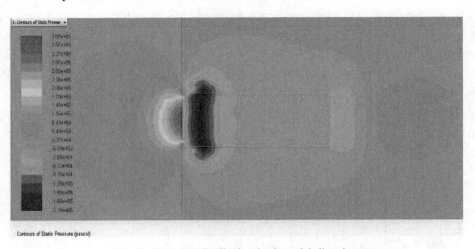

Fig. 5 Pressure distribution in the axial direction

Pressure distribution of the axial direction at the crosssection of 1 meter is extracted in the Fig. 6. According to Fig. 5 and Fig. 6, pitch angle and pressure distribution are more relevant. Thus, the accuracy of pitch angle can be improved based on the hydrodynamic model. Simulation results of the attitudes are showed in Fig. 7. Due to zero-offsets, the solution results of the pure inertial navigation system quickly diverge in the absence of other correction information, which are completely incompatible with the actual values. On the contrary, the estimates of the proposed method are approximately in line with the set rotation.

The estimates of zero-offsets are shown in the Fig. 8. The estimates converge to the set values rapidly, and there are no significant changes over time. The simulation results demonstrate that the proposed method is effective to improve the accuracy of the attitudes.

Fig. 6　Pressure distribution at the cross-section of 1 meter

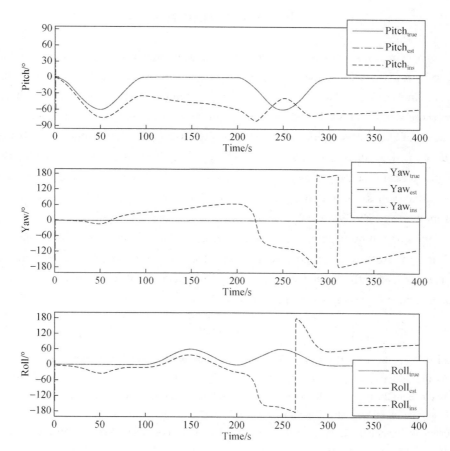

Fig. 7　Comparison of the actual values, the estimates of the proposed

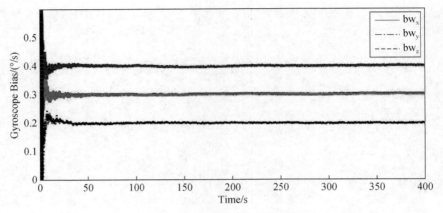

Fig. 8　Bias estimates of the proposed system

6　Conclusions

This paper presents a novel attitude determination method based on the hydrodynamic model. The hydrodynamic parameters of AUV's surface can be calculated if the hydrological parameters are known. Meanwhile, the pressure information of AUV's surface can be measured by the pressure sensor array. Based on the theoretical analysis, the relationship between the measurements of pressure sensors and the attitudes is established. The attitude information can be solved based on the calculated values obtained by the hydrodynamic model and measurements measured by pressure sensor array. A multi-sensor integrated system of AUV are designed to verify the effectiveness of the proposed method. The simulation results demonstrate that the proposed method is effective to improve the accuracy of the attitudes.

Since the computing capacity of AUV onboard computer is limited, and the pressure array clouding on the surface does not exist. Thus, the proposed method only remains in the simulation stage currently. With the development of technology of computer and sensor, the proposed method will be applied in the AUV to improve attitude accuracy.

References

[1] Franca R P, Saltn A T, Castro R D S, et al. Trajectory generation for bathymetry based AUV navigation and localization [J]. IFAC Papers OnLine, 2015, 48 (16): 95-100.

[2] Wolbrecht E, Gill B, Borth R, et al. Hybrid Baseline Localization for Autonomous Underwater Vehicles [J]. Journal of Intelligent and Robotic Systems, 2015, 78 (3-4): 593-611.

[3] Hofmann-Wellenhof B, Lichtenegger H, Collins J, Global Positioning System: Theory and Practice. 5th ed. Vienna, Austria: Springer-Verlag, 2001.

[4] Stewart W K. Remote-sensing issues for intelligent underwater systems [R]. IEEE Computer Vision and Pattern Recognition (CVPR), Maui, HI, 1991.

[5] Shang Z G, Ma X C, Liu Y, et al. Adaptive hybrid Kalman filter based on the degree of observability [R]. Control Conference (CCC), 34th Chinese. IEEE, 2015.

[6] Shang Z G, Ma X C, Li T L, et al. Optimal Design of Moving Short Base-Lines Based on Fisher Information Matrix [R] . Instrumentation and Measurement, Computer, Communication and Control (IMCCC), Fourth International Conference on. IEEE, 2014.

[7] Paull L, Saeedi S, Seto M, et al. AUV navigation and localization: A review [J] . IEEE Journal of Oceanic Engineering, 2014, 39 (1): 131-149.

[8] Zhu R, Sun D, Zhou Z Y, et al. A linear fusion algorithm for attitude determination using low cost MEMS-based sensors [J] . Measurement, 2007, 40 (3): 322-328.

[9] Shang Z G, Ma X C, Liu Y, et al. Attitude determination of autonomous underwater vehicles based on pressure sensor array [R] . Control Conference (CCC), 34th Chinese. IEEE, 5517-5520, 2015.

[10] Melim A, West M. Towards autonomous navigation with the Yellowfin AUV [J] . Oceans, 2011, 8 (5): 1-5.

[11] Kottapalli A G P, Asadnia M, Miao J M, et al. Polymer MEMS pressure sensor arrays for fish-like underwater sensing applications [J] . Micro and Nano Letters, 2012, 7 (12): 1189-1192.

[12] Fernandez V I, Maertens A, Yaul F M, et al. Lateral-line-inspired sensor arrays for navigation and object identification [J] . Marine Technology Society Journal, 2011, 45 (4): 130-146.

[13] Jagadeesh P, Murali K, Idichandy V G. Experimental investigation of hydrodynamic force coefficients over AUV hull form [J] . Ocean Engineering, 2009, 36 (1) : 113-118.

[14] Dantas, J L D, de Barros E A. Numerical analysis of control surface effects on AUV manoeuvrability [J] . Applied Ocean Research, 2013, 42 (42): 168-181.

[15] Blazek J. Computational Fluid Dynamics: Principles and Applications, Elsevier, 2005.

[16] George K B. An Introduction to Fluid Dynamics. University of cambridge, 2004.

[17] Oh S M, Johnson E N. Development of UAV navigation system based on unscented kalman filter [J] . AIAA Guidance, Navigation, and Control Conference, 2006, 15 (4): 524-533.

[18] Titterton D H, Weston J L. Strap down Inertial Navigation Technology (2nd Edition) [M] . The Institution of Electrical Engineers, 2004.

美国武器装备发展的"委员会+工作组"组织模式

靖德果　薛惠锋　杨德伟　马志国

（中国航天系统科学与工程研究院，北京，100048）

摘要：通过解读梳理美国国防部最新的 2015 年版采办指令、采办指南中关于决策的政策和程序，并以美国在研的重大国防采办项目——第三代全球定位系统（global positioning system Ⅲ，GPS Ⅲ）为实例，重点考虑关于决策体系的三个方面的问题：谁来决策？谁提供意见？谁提供证据？详细考察美国国防采办项目发展过程中的决策指挥链及决策支持体系，总结美国武器装备发展中决策体系的构成及决策特点。研究发现，美国武器装备发展管理采取了"以里程碑决策官为核心的'委员会+工作组'"决策体系，该体系主要包括四个要点：一是每个型号项目指定一个里程碑决策官作为此项目的唯一的最终决策人；二是在里程碑决策官领导下组成采办指挥链；三是里程碑决策官在重大里程碑决策点通过委员会的方式听取不同意见；四是里程碑决策官采取集成产品组的工作组方式获得决策支持。另外，提出对我国的武器装备发展决策的一些启示。

关键词：里程碑决策官；总体集成产品组；国防采办委员会；武器装备；决策体系

1 引　　言

第二次世界大战后，美国的武器装备发展经过了几十年的探索和实践，经历了 20 世纪 90 年代的国防采办改革，管理方法和手段不断改进完善，取得了世界领先的地位。美国武器装备的发展始终面临着不断提升作战能力的需求，追求技术和工程上的创新。同时，获得新的作战能力，又必须满足一定的进度要求和费用限制，武器装备性能的提升不是无限制的。这些相互矛盾、相互制约的目标和约束条件对武器装备发展中的决策提出了挑战。美国国防部经过多年的实践，不断探索和运用系统工程的理念和方法，形成了一套独特的决策体系，对提高武器装备发展的水平起到关键的作用[1-4]。研究并借鉴美国武器装备发展中的决策体系和决策经验，对提高中国武器装备的发展水平具有重要的借鉴价值。

在美国，武器装备的发展一般不是简单地购买现成的武器装备，而是一个包含开发活动在内的系统过程，称为采办（acquisition），指针对武器（或其他系统）和供应（或服务）的一系列活动，包括定义概念、创意、设计、开发、测试、承包、生产、部署、后勤支持、变更，以及退役，以此来满足国防部的需求，目的是为了在军事任务中使用，或者支持军事任务。美国的国防开支主要分配给各个采办项目，近几年，每年的采办项目的费用都达到 5000 亿美元，有些个别的重大国防采办项目的全部采办费用甚至超过了 1000 亿美元，如 F-35 项目的采办费用已经超过了 3000 亿美元。

决策过程贯穿国防采办项目的全生命周期，是型号项目管理中的核心内容。决策体系为采办中的决策过程提供了制度基础和保障，主要包括三个方面的内容：谁来决策？谁提供不同的决策意见？谁来提供决策所需的数据？

朱豫晋等[5]研究了美国武器装备采办的决策体制。国防部设立三个专门的决策审议机构，即联合需求监督委员会、国防规划与资源委员会、国防采办委员会（Defense Acquisition Board，DAB）。联合需求委员会由参谋长联席会议副主席领导，负责审议作战需求，为采办计划的立项或继续进行提供决策依据；国防规划与资源委员会由国防部常务副部长任主席，负责就防务规划、计划和预算问题向国防部长提供决策建议，主管规划–计划–预算系统（PPBS）的编制与实施（包括国防采办计划预算编制）；国防采办委员会由国防部负责采办与技术的副部长主持，主要负责对重要采办计划进行阶段审查，决定计划是否向前推进。

庞娟和王自勇[6]探讨了美国重大采办项目一体化工作模式及关键要素。美国国防部实施的集成产品组（integrated product team，IPT）分为三个层级，即顶层 IPT（overarching IPT，OIPT）、工作层 IPT（working IPT，WIPT）和项目层 IPT（program IPT，PIPT）。IPT 的关键要素包括一个领导者；小型工作层 IPT 不超过 15 人；赋予权利和义务；成员的行为代表给予他们授权的组织；培训和奖励；配置资源；借助 E-mail、视频会议等沟通手段；采用数据/信息管理软件。

李成标和胡树华[7]认为集成产品开发团队是集成化组织的一种典型表现形式，也是进行集成化产品开发的重要保障。IPT 这种组织形式是随着并行工程技术的使用而产生和发展起来的。到了 20 世纪 90 年代后，美国许多大公司开始了并行工程实践的尝试并取得了实效，IPT 也得到了广泛的应用，特别在美国的国防工业中取得了巨大的成功。

张翀和郑绍钰[8]认为 IPT 是基于并行工程的原理，并逐渐发展成为美国开展装备采办管理的基本组织形式。IPT 突出表现在"集成"上面。在以负责人为核心的 IPT 核心团队中，包括了来自多领域、多部门的专家。美国 IPT 在具体执行过程中表现出四种类型。随着项目的不断进展，每一个项目要相应地建立并且执行一个顶层 IPT、工作层 IPT、项目层 IPT 和联合 IPT。从组织管理角度看，IPT 的核心优势在于它打破了组织内部机构的一元界限，建立了以人际合作关系为基础的协同工作方式[9]。

美国在武器型号项目发展中的决策体系可以概括为以里程碑决策官为核心的"委员会+工作组"模式（MDI），其中，M 是里程碑决策官（milestone decision authority，MDA）英文缩写的首字母；D 是国防采办委员会（defense acquisition board，DAB）英文缩写的首字母；I 是集成产品组（IPT）英文缩写的首字母。里程碑决策官、国防采办委员会及集成产品组共同形成一个完备的决策体系（图1）。里程碑决策官指负责某个型号项目的唯一的最后决策人，此人全权负责该型号项目的最终完成[10,11]。在里程碑决策官领导下组成的采办指挥链自下而上包括项目主任（Program Manager，PM）、项目执行官（Program Executive Officer，PEO）、军部采办执行官（Component Acquistion Executive，CAE）、里程碑决策官等各个管理环节。为了协助里程碑决策官合理决策，美国国防部根据里程碑决策官的级别成立相应的采办委员会，提供意见供里程碑决策官参考。同时，在某一型号项目的各个发展阶段，根据具体的要求成立不同功能的集成产品组为国防采办委员会提供基于证据的决策支持。

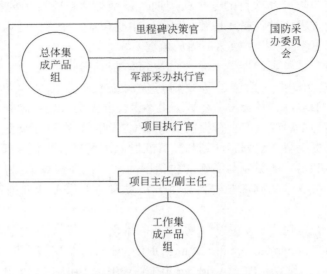

图1　国防采办执行官任里程碑决策官时的决策体系

　　本研究分三部分来分析美国国防采办项目发展中的决策体系。第一部分主要研究采办项目的指挥链构成，分为"国防采办执行官"（Defense Acquisition Executive，DAE）、"军部采办执行官"、"里程碑决策官"、"项目执行官"，以及"项目主任"五个小节，研究其权力、责任和任命。第二部分主要研究决策支持体系，分为三个小节："总体集成产品组（Overarching Integrated Product Team，OIPT）对里程碑决策官的决策支持""国防采办委员会对国防采办执行官的决策支持""技术状态指导委员会对军部采办执行官的决策支持"。第三部分以在研的第三代全球定位系统项目为例，具体阐述美国武器装备发展管理的决策体系构成。

2　采办决策指挥链

　　在美国，采办项目立项之后，首先由国防采办执行官指定里程碑决策官，由其全权负责该项目，然后成立项目办公室，确定项目执行官及项目主任，形成项目的决策指挥链。项目的决策指挥链的层级、人选和报告关系等方面的设计对项目的成败会起到决定性的影响。根据具体项目的类别，项目的决策指挥链的长度和层级关系会有所不同。当国防采办执行官担任里程碑决策官时，该指挥链最长，除了国防采办执行官和军部采办执行官之外，还有项目主任和项目执行官，参见图1，图1中项目执行官的矩形框用虚线，表示某些项目可能不需要设置项目执行官。项目主任是级别最低的项目决策人，受项目执行官、军部采办执行官及里程碑决策官的监督和领导，但是值得注意的是，项目主任可以直接向里程碑决策官报告[12]。这个安排，加强了项目主任在项目发展中的地位和作用；当军部采办执行官担任里程碑决策官时，该指挥链有三级或者两级。美国国防部采办条例DOD D5000.01规定，在任何情况下，项目主任与里程碑决策官之间最多存在两个监管层。这个规定保证了任何一个采办项目的指挥链都不会超过四个层级。

2.1 国防采办执行官

国防采办执行官位于采办项目指挥链的最顶端，除非他/她不担任该项目的里程碑决策官。国防采办执行官由负责采办、技术及后勤的副国防部长〔Under Secretary of Defense for Acquisition，Technology and Logistics，USD（ATL）〕担任，是国防部长及常务副部长之外级别最高的采办官员。直接向他/她报告的其他国防部高级官员一般有9位（表1）。

表1 直接向负责采办、技术及后勤的副国防部长报告的官员

序号	职位名称	英文名称	英文简称
1	负责采办技术与后勤的副国防部长首席帮办	Principal Deputy Under Secretary of Defense for Acquisition，Technology and Logistics	PDUSD（AT&L）
2	负责技术与工程的助理国防部长	Assistant Secretary of Defense（Research and Engineering）	ASD（R&E）
3	负责采办的助理国防部长	Assistant Secretary of Defense for Acquisition	ASD（A）
4	负责后勤与军备的助理国防部长	Assistant Secretary of Defense for Logistics and Materiel Readiness	ASD（LMR）
5	负责核、化学与生物国防项目的助理国防部长	Assistant Secretary of Defense for Nuclear，Chemical and Biological Defense Programs	ASD（NCB）
6	负责作战能源计划与项目的助理国防部长	Assistant Secretary of Defense（Operational Energy Plans and Programs）	ASD（OEPP）
7	导弹防御局总监	Director，Missile Defense Agency	MDA
8	国防后勤局总监	Director，the Defense Logistics Agency	DLA
9	国防高级研究项目局总监	Director，the Defense Advanced Research Projects Agency	DARPA

2.2 各军部采办执行官

各军部首长是部门的采办最高长官，负责执行采办程序，如陆军部长、空军部长、海军部长。各军部首长之下设立军部采办执行官，分别是负责采办、后勤与技术的助理陆军部长；负责研发及采办的助理海军部长；负责采办的助理空军部长（表2）。在各个军部，军部采办执行官负责主要采办职能，日常工作向军部首长报告。如果国防采办执行官任项目的里程碑决策官，在执行具体项目时，军部采办执行官向国防采办执行官报告。

表 2　各军部采办执行官的职位名称

序号	职位名称	英文名称	英文简称
1	负责采办、后勤与技术的助理陆军部长	Assistant Secretary of the Army for Acquisition, Logistics and Technology	ASA（AL&T）
2	负责研发及采办的助理海军部长	Assistant Secretary of the Navy for Research, Development and Acquisition	ASN（RD&A）
3	负责采办的助理空军部长	Assistant Secretary of the Air Force for Acquisition	ASAF（A）

2.3　里程碑决策官

DoD D5000. 01 规定，里程碑决策官是一个经过授权的个人，对某一个项目负有总体责任。里程碑决策官有权批准一个采办项目通过某个里程碑决策点，然后进入后续阶段，并有责任就项目的费用、进度及性能方面向更高级别官员报告，也包括向美国国会报告。DoD I5000. 02 规定，里程碑决策官是型号项目的唯一的最后决策人。

国防采办执行官可以亲自担任里程碑决策官，也可以授权国防部部门首长或者他认为合适的国防部长办公室的官员担任。国防部部门首长可以继续授权军部采办执行官担任里程碑决策官。

里程碑决策官的级别由项目的类别来决定。DoD I5000. 02 列出了四类国防采办项目及相应的里程碑决策官级别[11]。

（1）CAT Ⅰ，指重大国防采办项目（major defense acquisition program，MDAP），此类项目预估的研究、开发、测试与评估费用超过 2014 财年为基准的 4.8 亿美元或者采购费用超过 27. 9 亿美元，或者由国防采办执行官认定。该类别又分为两类，即 ID 类及 IC 类，前者由国防采办执行官担任里程碑决策官，里程碑决策点必须经过国防采办委员会的评审，"D" 指国防采办委员会；后者由军部首长直接担任，或经过军部首长授权的军部采办执行官（不能再授权）任里程碑决策官，里程碑决策不需要经过国防采办委员会，"C" 指各军种。

（2）CAT IA 分为两类，即 IAM 类及 IAC 类，前者由国防采办执行官（或由国防采办执行官指派）任里程碑决策官，后者由军部首长或军部采办执行官（不能再指定）任里程碑决策官。

（3）CAT Ⅱ，指重大系统（major system，MS），该系统的费用没有上述两类的标准，但研究、开发、测试与评估费用超过 2014 财年为基准的 1.85 亿美元或者采购费用超过 8.35 亿美元。军部采办执行官（或由军部采办执行官指派的人员）任里程碑决策官。

（4）CAT Ⅲ。没有达到 CAT Ⅱ 的标准的项目，由部门采办执行官指派里程碑决策官。项目的类别划分十分重要，决定了项目的里程碑决策官的级别及在支持项目决策时的评审级别、报告要求、文件及分析的要求。重大国防采办项目中的 ID 类及重大自动信息系统中的 IAM 类项目属于国防部级别的采办项目，里程碑决策官一般由国防采办执行官亲自担任，里程碑决策必须经过国防采办委员会的评审。

2.4　项目执行官

项目执行官由军部采办执行官任命。在军部内部，项目执行官负责所有 CAT Ⅰ 和 CAT ⅠA 项目及敏感保密项目的执行管理。但根据 DoD 5000.02 的规定，针对具体的项目，军部采办执行官可以不设立项目执行官，而让项目主任直接汇报，但这种情况需告知国防采办执行官，并对国防采办执行官提出免设项目执行官的申请[11]。

2.5　项目主任

项目主任由军部采办执行官或里程碑决策官任命。DoD 5000.01 指出，项目主任有责任并拥有相应的权力完成项目的开发、生产及维持目标以满足用户需求[10]。项目主任有责任就可靠的费用、进程及性能向里程碑决策官报告。项目主任在项目执行官及军部采办执行官的监督下来设计采办程序、为决策做准备并执行已批准的项目计划。

3　决策支持体系

在武器型号项目的发展过程中，是采取个人决策还是集体决策？参谋机构如何进行决策支持？在美国国防部，里程碑决策官全权负责某个具体采办项目的所有重大决策问题，对项目有最终决策的权力。集成产品组是美国国防部一种独特而又成熟的决策支持机制，为采办项目的成功发挥重要作用。另外，重大国防采办项目中的 ID 类，需要国防采办执行官亲自担任里程碑决策官，在里程碑决策点必须要经过国防采办委员会的评审，此时，国防采办执行官通过吸纳不同的意见，有利于做出更为合理的决策。值得注意的是，对任何一个采办项目，无论是集成产品组还是国防采办委员会，这些机构都不是决策主体，不能代替项目主任、项目执行官及里程碑决策官的权力。

3.1　总体集成产品组

国防采办执行官担任某个采办项目的里程碑决策官时，国防部采用总体集成产品组的机构形式对此项目的里程碑决策点进行评审，评审意见是里程碑决策官决策时的重要依据。总体集成产品组是国防部级别最高的集成产品组，帮助国防采办执行官做出合理的决策，保证项目组织及资源的合理配置以确保型号项目的顺利推进，并保证在经济上可承受、技术上可执行，为国防部投入的资源获得最大的价值。

总体集成产品组从各种咨询单位获得独立判断及观点，为支持国防采办执行官决策提供充分的调研。总体集成产品组经常能带来与各军种不一样的观点，不限于程序、技术及业务的方面，也在更广泛的背景下包括联合投资组合、设计与性能的权衡、整体的风险（技术、集成/工程、进度、费用）、经济的可承受性、竞争机会、工业基础的介入及业务决策的性质等，严格地检查、考虑项目。虽然总体集成产品组不是决策主体，却为负责采办的副国防部长项目的决策及执行提供了一个协调、组织参谋准备工作的机制[12]。

目前国防部长办公室有五位总体集成产品组领导人，他们对经过广泛定义的项目及能力组合负有责任，其中之一可作为某采办项目的牵头参谋负责人（表3）[13]。

表3　可作为总体集成产品组领导人的五位官员

序号	职位名称	英文名称	英文简称
1	负责战略与战术系统的助理国防部长帮办	Deputy Assistant Secretary of Defense（Strategy and Tactical System）	DASD（S&TS）
2	负责太空与情报的助理国防部长帮办	Deputy Assistant Secretary of Defense（Space and Intelligence）	DASD（S&I）
3	负责指挥、控制、通信与赛博的助理国防部长帮办	Deputy Assistant Secretary of Defense（Command, Control, Communications and Cyber）	DASD（C4）
4	负责国防业务系统的OIPT领导人	OIPT Leader for Defense Business Systems（Office of the Deputy Chief Management Officer）	DCMO
5	负责核、化学及生物防务项目的OIPT领导人	OIPT Leader for Nuclear, Chemical, and Biological Defense programs	DASD（NCB）

这五位总体集成产品组领导人的级别相当于助理国防部长帮办，仅次于助理国防部长。总体集成产品组的领导人组建并领导总体集成产品组，在国防采办委员会会议之前评审项目以支持国防采办决策官的决策。总体集成产品组领导人就某些重大问题与各军部、国防采办委员会秘书长及每一个总体集成产品组成员进行协调后准备讨论的内容。总体集成产品组领导人负责整合咨询用的资料，争取在尽可能低的层次上给出问题解决方案并确保客观、完整的数据能送达国防采办执行官，以支持国防采办执行官决策，包括里程碑决策。

总体集成产品组的领导人在总体集成产品组成员的协助下，对项目的执行状态保持良好的情况感知，并与军部采办执行官一起，保证国防采办执行官对项目的任何重要问题保持知情。总体集成产品组领导人跟踪、监管所有采办决策备忘录（acquisition decision memorandum，ADM）指导的活动，并将可能会影响最终完成的问题及事件通知国防采办执行官。

如果参谋人员与某军种之间出现了严重分歧，总体集成产品组领导人应与相关的参谋人员与军种一道确保支持决策的数据能及时送达国防采办执行官，并把有待决策的议题也呈交国防采办执行官。一般情况下，参谋人员，包括总体集成产品组领导人，没有对项目的命令权力。当出现不能轻易解决的分歧时，问题应提出来以待决定。总体集成产品组领导人应当促进这个过程，以免项目因为存在分歧而延期。总体集成产品组领导人可以对任何问题提出建议，但他/她的首要责任是客观陈述来自国防部长办公室及各军部的总体集成产品组成员的意见。

总体集成产品组成员（表4）有权表达他们所在机构的观点，并且代表他们的技术专业、功能范围及机构来提出建议。把问题隐藏起来或者在国防采办委员会这样的高级别会议上突然抛出出人意料的问题都会对项目产生不利的影响。所以，总体集成产品组成员应尽早提出问题并立即着手有效解决这些问题。如果一个总体集成产品组成员觉得某个问题没有得到满意解决，应该告知国防采办执行官。拥有不同意见的总体集成产品组成员是任何一个讨论的组成部分。只要他们愿意，就有机会表达自己的有证据支持的观点。为了合理的决策，任何一个提出来的问题应与适当详细的技术或其他方面的数据一并有逻辑地表达出来。除了项目主任、项目执行官之外，来自表4中所列机构的代表是一个理论上的总体集成产品组成员的组成，可以由总体集成产品组领导人进行适当调整[13]。

总体集成产品组会议之后10日内，并且在既定的国防采办委员会会议之前不少于15日，总体集成产品组领导人应向国防采办执行官提交书面报告。总体集成产品组报告把总体集成产品组成员的独立评估考虑之后形成文件，同时，总体集成产品组报告提供一个推荐方案及对所有未解决问题的讨论。总体集成产品组领导人应保证所有的总体集成产品组成员的观点和考虑（包括不同的意见）能得到准确的表达。如果总体集成产品组成员愿意，可以把他们的观点、建议及相关的基础材料作为总体集成产品组报告的附件。

除了总体集成产品组，项目主任或经项目主任授权的指派人员应与来自国防部长办公室的专家参谋、总体集成产品组领导人办公室及指定项目的关键利益相关者协调，成立必要的工作层面的集成产品组，即工作集成产品组。工作集成产品组只在帮助项目主任规划项目结构、形成文件及解决问题时举行会议。同时，工作集成产品组也是总体集成产品组的咨询机构，为总体集成产品组提供输入。

企业界的代表不能作为集成产品组的正式成员，但是经过集成产品组领导人的允许，这些代表可以参加某些集成产品组的会议，他们在会上提供某些信息。企业界的代表不能参加某些具有敏感性的（指与签订合同有关）的总体集成产品组讨论会议[13]。

表4　总体集成产品组成员所在机构

序号	机构名称	英文名称
1	参联会副主席/J8办公室	Office of Vice Chairman of the Joint Chiefs of Staff / J-8
2	负责政策的副国防部长办公室	Office of the Under Secretary of Defense for Policy
3	负责审计的副国防部长办公室	Office of the Under Secretary of Defense（Comptroller）
4	负责人力资源的副国防部长办公室	Office of the Under Secretary of Defense for Personnel and Readiness
5	作战测试与评估总监办公室	Office of the Director, Operational Test and Evaluation
6	负责情报的副国防部长办公室	Office of the Under Secretary of Defense for Intelligence
7	费用分析与项目评估总监办公室	Office of the Director, Cost Analysis and Program Evaluation
8	采办资源与分析总监办公室	Office of the Director, Acquisition Resources and Analysis
9	国防定价总监办公室	Office of the Director, Defense Pricing
10	国防程序与采办政策总监办公室	Office of the Director, Defense Procurement and Acquisition Policy
11	性能评估与根原因分析总监办公室	Office of the Director, Performance Assessment and Root Cause Analyses
12	国际合作总监办公室	Office of the Director, International Cooperation
13	首席信息官办公室	Office of the Chief Information Officer
14	负责开发测试与评估的助理国防部长帮办公室	Office of the Deputy Assistant Secretary of Defense for Developmental Test and Evaluation
15	化学与材料风险管理总监办公室	Office of the Director for Chemical and Material Risk Management

序号	机构名称	英文名称
16	负责制造与工业基础政策的助理国防部长帮办办公室	Office of the Deputy Assistant Secretary of Defense (Manufacturing and Industrial Base Policy)
17	负责后勤与军备的助理国防部长办公室	Office of the Assistant Secretary of Defense for Logistics and Materiel Readiness
18	负责作战能源计划与项目的助理国防部长办公室	Office of the Assistant Secretary of Defense for Operational Energy Plans and Programs
19	负责研究的助理国防部长办公室	Office of the Deputy Assistant Secretary of Defense Research
20	负责系统工程的助理国防部长帮办办公室	Office of the Deputy Assistant Secretary of Defense Systems Engineering
21	陆军采办执行官办公室	Office of the Army Acquisition Executive
22	海军采办执行官办公室	Office of the Navy Acquisition Executive
23	空军采办执行官办公室	Office of the Air Force Acquisition Executive

3.2 国防采办委员会

美国法典第 10 章第 144A 节中规定，国防采办执行官担任里程碑决策官的项目在通过重要的里程碑决策点时，必须要经过国防采办委员会（表5）的评审。这是国防部最高层次的评审会议。对采办类别中的 ID 类及 IAM 类项目的重要里程碑决策点，国防采办执行官运用其他形式的评审会议都不受鼓励。

国防采办执行官担任国防采办委员会的主席。

表5　国防采办委员会成员

序号	职位名称	英文名称	英文简称
1	参联会副主席	the Vice Chairman of the Joint Chiefs of Staff	VCJCS
2	陆军部长	Secretary of the Army	—
3	海军部长	Secretary of the Navy	—
4	空军部长	Secretary of the Air Force	—
5	负责政策的副国防部长	Under Secretary of Defense (policy)	USD (P)
6	负责审计的副国防部长	Under Secretary of Defense (Comptroller)	USD (C)
7	负责人力的副国防部长	Under Secretary of Defense (Personal&Readiness)	USD (P&R)
8	负责情报的副国防部长	Director, the Defense Logistics Agency	USD (I)
9	国防部首席信息官	the Do D Chief Information Officer	Do D CIO
10	作战测试与评估总监	Director, Operation Test and Evaluation	DOTE
11	费用评估与项目评估总监	Director, Cost Assessment and Program Evaluation	DCAPE
12	副管理执行官	Deputy Chief Management Officer	DCMO
13	采办资源与分析总监	Director, Acquisition Resource & Analysis	DARA

国防采办委员会召开的评审会议是国防采办项目发展过程中解决决策问题的最高级别的评审会，有几位成员是副国防部长级别的。除了正式成员之外，国防采办委员会还有许多顾问，除了项目主任及项目执行官之外，还包括一些助理国防部长级别的官员（表6）[13]。

<h3 style="text-align:center">表6　国防采办委员会顾问</h3>

序号	职位名称	英文名称	英文简称
1	负责采办的助理国防部长	Assistant Secretary of Defense（Acquisition）	ASD（A）
2	负责后勤与物资的助理国防部长	Assistant Secretary of Defense（Logistics & Material Readiness）	ASD（L&MR）
3	负责研究与工程的助理国防部长	Assistant Secretary of Defense（Research & Engineering）	ASD（R&E）
4	负责设施与环境的副国防部长帮办	Deputy Under Secretary of Defense（Installation & Environment）	DUSD（I&E）
5	负责采办与后勤的国防部副总顾问	DoD Deputy General Counsel（Acquisition & Logistics）	DGC（A&L）
6	国防部的军部采办执行官	DoD Component Acquisition Executives	CAE
7	总体集成产品组领导人	Overarching Integrated Product Team	OIPT
8	国家地理情报局局长	Director，National Geospatial&Intelligence Agency	DNGIA
9	负责系统工程的助理国防部长帮办	Deputy Assistant Secretary of Defense for Systems Engineering	DASD（SE）
10	国防部开发测试与评估总监	Director，Development Test & Evaluation	DDTE
11	负责制造与工业基础政策的助理国防部长帮办	Deputy Assistant Secretary of Defense（Manufacturing & Industrial Base Policy）	DASD（M&IBP）
12	国防部国际合作总监	Director，International Cooperation	DIC
13	负责法律事务的助理国防部长	Assistant Secretary of Defense（Legislative Affairs）	ASD（LA）
14	国防部性能评估与根原因分析总监	Director，Performance Assessments and Root Analysis	DPARA
15	国防部定价总监	Director，Defense Pricing	DDP
16	国防部费用评估副总监	Deputy Director，Cost Assessment	DDCA

国防采办委员会评审是为 ID 类及 IAM 类项目即国防部级别的采办项目面临里程碑决策点而组织实施的。这些决策点包括里程碑 A，即技术成熟与风险降低决策点（technology maturation and risk reduction decision，TMRR decision）；里程碑 B，即工程与制造开发决策（engineering and manufacturing development decision，EMD decision）；里程碑 C，即生产决策点（production decision）决策评审[14]。这些评审在现有的集成产品组及采办里程碑决策评审过程框架下进行。国防采办执行官签署采办决策备忘录，把来自这些评审的决策及项目方向记录在案。国防采办执行官对国防部级别的采办项目签署的任何备忘录都被视为采办决策备忘录，必须经过国防采办委员会执行秘书长的参谋，秘书长同时也是采办资源与分析总监。

作为国防采办执行官的副国防部长一般情况下也是国防采办委员会的主席，除非为某个特定的项目或事件另外指定会议主席。值得注意的是，国防部级别的采办项目决策及评审应被视为"国防采办委员会评审"或"国防采办委员会会议"而不应被视为"国防采办执行官评审"。

《国防采办指南》第10章指出，国防采办委员会评审的目的是成为一种量化的、理性的对未解决问题的检查[13]。已经解决过的问题不需要讨论。问题的审议集中在与潜在的行动过程相关的风险和机会上。有证据支持的争论应得到关键的、有目标导向的、实际的而不是想象的数据的支撑。有些问题之所以难以解决，有时是因为它们缺乏关键的信息和数据，特别是关于未来的数据，如风险等，从而难以做出合理的决策。这种情况需要经验的支持，这些经验有可量化的数据的支持，而这些经验只有各个层次和各个相关领域的专家才能提供。

总体集成产品组领导人是国防采办委员会会议的主持人。总体集成产品组领导人先做会议提要，并保证提要能抓住需要讨论的问题、支持这些讨论的数据及其他必不可少的信息。所有这些信息中，首要的是与项目有关的经济可承受性及费用有效性方面的信息。在每一次国防采办委员会会议的开始，主持人陈述未定的决策（或其他的目的），并立即抛出未解决的议题。主持人要确保合适的国防采办委员会主要成员或顾问能展开正反两个方面的有证据支持的争论，并提供相应的数据支持。中心议题、项目的经济可承受性、费用有效性经过讨论之后，其余必要的信息也会得到陈述及评论。

来自每一次里程碑及其他重要决策点的评审所形成的决定及指令必须记录在国防采办备忘录中。所有采办决策备忘录由采办资源与分析总监办公室及相关总体集成产品组领导人负责起草。采办资源与分析总监办公室有专人负责采办决策备忘录的协调。在正式下发之前，采办资源与分析总监办公室把采办决策备忘录提交给负责采办、技术与后勤的副国防部长首席帮办或副国防部长本人。

3.3 技术状态指导委员会对军部采办执行官的决策支持

美国《2009财年国防授权法案》要求每个国防部部门的采办执行官建立一个技术状态指导委员会（Configuration Steering Boards，CSB），对国防采办项目开发过程中所有需求的改变及技术组合的改变进行审核，因为这些需求或技术组合的改变往往会对费用和进度产生重大的潜在影响[15]。技术状态指导委员会的成员由广泛的管理人员组成，包括来自以下机构的高级代表：负责采办、技术与后勤的副国防部长办公室；联合参谋部；相关军队的参谋长和审计官；军部采办执行官的军事助手；项目执行官；国防部长办公室其他高级代表及其他相关军事部门的代表。

技术状态指导委员会每年至少举行一次会议。一般情况下不允许需求及技术组合的改变，如果有改变会被推迟到未来的模块或增量中。如果资金没有到位或者进度的影响没有得到控制，这些改变不会得到批准。

项目主任与项目执行官商议后，必须在一年数据的基础上，向技术状态指导委员会提交一套针对作战应用并有证据支持的推荐方案来降低项目费用或者调整需求。如果副国防部长担任里程碑决策官，技术状态指导委员会主席必须向里程碑决策官推荐应该实施哪一个方案。最后方案的确定应该与参联部及军事部门的需求批准官协调。

4 案例：GPS Ⅲ

下面举一个案例说明美国国防部具体采办项目的决策模式。2013 财年的美国国防部系统工程年报列举了 11 个空军主导的重大国防项目，这里选取其中的第三代全球定位系统作为例子。第三代全球定位系统计划开发并部署新一代卫星来补充并最终替代目前正在使用的 GPS 卫星。此项目与地面的运营控制系统及终端设备等多个新老并存的项目共同构成 GPS 业务。GPS Ⅲ 项目的主承包商是洛马公司，合同签于 2008 年。

根据美国政府问责办公室（Government Accountability Office，GAO）2015 年发布的重大武器系统评估报告，GPS Ⅲ 项目采取增量式的开发策略，第一个增量试图提供更强的军用信号以改善抗电磁干扰能力，并提供新的民用信号可与国外卫星导航系统进行互操作。项目官员报告 GPS Ⅲ 项目在 2011 年已进入生产阶段，但因为任务数据单元的技术和设计问题导致了第一个第三代卫星迟迟达不到发射的条件，2015 年 1 月估计最早在 2016 年 1 月发射，比项目原计划推迟 21 个月。但根据 2015 年 4 月的报道，发射可能又要推迟到 2017 年。政府问责办公室的评估称，此项目的最大风险来源于地面控制系统项目不能按时交付。

4.1 项目指挥链

GPS Ⅲ 项目指挥链共有四级，从高到低依次如下：GPS Ⅲ 里程碑决策官是负责采办、技术与后勤的副国防部长弗兰克·肯代尔（Frank Kendall），他于 2012 年上任。项目合同于 2008 年 5 月签订，估计研发与采购等全部项目费用为 41 亿 9000 万美元。因此，该项目是重大国防采办项目。根据政府问责办公室的评估报告，美国国防部负责采办、技术与后勤的副国防部长弗兰克·肯代尔批准了两个新的卫星合同，并要求对所有的 GPS 项目进行额外的研究，也包括下一代运行控制系统及用户设备。

空军采办执行官是负责采办的空军助理部长威廉·A. 拉普兰特（William A. Laplante）。他于 2012 年接替大卫·V. 布伦（David van Buren）担任代理空军助理部长，负责采办工作。

项目执行官是罗伯特·麦克穆里（Robert Mcmurry）少将。据美国航天新闻网站报道，首颗 GPS Ⅲ 卫星的交付推迟到 2016 财年。麦克穆里称"我们还是决定降低采购速度，在仍然满足在轨星座需求的同时，节省资金用于未来的国防计划"。

4.2 决策支持

由于 GPS 业务的卫星部分、地面系统部分及用户设备部分的紧密联系，国防部集中对整合的 GPS 业务进行年度业务评审，2012 年、2013 年及 2014 年都进行了年度 GPS 业务评审的总体集成产品组会议。但因为各个项目处在不同的发展阶段，目前的项目进展相当混乱。例如，下一代运行控制系统于 2012 年通过了里程碑 B 的总体集成产品组评审，并于 2013 年通过了国防采办委员会的会议评审，进入了工程与制造开发阶段。而 GPS Ⅲ 项目的生产决策点即里程碑 C 是在 2011 年 1 月通过的，但在测试中发现了一些重大的技术问题导致设计的变化，于是项目重新进入技术开发阶段，2013 年 4 月进行了增量部分的初始设计评审。据 2014 财年的系统工程年报，GPS Ⅲ 项目正在为接下来的里程碑 C 做准备。负责系统工程的助理国防部长帮办在年报中提到，地面运行控制系统项目没能很好地运用系统工程的方法是导致项目延期的主要原因。

5 结论与启示

美国武器装备发展中的决策体系包括里程碑决策官、国防采办委员会及集成产品组三个关键的组成部分。这个决策体系具有以下三个特点。

一是对每个型号项目，由国防采办执行官（即负责采办、技术与后勤的副国防部长）指定唯一的里程碑决策官作为最终决策人，全权负责该项目的费用、进度及性能。里程碑决策官的权力以法律的形式加以规定和保证。

二是为了保证里程碑决策官决策的合理性，在重大国防采办项目发展的里程碑决策点，由国防采办委员会通过会议的形式对项目的进展进行评审，供担任里程碑决策官的国防采办执行官参考。虽然国防采办执行官担任该委员会主席，但国防采办委员会主要成员的行政级别与国防采办执行官相当，日常工作并不接受该委员会主席的领导。因此，通过该会议，国防采办执行官可以获得更广泛的意见，同时，国防部长也可以通过该会议对国防采办项目进行某种程度的监督。

三是受里程碑决策官领导的集成产品组就某些综合性问题，如费用/性能、风险等为里程碑决策官提供有证据支持的意见，并形成正式的书面报告。集成产品组是国防部采办监管与评审过程的集成部分，是所有参与采办项目的组织形式中的首选。它是美国国防部一种独特而又成熟的决策支持机制，是美国武器装备发展决策体系中的关键。集成产品组分为不同的层次，国防部最高层次的集成产品组是总体集成产品组，总体集成产品的意见直接汇报给国防采办委员会。

美国采办项目的决策体系在以下两个方面给我国的武器型号的研制带来深刻启示：

（1）重视个人决策的责任和权力。里程碑决策官的权力和地位在国防部采办条例和采办指令中有明文规定，具有权威性。任何级别的集体决策机构的权力都不会超过里程碑决策官。国防部最高级别的集体决策机构是国防采办委员会，它的级别与国防采办执行官平级，而总体集成产品组直接受国防采办执行官的领导。这种组织设计形式强调了里程碑决策官作为个人角色的决策权力和责任。

（2）以法律形式维护决策支持体系的有效运行。例如，针对重大国防采办项目中的 ID 类及 IAM 类项目，《国防采办指令》明文规定，在项目的重大里程碑决策点必须经过总体集成产品组及国防采办委员会的评审。评审时间及评审程序方面的规定也都具有法律上的效力。

参 考 文 献

[1]张健壮,史可禄. 武器装备研制项目系统工程管理[M]. 北京:中国宇航出版社,2015.

[2] 恽通世. 美国国防部重大武器装备研制系统工程管理简介[J]. 航空标准化与质量,1990,(2):34-38.

[3] 李晓松,吕彬,薛勇. 浅析美国国防采办系统工程的技术和方法[J]. 军事经济研究,2012,33(4):68-71.

[4] 李晓松,吕彬,舒绍干. 浅析美国国防采办系统工程活动[J]. 飞航导弹,2012,(10):82-86.

[5] 朱豫晋,刘海鹏,金磊. 美军武器装备采办的决策体制刍议[J]. 北京理工大学学报(社会科学版),2009,11(2):39-42.

[6] 庞娟,王自勇. 美国重大项目一体化工作模式及应用实践[J]. 飞航导弹,2013,(11):85-90.

[7] 李成标,胡树华. 集成产品开发团队的分析与设计[J]. 工业工程与管理,2002,(6):37-41.

[8] 张翀,郑绍钰. 美军装备采办中项目管理组织模式—IPT研究[J]. 国防技术基础,2009,(3):3-6.

[9] 张怀强,马学军,张必彦. 基于CAIV的武器装备风险权衡与指标设计方法[J]. 海军工程大学学报,2014,26(1):81-86.

[10] DoD. Directive 5000. 1. The Defense Acquisition System[Z]. 2003,5,12.

[11] DoD. Instruction 5000. 2. Operation of Defense Acquisition System[Z]. 2015,1,7.

[12] DoD. Defense Acquisition Guidebook, Chapter 4: System Engineering[Z]. 2013.

[13] DoD. Defense Acquisition Guidebook, Chapter 10: Decision, Assessments and Periodic Reporting[Z]. 2013.

[14] DoD. Defense Acquisition University, Glossary: Defense Acquisition Acronyms and Terms[Z]. 2012.

[15] DoD. Systems Engineering Fundamental[Z]. 2001.

基于 Hadoop 平台的日志分析模型

于兆良　张文涛　葛　慧　艾　伟　孙运乾

(中国航天工程咨询中心,北京,100048)

摘要:为了提高企业网络内海量日志数据的分析效率,构建了基于 Hadoop 平台的日志分析模型。对模型框架进行总体设计,提出了一种 MapReduce 编程模式的 Apriori 并行化算法,基于该算法对历史日志进行数据挖掘分析,计算用户行为的频繁模式,建立了用户正常行为规则库,将实时日志与规则库中的规则进行模式匹配,实现了对用户异常行为的检测。实验结果表明,该模型的日志分析算法有效地提高了日志分析效率。

关键词:Hadoop 平台;日志分析;MapReduce 编程模式;Apriori 并行化算法;数据挖掘;并行化

1　引　言

当前很多企业建立了内部局域网网络,由于安全问题越来越突出,各单位网络中均部署了大量的安全设备,如防火墙、漏洞扫描设备、入侵检测设备(intrusion detection system, IDS)等,但这些设备之间基本都是单点防御,相互之间几乎没有关联,企业内网的安全防护缺乏整体性和系统性。将网络系统内安全设备、网络设备、主机和应用系统等多种类型的日志进行关联分析,可弥补单点防御的不足[1]。

但是,随着企业网络规模的扩大,传统日志分析方法遇到了挑战,系统海量日志的分析效率成为一个不得不面对的问题。Hadoop 平台[2]为该问题的解决提供了新思路,文献[3,4]提出了采用"分治思想"的 Apriori 并行化算法[5],明显提升了算法效率,但算法扫描数据集的次数并未减少,算法有待优化;文献[6]提出了基于幂集的 Apriori 并行化算法,该算法减少了数据项集扫描的次数及候选项集产生的个数,但幂集个数随着属性项的个数呈指数形增长,运算量呈指数形上升,制约了算法效率。

结合 Hadoop 平台下 Apriori 并行化算法的相关研究,本研究提出了新的 Apriori 并行化算法,该算法适用于当前日志格式异构、数据规模庞大的现状。本研究给出了模型架构设计,并对每个模块进行了详细描述。

2 相关技术概述

2.1 Hadoop 平台及构成

　　Hadoop 平台是一个高效处理海量数据的计算平台,早期以 Lucene 子项目的形式出现,后来发展成为 Apache 开源基金会的顶级项目。Hadoop 平台在低成本硬件组成的集群上构建具有高容错性和良好扩展性的高效分布式系统。

　　Hadoop 云计算平台包含很多组件子项目,其中最主要的两个子项目为 hadoop distributed file system(HDFS)[7] 和 MapReduce[8]。其中,HDFS 是一个可以存储极大数据集的分布式文件系统,由一个 NameNode 和若干个 DataNode 组成。NameNode 负责文件系统的命名和文件的访问,DataNode 负责文件的存储,HDFS 通过副本冗余实现了文件存储的高可靠性和高容错性。HDFS 结构示意如图 1 所示。

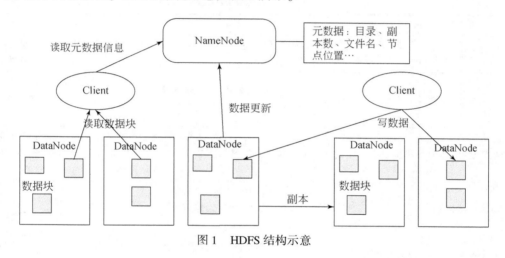

图 1　HDFS 结构示意

　　MapReduce 作为一种分布式并行计算模式,采用了"分而治之"的策略[9],包含一个 JobTracker 和若干个 TaskTracker,JobTracker 负责任务的调度及控制,TaskTracker 负责任务的执行,通过 map 过程执行多个子任务,由 reduce 过程将结果进行汇集。MapRedcue 工作过程如图 2 所示。

2.2 基于数据挖掘的日志分析法

　　1980 年美国计算机专家 James P. Anderson 在一份美国空军研究报告中第一次提出了利用日志进行安全审计分析的思想[10]。随后在日志分析技术 30 余年的发展中,为了获得更好的分析效果和更快的分析速度,国内外研究人员将多种技术应用于日志分析领域,提出了多种分析法。表 1 列出了当前常用的日志分析法,并对其关键技术、优点和缺点进行了对比。

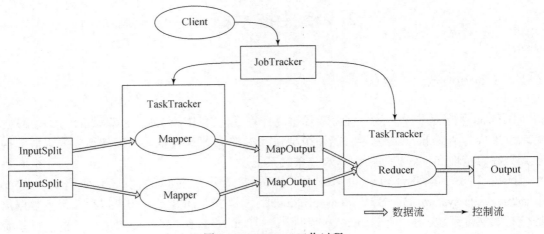

图 2　MapReduce 工作过程

表 1　日志分析法比较

分析法	关键技术	优点	缺点
基于统计分析法	数理概率统计分析理论	实现简单,度量选择较好时可靠性高	时效性差,属于事后检测,度量阈值难以确定,忽略事件间的时序关系
基于专家系统分析法	专家系统、模式匹配	将推理控制过程和问题最终解答相分离	无法处理序列数据只能检测已知的攻击模式,规则库难以更新维护,海量数据效率低
基于机器学习分析法	机器学习	自动建立模型,适用性广	学习素材的真实性、时效性直接影响模型的质量,严重依赖学习素材的选择
基于状态转移分析法	误用检测理论、图论技术	能在攻击行为尚未达到入侵状态时检测到该攻击,可及时阻止攻击行为	状态对应的断言和特征行为需要手工编码,在复杂环境中有局限性
基于数据挖掘分析法	数据挖掘技术	适于大数据量的日志分析,可进行关联分析,分析全面	只能进行事后分析,仅在入侵事件发生后才能检测到入侵的存在

本研究选取了基于数据挖掘的日志分析法,主要因素如下。

2.2.1　能够高效处理海量数据的日志文件

当前网络环境变得越来越复杂,系统产生的日志量直线上升,高效率地分析海量日志文件日益成为当期日志分析的迫切需求。数据挖掘的目的是从海量的数据中提取出有用的信息,适合当前海量日志分析的要求,在处理海量数据方面,数据挖掘技术有独特的优势。

2.2.2　日志数据之间的关联分析

大部分的日志分析法只对具体日志信息进行分析,往往忽略了不同日志信息之间的关联关系,而关联关系中却隐藏着有用信息。通过数据挖掘技术计算频繁模式,发现用户操作行为之间的关联关系,为用户建立行为规则库,进而可以对用户的其他操作进行匹配,判断是否为正常操作。

2.2.3 对日志的格式无特定要求,能够分析处理多种类型的日志数据

与其他日志分析法相比,由于基于数据挖掘分析法仅对关键属性敏感,对日志的格式无特定要求,这种特性对分析网络系统内不同来源的日志具有明显优势,实现了整个网络系统内日志信息的汇总,极大地提高网内异常行为判断的准确性,降低了误判的可能性。

2.3 Apriori 算法及其并行化

Apriori 算法是由 Agrawal 和 Srikant 于 1994 年提出的,该算法用于挖掘数据中频繁出现的模式[11],算法中相关术语作如下定义:

定义 1(支持度) 设 $I=\{i_1,i_2,i_3,\cdots,i_n\}$ 是项的集合,$D=\{T_1,T_2,T_3,\cdots,T_n\}$ 为数据集,其中,T_i 是一个项的集合,并且 $T_i\subseteq I$。含有 I 中 k 个元素的集合称为 k 项集,设 A 为 k 项集,在数据集 D 中满足 AT_i 的个数为 m,则 A 在 D 中的支持度定义为 $\sup(A)=m/n$。

定义 2(置信度) 设项集 $A\subseteq I,B\subseteq I$,定义规则 $A\Rightarrow B$ 的置信度为 $\mathrm{conf}(A\Rightarrow B)=\sup(A\cup B)/\sup(A)$。

定义 3(极大频繁项集)设定最小支持度值为 min_sup,如果任意一个 k 项集 A 满足 sup (A) ≥min_sup,则称 k 项集 A 为频繁项集。如果不存在任何一个 $(k+1)$ 项集为频繁项集,则 k 项集 A 为极大频繁项集。

定义 4(关联规则) 设定最小置信度为 min_conf,则对规则 $A\Rightarrow B$ 满足条件 sup (A) ≥min_sup, sup (B) ≥min_sup, conf (AB) ≥min_conf 时,称 $A\Rightarrow B$ 为关联规则。

Apriori 算法采用逐层搜索的迭代算法,通过 k 项集搜索 $(k+1)$ 项集。假设 D 为数据集,首先,通过扫描数据集,累计每个项的计数,并收集满足最小支持度的项,找出频繁 1 项集的集合,记为 L_1。然后,由 L_1 做连接操作产生候选 2 项集的集合 C_2,即 $C_2=L_1\bowtie L_1$,对 C_2 做剪枝操作后扫描数据集,累计 C_2 中 2 项集的出现个数,并收集满足最小支持度的 2 项集,找出频繁 2 项集的集合,记为 L_2。由 L_2 找出 L_3,如此下去,直到不能再找到频繁 k 项集。

当前基于 Hadoop 平台对传统 Apriori 算法进行并行化研究,主要有两种并行化思路。第一种并行化思想可以称为"分治思想",首先将数据集 D 水平划分为 m 个数据块 D_1,D_2,$\cdots$,D_m,然后将数据块发送给 m 个 Hadoop 平台的从节点,每一个从节点通过 map 函数计算本地数据块 D_i $(1\leq i\leq m)$ 的 k 项集的个数,然后将计算结果以<key,value>的形式发送给主节点,主节点通过 Reduce 函数将从节点输出的<key,value>进行合并,得出最终的<key,value>值[12],最后将 value 值与 min_sup 比较,找出频繁 k 项集。该算法存在扫描数据库次数较多的问题。

第二种并行化思路可以称作幂集思想,该算法仅需扫描一次数据集,就可以求得频繁项集。具体执行过程为:同样首先将数据集 D 水平划分为 m 个数据块 D_1,D_2,$\cdots$,D_m,然后将数据块发送给 m 个从节点,然后在每个从节点上求取数据块所包含的每个项集的所有子集的出现次数,输出<key,value>格式,其中,key 为子集,value 为该子集的

出现次数，最后将<key，value>进行合并产生全局频繁项集。计算量会随着属性项个数的增加呈指数形增加，相应算法的效率也会呈指数形下降。

3 模型架构设计

该模型的整体架构基于 Hadoop 平台，部署了一个主节点和若干个从节点，主节点负责 JobTracker 和 NameNode 功能，相应从节点负责 TaskTracker 和 DataNode 功能。模型主要由三大模块组成，即日志收集清洗模块、日志挖掘分析模块和日志关联分析模块。

分析模型架构示意如图 3 所示。

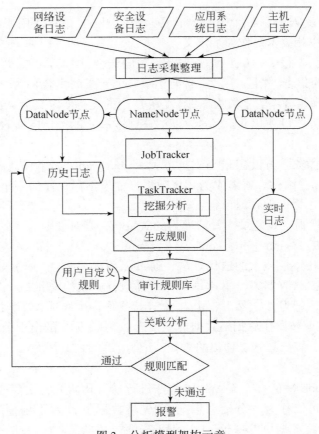

图 3　分析模型架构示意

日志收集清洗模块负责收集网络设备、安全设备、应用系统及主机的日志文件，将格式异构的日志文件进行整理清洗后通过 NameNode 节点将其保存至 DataNode 节点；日志挖掘分析模块中由 JobTracker 过程调用本研究提出的 Apriori 并行化算法由 TaskTracker 过程执行[12]，挖掘历史日志数据的频繁模式进而建立规则库；日志关联分析模块负责将实时日志数据与规则库进行模式匹配，判定当前行为的合法性。

3.1 日志收集清洗模块

通过运行在网络设备、安全设备、应用系统服务器等管理主机上的日志采集程序收集不同类型的日志文件，将收集到的日志文件实时发送到 Hadoop 平台的 NameNode 节点，由 NameNode 节点统一调度存储至 DataNode 节点，实现了对日志文件的分布式存储。日志收集、存储的流程如图 4 所示。

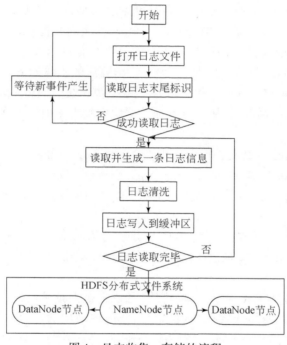

图 4　日志收集、存储的流程

由于网络设备日志、安全设备日志、应用系统日志和主机（包括服务器和客户端）日志的格式[13]存在较大差异，需要对日志格式进行清洗，实现对日志格式的统一，同时要求敏感信息不丢失。分析不同格式日志的具体信息，可发现日志包含四种基本元素，即时间、主体、客体和行为，本研究定义了一种统一的日志格式，具体见表 2。

表 2　统一的日志格式

序号	属性选项	描述说明
1	Category	日志来源类别，主要是网络设备、安全设备、应用系统和主机这四个类别
2	Date	用户行为发生的日期
3	Time	用户行为发生的具体时间
4	UserID	负责该事件用户的唯一身份标识符
5	Computer	该事件发生所用计算机的名称
6	Source	源 IP 地址信息
7	Destination	目的 IP 地址信息

续表

序号	属性选项	描述说明
8	Acion	用户所作的具体动作行为，以及行为类别信息
9	Result	所做操作的结果信息，主要描述结果的成功和失败记录

3.2　日志挖掘分析模块

日志挖掘分析是整个模型的核心，同时也是该模型性能优越的主要体现。本研究基于传统 Apriori 算法及相关研究，结合其他 Apriori 算法的并行化研究，提出了 Hadoop 平台下新的 Apriori 并行化算法。假设当前要分析的数据集 D 有 N 个项集，参与 map 过程的节点数为 m，参与 reduce 过程的节点数为 r，给出算法的步骤如下。

步骤 1：将数据集 D 分割为不相交的 m 个数据块，交由 Hadoop 平台的 m 个从节点；

步骤 2：通过 map 函数计算从节点本地数据块中最大 k 项集出现的次数，计算完成后输出<key，value>；

步骤 3：通过 reduce 函数合并每个从节点输出的<key，value>值，若 key 值相同则 value 值相加，如果存在 value 值满足 value≥min_sup，则执行步骤 6，如果不存在则执行步骤 4；

步骤 4：通过 map 函数计算从节点本地数据块中（$k-1$）项集出现的次数，计算完成后输出<key，value>；

步骤 5：通过 reduce 函数合并每个从节点输出的<key，value>值，如 key 值相同则 value 值相加，如果存在 value 值满足 value≥min_sup，则执行步骤 6，如果不存在，则 $k=k-1$ 执行步骤 4；

步骤 6：输出的该频繁 k 项集，即为数据集 D 的极大频繁项集。

该算法直接从最大项集开始扫描数据集，依次递减项数，只要找到频繁项集则该频繁项集即为数据集的极大频繁项集，即为该 Apriori 并行化算法所要输出的结果。规避了"分治思想"从 1 项集到 k 项集，每一步都要扫描数据集，同时也避免了幂集思想产生大量子集的过程。

Apriori 并行化算法流程如图 5 所示。

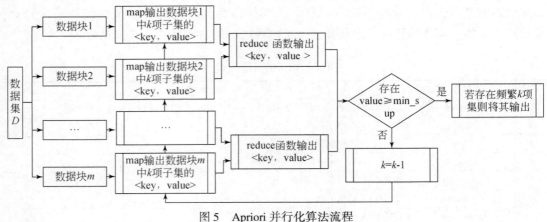

图 5　Apriori 并行化算法流程

该 Apriori 并行化算法伪代码如下。

Map 函数主要过程如下。

输入:数据集 Di(Di 是数据集 D 的一个数据块)

输出:Map<key,value>(key 为 Di 中的 k 项集,value 为该 k 项集出现的次数)

```
Step1    foreach(any T in Di)//T 表示 Di 中任意项集
Step2    {for(all k-set)//获取 Di 中项集的所有 k 项集
Step3    {if(key exists)//如果该 k 项集已存在
Step4    Map<key,value++>;//key 出现次数加 1
Step5    else Map. add<key,1>}}//否则添加该 k 项集,并记首次出现次数为 1
Step6    output all Map<key value>;//输出该数据集 Di 中所有 k 项集及出现次数
```

Reduce 函数主要过程如下。

输入:Map<key,value>(key 为 k 项集名称,value 为该 k 项集出现的次数)

输出:Reduce<key,value>(对应 value>=min_sup, 对应的 key 即为极大频繁项集)

```
Step1    for (all Map<key, value) //所有 Map<key, value>作为 reduce 的输入
Step2    {if (Map. key exits in Reduce<key, value>) //如果该 k 项集已经存在
Step3    Reduce<key, value+Map. value>; //则将 k 项集出现的次数相加
Step4    else Reduce. add<Map. key, Map. value>;} //如不存在, 则添加该 k 项集
Step5    foreach (any key in Reduce<key, value>) //遍历 Reduce<key, value>
Step6    {if (Reduce. value>=min_sup) //如果出现次数超过最小支持度
Step7    output Reduce. key;} //输出该 k 项集, 即为数据集 D 的极大频繁项集
```

分析传统算法、分治算法、幂集算法和本研究算法的时间复杂度和空间复杂度,令 T_a、T_b、T_c 和 T_d 分别代表上述四种算法的时间复杂度, 令 S_a、S_b、S_c 和 S_d 分别代表上述四种算法的空间复杂度, 同时假设数据集中项集的个数为 N, 项集中属性项个数最大为 T, 参与并行化计算过程的节点数为 m。

对传统算法的时间复杂度, 时间开销主要包括扫描数据集、连接和剪枝三个过程, 第一次扫描数据集时间为 $T_{a1} = O(T \times N)$, 当 $k \geq 2$ 时, 连接过程时间为 $T_{a2} = \sum_{k \geq 2} O(|L_{k-1}| \times |L_{k-1}|)$, 剪枝过程时间为 $T_{a3} = \sum_{k \geq 2} O(|C_k|)$, 数据集扫描过程时间为 $T_{a4} = \sum_{k \geq 2} O(|C_k| \times N)$, 得出传统算法时间复杂度为

$$T_a = O(T \times N) + \sum_{k \geq 2} [O(|L_{k-1}| \times |L_{k-1}|) + O(|C_k|) + O(|C_k| \times N)] \tag{1}$$

通过分析可知, $|L_k|$ 、$|C_k|$ 最大值为 $2T$, 因此, 可以将式 (1) 化简如下:

$$T_a = O(T \times N) + O(T \times 4^T) + O(T \times 2^T) + O(T \times 2^T \times N) = O(T \times 4^T) + O(T \times 2^T \times N) \tag{2}$$

分治算法的时间开销包括扫描数据集、连接、剪枝和归并四个过程, 其中, 扫描数据集和归并过程是由 m 个节点并行执行, 第一次扫描数据集和归并过程时间为 $T_{b1} = O(T \times N) + O(T \times \log m)$, 当 $k \geq 2$ 时, 连接过程时间为 $T_{b2} = \sum_{k \geq 2} O(|L_{k-1}| \times |L_{k-1}|)$, 剪枝过程时间为 $T_{b3} = \sum_{k \geq 2} O(|C_k|)$, 扫描数据集时间为 $T_{b4} = \sum_{k \geq 2} O(|C_k| \times \frac{N}{m})$, 归并过程时间

为 $T_{b5} = \sum_{k \geqslant 2} O(|C_k| \times \log m)$，得出分治算法时间复杂度为

$$T_b = O(T \times N) + O(T \times \log m)$$
$$+ \sum_{k \geqslant 2} \left[O(|L_{k-1}| \times |L_{k-1}|) + O(|C_k|) + O\left(|C_k| \times \frac{N}{m}\right) + O(|C_k| \times \log m) \right] \quad (3)$$

对式（3）进行化简如下：

$$T_b = O(T \times N) + O(T \times \log m) + O(T \times 4^T) + O(T \times 2^T)$$
$$+ O\left(T \times 2^T \times \frac{N}{m}\right) + O(T \times 2^T \times \log m) \quad (4)$$

由于数据项的个数 $N/m \gg \log m$，式（4）可进一步化简为

$$T_b == O(T \times 4^T) + O\left(T \times 2^T \times \frac{N}{m}\right) \quad (5)$$

对幂集算法，其时间开销包括扫描数据集、扫描幂集和归并过程，因为该算法只扫描一次数据集，因此，扫描数据集时间为 $T_{c1} = O\left(T \times \frac{N}{m}\right)$，扫描幂集时间为 $T_{c2} = O\left(2^T \times \frac{N}{m}\right)$，归并过程时间为 $T_{c3} = O\left(2^T \times \frac{N}{m} \times \log m\right)$，则幂集算法时间复杂度为

$$T_c = O\left(T \times \frac{N}{m}\right) + O\left(2^T \times \frac{N}{m}\right) + O\left(2^T \times \frac{N}{m} \times \log m\right)$$
$$= O\left(T \times \frac{N}{m}\right) + O\left(2^T \times \frac{N}{m} \times \log m\right) = O\left(2^T \times \frac{N}{m} \times \log m\right) \quad (6)$$

本研究算法，过程包括扫描数据集和归并两个过程，数据集扫描时间为 $T_{d1} = O\left(T \times \frac{N}{m}\right)$，归并过程时间为 $T_{d2} = O\left(T \times \frac{N}{m} \times \log m\right)$，得出本研究算法时间复杂度为

$$T_d = O\left(T \times \frac{N}{m}\right) + O\left(T \times \frac{N}{m} \times \log m\right) = O\left(T \times \frac{N}{m} \times \log m\right) \quad (7)$$

比较式（2）、式（5）、式（6）、式（7）如下：

$$\begin{cases} T_a = O(T \times 4^T) + O(T \times 2^T \times N) \\ T_b = O(T \times 4^T) + O\left(T \times 2^T \times \frac{N}{m}\right) \\ T_c = O\left(2^T \times \frac{N}{m} \times \log m\right) \\ T_d = O\left(T \times \frac{N}{m} \times \log m\right) \end{cases} \quad (8)$$

通过式（8）可以得出 $T_b < T_a$、$T_c < T_a$ 和 $T_d < T_a$，即三种并行化算法的时间复杂度比传统 Apriori 算法时间复杂度都要小，算法效率都有改进和提高，同时可得 $T_d < T_b$、$T_d < T_c$，即本研究算法时间复杂度要比分治算法和幂集算法的时间复杂度小，但是 T_b 和 T_c 之间无确定的大小关系，取决于具体的 T 值和 m 值。

分别计算传统算法、分治算法、幂集算法和本研究算法空间复杂度，传统 Apriori 算法和分治算法在计算过程中产生的频繁 k 项集和候选 k 项集是相同的，因此，这两种算法的空间复杂度是相同的，均为 $|C_k|$ 和 $|L_k|$ 个数的累加；对幂集算法而言，空间复杂度取决于产生的幂集的个数，即 $2T \times N$ 个幂集，本研究算法空间复杂度取决于候选项集的

个数，因此，得出这四种算法空间复杂度表达式如下：

$$\begin{cases} S_a = O(\mid L_1 \mid) + \sum_{k \geqslant 2} \left[O(\mid C_k \mid) + O(\mid L_k \mid) \right] \\ S_b = O(\mid L_1 \mid) + \sum_{k \geqslant 2} \left[O(\mid C_k \mid) + O(\mid L_k \mid) \right] \\ S_c = O(2^T \times N) \\ S_d = \sum_{k \geqslant 2} O(\mid C_k \mid) \end{cases} \quad (9)$$

由于 $\mid C_k \mid$ 和 $\mid L_k \mid$ 个数的最大值均为 2^T，可将式（9）化简如下：

$$\begin{cases} S_a = O(2^T) + O(2^T \times T) + O(2^T \times T) \\ S_b = O(2^T) + O(2^T \times T) + O(2^T \times T) \\ S_c = O(2^T \times N) \\ S_d = O(2^T \times T) \end{cases} \quad (10)$$

由于 $N \gg T$，得出 $S_d < S_a = S_b < S_c$，同样从空间复杂度来看，本研究算法空间复杂度最小，幂集算法的空间复杂度最大。

3.3　日志关联分析模块

日志挖掘分析模块得出频繁项集，在日志关联分析模块分析频繁项集之间的关联规则，并将关联规则存入规则库，在实时日志检测环节将规则库中的规则与实时日志进行模式匹配，对日志的异常行为进行判别[14]。日志关联分析模块原理如图6所示。

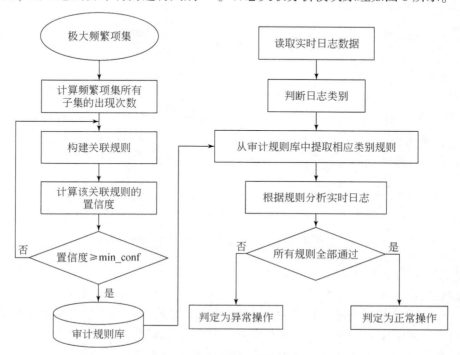

图6　日志关联分析模块原理

以一条具体的日志进行分析，该日志可看作一个项集，该项集包含的项为日志属性选项（Category、Date、Time、UserID、Computer、Source、Destination、Action、Result）。如有一条应用系统日志正常的关联规则为：Category（"应用系统"）∧ Source（"192.168.0.2"）∧ Action（"修改文件"）UserID（"SysAdmin10"），即地址为192.168.0.2的机器登录应用系统修改了文件，如果该用户为 SysAdmin10，则这一操作认定为正常操作，反之，则立刻认定该操作为异常操作。在这一示例中的 Category（"应用系统"）∧ Source（"192.168.0.2"）∧ Action（"修改文件"）就是关联规则中的项集 A，UserID（"SysAdmin10"）就是项集 B，当项集 B 中 UserID 不是 SysAdmin10 时，则 sup（B）<min_sup 且 conf（AB）<min_conf，关联规则不成立，即可判定该操作为异常操作。

4　实验测试及结果分析

为验证本研究算法执行效率，在相同的 Hadoop 环境下分别运行分治算法、幂集算法和本研究算法，对比算法的日志分析效率。

实验一：数据集的数据项数对算法执行效率的影响

数据集的数据项数与日志量是对应的，实验选取了相同类型的日志格式，保证了日志项集的项数是相同的，实验选取了 50MB、100MB、150MB、200MB、250MB、300MB 大小的日志数据进行实验。数据集的数据项数对算法执行效率的影响的对比如图 7 所示。

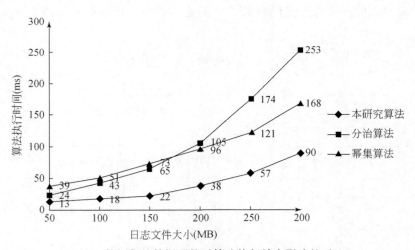

图 7　数据集的数据项数对算法执行效率影响的对比

实验二：项集的属性项个数对算法执行效率的影响

实验选取不同属性项个数的日志，日志大小均为 200M，属性项分别选择 3、6、9、12、15、18 的日志进行实验。项集的属性项个数对算法执行效率影响的对比如图 8 所示。

通过以上两个实验可以看出，分治算法在多次扫描数据集的过程中非常耗时，因此，处理海量数据量的日志文件时，分治算法的执行效率会下降；幂集算法产生子集的数量

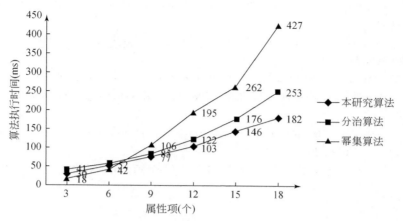

图 8　项集的属性项个数对算法执行效率影响的对比

与属性项呈指数形增长，因此，当日志文件的属性项较多时，不宜选取幂集算法；而本研究算法对日志数量和属性项都有较好的适应性，体现了该算法的优越性。

5　结　　语

本研究在 Hadoop 平台上运用数据挖掘技术对网络中的日志数据进行分析，提出一种新的 Apriori 并行化算法，提高了海量日志文件的分析效率。通过对比实验可以看出，该算法与其他 Apriori 并行化算法在效率上有一定的提高。本研究提出的基于 Hadoop 平台的日志分析模型可以较好地应用于企业网络中，实现日志文件高效分析。

参 考 文 献

[1] 韦勇，连一峰. 基于网络审计与性能修正算法的网络安全态势评估模型 [J]. 计算机学报，2009，32（4）：763-770.

[2] Edwards M，Rambani A，Zhu Y，et al. Design of Hadoop based framework for analytics of large synchrophasor datasets [J]. Procedia Computer Science，2012，12（4）：254-258.

[3] 郝晓飞，谭跃生，王静宇. Hadoop 平台上 Apriori 算法并行化研究与实现 [J]. 计算机与现代化，2013，3：1-4，8.

[4] 李玲娟，张敏. 云计算环境下关联规则挖掘算法的研究 [J]. 计算机技术与发展，2011，21（2）：43-46，50.

[5] 刘勇，李建中，高宏. 从图数据库中挖掘频繁跳跃模式 [J]. 软件学报，2010，21（10）：2477-2493.

[6] 张恺，郑晶. 一种基于云计算的新的关联规则 Apriori 算法 [J]. 甘肃联合大学学报（自然科学版），2012，26（6）：61-64，76.

[7] McKusick K，Quinlan S. GFS：Evolution on fast-forward [J]. Communications of the ACM，2010，53（3）：42-49.

[8] Dayalan M. MapReduce：Simplified data processing on large cluster [J]. International Journal of Research and Engineering，2008，51（1）：107-113.

[9] 路嘉恒. Hadoop 实践 [M]. 北京：机械工业出版社，2011.

［10］ Oliner A，Ganapathi A，Xu W. Advances and challenges in log analysis ［J］. Acm Queue，2011，9（12）：30-30.

［11］ Jiawei Han，Micheline Kamber. Data Mining：Concepts and Techniques，2nd edition ［M］. Morgan Kaufmann Publishers，2006.

［12］ Yang H C，Dasdan A，Hsiao R L，et al. Map-reduce-merge：simplified relational data processing on large clusters ［C］. Proceedings of the 2007 ACM SIGMOD International Conference on Management of Data，2007.

［13］ Lee K H，Lee Y J，Choi H，et al. Parallel data processing with MapReduce：a survey ［J］. Acm Sigmod Record，2012，40（4）：11-20.

［14］ 杨华. 可视化日志分析系统的设计与实现 ［D］. 西安：西安电子科技大学硕士学位论文，2010.

基于决策树的煤化工污染物定量化溯源研究

郏奎奎　刘海滨

（中国航天系统科学与工程研究院，北京，100048）

摘要：环境污染问题日益严峻，煤化工生产是环境污染的重要源头之一，但由于煤化工生产过程中所产生的污染物种类繁多且各类产品的生产量不同，污染问题通常难以定量化溯源。挖掘环境污染物的产生原因、分析研究不同产品的生产和产量对各类环境污染物（如 $PM_{2.5}$、SO_2）的量化影响是有效解决环境污染问题的必要前提。数据挖掘方法能够挖掘出隐藏在数据中的知识或关联关系，其中的决策树算法以香农的信息论为理论背景，能计算出多个影响因子中影响力的大小关系，并且还能找到数量型属性的临界点，是环境污染定量化溯源的有效方法。本研究利用决策树算法构建环境污染物量化分析模型，以宁东能源化工基地为例，研究解析煤化工产品的生产状况对环境污染物含量的影响情况。

关键词：煤化工生产；环境污染物；大数据；数据挖掘；决策树

1　引　　言

在工业化生产过程中，伴随着产品的产出总会有相关的污染物被排放到自然环境中。如果排放量过大，则会引起生态环境恶化。如果过于限制工业企业的生产则会降低地区或国家的生产总值。如何在环境可承受的范围之内保证生产最大化是一个急需解决的问题。为了更有效、更有针对性地解决该问题，需要深入了解各工业产品的生产情况对环境造成的影响，只有获得该决策信息，政府或企业才能更有针对性地通过调节生产或改变生产方式来达到生产最大化却不破坏生态环境的目的。

关于工业生产与环境污染的关系，国内外有很多学者进行了深入的研究。Bilen 等对土耳其的能源生产、能源消费及环境污染进行了研究，指出过多的能源消费给国家带来了严重的空气污染、水污染等环境问题[1]。Colo 等通过环境库兹涅茨曲线研究环境污染与经济发展的关系[2-4]。陈军和李世祥利用面板数据分析法研究中国煤炭消耗对污染排放的影响[5]。于凤玲和陈建宏提出利用灰色关联关系分析法来计算工业生产与环境污染之间的关联度及关联矩阵[6]。东童童等利用 Ciccone 和 Hall 的产出密度理论模型研究工业集聚对雾霾污染的影响[7]。以上方法只能分析大概的能源消耗和工业生产与环境污染的关联关系，并没有具体指出消费多少能源或生产多少工业产品会对环境造成显著性影响，需要使用定量的方法从已有的历史数据中挖掘出准确的知识。常用的用于研究知识获取与表示的方法有模糊理论、专家系统、Petri 网、人工神经网络。

但是，一般前三种方法不能自动获取知识，神经网络虽然可以自动获取知识，但是灵活性差，学习收敛速度慢。决策树算法克服了上述的不足，它以决策树形式表示的知识简单直观、具有较高的推理效率，除此之外，决策树算法还能计算出多个影响因子中影响力的大小关系，并且还能找到数量型属性的临界点。由于煤化工是工业生产的重要组成部分，研究煤化工生产与环境污染物的关联关系是很具有代表性的，为了更加具有针对性，本研究选定宁东能源煤化工基地作为研究对象，利用决策树算法挖掘宁东能源化工基地的煤化工生产与环境污染物含量的关系，来定量化溯源该基地所在地区的环境污染物与煤化工生产的关联关系。

2　基于 ID3 的决策树理论

2.1　决策树基本概述

决策树归纳是从有类标号的训练元组中学习形成决策树。决策树（decision tree）是一种类似于流程图的树结构，其中，每个内部结点（非树叶结点）表示在一个属性上的测试，每个分枝代表该测试的一个输出，而每个树叶结点（或终端结点）存放一个类标号[8]。树的最顶层结点是根结点。有些决策树算法只产生二叉树（其中，每个内部结点正好分叉出两个其他结点），而另一些决策树算法可能产生非二叉树。决策树的构造不需要任何领域知识或参数设置，因此，适合于探测式知识发现。决策树可以处理高维数据。获取的知识用树的形式表示是直观的，并且容易被人理解。决策树归纳的学习和分类步骤是简单和快速的。一般而言，决策树分类器具有很好的准确率。

2.2　决策树 ID3 分类算法

决策树算法的关键在于选择最佳的分裂属性和指定最佳的分裂点。理想情况下，分裂准则这样确定，使得每个分枝上的输出分区都尽可能"纯"。如果一个分区的所有元组都属于同一类，则这个分区是纯的。

属性选择度量是一种选择分裂准则，它把给定类标记的训练元组的数据分区 D "最好地"划分成单独类。如果根据分裂准则的输出把 D 划分成较小的分区，理想情况是，每个分区应当是"纯"的（即落在一个给定分区的所有元组都属于相同的类）。从概念上讲，"最好的"分裂准则是导致最接近这种情况的划分。属性选择度量又称为分裂规则，因为它们决定给定结点上的元组如何分裂。属性选择度量为描述给定训练元组的每个属性提供了秩评定。具有最好度量得分的属性被选为给定元组的分裂属性。常用的属性选择度量有信息增益、增益率和基尼指数。本研究采用信息增益作为属性选择度量。

设数据分区 D 为标记类元组的训练集。假定类标号属性具有 m 个不同值，定义了 m 个不同的类 C_i（$i = 1, 2, \cdots, m$）。设 $C_{i,D}$ 是 D 中 C_i 类元组的集合，$|D|$ 和 $|C_{i,D}|$ 分别是 D 和 $C_{i,D}$ 中元组的个数。

ID3 使用信息增益作为属性选择度量。该度量基于香农（Claude Shannon）在研究消息的值或"信息内容"的信息论方面的先驱工作[9]。设结点 N 代表或存放分区 D 的元组。选择具有最高信息增益的属性作为结点 N 的分裂属性。该属性使结果分区中对元组分类所需要的信息量最小，并反映这些分区中的最小随机性或不纯性。这种方法使得对一个对象分类所需要的期望测试数目最小，并确保找到一颗简单的树。

对 D 中的元组分类所需要的期望信息为

$$\text{Info}(D) = -\sum_{i=1}^{m} P_i \log_2(P_i) \tag{1}$$

式中，P_i 是 D 中任意元组属于类 C_i 的非零概率，并用 $|C_{i,D}| / |D|$ 估计。使用以 2 为底的对数函数是因为信息用二进位编码。Info（D）是识别 D 中元组的类标号所需要的平均信息量。Info（D）又称为 D 的熵（entropy）。

假设按某属性 A 划分 D 的元组，其中，属性 A 根据训练数据的观测具有 v 个不同值 $\{a_1, a_2, \cdots, a_v\}$。如果 A 是离散值，则这些值直接对应 A 上测试的 v 个输出。可以用属性 A 将 D 划分为 v 个分区或子集 $\{D_1, D_2, \cdots, D_v\}$，其中，$D_j$ 包含 D 中的元组，它们的 A 值为 a_j，这些分区对应从结点 N 生长出来的分枝。理想情况下，我们希望每个分区中的元组都属于同一类，即每个分区都是"纯"的。然而，大部分情况下是不"纯"的，为了得到准确的分类，还需要多少信息，这个量由式（2）度量：

$$\text{Info}_A(D) - \sum_{j=1}^{m} \frac{|D_j|}{D} \text{Info}(D_j) \tag{2}$$

式中，$\dfrac{|D_j|}{D}$ 是第 j 个分区的权重；Info_A（D）是基于按 A 划分对 D 的元组分类所需要的期望信息。需要的期望信息越小，分区的纯度越高。

信息增益定义为原来的信息需求（仅基于类比例）与新的信息需求（对 A 划分后）之间的差。即

$$\text{Gain}(A) = \text{Info}(D) - \text{Info}_A(D) \tag{3}$$

Gain（A）是知道 A 的值而导致的信息需求减少的量，也就是说，将 A 确定为分裂属性后各个分区的信息量减少了多少，Gain（A）越大，表明分区越"纯"，故选择具有最高信息增益 Gain（A）的属性 A 作为结点 N 的分裂属性。这等价于在"能做最佳分类"的属性 A 上划分，使得完成元组分类还需要的信息最小［即最小化 Info_A（D）］。

3 煤化工生产与 $PM_{2.5}$ 含量关联关系模型

本研究以宁东煤化工基地的化工生产与当地环境污染物的关联关系为例说明，宁东能源化工基地的污染物主要来源于煤焦化、煤气化和煤液化行业。煤焦化生产的产品主要有焦油、沥青、蒽油、工业萘、焦炭、乙炔、乙醛、粗苯、精苯和焦炉气等[10]。在炼焦过程中会排放出大气污染物。首先，在备煤过程中，煤的粉碎和搅拌会产生以颗粒物为主的大气污染。在炼焦炉中，热解时则会产生以气态污染物为主的焦炉废气，废气中包含荒煤气、气环芳烃、焦油气、粗煤气、一氧化碳、苯并芘等苯系物、酚、氰、硫氧化物等。由于这些空气污染物会对人体造成巨大伤害，必须加以严格控制。

煤气化生产的产品有合成氨、甲醇、甲醛、乙烯、丙烯等。煤焦化和煤气化的过程中会产生含有污染物的工业废水。废水以高浓度煤气洗涤废水为主，含有大量酚、氰、氨氮等有害物质。其中，有机污染物包括酚类、多环芳香族化合物及含氮氧硫的杂环化合物，该类化合物有毒且难以降解；无机物包括氨氮、氰化物、硫氧化物和硫化物等。煤化工行业是高耗水的行业，在利用水的过程中会产生大量的废水。如果将过量的废水排入江流湖泊，则会引起水体污染，从而影响水的有效利用，危害人体健康和破坏生态环境[11]。

为了更详细地阐述决策树在挖掘煤化工生产与环境污染物含量关系中的应用，本研究针对宁东煤化工基地的化工生产与 $PM_{2.5}$ 含量的关联关系问题进行研究。通过实地调研和查阅相关资料，获知宁东煤化工基地主要生产如下化工品，即纯苯、聚甲醛、聚丙烯、甲醇、焦油、液化石油气、电石、蒽油、工业萘、焦炭、硫铵、沥青等，污染物也是在生产这些化工品的过程中被排放到环境中。本研究接下来所要研究的空气中 $PM_{2.5}$ 含量也主要受这些因素的影响，利用决策树算法能从已有的历史数据中挖掘出煤化工产品的生产状况对大气中 $PM_{2.5}$ 含量的影响。

3.1 数据的采集

工业产品的生产状况从宁东煤化工基地各工业企业上报的经济报表获知，经济报表中包括企业名称、上报时间、工业总产值、工业总产值按工业行业小类分的数据、工业销售产值及主要产品产量。本研究所使用的产品产量数据是从各工业企业的报表数据中抽取出来并将同种产品累加而得到的。由于报表是每月上报一次，每条记录里是一个月的化工基地各类产品的生产情况。在环保数据方面，基地建有 4 个空气自动监测站，能实时提供空气中 $PM_{2.5}$ 含量数据，该在线监测设施由宁东能源化工基地管委会出资委托第三方运营维护，保证了在线监测数据的真实可靠性。宁东智慧环保工程设计了一个完整可靠的信息系统，该信息系统能够收集各方数据并实时对采集来的大数据进行挖掘，其中在数据处理这部分就用了该决策树的方法来处理，智慧环保工程总体框架如图 1 所示。

3.2 建立决策树关联关系模型

将 2.1 中采集到的数据汇总存入一张统一格式的 excel 表格中，每行代表一条记录，前 12 个字段存储每月各类产品总的产量，最后一个字段记录当月平均 $PM_{2.5}$ 含量，在环保标准中，$PM_{2.5}$ 含量有 6 个等级，具体见表 1，这里用阿拉伯数字 1~6 来表示。煤化工产品的生产过程中会排放出污染物，它们是造成空气污染的主要原因，这里用 X_1 ~ X_{12} 表示纯苯、聚甲醛、聚丙烯、甲醇、焦油、液化石油气、电石、蒽油、工业萘、焦炭、硫铵、沥青 12 种工业产品，各产品产量的单位为万 t，Y 表示 $PM_{2.5}$ 等级。限于篇幅，这里仅列出部分记录数据，具体见表 2。

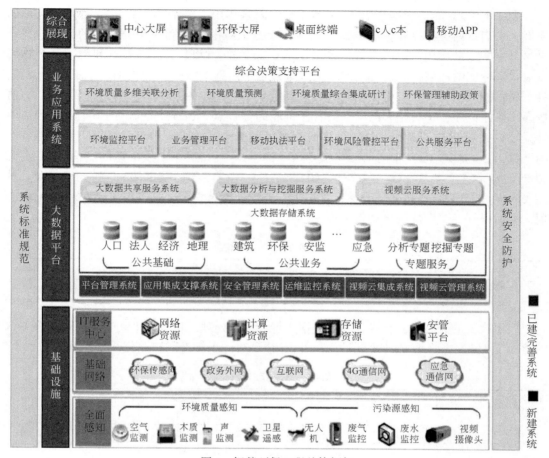

图1 智慧环保工程总体框架

表1 PM$_{2.5}$等级

PM$_{2.5}$含量/($\mu g \cdot m^{-3}$)	空气质量指数级别	空气质量指数类别	表示颜色
0 ~ 50	一级	优	绿色
51 ~ 100	二级	良	黄色
101 ~ 150	三级	轻度污染	橙色
151 ~ 200	四级	中度污染	红色
201 ~ 300	五级	重度污染	紫色
>300	六级	严重污染	褐红色

表2 部分记录数据

序号	X_1	X_2	X_3	X_4	X_5	X_6	X_7	X_8	X_9	X_{10}	X_{11}	X_{12}	Y
1	42	12	88	183	45	11	52	8.7	5.3	311	9.5	21.2	4
2	45	13	87	189	47	12	48	8.6	4.9	312	10.5	22.2	4
3	43	11	89	198	46	8.6	55	8.5	4.8	319	12.2	22.6	4
4	44	10	76	176	42	8.9	46	8.9	6.2	288	11.3	22.9	2
5	41	16	77	172	55	7.5	45	9.1	4.5	286	9.4	18.6	3
6	46	18	74	167	57	7.9	44	9.3	4.3	315	9.2	23.9	4

　　表 2 中，$X_1 \sim X_{12}$ 是影响因素，Y 是在影响因素作用下的结果。$X_1 \sim X_{12}$ 都是连续值的属性，它们每列中都存在一个分裂点，在大于分裂点的分区和小于分裂点的分区中，结果 Y 具有明显的不同，也就是说，各个工业产品的产量大于某个临界点和小于某个临界点对空气造成的污染具有显著的差异。本研究采用信息增益的方法找到这个最佳分裂点，各个属性的最佳分裂点应满足使分区的信息量最小。具体的过程是，首先将属性 X_1 的值按递增顺序排序，每对相邻的中点被看作可能的分裂点。这样给定 X_1 的 v 个值，则需要计算 $(v-1)$ 个可能的划分。对 X_1 的每个可能的分裂点，计算 $\text{Info}_{X_1}(D)$，其中，分区的个数为 2，即式（2）中的 $v=2$（或 $j=1$, 2）。X_1 具有最小期望信息的点选择 X_1 的分裂点。D_1 是满足 $X_1 \leqslant \text{split\_point}$ 的元组集合，D_2 是满足 $X_1 > \text{split\_point}$ 的元组集合。属性 $X_2 \sim X_{12}$ 的分裂点也按照此方法计算出来，整个计算过程在计算机中通过 Matlab 编程实现，最后得到各个属性的分裂点见表 3。

表 3　各个属性的分裂点

X_1	X_2	X_3	X_4	X_5	X_6	X_7	X_8	X_9	X_{10}	X_{11}	X_{12}
38	14	76	176.5	47	11	54	7.35	6.1	295.5	11.9	19

　　按照表 3 的分裂点，将表 2 中的数据进行标准化处理，将每列中大于对应列的分裂点的值标定为 1，将小于分裂点的标定为 0。这样就得到了标准的离散化数据，具体见表 4。

表 4　部分标准化数据

序号	X_1	X_2	X_3	X_4	X_5	X_6	X_7	X_8	X_9	X_{10}	X_{11}	X_{12}	Y
1	1	0	1	1	0	0	0	1	0	1	0	1	4
2	1	0	1	1	0	0	0	1	0	1	0	1	4
3	1	0	1	1	0	0	1	1	0	1	1	1	4
4	1	0	0	0	0	0	0	1	0	1	0	2	2
5	1	1	1	0	1	0	0	1	0	0	0	0	3
6	1	1	0	0	1	0	0	1	0	1	0	1	4

　　虽然表 3 给出了各个工业产品产量在大于相应临界点时会引起 $PM_{2.5}$ 含量明显提高，但是没有指出具体哪个产品的生产对空气污染影响最大，这些工业产品的生产对空气污染的影响程度不同，有的影响大，有的影响小。利用表 4 的标准化数据可以构造一个决策树，越靠近树的根结点的属性，对空气 $PM_{2.5}$ 含量影响越大，因为根据第 2 节中决策树理论知识，决策树结点属性分支上的分区纯度较高，也就是说，不同分支上对应的类别具有显著的差异，所以越靠近根结点的属性，影响力度就越大。本研究同样利用信息增益的方法挖掘出这种影响关系。首先利用式（1）计算出数据集 D 的期望信息 $\text{Info}(D)$，其次计算每个属性的期望信息需求。从属性 X_1 开始考察 $PM_{2.5}$ 在 $1 \sim 6$ 的分类元组的分布。使用式（2），如果按照 X_1 划分，也就是说，将 X_1 放到根结点上，则对 D 中的元组进行分类所需要的期望信息为：$\text{Info}_{X_1}(D)$，则按照式（3）可得信息增益 $\text{Gain}(X_1) = \text{Info}(D) - \text{Info}_{X_1}(D)$。对其他属性也按照此方法在 Matlab 中计算，最后得到各个属性的信息增益见表 5。从表 5 中可以看出，信息增益从大到小的顺序为 $X_{10} > X_1 > X_3 > X_2 > X_4 > X_5 > X_6 > X_7 > X_{12} > X_{11} > X_8 > X_9$，对应的工业产品的生产对环境的影响程度也是

按照这个顺序排列的。

表5　各个属性的信息增益

X_1	X_2	X_3	X_4	X_5	X_6	X_7	X_8	X_9	X_{10}	X_{11}	X_{12}
0.2	0.097	0.103	0.08	0.07	0.057	0.042	0.014	0.011	0.35	0.02	0.04

从表5中得出，X_{10}（焦炭）的信息增益最大，表明它的影响程度最大，故把它放到决策树的根结点上，从表5中提取出 $X_{10}=0$ 的元组形成一张表，提取出 $X_{10}=1$ 的元组形成另一张表，再按照求表中的方法计算求出剩下属性信息增益最大的作为承接根结点的次级结点，并将对应的工业产品名称标记到属性结点上，一直这样循环计算下去，直至元组数目不满足最小支持度（这里设置的支持度为30%）或者只剩一个属性，在最后的叶结点处标记上 $PM_{2.5}$ 级别，即在叶结点标记上该分支类别，最后形成一个结构清晰的决策树，如图2所示，横纵坐标是归一化后的位置信息，当各类产品满足某一排列顺序且产量满足一定条件时，当地 PM2.5 含量就会出现相对应的污染程度，如当焦炭产量大于295.5万 t，纯苯产量小于38万 t，甲醇产量大于176.5万 t，聚甲醛产量大于14万 t，沥青产量小于27.4万 t，蒽油产量大于7.35万 t 时，空气质量为中度污染。

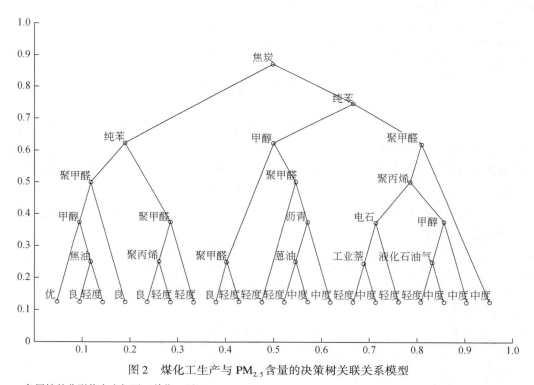

图2　煤化工生产与 $PM_{2.5}$ 含量的决策树关联关系模型

各属性的分裂值大小如下（单位：万 t）。

焦炭：295.5，纯苯：38，聚甲醛：14，聚丙烯：76，甲醇：176.5，焦油：47，液化石油气：11，电石：54，蒽油：7.35，工业萘：6.1，硫胺：11.9，沥青：27.4。分支左侧代表小于分裂点的分区，右侧代表大于分裂点的分区

3.3　煤化工生产与 $PM_{2.5}$ 含量的关联关系

根据图 2 决策分类树，从根结点到叶结点的每一条路径都是一条规则，产品生产量在不同的情况下对应不同的污染等级。利用"IF-THEN"的形式能方便地将图 2 描述成决策规则库，为了描述方便，这里还用 $X_1 \sim X_{12}$ 分别表示纯苯、聚甲醛、聚丙烯等化工产品，数量单位为万 t，用 Y 表示 $PM_{2.5}$ 污染等级。形成的煤化工生产与 $PM_{2.5}$ 含量关联关系的规则库见表 6。从图 1 和表 6 可以得出以下结论：

（1）焦炭的生产对空气中 $PM_{2.5}$ 含量影响最大，其一是焦炭是煤化工基地的主要产品，同时也是很多其他化工产品的原材料，所以焦炭产量的多少在一定程度上代表基地化工生产量，所以随着焦炭产量的增多，排放的污染物也增多。其二是生产焦炭的过程中，设备落后、炼制技术不先进，也会导致排放的污染物过多而造成大气污染。

（2）空气中 $PM_{2.5}$ 污染物的产生，往往受多种因素影响，是多种污染源综合作用的结果。例如，当焦炭产量大于 295.5 万 t，纯苯产量小于 38 万 t，聚甲醛产量小于 14 万 t 时，空气质量还是良，$PM_{2.5}$ 等级为良。这说明只有单一的污染源排放污染物，并不会显著地使空气质量恶化。一旦有多个污染源排放过多污染物，则会引起空气质量明显恶化，从表 6 中第 9 ~ 第 20 条结果就能看出该现象。

（3）各个产品的生产量大于某个临界值后，会引起空气质量变差，从图 2 中可以明显看出，每个属性分支的右侧的空气质量不如分支左侧的空气质量。

4　实例验证

本研究表 6 中规则库是根据宁东煤化工基地的历史数据利用决策树算法计算得到的，可以通过将新产生的实例数据带入，对比实际的 $PM_{2.5}$ 等级与带入表 6 规则库计算得到的等级来判断规则库的有效性和准确率。表 7 给出了最新实例数据。按照表 4 标准化 $X_1 \sim X_{12}$ 的数据，具体见表 8。对表 8 数据，运用规则库的第 4 条、第 1 条、第 5 条、第 7 条、第 18 条、第 20 条得到的 $PM_{2.5}$ 等级为 2、1、2、3、4、4，结果与最新实例数据中的 $PM_{2.5}$ 等级完全匹配。

表 6　煤化工生产与 $PM_{2.5}$ 含量关联关系的规则库

编号	煤化工生产与 $PM_{2.5}$ 含量关联关系的规则库
1	若 $X_{10}<295.5$, $X_1<38$, $X_2<14$, $X_4<176.5$, 则 $Y=1$
2	若 $X_{10}<295.5$, $X_1<38$, $X_2<14$, $X_4>176.5$, $X_5<47$, 则 $Y=2$
3	若 $X_{10}<295.5$, $X_1<38$, $X_2<14$, $X_4>176.5$, $X_5>47$, 则 $Y=3$
4	若 $X_{10}<295.5$, $X_1<38$, $X_2>14$, 则 $Y=2$
5	若 $X_{10}<295.5$, $X_1>38$, $X_2<14$, $X_3<76$, 则 $Y=2$
6	若 $X_{10}<295.5$, $X_1>38$, $X_2<14$, $X_3>76$, 则 $Y=3$
7	若 $X_{10}<295.5$, $X_1>38$, $X_2>14$, 则 $Y=3$

编号	煤化工生产与 PM$_{2.5}$ 含量关联关系的规则库
8	若 $X_{10} > 295.5$，$X_1 < 38$，$X_4 < 176.5$，$X_2 < 14$，则 $Y = 2$
9	若 $X_{10} > 295.5$，$X_1 < 38$，$X_4 < 176.5$，$X_2 > 14$，则 $Y = 3$
10	若 $X_{10} > 295.5$，$X_1 < 38$，$X_4 < 176.5$，$X_2 < 14$，则 $Y = 3$
11	若 $X_{10} > 295.5$，$X_1 < 38$，$X_4 > 176.5$，$X_2 > 14$，$X_{12} < 27.4$，$X_8 < 7.35$，则 $Y = 3$
12	若 $X_{10} > 295.5$，$X_1 < 38$，$X_4 > 176.5$，$X_2 > 14$，$X_{12} < 27.4$，$X_8 > 7.35$，则 $Y = 4$
13	若 $X_{10} > 295.5$，$X_1 < 38$，$X_4 > 176.5$，$X_2 > 14$，$X_{12} > 27.4$，则 $Y = 4$
14	若 $X_{10} > 295.5$，$X_1 > 38$，$X_2 < 14$，$X_3 < 76$，$X_7 < 54$，$X_9 < 6.1$，则 $Y = 3$
15	若 $X_{10} > 295.5$，$X_1 > 38$，$X_2 < 14$，$X_3 < 76$，$X_7 < 54$，$X_9 > 6.1$，则 $Y = 4$
16	若 $X_{10} > 295.5$，$X_1 > 38$，$X_2 < 14$，$X_3 < 76$，$X_7 < 54$，则 $Y = 3$
17	F $X_{10} > 295.5$，$X_1 > 38$，$X_2 < 14$，$X_3 > 76$，$X_4 < 176.5$，$X_6 < 11$，则 $Y = 3$
18	若 $X_{10} > 295.5$，$X_1 > 38$，$X_2 < 14$，$X_3 > 76$，$X_4 < 176.5$，$X_6 > 11$，则 $Y = 4$
19	若 $X_{10} > 295.5$，$X_1 > 38$，$X_2 < 14$，$X_3 > 76$，$X_4 > 176.5$，则 $Y = 4$
20	若 $X_{10} > 295.5$，$X_1 > 38$，$X_2 > 14$，则 $Y = 4$

表 7　最新实例数据

序号	X_1	X_2	X_3	X_4	X_5	X_6	X_7	X_8	X_9	X_{10}	X_{11}	X_{12}	Y
1	29	16	71	178	58	7.9	42	6.3	6.6	266	8.3	15.8	2
2	27	13	63	166	61	11.4	57	8.1	6.3	251	8.1	15.2	1
3	58	10	76	198	57	10.9	42	8.3	4.7	271	9.4	16.4	2
4	56	18	66	177	62	7.8	41	8.4	4.6	281	10.6	20.3	3
5	57	9	83	175	57	12.4	52	8.5	4.3	332	11.3	18.4	4
6	53	19	88	189	61	6.8	45	8.6	4.1	324	12.9	15.9	4

表 8　标准化最新实例数据

序号	X_1	X_2	X_3	X_4	X_5	X_6	X_7	X_8	X_9	X_{10}	X_{11}	X_{12}
1	0	1	0	1	1	0	0	0	1	0	0	0
2	0	0	0	0	1	1	1	1	1	0	0	0
3	1	0	0	1	1	0	0	1	0	0	0	0
4	1	1	0	1	1	0	0	1	0	0	0	1
5	1	0	1	0	1	1	0	1	0	1	0	0
6	1	1	1	1	1	0	0	1	0	1	1	0

5　结　　论

在煤化工基地进行生产的过程中会排放大量的污染物到生态环境中，煤化工生产总不可避免地破坏环境，煤化工生产与环境保护也始终是一对矛盾，两者的矛盾看似不可调和，却可以通过恰当的方法均衡两者利害，保障两者和谐共存。本研究利用决策树算法挖掘煤化工生产对大气 $PM_{2.5}$ 含量的影响关系，通过该方法能挖掘出对 $PM_{2.5}$ 含量影响较大的煤化工产品生产，还挖掘出了各种产品在产量达到何种临界值时会引起空气质量明显恶化。由此可见，利用决策树算法挖掘煤化工生产与环境物含量关联关系是可行的且具有重要意义。在治理环境时，政府可以利用所挖掘出的信息更有针对性地调控煤化工生产，这样既能保证生产发展不受较大干扰，又能保证生态环境不受到破坏，充分体现了可持续发展观。本研究主要讨论了煤化工生产对大气中 $PM_{2.5}$ 的影响，其实利用决策树算法也能研究煤化工生产对其他污染物的影响，如空气中的 SO_2、CO 等，还有水中硫酸盐、酚类有机物等污染物，后续将逐步展开相关的研究工作。

参 考 文 献

［1］ Bilen K, Ozyurt O, Bakirci K, et al. Energy production, consumption, and environmental pollution for sustainable development: A case study in Turkey ［J］. Renewable and Sustainable Energy Reviews, 2008, 12 (6): 1529-1561.

［2］ Cole M A, Rayner A J, Bares J M. The enviromental Kuznets curve: An empirical analysis ［J］. Environment and Development Economics, 1997, 2 (4): 401-416.

［3］ De Bruyn S M. Explaining the environmental Kuznets curve: Structural change and international agreements in reducing sulphur emissions ［J］. Environment and Development Economics, 1997, 2 (4): 485-503.

［4］ Selden T M, Song D. Environmental quality and development: Is there a Kuznets curve for air pollution emissions. ? ［J］ Journal of Environmental Economics and Management, 1994, 27 (2): 147-162.

［5］ 陈军, 李世祥. 中国煤炭消耗与污染排放的区域差异实证 ［J］. 中国人口·资源与环境, 2011, 21 (8): 72-79.

［6］ 于凤玲, 陈建宏. 基于灰色关联与优势分析的能源消费与工业环境污染的实证研究 ［J］. 环境污染与防治, 2012, 34 (11): 93-97.

［7］ 东童童, 李欣, 刘乃全. 空间视角下工业集聚对雾霾污染的影响 ［J］. 经济管理, 2015, 37 (9): 29-41.

［8］ Han J, Kamber M, Pei J. Data Mining Concepts and Techniques Third Edition ［M］. China Machine Press, 2012.

［9］ Shannon C E. A mathematical theory of communication ［J］. The Bell System Technical Journal, 1948, 27: 379-423.

［10］ 王秀军. 煤化工过程的主要污染物及其控制 ［J］. 煤化工, 2012, 40 (5): 38-42.

［11］ 张金亮, 吴晓燕, 夏同伟, 等. 大型煤化工过程污染物产生与防治概述 ［J］. 广州化工, 2013, 41 (13): 175-177.

技术成熟度评价在航天系统工程中的应用研究

王婷婷[1]　李　亮[2]　谢　平[1]　栾叶君[2]

（1. 中国航天系统科学与工程研究院，北京，100048）

（2. 中国运载火箭技术研究院，北京，100076）

摘要：本研究基于在航天重大工程中开展技术成熟度评价的研究及实践经验，介绍了技术成熟度的各级定义、航天工程中技术成熟度评价的对象及不同类型关键技术成熟过程的特点。为了更加准确、高效地完成评价工作，本研究提出了创新型的技术成熟度评价方法，即基于技术成熟属性的技术成熟度评价方法。通过典型的航天工程技术成熟度评价案例分析，进一步说明了评价方法的有效性。本研究提出的评价方法可以拓展至其他航天工程的评价过程中，能够有效提高评价的效率和准确性。

关键词：系统工程；技术成熟度评价方法；技术成熟属性；关键核心技术；技术关键程度评价

1　引　　言

技术成熟度（technology readiness level，TRL），是国际上广泛使用的、对重大科技攻关和工程项目进行技术成熟程度量化评价与管理的一种规范化方法。TRL 将一项技术从认知基本原理到成功应用的成熟过程划分为 9 个级别，具体见表 1。

表 1　TRL 定义[1]

TRL	美国国防部（DoD）的定义	适用于航天工程的定义
1	basic principles observed and reported	观察到基本原理或看到基本原理的报道
2	technology concept and/or application formulated	提出将基本原理应用于系统中的设想
3	analytical and experimental critical function and/or characteristic proof of concept	关键功能和特性通过可行性验证
4	component and/or breadboard validation in a laboratory environment	原理样机通过实验室环境验证
5	component and/or breadboard validation in a relevant environment	演示样机通过模拟使用环境验证
6	system/subsystem model or prototype demonstration in a relevant environment	系统或分系统级原型样机通过模拟使用环境验证

续表

TRL	美国国防部（DoD）的定义	适用于航天工程的定义
7	system prototype demonstration in an operational environment	系统级工程样机通过典型使用环境验证
8	actual system completed and qualified through test and demonstration	系统级生产样机通过测试和鉴定试验
9	actual system proven through successful mission operations	系统级产品通过成功执行任务得到验证

根据 TRL 1~9 级的定义及内涵可以总结出，TRL 1~3 级主要验证技术在科学意义上的可行性；TRL 4~7 级主要验证技术在工程意义上的可行性；TRL 8~9 级主要验证技术在使用意义上的可行性。结合我国装备研制"四个一代"的要求，可以得到 TRL 与装备研制的"四个一代"的对应关系为："探索一代"对应 TRL 1~4 级；"预研一代"对应 TRL 3~6 级；"研制一代"对应 TRL 6~7 级；"生产一代"对应 TRL 8~9 级。

技术成熟度与航天型号工程研制主要工作之间的关系如图 1 所示。

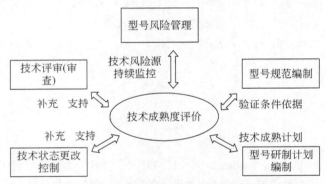

图 1　技术成熟度与航天型号研制主要工作之间的关系

2　技术成熟度评价的对象

TRL 关注的是国防、航空航天工程中的关键技术元素（critical technology element，CTE）[2]。这些工程是大的、复杂的、昂贵的系统。关键技术可分为几种类型，即设备技术，非设备技术，支持系统研发、测试与验证的技术，以及制造技术等。这些关键技术的技术成熟生命周期贯穿在整个系统的研发过程中，如图 2~图 4 所示。

设备技术：技术的载体是设备类实物，其成果是产品的组成部分，如推进器技术、发动机技术、星载计算机技术等。

非设备技术：技术的载体不以设备实物的形式出现，其成果形式为数据、数学模型、算法等，如总体设计优化技术、轨道设计技术、气动分析技术等。

试验技术：试验技术包括关键技术在研发的各个阶段所进行的各项重要试验及试验的保障技术，如激波风洞试验技术，发动机高空模拟试验台等技术。

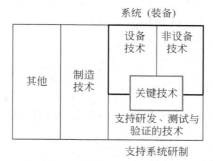

图2　关键技术的类型划分

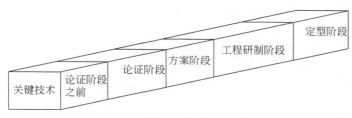

图3　关键技术研发过程示意

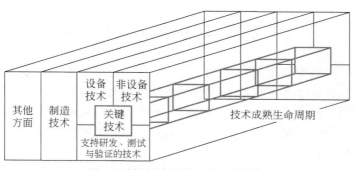

图4　关键技术及其成熟生命周期

在航天工程中，制造技术可采用制造成熟度评价方法来开展评价，支持研发、测试与验证的技术作为系统研发的辅助手段，在系统关键技术中出现的比例相对较少，因此，装备系统中的设备技术与非设备技术是技术成熟度评价的重点对象。

3　技术成熟过程的特点

设备技术和非设备技术的成熟过程有不同的特点。针对以硬件为载体的设备技术，随着技术的不断成熟，硬件逼真度不断提高，逐步向系统进行集成，技术通过集成该技术的部件/单机/分系统/系统直接进行验证，体现了技术随着系统的成熟过程而循序渐进成熟的规律。

针对非设备技术，随着技术的不断成熟，模型、数据或算法不断精准，是从满足简单的设计约束到满足复杂的设计约束的过程。非设备技术在成熟过程中，需要通过试验来对其进行验证。试验包括关键技术自身进行的各项试验，以及该技术应用对象所进行的、能够验证该技术的试验。非设备技术不一定随着系统的成熟过程而循序渐进地成熟。例如，某非设备技术通过原型样机的验证（TRL 6 级）后即可说明其达到使用要求，故不用继续通过工程样机（TRL 7 级）的验证。

技术成熟过程的四个重要属性是技术状态、集成度、试验环境和验证的性能[3]。基于四个属性，可对设备技术和非设备技术成熟过程的差异进一步进行描述，见表2。

表2　设备技术和非设备技术成熟过程的差异

项目	技术状态	集成度	试验环境	成熟过程的连续性
设备技术	由原始到最终产品，逐步完善	技术载体逐渐与系统中的其他部件集成，最终形成系统	从最简单的环境向逐渐逼真发展直至实际的使用环境	通常技术状态、集成度和试验环境三个属性是连续发展的
非设备技术	由原始到最终成果，逐步完善	技术逐渐被其他部件及由这些部件组成的分系统和系统使用	使用该技术的部件及由这些部件组成的分系统和系统在逐渐逼真的环境中验证	某些属性可能出现不变化的情况，如技术状态在中间级别没有变化，而要等待 TRL 7 级的验证；从低级别时该项技术就被几个分系统使用

4　技术成熟度评价方法

技术成熟度评价的对象是关键技术，因此，开始进行技术成熟度评价时，首先应针对评价对象中的全部技术开展技术关键程度评价，明确关键技术；其次针对关键技术开展技术成熟度评价。技术成熟度评价的方法有多种，国外常见的方法是基于技术成熟度检查单的评价方法，本研究采用的是在多年航天工程评价实践中总结形成的基于技术成熟属性的技术成熟度评价方法。

基于技术成熟属性的技术成熟度评价方法是在遵循 TRL 定义的基础上，采用技术成熟的属性来体现各级的特点、各级之间关键性的区别。针对关键技术在各个属性上的实现情况，对关键技术成熟度进行评价。主要的评价过程包括以下几个方面。

4.1　确定各级的技术成熟属性要求

在技术成熟过程中，验证的性能指标逐渐向最终产品要求的性能逼近，技术状态、集成度、试验环境等属性与技术成熟生命周期的关系如图5所示。

TRL 各级应完成的主要任务和四个属性的对照关系见表3。表3中，各个等级的主要工作可以这样理解：研制了该级别所规定的 CTE 载体[4]；该载体与其他部件集成，达到了该级别所要求的集成度；集成后的部件、分系统或者系统在该级别所要求的环境中完成了验证。

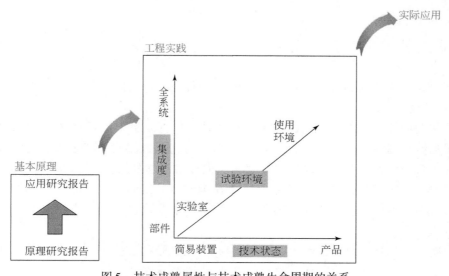

图 5 技术成熟属性与技术成熟生命周期的关系

表 3 TRL 级别与技术成熟属性对照

TRL	等级定义[5]	TRL 等级属性			
		技术状态	集成度	试验环境	验证的性能
1	基本原理清晰	无	无	无	无
2	提出将基本原理应用于系统中的设想	纸面	无	无	无
3	关键功能和特性通过可行性验证	简易的实验样品或装置	部件	简易的实验室环境	与最终产品性能差距很大
4	原理样机通过实验室环境验证	原理样机	部件或单机	实验室环境	与最终产品性能差距大
5	演示样机通过模拟使用环境验证	演示样机	单机或分系统	中逼真度或高逼真度模拟使用环境	与最终产品性能差距较大
6	系统或分系统级原型样机通过模拟使用环境验证	原型样机	分系统或系统	高逼真度模拟使用环境	与最终产品性能差距较小
7	系统级工程样机通过典型使用环境验证	工程样机	系统	典型使用环境	接近最终产品性能
8	系统级生产样机通过测试和鉴定试验	生产样机	系统	使用环境	达到最终产品性能
9	系统级产品通过成功执行任务得到验证	产品	系统	使用环境	最终产品性能

　　根据关键技术研发的实际情况，结合表 3 给出的 TRL 各级属性的一般性表述，可以给出 CTE 的信息与技术成熟度等级特征的映射，从而明确 CTE 在各个 TRL 等级应完成

的任务要求。

4.2 开展技术成熟度初评

参照表3，将 CTE 的发展现状与各 TRL 等级任务进行对比，即可初步评价出 CTE 当前的 TRL 等级[5]。

不同的关键技术，具有不同的技术成熟规律，因此，针对不同的关键技术，技术成熟度等级的四个属性在技术成熟过程中占有不同的比重。例如，第 2 节提及的非设备技术，可能出现技术状态在中间级别没有变化，而要等待 TRL 7 级的验证的情况，在这种情况下，对关键技术成熟度的考核主要集中在集成度、试验环境、验证的性能三个属性上。因此，在开展评价的过程中，需要根据关键技术成熟过程的特点，对四个属性赋予一定的权重。

在确定各个属性权重的基础上，采用加权平均法确定关键技术成熟度等级，即

$$TRL = W_s L_s + W_i L_i + W_v L_v + W_p L_p \tag{1}$$

式中，W_s 代表技术状态的权重；W_i 代表集成度的权重；W_v 代表试验环境的权重；W_p 代表验证的性能的权重；L_s 代表技术状态所处的成熟度等级；L_i 代表集成度所处的成熟度等级；L_v 代表试验环境所处的成熟度等级；L_p 代表验证的性能所处的成熟度等级。

4.3 完成技术成熟度专家评价

技术成熟度等级初评主要基于自评价，即由技术人员完成，为了保证评价结果的准确性和客观性，需要组织领域专家对自评价的结果进行审查，最终确定技术成熟度评价结果。

由于专家的知识水平、对关键技术的熟悉程度及主观态度等方面都是有差异的，各位专家的判断对最终判断具有不同的贡献度，即各位专家具有不同的权威程度。专家权威程度体现了评估专家意见的可信度，主要取决于专家对关键技术 TRL 评价做出判断的依据和熟悉程度。可表示为式（2）：

$$C_r = (C_j + C_f)/2 \tag{2}$$

式中，C_r 代表专家权威系数；C_j 代表判断系数；C_f 代表熟悉系数。

判断系数 C_j 指专家做出 TRL 评价时受不同判断依据的影响程度，即实践经验、理论分析和同行评议 3 类判断依据对专家评价的影响程度。实践经验、理论分析和同行评议的重要程度逐渐降低，共分为三级，具体见表4。

表 4 专家开展 TRL 评价的判断系数

判断依据	分级		
	高	中	低
实践经验	0.6	0.4	0.2
理论分析	0.3	0.2	0.1
同行评议	0.1	0.1	0.1

熟悉系数主要从两个方面考虑，一是专家研究领域与评估对象研究领域的一致性，二是专家评估自己对该领域的认识程度，专家对评价对象的熟悉系数见表5。

表5　专家对评价对象的熟悉系数

熟悉程度	不同学科门类	同一学科门类	研究方向相同
很熟悉	0.6	0.8	1.0
较熟悉	0.3	0.6	0.9
一般	0.1	0.4	0.7
不太熟悉	0	0.2	0.5
不熟悉	0	0	0

每位专家的权重 W_i 为其权威系数与所有专家权威系数之和的比值，即

$$W_i = \frac{C_{r_i}}{\sum_{i=1}^{n} C_{r_i}} \tag{3}$$

每位专家分别对关键技术成熟度进行评价，最后关键技术成熟度评价结果为各个专家评价结果的加权平均，即

$$\text{TRL} = \sum_{i=1}^{n} W_i \text{TRL}_i \tag{4}$$

5　技术成熟度评价案例

以下选取航天工程中的一项典型的技术——低烧蚀/非烧蚀防热技术为例，对基于技术成熟属性的技术成熟度评价方法进行分析与说明。

5.1　各级的技术成熟属性要求

低烧蚀/非烧蚀防热技术 TRL 1~9 级的主要工作任务及技术成熟属性见表6。

表6　低烧蚀/非烧蚀防热技术 TRL 1~9 级的主要工作任务及技术成熟属性

TRL	各个级别应完成的任务	CTE 各级的主要工作任务			
		技术状态	集成度	试验环境	验证的性能
1	分析烧蚀原理，明确工程中防热材料需实现低烧蚀/非烧蚀的目标	基本原理	无	无	无
2	根据烧蚀特性及工程研制需求，提出使用环境下限烧蚀速率和烧蚀性能的初步指标	应用设想	无	无	无

TRL	各个级别应完成的任务	CTE 各级的主要工作任务			
		技术状态	集成度	试验环境	验证的性能
3	开展防热材料的低烧蚀/非烧蚀性能的研制工作，通过对关键性的功能和特性的分析和试验，表明达到应用目标是可行的	试验用的截短工程尺寸试样；确定各部位所用材料	尚未集成	烧蚀考核试验环境：端头热流密度为 $X \pm Y$（MW/m^2），连接部位热流密度为 $Z \pm M$（kW/m^2），试验时间不少于 T_1 s	指标略，与设计性能一致
4	低烧蚀/非烧蚀防热技术成果应用到防热材料中，完成集成地面演示验证	防热技术的 1：1 工程尺寸试样	端头、翼前缘和大面积上	烧蚀考核试验环境：试验时间不少于 T_2 s，演示环境的逼真度相对于 TRL 3 级有所提高	指标略，与设计性能一致
5	低烧蚀/非烧蚀防热技术应用到防隔热与热匹配技术中，参与该技术的试验	防隔热与热匹配试验件；防热材料的逼真度相对于 TRL 4 级有所提高	应用到防隔热与热匹配试验件中	防隔热与热匹配技术模拟热环境，试验条件接近飞行环境	指标略，与设计性能一致
6	低烧蚀/非烧蚀防热技术应用到防隔热分系统中，参与该分系统的试验	端头及舱段试验件	结构与防隔热分系统	防隔热分系统的模拟热环境，试验条件基本达到飞行环境的要求	指标略，接近最终产品性能
7	低烧蚀/非烧蚀防热技术应用到飞行器中，通过飞行试验对技术进行验证	飞行器	系统	典型飞行环境	指标略，与最终产品性能基本一致
8	应用低烧蚀/非烧蚀防热技术到飞行器中，通过地面的各项鉴定试验	飞行器	系统	鉴定试验环境，包括各种极限状态下的试验	指标略，与最终产品性能一致
9	飞行器成功地执行任务	飞行器	系统	执行飞行任务	指标略，最终产品的性能

5.2 技术成熟度初评

从表6可以看出，随着技术成熟度等级的提升，低烧蚀/非烧蚀防热技术在成熟过程中，技术状态、集成度、试验环境和验证的性能四个属性都在不断发展和变化，逐渐向最终产品的状态逼近，四个属性变化的情况基本是均衡的，故对四个属性权重赋予相同的权重，即 $W_s = 0.25$，$W_i = 0.25$，$W_v = 0.25$，$W_p = 0.25$。

目前，低烧蚀/非烧蚀防热技术的研制状态是：已完成了防隔热与热匹配热密封试验件的研制，技术已集成至该试验件中，目前已完成了代表性的烧蚀考核试验，达到的性能与设计性能一致。通过与表6对比，四个属性分别达到的技术成熟度等级是：$L_s = 5$，$L_i = 5$，$L_v = 4$，$L_p = 4$。

根据式（1），$TRL = 0.25 \times 5 + 0.25 \times 5 + 0.25 \times 4 + 0.25 \times 4 = 4.5$ 级，因此，该技术初评已达到 TRL 4 级，尚未达到 TRL 5 级。

5.3 技术成熟度专家评价

由于低烧蚀/非烧蚀防热技术是航天工程的关键技术之一，通过问卷调查的形式，选择了5位专家对该技术进行评价，5位专家的权威系数与权重见表7。

表7 5位专家的权威系数与权重表

项目	专家1	专家2	专家3	专家4	专家5
实践经验	0.6	0.5	0.6	0.5	0.6
理论分析	0.3	0.2	0.1	0.3	0.3
同行评议	0.1	0.1	0.1	0.1	0.1
判断系数	1	0.8	0.8	0.9	1
熟悉系数	0.8	0.9	0.8	0.9	0.9
权威系数	0.9	0.85	0.8	0.9	0.95
权重	0.205	0.190	0.180	0.205	0.220

根据式（4），$TRL = 0.205 \times 4 + 0.190 \times 5 + 0.180 \times 5 + 0.205 \times 4 + 0.220 \times 4 = 4.37$ 级，故该技术最终的专家评价结果为 TRL 4 级。

通过以上评价过程可以看出，基于技术成熟属性的技术成熟度评价方法在全面分析把握关键技术成熟过程的基础上，严格以技术发展现状为依据，以技术成熟属性作为评价的重点，通过客观、公正的专家评估，能够对关键技术成熟度进行准确的评价。

6 小 结

本研究结合航天重大工程开展技术成熟度评价的经验，介绍了航天工程关键技术的分类及特点，并对基于技术属性的技术成熟度评价方法及如何在航天工程中开展技术成熟度评价进行了详细的分析与说明，对航天重大工程顺利推进起到了积极重要的作用。本研究提出的评价方法易理解、便于操作，评价结果客观准确，可以应用至其他航天工程的研发过程中，提高航天重大工程科研管理的量化和精细化水平。

参 考 文 献

[1] Nolte W. Did I Ever Tell You About The Whale? Or Measuring Technology Maturity [M]. Information Age Publishing, Inc, 2008.
[2] 吴燕生. 技术成熟度及其评价方法 [M]. 北京：国防工业出版社，2012.

［3］ 王崑声，许胜，张刚 . 国防科技工业技术成熟度评价高级研修班讲义 ［C］. 2011：25-28.

［4］ Cornford S，Saesfield L. Quantitative Methods for Maturing and Infusing Advanced Spacecraft Technology ［C］. IEEE Aerospace Conference Proceedings, Big Sky，MT，USA，2004-01：663-681.

［5］ 中国航天工业总公司 . 航天工业行业标准 QJ 3118—99：航天产品技术状态管理 ［S］. 1999：1-24.

A Research for Aerospace Complex Software System Runtime Fault Detection

Yan Chenjing*   Zhang Wei   Jing Xiaochuan   Ge Hui   Wang Xiaoyin

(China Aerospace Academy of Systems Science and Engineering, Beijing, 10048, China)

Abstract: Aerospace complex software system is the keypoint of aerospace industry informatization. The complexity and scale of aerospace complex software system is growing with the increase of system requirements. Therefore, the possibility of runtime failures is also increasing. The runtime failures may lead to some serious problems of the aerospace software system and may make a great damage. To reduce the loss of software failures and to ensure the normal operation of aerospace complex software system, this paper focus on runtime fault detection based on runtime verification. Runtime verification aims to monitor a running system and check whether executions of the monitored system satisfies or violates a given correctness property. This paper try to propose a method to realize runtime fault detection and solve the runtime failure problem.

Keywords: Aerospace complex software system; Runtime fault detection; Runtime verification; Fault detection process; Runtime failures

1   Introduction

Nowadays, the aerospace industry is in a period of rapid development and the aerospace mission is becoming more and more intensive. The high density of space mission has raised higher requirements for the development of efficiency and quality of software system. On the other hand, aerospace mission involves lots of tasks and applications. As the system scale and intelligent degree increasing, a tendency that software systems are becoming intensive and with high complexity has been showed. Because the complexity of aerospace software requirements increases, the complexity of software itself increases, which leading to the possibility of runtime failures of the aerospace software system. Once the core aerospace software system fails, it will cause great loss to the national economy, people's safety and even national security. Hence, it is very important and urgent to realize fault localization and self-diagnosis of aerospace software.

At present, scholars have developed some methods of software system automatic fault detection, which are divided into static methods and dynamic methods. Static methods detect the possible fault in the target program by analyzing the dependency, type constraints and other information [6]. While dynamic methods detect the program faults by testing system program, tracking program execution traces and tracking program coverage information. The efficient detection of software faults provides the prerequisite and guarantee for the self-repair and self-adaptation of software. These methods have solved the fault detection problem in some ways, but the effects are not very satisfactory. What's more, the existing methods rarely consider software runtime state information when detecting faults. As a result, how to detect the faults of aerospace software based on system's runtime state and information has become a research hotspot in recent years. This paper focuses on overcoming current fault detection technical deficiencies and proposing an aerospace software system faults detecting method based on runtime verification. Runtime verification is the supplement of traditional program correctness assurance technology, such as model checking and testing. Model checking and testing focus on verifying the correctness of all execution paths in a system, while runtime verification pays attention to current execution path. Based on these advantages, we introduce runtime verification to our proposed method.

2　Runtime verification

Verification contains lots of techniques, all these techniques can be used to judge whether a system satisfies its specification. Runtime verification is an emerging lightweight program verification technique. During runtime verification, the monitor is generated from the system requirements [11]. In runtime verification, a correctness property is typically automatically translated into a monitor. The monitor is used to check whether a runtime execution or a set of execution records can satisfy the property. For method based on runtime execution, we call it online monitoring and for method based on execution records, we call it offline monitoring. After defining a correctness property, is introduced which is a set of effective executions given by property. Then the runtime verification can be summarized as a method to check whether the execution is an element of. By analyzing the definition and introduction of runtime verification, we can conclude that runtime verification deals with the word problem in mathematical justification, i. e. , the target problem whether a given word is included in some language [3].

Monitor checks the operation process whether meets the demand of system by monitoring and observing program execution. Runtime verification is the effective supplement to the traditional software verification and validation technology, such as model checking and testing. Runtime verification deals with those verification techniques that allow checking whether an execution of a system under monitored satisfies or violates a given correctness property. It can not only effectively detect abnormal behavior in system operation, but also make it possible to effectively repair the system when the correctness deviation is detected.

Runtime verification technique combines the formal verification techniques with the actual running results of monitored system. Runtime verification monitors the operating behavior of the system to ensure that the system runs in line with the user's requirements. The technical framework of runtime verification is shown in Fig. 1. During runtime verification, the monitor is generated from the system requirements. The monitor checks the operating process whether meet the demand of a system by observing program execution.

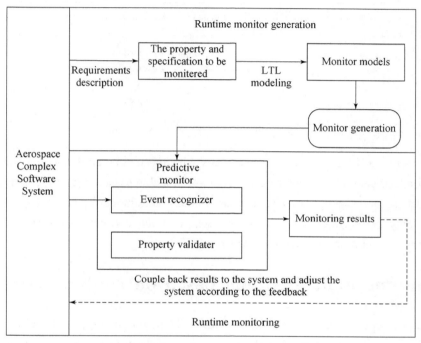

Fig. 1   Runtime verification technical framework.

The runtime verification technology framework is mainly divided into two parts, namely, runtime monitor generation and runtime monitoring. Firstly, we need to construct a runtime monitor. After analyzing system requirements, we transform key requirements and key properties of the system into a formal specification for monitor through specification description language. On the basis of formal specification, we use the advanced theory and algorithm to generated the runtime monitor from high level specification automatically [13]. Secondly, monitor and verify the running software system after getting the monitor. Using the event recognizer in runtime monitor to recognize the corresponding events and conditions. Monitor takes the results of event recognizer as input and calculates the next state based on input and current state. Moreover, monitor checks whether running process violates the property specification or not and stores the recorded paths and verification results. Meanwhile, return the verification results to the aerospace software system. And the software system will adjust itself according to this feedback to avoid runtime failure.

Runtime verification only monitors the running situation of current path whether is in the line with user's established properties. Because there is only one path of execution need to be monitored, this method costs relatively smaller than model checking and theory proving. Runtime verification deals with the output part of the system, which does not focus on the input part of the system. The concept map of runtime verification is shown in Fig. 2.

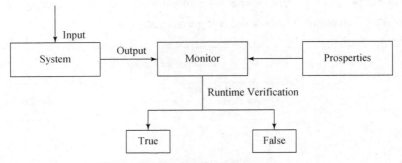

Fig. 2　Runtime verification concept map

After operating the target system, we check whether the operating state of system satisfies its property specification by monitoring it, namely, checking whether the operating state of the system satisfies its property specification or violates certain correctness properties. Runtime verification only detects the violation or satisfaction of the correctness properties, therefore, once any violation is found the monitor will report.

3　Runtime fault detection based on runtime verification

This paper proposes a fault detection method based on runtime verification, which is a lightweight verification technology. The goal of this method is to check whether the actual operation of software system violates the specified properties and to detect the fault of software system. Linear Temporal Logic (LTL) formula is used to describe the property specifications and generate the corresponding monitor [3]. Monitor is usually generated from the system requirements and is used to check the operation process whether meet the demand of the system by monitoring and observing program execution. Runtime verification technology can not only effectively detect abnormal behavior during system operation, but also make it possible to effectively repair system when the correctness deviation is detected. On the other hand, the proposed method uses online monitoring to monitor the operating system and checks the operation of software system in a progressive way without checking all operating states of the software system once in a time. The fault detection process can be shown in Figure 3.

The fault detection method proposed in this paper can be divided into three stages, the static preparation stage, the dynamic operation stage and fault detection stage.

3. 1　Static preparation stage

Before the operation of software system, according to high-level requirements description

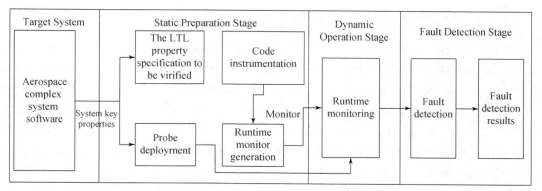

Fig. 3　Fault detection based on runtime verification.

of target software system, we determine the property specifications. And then based on the property specifications we implement codes and deploy probes into target software system. In this stage, we need to construct a monitor according to system specifications.

3. 1. 1　Define the property specifications

In the framework of software oriented runtime verification methods, events and conditions are divided into atomic events and conditions, compound events and conditions. Atomic events and conditions are abstracted from variables and methods in the target system [14]. While compound events and conditions have no connection with the variables and methods in the target system, they are the combination of atomic events and conditions. This method uses the atomic event definition language PEDL and the compound event definition language MEDL to define software system requirements as the property specification.

Firstly, to get PEDL specification, the bottomed atomic event definition language PEDL is used to describe the key properties in the target software system and the basic events and conditions that are composed of these properties. Secondly, we use high-level compound event definition language MEDL to describe the compound events and conditions which are composed of basic events and conditions. And then we can get the MEDL specification [10]. Finally, we define the LTL property specification to be verified which linking the high-level test requirements of software system to the bottomed execution information.

3. 1. 2　Code instrumentation

PEDL specification and MEDL specification are compiled to obtain event recognizer that can collect the status information of target runtime software system and get the instrumentation position of the event recognizer. Before software system program is compiled, inserting the code of event recognizer to target system program by code instrumentation tools [5]. That is, the state collecting instructions are inserted in front of the specified statements and key code fragments to collect changing data of the monitored variables during the execution of target software system.

3.1.3　Runtime monitor generation

Linear Temporal Logic （LTL） is a basis of verification technology. For one hand, the traditional methods, such as design-time verification and model checking use LTL to solve verification problem. For the other hand, LTL has also been used for the emerging runtime verification [12]. During the operation of target system, a finite operating trace should always be monitored. However, the traditional LTL method is defined on the infinite trace and has no connection with fairness and predictability. Hence, we introduce LTL3 as a lineartime temporal logic which shares the syntax with LTL but deviates in its semantics for finite traces [8]. Based on LTL3, monitor can get the LTL property semantic according to a finite prefix. And we use three truth values: true, false, and inconclusive, to express the LTL3 semantic [1]. The LTL3 formula corresponding to target software system is determined according to the system properties. And LTL3 formula is converted into a finite state machine, which is considered as the monitor, using the automata theory.

Having defined the semantics of LTL3, we develop and discuss a monitor generation technique to construct a deterministic finite-state machine for an LTL property. The construction steps are as followed.

（1） Convert the LTL formula to Nondeterministic Bühi Automata.

Firstly, convert the LTL formula to the Alternating Bühi Automata （ABA）, $A_\varphi = (Q_\varphi, \sum_\varphi, \delta_\varphi, I_\varphi, F_\varphi)$, using the theory of correctness detection and the formation of syntax tree. Secondly, convert the ABA to Nondeterministic Generalized Bühi Automata （NGBA）, $G_A = (Q', \sum, \delta', I, \Gamma)$. Finally, convert the NGBA to Nondeterministic Bühi Automata （NBA）, $B_G = (Q \times \{0, \cdots, r\}, \sum, \delta', I \times \{0\}, Q \times \{r\})$, according to the following rule:

$\delta'(q, j) = \{(\alpha, (q', j')) \mid (\alpha, q') \in \delta(q) \text{ 且 } j' (q, \alpha, q'))\}$, the next function is:

$$mext(j, t) = \begin{cases} \max\{j \leqslant i \leqslant r \mid \forall j < k \leqslant i, t \in T_k\} & j \neq r \\ \max\{0 \leqslant i \leqslant r \mid \forall 0 < k \leqslant i, t \in T_k\} & j = r \end{cases} \quad (1)$$

（2） Construct Nondeterministic Finite Automata （NFA） and Deterministic Finite Automata （DFA）.

Because not every Nondeterministic Bühi Automata can be converted to a deterministic one, we use the following steps to get a deterministic finite-state machine, which is the DFA [4]. Firstly, we concert the NBA to NFA, $\hat{A} = (Q, \Sigma, \delta, I, F)$, by some optimization operations, such as judging whether the NBA is empty and converting the NBA to a finite one. Then get the DFA, $\hat{A} = (Q', \Sigma, \delta', I', F')$, according to some optimization rules.

（3） On the basis of deterministic finite automata, we take the Cartesian product of NFA and DFA and mark additional output symbols at each state of the automata.

Through all these operation, we can get the Finite State Machine (FSM) to be a runtime monitor [2]. Note that the resulting monitor evaluates LTL properties as predictively as possible, because once it can decide whether LTL properties will remain satisfied or unsatisfied, the monitor will provide this information immediately. The monitor can report a violation of a given property as early as possible.

(4) Probes deployment

The key variables and key functions of the software system are determined according to the property specifications and they are identified as the detection nodes where the probes to be deployed on [7]. These probes are used to track and record the execution paths of aerospace software system.

3.2　Dynamic operation stage

During the process of system operation, the instrumentation codes collect the changing information of the monitored variables. And monitor verifies the operating state of property specifications based on the changing information, the probes record the execution path of software system.

Event recognizer collects the changing data of the monitored variables and send the changing information to runtime monitor. Runtime monitor verifies the changing data of the monitored variables and decides whether the changing information satisfies or violates the property specification [9]. If the runtime monitor determines that the execution of software system conforms to the property specification, the output verification result is 0. While, if the runtime monitor determines that the execution of the software system does not comply with the property specification, the output verification result is 1. If the runtime monitor can 抉 determine whether the execution is consistent with the property specification, the output verification result is not valid.

In the process of software system execution, if the key variables or key functions where are the probe deployed on is operated, the probe output result is 1. Otherwise, the probe output is 0. After operating the software system, the vector of the probe value is used as the execution path record of software system. During this stage, we execute system for several times and record the execution paths and verification results.

3.3　Fault detection stage

According to the software execution paths and monitor verification results, software system fault detection is realized by statistical analysis.

Assuming that this paper delivers the software system execution for M times, and is the number of effective executions and verification results. Based on effective verification results and execution paths, we can get the software failure analysis matrix .

According to the software failure analysis matrix, calculate the number of software failures occurred during one execution of software system using statistical analysis method. Based on the statistical results, one can detect the fault in the target aerospace software system.

4　Conclusion

In recent years, with the continuous development of Lunar exploration, Mars exploration and other deep space exploration, how to ensure the high reliability and security of aerospace system and software is becoming more urgent. And the complexity of aerospace software system has increased, the possibility of system failure has increased, too. In order to improve aerospace software system to adapt to the changing external environment and timely to respond to runtime system failures, this paper focuses on the aerospace complex software system runtime fault detection technology. This paper proposes a runtime verification framework and a runtime monitor generation method. Based on this research, we propose a runtime fault detection method to recognize the aerospace software system failure as soon as possible. In the future, we will pay our attention on this field continuously and carry out in-depth research on tool development and contrast tests to promote the continuous development of aerospace software system and to ensure the security of aerospace software system.

References

［1］ Barbon F, Traverso P, Pistore M, et al. Runtime monitoring of instances and classes of web service compositions［R］. In International Conference on Web Services（ICWS）, 2006.

［2］ Baresi L, Guinea S, Pasquale L. Towards a Unified Framework for The Monitoring and Recovery of BPEL Processes［C］. Workshop on Testing, ACM, pp. 15-19, 2008.

［3］ Bauer A, Leucker M, Schallhart C. Runtime Verification for LTL and TLTL［R］. Technical Report, TUM-10, 724, 2007.

［4］ Bauer A, Leucker M, Schallhart C. Comparing LTL Semantics for Runtime Verification［J］. Journal of Logic and Computation, 2010, 20（3）: 651-674.

［5］ Bodden E. A Lightweight LTL Runtime Verification Tool for Java［R］. Companion to the Acm Sigplan Conference on Object-oriented Programming Systems, 2004.

［6］ Broy M. Software technology formal methods and scientific foundations［J］. Information and Software Technology, 1999, 41（14）: 947-950.

［7］ D'Angelo B, Sankaranarayanan S, Sanchez C, et al. LOLA: Runtime Monitoring of Synchronous Systems［R］. International Symposium on Temporal Representation and Reasoning（TIME）, 2005.

［8］ Gastin P, Oddoux D. Fast LTL to büchi automata translation［J］. Lecture Notes in Computer Science, 2001, 21（2）: 53-65.

［9］ Geilen M C W. On the construction of monitors for temporal logic properties. Electronic Notes in Theoretical Computer Science（ENTCS）, 2001, 55（2）: 181-199.

［10］ Bengtsson J, Larsen K G, Larsson F, et al. UPPAAL: a tool suite for the automatic verification of real-time systems［J］. Lecture Notes in Computer Science, 1996, 1066: 232-243.

［11］ Osterweil L. Software processes are software too ［R］. Proceedings of the 9th International Conference on Software Engineering, 1987.

［12］ Pnueli A. The temporal logic of programs ［J］. Symposium on the Foundations of Computer Science (FOCS), 1977.

［13］ Stolz V, Huch F. Runtime verification of concurrent haskell programs ［R］. Proceedings of the Fourth Workshop on Runtime Verification, to appear in ENTCS, Elsevier Science Publishers, 2004.

通过全球专利分析看深空探测自主导航与控制技术发展

褚鹏蛟　王永芳　茹阿昌

（中国航天系统科学与工程研究院，北京，100048）

摘要：深空探测作为人类航天活动的重要方向，是人类探索宇宙奥秘和寻求长久发展的必然途径，也是衡量一个国家综合国力和科学技术发展水平的重要标志。作为深空探测中的一类重要技术，自主导航与控制技术越来越多地受到关注并得到应用，成为各国深空探测技术研究和发展的热点之一。本研究以深空探测自主导航与控制技术为对象，通过专利检索分析，研究国内外发展现状，试图获得技术趋势。

关键词：深空探测；自主导航；传感器；控制技术；专利分析

1　引　　言

深空探测中的自主导航与控制技术在 20 世纪 60 年代就引起了人们的重视，随着科学技术的进步及导航计算能力和传感器性能的不断提高，深空探测自主导航与控制技术越来越多地受到关注并得到应用，成为各国深空探测技术研究和发展的热点之一[1]。

在全球高新技术爆炸式发展、专利申请激增的形势下，挖掘利用海量专利信息成为掌握技术发展动态、洞察技术发展方向和促进技术进步的重要手段。专利分析研究已成为解决科研实际问题、提高技术创新起点、突破关键技术难题的重要方法[2]。为此，笔者利用汤森路透公司的 ThomsonInnovation 数据库，以自主导航与控制技术专利发展动态为主线，以自主导航与控制技术相关关键词和分类号及相关专利进行全面检索、深度分析研究，提出问题和看法，供商榷。

2　专利态势分析

本研究采用德温特世界专利索引数据库（Derwent World Patents Index，DWPI，简称德温特数据库）进行专利检索，检索截止时间为 2016 年 5 月 4 日，共获得相关专利文献 1460 项。

2.1　技术构成分析

自主导航与控制技术可分为传感器和导航与控制算法两个主要技术分支，其中，传感器分支专利文献数量较多，和导航与控制算法分支专利文献数量的比例约为 5∶2。自主导航与控制技术构成如图 1 所示。

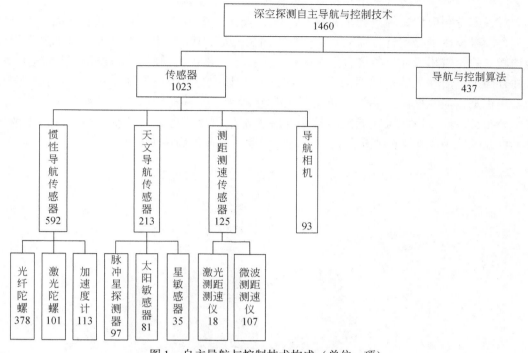

图 1　自主导航与控制技术构成（单位：项）

2.2　专利申请年度变化及主要国家技术分布分析

从图 2 中可看出，传感器分支专利、导航与控制算法分支专利从 20 世纪 80 年代开始逐年增长。2004~2005 年，虽然申请量没有明显增长，但在惯性导航传感器和天文导航传感器方面，产生了几件重要专利，如波音公司的无磁加速度计、霍尼韦尔光纤陀螺掉电或机械故障数据恢复，以及波音公司的星敏感器实时校准等。这带动了其后的申请热潮，并于 2012 年达到峰值。而导航与控制算法分支虽然也是从 80 年代开始逐年增长，但

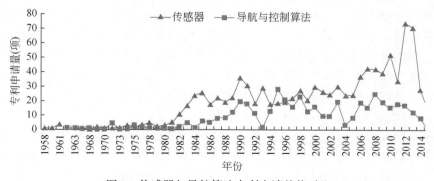

图 2　传感器与导航算法专利申请趋势对比

增长的启动时间略晚于传感器分支[3]；其峰值是出现在 1995 年，其后申请量一直在十几件至二十几件。2008 年以后，其申请量又处于波动的下降段。这主要是由于导航与控制算法保密性较强，不适宜采用专利形式来保护。

对各国专利申请文件进行汇总统计发现，美国、中国、日本拥有申请量最多。对所述三个国家按技术分支进行细化统计，得到图 3。从三国的技术分布来看，日本的发展较为均衡，除导航相机外，各技术分支均有较多技术积累；美国的技术构成则是两线并进，硬件方面，以惯性导航传感器为主，软件方面，则注重导航与控制算法的研究；中国技术分布也是以惯性导航传感器和天文导航传感器为主，其他则较少。虽然美国、日本的技术分布有差异，但两国在导航与控制算法上都较侧重。可见，导航与控制算法上的研究不可偏废，中国在该分支仍然需加大研发力度，迅速提高技术水平。

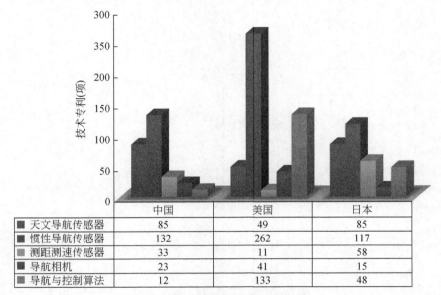

	中国	美国	日本
■ 天文导航传感器	85	49	85
■ 惯性导航传感器	132	262	117
■ 测距测速传感器	33	11	58
■ 导航相机	23	41	15
■ 导航与控制算法	12	133	48

图 3　主要国家的技术分支分布

2.3　主要专利权人或申请人专利分析

选取全球申请进行申请人统计分析，得到如图 4 所示的全球专利申请人排名。其中，霍尼韦尔国际公司申请量最多，其次是诺格公司和波音公司；日本的三菱集团、东芝集团和日本电气股份有限公司（NEC）也在前十名之列。前十名中，中国仅有中国空间技术研究院和北京航空航天大学，分别排在第 7 位和并列第 9 位。浙江大学排在第 12 位。总体来看，全球范围内，仍然是美国、日本的企业占绝对优势，无论是申请人数量还是申请量上，中国仍与美国和日本有一定的差距。

霍尼韦尔国际公司申请专利 104 项。该公司在光学陀螺领域实力雄厚，产品型号众多。霍尼韦尔国际公司生产的典型激光陀螺产品型号有 GG1330、GG1342、GG1320、GG1328、GG1308、GG1389 等。GG-1389 型陀螺仪，其零漂值为 0.00015o/h，输入速率动态范围为 1500o/s，使用寿命为 20 万 h 以上，平均无故障时间大于 1 万 h，输入轴对准

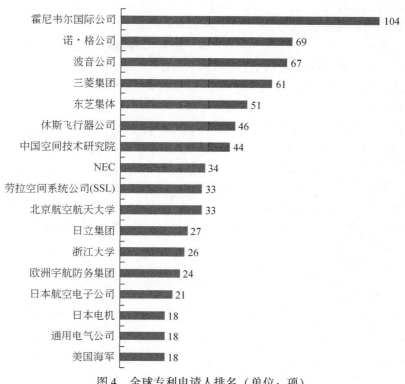

图4 全球专利申请人排名（单位：项）

稳定度达到微弧量级。GG1308 为代表，采用 BK-7 级（类似我国 K9）玻璃，通过镜片、电极整体烧结工艺一次成形，其精度达 1°/h，重量为 60g，能承受 20g 的振动，每只售价仅为 1000 美元。霍尼韦尔国际公司的另一种低成本陀螺为 GG1320，其精度为 0.1°/h，重量为 100g。采用 GG1320 组成的 INS 型号为 H-764C，定位精度<1.0nm/h，其中的加速度计为 QA2000，体积为 17.8cm×17.8cm×27.9cm，重量为 9.1kg。霍尼韦尔国际公司在光纤陀螺领域也处于领先地位，DARPA 进行的"用于绝对参考的紧凑型超稳定陀螺项目"（COUGAR），其相关技术就是由霍尼韦尔国际公司研究人员研究开发的。霍尼韦尔国际公司研制的第一代高性能干涉仪式光纤陀螺采用的是 Ti 内扩散集成光学相位调制器。采用的其他器件还有 0.83um 宽带光源、光电探测器/ 前置放大器模块、保偏光纤偏振器、两个保偏光纤熔融型耦合器及由 1km 保偏光纤构成的传感环圈。为了满足惯性级光纤陀螺的要求，霍尼韦尔国际公司研制的第二代高性能干涉仪式光纤陀螺采用了集成光学多功能芯片技术及全数字闭环电路。

诺·格公司共申请专利 69 项。该公司生产的用于商业、航空航天和工业的 LN-200C 光纤陀螺惯性测量单元，能为来自世界各地的客户提供更大的灵活性和易用性，但受出口管理条例控制。该紧凑型单元包括三个固态光纤陀螺仪和三个固态硅微机电系统加速度计，用于测量相对于其壳体固定的坐标系中的速度和角度变化。增量速度和角度的数字输出数据通过数字串行数据总线提供给用户设备。公司生产的高精度光纤陀螺是 FOG 2500，其动态范围最大值为 100°/s。

波音公司在天文导航传感器和惯性导航传感器方面也有较好的技术积累。该公司与霍尼韦尔国际公司有较好的合作，曾为美国海军 F/A-18 战斗机提供霍尼韦尔国际公司的环形激光陀螺导航航电系统。

日本的三菱集团、东芝集团和 NEC 相关专利也在前十名之列。其中，三菱集团产品包括国际空间站日本部分。在导航与控制算法方面有较多积累。在日本宇宙航空研究开发机构（Japan Aerospace Exploration Agency，JAXA）的指导下，NEC 参与到最新空间技术的开发和应用。

从图 5 中可以看出，美国 3 家公司的专利布局范围最广，在很多国家和地区均有布局。其中，霍尼韦尔国际公司除主要布局美国国内外，比较看重欧洲和日本市场，同时也向世界知识产权组织提交了一定数量的专利合作协定（patent cooperation treaty，PCT）国际申请；在具体的欧洲国家中，主要侧重德国，共有 35 件申请。诺·格公司的全球布局则更为均衡一些，除欧洲和日本外，在加拿大也有 20 件相关专利申请。相比较而言，波音公司的布局则更侧重美国本土，其海外布局国家较多，但总数量很少。据此推测，

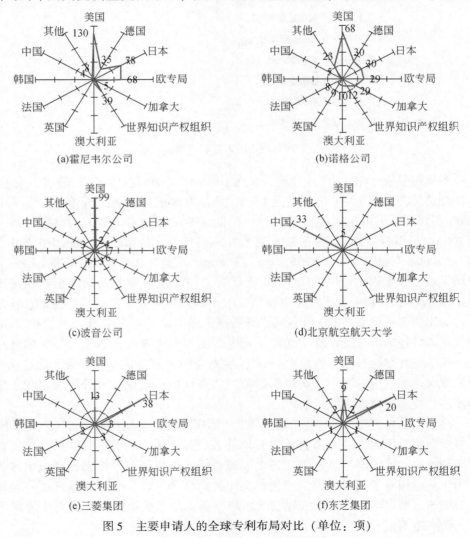

图 5　主要申请人的全球专利布局对比（单位：项）

其遇到的竞争应主要来自美国国内。

北京航空航天大学只在中国国内和美国进行布局，无其他国家和地区的申请。虽然海外布局略显单薄，但在财力、精力等客观因素制约较多的情况下，选择美国这一具有广阔市场的国家作为海外布局的优先对象，在专利布局策略上属于较明智的举措。

日本的三菱集团和东芝集团在全球布局中，除本国外，布局最多的也是美国。而在另一个较为重要的海外市场——欧洲，两家企业的布局又略有差异，三菱集团侧重欧专局和法国，而东芝集团则在法国和德国进行了申请。

可见，在全球布局策略中，各主要竞争对手都很看重美国市场，其次是日本和欧洲，对欧洲的具体国家布局上，美国公司更偏重德国。而2家日本企业则均在法国有专利申请。

2.4 技术发展路线分析

惯性导航传感器在自主导航与控制技术中的专利申请量最多，是各国研发的重点。本研究结合重点专利信息对惯性导航传感器技术的发展路线进行详细分析。通过对申请日期、被引证频率、同族情况及技术内容的综合考虑，确定了图6中的重点专利，反映该技术的技术演进。

从重点专利技术出现年代来看，1980~1984年，惯性导航传感器中出现了5项重点技术。其中，1980年出现了加速度计方面的关键技术，如联合技术公司的双量程悬臂质量块加速度计（US4346597A）。1984年是取得技术成果较多的一年，共有3项与陀螺仪有关的重点技术，其中2项有关光纤陀螺仪，1项有关激光陀螺仪。这一时期，立顿系统公司的研发实力较强。1985~1989年，加速度计的重点技术略多。其中，麻省理工学院提出了一种量子隧道悬臂加速度计（US4638669A），而日本航空电子工业公司则提出一种加速度计宽温适用线路（US4887467A）。1990~1994年，惯性导航传感器方面的重点技术并不多，其中，美国空军提出了一种紧凑型轻小型化激光陀螺（US5260962A）为美国政府资助项目。1995~1999年，惯性导航传感器方面面临发展瓶颈，重点技术仅有1项。2000~2004年，诺·格公司、立顿系统公司（当时尚未被收购）、霍尼韦尔国际公司、波音公司、Draper实验室等公司取得了多项关键技术的突破。其中，Draper实验室提出的一种增强版光子晶体干涉光纤陀螺为美国政府资助项目。2005~2009年，霍尼韦尔国际公司在光纤陀螺和激光陀螺方面取得技术突破，3项重点技术均为该公司提出。由于2010~2015年的专利文献尚未全部公开，有关重点技术不多，但仍可看出霍尼韦尔国际公司在光纤陀螺和激光陀螺方面继续保持研发优势，3项重点技术均属于该公司。

从技术发展脉络来看，三种传感器虽然均是以提高精度为发展方向，但在具体途径上，光纤陀螺的发展[4]经历了从提高零偏、刻度因子等稳定性，到死区误差抑制和采用光子晶体干涉光纤陀螺的发展；从20世纪80年代到现在，其研发改进一直在持续进行。可见，光纤陀螺技术具有较好的应用优势。在光纤陀螺重点技术发展过程中，霍尼

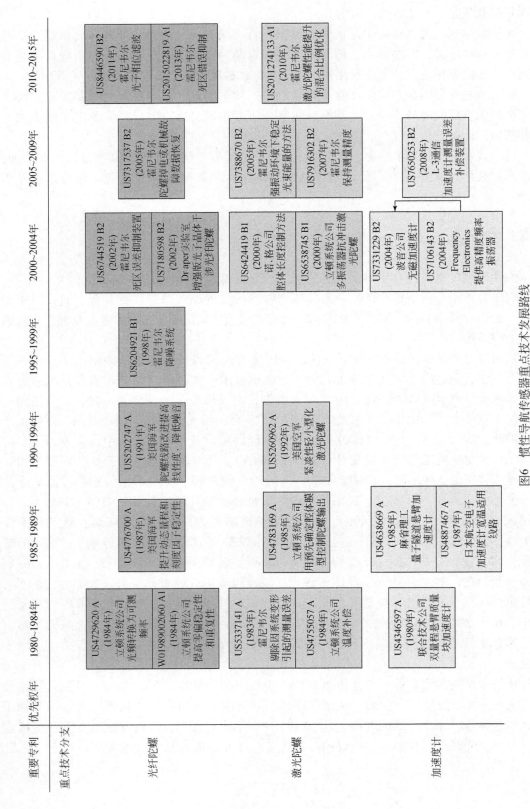

图6　惯性导航传感器重点技术发展路线

韦尔国际公司后期拥有较大优势。2000 年以后出现的 5 项重点专利技术有 4 项都来自该公司。该公司的研发方向在较大程度上代表了光纤陀螺的发展方向。从图 6 看，霍尼韦尔国际公司在 2002 年和 2013 年分别申请了有关死区误差抑制方面的专利（US6744519B2 和 US20150022819 A1），由此判断，死区误差是影响光纤陀螺精度的一个关键因素，如何有效抑制死区误差，是光纤陀螺精度提升的重要途径。

对激光陀螺，从发展过程来看，其重点专利技术主要涉及外部误差的减小或消除，20 世纪 80 年代上半期主要是系统形变误差和温度补偿，2000 年以后，对环境振动或冲击的影响关注增多。2005 年以后的 3 项重点技术均来自霍尼韦尔国际公司，可见该公司在激光陀螺技术方面也有雄厚的实力。纵观激光陀螺的技术脉络，对其结构改进或创新的重点技术很少，提高精度和抗干扰的解决思路，主要是从外界强振动或冲击（US6538745 B1、US7388670 B2）及温度影响的角度考虑（US7916302 B2）。可见，增强环境适应性是其主要发展方向。

对加速度计，其关键技术中，从早期的双量程悬臂质量块加速度计（US4346597 A）到基于量子隧道悬臂加速度计（US4638669 A），再到无磁加速度计（US7331229 B2）或加速度计（US7106143 B2）中高精度频率振荡器的设计，大都是结构和部件方面的改进，即使涉及误差补偿，也是通过在加速度计外部增加误差校正部件的方式来对加速度计的测量误差进行补偿（US7650253 B2），可见，对加速度计的改进，国外主要是基于新原理、新技术的器件设计，很少从补偿算法等方面去考虑改进。关于技术发展连续性方面，从图 6 中可以看出，其相关重点专利技术的出现时段并非一直连续，从一个侧面反映出加速度计相对成熟，重要改进或突破有一定难度；并且，加速度计相关 6 项重点专利技术分属 6 个专利权人，也侧面反映出该子领域竞争相对剧烈，很难一家长期保持创新优势。

综合分析惯性导航传感器三个子分支的技术发展路线，从专利文献技术角度来看，在光学陀螺领域（光纤陀螺和激光陀螺），霍尼韦尔国际公司具有较强的技术优势，且光纤陀螺由于其精度一直在不断改进提高，结合该陀螺相对于激光陀螺的成本优势，将是未来的一个发展方向。加速度计方面，从重点专利技术来看，虽然没有出现像霍尼韦尔国际公司这样一家独大的局面，但是考虑到该技术的整体成熟度，取得突破的难度较大。

3 结　　论

未来几年，自主导航与控制技术的相关专利申请量和申请人数量仍将保持较高增长趋势。总体来看，自主导航与控制技术正处于技术发展期[5]，前景看好。通过上述专利分析，有助于全面了解国外技术发展脉络，为国内相关企业技术开发提供知识、信息基础。

参 考 文 献

[1] 崔平远，徐瑞，朱圣英，等．深空探测器自主技术发展现状与趋势 [J]．航空学报，2014，35（1）：13-28.

［2］毛金生，冯小兵，陈燕. 专利分析和预警操作实务［M］. 北京：清华大学出版社，2009.

［3］Perino M A，Fenoglio F，Pelle S，et al. Outlook of Possible European Contributions to Future Exploration Scenarios and Architectures［J］. Acta Astronautica，2013，88：25-34.

［4］于登云，杨建中. 航天器机构技术［M］. 北京：中国科学技术出版社，2011.

［5］Mukherjee J，Ramamurthy B. Communication technologies and architectures for space network and interplanetary Internet［J］. IEEE Communications Surveys and Tutorials，2013，15（2）：881-897.

基于 DoDAF 的遥感卫星地面系统
体系结构建模与仿真

梁桂林　周晓纪　王亚琼

（中国航天系统科学与工程研究院，北京，100048）

摘要： 结合我国遥感卫星地面系统的体系特点，借鉴 DoDAF 体系结构模型的设计方法，本研究利用 SA 软件中的 DoDAF ABM 方法，从全景、业务活动、系统、技术四个视角设计与开发我国遥感卫星地面系统体系结构模型框架。基于 CPN ML 语言规则，将所设计的体系结构模型转化为可执行 CPN 模型，通过 CPN Tool 仿真软件对部分模型的语法和逻辑进行仿真验证，结果表明了体系结构模型的合理性。该体系结构模型的设计与研究对优化和指导遥感卫星地面系统运行管理体系具有一定的参考价值，同时对遥感卫星地面系统的顶层设计具有一定的推动意义。

关键词： DoDAF；遥感卫星地面系统；体系结构

1 引　　言

遥感卫星地面系统是卫星工程的五大系统之一，是发挥空间系统应用效能所必需的基础设施，主要包括接收站网、数据中心、共性应用支撑平台及其他辅助系统，负责实现遥感卫星任务的管理与控制，数据的接收、传输，标准产品生产、存储及分发服务[1]。从本质上讲，遥感卫星地面系统的运行管理是一个体系的概念，需要利用体系结构的相关技术对其组成、各组分间的交互关系、约束、行为及演化原则等方面进行研究，以促进我国遥感卫星地面系统协调高效运行[2]。

对体系而言，任务是体系存在的目的和基础，体系中的所有系统都是为了完成体系任务而相互关联、相互协调在一起的统一整体[3]。尽管针对任务体系的建模已经取得了丰硕的成果，如申彦君开展的"反潜飞机任务系统的体系结构建模"[4]，罗湘勇利用DoDAF 开展的"装备保障任务建模"[5]，李龙跃利用 DoDAF 视图开展的"反导作战军事概念建模与仿真系统设计"[6]等，但是对遥感卫星地面系统而言，尚未针对多样化的任务开展其体系结构模型的设计与开发，因此，在 DoDAF 体系结构框架下，对遥感卫星地面系统开展基于任务的体系结构模型研究成为急需解决的问题。

本研究主要借鉴 DoDAF 的设计思想和描述方法，基于常规任务的体系运行管理机制，通过分析和描述遥感卫星地面系统运行管理的体系组成、信息交换、业务活动流程、系统功能等，完成全景、业务、系统视图模型的开发，为遥感卫星地面系统未来的发展与规划提供一定的理论参考，也为遥感卫星地面系统的体系研究奠定良好的基础。

2 体系结构概述及设计思路

体系结构是一个系统的基本组织，包括该系统的组成单元、这些单元之间的关系和它们与环境之间的关系及指导其设计与扩展的原则[7]。体系结构是大型集成系统设计、分析、投资决策、工程建设和系统评价的依据，是系统集成和组件间信息交换、知识交互和系统互通互操作的基础和标注，是系统体系建设的基础。因此，如何利用科学的体系结构设计方法进行系统体系结构的设计，在复杂系统建设过程中尤为重要[8]。

为了进行体系结构的开发，美国国防部发布了当前应用最为广泛和最为成熟的体系结构框架 DoDAF，该体系结构框架为国防部各任务领域体系结构的开发、描述和集成定义了一种通用的方法，有利于快速确定任务需要，优化体系的运行管理效率，对系统方面的理论研究和实际开发具有重要的参考价值[9]。DoDAF 提出了体系结构的 4 个视图，即全景视图（AV）、业务活动视图（OV）、系统视图（SV）和技术视图（TV），用于表达架构的不同方面，本研究将利用全景、业务活动、系统三个视图模型，构建一套较为完整的遥感卫星地面系统体系结构模型，为后续遥感卫星地面系统的标准化和体系化发展奠定理论基石。

本研究针对遥感卫星地面系统的特点，遵循体系结构开发的基本原则，结合 DoDAF 体系结构框架开发的"六步法"，借鉴 DoDAF 中的全景、业务活动、系统、技术四种视图模型[10]的建设方法，利用 Telelogic 公司开发的 SA 软件的 DoDAF ABM 方法对遥感卫星地面系统体系结构模型进行设计与开发，模型开发的基本步骤见表 1。

表 1 基于 DoDAF ABM 方法的体系任务静态建模流程

步骤	体系结构模型产品设计
1	构建 AV-1 模型，明确研究范围、目的、背景等
2	依次构建 OV-1、OV-5、OV-2 模型，完成业务活动分析
3	依次构建 SV-4、SV-1、SV-10c、SV-5 模型，完成系统结构分析
4	基于 CPN ML 语言规则，将设计的体系结构模型转化为可执行 CPN 模型
5	基于 CPN Tool 仿真软件，完成体系结构部分模型的验证

基于卫星用户提出的观测需求任务，遥感卫星地面系统的常规业务流程可简单描述如下：首先，用户根据需要向数据中心提出观测任务，数据中心通过需求管理展开任务规划，形成观测计划；其次，通过测控系统对在轨卫星上注控制指令，由遥感卫星完成观测任务后，通过地面接收站网接收观测数据并发回数据中心，由数据处理系统对原始观测数据进行辐射校正等处理，形成标准产品，同时可通过定标校验和数据模拟系统，完成产品的校验；再次，数据库与管理系统负责对观测数据和标准产品进行存储与管理；最后，产品通过数据分发与共享系统分发至用户，从而完成用户提出观测的任务，如图1所示。

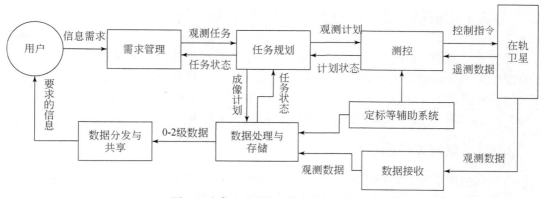

图 1 遥感卫星地面系统任务完成过程

2.1 基于 DoDAF 的全景视图模型设计与开发

全景视图（AV）主要用于描述与所有视图有关的体系结构背景方面的顶层信息，提供对体系结构工作的概要信息及开发意图，对体系结构模型后续的设计与开发具有开篇布局的重要作用。

综述与概要信息模型 AV-1 结合我国遥感卫星总览地描述了体系结构模型开发的范围、目的、背景、工具与方法及表示类型等，并对其进行限定和说明，具体见表 2。通过 AV-1 模型的开发，明确了遥感卫星地面系统体系结构的研究范围和目的，描述了研究背景，确定了研究工具和表示类型，为后续模型的设计与开发奠定了基础。

表 2　综述与概要信息模型 AV-1

项目	综述与概要信息模型
范围	针对当前我国遥感卫星地面系统运行管理的现状
目的	主要开发的视图产品包括 OV-1/2/4/5、SV-1/2/4/10c、TV-1 等
背景	通过视图模型的开发，明确遥感卫星地面系统运行管理过程中的通用业务流程，以指导和优化业务活动
	2015 年国务院发布的《空基规划》对遥感卫星地面系统提出了按照高效组网、协同运行、集成服务的要求
	该体系模型开发忽略其系统具体运行与管理的操作细节
工具与方法	SA、DoDAF ABM
表示类型	映射型、分类型、表格型、行为型等

综合词典模型 AV-2 主要包括用于描述遥感卫星地面系统运行管理及任务完成过程中涉及的所有术语的定义，它为读者提供一组标准的参考术语，从而保持体系结构模型所阐述意义的一致性，避免产生歧义，但由于其涉及的专业术语繁多，在此不做 AV-2 的具体开发。

2.2 基于 DoDAF 的业务活动视图模型设计与开发

业务活动视图（OV）主要采集组织、任务或执行的活动，以及在完成任务过程中活动和组织之间交换的相关信息，揭示了完成用户任务的能力和互操作性方面的需求，对下一步业务活动的优化具有重要的作用。本研究所开发的业务活动视图模型主要有 OV-1/5/2/4，对整个地面系统间的活动及信息交换进行了深度剖析。

2.2.1 高级概念图模型

高级概念图模型 OV-1 以图文的形式更加清晰地描述了遥感卫星地面系统运行管理过程中各组织之间的业务活动，提供了体系结构描述与其所处环境之间及外部系统之间的交互关系，如图 2 所示。在遥感卫星地面系统服务体系中，主要包括地面接收站网、测控中心、数据中心、共享网络平台，以及定标场地、真实性检验场站网、共性技术研发平台等组成的共性应用辅助系统。遥感卫星地面系统最基本的业务活动流程是在各类辅助系统的保障下，通过测控中心将观测计划指令上传至在轨卫星，观测数据通过接收站网传送至数据中心，完成标准产品的生产和分发。

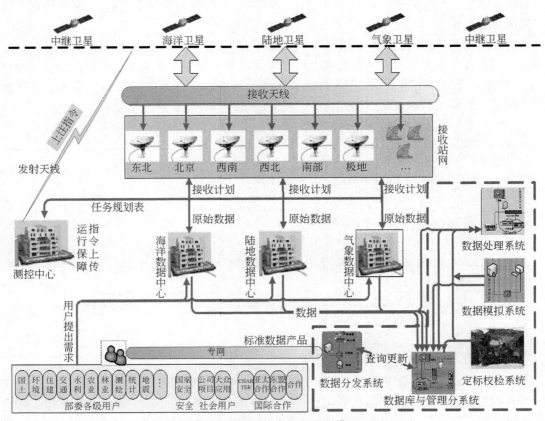

图 2　遥感卫星地面系统高级概念图模型（OV-1）

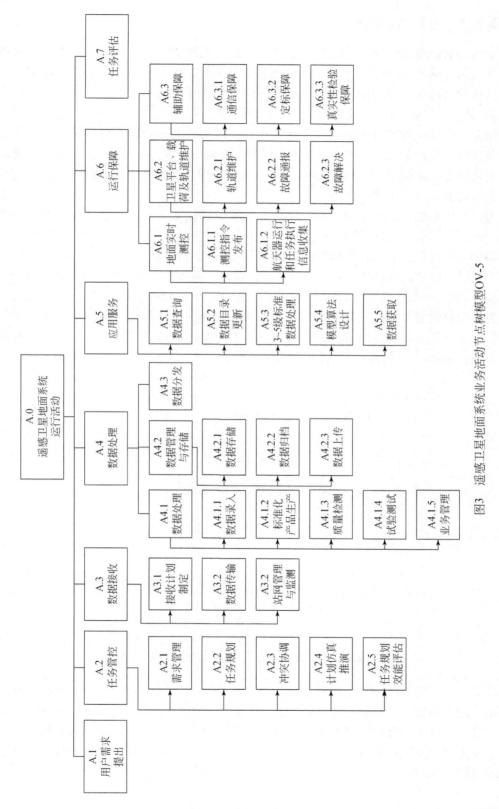

图3　遥感卫星地面系统业务活动节点树模型OV-5

2.2.2　业务活动模型

业务活动模型 OV-5 主要描述为完成任务需要执行的一系列活动，由能力、任务活动、活动间的输入输出流等建模元素构成，体现了层次关系和信息流关系。在遥感卫星地面系统的运行管理过程中，其业务活动可以分解为用户需求提出、任务管控、数据接收、数据处理、运行保障、应用服务、任务评估七个子活动；再将任务管控、数据处理、应用服务、运行保障进行再分解。依此类推，通过对业务活动进行逐步分解，形成业务活动节点树，如图 3 所示。在业务活动分解中，不强调具体的服务操作，而侧重于分解遥感卫星地面系统运行管理中所必需的数据接收、处理、存储与管理、数据分发、定标校验、真实性检验等通用操作。

为了分析遥感卫星运行管理和应用服务中涉及的任务活动及其子活动之间的信息流关系，在业务活动节点树模型 OV-5 基础上得到相对应的业务活动模型 OV-5，在业务活动模型中，明确业务活动的顶部约束和底部系统支撑，分析业务活动之间的输入输出流。图 4 为遥感卫星地面系统顶层业务活动节点树模型，描述了遥感卫星地面系统运行管理所需外部其他系统的支持和所受的约束。遥感卫星的主要用户向地面系统提出的观测需求，作为遥感卫星地面系统的一部分输入，而地面系统的另一部分输入来自遥感卫星提供的原始数据及轨道参数。地面系统的输出以地面系统处理完成的标准产品为主，以分发或推送方式传给用户，完成用户所提出的观测需求。

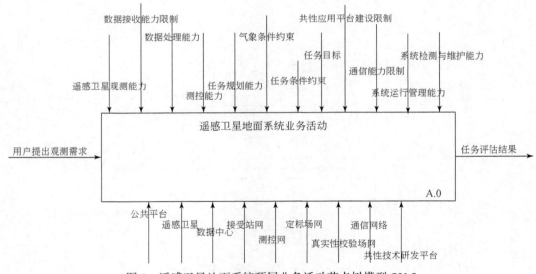

图 4　遥感卫星地面系统顶层业务活动节点树模型 OV-5

图 5 主要对业务活动节点树模型 OV-5 中 A.1～A.7 次级业务活动进行分析，描述了遥感卫星地面系统任务活动中的 7 个子任务活动间的信息流及其交换关系。该模型明确了每个子任务活动的顶部约束和底部系统支撑，分析了各个子任务之间的输入输出及逻辑关系，使遥感卫星地面系统运行管理中的各项活动更加明确，对下一步的体系优化具有重要的作用。

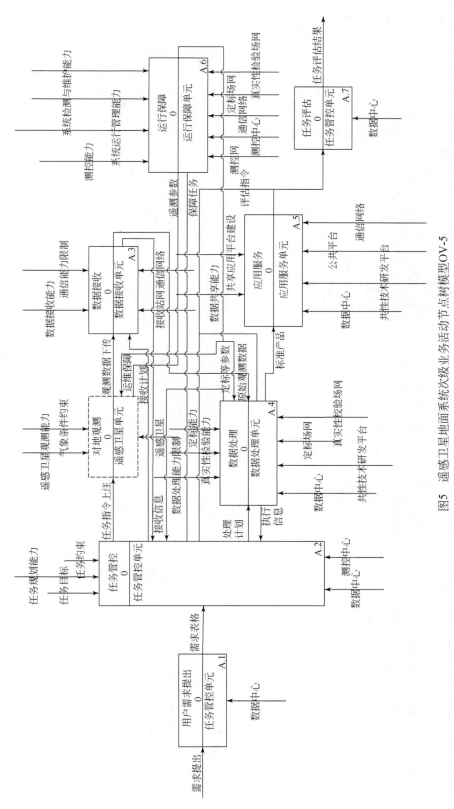

图5 遥感卫星地面系统次级业务活动节点树模型OV-5

2.2.3　业务活动节点连接关系模型

业务活动节点连接关系模型 OV-2 旨在描述关键业务活动与各单元节点间交换的信息流，这些信息流对优化体系协同高效工作具有关键的作用。根据所分解的业务活动生成遥感卫星地面系统运行管理过程中的若干关键的业务活动节点，包括任务管控单元、数据接收单元、数据处理单元、任务保障单元和应用服务单元。通过业务活动节点与业务活动映射矩阵 OV-3，实现业务活动节点与业务活动的联系，即各个业务活动节点完成什么样的业务活动。

在明确各个节点所完成的业务活动后，再根据完成业务活动所需的信息交互，生成各个业务活动节点间信息需求线，从而完成业务活动节点连接关系模型 OV-2 的开发，如图 6 所示。在 OV-2 模型中已经表明信息类型和指向性，即反映了业务活动节点与业务活动映射矩阵 OV-3 的内容，故在此不做 OV-3 的具体开发。

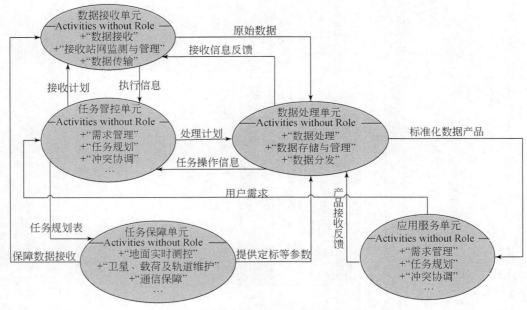

图 6　业务活动节点连接关系模型 OV-2

2.2.4　组织关系模型

组织关系模型 OV-4 主要反映遥感卫星运行管理中各个团体组织的相互指挥、指导和协作关系。上述模型对遥感卫星地面系统的业务流程进行了详细的分析，业务流程的明确为组织机构的分析提供了重要依据。根据 OV-5 模型对我国遥感卫星地面系统的业务活动的分析，可以得到遥感卫星地面运行系统的五个主要工作内容，即数据接收、数据处理、运行保障、应用服务、任务管控与评估功能，其对应的组织机构分别是地面接收站、数据中心、测控中心应用中心、评估中心，都隶属于国防科技工业局，分别负责五项任务活动中的不同业务。组织关系模型的优化，可进一步促进地面系统的协调高效运行。

2.3 基于 DoDAF 的系统视图模型设计与开发

系统视图（SV）是业务活动的实现视图，主要描述各个实体系统的功能作用、系统间的数据流及系统的互联互通互操作，对后续系统的建设和优化具有重要的作用。本研究所开发的系统视图模型主要有 SV-4/1/10c/5，其中，SV-5 模型反映系统视图和业务视图的联系。

2.3.1 系统功能描述模型

系统功能描述模型 SV-4 采用功能分层分类的方法，描述了遥感卫星地面系统业务运行中具有的主要功能，从而生成了系统功能节点树模型，如图 7 所示。遥感卫星地面系统的业务功能分解为数据接收功能、数据处理功能、运行保障功能、应用服务功能、任务管控和评估功能五个子功能。与 OV-5 模型开发类似，SV-4 模型中的遥感卫星地面系统的业务功能忽略其具体细节，仅介绍完成各类业务活动所具备的通用功能。

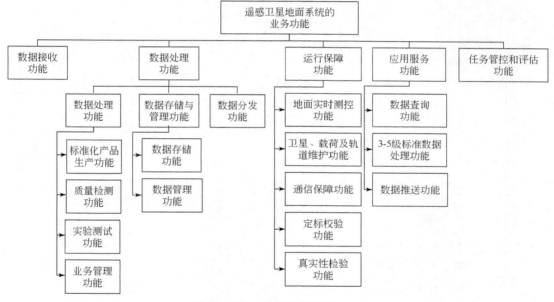

图 7 系统功能节点树模型 SV-4

2.3.2 系统接口连接模型

系统接口连接模型 SV-1 描述了遥感卫星地面系统中各个子系统节点间和节点内的接口，实现了 OV-2 模型中的信息线在各业务节点间的交互。遥感卫星地面系统业务体系可分为接收系统、管控系统、处理系统、辅助系统及公共平台五个分系统，每个分系统中均有物理实体系统进行对应，通过各个分系统节点和实体系统间的信息流，可以实现 SV-1 模型的开发，如图 8 所示，由于各个实体系统间的通信协议、数据格式等较为复杂，本研究不做展开描述。

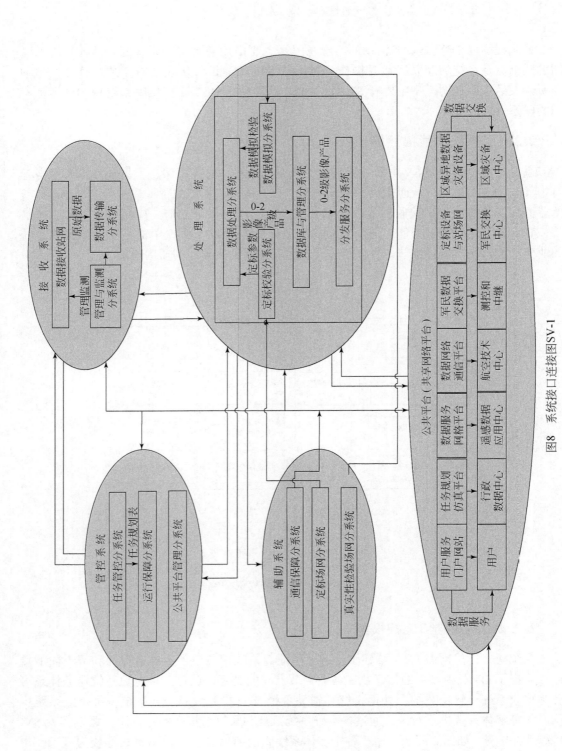

图8 系统接口连接图SV-1

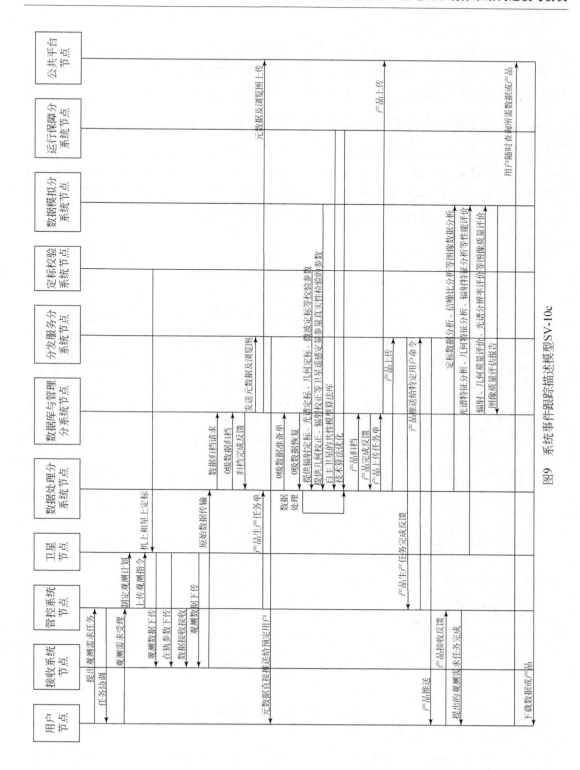

图9 系统事件跟踪描述模型SV-10c

基于用户提出的观测任务，通过对遥感卫星地面系统各个子系统发生的事件进行跟踪，同时结合 SV-1 模型确定系统间交换的信息流，开发系统事件跟踪描述模型 SV-10c，如图 9 所示。SV-10c 模型能够帮助确定系统功能和系统信息接口的顺序，有助于确保每个参与工作的资源或系统接口能够在正确的时间获得所需的信息，并完成赋予它的功能。

2.3.3 业务活动与系统功能映射矩阵模型

业务活动与系统功能映射矩阵模型 SV-5 是建立业务视图与系统视图间关系的枢纽模型，主要反映完成某种业务活动需要哪些系统功能进行支持，即由 OV-5 模型和 SV-4 模型中业务活动及系统功能映射生成，如图 10 所示。该模型发挥的特别作用在于体现业务视图和系统视图两者相辅相成，展现了体系结构模型的整体性。

系统功能 ＼ 业务活动	需求管理	任务规划	冲突协调	计划仿真推演	接收计划制定	站网管理与监测	数据录入	标准化产品生产	质量检测	试验检测	业务管理	数据储存	数据归档	数据上传	数据分发	应用服务	地面实时测控	卫星、载荷及轨道维护	通信保障	真实性检验保障	定标保障	任务评估
数据管理功能													X	X					X			
标准产品生产功能							X	X														
质量检查功能									X													
业务管理功能											X									X	X	
试验测试功能										X							X					
数据存储功能												X							X			
数据接收功能					X	X																
数据分发功能															X							
通信保障功能					X		X					X		X	X							
地面实时测控功能		X	X		X												X					
卫星、载荷及功能维护功能				X	X													X				
真实性检验功能												X							X			
定标校验功能												X							X		X	
数据查询功能												X				X			X			
3~5级标准数据处理功能							X									X						
数据推送功能												X				X						
任务管控与评估功能	X	X	X	X															X			X

图 10 业务活动与系统功能映射矩阵模型 SV-5

3 体系结构模型验证

基于 DoDAF ABM 开发的上述模型，经检验模型设计无误后，即可验证模型，首先，基于 CPN ML 建模语言和 Petri 网建模理论[11]，将部分体系结构模型转换为 CPN 模型框架；其次，结合遥感卫星地面系统体系结构中的数据模型和活动模型，定义颜色集并声明变量，如图 11 左侧栏；最后，根据 OV-5 模型和 SV-10c 模型，建立其规则模型，并在 CPN 模型框架上添加弧函数和状态转移函数，生成可执行的 CPN 模型，如图 11 所示。基于 CPN Tool 仿真软件中 Simulink 工具箱进行业务流程仿真，其状态空间分析可得：

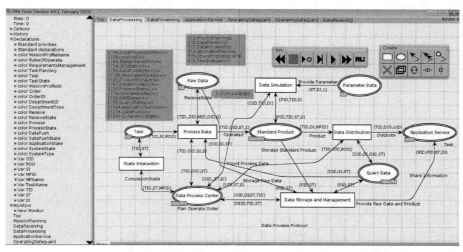

图 11　提供数据处理功能 CPN 子网

表 3　状态空间分析结果

节点：11 983	死标识：无
弧：65 628	死变迁：无
仿真时间：463S	活变迁：全部
状态：遍历	

仿真结果表明了开发的遥感卫星地面系统体系结构模型没有死标识，其所有变迁都是活的，同时也证明所开发的体系结构模型没有死锁，不会因逻辑结构的错误而进入死锁状态。

4　结　束　语

遥感卫星地面系统是发挥卫星应用价值的基础，建立遥感卫星地面系统体系结构模型对系统下一步的优化与发展具有重要的意义。本研究基于 DoDAF 开发标准，结合遥感卫星地面系统的具体需求和特点，利用 SA 软件完成了遥感卫星地面系统体系结构模型的设计与开发，并通过 CPN Tool 完成了部分体系结构模型的验证，对优化遥感卫星地面系统的运行管理，提高系统的运行效率具有重要的参考价值。

参 考 文 献

[1] 王瑞，李晓辉，朱家佳，等. 遥感卫星地面站业务运行管理系统模型和流程设计方法 [J]. 遥感信息，2010，(2)：53-58.

[2] 孙立远，熊伟，陈治科；基于 DoDAF 的在轨服务体系结构设计 [J]. 计算机工程与应用，2014,

50（S1）：302-307.

［3］潘星，尹宝石，温晓华．基于 DoDAF 的装备体系任务建模与仿真［J］．系统工程与电子技术，2012，34（9）：1846-1851.

［4］申彦君．基于 DoDAF 的体系结构建模在反潜飞机任务系统设计中的应用［J］．电光与控制，2014，21（9）：90-94.

［5］罗湘勇．基于 DoDAF 的装备保障任务建模与仿真的验证［J］．海军航空工程学院学报，2012，27（5）：579-582.

［6］李龙跃，刘付显．DoDAF 视图下的反导作战军事概念建模与仿真系统设计［J］．指挥控制与仿真，2012，34（5）：76-80.

［7］梁振兴，沈艳丽，等．体系结构设计方法的发展及应用［M］．北京：国防工业出版社，2012.

［8］John C Z. Paring UML And DoDAF Down To The Project-Vital Set of Diagrams ——3rd Annual IEEE International Systems Conference［C］．Canada，2009.

［9］王雪峥，许雪梅．基于 DoDAF 的靶场体系结构设计［J］．系统工程理论与实践，2013，33（1）：249-254.

［10］DoD Architecture Framework Working Group. DoD Architecture Framework Version 1.0 Volume Ⅰ：Product Description［R］．U. S.：Department of Defense，2004.

［11］崔潇潇．基于 DoDAF 的集成体系结构设计与评价［D］．武汉：华中科技大学硕士学位论文，2007.

Research of technology readiness assessment for aerospace projects

Liu Yu   Wang Tingting   Wang Jiasheng

(China Aerospace Academy of Systems Science and Engineering, Beijing, 100048, China)

Abstract: Two problems were found in recent applications of TRLs in aerospace projects. One is how to accurately evaluate the readiness level of a given technology in a project using the TRL scale. The other is how to deal with the diversity (different types) of technologies involved in an aerospace project. To solve these problems, a technology readiness assessment (TRA) method based on three maturity characteristics is established, and this method is amended according to the feature of different types of technologies. The proposed method has been successfully used in aerospace projects and gains great effectiveness and accuracy in assessing new technologies.

Keywords: Technology readiness level; technology readiness assessment; Maturity characteristics; Diversity of technology

1   Introduction

Effective assessment and management of the maturity of innovative technologies is critical to the success of new systems. The technology readiness levels (TRLs) were created by NASA in 1960s – 1970s to assess the maturity of new technologies for potential application[1]. Since then, they have been gradually adopted by numerous agencies around the world[2-5], such as the US General Accountability Office (GAO), the US Department of Defense (DoD)[3], ESA[4], JAXA, and so on. In 2014, an ISO standard of TRLs for space systems was issued[6], which aims to give a consistent TRL scale for use in a framework of international cooperation. Nowadays the TRLs are also applied to the nuclear system [7], the medical system, the environment programs[8] and many other systems.

The TRLs were investigated in China since 2005 and have been piloted in different industrial areas. When using TRLs in aerospace projects, the following two problems are involved,

①The TRL method from NASA provides a better approach for managing aerospace technologies; however, the definitions are general and difficult to accurately assess the level of a technology. Therefore, a more effective technology readiness assessment method is needed.

②The complicated aerospace projects have different types of technologies, such as the e-quipment technology, the non-equipment technology and the manufacturing technology. These types of technologies in maturity process own different characteristics or different technical items. Therefore, a TRA method suitable to different type of technologies is needed.

Considering these problems, this paper provides a TRA method for aerospace projects. It is organized as follows: Section 2 describes the TRA method based on the maturity characteristics. Section 3 presents the modifications of the TRA method dealing with the technology diversity. Section 4 concludes this paper.

2　TRA method based on three maturity characteristics

2.1　The maturity characteristics extracted from the TRL scale

The TRL scale offers a systematic assessment of a given critical technology element (CTE) in the context of its intended application. The traditional definition of TRLs created by DOD[1] is shown in Fig. 1. The levels span the earliest stages of scientific investigation (Level 1) to the successful use in a system (Level 9). They clearly describe the maturation lifecycle of a technology. However, it is difficult for users to identify the difference between the adjacent levels just from the definitions. In other words, the definitions are not straightforward to efficiently assess the readiness levels.

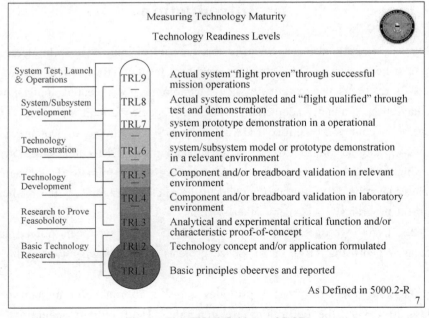

Fig. 1　The TRL definitions of DOD

Effort is made to extract some maturity characteristics that could characterize the maturity process of a technology. The definitions of TRLs follow a format as 'a specific item validated in a specific environment'. For example, the level 4 is a component (and/or breadboard) validated in a laboratory. Further analysis of the 'item' shows that it includes two aspects. One can be called 'echnology state' which refers to the development status and main attributes of the technology (i. e. , the function & performance, composition, size & scale, etc). The other can be called 'ntegration' which implies that the technology is integrated into a component, subsystem and system in the validation from the low levels to high levels. Therefore, the three characteristics, i. e. , technology state, integration and verification & validation environment are extracted to analyse the readiness level of a technology.

The 9 levels characterized by the three maturity characteristics are shown in Table 1. With respect to the final product, the technology state is low-fidelity in form at lower readiness levels and approaches to the high-fidelity as the levels increase. The integration ranges from the component level (TRL 4 and TRL 5), to subsystem level (TRL 6) and system level (TRL 7, TRL 8 and TRL 9). The validation environment ranges from the laboratory (TRL 4) to the relevant environment (TRL 5 and TRL 6) and the operational environment.

Table 1   TRLs characterized by the three maturity characteristics

	TRL3	TRL4	TRL5	TRL6	TRL7	TRL8	TRL9
Technology state	Mathematical model and/or simple device	Low-fidelity component and/or breadboard	High-fidelity component and/or breadboard	Product of system prototype		Product of actual system	
Integration	Simple device	Component-level		Subsystem or system-level	System-level		
Verification & validation environment	Laboratory environment		Relevant environment		Operational environment		
Typical features of each level	Active R&D activities initiate	Integration begins	The fidelity of validation environment apparently close to the final environment	The fidelity of integration apparently close to the final system	The system prototype validated in typical operational environment	The final system finished and tested	Final system successfully applied

2. 2   The assessment scorecard based on the three characteristics

In the practical application, the given technology is firstly analysed according to the three maturity characteristics as well as the typical features of each level. This leads to a relatively accurate assessment compared to the TRL definitions. To further accurately assess the readiness level, a scorecard (or checklist) based on the three maturity characteristics is developed for each level. The questions on the scorecard reflect the main criteria for each level. The scorecard of TRL

4 is shown in Fig. 2 for an example. This level requires demonstrating the component in a laboratory, which directly indicated by the bold questions 2, 6 and 8. In detail, the technology state is indicated by questions 1 and 2, which implies a low-fidelity component or breadboard. The validation environment is indicated by questions 4, 5 and 6. In addition, the questions in the scorecard represent a step-by-step requirement of the work for TRL 4; and this level is obtained only when the questions are all 100% accomplished. The scorecard can also be used to determine a more precise readiness level, such as TRL 4.5, if the users set a specific percentage of the work accomplished for one level as the threshold. This paper does not involve this problem.

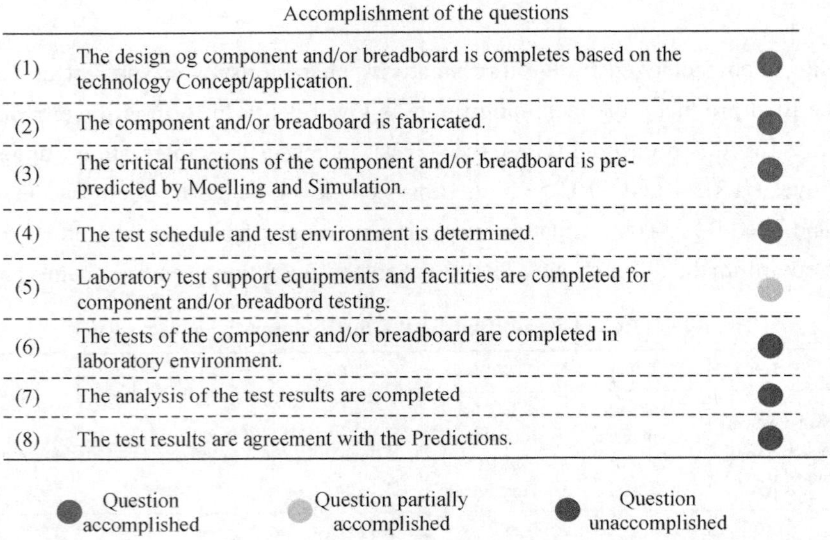

Accomplishment of the questions

(1) The design og component and/or breadboard is completes based on the technology Concept/application.

(2) The component and/or breadboard is fabricated.

(3) The critical functions of the component and/or breadboard is pre-predicted by Moelling and Simulation.

(4) The test schedule and test environment is determined.

(5) Laboratory test support equipments and facilities are completed for component and/or breadbord testing.

(6) The tests of the componenr and/or breadboard are completed in laboratory environment.

(7) The analysis of the test results are completed

(8) The test results are agreement with the Predictions.

Question accomplished   Question partially accomplished   Question unaccomplished

Fig. 2   The assessment scorecard for TRL 4

Based on the scorecard, the readiness level is determined through the procedure shown in Fig. 3. If the technology has satisfied all the questions in the scorecard of TRL N, ($N=1, 2, \cdots, 9$), then the next level TRL $N+1$ is assessed; if not, the lower level TRL $N-1$ is assessed. The readiness level is finally identified as TRL N only if the questions for TRL N are all accomplished but the questions for TRL $N+1$ are not.

3   TRA method dealing with the diversity of technologies

3.1   Diversity of technologies in aerospace projects

The technology diversity exists in complicated aerospace projects. There are mainly three classes of critical technologies involved in an aerospace project, i. e. , the hardware/equipment technology, the non-equipment technology and the manufacturing technology. They have

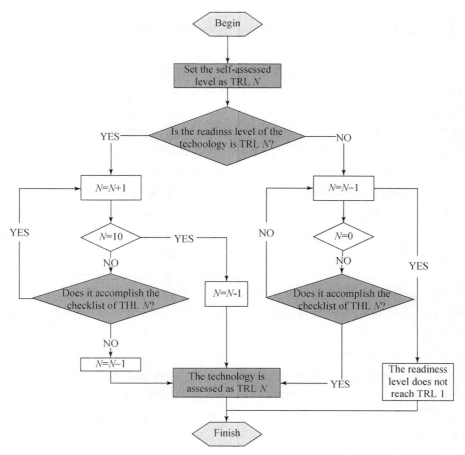

Fig. 3　Determination of the readiness level of a technology

different maturity features. The equipment technology normally has a R&D result in a physical form (a product) that can be validated in a specific environment. Instead, the non-equipment technology has a R&D result in the form of data, mathematical models, and algorithm (such as the system design technology, the aerodynamic configuration and controls, etc). The manufacturing technology that supports the fabrication of the systems has its own maturity process. It focuses on successfully manufacturing the components, subsystems and systems that satisfies the designed performance. The manufacturing conditions including the manufacturing process, materials, facilities, and manufacturing skills should be more and more mature from the low levels.

The diversity of technologies causes challenges to the TRA method proposed in Section 2, which is designed for the equipment technology. The TRA method for the equipment technology is not suitable to the non-equipment technology and the manufacturing technology because of the diversity of maturity features. Therefore, it is modified according to the features of the other two types of technologies, briefly shown in Section 3. 2 and 3. 3.

3. 2　The modified TRA method for non-equipment technologies

Since the non-equipment technology usually does not have a R&D result of a physical form, the terms involved in the three maturity characteristics for equipment technologies are not applicable any more. As to the technology state, the terms of the component/breadboard, subsystem and the system cannot be used for non-equipment technologies. As to the integration, the non-equipment technology does not produce a product that can be physically (or directly) integrated into a subsystem or system, but its R&D result of data, model or algorithm can be utilized by other technologies. As to the verification & validation environment, the equipment technology has a product that is directly validated in a corresponding environment. However, the validation of the non-equipment technology is in an indirect way, that is, the validation of the non-equipment technology highly depends on the feedback of the technology that utilizes it.

Therefore, the scorecards of the non-equipment technology are developed based on that of the equipment technology by emphasizing two aspects. One is that the utilization of the non-equipment technology by other technologies is emphasized instead of the integration. The other is that the indirect validation by other technologies is emphasized instead of the direct validation. The scorecard of TRL 4 for non-equipment technology is shown in Fig. 4. At this level, the data, model or algorithm of the technology is utilized by other components; these components will provide feedback of the performance of the non-equipment technology. Through the tests of the components in a laboratory, the critical functions of the non-equipment technology are indirectly validated.

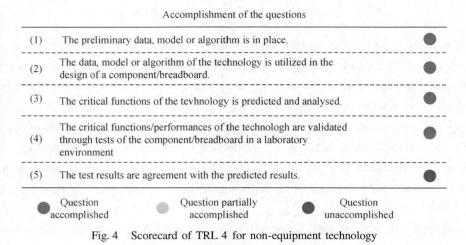

Fig. 4　Scorecard of TRL 4 for non-equipment technology

3. 3　The modified TRA method for manufacturing technologies

In the maturity process, the manufacturing technology aims to produce a component, subsystem, and system that satisfies the designed performance, and the necessary manufacturing elements to support the manufacture should gradually accomplish the scale production requirements. The proposed TRL method in Section 2 mainly focuses on the validation of the technology item in a specific environment, but does not reflect the manufacturing features. The DoD has developed a framework of Manufacturing Readiness Levels (MRLs) [9] to assess the manufacturing technology; however, they mainly aims to achieve a full-rate production during different levels and are not applicable to the aerospace projects that normally have a very small production scale. Therefore, the scorecards for the manufacturing technologies are developed based on those proposed in Section 2 by considering the following principles,

· The scorecard of the manufacturing technology should successfully produce the required component, subsystem, or system.

· To successful manufacture the components, subsystems and systems, the elements including the design, manufacturing process, material, facility and skills needed for the level should be in place.

· The performance of the components, subsystems and systems should be validated and proved to be satisfactory with the design.

An example of the scorecard of level 4 for manufacturing technology is shown in Fig. 5. The main activities for TRL 4 are fabricating the component that meets the performance requirement and validating it in a laboratory (seen No. 6 and 7 questions in Fig. 5). With this purpose, the design, process, material, facility and manufacturing skill needed to fabricate the component should be in place (seen No. 1–5 questions).

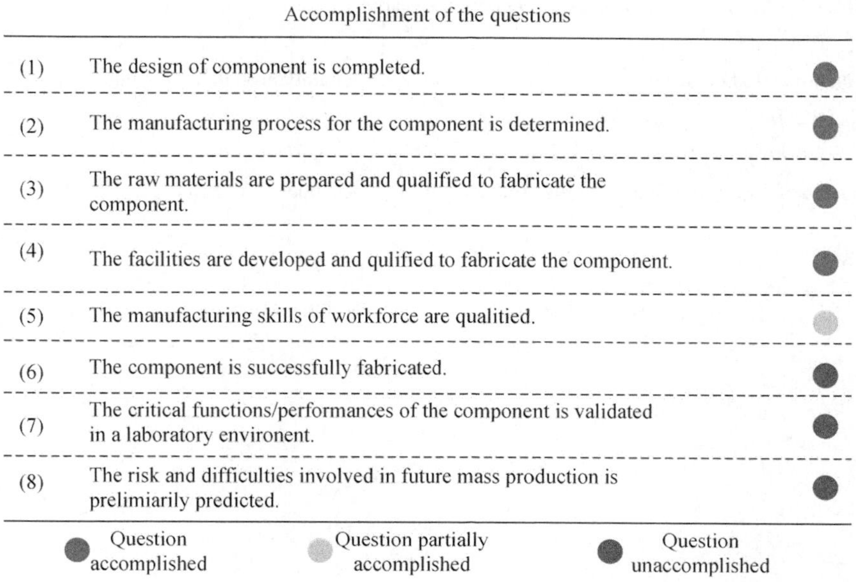

Accomplishment of the questions

(1)	The design of component is completed.	●
(2)	The manufacturing process for the component is determined.	●
(3)	The raw materials are prepared and qualified to fabricate the component.	●
(4)	The facilities are developed and qulified to fabricate the component.	●
(5)	The manufacturing skills of workforce are qualitied.	◐
(6)	The component is successfully fabricated.	●
(7)	The critical functions/performances of the component is validated in a laboratory environent.	●
(8)	The risk and difficulties involved in future mass production is prelimiarily predicted.	●

● Question accomplished   ◐ Question partially accomplished   ○ Question unaccomplished

Fig. 5   The scorecard of TRL 4 for manufacturing technology

4　Conclusions

This paper presents a TRA method for aerospace projects that have different types of technologies. Firstly, three maturity characteristics are extracted and based on which the assessment scorecards are developed for the equipment technology. Secondly, the scorecards are modified in order to assess the readiness level of the non-equipment technology and the manufacturing technology.

The proposed method in this paper gives a solution to the accurate assessment of new technologies in China aerospace projects, especially the challenges caused by the technology diversity are solved by designing suitable scorecards respectively. The practical application has demonstrated that the proposed method is effective in engineering application. More utilizations in different cases would bring higher accuracy and lower risk on assessment and management.

References

[1] Mankins J C. Technology Readiness Levels, A White Paper, NASA, 1995.

[2] United States General Accountability Office. Best practice: Better Management of Technology Development Can Improve Weapon System Outcomes, 1999.

[3] Department of Defense. Technology Readiness Assessment Deskbook, 2008.

[4] European Space Agency. Technology Readiness Levels Handbook for Space Applications, 2009.

[5] Mankins J C. Technology Readiness Assessments: A Retrospective. 58th International Astronautical Congress, 2007.

[6] ISO. Space systems-Definition of the Technology Readiness Levels and their criteria of assessment, ISO 16290, 2014.

[7] Idaho National Laboratory of DOE, NGNP Risk Management through Assessing Technology Readiness Status, INL/EXT-10-19197, 2010.

[8] DOE. Technology Readiness Assessment Guide, DOE G 413. 3-4A, 2011.

[9] Department of Defense. Manufacturing Readiness Level Deskbook, Version 2. 2, 2012.

基于支持向量机的网络舆情预测

郭江民[1] 王一然[2] 祝 彬[1] 关晓红[1]

（1. 中国航天系统科学与工程研究院，北京，100048）
（2. 中国航天科技国际交流中心，北京，100048）

摘要：针对网络舆情时间序列具有样本数少、非线性、贫信息等特点，本研究采用改进后的混合蛙跳算法（shuffled frog leaping algorithm，SFLA）——最小二乘支持向量机（least square support vector machine，LSSVM）模型进行网络舆情预测。首先利用反向学习策略构造初始化种群，其次利用自适应移动因子改进蛙群个体更新步长，最后根据适应度方差动态调整蛙群个体的变异概率更新全局最优解。经过改进后的混合蛙跳算法对最小二乘支持向量机的两个重要参数——核函数的宽度参数、正则化参数进行寻优，应用到网络舆情预测中。

关键词：网络舆情预测，混合蛙跳算法，最小二乘支持向量机回归

1 引 言

新媒体和大数据时代，网络媒体已被公认为继报纸、广播、电视之后的"第四媒体"，互联网成为反映社会舆情的主要载体，在舆情传播中起着重要作用[1]。当前网络舆情预测方法大体上可以分为两类，即传统预测方法和现代预测方法[2]。

传统预测方法将网络舆情数据转化成时间序列，然后采用移动平均、自回归求和移动平均（auto regressive integrated and moving average，ARIMA）等线性方法进行建模。该类方法简单、易实现，尤其是最后一种方法极具弹性，既有时间序列分析的特点，又有回归分析的优点，可用来表示各种不同种类的时间序列模型，在网络舆情预测中为首选方法[3]。

现代预测方法主要基于非线性理论进行建模，其中以神经网络应用最为广泛，但其对样本数据要求较高，在训练过程中易出现学习不足或过拟合等问题，而支持向量机则能够很好地克服这些问题。相对于支持向量机，最小二乘支持向量机提高了泛化能力和求解速度，降低计算复杂度，除此之外还具有精度高、鲁棒性强等优点[3-5]。影响其性能最重要的两个参数为核函数的宽度参数和正则化参数，可采用蚁群算法等仿生智能算法进行优化选择，但这类算法均存在算法复杂、参数多、容易早熟等缺点。近年来学者提出的混合蛙跳算法具有参数少、容易实现及寻优能力强等优点[6-8]。

针对网络舆情的变化特点，本研究采用改进的混合蛙跳算法对最小二乘支持向量机的两个重要参数进行寻优，进而用其对网络舆情进行预测。

2　蛙　跳　算　法

2003 年，由 Eusuff 和 Lansey 等提出的混合蛙跳算法是一种新兴的启发式群智能优化算法。它在本质上结合了遗传算法和粒子群算法两者的优点，兼顾全局搜索能力和局部开发能力的平衡，具有算法简单、易理解实现等优点[9-12]。

标准混合蛙跳算法大体上可分为如下四部分，即初始化、青蛙子种群划分、局部搜索、全局搜索。

2.1　种群初始化改进策略

在种群初始化阶段，标准算法以随机方式产生，可能导致初始种群分布不均匀，本研究采用文献［8］中的反向学习策略构造初始化种群，避免局部最优。具体如下：

（1）采用随机方式生成 i 个初始解 $X_i = \{x_{ij} \mid x_{ij} \in [\min_j,\ \max_j]\}$，其中 $j=1,\ 2,\ \cdots,\ S$，S 为维度，$\max_j$、$\min_j$ 分别表示第 j 维的上界和下界。

（2）计算每个初始解所对应的反向解，即 $x_{ij} = \min_j + \max_j - x_{ij}$。

（3）对随机种群和反向种群构成的合集进行排序，选择适应度较高的解作为初始种群。这样可以提高求解效率、改善解的质量。

2.2　步长改进策略

标准混合蛙跳算法中解的更新方向具有随机性强的缺点，故根据文献［12］中设计的一种自适应移动因子 θ_t，如式（1）。

$$\theta_t = \sin\left(\frac{\pi}{2} \times \frac{t}{N}\right),\ t=1,\ 2,\ \cdots,\ N \tag{1}$$

式（1）中，t 为子种群内部当前的进化代数；N 为每个子种群的最大进化代数。本研究改进后的更新公式中移动步长如式（2）。

$$L_t = \sin^2\left(\frac{\pi}{2} \cdot \frac{t}{N}\right) \times (X_b - X_w),\ t=1,\ 2,\ \cdots,\ N \tag{2}$$

式（2）中，X_b 和 X_w 分别代表每个子种群中具有最好适应度和最差适应度的解。由式（2）可以看出，相对于文献［12］，更新 X_w 时的移动步长随着进化代数的增长，非线性地从一个较小的数增长到一个较大的数，初始时增长速度较慢，在进化的前期阶段能够更好地抑制解的全局搜索能力，使算法能够快速收敛到最优解附近；在进化的中后期阶段依旧保持解的全局搜索能力，加快了算法的收敛速度并提高了寻优精度。

2.3　变异概率的改进策略

针对标准算法易出现早熟、陷入局部最优的缺点，根据文献［8］所述，可采取引入适应度方差的方法。根据适应度方差大小，动态调整蛙群的变异概率，避免算法陷入局部最优的状况。适应度方差 σ^2 的定义如式（3）。

$$\sigma^2 = \sum_{i=1}^{N} \left(\frac{f_i - f_{avg}}{f} \right)^2 \qquad (3)$$

式中，N 为青蛙个体的总数；f_i 为蛙群中第 i 只青蛙的适应度值；f_{avg} 为蛙群整体的适应度平均值；f 为用于限制适应度方差大小的归一化因子，其计算方法如式（4）。

$$f = \begin{cases} \max | f_i - f_{avg} | , & | f_i - f_{avg} | > 1 \\ 1 & \text{else} \end{cases} \qquad (4)$$

第 t 次迭代的变异概率 $P（t）$ 如式（5）。

$$P（t）= P_{max} - （P_{max} - P_{min}）\frac{\sigma^2}{F} \qquad (5)$$

式（3）中，P_{max} 和 P_{min} 分别为当前变异概率的最大值和最小值；F 为青蛙种群个体总数。当青蛙在最优解附近时，群体适应度方差 σ^2 较小，将会以较大的变异概率进行变异操作；反之，则会以较小的变异概率进行变异操作，从而使得算法避免出现陷入局部最优的状况。

经计算得出种群的变异概率后，何时对全局最优解 X_g 进行变异操作，本研究采用将变异概率 $P（t）$ 与随机数比较大小的方法，最大限度地模拟自然界中蛙群的觅食行为。

对蛙群全局最优解 X_g 进行变异操作的方法如式（6）。

$$X'_g = X_g + \beta N（0，1）X_g \qquad (6)$$

式（4）中，β 为变异因子；$N（0，1）$ 为服从标准正态分布的随机变量。

改进后的混合蛙跳算法流程如图 1 所示。

3 最小二乘支持向量机

最小二乘支持向量机作为目前应用较广泛的人工智能方法，发展于传统的支持向量机并在其基础上有所改进，通过引入变量，采用二次损失函数的方法将原来的不等式约束变成了等式约束，将原来的二次规划问题变换为线性方程组的求解问题，优化的目标函数中包含了变量的平方，因此，原来的不等式约束可以转变成当前的等式约束问题，不仅减小了计算复杂度，而且也提高了求解速度，很好地解决了小样本、非线性和维数高等问题[7]。

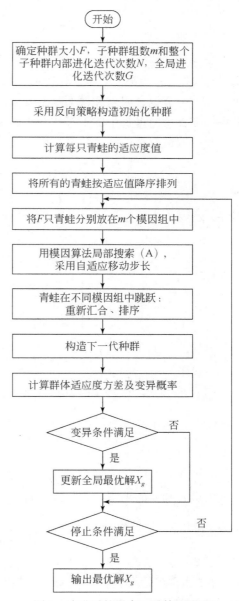

图 1　改进后的混合蛙跳算法流程

最小二乘支持向量机依据经验风险最小化准则，利用核函数巧妙地处理非线性回归问题，若假设 (x_i, y_i)，$i = 1$，2，$\cdots$，l 为给定的数据集合，且满足 $x \in R^n$，$y \in R$，对输入向量 $x_i \in R^n$，可通过先前定义的映射函数 $\varphi(x)$ 将其映射到高维特征空间。在新的高维特征空间中则可当成线性函数来求解，因原来的非线性函数经过 $\varphi(x)$ 的映射已成为高维特征空间中的线性函数，而此时的回归函数表示如式（7）。

$$f(x) = \omega^T \varphi(x) + b \tag{7}$$

式（7）中，ω 为分类平面的法向量；b 为偏移量，都是待定的参数。根据结构风险最小化原则，最小二乘支持向量机回归算法即求解约束优化问题如式（8）。

$$\begin{cases} \min J(\omega, e) = \dfrac{1}{2}\omega^T\omega + \dfrac{1}{2}\gamma\sum_{i=1}^{l} e_i^2, \\ \text{s. t.} \quad y_i = \omega^T\varphi(x) + b + e_i, \ i = 1, 2, \cdots, l \end{cases} \tag{8}$$

式（8）中，e_i 为第 i 个样本真实值与预测值之间的误差；γ 为可以动态调整的正则化参数，用于调节拟合误差和模型复杂度之间的平衡。从式（8）可看出，最小二乘支持向量机将标准支持向量机中的不等式约束转化为了等式约束。

通过构造拉格朗日函数来求解上述优化问题，如式（9）。

$$L(\omega, b, e, \alpha) = \frac{1}{2}\omega^T\omega + \gamma\sum_{i=1}^{l} e_i^2 - \sum_{i=1}^{l}\alpha_i[\omega\varphi(x_i) + b + e_i - y_i] \tag{9}$$

式（9）中，$\alpha_i \in R$（$i = 1$，2，$\cdots$，l）为 Lagrange 算子。根据卡罗需–库恩–塔克（Karush-Kuhn-Tucher，KKT）优化条件，可得式（10）。

$$\begin{cases} \dfrac{\partial J}{\partial \omega} = 0 \\ \dfrac{\partial J}{\partial b} = 0 \\ \dfrac{\partial J}{\partial e_i} = 0 \end{cases} \Rightarrow \begin{cases} \omega = \sum_{i=1}^{l}\alpha_i\varphi(x_i) \\ \sum_{i=1}^{l}\alpha_i = 0 \\ \alpha_i = \gamma e_i, \ i = 1, 2, \cdots, l \end{cases}$$

$$\frac{\partial J}{\partial \alpha_i} = 0 \Rightarrow \omega\varphi(x_i) + b + e_i - y_i = 0, \ i = 1, 2, \cdots, l \tag{10}$$

消去 ω 和 e_i，得到矩阵方程式（11）。

$$\begin{pmatrix} 0 & 1 & \cdots & 1 \\ 1 & k(\alpha_1, \alpha_1) + 1/\gamma & \cdots & k(\alpha_1, \alpha_n) \\ & & \vdots & \\ 1 & k(\alpha_n, \alpha_1) & \cdots & k(\alpha_n, \alpha_n) + 1/\gamma \end{pmatrix} \begin{pmatrix} b \\ \alpha_1 \\ \vdots \\ \alpha_n \end{pmatrix} = \begin{pmatrix} 0 \\ y_1 \\ \vdots \\ y_n \end{pmatrix} \tag{11}$$

可得 a 和 b 的求解矩阵如式（12）。

$$\begin{pmatrix} b \\ \alpha \end{pmatrix} = \begin{pmatrix} 0 & E^T \\ E & K + \gamma^{-1}I \end{pmatrix}^{-1} \begin{pmatrix} 0 \\ Y \end{pmatrix} \tag{12}$$

式中，$\alpha = (\alpha_1, \alpha_2, \cdots, \alpha_l)^T$；$Y = (y_1, y_2, \cdots, y_l)^T$；$E = (1, 1, \cdots, 1)^T$ 为 $l \times 1$ 维的列向量；I 为单位矩阵；K 为 $N \times N$ 的核函数矩阵，且其中的每个元素 $k_{ij} = K(x_i, x_j) = \varphi(x_i)^T\varphi(x_j)$，$i$、$j = 1$，2，$\cdots$，$l$。

LSSVM 中的核函数 $K(x_i, x_j)$ 指高维特征空间中的内积，根据泛函分析的有关理论，只要满足 Mercer 条件的函数均可作为核函数。不同的核函数构造不同的支持向量机，常见的核函数有如下形式。

（1）线性核函数：$K\left(x_i,\ x_j\right) = x_i \cdot x_j$

（2）多项式核函数：$K\left(x_i,\ x_j\right) = \left(x_i \cdot x_j + 1\right)^h$

（3）高斯径向基函数核函数：$K\left(x_i,\ x_j\right) = \exp\left(-\dfrac{\parallel x_i - x_j \parallel^2}{2\sigma^2}\right)$

（4）S 型核函数：$K\left(x_i,\ x_j\right) = \tanh\left(\kappa x_i \cdot x_j - \delta\right)$

鉴于高斯径向基函数核函数在非线性函数的预测方面效果较为理想，采用其作为核函数，其中，σ 为核函数的宽度参数。

通过求解得到 a 与 b 之后，可以得到输入向量的非线性预测模型如式（13）。

$$f(x) = \sum_{i=1}^{n} \alpha_i K(x_i,\ x) + b \tag{13}$$

因此，对最小二乘支持向量机而言，核函数的宽度参数 σ 和正则化参数 γ 是非常重要的 2 个参数，它们的选取将会直接影响预测效果。本研究将采用改进后的混合蛙跳算法对其进行寻优，以期能够取得较好的预测效果。

至此，补充说明：$\alpha_i \neq 0$ 所对应的输入样本点 $(x_i,\ y_i)$ 即通常所说的支持向量。

4　实例验证

本研究采用文献［13］中取自于新浪微博 API 话题接口的样本数据，记录 2015 年 4 月 15 日至 19 日连续 5 天当中社会新闻类热点话题的讨论数量，得到的样本数据见表 1。为了避免出现数据淹没现象及数值计算困难，加快算法的收敛速度，需对输入的样本数据进行归一化处理，如式（14）。

$$x' = \frac{x - x_{\min}}{x_{\max} - x_{\min}} \tag{14}$$

式中，x' 为归一化后的数值；x 为某一话题在某天的讨论量；$x_{\min}$ 和 $x_{\max}$ 分别为每个话题讨论量的最小值和最大值。

表 1　采集的热点新闻话题样本数据

编号	话题	讨论量（个）				
		第一天	第二天	第三天	第四天	第五天
1	世界那么大	1 233 758	1 259 847	1 269 603	1 283 753	1 320 688
2	流量费太高	750 402	1 035 882	1 152 785	1 197 006	1 253 411
3	中国人故事	683 961	709 577	718 433	722 089	735 907
4	故意三次输错密码	188 380	256 117	259 761	268 048	274 609
5	滴滴商标涉嫌侵权	185 115	197 302	235 981	292 650	314 476
6	大屯路隧道车祸	517 690	603 826	713 552	802 883	1 164 593
7	小米 note	453 314	488 913	527 274	554 960	587 638

续表

编号	话题	讨论量（个）				
		第一天	第二天	第三天	第四天	第五天
8	最牛毕业班	413 598	502 013	511 764	529 035	538 760
9	考清华最多可降65分	252 972	273 086	324 765	399 860	410 217
10	聊斋新编	204 016	225 117	230 991	239 785	252 473

采用相对误差（relative error，RE）、均方根误差（root mean square error，RMSE）和平均绝对百分比误差（mean absolute percent error，MAPE）作为模型的性能评价标准，表达式见式（15）~式（17）。

$$RE = \frac{|y_i - \hat{y_i}|}{y_i} \times 100\% \tag{15}$$

$$RMSE = \sqrt{\frac{1}{n} \sum_{i=1}^{n} (y_i - \hat{y_i})^2} \tag{16}$$

$$MAPE = \frac{\sum_{i=1}^{n} |(y_i - \hat{y_i})/y_i|}{n} \times 100\% \tag{17}$$

式中，y_i 和 $\hat{y_i}$ 分别表示实际值和预测值；n 为样本个数。

实验仿真平台为联想八核 Intel i7 处理器主频 2.5GHz，Windows 8.1 版操作系统，8GB 内存，采用 Matlab7.0 作为测试环境。选取前五组作为训练集训练最小二乘支持向量机，后五组作为测试集用来测试其预测效果。

改进的混合蛙跳算法初始化参数设置：青蛙种群个体总数 $F = 100$，全局进化迭代次数 $G = 100$，子种群组数 $m = 10$，子种群内部进化迭代次数 $N = 30$，变异因子 $\beta = 0.5$。最小变异概率 $P_{min} = 0.01$，最大变异概率 $P_{max} = 0.1$。正则化参数 γ 和核函数的宽度参数 σ 初始取值均为 $[0.01, 100]$。

经过寻优后，$\gamma = 81.8865$，$\sigma = 49.8558$。

首先与传统预测方法进行预测结果对比，具体见表2。分别采用一次移动平均法、一次指数平滑法，其中，移动周期 $N = 3$，权系数 $\alpha = 0.5$。

表2　预测结果及对比（与传统预测方法）

编号	第五天讨论量						
	真实值	一次移动平均法	相对误差（%）	一次指数平滑法	相对误差（%）	ISFLA-LSSVM	相对误差（%）
6	1 164 593	706 754	39.31	720 019	38.17	1 364 699	17.18
7	587 638	523 716	10.88	527 077	10.31	649 643	10.55
8	538 760	514 271	4.55	506 910	5.91	588 079	9.15
9	410 217	332 570	10.93	346 879	15.44	462 358	12.71
10	252 473	231 964	8.12	231 282	8.39	278 900	10.47

ISFLA-LSSVM 与传统预测方法（以一次移动平均法、一次指数平滑法为例）的相对误差对比如图 2 所示。

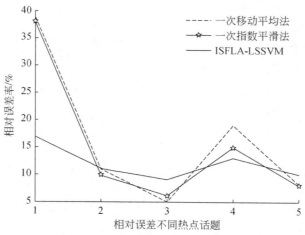

图 2　算法相对误差比较（与传统预测方法）

其次与现代预测方法进行预测结果对比。分别采用标准神经网络算法、优化神经网络算法，其中参数设置同文献［13］。文献［13］中首先用遗传算法来优化神经网络的初始权值，再应用模拟退火算法进行局部寻优搜索来优化其学习过程。预测结果及对比见表 3。

表 3　预测结果及对比（与现代预测方法）

编号	第五天讨论量						
	真实值	标准神经网络算法	相对误差(%)	优化神经网络算法	相对误差(%)	ISFLA-LSSVM	相对误差(%)
6	1 164 593	1 653 722	42.00	1 432 449	23.00	1 364 699	17.18
7	587 638	887 333	51.00	763 929	30.00	649 643	10.55
8	538 760	770 427	43.00	668 062	24.00	588 079	9.15
9	410 217	590 712	44.00	520 976	27.00	462 358	12.71
10	252 473	386 284	53.00	330 740	31.00	278 900	10.47

ISFLA-LSSVM 与传统预测方法（以标准神经网络算法、优化神经网络算法为例）的相对误差对比如图 3 所示。

不同算法均方根误差、平均绝对百分比误差对比结果见表 4。

从上述结果对比中可以得出以下结论：

（1）相对于一次移动平均法、一次指数平滑法等传统线性预测方法，改进后的混合蛙跳算法——最小二乘支持向量机（ISFLA-LSSVM）整体性能较好，主要是因为传统的线性预测方法无法捕捉到舆情时间序列中的非线性因素，而 ISFLA-LSSVM 对小样本、非线性具有很好的处理能力；

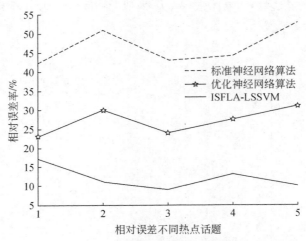

图 3　算法相对误差比较（与现代预测方法）误差率

表 4　不同算法均方根误差、平均相对百分比误差对比结果

序号	算法	均方根误差（RMSE）（×10⁵）	平均绝对百分比误差（MAPE）（%）
1	一次移动平均法	2.1012	27.9230
2	一次指数平滑法	2.0337	27.0620
3	标准 BP 算法	2.9435	43.9950
4	优化 BP 算法	1.6609	24.7490
5	ISFLA—LSSVM	0.9974	14.5740

（2）相对于标准神经网络算法及优化神经网络算法等现代预测方法，ISFLA-LSSVM预测结果精度有大幅提升，主要是由于神经网络过分强调克服学习错误而泛化性能不强，隐节点数难于确定、最终解过于依赖初值，易陷于局部极小点及收敛速度较慢状况，而支持向量机则很好地克服了神经网络过拟合、网络参数难以确定等缺点，泛化能力更强，预测精度更高。

在相对误差方面，ISFLA-LSSVM 与一次移动平均法等传统线性预测方法在某些话题上表现相差不大，但线性预测方法预测值整体偏低，对一些负面、敏感话题我们需要应及时采取防范应对措施，若采用后者，很容易陷入被动局面，故而结合实际情况看来，采用前者具有一定优势。在均方根误差（RMSE）、平均绝对百分比误差（MAPE）这些指标方面，无论是一次移动平均法等传统预测方法，还是神经网络等现代预测方法，ISFLA-LSSVM 均优于它们，从而说明了其在舆情预测方面具有一定的实际应用价值。

5　总　结　分　析

舆情工作是一项复杂的系统工程，受多方面影响，对其进行科学合理的预测有一定难度，本研究首先在传统的混合蛙跳算法上引入改进策略，其次利用其对最小二乘支持向量机的两个重要参数寻优，最后用来进行舆情预测，取得了较为理想的预测效果，在相对误差、均方根误差等方面相对文献［13］中均有所提高，有一定的应用价值。

本研究引入的改进策略主要包括以下三点：①采用反向学习策略发掘潜在的较优解，增加多样性，提高算法的全局搜索能力，避免局部最优；②采用自适应移动因子步长调整，加快收敛速度；③引入变异策略，根据群体适应度方差动态调整变异概率，避免算法早熟。

现代社会舆情也是生产力。科学全面、稳妥高效地应对网络舆情，不仅成为企业树品牌、立形象、拓市场的关键工作，而且也是企业抵御危机侵害、提升危机管理水平、减少危机损失，进而实现"化危为机"的一项重要工作。预测不可能百分之百地符合实际情况的时间序列，只能是一定限度地对未来的数据进行拟合，但这对指导舆情工作也能起到很大的帮助。例如，对负面信息能够及时采取应对措施，尽可能减小影响；再如，社会上的一些虚假新闻，恶意谣言等，我们希望谣言不只是至于智者，而是止于社会中的你和我。

互联网高速发展的今天，既带来了机遇，也带来了挑战，舆情工作也变得越来越重要。舆情预测只是其中的一个环节，还有许多工作要做，有待于挖掘。

参 考 文 献

［1］李弼程，邬江兴，戴锋等．网络舆情分析—理论、技术与应对策略［M］．北京：国防工业出版社，2015.

［2］彭丹，许波，宋仙磊．基于网络评论的网络舆情研究［J］．现代情报，2009，29（12）：4-7.

［3］黄敏，胡学钢．基于支持向量机的网络舆情混沌预测［J］．计算机工程与应用，2013，49（24）：130-134.

［4］曾振东．基于灰色支持向量机的网络舆情预测模型［J］．计算机应用与软件，2014，31（2）300-302，311.

［5］李振．网络舆情预测关键技术研究［D］．郑州：郑州大学硕士学位论文，2010.

［6］邓乃扬，田英杰．支持向量机：理论、算法与拓展［M］．北京：科学出版社，2009.

［7］穆森辉．基于小波变换和最小二乘支持向量机的短期电力负荷预测技术研究［D］．兰州：兰州大学硕士学位论文，2014.

［8］曾燕，成新文，陈欲云．改进混合蛙跳算法在蔬菜黄酮软测量中的应用［J］．计算机与应用化学，2015，32（3）：356-360.

［9］Eusuff M M, Lansey K E. Optimization of water distribution network design using the shuffled frog leaping algorithm［J］. Journal of Water Sources Planning and Management, 2003, 129（3）：210-215.

［10］Elbeltagi E, Hegazy T, Grierson D. Comparison among five evolutionary-based optimization algorithms［J］. Advanced Engineering Informatics, 2005, 19（1）：43-53.

［11］Rahimi-Vahed A, Mirzaei A H. A hybrid multi-objective shuffled frog-leaping algorithm for a mixed-model assembly line sequencing problem［J］. Computers and Industrial Engineering, 2007, 53（4）：642-666.

［12］李锦．小生境混合蛙跳算法研究与应用［D］．西安：西安电子科技大学硕士学位论文，2012.

［13］野雪莲，杨孔雨．舆情趋势预测中神经网络的优化算法［J］．网络新媒体技术，2015，5（1）：33-37，51.

一种面向技术预见研究的专利共引可视化方法

宋　超　刘海滨

（中国航天系统科学与工程研究院，北京，100048）

摘要：本研究将科学计量学中的共引分析（co-citation analysis）方法应用到专利数据的研究中，提出一种基于拉力算法（force-directed Layout）的专利共引可视化方法，作为一种定性定量相结合的工具服务于技术预见研究，为科技发展规划的制定提供有力支撑。利用专利间的共引关系，对专利文献进行可视化聚类；通过对专利群组属性的多维度分析，探索特定技术领域的技术前沿及热点方向。该研究将共引分析方法和计算机可视化方法结合起来，将大量专利文献中包含的隐性的专利引用信息用专利共引图谱的形式显性直观地表达出来，作为支撑技术预见的一种有效工具。本研究详细介绍了该方法的理论依据、详细设计流程和实现过程，并以生物质能源领域为例进行了实证研究，验证了方法的有效性。

关键词：专利共引分析；技术热点；技术前沿；可视化

1　引　　言

随着世界科技革命的发展和产业变革的加剧，科学技术的发展和跃进正不断带来生产和生活方式的重大变革。对国家而言，掌握科技发展动向，合理预测未来技术发展趋势，提前部署科技发展战略是打造科技强国、提高国际竞争力的重要手段。技术预见是对科学、技术、经济、环境和社会的远期未来进行有步骤的探索过程，越来越多的国家开始利用技术预见方法来支撑国家层面的科技规划活动。目前，世界各国已经开展了不同规模、不同方式的技术预见活动，多数以德尔菲问卷调查、专家研讨会等形式进行，以专家的主观判断为主要依据。日本在第八次技术预见中借助科学文献数据进行了研究前沿的探索，将科学计量法应用于技术预见，提升了技术预见的全面性、科学性和可靠性，对我国具有重要的借鉴意义。

专利作为新技术的载体，包含了丰富的技术、经济和法律信息，全世界每年发明成果的90%～95%在专利文献中可以查到。相较于展现科学理论研究成果的科学文献而言，专利更偏向于展现与经济社会需求紧密相关的实用型技术，更加能反映技术的产生、演进和发展状况。专利文献还具有易得、完整、准确的特点，是首选的技术情报源。利用专利文献监测和分析技术前沿及热点，对科技规划活动中技术预见的开展具有重要的指导和支撑意义。

目前，国内外已有许多学者在利用专利进行技术前沿及热点研究方面提出了一些方法和实践[1]。主要有：

（1）基于技术分类号的技术前沿及热点分析方法。杨浩明等[2]、慎金花和张宁[3]、乔杨[4]等以国际专利分类号（international patent classification，IPC）为基础，对全球和中国橡胶机械产业、燃料电池汽车和冶金领域的专利进行了分析，探索领域技术前沿及热点方向，应用于技术预见相关研究中。这种方法过于依赖技术分类号，只能监测已有技术类别的发展情况。而目前科学技术的发展已经不局限于原有的学科或技术分类，出现了许多学科融合、领域交叉的新课题，这种方法不足以表达新的技术前沿及热点。

（2）基于热点词汇的技术前沿及热点分析方法。包括词频分析、聚类分析、共词分析3种。董坤和吴红[5]、黄鲁成等[6]等分别利用共词分析法、词频分析法对3D打印领域和家用空调领域的专利文献进行了分析，识别了领域的技术前沿及热点。这是一种较为微观的方法，往往需要技术专业人员的参与。直接从专利文本中抽取词和词组进行统计或聚类分析虽然相对比较精确和具体，但也存在一些问题，如一些相关性较高的词组或短语因为出现得过于频繁而容易被软件分析系统自动剔除，专业术语的表达差异造成不能被有效识别等，引起分析误差[1]。

（3）基于专利引证的技术前沿及热点分析方法。专利之间的相互引证反映了技术的传承和发展演变历程，某一专利与其引证的专利密切相关，反映了相同或相近的技术创新。基于专利的引证关系将相同或相近的专利聚类，可以构成具有关联关系的技术群组。Édi等[7]、唐小利和孙涛涛[8]等分别利用引证关系和引文耦合性对专利文献进行聚类，探测新兴技术点和热点技术方向。尹春丽等认为，利用文献之间引用、耦合和共引等关系，结合可视化技术，已经成为研究某一学科或专业的技术前沿及热点的一种有效手段[9]。

本研究借鉴基于专利引证的技术前沿及热点分析方法，提出一种基于拉力算法的专利共引可视化方法，将某一技术领域的大量专利利用其共引关系聚类，并将其可视化表达，直观展现领域的技术群组。通过对专利簇的多种属性进行分析，探索某一技术领域的技术前沿及热点。

2　专利共引分析

共引又称同被引，指多篇文献同时被一篇文献引用。文献 A 和 B 同时被文献 C 引用，即文献 A 和 B 具有共引关系，说明两篇文献在内容上有一定的关联。A、B 为基本文献，C 为目标文献。一般认为，文献的同被引频次越多，它们的内容关联性越强。共引分析指以某学科具有代表性的一些文献为研究对象，利用共引关系对其进行分析，研究学科的结构、知识构成、特点、研究方向和主题等[10]。共引分析起初被用于科学文献，1996 年 Stuart 和 Podoly 开始利用专利文献进行共引分析[11]。本研究以专利为基本数据进行共引分析，衡量其关联关系，作为后续可视化分析的输入。

2.1　数据来源与基本专利的选择

本研究采用汤森路透公司的专利检索工具 TI（Thomson Innovation）获取专利数据[12]。该工具可以通过专利标题、摘要、专利权人、公开日期等多字段进行专利检索，并且具备专利检索结果的导出功能。选定要研究的目标领域，选择能代表目标领域的关键词进行专利检索，得到检索结果并导出相关信息。

　　进行专利共引分析的基础是锁定共引分析的对象，也就是选择具有领域代表性的基本专利。在以往的研究中，通常用专利的绝对被引频次衡量其重要性，但专利由于授权年代不同，被后续专利引用的时间跨度也不同，绝对被引频次和重要性之间没有必然联系，直接运用绝对被引频次高低来选择基本专利很不合理[13]。本研究旨在通过专利共引关系发掘技术前沿与热点，为尽量避免遗漏近期研究热点，采取一种新的方法选取基本专利：按专利公开日期进行逐年检索→各年候选目标专利按被引频次降序排序→按一定的百分比选择当年高被引专利。

2.2　构建专利共引矩阵

　　获得基本专利之后，计算统计各专利对的同被引频次，构建共引矩阵：分别找出专利 I 和专利 J 的施引专利集合进行比较，其中，相同专利的数量即为 I 和 J 的同被引频次。假设共有基本专利 n 个，可建立如下基本专利共引矩阵（表1）。

表1　基本专利共引矩阵

基本专利	P_1	P_2	P_3	...	P_j	...	P_n
P_1	0	N_{12}	N_{13}	...	N_{1j}	...	N_{1n}
P_2	N_{21}	0	N_{23}	...	N_{2j}	...	N_{2n}
P_3	N_{31}	N_{32}	0	...	...	...	N_{3n}
...							
P_i	N_{i1}	N_{i2}	N_{i3}	...	N_{ij}	...	N_{in}
...							
P_n	N_{n1}	N_{n2}	N_{n3}	...	N_{nj}	...	0

　　N_{ij} 代表专利 I 和 J 的同被引频次。

2.3　构建相关性矩阵

　　专利的同被引频次在一定程度上能反映专利间的关联关系，但是单纯用同被引频次度量其关联强度是不全面的。两基本专利本身被引数量的不同也会造成同被引频次与关联性不一致。例如，两基本专利各自的被引频次大意味着其同被引的可能性增加（被引基数大），这时同被引频次大并不意味着其更相似[13]。本研究采取式（1）来表达专利的关联强度 C_{ij}：

$$C_{ij} = \frac{N_{ij}}{\sqrt{N_i} \cdot \sqrt{N_j}} \tag{1}$$

式中，N_{ij} 表示专利 I 和专利 J 的同被引频次；N_i 和 N_j 分别代表专利 I 和专利 J 的被引频次。

　　如此计算关联强度能在一定程度上排除基本专利各自被引频次的干扰，以求更准确地利用共引关系表征专利间的关联性。计算出基本专利对间的关联强度后，将同被引矩阵中的元素更换为关联强度，得到基本专利的相关性矩阵。相关性矩阵可以抽象为一个加权无向图，其中，专利为图中的结点，具有相关关系的结点间存在一条边，边的权值为专利间的关联强度，该图作为后续进行可视化和深入分析的主要输入。

3 专利共引可视化方法

当今社会，新技术飞速发展，专利的申请和授权数量也呈现出猛增态势。从海量专利中提取并表达有效信息对国家、地方、机构都有非常重要的意义。本研究提出一种基于拉力算法的专利共引可视化方法，以更加直观的方式展现专利之间的相关关系，供研究者挖掘和分析。将按照2.1节所述方法选出的基本专利作为可视化对象，利用其共引关系进行聚类和表达，有效展现基本专利间的群聚关系，作为探索某一领域技术前沿及热点的重要依据。

3.1 基本专利结点的构建

选择基本专利后，从专利数据库中提取专利号、标题、公开日期和被引频次等信息，构建基本专利信息表。将每个基本专利定义为一个结点，用圆点表示：
（1）圆点的尺寸表示专利的被引频次，圆点越大，被引频次越高；
（2）圆点的颜色表示其所属聚类，同一群组的专利结点具有相同的颜色；
（3）每个圆点设定一个动态标签，鼠标选定即可显示该专利的专利公开号。

3.2 专利结点布图

本研究旨在通过专利共引聚类来研究领域技术前沿及热点，需要明确该领域的全部技术主题和方向，要充分展现领域专利的整体结构和自身聚类特性。因此，专利结点布图应满足以下目标：
（1）概览领域整体结构的全貌；
（2）揭示基本专利的重要特征，特别是专利之间的相关关系、专利的聚集效应等；
（3）布局规模合理且尽量避免点重叠，保持布图的简明和清晰。

为了实现上述目标，需要充分考虑专利之间的关系及其对布图的影响：①关联强度高的专利应当尽量靠近，但不能重合。②属于同一聚类的专利结点具有相同的标志。③彼此无关的结点应相对远离，拉开距离，避免拥挤或重叠。

显然，每个专利的位置都与其相关专利的位置有关，因此，各专利结点的位置是相对的，即彼此之间是相互影响的。为此，本研究采用拉力算法来实现专利结点的自动布图。

3.2.1 基于拉力算法的聚类布图方法

拉力算法是一种符合美学标准的图布局算法，通常用于二维或三维空间的布图中。

拉力算法将力学思想运用于布图中，设定图中的结点和边具有一定的力，通过力的作用调节结点间的相对位置，便能够根据图中结点间的关系自动展示图的整体结构及结点的聚集现象，是一种不确定位置的聚类布图算法。在拉力算法中，通常设定任意两个结点之间都存在斥力，如假设 d 为两结点当前的距离，则定义它们之间的斥力为 $Fr = Kr/d^2$（类似于库仑定律）；相关结点间存在拉力，$Fs = Ks\,(d-L)$（类似于胡克定律）[14]。该算法的布图思想是，围绕布图场景中心随机分布结点的起始位置，并根据结点在整体结构中得到的斥力和拉力不断调整其位置，直至拉力与斥力达到平衡。显然，任意两个结点由于存在斥力而不会重叠，而彼此相连的结点由于存在拉力而会相互靠近，最终自动聚类形成结点群组。在实际应用中，为了保证布图效果，对拉力和斥力的设置有时并不严格遵循物理学定律，如将拉力的线性变化转化为对数变化。

基于拉力算法的图布局算法主要由两部分组成，一部分是模拟节点和边组成的拉力系统，另一部分是求系统平衡或能量函数最小值的算法。由于力与能量呈负相关关系，能量函数的最小值意味着系统的平衡状态并且代表最好的布局。本研究采用了 Andreas Noack 提出的 LinLog 能量模型进行布图优化，该模型是一种基于能量函数的拉力布图算法，其优点是能对大量的结点展现良好的聚类效果。

3.2.2　LinLog 专利结点布图

将所有基本专利及其共引关系抽象为结点与边的集合 $G = (V, E, W)$。其中，基本专利节点集合为 $V = \{v_i, i = 1, 2, 3, \cdots, n\}$，代表需要进行共引分析的基本专利，边集合为 $E = \{e_{ij} = (v_i, v_j) \mid i, j = 1, 2, 3, \cdots, n, i \neq j\}$ 代表通过计算两专利间的共引关系得出的关联关系，权重集合 $W = \{w_{ij} = w(e_{ij}) \mid i, j = 1, 2, 3, \cdots, n, i \neq j\}$，其中 $w_{ij} > 0$，表示具有关联关系的两专利间的关联强度。定义 p 为图 G 的一种布局，则 LinLog 模型中的能量表达式为

$$U_{\text{LinLog}}(p) = \sum_{e_{uv} \in E} w_{uv} \| p(v) - p(u) \| - \sum_{(u, v) \in V^{(2)}} \deg(u)\deg(v)\ln \| p(v) - p(u) \| + \sum_{v \in V} g\deg(v) \| b(p) - p(v) \|$$

(2)

式中，$p(v)$ 表示该布局中结点 v 的位置；$\| p(v) - p(u) \|$ 表示结点 u 与 v 之间的距离；$\deg(v)$ 表示与结点 v 相连的所有边的权重之和，$\deg(v) = \sum_{e \in E;\, v \in e} w(e)$；$g$ 为中心引力常数；$b(p)$ 为该布局的质心，$b(p) = \dfrac{\sum_{v \in V} \deg(v)p(v)}{\sum_{v \in V} \deg(v)}$。

等式右边的第一部分表示相邻结点之间的引力；第二部分表示任意两个结点之间的斥力，为了避免能量无穷大，不同的顶点需要在不同的位置，最小的能量代表最好的布局；第三部分表示该图布局的中心引力，为其设置一个很小的引力参数，将图中所有结点向图的质心稍加吸引——当图中包含两个及以上的连通子图时（子图之间没有边相连），能避免子图间的距离无限扩大[15]。

拉力算法中，平衡状态的寻找及能量函数的优化是典型的 N-Body 问题[16]，其时间复杂度为 $O(N^2)$。Andreas Noack 通过 Barnes-Hut 算法对能量函数进行优化，从而将能

量函数优化的时间复杂度降为 $O(e+n\log n)$。BH 算法是一种分级树算法，一般将二维空间转化为四叉树，每个根节点中只能包含一个粒子。其核心思想是将远程一组粒子的作用用其总质量和质心来近似，从而降低算法的时间复杂度[17]。

LinLog 模型定义了一个表示聚类效果的函数：

$$ecut\ (V_1,\ V_2) = \frac{|\ E\ [V_1,\ V_2]\ |}{\deg\ (V_1)\ \deg\ (V_2)} \tag{3}$$

式中，$|\ E\ [V_1,\ V_2]\ |$ 表示结点集 V_1 与结点集 V_2 之间连接的边数；$\deg\ (V_1)$ 表示结点集 V_1 中所有节点的度数之和 $\sum_{v \in V_1} \deg(v)$。可以证明将 $ecut\ (V_1,\ V_2)$ 最小化，式（2）就达到最小化（文献［15］有详细的证明）。说明 LinLog 模型确实起到了聚类的作用。

利用 Java 语言编程实现上述算法，通过数据库实现专利数据的传输与存储，实现专利共引可视化功能。

3.3 可视化结果分析方法

采用上文方法，可将构建好的基本专利结点绘制成专利共引聚类图谱。在图谱中，相同颜色的结点属于同一聚类，表示相互间具有关联关系的专利群组，可以代表该领域的某一技术方向；点群的数量规模代表该技术方向中所包含核心专利的数量，一定程度上可以代表人们对该技术方向的关注度；点群的密集程度表示该专利群组中专利间相关关系的强弱，一定程度上可以代表聚类中专利主题的相似性，点群紧密，表明该组专利的相关关系较强，点群稀疏，表明该组专利的相关关系较弱。结点的大小与所代表专利的被引频次相关，专利结点越大，代表其被引频次越高，表明该专利更具代表性，在进行聚类主题分析时可以优先考虑。用鼠标点击选择专利结点，即可显示该专利的公开号信息，可进行有针对性地选择分析。

通过分析不同点群的规模、所代表专利的公开时间、点群数量随时间的变化情况等锁定某一技术前沿及热点候选群组。专利申请数量大（点群规模较大）、时间跨度较长的聚类，表明在较长一段时期内均有人对该技术方向进行研究，可以将其视为该领域的一个技术热点方向。近几年涌现专利较多的聚类，表明对该技术方向进行研究的人数激增，说明该聚类所代表的技术方向可能是该领域的一项技术前沿。通过分析点群所代表专利的标题及摘要内容，发现该技术领域的前沿和热点技术方向。

本研究提出的专利共引可视化方法不仅是一种高效的布图方法，同时还是一种简洁易懂的聚类方法。它可以将大量专利利用其自身固有的关联关系自动进行聚类分组，无须事先指定聚类数目，也无须进行模型学习和训练等。此外，该可视化方法还支持对技术方向的进一步深度分析。由于算法全局遵循结点间的距离与其相关关系成反比的规律，聚类内部也同样如此，研究人员可以根据不同需求将现有聚类继续进行细分，研究聚类的内部特性。

4 生物质能源领域技术前沿及热点实证研究

本研究以生物质能源领域为例，利用所设计的专利共引可视化方法进行实证研究。

通过阅读相关文献、了解该领域相关知识，选定"biomass、biofuel、biodiesel、bioethanol、biomass energy、biomass power 和 biogas"为检索词，利用 TI 专利检索工具进行专利文献检索，共得到 28 180 条专利数据，其中，2000 年~2015 年 3 月底的专利数据共有 26 453 条，为本研究的对象。

将检索出的专利数据以公开年份为单位，按照被引频次降序排序，筛选出各年 Top 5% 的高被引专利作为基本专利进行共引聚类分析和可视化，得到生物质能源领域专利共引聚类图谱（图 1）。

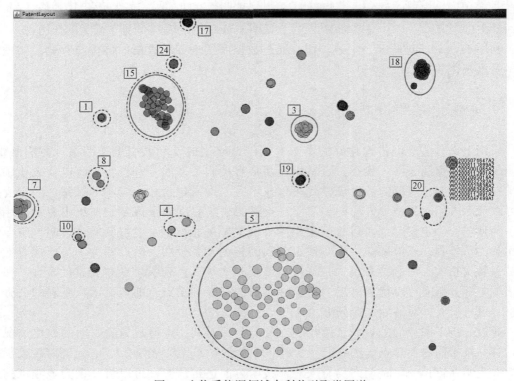

图 1　生物质能源领域专利共引聚类图谱

该图谱中共有 24 个专利聚类，分别对各聚类的专利数量及其中专利的标题、摘要内容和公开时间进行分析。将专利申请数量大、时间跨度较长的聚类视为技术热点；将近几年涌现专利较多的聚类视为技术前沿。以聚类 3 和聚类 15 为例，聚类 3 中包含核心专利 22 项，公开时间范围在 2001~2013 年，可以将其视为该领域的一个技术热点方向；聚类 15 中所包含的核心专利公开时间范围在 2008~2014 年，且从 2011 年开始，核心专利数量呈明显上升趋势，说明该聚类所代表的技术方向可能是该领域的一项技术前沿。

通过以上方法对图中聚类进行逐一分析，共得到 13 个技术前沿及热点候选群组。对各聚类中所包含核心专利的标题、摘要进行内容分析，总结出其各自代表的技术主题，具体见表 2。

表2 技术前沿及热点汇总

聚类编号	专利数量（项）	公开时间	技术主题	技术类别
3	22	2001～2013 年	利用临界流体压力对木质、纤维类生物质材料进行提取、加工的方法，生产乙醇	技术热点
18	21	2005～2014 年	利用基因技术提高植物的生长率、产量及生物质含量	技术热点
5	66	2006～2014 年	藻类物质的分离、提取和藻类产品的生产（如清洁剂、可再生燃料等）	技术热点、技术前沿
7	27	2000～2013 年	木质生物质加工和处理方法及利用木质生物质材料制糖的方法	技术热点、技术前沿
15	34	2008～2014 年	利用固体纤维素生物质材料生产生物燃料（乙醇、生物燃油、喷气燃料）的方法、装置和系统；固体纤维素生物质材料的热消解方法	技术热点、技术前沿
1	5	2012～2014 年	生物质热解油的生产、处理及装置	技术前沿
4	8	2010～2013 年	利用生物质材料（如藻类）生产生物柴油	技术前沿
8	11	2012～2013 年	用于各种果树、农作物的缓效肥料	技术前沿
10	5	2013～2014 年	生物质芯块燃料的生产处理方法及装置	技术前沿
17	9	2008～2013 年	藻类生物质原料的加工、浓缩方法及系统	技术前沿
19	12	2004～2013 年	藻类生物的培养方法及利用藻类生产生物柴油等生物燃料	技术前沿
20	5	2011～2014 年	从生物质纤维素中提取、制备化工用糖溶液的方法	技术前沿
24	4	2007～2013 年	利用微生物（所排放的甲烷）生产燃料、生物塑料等	技术前沿

笔者通过调研生物质能源领域的相关文献，了解生物质能源领域研究现状。石元春[18]、查湘义[19]、苏敬勤、刁磊[20]等学者通过研究国内外生物质能源领域相关文献、专利及政府、行业内各种报告，结合自身专业知识，对该领域的技术发展状况、技术前沿及热点等进行了分析和概述。通过对比发现，本研究结论与以上学者研究得出的结论大体一致，且相对更为细致，如通过聚类3能分析出"临界流体压力"的技术手段，聚类20能分析出"化工用糖溶液"为生物质能源的一类产品等。由此可见，本研究结论较为合理、可靠。

通过上述理论分析和实证研究，表明本研究所提出的面向技术预见研究的专利共引可视化方法合理、有效，且较传统技术预见方法具有优势。传统技术预见多以德尔菲问卷调查、专家研讨会等形式进行，是定性分析方法；本研究将专利数据应用到技术预见研究中，采取共引分析和聚类分析的定量分析方法构建专利共引图谱，并结合领域专业知识对聚类结果进行总结和描述，定性定量相结合对领域的技术前沿及热点方向进行探索和分析，使分析结果更具客观性和科学性。在方法中引入计算机可视化方法，形象地表达出领域整体技术结构及各技术方向的内部结构，可作为辅助各行业人员进行专利分析的一种有效工具。该方法完成了从数据检索、处理、分析和表达的整个流程，利用大量专利数据实现了对领域技术前沿及热点方向的有效识别，能够为技术预见研究、国家科技发展规划和战略部署提供强有力的支撑。

5 结 论

该研究将科学计量学中的共引分析方法和计算机可视化方法结合起来，探索一种支撑科技发展规划的新方法，将大量专利文献中包含的隐性的专利引用信息用专利共引图谱的形式显性直观地表达出来，作为支撑技术预见的一种有效工具。基于专利共引分析的技术前沿及热点研究方法在技术领域数据集的构建和技术前沿及热点的分析方面，用专利之间的引用行为来评判专利间的相关性，遵循了技术的继承和发展规律；对技术群组的主题采取人工分析方法，相比以往单纯基于技术分类号或基于词处理技术的方法更为准确。另外，将生物质能源领域的实证研究结果与相关领域专业文献进行对比，分析结果合理，证明了该方法的有效性和优势。

参 考 文 献

［1］孙涛涛，唐小利. 专利文献中技术热点监测方法及其应用研究［J］. 医学信息学杂志，2011，32（10）：40-44.

［2］杨浩明，樊凌雯，张保彦，等. 全球和中国橡胶机械产业专利情报分析［J］. 情报杂志，2014，33（6）：53-58.

［3］慎金花，张宁. 基于专利分析的中国燃料电池汽车技术竞争态势研究［J］. 情报杂志，2014，33（7）：27-32.

［4］乔杨. 专利计量方法在技术预见中的应用——以国内冶金领域为例［J］. 情报杂志，2013，32（4）：34-37.

［5］董坤，吴红. 基于论文——专利整合的 3D 打印技术研究热点分析［J］. 情报杂志，2014，33（11）：73-76，61.

［6］黄鲁成，王凯，王亢抗. 基于 CiteSpace 的家用空调技术热点、前沿识别及趋势分析［J］. 情报杂志，2014，33（2）：40-43.

［7］Érdi P, Makovi K, Somogyvári Z. Prediction of emerging technologies based on analysis of the U. S. patent citation network［J］. Scientometrics, 2013, 95（1）：225-242.

［8］唐小利，孙涛涛. 运用专利引证开展技术热点监测的实证研究［J］. 图书情报工作，2011，55（20）：77-81.

［9］尹丽春，殷福亮，刘则渊. 中国数字信息通讯技术前沿演进可视化研究［J］. 科研管理，2010，31（6）：36-40.

［10］赵党志. 共引分析——研究学科及其文献结构和特点的一种有效方法［J］. 情报杂志，1993，（2）：36-42，79.

［11］Stuart TE, Polody J M. Local search and the evolution of technological capabilities［J］. Strategic Management Journal, 1996,（17）：21-28.

［12］Thomson Innovation 软件官网［EB/OL］. http：//www. thomsonscientific. com. cn/productsservices/thomsoninnovation/.［2015-3-10］.

［13］彭爱东. 基于同被引分析的专利分类方法及相关问题探讨［J］. 情报科学，2008，26（11）：1676-1679，1684.

［14］ McGuffin M J. Simple algorithms for network visualization：A tutorial ［J］. Tsinghua Science And Technology，2012，17（4）：383-398.

［15］ Noack A. Energy models for graph clustering ［J］. Journal of Graph Algorithms and Applications，2007，11（2）：453-480.

［16］ 王小伟，郭力，杨章远. N-body 算法及其并行化 ［J］. 计算机与应用化学，2003，20（2）：195-200.

［17］ Ventimiglia T，Wayne K. The Barnes-Hut Algorithm ［EB/OL］. http：//arborjs. org/docs/barnes-hut. ［2015-4-2］.

［18］ 石元春. 生物质能源四十年 ［J］. 生命科学，2014，26（5）：432-439.

［19］ 查湘义. 生物质能源化利用技术综述 ［J］. 甘肃农业，2014，（1）：30-31.

［20］ 苏敬勤，刁磊. 基于专利地图的生物质能技术发展趋势及对策研究 ［J］. 中国科技论坛，2011，（2）：100-104，111.

航天技术识别与预见的方法及应用

蒲洪波　袁建华　赵　滟　孙静芬　徐熙阳　陈红涛

（中国航天系统科学与工程研究院，北京，100048）

摘要： 本研究从方法应用和组织管理两个层面对国外航天技术识别与预见的现状进行了系统梳理和比较分析。在方法应用层面，将国外航天技术识别与预见方法从研究性方法和规范性方法两类进行梳理；在组织管理层面，从国外航天技术识别与预见的组织机构、制度标准、工作程序、创新文化和资源网络五个方面进行了简要分析。本研究剖析了我国航天技术识别与预见的现状与差距，提出了提升我国航天技术识别与预见能力的途径。

关键词： 航天技术；技术识别；技术预见；方法应用；组织管理

1　引　　言

航天事业事关国家安全和经济社会可持续发展，是综合国力的集中体现，是各国竞相争夺的技术制高点，同时航天事业发展具有技术复杂、周期长、资本密集、风险高的特点，必须要提前谋划，长远布局。航天技术识别与预见方法是在航天总体发展战略指引下，对支撑航天发展的关键技术领域进行筛选和权衡，对关键技术领域的未来发展进行评估与规划的技术方法和工具。随着我国加快实现由航天大国向航天强国的迈进，迫切需要依托科学有效的技术方法加强航天技术识别与预见工作，以适应新时期我国航天大力提升原始创新能力的要求，更好地支撑重大航天工程的技术需求，为我国航天未来中长期发展提供可预见的技术储备。

国外航天高度重视技术识别与预见工作，将技术识别与预见作为技术战略管理的重要内容和确保未来技术领先优势及航天领导地位的一项重要的决策支持手段，为航天战略规划、技术研发和投资决策等重大事项提供指导和支撑。本研究从方法应用和组织管理两个层面对国外航天技术识别与预见的现状进行了系统梳理和比较分析，并结合我国的实际情况，提出了相关的启示建议，为加强和完善我国航天技术识别与预见提供决策参考。

2　国外航天技术识别与预见的方法及应用

航天技术具有跨领域、多学科交叉、综合性和集成性强的特点，航天产品和服务涵盖防务系统、航天器、运载火箭、卫星应用等诸多类型，面向的市场与用户多种多样，国外航天技术识别与预见坚持需求牵引与技术驱动相结合的原则，重视在有限的预算约束条件下聚焦重大需求开展技术识别与预见，既实现了对前沿技术发展趋势的充分探索与论证，又注重技术识别与预见的目的性；同时注重应用人机结合、定性定量相结合的方法，力图既能够通过流程化和规范化的程序充分获取专家的知识和意见，又能够通过模型化、定量化的方法和计算机手段得出航天技术识别与预见的结果，并不断地对这两个过程进行交互和迭代，从而最终得到具有一致性的结果。

从技术驱动和需求牵引两个不同的角度看，国外航天技术识别与预见方法可以分为研究性方法和规范性方法两类[1]，研究性方法是一种技术驱动视角下的方法，基于被评估对象目前的状态而对其未来发展进行展望，包括文献分析法、技术显示度曲线（technology hype cycle）法、技术路线图法等；规范性方法是一种需求牵引视角下的方法，首先需要确定需求，根据需求确定目标，然后选择战略，制定资源分配的方法和实现的期限等，包括质量功能展开、战略计划和技术优先程序、战略技术投资分析工具等方法。

2.1 研究性方法

2.1.1 文献分析法

文献分析法是通过对文献的搜集、鉴别、整理和系统性分析，形成对事实的科学认识的方法，主要包括文献计量、专利分析、知识图谱等方法。文献分析法以已有的文献数据为基础，能够方便、快捷地以定量、可视化的形式反映技术发展的热点领域和趋势，在国外航天军工领域的技术识别与预见过程中得到了广泛的应用。

美国国防部（United States Department of Defense，DoD）为避免全球范围颠覆性技术可能带来的技术突袭（technology surprise），目前正在开展"技术监视/地平线扫描"（TW/HS）项目，目的是通过对专利申报文献、大学学报、相关研究杂志、军事记录资料和访谈节目等加以挖掘和跟踪，进行聚类分析，密切监视全球范围内萌发的新兴技术及趋势，包括改良型技术和颠覆性技术[2]。兰德公司（RAND）在2013年应用基于文献分析的快速证据评估（rapid evidence analysis，REA）方法研究分析了英国未来国防技术的发展趋势及直到2035年的国防技术领域的使能因素，该方法共包括7个步骤，如图1所示[3]。通过该方法共识别出了包括纳米技术、雷达技术、赛博技术、3D打印技术、定向能武器、地理空间情报技术、精确打击等在内的16个英国未来关键的国防技术领域。2014年，欧洲航天局（European Space Agency，ESA）在其开展的技术预见项目中也应用了文献分析法识别出了对航天重要且目前较为热门的18个技术领域[4]。

2.1.2 技术显示度曲线

技术显示度曲线由著名的技术研发与咨询企业高德纳公司（Gartner）提出，是一个呈钟形的曲线，横轴表示时间，纵轴代表技术价值的显示度（visibility）或技术期望（expectations）。技术显示度曲线由两条不同的曲线合成，如图2所示[5]。其中一条呈钟形的曲线反映了技术显示度水平的变化过程，人们在开始阶段往往会对一项新兴技术的发展过于推崇和乐观，使得该技术的显示度水平（hype level）达到顶峰，但新技术的应

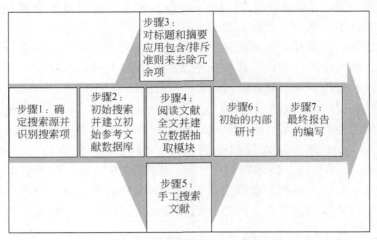

图 1　兰德公司 REA 方法的主要程序

用通常难以达到人们的预期，又会使得技术显示度大幅下降到一个较低的水平；另一条呈 S 形的曲线则反映了技术成熟过程，在开始阶段技术成熟速度较慢，随着知识的积累和投资的增加，在达到一定的拐点后技术会加快成熟，最终随着技术性能达到极限，该技术将实现完全成熟。

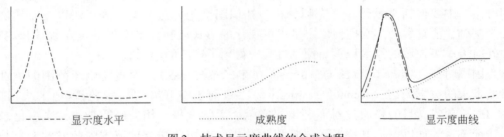

图 2　技术显示度曲线的合成过程

　　技术显示度曲线可以分为 5 个阶段：①创新触发（innovation trigger）期，新的技术概念开始传播并吸引媒体的关注，风险资本开始介入以期获取先发优势；②期望膨胀高潮（peak of inflated expectations）期，人们对新技术的期望达到顶峰，并广泛见诸媒体，企业资本蜂拥进入；③幻灭消退（trough of disillusionment）期，过高的热情导致新技术的应用难以达到预期，公众的失望开始扩散，媒体呈现负面报道；④反思重整（slope of enlightenment）期，早期的进入者继续开展技术研发并获益，技术性能逐步提升；⑤生产高台（plateau of productivity）期，市场化应用获得成功，技术价值得以实现。高德纳公司从 1995 年起应用技术显示度曲线对新兴技术的发展进行预见，2012 年高德纳公司对包括大数据、3D 打印在内的新兴技术进行了技术显示度分析，结果表明，在航天领域具有广阔应用前景的 3D 打印技术正处于技术显示度的顶点[6]。近两年来随着 3D 打印技术的不断成熟及其在航天领域的应用逐步获得验证，预计 3D 打印技术会很快进入生产高台期。

2.1.3　技术路线图法

技术路线图通过对未来社会、经济和技术发展的系统研究，提出应该优先发展的关键技术群、主导产品或产业及其相互关系，并以时间序列图表来描述技术发展的优先顺序、实现时间和发展路径，为有效组织技术研发、产品开发和合理配置创新资源奠定基础。技术路线图法是国外航天常用的技术识别与预见方法。

美国航空航天局（National Aeronautics and Space Administration，NASA）在 2010 年由首席技术专家办公室（Office of Chief Technologist）牵头实施技术路线图的研究工作，共形成了由 14 个技术领域、300 多项技术组成的综合技术路线图。NASA 技术路线图开发的总流程包括七大步骤：①搜集四个任务委员会和各中心的输入信息，作为技术领域选择的依据；②成立技术领域组；③统一技术领域组的研究方法；④形成技术路线图的起点，在此基础上提出一个将技术提升至技术成熟度 6 级水平的 10 年计划；⑤制定各技术路线图草案；⑥开展技术路线图草案的内外部评审；⑦技术路线图更新和技术优先级排序集成（图 3）[7]。技术路线图内外部评审的流程如图 4 所示。图 4 中 NRC（National Research Council）为美国国家研究委员会。此外，加拿大航天局、欧洲宇航与防务工业协会航天分会等也都应用了技术路线图法开展技术识别与预见[8-10]。

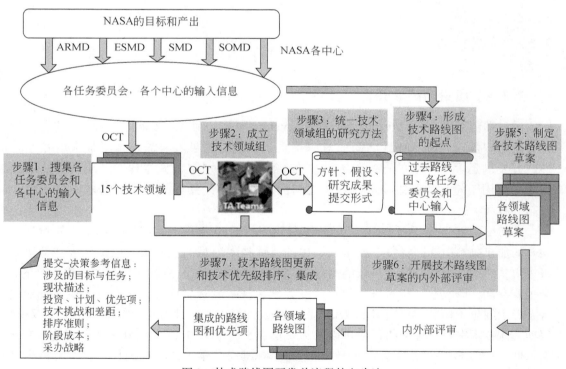

图 3　技术路线图开发总流程的七步法

NASA的过程

8. 形成NASA技术路线图草案

7. NASA进行内部评审

6. 各领域技术路线图草案

5. 开始制定技术路线图

4. 统一技术领域组
的研究方法

3. 成立技术领域组

2. 识别技术领域

1. 启动并从各任务委员会
和中心收集输入信息

Nov.
2010　Dec.
2010

Mar.
2011

Apr.
2010

Sep
2011

Spring
2012　Jon.
2012

2012春季：
NASA最终的
技术路线图报告

NRC的过程

A. 成立NRC的评审组

B. 确定评估的统一方法

C. 来自工业和学术界的初始反馈

D. 其他公众小组的反馈

E. NRC各领域组对技术路线图所
涉技术进行逐一审查并进行技术
优先级排序

F. NRC各领域组向管理委员会
提交书面总结

G. NRC的中期发现结论

H. NRC的最终报告

图 4　技术路线图内外部评审的流程

2.2　规范性方法

2.2.1　质量功能展开

质量功能展开（quality function deployment）是以质量屋（quality house）的形式量化分析客户需求与技术特性之间的对应关系，找出对满足客户需求贡献最大的技术特性，开发满足客户需求的产品的方法。在航天技术识别与预见过程中，质量功能展开方法主要用于建立和评估技术与需求之间的映射关系，并对满足重要需求的技术赋予较高的权重。

NASA 在 2011 年委托 NRC 开展技术路线图的优先级评价。NRC 使用基于质量功能展开的加权决策矩阵，将每个技术领域中的具体技术分为高优先级、中优先级和低优先级 3 组，然后再识别跨技术领域的高优先级技术。NRC 建立了用以判断技术优先级的 3 个主要标准，即收益、与 NASA 目标的一致性、技术风险与挑战，其中后两项又分别包含了三个细分子标准，根据满足 NASA 技术开发目标的重要性对每个标准赋予一个权重。每项具体技术在每个标准的得分可以分为 4 档或 5 档（如 0/1/3/9，0 分表示没有，1 分表示低，3 分表示一般，9 分表示最高），每个标准得分乘上该标准的权重，所有乘积之和即为某一具体技术的总得分，总得分越高，则该技术的优先级越高。一旦得到所有的具体技术的总得分，就可以据此将该领域的所有具体技术划分为高、中、低 3 类不同的优先等级。例如，技术领域 01 "发射推进系统" 中的三项技术的优先级评估见表 1[8]。通过应用该方法，NRC 将 NASA 的技术路线图修订为 295 个具体技术，其中 83 项具有最高的优先级，并据此提出了之后 5 年应重点关注的 16 项技术。

表 1 NRC 基于质量功能展开的技术识别方法

	收益	与NASA需求的一致性	与非NASA航天技术需求的一致性	与非航天国家目标的一致性	技术风险与合理性	次序和时间	时间和成就	QFD分数（加权后）	小组优先级
标准的权重	27	5	2	2	10	4	4		
标准分值	0/1/3/9	0/1/3/9	0/1/3/9	0/1/3/9	1/3/9	-9/-3/-1/1	-9/-3/-1/0		
技术名称	收益	NASA目标的一致性			技术风险与挑战				
固体火箭推进剂	1	3	3	0	3	-1	-1	70	低
基于LH2/LOX	1	9	9	0	3	1	-3	112	中
基于涡轮的组合循环	3	9	9	0	3	-3	-3	150	高

2.2.2 战略计划和技术优先项程序及计算器

战略计划和优先项（strategic planning and prioritization，SP2）程序及计算器由美国佐治亚理工学院航天系统设计实验室开发，是一种用于辅助制定未来技术组合战略计划的方法和工具，在美国航空航天局空间探索系统架构研究、飞行器系统项目等多项确定技术优先项工作中得到应用。SP2 是一个从目标愿景到技术路线图的结构化方法，包括九大步骤：①确定计划范围；②建立组织目标；③将目标分解到适当的水平；④在不同场景下对目标优先级进行排序；⑤建立性能与目标之间的映射关系；⑥提出支持愿景的项目；⑦建立技术与性能之间的映射关系；⑧将信息导入到决策支持工具中，通过执行优化算法，得到最优的技术组合；⑨建立战略计划，根据最优的技术组合确定相应的资源配置方案，如图 5 所示[11]。

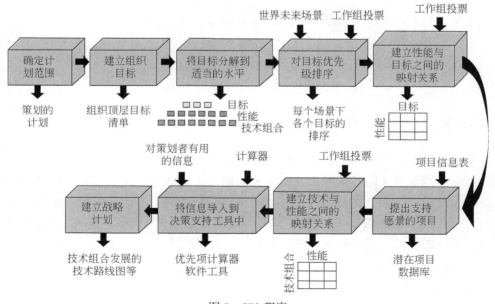

图 5 SP2 程序

2.2.3　战略技术投资分析工具

战略技术投资分析（strategic assessment of risk and technology，START）工具是一个通过满足一定的成本和进度约束条件对净任务价值（net mission value）求最优化来筛选投资项目的决策程序和方法，净任务价值是项目能力水平的函数。START 已经用于对 NASA 探索系统任务委员会的投资进行优先次序评估和对 NASA 科学任务委员会的火星项目进行技术组合分析等。START 的主要步骤为：①对需要研究的决策问题进行清晰完整的描述；②对决策者的目标、优先级和相关的指标进行识别；③对将要实施的各种场景、任务或项目的架构进行识别；④对各种场景、任务或项目要求的能力或技术进行识别；⑤对各种能力、技术应用不同的指标进行量化，并对收集到的数据进行验证；⑥明确各种要求的技术性能的重要性；⑦计算出在决策者要求的资金预算和进度约束下最优的技术组合；⑧通过对数据的一致性检验和对结果的敏感性分析对得到的结果进行验证，使决策者获得关于计算结果的置信水平。START 的系统架构如图 6 所示[12]。

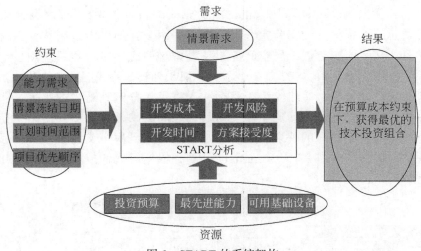

图 6　START 的系统架构

2.3　各类方法的比较分析

还有一些方法兼有研究性和规范性两类方法的性质，如德尔菲法既可以用于对未来技术发展趋势的预测，也可以用于判断技术与需求之间的对应关系。在实际开展技术识别与预见的过程中，往往需要将不同的方法结合起来综合应用。美国国防部在 1989 ~ 1992 年发布的《国防关键技术计划》，就综合应用了各种方法提出了美国国防部关注的关键技术，具体的组织形式和程序如图 7 所示[13]。对各类方法的比较分析见表 2。

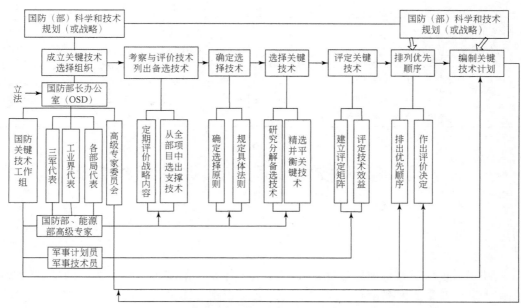

图 7　美国国防部关键技术识别的组织形式和程序

表 2　国外航天未来发展技术识别与预见方法的比较分析

序号	识别方法	定性/定量	输入	输出	技术工具	应用情况
1	德尔菲法	定性定量相结合	专家调查表与专家意见	有统计意义的专家集体判断结果	专家咨询与评估、统计分析	NRC 对 NASA 14 个技术路线图的评估与技术优先级排序
2	文献分析	定量	技术搜索项和参考文献数据库	经过数据抽取、分析和专家筛选后的关键技术领域	知识图谱、聚类分析	RAND 使用文献分析法共识别出了英国未来 16 个关键的国防技术领域；ESA 在 TECHBREAK 项目中应用文献计量法识别未来在航天领域最有应用前景的非航天技术
3	技术显示度曲线法	定性	媒体报道、技术性能的成熟水平	对技术发展现状的评估和未来趋势的预测	专家咨询与评估	对 3D 打印、大数据等新兴技术发展趋势的预测
4	技术路线图法	定性	对未来社会、经济和技术发展的系统研究	优先发展的技术领域及其发展路线图	专家咨询与评估	NASA、欧洲未来航天发展的技术路线图
5	质量功能展开	定性定量相结合	由技术目标和技术选项组成的矩阵、评价标准及权重	不同技术选项的优先级次	质量屋、专家打分	NRC 对 NASA 14 个技术路线图的评估与技术优先级排序
6	SP2	定量	组织的愿景目标	未来技术组合战略计划	映射关系矩阵、最优化	NASA 空间探索系统架构研究、NASA 飞行器系统项目（VSP）

续表

序号	识别方法	定性/定量	输入	输出	技术工具	应用情况
7	START	定量	政策、进度、预算等方面的约束条件，各种航天任务情景的假设	在决策者要求的资金预算和进度约束下最优的技术组合	情景分析、最优化方法	对 NASA 探索系统任务委员会的投资进行优先次序评估，对 NASA 科学任务委员会的火星项目进行技术组合分析

3 国外航天技术识别与预见的组织管理

3.1 组织机构

国外航天技术识别与预见建立了完善的组织体系，落实了责任主体。国外航天政府部门和大型企业集团大都设有首席技术官，技术识别与预见是首席技术官为制定和实施组织的技术发展战略所开展的一项重要工作，同时由于首席技术官是决策层领导的重要成员，能够切实调动组织范围内的相关资源协同有效地开展技术识别与预见工作。在这个过程中相关的专业技术机构发挥了重要的支持作用，国外航天普遍设有与业务领域部门相分离的专业技术机构，如波音公司的研发与技术部门、洛马希德·马丁空间系统公司的创新中心等，这些技术机构主要开展前瞻性、探索性的技术研究，提出颠覆性技术方案构想和技术发展战略研究，能够为技术识别与预见提供有力的支撑。

3.2 制度标准

国外航天将保持技术领先优势作为驱动可持续发展的重要因素，高度重视技术战略管理，将技术识别与预见纳入其中，并加以制度化。美国国防部部长期强调维持"强有力的科技计划"，以满足武器装备发展和军事转型要求，保持对现实和潜在敌人的军事优势，为此美国国防部出台了一系列旨在加强未来军事能力的技术战略和研究计划，在2014 年提出了一项创新计划，用于识别、发展和突破尖端技术和系统，特别是在机器人、自主系统、微型化、大数据和 3D 打印等先进制造业领域[14]。美国宇航局为了保持在航天领域的技术优势，推动航天新技术的开发和演示及新技术在民用、商业中的应用，发布了一些政策指令、技术标准和指南，并定期进行更新，如美国宇航局的《治理和战略管理手册》（NPD 1000）、《NASA 研究和技术计划及项目管理要求》（NPR7120.8）、《NASA 科学技术信息管理》（NPD2200.1）等[15]。

3.3 工作程序

注重采用流程化、规范化的工作程序与规范，使技术识别与预见有章可循，确保了工作的严谨性和一致性。欧洲太空局（European Space Agency，ESA）建立了端对端

（E2E）的技术识别程序[16]，该程序覆盖所有的技术研发项目，由一个自顶向下和自底向上的过程组成。自顶向下的过程始于 ESA 的长期技术计划，综合考虑了欧洲航天产业竞争力、欧洲航天独立性、技术需求与相关的资源要求等多种因素，为航天技术需求的整合和优先排序提供指导。自底向上的过程基于 ESA 和欧洲航天产业界专家的咨询结果对技术需求进行识别，既要满足未来航天任务的需要，也要满足欧洲航天产业竞争力和技术创新的需要。

3.4　创新文化

重视技术创新文化的培育和技术创新长效机制的建设，建立了关注新兴技术、鼓励技术创新、探索颠覆性技术、加强技术识别、孵化与转移的长效机制。美国航空航天局设立了创新先进方案项目［NASA Innovative Advanced Concepts（NIAC）Program］，该项目将资助那些能够促使未来航天任务发生转型的创新性突破技术，涵盖了从空间潜艇（space submarines）（NASA 想要开发的一种用于探测外星球海洋状况的能潜入水下的自主飞行器）[17]到太阳风动力飞行器（solar wind powered spacecraft）在内的诸多创新性概念。洛马公司建立了全员参与、跨部门创新的文化氛围，在内部实施了面向所有工程师的"技术探索幼苗"项目，并对纳入该项目的技术进行孵化和应用转移。

3.5　资源网络

重视发挥由多方组成的技术网络在技术识别与预见中的作用，形成了技术情报搜集、技术渠道构建、技术转移应用集成交互的机制，实现了资源整合，提升了技术识别与预见的有效性，降低了风险。美国航空航天局在制定未来 14 个重点领域的技术路线图时委托美国工程院下属的 NRC 开展独立评估和优先级评价；ESA 联合欧洲科学基金会（European Science Foundation，ESF）共同实施了名为"TECHBREAK"的科学预见研究项目，梳理突破性的科学发现，预测 2030～2050 年驱动欧洲创新型航天任务的重大技术突破[4]。

4　我国航天技术识别与预见的现状与问题

我国航天长期以来在投入相对较少、技术基础较为薄弱同时又面临国外技术封锁的情况下，采用了跟踪国外、聚焦国防安全和经济社会发展急需的重大技术领域开展型号研制的策略，以较小的代价、较短的时间取得了举世瞩目的成就。新时期，国家综合国力大为增强，不断变化的安全形势、经济社会发展、科学技术进步、承担与大国地位相称的国际义务等都对航天发展提出了更加全面、深入和多样化的需求，为实现由航天大国迈向航天强国提供了难得的历史机遇，这要求我国航天必须实现由技术跟踪模仿向赶超引领转变，充分发挥航天技术识别与预见的战略指导作用，增强航天技术发展的前瞻性、预见性，为适应未来 20～30 年中长期国家对航天发展的技术需求，提供坚实可靠的战略决策支持。

随着航天事业发展，我国航天在国家、企业等层面不同程度地开展了技术识别与预见工作。国家航天科技工业主管部门在制定国家层面的航天发展五年规划、中长期发展战略、国家航天政策时需要确定重点发展的航天领域、重大关键突破性技术，指引国家未来航天发展方向；航天企业集团的技术识别与预见工作主要体现为专项的研究开发规划及其预先研究部门开展的技术探索和论证。此外，一些国家级的科研机构和智库如中国科学院、中国工程院也开展了一些相关的工作，对我国未来中长期的空间科技与产业发展进行论证和预见[18,19]。但与国外相比，我国航天技术识别与预见以支撑规划制定为主，缺乏专项研究，重视近期任务规划，缺乏对中长期技术发展的预见和颠覆性技术创新的前瞻性、战略性研究，主要存在以下问题。

4.1 需求牵引不足

明确需求是开展航天技术识别与预见的重要前提。在实践中，航天工业部门与用户的沟通不够，航天工业部门自身的技术规划、预研计划与用户部门的需求及业务规划不能有效地衔接，用户的需求牵引力度不足，同时工业部门缺乏对用户需求深入系统的研究分析与评估，影响了航天未来发展技术识别与预见工作的有效性。

4.2 自主创新驱动不强

与国外航天强国相比，我国航天的原始创新项目很少，航天发展以"跟随"为主，仍处于"追赶"阶段，更加关注能够"立竿见影"的集成创新工作和型号任务，对前沿性、基础性的技术研发关注不够，缺乏从航天技术本身发展规律的角度对未来航天技术的发展进行识别和规划，技术发展的自主性和目的性不强。

4.3 缺乏系统量化的技术方法指导

我国航天技术识别与预见目前仍以经验判断、定性描述为主，缺乏基于数据的量化方法支撑，在具体工作开展过程中缺乏规范的标准和程序。

4.4 工作基础薄弱

由于缺乏数据积累和规范的技术体系型谱与专业的技术数据库，在实际工作中往往以点为主论证，缺乏"面"的体系性论证，缺乏对技术发展动态进行有效跟踪的机制和相应的技术保障条件与专家队伍，没有确保技术识别与预见工作连续稳定开展的制度保障。

5 加强我国航天技术识别与预见的主要途径

为进一步加强我国航天技术识别与预见工作，在充分借鉴国外航天技术识别与预见有益经验的基础上，结合我国实际，提出以下对策建议。

5.1 完善技术识别与预见的组织体系

完善以技术发展战略制定者为领导和责任主体、以专业技术机构为支撑的技术识别与预见的组织体系，切实落实技术识别与预见的工作职责及相关的保障资源。加强专业技术机构的支撑作用，进一步强化顶层的、系统性的技术发展战略研究，提升对未来航天技术发展动向与趋势的把握能力、驾驭能力，有效识别和预见对组织未来发展具有战略意义的关键技术领域，科学制定指引未来中长期发展的技术战略。

5.2 强化需求牵引与技术驱动并举的实施模式

一方面，以面向未来中长期国家安全、经济社会发展、科学技术进步的重大需求为牵引，强化对需求的系统论证与分析，以需求的优先级次为首要依据来识别和筛选关键的技术领域；另一方面，以发掘和探索关键技术领域中的突破性技术及颠覆性技术为驱动，分析和预见未来的技术发展趋势。通过强化需求牵引与技术驱动并举的实施模式，同时结合我国的技术基础条件和资源保障能力，形成我国未来航天技术发展的路线图，作为我国航天未来中长期技术发展决策的重要依据。

5.3 构建以技术发展战略为统领的工作程序与规范

构建以技术发展战略为统领，制度化、流程化的工作程序与规范，将技术识别与预见作为航天组织制定和实施技术发展战略的重要内容，将技术识别与预见提升至组织战略高度，需要通过制度化，使技术识别与预见成为一项日常工作持续不断地开展；需要通过流程化，将具有鲜明创新性、探索性特点的技术识别与预见工作分解为具体可操作的步骤和程序；需要通过规范化，明确要求和标准，确保技术识别与预见工作的严谨性和一致性。

5.4 培育技术创新文化和机制

培育鼓励技术创新、推崇技术变革的文化，形成促进技术进步的激励机制、先进理念的孵化机制和技术成果的转化机制。应进一步重视自主创新投入，加强前瞻性、创新性技术研发力度，进一步提升预先研究在航天科研生产体系中的地位，培育鼓励探索、容忍失败的技术创新文化，形成技术创新、孵化、应用的长效机制，形成原创性技术成果与国外前沿技术发展趋势双轮驱动的技术识别与预见工作模式。

5.5 夯实基础引入先进适用的技术方法

夯实技术识别与预见的工作基础，建立完善航天技术树和技术数据库，引入先进适用的技术识别与预见方法工具。应进一步完善技术识别与预见的基础保障条件，构建全面、细化的航天技术体系图谱与数据库并落实管理职责，形成跟踪、修改、更新的长效机制，积极探索应用先进适用的技术方法，提升技术识别与预见的量化与精细化水平。

5.6 建立官产学研相结合的技术网络

建立政府主管部门、航天企业、大学、专业技术研究机构紧密协同的技术网络，形成资源共享、风险共担、协同共赢的合作伙伴关系。我国航天应进一步建立完善官产学研相结合的技术网络，形成政府主管部门为指导、航天企业为主体、大学和专业技术研究机构为支撑的技术网络，使技术情报研究、前沿技术论证、技术成果转化应用有效集成，提升技术识别与预见的效率及有效性。

6 结 束 语

航天事业具有高新技术密集、周期长、风险大、投资高的特点，提高对未来航天技术发展的识别和预见能力，是缩短开发周期、节约开发资源、提高开发效率、少走弯路的重要保障。我国航天应从国外航天技术识别与预见的方法应用与组织管理实践中汲取经验，并针对自身的薄弱环节，完善技术识别与预见的组织体系，强化需求牵引与技术驱动并举的实施模式，构建规范的工作程序，引进先进适用的技术方法，培育技术创新文化，建立广泛的技术网络，全面提升我国航天技术识别与预见能力，促进我国航天未来健康、可持续发展。

参 考 文 献

[1] 切尔托克. 21 世纪航天——2101 年前的发展预测［M］. 北京：国防工业出版社，2014.

[2] Ray Locker. Pentagon on watch for disruptive technology worldwide［EB/OL］. http：//usatoday. com/ story/nation/2014/01/08/technology-watch-horizon-scanning-pentagon/4240487［2014-1-8］.

[3] Hellgren T, Penny M, Bassford M. Future Technology Landscapes Insights, analysis and implications for defence［R］. Cambridge：RAND Europe，2013.

[4] ESF Forward Look. Technological breakthroughs for scientific progress（TECHBREAK）［R］. Strasbourg：European Science Foundation，2014.

[5] Steinert M, Leifer L. Scrutinizing gartner's hype cycle approach［C］// Thailand：Portland International Center for Management of Engineering and Technology-Technology Management for Global Economic Growth. Phuket：National Science Technology and Innovation Policy Office（STI）2010：1-13

[6] Gartner. Gartner's 2012 hype cycle for emerging technologies identifies "tipping point" technologies that will unlock long-awaited technology scenarios［EB/OL］. http：//www. gartner. com/newsroom/id/ 2124315［2012-8-16］.

[7] Stahl H P, Barney R, Bauman J, et al. Summary of the NASA science instrument, observatory and sensor system（SIOSS）technology assessment［R］. Washington D. C.：National Aeronautics and Space Administration，2011.

[8] NRC. NASA space technology roadmaps and priorities：Restoring NASA's technological edge and paving the way for a new era in space［R］. Washington D. C.：National Research Council，2012.

［9］ Kroupnik G，Piedboeuf J C，Vachon M，et al. Defining priorities for space technolgoy development ［C］// AIAA SPACE 2007 Conference & Exposition. Washington D. C.：AIAA，2007：1-13.

［10］ ASD-Eurospace. RT Priorities 2012 ［EB/OL］. http：//www. eurospace. org/Data/sites/1/pdf/rtpriorities/RTP2012. pdf ［2012-10-10］.

［11］ Raczynski C，Mavris D. A method for strategic technology prioritization and portfolio resource allocation ［C］// IEEE Aerospace Conference，2011：1-8.

［12］ Adumitroaie V. Strategic technology investment analysis：An integrated system approach ［C］// IEEE Aerospace Conference，2010：2-7.

［13］ 林聪榕. 基于技术预见的国防关键技术选择方法研究 ［D］. 长沙：国防科技大学硕士学位论文，2006.

［14］ Secretary of Defense Chuck Hagel. Reagan national defense Forum keynote ［EB/OL］. http：//www. defense. gov/Speeches/Speech. aspx？SpeechID=1903. Ronald Reagan Presidential Library ［2014-11-15］.

［15］ NASA. NASA Policy Directive/ NASA Procedural Requirements ［EB/OL］. http：//modis3. gsfc. nasa. gov/main_lib. html ［2014-06-05］.

［16］ ESA. BASIC Technology Research Programme Preliminary Selection of Activities for the TRP 2011-2013，ESA/IPC（2010）119 ［R］. Paris：ESA，2010

［17］ Inquisitr. The search for life：Space submarine may prevail where mars curiosity can't ［EB/OL］. http：//www. inquisitr. com/1466575/the - search-for-life-space-submarine-prevail-where-mars-curiosity-cant ［2014-09-10］.

［18］ 中国科学院. 科技革命与中国的现代化——关于中国面向 2050 年科技发展战略的思考 ［M］. 北京：科学出版社，2009.

［19］ 中国工程科技发展战略研究院. 中国战略性新兴产业发展报告 ［M］. 北京：科学出版社，2013.

航天制造成熟度方法及其应用研究

周少鹏 马 宽 刘 瑜 徐 皓 李 达 曲麒富

（中国航天系统科学与工程研究院，北京，100048）

摘要：针对航天制造的高风险，本研究首先介绍了美国制造成熟度的产生背景、基本内容及其对我国航天的适用性；其次从我国航天工程的制造特点出发，提出了航天制造成熟度评价方法，明确了其等级划分与定义，并以某型号长储高强度扭杆为例，介绍了航天制造成熟度关注的特征要素及其评价检查单；最后总结了其主要应用价值，并为航天制造成熟度在工程中的应用提供了参考建议。

关键词：制造成熟度；航天工程；制造风险；应用建议

1 引 言

航天高新技术的应用，需要先进的制造工艺才能实现。技术风险与制造风险，是贯穿于航天等高新工程研制过程中的两大风险。针对这两大风险，国外分别采用技术成熟度[1]和制造成熟度评价方法加以应对[2]。其中，技术成熟度方法已在国外广泛使用，并在国内得到了应用与初步认可。针对制造风险，美国国防部在技术成熟度基础上，拓展了制造成熟度评价方法，通过全面梳理影响工程研制过程中的制造要素，建立了工程全周期的制造能力量化评估机制，实现了在工程研制前期，全方位管理和控制制造风险。结合我国国情，以系统工程思想理论为指导，在实施技术成熟度的同时，系统分析航天工程制造要素，研究符合我国航天特点的制造成熟度评价方法，建立量化评估机制，可以解决型号工程设计、工艺、过程控制等耦合情况下的制造风险问题，促进航天工程的成功研制。

本研究首先介绍了美国国防部制造成熟度的产生背景、等级划分与定义、制造成熟度评价要素，分析了其在航天工程中的适用性；其次针对我国航天工程的研发与制造特点，建立了航天制造成熟度等评价方法，提出了其基本的等级划分与定义，并以某型号长储高强度扭杆为例，介绍了航天制造成熟度关注的主要特征及其评价检查单；最后介绍了航天制造成熟度的主要应用价值，给出了在航天等高新工程中应用制造成熟度的相关建议，旨在通过制造成熟度方法的研究与推广应用，建立起系统规范的工程制造能力风险识别、控制和提升方法。

2 美国国防部制造成熟度方法简析

2.1 美国国防部制造成熟度简介

2.1.1 产生背景

通过总结分析重大科研项目失败经验，美国国防部、美国审计署等众多机构研究认为，除技术风险外，不成熟的制造能力是主要的项目风险之一，对制造问题识别和风险控制不够，可能造成重大采办项目出现严重的性能下降、成本上涨、进度拖延问题。与此同时，通过对众多具备小批量、单件特点的太空系统的失败原因进行统计分析，美国航空航天局同样发现，生产/制造及对生产/制造的实验验证是仅次于设计的第二大要素。在识别技术风险的同时，制造风险能否得到有效控制成为影响武器装备研制项目成功与否的关键因素。在技术成熟度得到认可与应用的背景下，针对技术成熟度在武器装备研制项目制造风险评估方面的不足，美国联合国防制造技术委员会于 2001 年提出了制造成熟度的概念，用于识别、控制制造风险，尤其是实现在工程研制前期，识别和规避进入批生产阶段的制造风险。经过多年发展，2007 年，美国联合国防制造技术委员会颁发《制造成熟度手册》（草案），并于 2010 年发布正式版。2011 年，制造成熟度评价成为国防部选择总承包商和分包商的硬性要求，并得到美国陆军、空军和众多高新武器研制承包商的应用[3]。

2.1.2 制造成熟度等级定义

制造成熟度用来表示项目中关键制造能力的成熟程度，它量化反映了制造能力对项目目标的满足程度。制造成熟度实际上是将"制造"作为型号工程中的独立要素，进行系统分析与评价，通过反馈、控制，达到制造要素的优化目的，是系统工程在制造风险管理的技术拓展与创新应用。美国国防部的制造成熟度将从确定工程制造内涵和概念到形成批量生产和精益化生产能力的成熟过程划分为 10 个阶段，即制造成熟度的 10 个级别，体现了武器型号从研制到生产的一般发展规律。美国国防部的制造成熟度定义见表 1。

表 1 美国国防部的制造成熟度定义

制造成熟度	定义
1	确定制造内涵
2	明确制造方案
3	制造方案的可行性得到验证
4	具备在实验室环境下制造原理样件的能力
5	具备在相关生产环境下制造演示样件的能力
6	具备在相关生产环境下制造系统或分系统演示样件的能力

制造成熟度	定义
7	具备在典型生产环境下制造系统、分系统或部件的能力
8	试生产线能力得到验证，准备开始低速率生产
9	低速率生产能力得到验证，准备开始全速率生产
10	全速率生产能力得到验证

从其基本定义可以得出，美国制造成熟度等级划分主要关注两个不同特征维度：一是生产对象，从制造出原理样件、演示样件，到生产出分系统级和系统级产品；二是生产环境，关注从实验室环境到相关生产环境、典型生产环境，最终转移至试生产线和批量生产的生产环境变化。以两个特征维度为表征，将制造能力系统性地划分成为 10 个等级，从而建立了与之对应的制造成熟度量化标准。

2.1.3 制造成熟度的评价要素

通过系统分析武器型号制造生产过程，美国国防部识别出了影响制造能力成熟的九大关键制造要素，进而对应制造成熟度等级，系统梳理出各级对九大关键制造因素的基本要求，并从九大关键制造要素出发，来评价装备采办项目中的制造成熟度等级，梳理各方面存在的制造风险。这九大关键制造要素分别是技术和工业基础、设计、成本和投资、材料、工艺能力和控制、质量管理、制造人员、设施、制造管理，其中每个要素继续划分为若干个子要素，最终形成了评价各级制造成熟度的细则和检查单，表 2 以"工艺与控制能力"要素为例，给出了美国国防部制造成熟度 4 级评价检查单。

表 2　美国国防部制造成熟度 4 级检查单——以"工艺与控制能力"要素为例

制造成熟度 4 级制造成熟度评价检查单		
要素	子要素	检查项
工艺与控制能力	E1 建模与仿真（产品和工艺）	是否确定了工艺或产品的生产建模/仿真方法？
	E2 制造工艺成熟度	是否调研并确定了关键工艺的当前状态？
	E3 生产产量和速率	生产产量和速率评估是否在被提议的/类似的工艺中完成？
		被提议的/类似的工艺，是否已在相关分析方案中完成生产产量和速率评估。

2.2 美国制造成熟度对航天工程的适用性分析

2.2.1 美国国防部制造成熟度的适用范围

从美国国防部制造成熟度方法的起源和方法本身来讲，其主要关注以形成批生产制造能力为特点的制造类型。从制造成熟度起源来看，该方法的提出是针对美国国防部在重大采办项目批生产中出现的性能下降、成本增加和工期延误问题（也包括批生产中的质量问题、材料和零部件的供应问题等），旨在于在项目研制过程中，提前开展批产准备工作，而非针对单个产品制造中的问题和风险。从制造成熟度方法本身来看，该方法的成熟度的标志是形成全速率的生产能力，强调生产环境从实验室向大批量、全速生产环境转移，其制造成熟是指具备全速生产（大批量）能力。它要求从九大关键制造要素出发，提前识别和考虑批产风险，为逐步实现全速生产能力做好准备。

2.2.2 我国航天工程的特点与挑战

我国航天制造从生产批量方面可以分为两类：第一类是以单件或小批量生产为主的制造，如战略武器、运载火箭、卫星、飞船和探测器；第二类是以形成批量生产能力为主要特点的制造，如战术武器。制造特点也可以分为两类：一类是以制造难度大为主要特点；另一类是以批生产难度大为主要特点。前者主要面临产品能否制造出来的挑战，即人、机、料、法、环等制造要素能否满足制造出性能稳定产品的要求；后者则还要面临实现批产的挑战，要求人、机、料、法、环等要素，在能够制造出合格产品的同时，能够形成生产线，实现稳定生产，质量、生产效率、合格率、成本等满足批产要求。

2.2.3 适用性分析

对比航天工程与美国制造成熟度对制造成熟目标的要求可以发现，对以实现大批量生产能力为目标的航天制造类型而言，美国国防部的制造成熟度方法具备一定的适用性。但对单件、小批量的航天产品，则具有局限性，其关注的重点是能否制造出工程要求的部件、分系统和系统产品，材料、设备、人员技能符合产品制造要求，产品性能通过最终的任务考核。此外，我国航天工程在研制与生产过程中，主要关注人、机、料、法、环、测等要素，因此，需根据我国航天制造特点，形成符合我国工程实际的航天制造成熟度理论与评价方法，既能覆盖有大批产要求的制造类型，又能覆盖单件、小批量的制造类型。

3 基于航天工程的制造成熟度构建

3.1 航天制造成熟度基本定义

针对我国航天单件制造与批量生产并存的特点，本研究在借鉴国外制造成熟度方法的基础上，创新性地构建了一套适用于我国航天工程不同制造批量模式（单件制造与批量生产）的制造成熟度方法体系。对单件制造类的产品，主要通过在评价过程中，采用检查单梳理各阶段的人、机、料、法、环、测等关键制造要素状态，识别出制造存在的短板与难点，通过重点攻关确保能够制造出最终设计要求的产品；对存在批产要求的产品，不仅要求实现单件制造能力的逐步提高，并且要求在研制过程的前期考虑设计工艺性等批产问题，梳理各研制阶段关键制造要素的成熟状态和需达到的制造能力，确保工程研制完成时，能够实现批产[4]。当然，单件产品多数而言，也并非真正仅制造一件，尤其是其使用的单机、部件和元器件等通常要求制造多件备用，并要求依托型号研制，形成一定批量的生产能力，因此，单件类系统级产品在研制过程中，通常具有小批量生产能力要求。

航天制造成熟度等级划分与定义见表3，该定义同时适用于航天单件制造类型与批量生产类型。实际使用中，需根据被评对象的特点进行剪裁使用。如果是大批量生产的制造类型，则制造成熟度定义与表3内容相同；如果是单件制造类型，则制造成熟度定义只包括制造成熟度1~9级，并且制造成熟度8级和9级中的关于小批量生产的内容可根据实际的制造能力要求进行裁减。

表 3　航天制造成熟度等级划分与定义

制造成熟度	定义
1	发现基本制造原理或看到基本制造原理的报道
2	提出将基本制造原理应用于航天系统中的设想
3	具备制造出概念样件的能力，制造原理的可行性得到验证
4	具备在实验室环境下制造原理样件的能力
5	具备在相关生产环境下制造出改进的原理样件的能力，该样件通过中逼真度模拟使用环境验证
6	具备在相关生产环境中制造出演示样件的能力，该样件集成在分系统或者系统级演示样机中通过高逼真度模拟使用环境验证
7	具备在典型生产环境中制造出工程样件的能力，该样件集成在系统级工程样机中通过典型使用环境验证
8	具备制造出最终产品的能力，为小批量生产创造条件
9	产品通过系统成功执行任务得到验证，小批量生产能力得到验证
10	大批量生产能力得到验证，产品通过广泛使用得到验证

注：对运载火箭和导弹，在制造成熟度7级需开展飞行试验验证；对卫星、飞船等航天器装备，在制造成熟度7级中需开展地面试验或在轨演示验证试验。高风险及重大航天器装备需通过替代平台的飞行试验验证

航天制造成熟度定义重点关注两方面：一是要求能够制造出工程要求的性能稳定的产品，即在产品集成状态逐步提高，试验环境逐步逼真的条件下，完成产品功能、性能验证，这是制造成熟的最低要求，也是单件制造类产品主要关注的问题；二是对有批量要求的工程，在关注前一方面问题的同时，还需关注制造/生产环境（指人、机、料、法、环等制造要素的状态）在研制过程中的改进要求，确保能够在工程完成时，实现工程要求的批生产能力。

3.2　航天制造成熟度的关键特征要素

制造成熟度定义中体现的关键特征主要包括三个方面：一是产品载体，即制造对象，包括概念样件、原理样件、演示样件、工程样件等；二是对产品载体进行演示验证的试验环境，包括模拟使用环境、典型使用环境等；三是生产环境，包括实验室环境、相关生产环境、典型生产环境等。这里的生产环境不仅仅指温度、湿度等狭义的环境，而是一种广义的概念，指各制造要素（如人、机、料、法、环等）成熟的一种状态。表4以

某型号长储高强度扭杆为例,给出了制造成熟度 4 级时,制造成熟度关注的关键特征及其状态要求。

表 4   某型号长储高强度扭杆制造成熟度 4 级关键特征要素

关键制造名称	长储高强度扭杆					
关键制造的最终成熟目标或标志	1. 在保持较高扭矩条件下,xx 年内零件刚度和强度指标不下降,扭杆不断裂、不腐蚀; 2. 具备年产 xx 根的生产能力,产品合格率达到 xx 以上; 3. 每批次(xx 根)生产周期为两个月; 4. 建立主要技术指标的检验平台					
制造成熟度	产品载体与性能	验证的集成状态和环境	生产环境			
			工艺	材料	设备	人员	批产风险及各要素需开展的准备工作
制造成熟度 4 级	采用国产材料,制成的扭杆原理样件,刚度为 xx 级	刚度检测满足要求,在常温保持 xx 度扭转,进行舵展开试验,满足要求,扭矩达到 xxN.M;通过长周期扭转理论计算和寿命试验,验证了扭杆寿命要求	建立了检测平台,编制了检测规范;摸索了车削、热处理工艺,研制了工装,改进了设备,明确了防腐蚀要求,初步编制了工艺规程,完成了工艺攻关	xx 挤压钢棒(成分微调)	标准检测设备、车床、热处理炉、静扭试验台	—	为了规避检测风险,建立检测平台;编制了检测规范,研制了检测设备(测扭矩);修改了扭杆设计,车削和热处理的工艺改进,明确了防腐蚀要求,完成了长寿命试验,研制了国产材料,制定了材料技术条件标准;生产工艺、效率尚无法满足批产要求

需说明的是,制造成熟度各级定义中,产品载体(概念样件、原理样件、演示样件、工程样件等)、生产环境(实验室环境、相关生产环境、典型生产环境)和试验环境(模拟使用环境、典型使用环境)是通常意义上较为理想的成熟过程的划分。实际使用中,需根据具体的制造技术或产品,对这些术语的内涵进行具体界定。

3.3   航天制造成熟度评价检查单

制造成熟度评价检查单,是在相对宏观的制造成熟度定义的基础上,对制造成熟度及制造能力进行准确评价的准则和依据。它根据制造成熟度各级定义、内涵和要求制定,体现了实现各级别制造成熟目标需完成的基本任务和要求,对开展制造成熟度评价起到提示作用。同时,通过评价检查单,可以有效梳理各制造要素存在的不足,明确制造能力中存在的短板,用于在下一阶段改进。航天制造成熟度评价检查单在制定过程中必须依据以下方面:一是与制造成熟度级别定义保持一致,即检查单中对产品载体、试验环境、生产环境(包括制造要素状态、批产准备工作)的要求,必须与该级别定义的要求保持一致;二是抓住体现该级别要求的关键特征状态进行检查,检查项应当详略得当、具有独立性;三是必须对人、机、料、法、环等制造要素进行梳理,明确影响制造成熟度的关键要素,明确其在该级别应当达到的成熟状态,一般与表 4 所示的各级特征要素及其级别要求对应。表 5 以某型号长储高强度扭杆为例,给出了制造成熟度 4 级的检查单。

表5　某型号长储高强度扭杆制造成熟度4级评价检查单

制造成熟度4级：具备在实验室环境中制造出原理样件的能力

序号	检查项	评价细则	评价细则的实现情况
1	是否在可行性验证的基础上，完成了用于制造技术攻关的原理样件的设计	在可行性验证的基础上，改进了扭杆设计，强度改为xx级	—完成了原理样件的设计，扭转xx度条件下，扭矩为xxN.M，强度达到xx级
2	是否确定了原理样件的制造工艺	通过工艺攻关，确定了扭杆原理样件的制造工艺	—完成了热处理和机加的工艺攻关，工艺方案已经收敛； —明确了防腐蚀要求，制定了国内材料技术条件标准；编制了扭杆加工工艺文件
3	（原）材料是否满足原理样件的制造要求	采用国产xx钢棒，满足制造要求	—针对扭杆断裂问题，通过了专项评审，调整了扭杆的使用材料； —采用xx材料，强度等级为xx级； —国产原材料的性能和供货能力满足原理样件制造要求
4	设备是否满足原理样件的制造要求	改进了热处理炉精度，车床、热处理炉等制造设备和刚度检测平台及静扭试验台等检测设备满足要求	—改进了热处理炉的控温精度，满足了热处理要求； —具备车床等机加设备； —建立了刚度检测平台和静扭试验台
5	是否制造出了原理样件	制造出了扭杆原理样件	—采用国产xx级材料，制造出了扭杆，可与空气舱集成、展开
6	是否在实验室环境中对原理样件的关键功能和性能进行了验证	在实验室中完成了扭杆功能检测，开展了空气舱展开试验和长寿命试验	—室温下的材料强度检测； —舱展开试验； —扭杆进行了理论计算和长周期扭转寿命试验； —通过实验，验证了扭矩和强度满足设计要求；通过理论计算和多年的实际试验，验证了扭杆满足长周期扭转寿命要求
7	是否明确了最终生产能力要求，完成了计划在该级别实现的批生产准备工作，并进一步分析了实现批生产能力的风险，完善了规避风险的措施和计划（可选）	明确了最终批产要求，完成了工艺攻关等计划在该级别实现的准备工作，分析了批产风险	—实现年产xx根的生产能力，产品合格率达到xx以上； —生产效率为xx根/月； —通过改进设计，提高了扭杆寿命； —车削的效率、热处理合格率等尚无法满足要求，计划在后期继续改进工艺、设备

3.4　航天制造成熟度的应用价值

当前，中国航天在制造能力建设方面取得显著成就，但仍然无法全面满足国家安全与发展战略需求。航天制造成熟度通过创新管理方法和管理机制，以工程的最终制造目标牵引航天工程研制过程中的制造能力建设，促进制造能力提升、管控工程制造风险，同时也为系统工程在航天中的应用，提供了新的技术工具。

3.4.1 促进航天制造能力提升

我国航天迈向航天制造强国，面临提升核心产品的制造能力，优化航天产品的批产能力两大核心问题。一是在制造技术方面尚存差距，部分关键部段的制造难度大，制造技术不成熟，采用已有制造工艺难以制造出性能稳定的产品；二是在生产能力方面仍有不足，部分产品制造技术成熟，但尚未完全建立起现代化的生产方式，个别关键制造设备相对落后，关键工序安排不够合理，致使生产效率未能充分发挥，生产能力不能更好地满足国家和军方需求。通过开展制造成熟度评价，一方面可以更系统、规范、量化地检查、识别航天工程在制造技术和能力方面存在的风险并加以控制，促进制造工艺改善和制造能力提升，促进设计定型；另一方面对批量产品，可以在研发过程中提前考虑批量生产面临的材料、设备、工序等问题，及时加以解决，可确保航天工程按时实现批产。

3.4.2 加强航天工程制造风险管理

目前，航天工程研制过程中普遍关注技术风险的分析与控制，而对制造风险的认识还不够系统和深入，也缺乏相应的量化评价和控制方法。制造成熟度评价，提供了新的制造风险管理手段，通过定期评价有关工程的制造成熟度，可以帮助设计制造人员系统识别制造风险，改进设计方案、工艺方案完成研制目标；可以支撑工程指挥人员量化掌控当前制造能力成熟状态，进而优化工程资金、时间、质量、设备资源等相关计划，协调解决问题，减少工程管理风险。同时，通过评价有关单位各种关键制造技术和产品的制造成熟度，建立评价机制，可以使管理部门更加客观和量化地掌握相关单位的各种制造能力发展情况，明确相关单位制造能力短板和制约制造能力提升的瓶颈，促进问题解决，加速制造能力提升，为航天制造能力提升机制建设提供支撑。

3.4.3 促进航天系统工程管理创新

中国航天的发展，伴随着系统工程方法与理论在中国的应用与推广。通过系统工程理论与我国实际情况相结合，形成的具有中国特色的航天系统工程管理的理念、体系和方法[5]，为航天工业的进一步发展奠定了坚实的基础。制造成熟度评价方法，是在系统思维指导下，为实现战略武器成功制造和战术武器精益化生产为目标，对技术向产品转化过程中制造环节的事前、事中控制。它是按照系统化的标准和制造要素，对制造系统进行监督、检查、引导和优化的过程，制造成熟度作为一种量化管理工具，实际上是对航天系统工程管理的方法与技术拓展。

4 推动制造成熟度在工程中应用的建议

航天等高新工程的成功必须关注设计、制造、管理三方面因素。制造成熟度评价作为一种管理工具，通过与技术成熟度并行实施，将设计与制造分别作为独立要素进行系统化的分析和评价，有助于对设计、制造两要素的持续改进进行细化和量化的控制，有助于成熟度的快速提升[6]。推动制造成熟度在航天等工程领域的应用，必须加强理论研究，通过试点应用与持续改进，确保评价客观有效。

4.1 统筹研究力量，系统推进制造成熟度研究

制造成熟度是在技术成熟度基础上，由美国国防部组织专家经历了 7 年多的研究发展，方显成熟，且仍在持续改进之中。它在统一的系统思想指导下，根据制造风险基本特点，制定评价标准和方法，注重发挥管理机构、技术专家、科研人员、用户等不同利益相关者的作用。航天制造成熟度的研究，有利于完善科技创新评价标准、提升武器系统的研制与生产风险管理水平，构建系统完备、科学规范、运行有效的科研管理体系，可以在满足航天科研生产的同时，解决我国高新装备项目制造管理的迫切需求。因此，有必要整合力量，系统推动制造成熟度理论、方法和应用研究，加强国际交流和经验吸收，更好地为航天及我国国防和经济建设服务。

4.2 开展试点工作，在实践中总结提升

制造成熟度与科研实践密切相关，不同国家、不同行业的制造能力、关键制造要素不尽相同。因此，在航天等工程领域开展制造成熟度的研究，应在前期吸收借鉴国外先进经验理念的基础上，选取航天装备等制造典型工程、典型制造类型开展案例研究与试点应用，尽快走入科研一线中。通过在实践中调研，总结生产、研制、预研、探索等不同阶段项目开展中面临的实际制造问题，形成一套自己的制造成熟度评估体系。同时，在实践中可以培养项目人员的制造知识、风险评估与管理能力，形成一支精通专业知识、掌握评价技术、心怀保密意识、具备良好修养的专家队伍，确保评估的客观性、公正性、有效性。

4.3 加强宣传培训，确保评价客观有效

制造成熟度是一种新的工程管理手段，使相关人员了解其理念、思想、作用，普及制造成熟度思想，对推动相关工作十分重要。作为一个新的概念，其制造成熟度体系结构较为复杂、涉及内容广泛，尤其是专业性很强。因此，加强培训推广，得到航天等工程一线技术专家、科研人员的认同和参与十分重要。有必要吸收各工程领域内具备设计、工艺、质量、供应链和生产制造等知识经验的专家、人员参与制造成熟度的研究推广中，可以确保成熟度评价等级建立的客观性，提高其在各工程领域应用的有效性。

5 结 束 语

先进航天型号产品的核心是采用了一些先进技术[7]，高端制造能力是先进技术应用的重要基础。针对提高制造能力，控制航天工程制造风险，本研究介绍了美国国防部制

造成熟度，并构建了符合航天工程特点的制造成熟度等级划分与定义。以某型号长储高强度扭杆为例，给出了航天制造成熟度关注的特征要素和检查单，并为制造成熟度在高新工程中的研究应用提供了相关建议。航天制造成熟度方法的研究与应用，对建立系统规范的工程制造能力评价和提升方法，加强工程制造风险管理，促进系统工程管理创新，具有重要意义。

参 考 文 献

［1］吴燕生．技术成熟度及其评价方法［M］．北京：国防工业出版社，2012.

［2］马宽，王崑声，刘瑜，等．制造成熟度及其在我国航天的应用研究［J］．航天器工程，2014，33（2）：132-137.

［3］张健壮，史克禄．武器装备研制项目制造风险与制造成熟度研究［M］．北京：中国宇航出版社，2013.

［4］尚育如．航天工艺基础知识培训教材（上）［M］．北京：中国宇航出版社，2005.

［5］马兴瑞．中国航天的系统工程管理与实践［J］．中国航天，2008，（1）：7-15.

［6］袁家军．航天产品成熟度研究［J］．航天器工程，2011，20（1）：1-7.

［7］马宽，王崑生．航天工程实施技术成熟度管理探索［J］．中国航天，2012，（10）：29-33.

基于信息流的关键软件缺陷定位技术

周东红　石　柱　王　瑞　李　沫

（中国航天系统科学与工程研究院，北京，100048）

摘要：随着软件产业的发展，人们对软件质量的要求也越来越高。现在，软件已经直接影响项目的成功和设备的安全。而软件中的复杂缺陷难以排除，因为它们涉及许多程序要素之间的相互作用。本研究分析了基于信息流的关键软件缺陷定位技术，实现了其中的相关算法，并开发出了可定位软件缺陷的原型工具。试验结果表明，本研究方法比基于语句覆盖、分支覆盖和定义使用对覆盖的方法要更可靠、更精确，能高效率地定位软件中的缺陷。

关键词：软件测试；复杂缺陷；信息流覆盖；语句覆盖；分支覆盖；定义使用对覆盖

1　引　　言

航天软件是在航天产品中使用的软件，它是航天产品重要的组成部分。航天软件一般在复杂、恶劣的环境中使用，在航空航天等关键任务中使用的软件，其质量至关重要。由软件而导致的航空航天事故很多，其中，由软件中存在整数溢出的缺陷而导致的航空航天事故，就有欧洲 Ariane5 火箭在发射时发生爆炸的事故和 Comair 航空公司机组调度软件崩溃等[1]。据统计，在软件研发和后期维护的成本中，软件测试占 50% ~ 75%[2]。其中，在测试中发现软件缺陷，对缺陷进行检测定位和修正的调试过程是最困难且成本最高的步骤之一。传统的测试工作一般是由软件测试人员手动完成，耗时耗力。

本研究分析了基于信息流的关键软件缺陷定位技术，并基于该技术设计了一个缺陷定位的原型工具，通过该工具能快速地找到软件的缺陷，有效地提高缺陷定位的效率。

2　基于动态信息流覆盖的缺陷定位技术算法研究

2.1　动态信息流

本研究中所使用的算法，是动态信息流分析的前向计算（forward computing）算法[3]，本节介绍了该算法的一些基本定义和扩展研究，并说明了如何基于该方法进行缺陷定位。

2.1.1 动态控制依赖

假设活动表示一个可执行语句（或基本块），则执行路径就是活动的一个序列。路径 T 上的第 k 个活动表示为 T(k) 或 s^k（s 为对应的语句或基本块）。"判断活动"指语句 s 是分支判断语句的活动 s^k。子路径 T（k，m）表示一条从活动 T(k）开始到活动 T(m）结束的子序列。现在给出动态控制依赖关系的形式化定义如下

定义 1：假设 s^k 和 t^m 是执行路径 T 上的两个活动（$k<m$ 并且 s^k 是判断活动），当且仅当子路径 T(k，m）证明了 t 直接控制依赖于 s（t DCD s）时[4]，活动 t^m 直接动态控制依赖于活动 s^k，表示为 t^mDDynCDs^k。活动 t^m 直接动态控制依赖的判断活动如果存在，则它是唯一的，表示为 DDynCD(t^m)。

其中，t DCD s 的含义为语句 s 能通过它的控制分支决定是否执行语句 t。直观来看，DDynCD（t^m）就是先于活动 t^m 最后出现的判断活动。

2.1.2 动态数据依赖

建模活动之间的动态数据依赖，需要将下面两个集合与每个活动联系起来：在活动 s^k 中定义（或赋值）的变量或对象集 D(s^k) 和在 s^k 中使用（或引用）的变量或对象集 U(s^k)。

定义 2：假设 s^k 和 t^m 是执行路径 T 上的两个活动（$k<m$）。当且仅当 [D(s^k) ∩ U(t^m)] −D[T($k+1$，$m-1$)] $\neq \varphi$ 时，活动 t^m 直接动态数据依赖于活动 s^k，表示为 t^mDDynDDs^k。活动 t^m 直接动态数据依赖的活动集表示为 DDynDD(t^m)。

直观来看，t^mDDynDDs^k 表示 t^m 使用（或引用）了最后由 s^k 进行定义（或赋值）的变量或对象。

2.1.3 直接影响和间接影响

另外，本研究还定义了其他三种活动间的动态依赖关系[5]：

函数使用了一个由 return 语句返回的值。

函数使用了一个由形式化参数传递的值。

函数的请求调用方法指令中存在控制依赖。

对两个活动 s^k 和 t^m（$k<m$），当且仅当活动 t^m 在上述的五类依赖关系中依赖于活动 s^k 时，即认为 s^k 直接影响 t^m。直接影响 t^m 的活动集表示为 DInfluence(t^m)，简称为 DInf(t^m)。

"影响"关系则表示一个语句能影响其他语句的执行，包含直接影响和间接影响[6]。

定义 3：假设 T 为一条执行路径，s^k 和 t^m 为 T 中的两个活动（$k<m$）。当且仅当在 T 中存在着活动序列 a_1，a_2，…，a_n，其中 $a_1=s^k$，$a_n=t^m$，并且对 $i = 1$，2，…，$n-1$，都有 a_iDInfluencea_{i+1}，则有 s^k "影响" t^m，表示为 s^kInfluencet^m。影响 t^m 的活动集表示为 Influence(t^m)，简称为 Inf（t^m），计算公式如下：

$$\text{Inf}(t^m) = \text{DInf}(t^m) \cup \left[\bigcup_{s^k \in \text{DInf}(t^m)} \text{Inf}(s^k) \right] \tag{1}$$

2.1.4 动态信息流分析

动态信息流分析是确定在活动 s^k 中影响了其他变量或对象的所有变量或对象的集合。

定义：设 T 为一条程序执行路径，s^k 和 t^m 为 T 中的两个活动（$k<m$），设 x 和 y 是两个变量：活动 s^k 定义了变量 x 并且活动 t^m 使用了变量 y。当且仅当 s^kInfluencet^m 时，存在从活动 s^k 中的变量 x 到活动 t^m 中的变量 y 的信息流，该信息流表示为（s^k，x，t^m，y）[7]。目标为内的 y 变量的信息流中包含的变量和对象集合是

$$\mathrm{Inf}(t^m) = \mathrm{U}(t^m) \cup \mathrm{U}[\,\mathrm{Inf}(t^m)\,] \tag{2}$$

式中，$\mathrm{U}(t^m)$ 是活动 t^m 中使用了的变量或对象的集合；$\mathrm{U}[\,\mathrm{Inf}(t^m)\,]$ 则是影响 t^m 的活动中使用了的变量或对象的集合。

2.1.5　信息流及其长度

信息流实例的表示方法为四元组（s^k，x，t^m，y），其中，s^k 表示最后定义或使用了源对象 x 的活动，t^m 表示最后定义或使用了目标对象 y 的活动。

信息流的长度[7]，定义为它包含的动态数据依赖链和控制依赖链的长度。本研究规定信息流长度的计算规则如下：如果 t^m 使用了对象 x，则长度为 1；否则，长度就是最短依赖链的长度，而且信息通过该依赖链从对象 x 流入对象 y。这样，通过综合考虑信息流及其长度，就能区分两个有完全相同的源和目标但是长度不同的信息流。很明显，通过这些信息还是不能区分两个有完全相同的源、目标和长度的信息流。

2.2　对动态信息流的扩展

动态信息流分析能够识别程序运行时程序对象之间的信息流，但是它没有考虑分支和定义使用对，在源和目标处的依赖关系是条件语句、返回语句和方法请求时，就不能捕获该信息流。因此，我们需要对动态信息流技术进行扩展，使其包含定义使用对和分支，从而可以捕获上述的依赖关系。标准的信息流格式为（s^k，x，t^m，y），其中，s^k 表示最后定义了源对象 x 的活动，t^m 表示最后定义了目标对象 y 的活动。而如果源或目标为返回语句或条件判决语句时，就用 '－' 号作为对象名。

2.3　语句可疑度度量标准

对信息流 f，计算其可疑度的第一个公式为[8]

$$S_{F1}(f) = \frac{\%F(f)}{\%F(f) + \%P(f)} \tag{3}$$

式中，$\%P(f)$ 为运行过程包含信息流 f 的成功测试用例数与总的成功测试用例数的比值；$\%F(f)$ 为运行过程包含信息流 f 的失败测试用例数与总的失败测试用例数的比值。

但是，仅仅根据式（3）进行可疑度排序是不够的。例如，给定两个信息流 f_1 和 f_2，其中，$\%F(f_1)=0.1$，$\%F(f_2)=1.0$，$\%P(f_1)=0$，$\%P(f_2)=0$。如果使用式（3），会得到 $S_{F1}(f_1)=S_{F1}(f_2)=1.0$。但是根据 $\%F(f_1)=0.1$ 和 $\%F(f_2)=1.0$，可以判断出 f_2 的可疑度高于 f_1。为解决这个问题，本研究引入了第二个度量值 $S_{F2}=\%F(f)$。使用这个度量值，就能判断出 f_2 的可疑度高于 f_1。

综合考虑度量值 S_{F1} 和 S_{F2}，基于信息流的缺陷覆盖技术就可以使用如下的度量准则

$$S_F(f) = \frac{S_{F1}(f) + S_{F2}(f)}{2} \tag{4}$$

其中，较高的 $S_F(f)$ 值意味着较高的可疑度排列。此外，当两个信息流的 S_F 值相同时，规定较短的信息流可疑度较高。最后，就能根据可疑度降序排列程序的可执行语句，而语句的可疑度，就是依赖链包含该语句的全部信息流中 S_F 值最大的信息流的可疑度值。

3　算法实现

本节中，用图 1 的案例演示如何实现该算法。该程序中出错的程序语句为 S6，正常情况下，power［0］的值应该为 128，但是程序中会是–128。这样当输入的 8 位二进制数的最左边一位为 1 时，结果就会出错。

```
/*输入8位二进制数，转换为10进制数后输出，
  当输入的二进制数最高位为1时结果出错。
*/
void main()
{
S1    char power[8], binary[8], ch, con = 'y';
S2    int demical = 0, i1, i2;
S3    printf("Input the binary number(length = 8):");
S4    gets(binary);
S5    for(i1 = 0; i1 < 8; i1++)
S6    {  power[i1] = (char)pow(2.0, (double)(7 - i1));}
S7    for(i2 = 0; i2 < 8; i2++){
S8        ch = binary[i2];
S9        if(ch == '1')
S10       {demical += power[i2];}
      }
S11   printf("\nThe decimal number is %d.\n", demical);
}
```

图 1　示例程序代码

3.1　动态控制依赖关系实现算法

这里介绍计算直接动态控制依赖关系（DDynCD）的算法。该算法如图 2 所示，它是计算动态信息流，该算法能同时应用于结构化的和非结构化的程序中。该算法中用到的数据结构是栈 CDSTACK(m)，该栈存储影响范围还没有完全退出的判定活动。当执行到栈顶元素的 ipd(s) 时，程序就认为退出了判定活动 s^k 的动态领域，此时从栈 CDSTACK(m) 中弹出活动 s^k。

算法主要分为四步：

（1）如果被访问的路径结点为判断结点时，将该结点入栈 CDSTACK(m)；

（2）如果被访问的结点是栈顶元素的直接后控制结点，则将该栈顶元素出栈 CDSTACK(m)。

（3）如果栈不为空，则当前结点直接动态控制依赖于栈 CDSTACK(m) 的栈顶元素；如果栈为空，则当前结点直接动态控制依赖的顶点为空；

（4）如果当前访问结点的直接后控制结点与栈顶元素的直接后控制结点相同，则将栈顶的判断结点出栈 CDSTACK(m)（目的是为了限制栈的大小）。

```
Compute Direct Dynamic Control Dependence( )
Input: Executing statement s, CDSTACK(m)
Output: DDynCD(S²) or null
ipd(s): immediate postdominator of a statement s
TOS(m): top of CDSTACK(m)
1  if ~Empty(CDSTACK(m)) and s = ipd(TOM(m)) then
2      pop CDSTACK(m)
3  endif
4  if ~Empty (CDSTACK(m)) then
5      DDynCD(S²) = TOM(m)
6  else
7      DDynCD(S²) = null
8  endif
9  if s is a decision statement then
10     if ~Empty (CDSTACK(m)) and s = ipd(TOM(m)) then
11         pop CDSTACK(m)
12     endif
13     push s onto CDSTACK(m)
14 endif
```

图 2　计算直接动态控制依赖关系的算法

按上述的算法，可以得到图 1 中的程序在执行路径 T = <s1，s2，s3，s4，s5，s6，s5，s6，s5，s6，s5，…>的 DDynCD 关系，具体见表 1。它与直接使用 DDynCD 关系的定义得到的结果相同。

表 1　控制流图 1 中执行路径 T 对应的 DDynCD 关系

路径	DDynCD	算法活动（开头为算法行号）	栈 DSTACK
s1	0	7：DDynCD（v1）= 0	0
s2	0	7：DDynCD（v2）= 0	0
s3	0	7：DDynCD（v3）= 0	0
s4	0	7：DDynCD（v4）= 0	0
s5	0	7：DDynCD（v5）= 0 → 13：pushes v5	v5
s6	v5	5：DDynCD（v6）= v5	v5
s5	v5	5：DDynCD（v5）= v5 → 11：pops v5 → 13：pushes v5	v5
s6	v5	5：DDynCD（v6）= v5	v5
s5	v5	5：DDynCD（v5）= v5 → 11：pops v5 → 13：pushes v5	v5
s6	v5	5：DDynCD（v6）= v5	v5
s5	v5	5：DDynCD（v5）= v5 → 11：pops v5 → 13：pushes v5	v
		…	

3.2　动态依赖关系实现算法

动态信息流分析和动态切片算法如图 3 所示。算法在执行程序时对每个活动 t^m 频繁地使用式（2），计算完成后存储计算结果以便随后使用。因为该算法是前向算法，当输

入活动为活动 t^m 时，算法计算时所有需要使用的值应该都已经计算得到并且可用。

在 InfoFlow 算法中，并集操作对算法性能有很大的影响。假设程序中语句的数量为 m、活动对象的数量为 n、用于实现并集的集合元运算（如添加、包含等）需要单位时间成本。则在最坏的情况下，计算活动 t^m 的 InfoFlow 的时间复杂度为 O（n^2）（包含计算该活动之前所需要的时间）；此时，信息流从每个对象流入其他所有的对象，并且所有的活动对象都对 t^m 有直接影响。此时并集操作涉及 n 个子集，每个子集有 n 个对象。另外，最坏的情况下，计算活动 t^m 的 DynSlice 的时间复杂度为 O（$n×m$）（包含计算该活动之前所需要的时间）；此时，所有 n 个活动对象的每一个切片都包含 m 个程序语句、并且所有的活动对象都对 t^m 有直接影响。此时并集操作涉及 n 个子集，每个子集有 m 个对象。

```
Compute InfoFlowAndDynSlice()
Input:Action tᵐ

Compute Dinfluence(tᵐ)

Dinfluence(tᵐ)={t}
for all sˣ ∈ Dinfluence(tᵐ)
    InfoFlow(tᵐ)=InfoFlow(tᵐ)∪InfoFlow(sᵏ)
endfor
Store InfoFlow(tᵐ) for subsequent use
if tᵐ is sink defined in policy and infoFlow(tᵐ) contains a sensitive object then
        Stop execution
        Log InfoFlow(tᵐ) and Dynslice(tᵐ)
```

图 3　动态信息流分析和动态切片算法

对图 1 所示的程序，设计了 6 个测试用例，其输入分别为 T1 = 00000000、T2 = 00001111、T3 = 01010101、T4 = 01101101、T5 = 11111111、T6 = 10101010，其中，前面 4 个执行通过，T5 和 T6 执行失败。通过使用图 3 的算法对其进行分析，可得到表 2 中的信息流覆盖信息。

表 2　示例程序的信息流覆盖信息

信息流：（源语句，源对象，目标语句，目标对象）	成功测试用例				失败测试用例		S_{F1}	S_{F2}	S_F	R_F
	C1	C2	C3	C4	C5	C6				
(6, powers [0], 10, decimal)					√		1.0	1.0	1.0	1
(6, powers [0], 11, decimal)		√			√	√	1.0	1.0	1.0	2
(6, powers [6], 10, decimal)		√	√	√	√	√	0.8	1.0	0.9	3
(6, powers [6], 11, decimal)		√	√	√	√	√	0.8	1.0	0.9	4
(6, powers [5], 10, decimal)	√	√	√	√	√	√	0.4	0.5	0.45	10
(6, powers [5], 11, decimal)	√	√	√	√	√	√	0.4	0.5	0.45	11
(8, ch, 9, –)		√	√	√	√	√	0.5	1.0	0.75	8
(10, decimal, 11, –)		√	√	√	√	√	0.57	1.0	0.79	7

续表

信息流：（源语句，源对象，目标语句，目标对象）	成功测试用例				失败测试用例		S_{F1}	S_{F2}	S_F	R_F
	C1	C2	C3	C4	C5	C6				
（7，-，8，ch）		√			√	√	0.5	1.0	0.75	8
（2，decimal，10，decimal）					√		0.57	1.0	0.79	7
...										

4　实验评价

4.1　实验概述

本研究选择 SIR 的西门子测试套件的 tcas 软件作为被测对象，交通警戒和避撞系统（traffic alert and collision avoidance system，TACAS）是一套被航空公司采用的飞机碰撞检测和回避系统。

4.2　实验数据

笔者对实验中使用的软件进行了修改，往其中注入了 5 个缺陷。TCAS 软件中注入的缺陷见表 3。

4.3　实验结果

为了说明方法的有效性，笔者将结果与标准的语句覆盖技术、分支覆盖技术和定义使用对覆盖技术[9]得到的结果进行对比。使用中共设计了 172 个测试用例。

表 3　TCAS 软件中注入的缺陷

缺陷号	源代码	注入代码
$F1$	while （own_Below_Threat（））	if （own_Below_Threat（））
$F2$	if （need_upward_PA&&need_downward_RA）	if （need_upward_PA）
$F3$	Return Positive_RA_Alt_Thresh ［Alt_Layer_value］	return Positive_RA_Alt_Thresh ［0］
$F4$	Positive_PA_Alt_Thresh ［3］ =740；	Positive_RA_Alt_Thresh ［3］ =740+20；
$F5$	int Positive_RA_Alt_Thresh ［4］；	int Positive_RA_Alt_Thresh ［3］；

表4 TEAS 软件的测试结果

缺陷号	测试用例 172	语句覆盖			分支覆盖				定义使用对覆盖				信息流覆盖			
		$S_{s\,max}$	S_s	R_s	$S_{B\,max}$	S_B	R_B	R_{S-B}	$S_{DU\,max}$	S_{DU}	R_{DU}	R_{S-DU}	$S_{F\,max}$	S_F	R_F	R_{S-F}
$F1$	$\frac{27}{145}$	0.94	0.75	95	0.94	0.94	2	2	0.94	—	—	—	0.96	0.94	4	17
$F2$	$\frac{36}{136}$	1.0	0.93	63	1.0	0.93	42	31	1.0	—	—	—	1.0	1.0	2	8
$F3$	$\frac{29}{143}$	0.98	0.77	61	0.98	—	—	—	0.98	0.77	218	78	1.0	1.0	5	13
$F4$	$\frac{11}{161}$	0.78	0.75	77	0.78	—	—	—	0.78	0.75	65	37	1.0	1.0	1	1
$F5$	$\frac{21}{151}$	0.78	0.78	27	0.8	—	—	—	0.8	0.8	1	1	0.83	0.83	1	3

$S_{*\,max}$：用相关方法计算该语句可疑度值中的最大值；

S_{*}：用相关方法计算得到的出错语句可疑度值；

R_{*}：可疑度值高于或等于出错语句可疑度值的语句数；

R_{S-*}：用对应的方法排查软件缺陷时，需要人工核查的程序语句数。

从表4中的 $F2$，可以看到：

（1）172个测试用例中，有29个运行失败。

（2）出错语句的 S_s 和 S_B 值均为0.93，与最大值1.0都有些差距，这意味着一些正常的语句会比出错语句更可疑。另外，出错语句的 S_{DU} 值为空，因为这里没有定义使用对。但是该语句的 S_F 和 $S_{F\,max}$ 均为1.0。这证明了信息流覆盖比其他的技术要更可靠。

（3）测试人员按排列顺序核查到出错语句时，使用语句覆盖技术需要多检查643条程序语句，使用分支覆盖技术时是31条，使用信息流覆盖技术时则为15条。使用定义使用对技术时更需要检查所有的程序语句。这一结果证明了信息流覆盖技术更加精确。

总之，实验结果表明，信息流覆盖技术比语句覆盖技术更可靠、更精确。在所有的数据中，它的可靠性都要高于其他三种技术，虽然个别缺陷上它的精确性还是不如分支覆盖或定义使用对覆盖技术，但是从统计学上看，它的精确性也还是优于其他三种技术。

5 结论与展望

本研究分析了基于信息流覆盖的缺陷定位技术，并基于该技术设计了一个缺陷定位的原型工具，通过该工具能快速地找到软件的缺陷，大大提高了缺陷定位的效率。通过实验证明了该方法比语句覆盖、分支覆盖和定义使用对覆盖更有效。实验结果表明，在一些案例中信息流覆盖的性能优于分支覆盖和定义使用对覆盖技术，而且在所有的数据中其性能都优于语句覆盖技术；在可靠性方面，它在所有的数据中都优于其他三种技术。如果将该方法应用到软件评测中，将有效地提高软件评测效率，提高评测结果的可靠性。

参 考 文 献

［1］ Masri W, Podgurski A. Algorithms and Tool Support for dynamic information flow analysis ［J］.

Information and Software Technology, 2009, 51 (2): 385-404.

［2］ Hailpern B, Santhanam P. Software debugging, testing, and verification ［J］. IBM Systems Journal, 2002, 41 (1): 4-12.

［3］ Shchekotykhin K, Friedrich G, Fleiss P, et al. Interactive ontology debugging: two query strategies for efficient fault localization ［J］. Web Semantics: Science, Services and Agents on the World Wide Web, 2012, 12: 88-103.

［4］ Sahoo S K, Criswell J, Geigle C, et al. Using likely invariants for automated software fault localization ［M］. New York: Association for Computing Machinery. 2013. 139-152.

［5］ 虞凯，林梦香. 自动化软件错误定位技术研究进展 ［J］. 计算机学报, 2011, 34 (8): 1411-1422. (YU Kai, LIN Mengxiang. Advances in Automatic Fault Localization Techniques ［J］. Chinese Journal of Computers, 2011, 34 (8): 1411-1422.)

［6］ Masri W. Fault localization based on information flow coverage ［J］. Software: Testing, Verification and Reliability, 2010, 20 (2): 121-147.

［7］ Masri W, Podgurski A, Leon D. Detecting and debugging insecure information flows ［C］. Piscataway// International Symposium on Software Reliablity Engineering. IEEE. 2004. 198-209.

［8］ Masri W, Podgurski A, Leon D. An empirical study of test case filtering techniques based on exercising information flows ［J］. IEEE Transactions on Software Engineering, 2007, 33 (7): 454-477.

［9］ 惠战伟，黄松，嵇孟雨. 基于程序特征谱整数溢出错误定位技术研究 ［J］. 计算机学报, 2012, 35 (10): 2204-2214.

航天安全攸关系统的软件可信性度量方法

张伟 经小川 梁光成 吕宏宇

（中国航天系统科学与工程研究院，北京，100048）

摘要：随着我国航天事业的快速发展，型号软件系统研制数量成倍增长，如何确定一个软件是否可信及如何度量软件的可信程度已成为航天软件重点关注且亟待解决的问题。本研究提出一种面向航天安全攸关系统的软件可信性度量方法，通过依据软件生命周期的阶段划分，确定各阶段可以提供软件可信证据的一系列技术或措施，据此确定目标软件符合的可信等级及评为该等级的合理度。

关键词：软件可信性；航天安全攸关系统；软件生命周期

1 引　　言

软件在航天产品中的作用和地位越来越突出，软件可信性直接关系航天任务的成败。可信，指系统提供可信赖服务的能力。可信是正确性、可靠性、安全性、可用性、可维护性、完整性等属性的集合[1]。这是在传统的可靠、安全等概念基础上发展起来的一个学术概念。一般认为，可信指一个实体在实现给定目标时的行为及其结果是可以预期的，其强调目标与实现相符及行为和结果的可预测性与可控制性。软件的可信指软件系统的动态行为及其结果总是符合人们的预期，在受到干扰时仍能提供连续的服务[2]。对航天型号软件，可信性主要关注正确性、可靠性、安全性属性[3,4]。

当前，一方面，航天工业处在高速发展时期，航天型号任务越来越密集，高密度的发射任务对研制效率和质量提出了更高的要求；另一方面，弹箭星船器各系统对软件的依赖程度越来越高，由软件失效导致系统故障的事件也屡屡出现。软件作为航天型号系统重要的组成部分，具有功能关键、运行环境苛刻、可靠性安全性要求高等特点，这些特征对软件可信性提出了更高的要求，软件可信性已直接关系型号任务的成败。

软件可信性是用户所关心的重要软件特性，高可信软件的设计与生产已经成为当前航天高安全软件产业发展的重要目标。软件可信性度量是软件可信性管理的重要支持手段，只有借助于可信性度量，进行必要的软件可信性测量，获得有关数据，才能使软件可信性管理做到心中有数，进而对被测量软件可信性有更好的认识、控制和改进。

如何度量型号软件的高可信，进而保证整个型号任务的高可信，已成为航天软件重点关注且亟待解决的问题。航天软件"可信度量"并非仅是度量软件代码或软件最终产品的可信性，更为重要的是指导型号软件开发过程如何达到预设的可信性。

目前，对软件，尤其是航天安全攸关系统软件可信性度量方法主要停留在对工程经验的总结和提炼上，没有明确的评价依据和可量化的度量方法。本研究以软件的整个生命周期为研究重点，确定软件生命周期各阶段的一系列可信证据，然后根据航天软件可信等级定义，确定目标软件符合的可信等级及评为该等级的合理度，以及其应当进行的改进。

2 航天软件可信分级评估模型

软件可信分级评估模型由三个部分组成，如图 1 所示。软件可信等级定义即对软件的可信级别进行划分，并对每一个可信级别的含义进行定义，用第 0 级、第 1 级、第 2 级等表示，不同的级别表示软件具有不同程度的可信性。软件可信证据模型则依据软件可信等级定义，规定了达到某个可信等级的软件需要具有的证据集合。软件可信等级评定则依据可信等级定义，并根据所获得的可信证据和特定的评估准则确定软件可信等级。

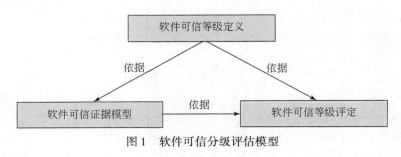

图 1　软件可信分级评估模型

2.1　软件可信等级定义

本研究结合航天软件的特殊性，参照中国航天软件安全关键级别的划分，对软件可信等级进行定义。

1）第 1 级

所述目标软件未采用表 1 中技术或措施中的任何一项，该目标软件不能判定可信性，则此时该目标软件可信等级定义为第 1 级，即可信等级 $k=1$，如航天软件中与执行任务有关的其他软件。

2）第 2 级

目标软件开发阶段中采用了表 1 中第 2 级所规定的所有强制使用的技术或措施，且该目标软件每千行源代码的剩余错误数不超过 2.39（CMM 3 级要求），则该目标软件可信等级定义为第 2 级，即 $k=2$。该级别对应当前中国航天软件安全关键级别 C 级、D 级，如航天无人系统的一般软件。

3）第 3 级

目标软件开发阶段中采用了表 1 中第 3 级所规定的所有强制使用的技术或措施，且该目标软件每千行源代码的剩余错误数不超过 0.92（CMM 4 级要求），则该目标软件可信等级定义为第 3 级，即 $k=3$。该级别对应当前中国航天软件安全关键级别 B 级，如载人系统和特别重大系统的一般软件、无人系统的重要软件。

4）第4级

目标软件开发阶段中采用了表1中第4级所规定的所有强制使用和推荐使用的技术或措施，且该目标软件每千行源代码的剩余错误数不超过0.32（CMM 5级要求），则该目标软件可信等级定义为第4级，即 $k=4$。该级别对应当前中国航天软件安全关键级别B级和部分A级，如载人系统和特别重大系统的重要软件、无人系统的关键软件。

5）第5级

目标软件开发阶段中采用了表1中第5级所规定的所有强制使用和推荐使用的技术或措施，且该目标软件每千行源代码的剩余错误数不超过0.32（CMM 5级要求），则该目标软件可信等级定义为第5级，即 $k=5$。该级别对应当前中国航天软件安全关键级别A级，如载人系统的关键软件和特别重大的无人系统的关键软件。

表1 各级可信证据表

软件开发阶段	技术或措施	第2级	第3级	第4级	第5级	$Pkij$
软件需求规格说明	计算机辅助规格说明工具	M	M	M	M	$Pk11$
	半形式化方法		M	M	M	$Pk12$
	形式化方法	—	—	—	M	$Pk13$
软件体系结构设计	故障检测和错误检测		M	M	M	$Pk21$
	失效断言程序设计、编程多样性				M	$Pk22$
	重试故障恢复机制、适度降级			M	M	$Pk23$
	结构化方法、计算机辅助设计工具	M	M	M	M	$Pk24$
软件支持工具和编程语言	经过认证的工具	—	M	M	M	$Pk31$
	经过认证的翻译程序			M	M	$Pk32$
详细设计	结构化方法	M	M	M	M	$Pk41$
	计算机辅助设计工具	M	M	M	M	$Pk42$
	防卫性编程	—		M	M	$Pk43$
	模块化方法		M	M	M	$Pk44$
软件模块测试和集成测试	功能测试、性能测试、接口测试	M	M	M	M	$Pk51$
	基于结构的测试	—	M	M	M	$Pk52$
	数据记录和分析	—		M	M	$Pk53$
软件确认测试	功能测试、性能测试、接口测试	M	M	M	M	$Pk61$
系统联试	模拟/建模			M	M	$Pk71$
	功能测试、性能测试、接口测试	M	M	M	M	$Pk72$
软件更改	影响分析		M	M	M	$Pk81$
	重新验证受影响的软件模块	—	M	M	M	$Pk82$
	重新确认完整系统			M	M	$Pk83$
	数据记录和分析	—	—	—	M	$Pk84$

续表

软件开发阶段	技术或措施	第2级	第3级	第4级	第5级	Pk*ij*
软件验证与确认	静态分析（包括边界值分析等）	—	M	M	M	Pk91
	动态分析和测试	—	—	HR	HR	Pk92
软件安全性分析	失效和故障分析	—	—	M	M	Pk101
	不同软件的共因失效分析	—	—	M	M	Pk102

注：M 对应该目标航天软件可信级别强制使用的技术或措施；HR 对应于该目标航天软件可信级别推荐的技术或措施；"—" 对应于该目标航天软件可信级别的技术或措施的采用不做要求

2.2 软件可信证据模型

依据软件生命周期的阶段划分，本研究建立了由开发阶段可信证据、提交阶段可信证据、应用阶段可信证据构成的软件可信证据模型。在软件可信等级定义方面，针对所提交的可信证据的可信程度，提出了软件可信等级的划分和每一个等级的定义，为软件可信等级评定提供依据。

软件所具有的能够反映其可信性的数据、文档或其他信息，称为软件可信证据。软件可信性可能通过多个可信证据从不同的角度反映出来。一个软件所有可信证据的集合，以某种结构进行组织后，就构成了软件可信证据模型。从软件的全生命周期角度来看，软件可信性受软件研制过程的影响，并通过软件自身的特性及软件的信誉等方面表现出来。因此，软件可信证据如下：

开发阶段可信证据。软件设计与生产的规范程度是影响软件可信性的重要因素，本研究将开发阶段可信证据分为 10 个具体部分（表1）。

提交阶段可信证据。软件实体的自身可信特性是用户判断"实体是否符合期望"的主要依据，这些证据集中体现在软件质量的各个特性上，主要包括功能特性证据和性能特性证据。

应用阶段可信证据。软件试验案例是建立用户对软件实体信心的重要依据。软件应用阶段接受试验的程度作为软件应用阶段的证据。

3 航天软件可信性度量的设计

根据软件可信等级定义，对目标航天软件进行可信性度量，具体流程如图2所示。

（1）根据各级可信证据表中所列出的各项技术或措施，确定目标航天软件能够完全满足的最高可信级别 k。

（2）如果步骤（1）中初步确定的目标航天软件可信等级 $k=5$，则该目标软件的最终可信等级为5，且合理度为1；如果步骤（2）中初步确定的目标航天软件可信等级 $k<5$，则进入步骤（3）。

（3）令 k 的值加1，确定目标软件符合 k 可信级别的技术或措施的满足程度：

对强制使用的技术或措施，如果目标软件中使用了该技术或措施，则相应的表1P$_{kij}$ =

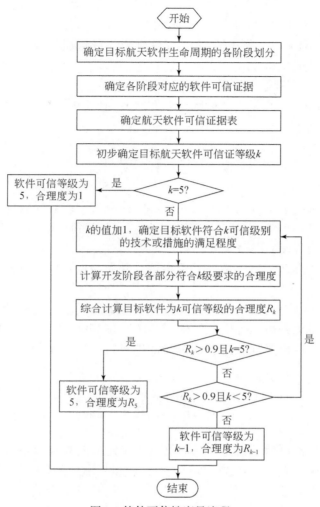

图 2 软件可信性度量流程

1, 否则 $P_{kij} = 0$;

对推荐使用的技术或措施, 如果软件中使用了该技术或措施, 则相应的 $P_{kij} = 0.8$, 否则 $P_{kij} = 0.2$;

对是否采用不做要求的技术或措施, 无论目标软件是否使用了该技术或措施, 始终 $P_{kij} = 0$。

（4）根据步骤（3）中得到的结果, 通过如下公式计算第 i 部分符合 k 等级要求的合理度 $R_{ki} = \dfrac{\sum\limits_{j=1}^{m} P_{kij}}{N_{ki}} \times 100\%$, 其中, $P_{kij} \in [0, 1]$, $i \leqslant 10$, $m =$ 开发阶段第 i 部分所包含的技术或措施数量, $k = \{2, 3, 4, 5\}$, N_{ki} 为 k 等级要求软件开发阶段第 i 部分中强制使用或推荐使用的技术数量;

进而通过公式, $R_k = \sum\limits_{i=1}^{13} R_{ki} W_{ki} \times 100\%$, $R_{ki} \in [0, 1]$, $W_{ik} \in [0, 1]$, 其中 $\sum\limits_{i=1}^{13} W_{ki} =$

1，$k=\{2,3,4,5\}$，计算所述目标软件被评为 k 可信等级的合理度 R_k，其中，W_{ki} 为组成所述目标软件等级评估合理度的各个阶段评估值的权重。

（5）若 $R_k>0.9$ 且 $k=5$，则 $k=5$ 为目标软件最终可信性等级，评价为该等级的合理度为 R_5，给出需要进行的改进。

若 $R_k>0.9$ 且 $k<5$，则返回步骤（3）；

若 $R_k<0.9$，则目标软件最终可信性等级为 $k-1$，评价为该等级的合理度为 R_{k-1}，给出需要进行的改进。

4　应用实践

本研究对中国航天某型号飞控软件进行可信性度量，该目标软件在开发阶段中除了"失效断言程序设计"技术未采用外，其余技术或措施均符合表 1 中关于第 5 级的要求，且功能、性能和应用阶段的证据均符合要求，应用本方法对其度量的结果为第 5 级，将该软件划为可信 5 级的合理度为 99%，并给出该软件应当进行的改进：增加"失效断言程序设计技术"。

本研究从软件整个生命周期出发，收集各阶段中影响软件可信性的依据，通过对可信证据进行评估、量化，最终得出该软件所属的可信等级，并给出软件应当进行改进的建议。由于此建议的得出是在软件可信等级的度量过程中得出的，更为具体，更具有针对性。

5　结　束　语

本研究旨在对软件可信的概念、软件可信等级定义及软件可信分级评估方法等进行明确的规定，为航天安全攸关系统软件可信分级提供标准规范和可量化的度量方法。

该方法针对航天软件的特有属性，以目标软件的整个生命周期为研究重点，确定软件生命周期各阶段的一系列可信证据。以可量化的方式对各项可信证据进行度量，确定目标软件符合的可信等级及评为该等级的合理度，并给出应当进行改进的针对性建议。此方法不仅可以提高软件生产率，显著减低软件开发成本，而且可以进一步通过提高软件可信性，显著降低武器型号失败概率，获得经济效益和社会效益。

参 考 文 献

[1] Avižienis A, Laprie J C, Randell B, et al. Basic concepts and taxonomy of dependable and secure computing [J]. IEEE Transactions on Dependable and Secure Computing, 2004, 1 (1): 11-33.

[2] 刘克，单志广，王戟，等. "可信软件基础研究"重大研究计划综述 [J]. 中国科学基金，2008，(3): 145-151.

[3] 杨孟飞，顾斌，郭向英，等. 航天嵌入式软件可信性保障技术及应用研究 [J]. 中国科学：技术科学，2015，45 (2): 198-203.

[4] 杨芙清，王千祥，梅宏，等. 基于复用的软件生产技术 [J]. 中国科学 E 辑：技术科学，2001 (4): 363-371.

基于物联网的电力需求侧管理平台的设计和应用

贾之楠　王继伟　石　倩

（中国航天系统科学与工程研究院，北京，100048）

摘要： 当前，电力需求侧管理的理念为企业产业结构升级提供了一种思路，可产生良好的经济效益和社会效益。本研究探讨了物联网的定义及关键技术，构建了基于物联网技术的电力需求侧管理平台，阐述了平台的设计思路和平台功能，通过企业的实例应用，进一步介绍了平台的应用效果，从而为电力需求侧管理工作的深入开展提供借鉴。

关键词： 物联网；电力需求侧；电能监测；电力能源

1　前　言

随着我国经济和社会的发展，企业对电力能源的需求不断增长，但如果仅增加电力基础设施投资，不进行电力能源的优化使用，将造成电力能源的浪费，同时，电力工业的发展越来越受到现有资源和环境保护因素的制约[1]。从实现电力能源利用最优化和促进企业的可持续发展出发，电力需求侧（demand side management，DSM）管理的概念已经被越来越多的人接受，也为加快城市现代化进程和产业结构升级提供了一种思路。当前，具有全面感知、可靠传输、智能处理特征的物联网技术在各行业的广泛应用，为电力需求侧管理的应用提供了借鉴。

2　物联网定义及关键技术

2.1　物联网定义

物联网是通过射频识别（radio frequency identification，RFID）、红外感应器、全球定位系统、激光扫描器等信息传感设备，按照约定的协议，把物品与互联网连接起来，进行信息交换和通信，以实现智能化识别、定位、跟踪、监控和管理[2]。物联网是互联网发展的一个新阶段，基于标准的通信协议，具有信息捕获、传输和处理等主要功能，实现物与人、物与物之间的高效信息交互，将物理空间与信息网络融合，并利用各种智能计算技术，对海量的感知数据进行分析和处理，促进决策与控制的智能化、科学化。

2.2 物联网关键技术

物联网主要有射频识别、传感器、网络和通信技术、智能技术四种关键技术。

1）射频识别

射频识别技术又被称为电子标签技术。标签中存储着规范且具有互用性的信息，通过通信网络把它们自动采集到信息系统，实现物品的自动识别和信息共享，从而对物品进行透明管理和追踪管理。

2）传感器

传感器是能够感知被测指标并将其按照一定的规律转换成可用信号的设备。它将测量到的信息（温度、压力、湿度、光照强度等）转变成为电信号或其他所需形式的信息输出，以满足信息的传输、处理、存储、显示、记录和控制等要求，是实现自动检测和自动控制的基础。

3）网络和通信技术

网络和通信技术是为物联网提供信息传递和服务支撑的基础通道，主要包括广域网通信和近距离通信两个方面，广域网通信方面主要包括 IP 互联网、2G/3G/4G 移动通信、卫星通信技术等；在近距离通信方面，目前的主流技术是基于 IEEE 802.15.4 标准的 ZigBee，它具有功耗低、可靠、安全、网络容量大、成本低廉、自组网和动态路由等特点[3]。

4）智能技术

在物联网中，产生的大量数据通常集中存储在异地的数据库中，海量数据存储和复杂运算是物联网应用的一个难题，而云计算技术的兴起有效地促进了物联网的应用。依托云计算技术建设的虚拟化、集中管理、自动调度和分布式计算特点的云计算平台，实现了低成本、高效率的大数据存储和有效的数据整合、挖掘及智能处理。

3 平台的设计及应用

3.1 设计思路

电力需求侧管理改变了传统电力能源使用过程中单纯以电力供应满足需求的工作思路，将需求侧节约的电能也作为一种资源（如设备改造减少耗电量），通过电能资源优化使用实现用电量的减少和电费的降低，从而产生较好的经济效益和社会效益。

基于物联网技术的电力需求侧管理平台通过对电力设施设备的电压、电流、负荷和电量等电能参数的在线采集，以及对电压偏差、频率偏差、谐波畸变和三相电压不平衡等电能质量指标的在线监测，运用大数据综合分析技术，实现企业对电力负荷、电力分配、电力质量、电力的使用效率及用电设备安全情况、生产状态的实时监控和量化分析，从而促进企业精细化掌握用电设备的工作状态，提高电能效率，合理安排生产，降低运行成本，及时发现、处理企业的电能质量问题，同时，促进企业环保工作的有效开展。

3.2 平台总体架构

基于物联网技术的电力需求侧管理平台以全面感知企业电力设施设备的工作状态为基础，通过通信网络的高效传输，以智能计算技术为支撑，实现电能监测、质量监测、决策分析、报表管理等电力需求侧应用服务，促进企业优化电能使用。基于物联网技术的电力需求侧管理平台总体架构如图 1 所示。

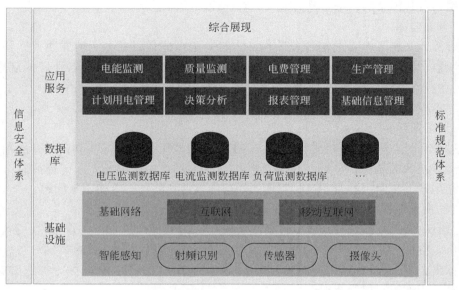

图 1　基于物联网技术的电力需求侧管理平台总体架构

1）基础设施

智能感知：通过部署在各类变压器、用电设备上的智能感知终端，实现各类电能参数信息的实时采集。

基础网络：通过互联网、移动互联网等，结合智能感知设备，建立覆盖企业所有电能设施设备的智能感知网络传输体系。

2）数据库

建立企业各种电能参数指标的基础数据库及各种企业用电分析、管理方面的业务数据库，共同构成企业电力需求侧管理的数据库体系。

3）应用服务

面向企业电力需求侧管理工作，建设电能监测、质量监测、电费管理、生产管理、计划用电管理、决策分析、报表管理及基本信息管理 8 个业务应用模块，构成平台的功能服务体系。

4）综合展现

通过门户搭建及手机 APP 应用，为平台的应用提供统一的访问和操作入口。

5）标准规范体系

建立和完善平台的标准规范体系，形成具有企业特色的技术标准和规范，以指导企业深化平台应用。

6）信息安全体系

根据国家信息安全等级保护标准，并采用防火墙、入侵检测等技术手段，构建较为全面的信息安全保障体系。

3.3 主要功能

根据平台总体架构，平台具有 8 个主要的业务功能。

1）电能监测

要有效地开展电力需求侧管理工作，实时监测电能信息就显得非常重要。通过在企业的变压器、用电设备上安装部署电能监测设备，实现变压器和用电设备的规格型号、设计值、电量、总负荷、额定容量/功率、总功率因数、负荷率、A/B/C 相电流、A/B/C 相电压、零线电流、温度等信息的记录和实时监测。

2）质量监测

通过平台对监测数据的分析计算，实时掌握企业配网的运行情况，对变压器和用电设备可能存在的电压偏差、频率偏差、三相电压不平衡、谐波畸变、电能异常等问题动态跟踪和预警，从而协助企业及时发现、处理可能遇到的各类电能质量问题。

3）电费管理

通过对电费基本信息的设置，包括协议总价、国家标准单价、协议单价、阶梯电价、分时电价、阶梯分时等，并按照峰电量、谷电量、平电量、尖电量的类别划分，由系统自动计算出企业各个用电设备的成本费用，为企业用电的"削峰填谷"提供数据支持，为企业电力成本控制提供依据。

4）生产管理

通过对企业生产线、企业生产岗位的设置及与实际工作人员排班计划的匹配，结合电能监测设备对企业各个生产线及企业生产岗位的工作状态监控，为企业生产进度管理、人员绩效考核提供参考。

5）计划用电管理

根据企业的生产计划，实现企业各个生产设备的计划用电管理，并提供实际用电与计划用电之间的动态对比及电能使用预警等功能，同时，实现计划用电的增购及在企业内部的转让管理。

6）决策分析

实现企业内部不同组织机构、同类设备用电、同功率设备、同类/不同类生产线、不同设备生产同一产品、同岗位用电等不同维度的用电情况对比，促进企业进一步优化工作流程，加强成本控制，提高企业的管理水平。

7）报表管理

根据企业的需要，为企业提供包括日电量报表、月电量报表、季电量报表、年电量报表、机构电量统计表及日电力分析、月电力分析、年电力分析等多维度、多层次的电能使用统计分析报表，为管理者、技术专家、普通员工的实际工作提供参考数据。

8）基本信息管理

实现平台的用户管理功能，包括角色划分和用户权限分配；实现电能监测设备的管理，包括设置基本参数及电流电压偏差等正常范围参数；实现企业用电设备的基本信息管理，包括设备编号、设备名称、设备型号等。

3.4 应用案例

某生产企业拥有多台变压器，其中一台 31500kVA 变压器供 A 厂和 B 厂用电；A 厂有 2 台整流变压器、3 台动力变压器；B 厂有 16 台专供变压器，5 台动力变压器。A 厂和 B 厂的主要用电设备是高压电机、直流电机；辅助用电设备是空压机、风机、水泵等。通过基于物联网技术的电力需求侧管理平台的应用，促进了企业的科学用电、安全用电。部分成效如下：

（1）优化用电设备电压。发现某高压电机的电压水平高出额定电压 5% 左右，经过平台进一步监测，发现 65.7% 的负荷适用于优化电压，从而实现月节约电量 3.28% 左右。

（2）优化设备运行效率。发现某几台设备的用电量占该生产线的月总用电量的 4.6%，可采用变频电源降低 30% 的用电量，从而节约月总用电量的 1.4% 左右。

（3）治理谐波污染。发现某些设备存在谐波畸变的现象，通过加装串联专用电抗器，有效滤除了特征谐波。

（4）建立了电能考核制度。根据平台的监测信息，协助企业建立了可量化的电能考核管理制度，促进了企业的安全用电和经济用电。

4 结 束 语

电力需求侧管理的目标是促进企业提高电力利用效率，有效配置电力资源，改变不合理的电力消费方式和行为，取得节约电量和环境保护效益，有效促进社会、经济可持续发展[4]。随着物联网技术的广泛应用，通过实时监控、分析统计、查询展示、信息预警等技术功能，实现了电力需求侧管理的智能化、数字化和网络化，促进了企业管理水平的提高，取得了良好的经济效益和社会效益，并为石油、天然气、煤炭、水等其他能源的科学使用提供参考。

参 考 文 献

[1] 杜滨. 电力需求侧管理技术研究 [D]. 保定：华北电力大学硕士学位论文，2008.

[2] 蒋亚军，贺平，赵会群，等. 基于 EPC 的物联网研究综述 [J]. 广东通信技术，2005，（8）：25-30，34.

[3] 牛耕. 物联网关键技术分析 [A] //第十七届全国青年通信学术年会论文集 [C]. 北京：国防工业出版社，2012.

[4] 黄晓莉. 电力需求侧管理在江苏省的应用研究 [D]. 镇江：江苏大学硕士学位论文，2005.

系统工程方法在国防领域专利战略研究中的应用

臧春喜　王卫军　褚鹏蛟

（中国航天科技集团公司知识产权中心，北京，100048）

摘要：开展国防领域专利战略研究对国防科技创新意义重大，但在目前还缺乏统一、规范的研究方法，尚未形成一套较为完整的方法体系。本研究尝试将系统工程方法用于国防领域专利战略研究中，运用系统工程的相关理论与方法分析了国防领域专利战略研究的系统特征，在此基础上，对专利战略研究系统工程方法及特征进行了探索，为各单位能有意识地应用系统工程理论和方法开展国防领域专利战略研究，不断提升研究水平提供参考。

关键词：系统工程；国防领域；专利战略研究

1　引　言

国防科技和国防工业的发展，不仅关系国家及全体国民生命财产的安全，并且直接影响一个国家的经济实力和政治实力。近年来，我国国防科技和国防工业取得的成就有目共睹，核心技术自主知识产权不断增多，关键领域实现了技术突破，达到国际先进甚至领先水平，逐步走上自主创新发展的道路。尽管如此，仍然存在国防科技创新发展内生动力和推动力不足、原始创新成果不多、创新整体质量不高、核心自主知识产权匮乏等一系列不容忽视的现实问题。

世界主要军事强国高度重视知识产权在国防科技和国防工业发展中的作用，美国、英国、俄罗斯等建立了完善的国防知识产权法律法规和管理工作体系，各主要国家和大型军工企业纷纷开展专利战略研究，对确保其在世界范围内的军事技术领先地位起到了至关重要的作用。自 2012 年实施国防知识产权战略以来，国防知识产权局相继组织开展了多个领域的专利战略研究工作，取得了很好的效果，也积累了一些宝贵的经验，对国防科技创新起到了很大的支撑作用，但各单位开展专利战略研究的方法还不统一，未形成一套完整的工作方法体系，因此，迫切需要探索和研究一种适用于开展国防领域专利战略研究的理论和方法。系统工程思想诞生于航天，并在航天系统得到发展和成功应用。本研究尝试将系统工程方法应用于国防领域专利战略研究中，希望为各单位应用系统工程的理论和方法开展国防领域专利战略研究提供借鉴。

2 国防领域专利战略研究的系统特征

一般的专利战略研究是企业为获取或保持市场竞争优势，利用专利制度和专利信息，谋求获取最佳经济效益的总体性谋划，而国防领域专利战略研究除了获取经济利益以外，还要确立我国的军事优势及维护国防安全，具备长期性、前瞻性、全局性和对抗性等特点。系统指由一些相互关联、相互作用、相互影响的组成部分所构成的具有某些功能的整体。钱学森指出："系统论是整体论与还原论的辩证统一。"[1]在应用系统论方法时，要从系统整体出发将系统进行分解，在分解研究的基础上，再综合集成到系统整体，因此，系统工程一是要突出系统总体，强调整体优化，二是要以分解-集成思想为基础。[2]国防领域专利战略研究工作的实践表明，每一项专利战略研究都是一项系统工程，具有明显的系统特征。

2.1 研究目的的系统特征

国防领域专利战略研究要以国家为主导、企业为主体进行开展。从宏观层面，国家要结合我国国防技术发展战略，以关键元器件、先进材料、基础软件及先进工艺、精密加工等领域的专利为主要研究对象，组织相关单位运用专利信息分析和情报分析手段，在分析专利承载的技术、市场信息的基础上，综合考虑军事、政治和社会等各种因素，分析国防领域的专利分布态势、布局结构、作用和影响，透过专利信息摸清国外国防领域的技术发展趋势、水平和最新发展动向，制定我国的技术发展路线，充分体现系统总体思想。从微观层面，企业要通过开展专利战略研究，分析专利承载的技术、法律和市场信息，充分利用国外成熟技术，力争获得技术上的突破，改善我国武器装备技术能力状况，提高打击能力和威慑力；通过开展专利战略研究，加强企业自主知识产权创造能力，谋划专利布局，取得武器装备竞争性采购环境下的市场优势；通过开展专利战略研究，着眼企业长远发展和技术转移，为创新成果产品化、市场化和商业化提供保障，促进军民融合式发展，最终提高国家的国防科技创新水平，充分体现综合集成思想。

2.2 研究对象的系统特征

在专利战略研究中应当把所研究的对象视作一个系统，通常称为对象系统。专利战略研究的对象首先是专利信息系统，该系统集合了世界各国的专利信息，包括发明、实用新型和外观设计三种类型，本身具有独立完善的分类体系，截至2013年底，世界专利共有6000万件以上，随着专利的申请、公开、授权、失效等活动，这个信息系统又在不断更新、扩充和动态变化，构成了一个巨大的信息系统。[3]而国防领域的专利信息除了上述特点外，由于其涉及国家安全或重大利益，还具有保密性、公开滞后等特点，[4]如美国和英国将发明创造的专利申请保密，经过专利审查，但在解密前不授予专利权，德国、俄罗斯和中国将发明创造的专利申请保密，经过审查合格授予专利权，但不予以公布，法国、西班牙和荷兰等国家对涉及国防领域发明创造的专利申请既不进行专利审查，也不对保密的专利申请予以授权，使得专利信息系统变得更为复杂。同时国防领域专利战略研究的对象还包括其他技术信息、政治信息和军事信息等组成的情报信息系统。可见，国防领域专利战略研究的任何一个研究对象都是一个开放的复杂系统。

2.3 研究环境的系统特征

国防领域专利战略研究的对象系统都是开放的，它存在于一定的环境之中，因此，在专利战略研究工作中，要把与对象系统相关联的各种外部环境和内部条件要素所构成的整体视作一个环境系统。由于国防领域的技术发展受政治、军事等因素影响大，不同历史时期有不同的技术需求，如进行某国防热点技术专利战略研究时，就必须考虑与该热点技术有关的政治、军事、经济、科技和安全等国际环境，同时考虑国家创新体系、知识产权制度、装备采购制度、国内经济环境、竞争对手等国内环境对该类热点技术所起到的直接或间接影响，并将这些要素构成的整体视作一个外部环境系统，同时还要结合企业内部条件，然后将专利战略制定放在这一环境系统中加以考虑和研究，寻求对象系统与环境系统之间相适应、相协调的对应关系。[65]专利战略研究环境分析如图1所示。

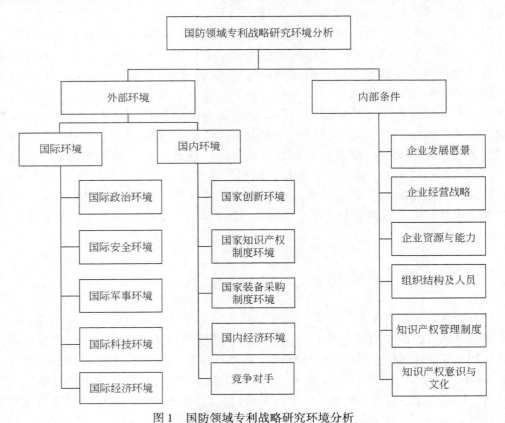

图 1　国防领域专利战略研究环境分析

2.4 研究内容的系统特征

国防领域专利战略研究是贯穿于预先研究、型号研制及维修保障全寿命周期内技术的产生、发展、应用、维护等各个方面采取的知识产权创造、保护、运用和管理策略，包括专利分析和专利战略制定两部分内容。

专利战略研究的核心是以专利信息为获取主体，通过对专利中承载的技术、政策、政治、军事等信息进行解读、判断和分析，来揭示相关技术的现状和预测未来技术发展趋势。因此，专利分析首先应建立一个宏观的分析目标，自上而下，从整体到局部进行层层任务分解和落实，包括开展技术发展趋势分析、技术产出地分析、技术分布分析、主要目标市场分析、专利申请/专利权人分布分析及重点申请人分析、主要发明人分析、重点专利技术分析、技术功效矩阵分析和技术成熟度分析等[6,7]；同时也要自下而上，从局部到整体，将各项分析结论有机结合起来，注重总体目标的实现，最终梳理出技术发展路线等，分析过程如图2所示。

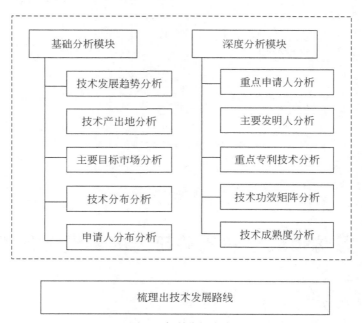

图2 专利分析内容

专利战略研究的重点是根据专利分析结果制定专利战略，如图3所示。例如，在预先研究阶段，包括基础研究、应用研究和先期技术开发，重点在于制定专利信息搜集和利用及研发策略[8]；在型号研制的立项论证、方案设计阶段，除了考虑专利信息的搜集和利用，重点在于制定创新成果的保护和布局策略；而在型号研制的项目研制、验收定性阶段及维修保障阶段，则更多地要考虑专利转化和运用策略。

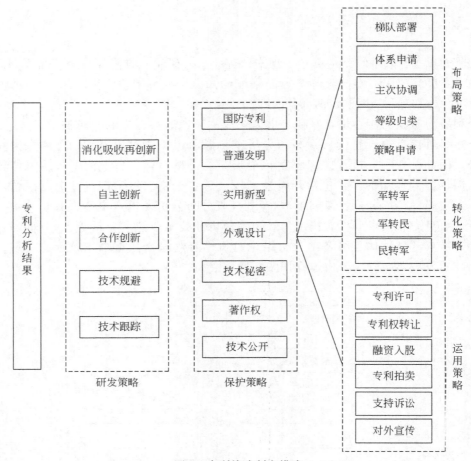

图 3 专利战略制定模式

3 国防领域专利战略研究的系统工作方法

3.1 系统工作方法内涵

国防领域专利战略研究作为一项系统工程，所研究的问题具有明显的前瞻性、复杂性、特殊性和不确定性，要提出正确的、有价值的结论和建议，不仅需要理论指导，还需要灵活地掌握和运用科学的研究方法。人们常说"这是一项系统工程"，这句话包含两层含义：一层含义是从实践或工程角度看，解决问题的过程是一个系统的实践或系统的工程；另一层含义是从技术角度讲，既然是系统的实践或工程，它的组织管理就应该用系统工程的理论、方法和技术去处理[2]。对解决这样复杂问题的一条有效途径就是使用定性与定量相结合的综合集成方法，构建一个以人为主的高度智能化的人-机结合系统，从而发挥整体优势，以更好地解决实际问题。

国防领域专利战略研究系统工作方法如图4所示。从组织管理上，要成立专利战略领导小组，由专利战略领导小组根据不同的工作内容组织不同的专家体系和实施机构；在工作流程上，则首先由专家体系一根据各自经验并结合技术和情报调研情况进行讨论提出经验性判断，提出专利战略研究的具体问题；其次由专家体系二对提出的具体问题进行系统描述，确定出技术分解模型并进行专利信息检索，经过反复调整、逐次逼近后开展定性定量分析；再次由专家体系三根据定性定量分析结果并结合国家国防技术发展战略或企业经营战略，制定专利战略；最后由专利战略实施小组负责具体组织实施，在此过程中要持续跟踪技术、军事、政治及市场环境的变化并及时进行适当调整。

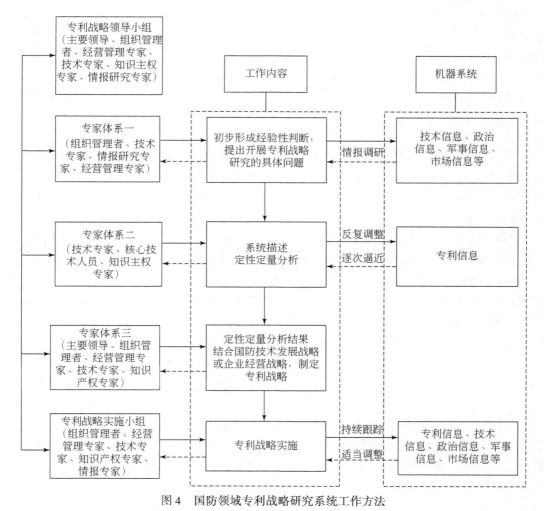

图 4　国防领域专利战略研究系统工作方法

3.2　系统工作方法特点

国防领域专利战略研究系统工作方法与综合集成方法在认识路线、研究路线和技术路线上是一致的，是系统思想指导下运用综合集成方法解决国防领域专利战略研究问题的具体实践，具有以下特点。

（1）坚持利用为先、创造为本、保护为重、运用为标的原则。首先通过对国外主要军事强国的专利技术信息进行挖掘、分析和利用，支撑我国国防科技创新发展，突破国外技术封锁，以提高我国武器装备的研发能力和技术水平；根本在于在掌握国外国防先进技术发展现状和发展动向基础，实时调整我国国防技术方向布局，制定科学合理的技术研发体系，集中优势发展重点前沿技术，保持技术研发领先优势；重要的是对自主创新成果通过合理布局，进行有效保护，既确保占有市场又维护国防安全；最终在确保国防安全的同时，推动国防技术转化运用，实现军民融合发展的目标。

（2）采取信息挖掘技术和系统辨识方法。随着科学技术的迅速发展，海量的专利文献中不仅蕴含着丰富的情报信息，重复专利、垃圾专利和虚假专利也充斥其中。同时国防领域专利技术保密性强、公开时间晚（如美国保密专利大致要经过 10 年甚至 30 年才授权公开）、专利数量少及申请不连续，检索难度远高于民用领域。如何从浩瀚的专利文献中采集到有效的专利信息，需要借助 TRIZ 理论技术、云计算技术及大数据分析手段等进行专利信息挖掘[9]，最后通过系统辨识、去伪存真，透过专利信息摸清国外国防技术发展水平及发展动向。

（3）充分发挥专家协同效应。在提出专利战略研究的具体问题时，需要由组织管理者、技术专家、情报研究专家和经营管理专家组成专家体系；在进行系统描述和定性定量分析时，以核心技术人员和知识产权专家为主；在制定专利战略时，则需要经营管理专家的深度参与。这样组成的不同专家体系具有研究复杂系统所需要的合理知识结构，每个专家都有自己的理论知识和经验知识，都能从一个方面或一个角度去研究问题，这样把这些专家从不同层次、不同方面和不同角度的认识结合起来，能够充分发挥专家的协同效应。例如，技术专家和情报研究专家的结合能够准确掌握国防领域的技术发展现状和趋势及国外军事强国的动态；技术专家与知识产权专家的配合则能够全面、准确地检索到相关专利信息并对其进行深入分析，客观地认清技术的发展路线；经营管理专家的介入则能够将技术与市场和企业发展结合起来。

4　结　　论

国防领域专利战略研究围绕"专利—技术—创新—安全—发展"之间的关联开展工作，不仅是一个定性与定量相结合的综合集成过程，更是大量信息和知识的系统辨识过程，无论从组织管理上还是工作方法上来看，专利战略研究的开展都是一个极其复杂的系统工程。本研究尝试运用系统工程的相关理论与方法，分析了国防领域专利战略研究的系统特征，在此基础上，对专利战略研究系统工程方法及特点进行了介绍，对国防领域专利战略研究的深入开展具有指导意义。

参 考 文 献

[1] 钱学森等. 论系统工程（新世纪版）[M]. 上海：上海交通大学出版社，2007.

[2] 中国系统工程学会，上海交通大学. 钱学森系统科学思想研究 [M]. 上海：上海交通大学出版社，2007.

[3] 臧春喜，王卫军，杨春颖. 系统工程方法在专利导航工作中的应用研究 [A]. // 中国系统工程学

会第十八届学术年会论文集［C］. 2014. 10.

［4］钟心. 专利战略研究在国防科技工业领域的应用［J］. 电子知识产权，2012，（8）：90-94.

［5］冯晓青. 企业知识产权管理［M］. 北京：中国政法大学出版社，2012.

［6］杨铁军. 专利分析实务手册［M］. 北京：知识产权出版社，2012.

［7］贺化. 专利导航产业和区域经济发展实务［M］. 北京：知识产权出版社，2013.

［8］白思俊，郭云涛. 国防项目管理［M］. 哈尔滨：哈尔滨工程大学出版社，2009.

［9］陈燕等. 技术挖掘与专利分析［M］. 北京：清华大学出版社，2012.

中关村生物医药产业创新链布局与对策研究

刘文澜

（中国航天系统科学与工程研究院，北京，100048）

摘要：本研究基于文献研究和调查问卷等方法，以生物医药产业为研究对象，从产业创新链的视角剖析了中关村生物医药产业的布局特征。结合生物医药产业创新发展特点，对中关村生物医药产业创新链布局的现状、特征及存在的问题开展实证研究，并提出中关村生物医药产业创新链布局的优化建议，为中关村培育具有全球竞争力的生物医药产业提供决策参考。

关键词：中关村；生物医药产业；创新链；布局；对策

1 引 言

随着生命科学和生物技术的快速发展，生物医药研究和产业发展进入了变革性的新阶段，以生物技术药物、化学药、中药、新型医疗器件和设备等为代表的生物医药产业已成为世界各国重点发展的战略性新兴产业。中关村依托雄厚的大学、科研机构、研究型医院的优势，以及良好的科研基础和创新环境，正在集聚全球生物医药产业优质创新资源，形成了一批创新型的企业。目前，中关村聚集了1300多家生物医药企业，主要分布在昌平园、海淀园、大兴园、亦庄开发区，形成了生物和健康产业集群。中关村生物医药产业要发展成为具有全球影响力的产业集群，必须走"高端发展，创新引领"之路，其核心是要把握前沿技术发展方向，不断地创造出重大原创性的生物医药成果并使其产业化，显著提高企业自身的自主创新能力和全球市场竞争力[1,2]。

创新过程是一条环环相扣的链条。Marshall 和 Vredenburg[3] 第一次提出了"创新链"（innovative chain）的概念，指出了创新链是一种阶段性活动，是相关产品制造商、原材料供应商、产品销售商三者之间形成多主体互动的过程。Barnfield[4]依据创新活动功能特征，建立了创新链的链式结构模型，并总结得出创新链是由各个功能阶段有机串联而成，各个环节的相互联系越紧密，互动越频繁，创新成果越丰富，创新链也更加成熟。Jensen等[5]和 Malerba[6] 则分别对创新链的开放模式和创新集聚的形成过程开展研究，构建了创新链开放共享模型，这是对不同创新链之间的互动机制的进一步探索。

接下来，国内学者也对创新链的内涵、构成要素、类型及与产业链的关系等开展了研究[7-11]。蔡坚[12]提出，产业以技术升级、制度优化、资源整合的形式连接各个创新主体，从而形成产业技术创新链。林森等[13]指出，我国产业的创新链与价值链、工艺链之间不相协调的矛盾是创新成果转化与应用效力不足的根源所在。朱瑞博[14]的研究结果某种程度上证实了这一观点。通过对上海高技术开发区的实地调研，发现创新链和产业链之间存在一定的缺口，这是新兴产业创新出现困境的一大诱因。

总体上看国内外学者关于创新链的认识在不断深化，其聚焦点主要集中于创新链条上不同环节的博弈。本研究结合世界各国的实践和相关研究成果，将创新链定义为多主体参与下各种创新活动有机串联形成的链条。这些创新活动包括知识创造与转移、共性技术研发与服务、关键及系统集成技术研发与工程化、创新支撑与产业化服务等。

生物医药产业按照产品类别一般分为生物制药、生物农业、生物医学工程、健康和研发服务四大类[15]。长期以来，世界生物医药产业始终保持稳定快速增长，位列上升势头最迅猛的高新科技产业之一。生物医药产业是一个典型的高技术含量、高研发投入、耗时长、风险与回报双高产业，其创新环节和组织模式也相对较为复杂。近年来，创新联盟成为生物医药产业发展的新趋势。一方面，一些创新生物技术公司具备了核心关键技术和药物配方，致使大型医药公司主动与他们合作建立行业联盟和合作伙伴关系，以保证创新动力[16-18]；另一方面，大型综合企业将临床工作中技术含量比较低且不涉及技术秘密和专利问题的环节分包给专业性小企业，从而产生了研发外包服务行业，即合同研究组织（Contract Research Organization，CRO）[19-21]。因此，生物医药产业不同于一般制造产业的创新过程，其创新活动主要包括药物发现，临床前期研发，临床试验，小试、中试与产业化，以及创新支撑与服务等环节。生物医药产业创新链主要特征见表1。

表1 生物医药产业创新链主要特征

活动	药物发现	临床前期研发	临床试验	小试、中试与产业化	创新支撑与服务
主体	高校、科研机构、共性技术平台（国家重点实验室）、企业	以企业为主	以企业为主	以企业为主	政府服务机构、专业中介机构、金融、风投等机构
内容	药物发现、知识创造与转移	临床前期的技术研发	I期、II期、III期临床试验（制药企业）	小试、中试与产业化	新产品产业化支撑与服务
方式	人才流动、技术转移、合作研究、培训	自主研发、技术联盟、转让许可、技术服务	自主研发、技术联盟、转让许可、技术服务	自主研发、技术联盟、转让许可、技术服务	公益性服务、市场机制
投入工具	专项支持	引导、孵化器	引导、孵化器	引导、孵化器	公益性服务、引导、市场机制

1）药物发现阶段

药物研发是生物医药产业的知识创造与转移阶段的主要形式。基础研发和药物发现是生物医药产业创新的主要动力。知识创造的重要主体为高校与科研院所，通过两者进行知识创造和基础研究，为企业乃至行业发展提供知识支撑。因此，高校和科研院所的知识成果能否通过人才流动、技术转移、合作研究、培训等手段顺利转化到企业中并得到有效运用，成为判断生物医药产业创新能力强弱的重要标志之一。同时，一些共性技术平台（如国家重点实验室），为药物基础研发提供服务，也是知识创造与转移的重要参与者。

2）临床前期研发阶段

生物医药临床前研发指对药物进行毒理和药理分析，以及药物动力学、药效学和药剂学研究的过程，该过程是药物获得临床资格的必要前提。以自主研发、技术联盟、转让许可、技术服务为主要方式，在创新链条上，有很多专攻临床前研发的企业和研发机构。在这个阶段，出现了研发外包CRO的新业务形势，即大型综合企业将临床工作中技术含量比较低且不涉及技术秘密和专利问题的环节分包给专业性小企业。同时，部分企业设有研发平台，以开展共性技术研发及工程化。

3）临床试验阶段

临床研究是对产品的有效性和安全性进行权威检测，分为三期。临床Ⅰ期是药理学评价，测试人数为10~30例。Ⅱ期是药物治疗作用和安全性初评，测试人数为100~300例。Ⅲ期是药物治疗作用和安全性的最终评价。临床研究是申请新药注册的前提要求。临床研究阶段以自主研发、技术联盟、转让许可、技术服务为主要形式。

4）小试、中试与产业化阶段

在新药正式投产前，要进行小试和中试，中试并非短期实验型测试，而是从小规模到大规模的按照步骤逐步深入的实验过程。中试成功后即可以量产。

5）创新支撑与服务阶段

政府、专业中介机构、金融机构是创新支撑与服务的参与主体。通过政府等公益性服务和市场机制在新产品产业化支撑与服务上进行双重运作。与此同时，研究政府组建的公共服务平台对创新产出的影响，能有效地反映生物医药产业创新系统的政策环境对创新成果转化的关系。

在以上研究的基础上，本研究基于文献研究和调查问卷等方法，以生物医药产业为研究对象，从产业创新链视角系统深入地剖析了中关村生物医药产业的布局特征。结合生物医药产业创新发展特点，对中关村生物医药产业创新链布局的现状、特征及存在的问题开展实证研究，并提出中关村生物医药产业创新链布局的优化建议，为发挥市场和政府的作用，改进和优化创新链布局，为中关村培育具有全球竞争力的生物医药产业提供决策参考。

2　中关村生物医药产业创新链布局研究

2.1　中关村生物医药产业创新链布局分析

截至2012年底，生物医药领域，中关村示范区聚集了995家企业，其中，"十百千工程"企业44家，上市企业21家，"收入倍增"规模以上企业27家。中关村已形成了生物和健康产业集群，包括中关村生物技术研发服务外包、中关村生物医药、中关村生物农业、中关村医疗器械等产业技术联盟，有博奥生物集团有限公司、北京科兴生物制品有限公司、乐普北京医疗器械股份有限公司、大北农集团等重点扶持企业68家。在生物医药领域，示范区的国家级科研基础配套完善，实验室云集。到2012年末，中关村示范区生物与健康领域国家级研发平台总数为57家，其中，重点实验室达到30所。据《中关村科技园区年鉴 2013》统计，2012 年中关村示范区拥有生物与健康领域的技术研发平台情况见表 2。

表 2　中关村生物与健康领域的技术研发平台情况（截至 2012 年底）

平台类型	数量（家）	按依托单位划分		代表性平台
		依托高校、科研院所（所）	依托企业（家）	
国家重点实验室	29	26	3	蛋白质与植物基因研究国家重点实验室（北京大学）、植物生物化学国家工程实验室（中国农业大学）
国家工程实验室	6	6	0	神经调控技术国家工程实验室（清华大学）、口腔数字医疗技术和材料国家工程实验室（北京大学）
国家工程研究中心	4	1	3	中药复方新药开发国家工程研究中心
国家工程技术研究中心	13	9	4	国家作物分子设计工程技术研究中心（未名生物农业集团有限公司）
国家企业技术中心	5	0	5	北京大北农科技集团股份有限公司生物技术中心、双鹭药业技术中心
合计	57	0	15	

分析发现，中关村生物与健康领域研发平台（除国家企业技术中心外）多分布于高校和科研院所，且主要集中于中国科学院（16 所）、北京大学（4 所）、清华大学（3 所）、中国农业科学院（3 所）。企业拥有国家级研发平台较少，其中，大北农集团、博奥生物集团有限公司、北京凯因科技股份有限公司、北京中研同仁堂医药研发有限公司、三元集团、未名生物农业集团有限公司、北京德青源农业科技股份有限公司、乐普（北京）医疗器械股份有限公司均设有国家级研发平台，但都仅有 1 家。

2.2　中关村生物医药产业创新链特征分析

生物医药产业创新链包括药物发现，临床前期研发，临床研究，小试、中试与产业化，以及创新支撑与服务等创新活动。中关村生物医药产业创新链的主要特点见表 3。

表 3　中关村生物医药产业创新链的主要特征

主要特征	药物发现	临床前期研发	临床试验	小试、中试与产业化	创新支撑与服务
主体	高校、科研院所、共性技术平台（国家重点实验室）、企业	以企业为主	以企业为主	以企业为主	政府服务机构、专业中介机构、金融、风投、公共技术服务平台
内容	药物发现、知识创造与转移	临床前期的技术研发	Ⅰ期、Ⅱ期、Ⅲ期（制药企业）	小试、中试与产业化	研发、产业化的支撑与服务

主要特征	药物发现	临床前期研发	临床试验	小试、中试与产业化	创新支撑与服务
方式	引进国外技术、企业自主研发、委托高校或科研院所研究、合作研发	企业自主研发、合作研发、医药研发合同外包 CRO、共建产业联盟	企业自主研发、合作研发、医药研发合同外包 CRO、共建产业联盟	企业自行完成小试、中试与产业化、合同加工外包 CMO	公益性服务、市场机制
国际化方式	引进国外技术、引进海外高层次人才、人才培训	境外设立研发或分支机构、引进国外高层次人才、人才培训、与国外企业合作研发		采购国际化、产品出口	引进海外资金
存在的问题	产学研合作环节薄弱	CRO 无法充分发挥其优势；与欧美国家的合作相对较少；产业联盟未发挥应有的作用	CRO 无法充分发挥其优势；产业联盟未发挥应有的作用		公共技术服务平台的运营应用效率不高；吸引风险投资困难；政府行政管理有待改善

1）药物发现阶段

高校与科研院所是知识创造的重要主体，截至 2012 年，中关村依托高校和科研院所共设立国家重点实验室 26 所，依据科学技术部对国家重点研发平台的功能定位，高校及科研院所主要进行知识创造和基础研究，应成为企业乃至行业发展的知识支撑。但调研中发现，高校和科研院所的研究成果无法有效转移到企业，导致创新合作薄弱。创业之初，部分企业的最初创意来源于高校或科研院所的研发人员（如北京沙东生物技术有限公司）；但在药企创立后，技术来源主要在以下几个方面：引进国际技术消化创新（百泰生物药业有限公司引进古巴技术、大基康明在国外设立全资子公司引进国外技术）、企业自主研发（如北京科兴生物制品有限公司、北京沙东生物技术有限公司）、委托研究，而从国内高校、科研院所的技术引进及合作技术研发较少，甚至没有。总结原因得出，高校、科研机构对市场不够灵敏，技术难以实现产业化（如北京科兴生物制品有限公司）；技术引进的买断费用过高，企业为降低投入开展自主研发（如大北农集团）。

2）临床前期研发阶段

企业是创新的主要载体，通过吸引高素质创新型人才、提高人员综合能力和业务素质、合理部署研发经费、设立高层次研发团队和研发机构等措施缩短技术创新时间、提高技术创新质量。研发人员方面，企业对研发人员的学历或业务素质要求较高（百泰生物药业有限公司从业人员中研究生及以上学历所占比例达 50% 以上；北京民海生物科技有限公司将近 75% 的员工具有 6 年多的疫苗研究与开发经验）；实行全员研发机制（北京科兴生物制品有限公司）；引进海外专家及领军人才，给予较高生活待遇（百泰生物药业有限公司、北京大基康明医疗设备有限公司）；企业制定期权和股权激励方案，吸引和稳定研发人员（北京沙东生物技术有限公司的原始股东将股权的 10% 作为股权激励的总基金）。研发经费方面，企业的研发投入稳定，约占销售收入的 10%（北京大基康明医疗设备有限公司、百泰生物药业有限公司），研发经费来源于两部分：一部分是企业自筹，另一部分是政府项目资助，如国际合作项目、863 项目（百泰生物药业有限公司）。研发机构方面，部分企业（如博奥生物集团有限公司、北京中研同仁堂医药研发有限公司、乐普（北京）医疗器械股份有限公司、大北农集团）设有国家级研发平台，开展共性技术研发及工程化；境外设立研发或分支机构（大基康明医疗设备有限公司在瑞典设有研发中心）；医药研发合同外包服务（即 CRO）开启国际合作新模式，但由于中国生物医药行业发展还是起步阶段，目前 CRO 服务大部分集中在临床试验阶段，没有形成完整的综合服务体系，无法充分发挥 CRO 优势。产品研制的路径有三种方式：一是纯仿制；二是创仿制（如百泰生物药业有限公司）；三是研制新药（如北京沙东生物技术有限公司）。

3）临床试验阶段

制药企业一般要进行Ⅰ期、Ⅱ期、Ⅲ期临床研究，而医疗器械仅需要进行临床比较（与国内外的诊断病例对照）。随着 CRO 新模式的出现，临床试验也可以完全外包给 CRO。临床阶段结束后，企业要申请国家药品监督管理局审批，审批通过后，即可进行产业化。

4）小试、中试与产业化阶段

企业在产品正式投产前，要进行小试和中试，中试并非短期实验型测试，而是从小规模到大规模的按照步骤逐步深入的实验过程。中试成功后即可以量产。中关村的新药开发工程研究中心，初步建立了新药研发工程化网络体系，小试、中试基地群逐渐成熟。目前有三家功能细分的中试站点，医药创新与产业化服务体系已初步形成规模。与此同时，部分企业本身不进行生产，而是将生产步骤外包给其他企业，如北京大基康明医疗设备有限公司。

5）创新支撑与服务阶段

中关村创新创业服务模式不断创新，创业服务机构快速发展。到 2012 年年末，中关村示范区拥有生物医药挂牌开放实验室 22 家、孵化器 105 家。服务于生物医药业的中介公司、专业化技术服务公司、风险投资机构、知识产权代理公司已经初步形成体系。中关村生物医药产业公共服务平台有 57 家，各个园区都建有符合其创新链阶段特点的研发平台，如亦庄的诊断试剂公共平台、公共仪器测试平台、中试生产平台、CRO 公共平台、信息公共平台，大兴的公共检测服务平台，但调研中发现，公共技术服务平台的运营应用效率不高，原因在于政府建立的公共服务平台没有信用承担机制，企业不敢信赖。中关村生物医药企业吸引风险投资困难，原因是医药研发的产业链时间过长，风险大，且国内没有完善的退出机制（即在产业化之前，无法上市），风险投资青睐于产业化成熟后的技术，而对前期药物开发投资较少，造成尚处于创新初期的医药企业融资困难。政府创新服务方面，中关村实施"6+1"先行先试政策，创新环境机制构建取得新实效。但政府管理效率有待进一步改善，如减少新药审核周期；解决医疗器械企业配置难、注册难问题等。

2.3 代表性生物医药企业调查问卷分析

针对中关村生物医药企业创新发展的实际，结合生物医药产业创新链特点，2014 年 8～10 月，本研究对中关村确定的 68 家重点生物医药企业发放调查问卷，回收有效问卷

35 份，有效回函率为 55.6%。

从被调查生物医药企业的回函情况看，大多数企业的研发投入强度在 5%～10%，新产品销售收入占比在 20% 以上，销售收入规模在 2000 万～20 亿元。从生物医药新产品研发和产业化周期看，创新药物研发和产业化周期一般需要 10 年以上，其中，药物发现时间为 1～2 年，成本占比为 20%；临床前研发时间为 2～3 年，成本占比为 20%；临床试验时间为 2～3 年，成本占比为 40%；产业化时间为 1～2 年，成本占比为 20%。创新医疗器械研发和产业化周期也较长，其中，临床前研发时间为 4 年，临床试验时间为 5～6 年，产业化时间为 1～2 年。主要企业的主打产品的国内市场占比在 5%～15%，国外市场几乎空白。可以看出，生物医药企业创新链的特点主要表现为：新产品研发和产业化周期长、投入大，市场以中小企业为主、销售收入增长快，但新产品销售规模难以迅速扩大、形成垄断格局。

基于对回收的有效回函调查问卷的分析，研究发现中关村重点生物医药企业创新链的特点如下（问卷数据公列举比例较高选项，非所有选项）。

（1）新产品研发过程中最初创意来源和关键技术的解决主要依靠企业自主研发（44.2%），其次是与国内高校、科研机构合作研发（26.3%）、从国内高校、科研机构引进（15.2%）、从国外引进（11.1%）。值得注意的是，被调查企业几乎没有与国外高校、科研机构开展合作研发、通过并购获得新技术及从其他企业引进新技术。

（2）北京地区高校和科研机构对生物医药企业的知识溢出和技术转移并不十分理想，回答"有"的企业仅占 53.8%，并且，其中对企业创新发展影响较显著的仅占 57.1%。

（3）企业与国内高校和科研院所合作的方式主要是：合作研发（20.5%）、委托研发（18.2%）、技术服务（13.6%）、联合承担国家项目（11.4%）、人才培养（9.2%）、技术转让（9.2%）、技术许可（9.2%）。值得注意的是，企业与高校、科研院所共同成立合资公司及利用高校、科研院所实验平台开展研发活动成为合作新形式。

（4）生物医药企业间创新合作的主要方式是：技术服务（20.7%）、联合承担政府项目（17.2%）、委托研发（17.2%）、合作研发（13.8%）、技术转让（10.3%）。值得注意的是，股权转让或兼并及成立合资研发公司在企业间合作中有所呈现，但技术许可和共建研发平台在企业间合作中还比较薄弱。

（5）中关村园区内的合同研发组织（CROs）。技术服务公司提供的研发服务主要涉及临床前期研究、药物评价、临床试验、新药研发咨询、市场推广等，但服务的对象还十分有限、发挥的作用还不明显（较显著仅占 1/3），被调查的企业多数主要靠自身完成有关工作（44.4%）。

（6）被调查的中关村生物医药企业开展新产品研发及产业化的资金主要靠企业自筹（36.7%），其次是地方项目资助（16.7%）、风险投资（13.3%）、国家项目资助（13.3%）、国家技术创新基金（13.3%），银行贷款、政府担保融资的支持较弱（6.7%）。

（7）中关村出台的"6+1"先行先试政策，对被调查的企业所起到的激励作用总体上不够明显，其中，高新技术企业认定试点政策受益面和激励作用最为突出（84.6%），税收优惠试点政策较为突出（50%），股权激励试点政策和科研经费管理改革试点政策的激励作用不明显（享受此政策的仅占 18.2%），建设全国场外交易市场试点政策几乎没有发挥作用（全部被调查企业没有享受此政策），就其主要原因是部分企业不符合申请条件或不了解政策，部分企业自身原因不予响应（如有些企业对股权激励试点政策的积极性不高），全国场外交易市场尚处在培育阶段，没有发展起来。

（8）中关村各类科技成果转化与产业化的支撑和服务平台对促进生物医药企业创新发展的作用较为显著（54.6%），中关村专业化的科技中介服务和投融资环境对促进生物医药企业创新发展的作用不够显著（较显著占30%，一般占60%，不明显占10%）。

（9）被调查的生物医药企业的经营范围涉及原研药生产、研发外包（CRO）、医疗器械生产、仿制药生产、创仿药生产、生产外包（CMO）、原料和试剂生产等，其中，改进者占43.8%、创新者占37.5%、跟随者占12.5%、领先者占6.3%。被调查企业主打生物医药产品与跨国制药公司同类产品相比在国内市场上具有明显优势的占18.2%，具有比较优势的占81.2%。可见，中关村生物医药企业的总体素质较高，具有较强的自主创新能力，但处于国际领先水平的企业仍较少，国际市场竞争力还较弱。

（10）影响中关村生物医药企业创新发展的主要制约因素和问题是：新药研发周期长、风险大（23.7%），高端人才缺乏（13.2%），企业研发投资不足（13.2%），新药审批环节多、成本高（13.2%），关键仪器设备及原材料依赖进口（7.9%），专业化检测平台、技术服务公司服务成本高（7.9%），试剂、人员、临床试验等成本大幅提高（7.9%），风险投资、金融支持不足（5.3%），政府对新药研制的政策支持力度不够（5.3%），抗体类药物等没有纳入医保体系市场规模受限（2.6%）。

（11）被调查企业在国外开展产业链合作的包括引进国外先进技术（50%）、引进海外高端人才（40%）、在海外设立分公司（10%）；在国内开展产业链合作的方式主要是技术转移（44.4%）、引进人才（25.9%）、在其他地区设立研发机构（11.1%）、在其他地方设立分公司（7.4%）、建立产业技术联盟（7.4%）、并购（3.7%）。可以明显看出，国内外产业链合作都是以人才引进和技术引进为主要形式。而国内合作形式更加多样化，设立研发机构和建立产业技术联盟成为新趋势。而国际合作形式比较单一，合作程度较低。

3　中关村生物医药产业创新链布局

通过对中关村生物医药产业创新链布局开展研究，发现其主要问题如下。

（1）中关村生物医药企业大多为改进型创新。国内生物医药企业研发周期一般要10~12年，由于耗时长、风险大，企业往往无法承担原始创新，一般是在已有产品的基础上做一定创新（创仿药），如在国外产品上市后进行适当创新，缩短生产周期。

（2）中关村生物医药创新产学研合作环节薄弱。生物医药创新产学研合作模式主要是人才培养、仪器设备与创新资源的共享、联合承担国家项目、共建研究机构和产业联盟等，但是共同研发或委托研发较少，高校、科研机构的研究成果无法顺利转移到企业。原因如下：高校、科研机构缺乏市场灵敏度，创新成果难以市场化和产业化；技术引进的买断费用过高，企业为降低投入开展自主研发。

（3）药证审批周期过长。对医药行业来说，药证审批周期过长，从申报到投产上市一般需要8年时间，如何有效缩短产业化时间，加快资金回笼是生物医药产业发展的重点。另外，中关村生物医药企业融资困难。中关村生物医药企业吸引风险资金困难，原因是研发周期过长，风险大，且国内没有完善的退出机制（即在产业化之前，无法上市），风险投资青睐于产业化成熟后的技术，而对前期研发的投资较少，造成创新药企融资难。

（4）中关村生物医药产业公共技术服务平台应用效率不高。目前中关村生物医药产业已建有共享服务平台，包括动物实验技术平台、国际实验室认证平台、抗体制备技术平台等。但调研中发现，公共技术服务平台的运营应用效率不高，原因是政府建立的公共服务平台没有信用承担机制，企业不敢信赖。

（5）中关村生物医药产业联盟没有发挥应有的作用。目前中关村生物医药产业已建立11家产业联盟，产业联盟一般围绕以下几点开展工作：提高企业创新活力，掌握产业技术主导权；以国际贸易与投资为导向，为成员拓展全球市场渠道；为联盟伙伴提供政策、市场、知识产权等方面的服务工作。但调研结果发现，产业联盟并没有发挥应有的作用。

（6）尚未发挥 CRO 的整合优势。医药研发 CRO 服务开启国际合作新模式，但由于中国制药产业相对不成熟、产品创新需求少、研究经费预算少，CRO 服务大部分集中在临床试验阶段，没有形成完整的综合服务体系，无法充分发挥 CRO 优势。

4　中关村生物医药产业创新发展对策建议

（1）提高产学研的合作效率，构建企业与高校科研机构间的桥梁。建设并且完善对公众开放的产学研综合信息平台，提供科研院所与高校的科技成果、智库信息，帮助解决创新企业的技术难题。及时做好产学研之间的信息交流、技术咨询、专利合作申请等工作。高校、研究机构等应在药物发现阶段着力进行创新型研究，企业和中介机构等应在小试、中试和产业化阶段着力布局，完善这三者之间的对接，才能保障产学研合作效率和成果。

（2）实施研发创新伙伴关系计划和公私合作关系计划。推动行业共性技术研发服务平台建设，实施创新和公私合作伙伴关系计划，促进技术转移与应用。政府还应该对完全市场化的服务平台给予一定的政策补助。加大对产业标准创制的支持力度，鼓励大型央企、国家转制院所、行业龙头企业在共性技术研发和标准制定中发挥作用。政府应对医药研发给予政策支持，尤其在医药研发合同外包服务方面，加大支持力度。

（3）政府应该重点建设本土化产业链。国内医疗器械行业虽然属于高技术产业，但整体水平同国外还有较大差距，而要推动国内医疗器械行业的快速发展，政府应引导建立以医疗器械企业为中心的向上游供应商及下游医院延伸的产业联盟，逆向快速传递需求将会有利于产品的蓬勃发展。另外，中关村缺乏原料药生产企业，结合京津冀一体化发展规划，政府应尽快统一解决重要的原料药生产基地的布局与建设问题。此外，政府要继续扶持创新型生物医药企业，促进其科技成果产业化。

（4）整合资源，加强园区合作。对各园区进行全面规划，按照医药类型（如原料药、医疗器械）和供应链上下游建设不同层次、不同特色的生物医药产业园区体系，避免同类型企业过度集中造成同质化竞争问题，以及对人才和资源的恶性竞争，形成一种良好的发展氛围，提升规模效应和集聚效应。不应一味引进大型企业和项目，而应找准园区发展优势和方向。发展园区环境建设，加强企业间交流合作，建立企业与管理者相互之间的沟通平台，促进其集群化发展。此外，各园区在发挥自身优势和特长的同时，也应加强与其他发展基地的合作与交流，促进不同园区间的优势互补和资源整合，提升生物医药产业的整体竞争力。

参 考 文 献

[1] 北京市委员会. 北京市国民经济和社会发展第十二个五年规划纲要 [EB／OL]. (2012030) http：//zhengwu beijing. gov. cn/ghxx/sewgh/t1176552. htm. [2015-01-12]. http：//zhengwu. bei-jing. gov. cn/ghxx/sewgh/ t1176552. htm.

[2] 国家发改委. 中关村国家自主示范区发展规划纲要 (2011-2020 年) [EB/OL]. (20110222) http：//www. ndrc. gov. cn/zcfb/zcfbghwb/201102/t20110224 585478. html [2018-11-16]

[3] Marshall J J, Vredenburg H. An empirical study of factors influencing innovation implementation in industrial sales organizations [J]. Journal of the Academy of Marketing Science, 1992, 20 (3)：205-215.

[4] Bamfield P. The Innovation Chain, Research and Development Management in the Chemical and Pharmaceutical Industry (Second Edition) [M]. Wiley- VCH Verlag GmbH & Co. KGaS, 2004.

[5] Jensen M B, Johnson B, Lorenz E, et al. Forms of knowledge and modes of innovation [J]. Research Policy, 2007, 36 (5)：680-693.

[6] Malerba F. Innovation and the dynamics and evolution of industries：Progress and challenges [J]. International Journal of Industrial Organization, 2007, 25 (4)：675-699.

[7] 林志坚. 科技创新链的服务平台及绩效评估 [J]. 科研管理, 2013, 34 (S1)：84-87.

[8] 张治河, 胡树华, 金鑫, 等. 产业创新系统模型的构建与分析 [J]. 科研管理, 2006, 27 (2)：36-39.

[9] 欧雅捷, 林迎星. 战略性新兴产业创新系统构建的基础探讨 [J]. 技术经济, 2011, 29 (12)：7-11.

[10] 代明, 梁意敏, 戴毅. 创新链解构研究 [J]. 科技进步与对策, 2009, 26 (3)：157-160.

[11] 曲久龙, 顾穗珊. 我国 R&D 活动中创新链的构建研究 [J]. 工业技术经济, 2006, 25 (3)：68-71.

[12] 蔡坚. 产业创新链的内涵与价值实现的机理分析 [J]. 技术经济与管理研究, 2009, (6)：53-55.

[13] 林森, 苏竣, 张雅娴, 等. 技术链、产业链和技术创新链：理论分析与政策含义 [J]. 科学学研究, 2001, 4 (4)：28-31, 36.

[14] 朱瑞博. "十二五" 时期上海高技术产业发展：创新链与产业链融合战略研究 [J]. 上海经济研究, 2010, (7)：94-106.

[15] Schubert C. Innovation：The big idea of technology transfer [J]. Nature, 2012, 484 (7393)：277-278.

[16] 吴翠玲, 李培进, 蔡国友, 等. 对生物医药产业可持续发展战略的思考 [J]. 中国生物工程杂志, 2003, (11)：100-103.

[17] Bianchi M, Cavaliere A, Chiaroni D, et al. Organisational modes for open innovation in the bio-pharmaceutical industry：An exploratory analysis [J]. Technovation, 2011, 31 (1)：22-33.

[18] Hu Y, Mcnamara P, Mcloughlin D. Outbound open innovation in bio-pharmaceutical out-licensing [J]. Technovation, 2015, 35 (46)：46-58.

[19] 姜照华, 李鑫. 生物制药全产业链创新国际化研究—以沈溪生物制药产业园为例 [J]. 科技进步与对策, 2013, 29 (23)：65-68.

[20] 刘光东, 丁洁, 武博. 基于全球价值链的我国高新技术产业集群升级研究—以生物医药产业集群为例 [J]. 软科学, 2011, 25 (3)：36-41.

[21] 陆怡, 江洪波. 全球生物医药产业发展现状与趋势 [J]. 科学, 2012, 64 (5)：59-62.

国防专利质量评价体系研究

安　丽　王卫军　杨春颖　任林冲

（中国航天科技集团公司知识产权中心，北京，100048）

摘要： 高质量的国防专利对提升武器装备创新水平具有重要意义。虽然国防专利质量也主要体现在技术、法律和效益三个维度上，但由于国防专利在资金投入、权属、保密等方面的国防特色，在具体评价指标上与普通专利还具有较大的差异。本研究在分析国防专利特殊性的基础上，研究其质量的内涵，提出针对国防专利质量的相关评价指标，为国家、军队及各企事业单位把握和提升国防专利质量提供参考。

关键词： 国防专利；质量；评价指标

1　引　言

武器装备创新水平是国家战略威慑力的重要体现，高质量的国防知识产权对武器装备创新水平的提高具有举足轻重的作用。自我国国防知识产权战略实施以来，以国防专利为代表的国防知识产权数量屡创新高。随着数量的快速增长，无论是在国家宏观管理层面，还是在创新主体微观应用层面，都越来越关注国防专利的质量。特别是在党的十八大创新驱动发展精神的指导下，全面提升国防专利质量，推动武器装备创新发展已经成为国防知识产权工作的重中之重。

目前国内外对普通专利的质量评价基本达成一定共识，而对国防专利质量评价指标在现有文献中尚无明确叙述。按照国内外相关研究和实践，普通专利质量主要从技术、法律和效益三个维度进行评价，特别是突出了技术先进性及经济效益。而国防专利由于具有鲜明的国防特色，质量的高低很大程度还体现在其社会效益和军事效益上，即该国防专利对国防实力和国防竞争力的贡献程度，以及对国民经济的带动作用上。因此，本研究在分析国防专利特殊性的基础上，研究其质量的内涵，提出国防专利质量评价的相关指标，为国家、军队及各企事业单位把握和提升国防专利质量提供参考。

2　国防专利特殊性分析

国防专利指涉及国防利益及对国防建设具有潜在作用需要保密的发明专利。与普通专利相比，在权属和利益分配关系、市场准入程度及权利的公开程度等方面都存在特殊性。

在权属和利益分配方面。大多数国防专利都是由国家投资产生的，因此，在许多国防科研生产合同中规定，国防专利的权利人为国家。同时，在确定其权益分配时，除必须考虑国家安全的因素外，还要考虑激励创新、促进技术转移的现实需要，要在确保国防利益的前提下，尽可能兼顾国家、单位和个人的利益。

在市场准入方面。由于涉及国防利益，权利人不能完全按照市场规律自主转移和实施国防专利，它通常要在国家授权和指定的范围内行使，需要受到政府、军队的管理和监督，在市场准入上表现为不完全竞争的特性。

在权利公开程度方面。由于国防专利的内容属于秘密或机密级，国防专利的管理还要受《中华人民共和国保守国家秘密法》和国家有关保密规定的约束，需要在一定时间内限于一定范围的人员知悉，有区别地向社会公开。只有当其解密并逐步民用化后，才丧失其保密性。

3 国防专利质量内涵分析

按照国际标准化组织的定义，质量指一组固有特性满足要求的程度。结合前述国防专利特殊性可以看出，国防专利质量内涵指国防专利的固有特性满足国防建设和经济建设要求的程度。

目前国内外对专利质量评价基本达成共识，即主要从技术、法律和效益三个维度进行评价，只是在每个维度中所取的具体指标各有侧重。例如，在评价专利技术性的质量中，将创新程度作为一项重要的考察指标；在评价专利法律性的质量中，将专利的稳定性作为一项重要的衡量标准；在评价专利效益时，将专利的转化应用水平作为一项重要的考察因素。由于国防专利既具有普通专利的性质，同时兼具国防的特殊性，与普通专利质量评价相比，国防专利质量在技术性特征、法律性特征和效益性特征三个方面均应体现其国防特性。

3.1 国防专利质量的技术性特征分析

技术性特征指标是自主创新能力的体现，代表了一个国家和企业的创新水平。技术性特征是表征国防专利质量的重要特征，它指国防专利的创新程度，主要体现在创造性贡献率、重要程度和可替代率指标方面。

创新包括原始创新模式、集成创新模式和引进消化吸收再创新模式。原始创新模式的创新程度最高，其创造性贡献率、重要程度也高，可替代率最低，形成的国防专利质量最高。集成创新模式把各个已有的技术单项有机地组合起来、融会贯通，构成一种新技术或产品，提高武器装备的战斗力水平，创造更大的经济、社会和军事效益。在追求原始创新成果时，应同样重视集成创新。对我国国防系统而言，集成创新可能比原始创新更具有现实意义。引进消化吸收再创新模大致可以分为三个阶段，第一阶段是简单的模仿，即引进本国或本地区尚不存在的技术，通过模仿、学习，逐渐掌握新技术，并达到提高国防科技工业和武器装备性能、降低制造成本的目的。第二阶段是改进型的创新，即通过前一阶段的学习、积累和消化吸收后，逐步减少对技术输出方的依赖，并结合本国的特点，对引进技术进行一定程度的国产化创新。第三阶段是创造型的模仿，即真正意义上的创新。此时，在掌握引进技术的原理和使用要求后，达到消化吸收的程度，在此基础上，结合自身的研发能力和目标的需要，对引进的技术进行再创新。相对而言，第一阶段和第二阶段，其形成的国防知识产权质量相对较低；第三阶段的技术性较高，其形成的国防知识产权质量相对较高。

3.2 国防专利质量的法律性特征分析

法律性特征是表征国防专利质量的基础特征，主要体现在有效性、保护范围和稳定性等方面。

国防科技工业和装备建设是一个国防创新成果最为活跃的领域，也是自主创新的发源地，但这些创新成果只有通过知识产权制度予以法律确认，获得专利法赋予的排他性权利（包括保护范围的大小、保护期限的长短等），才能得到有效保护。同时，通过对国防知识产权的维护，以确保权利的稳定性。因此，法律性特征是体现国防专利质量的基本特征，是国家或创新主体形成竞争力的保障条件。倘若某项技术的专利权被宣告无效，就不再具备独占性和排他性的特点，无从谈及竞争力，其质量毫无疑问十分低下。

3.3 国防专利质量的效益性特征分析

效益性特征是表征国防专利质量的主要特征，它指对在国防科技工业和装备建设过程中形成的国防创新成果进行了实施转化应用，取得了经济效益、社会效益和军事效益。

经济效益一般指国防知识产权成果投入和产出比，投入和产出比越高则经济效益性越高。社会效益指国防专利给社会带来的好处，主要体现在推动科学技术进步和促进军转民或带动民用产业发展方面。军事效益指主要体现在满足国家安全需要方面。总而言之，国防专利质量是一个以技术性特征为核心、以法律性特征为保证、以效益性特征为重点的综合体现。单一某个特征不能完全体现国防专利质量，只有全面综合的考虑，才能正确评价国防专利质量。

4 国防专利质量评价指标设计

通过普通专利质量评价指标及前述的国防专利质量内涵的研究分析，本研究将国防专利质量评价指标划分为技术性、法律性和效益性三类一级评价指标，在每个一级评价指标下面再结合国防特色细分为多个二级评价指标。通过专家检索、分析和评审，对各指标进行打分，综合加权后形成国防专利质量评价分值，确定该国防专利质量的高低程度。

4.1 国防专利质量的技术性评价指标

技术性评价指标（technology quality degree，TQD）指对国防专利创新高度的评价。主要采用创造性贡献率、重要程度和可替代率二级评价指标来衡量（表1）。

表1　技术性评价指标及分值

二级评价指标	评判标准	分值				
		10分	8分	6分	4分	2分
A. 创造性贡献率	对现有技术的创造性贡献	贡献很高	贡献较高	贡献一般	贡献较低	贡献很低
B. 重要程度	对国防和装备所起的作用	作用很大	作用较大	作用一般	作用较小	作用很小
C. 可替代率	在当前时间点，是否存在解决相同或类似问题的替代技术方案	不存在替代技术，占很高优势	存在替代技术，但占较高优势	存在替代技术，但占一般优势	存在替代技术，且优势较低	存在替代技术，且优势很低

注：技术性评价指标 $TQD = A \times 40\% + B \times 30\% + C \times 30\%$

4.1.1　创造性贡献率评价指标

创造性贡献率指该国防专利对现有技术创造性贡献的大小。通常一项国防专利对现有技术创造性贡献率越大，说明创新程度越高、质量越高。原始创新即开拓性发明对现有技术创造性贡献率就应是最高的，引进消化吸收到再创新对现有技术创造性贡献率较低，集成创新介于原始创新和引进消化吸收到再创新之间。其中，引进消化吸收到再创新中的第一阶段，简单模仿阶段对现有技术创造性贡献率更是最低；第二阶段，改进型创新阶段相对于第一阶段高些；第三阶段，创造型模仿阶段对现有技术创造性贡献率最高。通常国防领域重大专项的技术创新程度较高，创造性贡献率较高。

4.1.2　重要程度评价指标

重要程度评价指标指该国防专利对国防科技工业和装备建设中起到的关键和重要作用。它与创造性贡献率指标不同。创造性贡献率侧重点在于衡量国防专利的创造性贡献，而重要程度指标的侧重点则是衡量关键性和重要性。将重要程度指标考虑进来是因为一项国防专利可能对现有技术创造性贡献率比较大，但不一定起关键和重要作用；相反地，一项国防专利虽然对现有技术创造性贡献率比较小，但其解决了国防科技工业和装备建设中长期没有解决的技术难题，起到了关键和重要作用，同样该国防专利质量也应当是高的。

4.1.3　可替代率评价指标

可替代率指在当前时间点，是否存在解决相同或类似问题的替代技术方案，即该国防专利能够被其他单个或多项现有技术替代。通常一项国防专利如果被现有技术的可替代率越低，说明该国防专利的竞争力越大，质量越高。倘若可替代技术较多，那么该项国防专利水平相对一般，其质量较在同领域的唯一技术来讲是较差的。当然，国防专利质量具有相对性，但在特定时间段内，是不妨碍对其质量的评价的，可替代的周期足以评价国防专利质量的高低。

对原始创新技术，如果没有可替代技术，此国防专利质量最高；而对引进消化吸收到再创新通过现有技术能够替代的，其可替代率较高，此时国防知识产权质量较低；集成创新介于原始创新和引进消化吸收到再创新之间。其中，引进消化吸收到再创新中的第一阶段，简单模仿阶段技术可替代率最高；第二阶段，改进型创新阶段相对于第一阶段低些；第三阶段，创造型模仿阶段的技术可替代率相对较低。

4.2 国防专利质量的法律性评价指标

法律性特征指标（law quality degree，LQD）包括国防专利的有效性、保护范围和稳定性三个二级评价指标（表2）。

表2 法律性评价指标及分值

二级评价指标	评判标准	分值				
		10分	8分	6分	4分	2分
A. 有效性	指国防专利维持有效的时间	超过15年	超过10年	5年以上	3年以上	授权后即放弃
B. 保护范围	对独立权利要求所包含的必要技术特征数量进行分析，同时辅以从属权利要求的保护范围和数量来进行判断	独立权利要求范围宽，从属权利要求超过10项	独立权利要求范围较宽，从属权利要求未超过10项	独立权利要求范围较宽，从属权利要求未超过5项	独立权利要求范围较宽，从属权利要求未超过2项	独立权利要求范围较宽，无从属权利要求
C. 稳定性	在有效期内不存在权属争议、侵权诉讼及其他影响权利稳定的情形	非常稳定	比较稳定	稳定	不太稳定	很不稳定

注：法律性评价指标 LQD＝A×40%＋B×30%＋C×30%

4.2.1 有效性评价指标

专利有效性指专利授权后按时缴纳年费，一直处于维持有效状态。国防专利均为发明专利，专利保护期是20年，自申请日起计算。通常将国防专利授权后划分为几个阶段，即3年、6年、8年、10年以上等，如果一项发明专利在授权后能够维持10年以上，则认为该国防专利质量相当高；如果只维持3年以内，则认为国防专利的质量相对较低。专利有效性指标对专利质量起到了较好的筛选作用。通过专利有效性指标分析可以得出国家、行业、企业，甚至单个专利的质量情况。

4.2.2 保护范围评价指标

国防专利权利保护范围指权利要求书中所确定的保护范围。专利申请获得授权后，权利要求书是限定专利保护范围的依据，其对专利的概括程度与专利保护范围的大小有密切关系。从操作层面而言，专利保护范围的确定和度量有一定难度。一项专利质量的高低除与专利技术本身有关外，还与专利说明书及权利要求书的撰写质量密切相关，即与撰写者的水平相关（包括代理机构、代理人及发明人自己撰写水平），同时还与审查员的检索水平和审查水平密切相关。大量的研究表明，在满足一般撰写水平和审查水平的情况下，权利保护范围越广，权利要求数量越多，专利的保护范围越大，说明专利的原创性越高，专利权的质量越好。在判断专利保护范围时主要参考独立权利要求所包含的必要技术特征数量进行分析，同时辅以从属权利要求的保护范围和数量来进行判断。

4.2.3 稳定性评价指标

稳定性指国防专利的权利稳定程度，通常指国防专利在有效期内权利状态稳定，不存在权属争议、侵权诉讼及其他影响权利稳定的情形。

权属争议指国防专利的归属存在争议或者出现过权属纠纷，此时如果权属争议没有解决，则国防专利的主体归属不明确，风险较大，质量相对较低。侵权诉讼指因实施国防专利而被其他企业或相关主体起诉，最终被判定侵权不成立，说明其创新性还是比较高，如果被判定侵权等，则实施该国防专利风险较大，质量相对较低。其他影响权利稳定的情形主要指专利无效宣告程序等。

4.3 国防专利质量的效益性评价指标

效益性评价指标（economy quality degree，EQD）主要包括经济效益、社会效益和军事效益三个二级评价指标（表3）。

表3 效益性评价指标及分值

二级评价指标	评判标准	分值				
		10分	8分	6分	4分	2分
A1. 经济效益评价指标—产业化规模前景	经过充分的市场推广后，未来其对应产品或工艺总共有可能实现的销售收益	很大（1000万元以上）	较大（500万～1000万元）	中等（200万～500万元）	较小（50万～200万元）	很小（50万元以下）
A2. 经济效益评价指标——市场占有率	技术经过充分的市场推广后可能在市场上占有的份额	很大	较大	一般	较小	很小
B. 社会效益	在推动科学技术进步和促进军转民或带动民用产业发展方面的有益效果	很大	较大	一般	较小	很小
C. 军事效益	满足了国防和军事安全需要，形成了有效战斗力和军事威慑，维护了国家安全和稳定	很大	较大	一般	较小	很小

注：效益性评价指标 EQD =（A1+A2）/2×40% +B×30% +C×30%

4.3.1 经济效益评价指标

经济效益指国防知识产权投入和产出比。投入和产出比越高则经济效益性越高，国防专利质量越高。由于投入和产出比较抽象，其归纳为产业化规模前景、市场占有率指标来衡量。

产业化规模前景指国防专利经过充分的市场推广后，未来其对应产品或工艺总共有可能实现的销售收益。理想情况下通过同类产品的市场规模乘以产品可能占到的份额来评判，也可以通过排他许可、独占许可、交叉许可、普通许可等方式取得的实际经济效益来评判断。

市场占有率指国防知识产权经过充分的市场推广后可能在市场上占有的份额。

4.3.2　社会效益评价指标

社会效益指国防专利在推动科学技术进步和促进军转民或带动民用产业发展方面的有益效果。

国防专利对科学技术进步的推动是无疑的。正如恩格斯指出的："火药和火器的采用绝不是一种暴力行为，而是一种工业的进步，也就是经济的进步。"最初应用于军事部门的计算机和互联网，深刻地影响着当今社会，并不断地改变着国家经济发展和现代化的路径。在汶川地震救灾中，军方就动用了电子信息武器装备中的具有知识产权的导航定位系统、卫星及卫星电话实施救援，实现了汶川各点位之间、点位与北京之间的直线联络。

国防专利促进军转民或带动民用产业的发展也是明显的。国防科技工业的科研生产在不少领域是我国科研和生产的"领头军"。尤其是通过大型武器装备系统科研开发计划的实施，不仅在武器装备研制上取得重大突破，而且带动和促进国内相关民用产业的发展，使一大批科研、生产单位的科研能力、人员素质上升到一个新台阶。例如，我国的载人航天工程、探月工程、高分辨率对地观测系统就有效地带动了相关产业链的发展。

4.3.3　军事效益评价指标

满足国家安全需要是国防专利产生的根本目的之一。国家通过大量资金的投入所产生的国防技术成果来捍卫领土完整，抵御外来侵略，维护国家安全和稳定，为社会和经济发展创造一个良好的环境。因此，对装备建设和国防科技工业发展的作用意义与影响及军事价值是国防专利军事效益的核心内容。

4.4　国防专利质量总体综合评价

国防专利质量总体评价需要将前述的三个一级评价指标的值进行加权计算，即国防专利质量总体评价值 $= \alpha \times$ TQD 得分 $+ \beta \times$ LQD 得分 $+ \gamma \times$ EQD 得分。

根据国防科技工业和装备建设的实际情况，初步认为技术性评价指标所占权重最大，其次是法律性评价指标和效益性评价指标，如 $\alpha = 40\%$、$\beta = 30\%$、$\gamma = 30\%$，但在不同的阶段这三个指标的权重可能会有所变化，因此，上述三个评价指标的权重可以随具体情况来进行调整，这样评估结果才是全面的、客观的、有实际意义的。例如，某个项目所产生的国防专利保密性较强，重点在于技术性指标，可以将此指标的评价权重提高。

各单位在使用以上指标时，应当结合实际情况，对各指标的权重进行适当调整，例如，技术性评价指标 TQD 的权重 α 为 40% ~ 45%，法律性评价指标 LQD 的权重 β 为 25% ~ 30%，效益性评价指标 EQD 的权重 γ 为 25% ~ 30%（表4）。

表4　国防专利质量总体综合评价指标

序号	一级评价指标	得分	权重	权重值
1	技术性 TQD	0 ~ 10 分	α 为 40% ~ 50%	$\alpha \times$ TQD 得分
2	法律性 LQD	0 ~ 10 分	β 为 25% ~ 30%	$\beta \times$ LQD 得分
3	效益性 EQD	0 ~ 10 分	γ 为 25% ~ 30%	$\gamma \times$ EQD 得分
总体评价		0 ~ 10 分	100%	0 ~ 10 分

在以上各项一级评价指标及总体评价中，9 ~ 10 分为质量很高，8 ~ 9 分为质量高，7 ~ 8 分为质量较高，5 ~ 7 分为质量一般，5 分以下则认为质量低。

参 考 文 献

［1］国家知识产权局专利管理司，中国技术交易所. 专利价值分析指标体系操作手册［M］. 北京：知识产权出版社，2012.

［2］万小丽. 专利质量指标研究［M］. 北京：知识产权出版社，2013.

［3］国家知识产权战略实施联络组. 国防知识产权战略实施专项任务初步实施方案［R］. 北京：国防知识产权战略实施领导小组办公室，2011.

［4］埃里克·亚当斯，罗威尔·克雷格，玛莎·莱斯曼·卡兹. 知识产权许可策略［M］. 北京：知识产权出版社，2014.

［5］褚鹏蛟，臧春喜，马全亮. 军民融合发展过程中提高专利质量的对策和建议［J］. 军民两用技术与产品，2013，（9）：56-58.

一种三维工艺知识多粒度表示与重用方法研究

孙　璞¹　侯俊杰¹　石　倩¹　刘骄剑¹　徐士杰²

（1. 中国航天系统科学与工程研究院，北京，100048）

（2. 中航飞机股份有限公司西安制动分公司，西安，713100）

摘要：本研究针对三维工艺设计以工序模型为核心驱动工艺设计的过程特点，提出了一种三维工艺知识多粒度表示与重用方法。首先，分析了三维工艺知识的组成，明确了工艺知识所包含的信息成分；其次，根据三维工艺设计的过程特点，提出了一种基于三级多叉树的工艺实例知识表示方法，实现了工艺知识在不同粒度的有效表示，并基于该知识表示方法，以知识节点作为检索实例，在不同知识粒度上运用基于实例的推理（case-based reasoning，CBR）方法实现了工艺知识的检索重用；最后，运用实例验证了该方法的有效性。

关键词：三维工艺设计；工艺知识表示；工艺知识重用；三级多叉树；知识节点；基于实例推理

1　引　言

工艺设计过程复杂、经验性强、涉及面广，致使其对知识的依赖性强[1]。因此，企业不仅需要对工艺知识加以有效的表示和存储，更需要工艺知识的高效重用。重用经验知识，不仅可以缩短设计周期、提高设计质量，还有利于促进工艺的继承性和标准化[2]。

随着基于模型的定义（model-based definition，MBD）技术的深化应用，MBD 的三维工艺设计逐渐得到了研究与应用。与传统二维工艺相比，MBD 的三维工艺以中间工序模型作为工艺演进过程中的知识载体，使得工艺知识与三维模型的联系更紧密，工艺知识的表现形式更直观，工艺设计的过程更高效。

近年来，关于工艺知识的表示和重用的研究多以文本信息为分析主体，如基于本体的知识表示和重用研究[3-5]。但文字符号难以实现知识与模型的有效关联，致使工艺知识表达抽象，知识组成不完备。基于此，部分学者对三维工艺背景下工艺知识的表示和重用进行了有益的探索。常智勇等[6]结合工序模型驱动的工艺设计方法，从工艺过程知识表达的最小知识单元——工艺知识元入手，进行知识的建模和表示。该方法尽管可以实现工艺知识的精确检索匹配，但对成熟的典型工艺知识而言，知识粒度过细则会导致不必要的反复检索匹配，影响工艺设计的效率。龚亮亮等[7]将规则知识嵌入零件的工艺 MBD 信息模型中，基于特征识别技术，实现了工艺的自动决策。但产生式规则对知识的刻画粒度较粗，且在复杂零件的自动工艺决策过程中比较复杂和费时。

针对知识与模型难以有效关联及工艺知识刻画粒度不适当等问题，本研究提出了一种三维工艺知识多粒度表示与重用方法。通过明确三维工艺知识的信息组成，建立了三维模型与工艺知识有效关联。基于三级多叉树实现了不同粒度工艺实例知识的有效组织与表示，并应用基于实例推理技术，实现了不同粒度工艺知识的检索重用，提升了工艺知识表示的完备性和知识重用水平，大幅提高了工艺设计效率。

2　三维工艺知识重用过程分析

基于知识的三维工艺设计，是在工艺设计过程中综合运用工艺知识，从而达到提升工艺设计质量和工艺设计效率的目的。它是以三维工序模型信息、工艺过程及资源信息作为输入，从而有机结合形成工艺知识，并对其以适当的形式予以表示与存储，从而为三维工艺知识的高效存储与使用奠定基础。工艺人员则通过检索相似实例知识，并对其加以修改，实现实例知识的检索重用。本研究分析了三维工艺知识的重用过程，如图 1 所示。

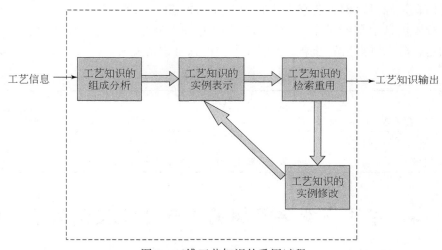

图 1　三维工艺知识的重用过程

在本研究中，首先，根据知识的信息本质，在信息层面上对工艺知识的组成进行了详细分析，并将三维模型信息纳入工艺知识，实现了知识与模型的紧密关联；其次，依据三维工艺设计的过程特点，基于三级多叉树实现了工艺知识的实例表示，实现了工艺知识的有效组织与多粒度表示；最后，根据不同层次的工艺设计问题，应用基于实例推理技术实现了不同粒度工艺知识的检索、修改、重用。

3　工艺知识的组成分析

工艺规划过程需要综合考虑设计要求、制造资源约束等一系列因素，确定加工方法、制造资源，从而实现从毛坯逐步演变为产品的过程。而三维工艺知识，则是以中间工序模型为知识组织核心，实现工艺规划过程中各种信息的综合集成。归根结底，工艺知识的本质是信息的有机组合。基于此，按工艺知识的信息组成，可将工艺知识分解为

$$Knowledge = Model \cup Process \cup Resource \tag{1}$$

$$Model = Geometry \cup Material \cup Dimension \cup Tolerance \cup Roughness \cup Accuracy \quad (2)$$

$$Process = Route \cup Method \quad (3)$$

$$Resource = Equipment \cup Tool \quad (4)$$

式（1）~式（4）中，Knowledge 表示工艺知识；Model 表示加工模型信息，主要包括几何形状、拓扑结构等几何信息（Geometry），以及附着在几何信息上的材料（Material）、尺寸（Dimension）、公差（Tolerance）、表面粗糙度（Roughness）、精度（Accuracy）等加工约束信息；Process 表示工艺过程信息，主要包括加工方法（Method）及工艺路线（Route）等信息；Resource 表示工艺资源信息，主要包括机床等加工设备信息（Equipment）及刀具、夹具、量具、辅具等工艺装备信息（Tool）。

从工艺知识重用的角度来讲，又可将工艺知识分为源对象信息和解对象信息两部分。源对象信息是在运用知识活动中可直接得到的信息，是进行知识推理的基础；而解对象信息则是通过推理过程得到的信息，是源对象信息基于推理规则的映射。在工艺知识中，加工模型信息是源对象信息，它是进行工艺知识检索、推理的信息基础。而工艺过程信息及工艺资源信息则是解对象，它是工艺人员对加工模型信息、以往经验、工厂资源状况等进行综合分析后得出的结果。工艺知识的信息组成见表1。

表1　工艺知识的信息组成

工艺知识									
源对象信息（检索、推理条件）						解对象信息（检索、推理结果）			
加工模型信息						工艺过程信息			工艺资源信息
几何信息	材料	尺寸	公差	表面粗糙度	精度	加工方法	工艺路线	加工设备	工艺装备

4　基于三级多叉树的工艺知识实例表示

工艺知识的组成明确了工艺知识都由哪些信息组成，而工艺知识的实例表示则确定了知识表示的内容和结构，运用何种知识表示方法直接关系实例推理的效率和准确度。准确、完整、高效地表达工艺实例知识是知识重用的重要基础[8]。图2表示了基于三级多叉树的工艺知识实例表示模型，在该模型中将知识分为3个层次，分别为工艺方案知识、工序知识及加工知识元。

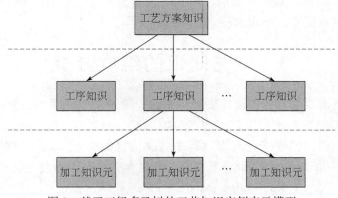

图2　基于三级多叉树的工艺知识实例表示模型

其中，加工知识元是工艺设计过程中知识使用的最小单元，它是完成一个工步所需工艺信息的集合，主要包括加工模型信息、工艺过程信息及工艺资源信息。工序知识实际上是一个加工知识元序列，特殊地，对只有一个工步的工序，则其加工知识元序列中知识元的数量为 1。工艺方案知识则是一个工序知识序列，实质上，它也可详细分解为加工知识元序列。

在工艺知识实例表示模型中，每一个方块称为知识节点，每个知识节点都有相关属性，属性主要包括加工模型信息、工艺过程信息及工艺资源信息。其中，加工模型信息是检索推理条件，它是工艺人员检索相关知识的入口；工艺过程信息和工艺资源信息是检索推理的结果，是工艺人员检索推理得到的结果。与以往针对特定粒度的工艺知识表示方法不同，本研究可在工艺方案、工序、加工知识元 3 个层次的任一知识节点实现知识的检索匹配，可针对不同粒度的工艺问题提供不同的知识。

针对本研究提出的工艺知识实例表示模型，可将知识节点（knowledge point，KP）具体表示为

$$K_iP_j = M_{ij} \cup P_{ij} \cup R_{ij} \quad i = 1,\ 2,\ 3;\ j = 1,\ 2,\ \cdots,\ t \tag{5}$$

式（5）中，i 表示知识节点所在层级；j 表示知识节点的序号；t 为所在层级所具有的知识节点数；K_iP_j 表示处于第 i 层第 j 个知识节点。

特别地，$i = 1$ 表示该知识节点处于工艺方案知识层，此时有

$$M_{1j} = \{m_{1j1},\ m_{1j2},\ \cdots,\ m_{1jq}\} \tag{6}$$

式（5）中，M_{1j} 表示工艺方案知识层第 j 个知识节点的加工模型信息，它是进行工艺方案检索重用的推理条件；P_{1j} 表示该工艺方案知识节点的工艺路线；R_{1j} 表示该工艺方案知识节点工艺资源的有序集合。

$i = 2$ 表示该知识节点处于工序知识层，此时有

$$M_{2j} = \{m_{2j1},\ m_{2j2},\ \cdots,\ m_{2jq}\} \tag{7}$$

式（5）中，M_{2j} 表示工艺方案知识层第 j 个知识节点的加工模型信息，它是进行工序层知识检索重用的推理条件；P_{2j} 表示该工序层知识节点的加工方法集，它是工步的有序序列；R_{2j} 表示该工序层知识节点工艺资源的有序集合。

$i = 3$ 表示该知识节点处于加工知识元层，此时有

$$M_{3j} = \{m_{3j1},\ m_{3j2},\ \cdots,\ m_{3jq}\} \tag{8}$$

式（5）中，M_{3j} 表示加工知识元层第 j 个知识节点的加工模型信息，它是进行加工知识元层知识检索重用的推理条件；P_{3j} 表示该加工知识元层知识节点的加工方法；R_{3j} 表示该知识节点的工艺资源信息。

式（6）~式（8）中，m_{ijq} 表示知识节点 K_iP_j 加工模型信息的属性，$q = 1,\ 2,\ \cdots,$ n，n 为加工模型信息所具有的属性个数；此外，可将属性 m_{ijq} 表示为一个三元向量组 m_{ijq} $(x_{ijq},\ y_{ijq},\ w_{ijq})$，其中 x_{ijq} 表示属性名，y_{ijq} 表示属性值，w_{ijq}（$\sum\limits_{q=1}^{n} w_{ijq} = 1$）表示该属性在工艺规划中的重要程度，权值越大，表明该属性越重要。

为实现各层级知识节点间的相互关联，实现典型工艺方案知识、工序知识的重用，将明确各知识节点间的父子关系，实现工艺知识的精确组织。知识节点的组织方式见表 2。

表2　知识节点的组织方式

知识节点	K_iP_j			
子节点	节点1	节点2	...	节点 n

5　基于实例推理的工艺知识重用

　　尽管基于实例推理的方法出现较早，但它仅需将实例简单地存储便可实现知识的检索重用，原理简单，实用性强，因此在工程领域得到了广泛应用。本研究将各知识节点看作检索实例，实现工艺知识的检索重用。

　　工艺人员在工艺设计时，首先对工艺问题进行简要描述，并确定工艺问题属于工艺方案层、工序层还是加工知识元层，从而基于相似度计算在知识库中进行知识检索。若检索所得结果与问题精确匹配，则直接调用知识库中知识；若检索所得结果与问题不是精确匹配，则由工艺人员根据实际情况加以修改使用，同时将该实例存于数据库中，以便后续使用。CBR 的工艺知识重用过程如图3所示。

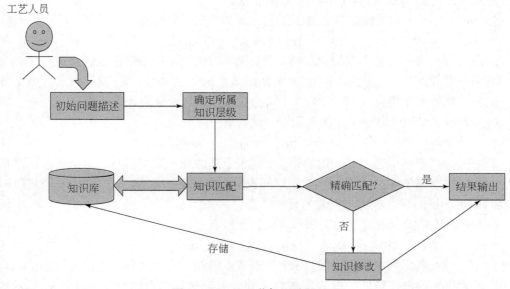

图3　CBR 的工艺知识重用过程

　　表1详细描述了工艺知识的信息组成，可以看出，在工艺设计过程中，加工模型信息一般可通过读取三维图直接得到，这些信息可作为工艺知识检索、推理的条件，它们在CBR 中也作为进行相似度匹配的参数。而工艺过程信息、工艺资源信息则是在工艺规划过程中的所求信息，它们是工艺知识检索、推理的结果。

　　其中，加工模型信息主要包括几何信息、材料、尺寸、公差、表面粗糙度、精度。针对不同知识层级的工艺设计问题，所应用的加工模型信息会有所不同。例如，工艺方案知识匹配仅需几何信息、材料信息，而在工序知识和加工知识元的匹配中则需要上述所有加工模型信息作为匹配参数。在这些匹配参数中，几何信息是三维 CAD 模型，公差是区间值，材料是离散值，表面粗糙度、精度及尺寸是连续值，各个参数值的属性是不同的，因此，需要针对不同参数值属性进行相似度计算。

（1）三维模型匹配。三维工序模型的匹配通过基于加工特征的提取与匹配方法进行相似度匹配，具体算法可参见相关文献［9］。

（2）区间值匹配。设问题空间中某一属性 Q 的区间值为 $[q_1, q_2]$，知识库中某一属性 B 的区间值为 $[b_1, b_2]$。则其相似度计算公式为

当 $q_2 < b_1$ 时，$\qquad\qquad Sim(Q, B) = 0$；$\qquad\qquad\qquad\qquad$ (9)

当 $q_1 < b_1$ 且 $b_1 < q_2 \leqslant b_2$ 时，两区间存在重叠区域，则有

$$Sim(Q, B) = \frac{(q_2 - b_1)}{\sqrt{(q_2 - q_1)(b_2 - b_1)}}; \qquad\qquad (10)$$

当 $b_1 < q_1 < q_2 < b_2$ 时，一个区间包含另外一个区间，此时：

$$Sim(Q, B) = \sqrt{\frac{(q_2 - q_1)}{(b_2 - b_1)}}。 \qquad\qquad (11)$$

（3）离散值匹配。设问题空间某离散型属性值为 q，知识库中相对应的属性值为 b。则其相似度计算公式为

$$Sim(Q, B) = \begin{cases} 1, & \text{若 } q \text{ 与 } b \text{ 相同} \\ 0, & \text{若 } q \text{ 与 } b \text{ 不同} \end{cases} \qquad\qquad (12)$$

（4）连续值匹配。设问题空间某连续值为 q，知识库中相对应的属性值为 b。则其相似度计算公式为

$$Sim(Q, B) = 1 - \frac{|q - b|}{\max(q, b)} \qquad\qquad (13)$$

通过以上公式，可逐一计算加工信息模型中各参数的相似度，接着可得出问题空间与知识库中知识节点的相似度计算公式为

$$Sim(Q, B) = \sum_{i=1}^{s} w_i \times Sim(i)(Q, B) \qquad\qquad (14)$$

式（14）中，s 是匹配属性的个数；w_i 为各个属性在相似度计算中的权值，表示该属性在工艺规划中的重要程度。特别地，各属性权值的确定可通过工艺专家予以确定。

基于以上公式，可计算出问题描述与知识库中知识的相似度值。特别地，对加工知识元层级的问题，可直接选择相似度最高的修改后即可应用。而对工艺方案层和工序层的问题，在检索得到相应的知识节点后，还要找出其子节点，做相应修改后方可实现典型工艺方案知识与工序知识的重用。

6　实例验证

基于上述方法，本研究以 C#为开发语言，以 VS2013 为开发工具，开发了一个三维机加工艺知识管理与重用系统。图4 是以矩形齿花键套内孔加工为例，应用该系统实现知识重用的实例界面。

从图4可看出，在知识重用过程中，工艺人员首先要确定所求知识所属知识层级，接着输入相应的匹配参数，如几何模型、材料、尺寸等，通过参数的相似度计算，得到知

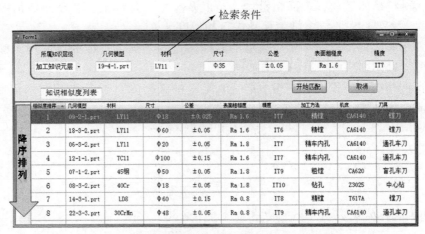

图 4　矩形齿花键套内孔加工相似加工知识元检索

识相似度列表，该列表依相似度降序排列。如图 4 所示，序号为 1 的知识是与检索参数相似度最高的一条知识。通过对比分析可知，该条知识与所求问题的尺寸和公差稍有不同，因此，可对该条知识稍加修改便可应用于所求问题。

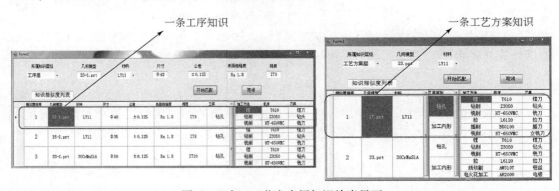

图 5　工序、工艺方案层知识检索界面

工序知识层及工艺方案知识层的工艺知识重用界面如图 5 所示。与加工知识元层知识重用类似，工序及工艺方案知识层的知识重用均是通过将加工模型信息作为匹配参数来实现工艺知识的检索、修改、重用。与加工知识元所不同的是，工序及工艺方案知识需要关联其知识子节点，从而实现典型工序及典型工艺方案的检索重用。

7　结　　语

本研究针对三维工艺设计的过程特点，提出了一种三维工艺知识多粒度表示与重用方法。首先，明确了工艺知识的信息组成，并在此基础上，提出基于三级多叉树的知识表示方法，实现了工艺方案知识、工序知识及加工知识元间的相互关联与有效标识，并基于该知识表示方法，在不同知识粒度上实现了基于实例推理的工艺知识检索重用。其次，基于本研究提出的方法，开发了一个三维机加工艺知识管理与重用系统，并在实践中得到了应用。实践表明，该系统可实现加工知识元、工序知识及工艺方案知识的高效检索重用，为基于知识的快速工艺设计提供有效支撑。

参 考 文 献

［1］赵昌葆，郑双．一种工艺设计综合知识表示方法及其应用［J］．制造业自动化，2011，33（5）：29-32.

［2］Alizon F，Shooter S B，Simpson T W. Reuse of manufacturing knowledge to facilitate platform-based product realization［J］. Journal of Computing and Information Science in Engineering，2006，6（2）：170.

［3］吕素刚．基于本体的加工工艺知识库系统研究及应用［D］．南京：南京航空航天大学硕士学位论文，2011.

［4］孙刚，万毕乐，刘检华，等．基于三维模型的卫星装配工艺设计与应用技术［J］．计算机集成制造系统，2011，17（11）：2343-2350.

［5］严键，陈友玲，刘文科．基于本体映射的零件工艺实例重用方法研究［J］．计算机应用研究，2012，29（1）：177-180.

［6］常智勇，黄一波，万能，等．零件工艺知识建模及其相似度度量方法研究［J］．机械科学与技术，2015，34（6）：892-897.

［7］龚亮亮，张振明，田锡天，等．基于模型定义的工艺知识表示及工艺决策方法研究［J］．机械制造，2013，51（5）：78-81.

［8］吴晓晓，敬石开，刘海滨．航天产品设计知识的表示与重用技术研究［J］．制造业自动化，2009，31（11）：4-7，18.

［9］莫蓉，刘蔚昕，万能，等．三维工序模型加工特征环境匹配［J］．机械科学与技术，2015，34（4）：549-554.

美国空间安全政策发展研究

许红英　曹秀云　张莉敏

（中国航天系统科学与工程研究院，北京，100048）

摘要：空间安全是关乎国家安全和利益的重大战略问题，已引起主要国家和国际社会的广泛关注。鉴于美国是最早将空间安全纳入国家安全体系的国家之一，本研究系统梳理了不同时期美国空间政策制定的背景、空间安全相关政策与战略的内涵，研究其空间安全政策发展的基本脉络和走向。纵观美国空间安全政策的演变，从冷战时期美苏对抗，关注战略弹道导弹通过空间的核打击，到 21 世纪，关注战略弹道导弹与导弹防御系统在空间的攻防对抗，再到当前空间技术不断扩散，聚焦在轨空间系统的安全威胁。尽管各阶段美国空间安全关注焦点及采取措施不尽相同，但美国始终强调：空间安全对美国至关重要，保护美国的空间利益并确保国家安全是美国空间安全政策总目标；保持美国空间霸主地位，发展军事控制空间能力是美国实现空间安全目标的根本举措。

关键词：美国；空间安全；政策

1　冷战时期美国空间安全政策发展

冷战时期，美苏全面对抗。作为两大航天强国，与苏联在空间的竞争与对抗，始终是美国空间安全政策的一个重要着眼点。

1.1　冷战初期（1957～1962 年）

冷战初期，在核战背景下，美国与苏联展开争夺空间战略优势的竞赛。美国空间安全政策关注焦点是：应对苏联战略弹道导弹通过空间的核打击威胁，空间竞赛关注核武器和近期空间防御能力的部署（特别是依靠军事引领实现空间安全）。主要措施包括积极筹建完善的航天组织机构、发展空间支援技术（包括可确定苏联导弹研发实力及核攻击的探测与预警能力）、反卫星技术。

第二次世界大战之后，美苏竞相发展弹道导弹核力量，导弹成为核武器之外美苏两国最大型的军事研发项目。空间能力的发展很大程度上受益于导弹研发，弹道导弹核威胁又催生了空间安全问题。受到苏联首颗人造卫星升空的技术突袭后，艾森豪威尔政府迅速做出反应，意识到卫星为核攻击侦察预警提供了最佳途径，一方面积极筹建完善的航天组织机构，另一方面着手发展卫星侦察、监视、预警手段。艾森豪威尔授权成立总统科学顾问委员会、国家航空航天委员会（最高决策咨询机构）、国家航空航天局（民用航空航天领导机构）。在军事航天领域，成立高级研究计划局（DARPA 前身），设立国防研究与工程主任职位。国会参议院和众议院也成立相应的航天委员会[1]。上述举措为美国军民航天项目的分头管理与经费划拨建立了渠道。

与此同时，美国发展了多种火箭、卫星，并多次测试利用核爆实施导弹防御的可行性。例如，美国中央情报局（Central Intelligence Agency，CIA）和美国空军于1959年联合制定了多项卫星侦察计划，包括"哨兵"计划、"氩气"计划、"火绳"计划、"后发制人"计划和"六角形"计划等。其中，"哨兵"计划含有"卫星反导弹观测系统"计划、"导弹防御警报卫星"等。1958年夏，美国三次在平流层之上测试核武器，距离苏联发射卫星不到1年。美国国防部也开始筹划月基核武器瞄准地球，核反卫星武器、载人军事空间站，以及许多其他攻防系统。空军还提出研发新型可重复使用飞行器的X-20计划（可能是X-37B空间机动飞行器的前身），用于执行反卫星攻击、天对地轰炸及侦察等任务。

1.2 冷战中期（1963~1980年）

冷战中期，美国政府开始担心，发展空间武器技术不成熟，可能带来不良的政治、环境、战略影响。美国空间安全政策关注焦点从艾森豪威尔政府有节制地发展军事空间项目、伴有少量民用空间项目，转向肯尼迪政府以大规模民用空间项目为引导，伴随有效能的军事空间项目。主要措施包括：在武器设计方面进行自我约束，但在政治、经济、军事侦察领域继续开展竞争；签署国际协议，以促成更大范围的空间安全。

这一时期，肯尼迪政府不但要与苏联竞争夺回军事优势，还要重塑民族信心。事实证明，核爆试验证实空间环境并不适合核辐射，不但受国际舆论谴责，而且商业航天利益也会受核辐射影响。有鉴于此，肯尼迪政府明确表示，载人飞行优先于核试验。因而，从20世纪60年代早期开始，美苏转而在载人航天飞行和军事空间支援技术（侦察、通信、预警、导航）方面开展竞赛，并出现竞争高潮。肯尼迪政府大幅增加空间武器项目，发展军事空间支援技术。1960~1963年，美国国防部空间预算从艾森豪威尔政府1960年的5.61亿美元上升为肯尼迪政府1963年的15.5亿美元，增长了近两倍。

随后执政的美国总统约翰逊更热衷于载人登月。这一时期美国的空间政策有三大特点：一是强力承诺发展载人航天计划；二是力促实现美国在空间的全球领导地位；三是显著裁撤军事空间项目。约翰逊政府时期民用航天优先于军事空间项目，军事空间政策强调谈判协商，而非发展新式武器。此时，美国商业卫星有了初步发展，对空间资产安全的关心与日俱增。

尼克松政府继续约翰逊政府的思想，不愿与苏联开展竞赛，更愿意推进双方的空间合作。这一时期美国登月成功，航天飞机的设计方案获得批准。

福特政府除推动美苏合作外，在军事航天方面，1975年苏联以激光照射美国卫星，促使福特下令研发作战用的反卫能力。其间，美国部署了KH-11侦察卫星，从而获得高精度、实时侦察的能力。尽管如此，美国政策始终没有正式强调苏联的空间威胁。

此后的卡特政府的空间安全政策主要包括：①不采取措施退出现有条约，而是通过与苏联正式谈判强化条约的作用；②推进空间防御相关项目的发展。美国国防部的空间开支剧增，从24亿美元增长到48亿美元。其中部分资金用于发展机载动能杀伤武器，但更多资金用于海军导航网、军事通信网络、"长曲棍球"雷达成像卫星，以及新的 KH-12 侦察平台，发展空间监视、通信与导航能力。

　　这一时期，美国发展空间武器的想法数次起落，但空间武器化并没有真正出现。主要有两个方面原因：一是美苏两国筹划的空间武器系统在技术上并不具备可行性，无法在空间部署；二是核试验对空间造成的恶劣影响促使两国决定采取措施避免发生冲突，双方通过明确的条约和默认的自我限制的战略准则，都对可能危及其他空间应用的项目（如民用载人航天、商业卫星等的技术）做了限制。两国领导人都撤回甚至完全取消所有武器计划，特别是那些测试或部署可能会危及空间进入的项目。1962～1975 年，两国签署了一系列管理空间竞争、限制有害行动的条约，其中包括 1963 年的《禁止在大气层、外层空间和水下进行核武器试验条约》、1967 年的《外空条约》、1972 年的《美苏关于限制反弹道导弹系统条约》（简称《反导条约》)[①]，对维护空间的安全与可持续发展起到一定的保障作用[2]。

1.3　冷战后期（1980～1991 年）

　　冷战后期，美苏对抗陷入核僵局，美国盟主地位受到挑战。美国空间安全政策的目标是发展战略弹道导弹及导弹防御系统与苏联展开空间攻防对抗，主要措施包括对军事空间利用给予政策支持，推行"战略防御倡议"（strategic defense initiative，SDI，即星球大战）与空间产业化构想。

　　美苏争霸的结果是，一方面美国未能取得对苏联的军事战略优势，双方陷入核僵局；另一方面欧日在经济上迅速崛起，导致西方出现三个经济中心，危及美国盟主地位。而此时，美国在弹道导弹防御技术及空间技术方面已处于领先地位。在此背景下，里根政府制定"高边疆"国家战略，旨在依靠美国高度发达的空间技术，选择空间作为振兴美国的突破口，以"空间军事化"和"空间产业化"作为这个战略的两大支柱，实现美国对苏联的军事战略优势，恢复对盟国的控制和"霸主"地位[3]。

　　里根政府寻求以军事引领的空间安全，将空间优先发展事项从民用项目转为军事项目。1982 年 7 月，里根政府发布包含空间政策的《第 42 号国家安全决策指令》（NSDD-42），美国空间计划的主要目标之一是建立"宇宙防御"。1981～1983 年，国防部航天预算从 48 亿美元增长到 85 亿，军事航天费用在 1960 年之后首度超过 NASA。1982 年美国成立航天司令部，推动空间系统从支持战略应用向支持作战应用扩展；同年正式发布第一部空间作战条令，即 AFM-6《空军手册：军事航天理论》，从理论上阐释了空间力量的职责、任务和空间作战的主要行动等。1983 年，美国启动"战略防御倡议"（SDI），提议发展"国家航空航天飞机"（national aerospace plane，NASP）。同年，白宫公布《国家安全决策指令》（NSDD-85 号文件），指出美国将通过长期努力消除核弹道导弹构成的威胁[4,5]。

　　作为"高边疆"国家战略的组成部分，SDI 要在 200～1000km 高空建立一个以定向

---

① 《美苏关于限制反弹道导弹系统条约》于 2002 年正式失效。

能武器（包括天基激光武器、陆基激光武器、天基粒子束武器）为主、以动能武器（高性能反弹道导弹、密集发射火箭弹、精确制导的高速炮弹）为辅、空间武器与地基武器相结合的多层次、多手段的反弹道导弹系统[6,7]，防御苏联对美国的大规模导弹攻击，增强美国的战略核威慑力量[8]。SDI 发展的技术主要包括监视、捕获、跟踪和杀伤评价技术；定向能武器技术；动能武器技术；系统分析与作战管理技术；生存能力、杀伤能力和后勤保障技术；以及创新科学技术计划等几个方面。1984 年，里根总统签署 119 号国家安全指令，命令着手研究激光和粒子束等空间定向能武器，这标志着 SDI 正式付诸实施。"高边疆"国家战略与 SDI 的实施极大地促进了美国国防经济的发展，提升了美国的空间军事能力，同时储备了大量的空间相关技术，为后续航天发展奠定了技术基础。

　　乔治·布什执政后，美国政府转而重视民用航天项目，寻求通过政治途径解决空间安全问题，与苏联竞争趋势减缓。在导弹防御政策方面，由于成本、技术，以及违反国际条约，SDI 遭到国会反对，1989 年政府缩减 SDI 经费。1991 年，美国调整 SDI，从以针对苏联大规模导弹攻击为主，重点研究"第一阶段战略防御系统"（SDS-1），转向以针对第三世界国家发射的少量导弹攻击为主，重点研究"防御有限攻击的全球保护"（GPALS）系统，强调先实施"战区导弹防御计划"，升级爱国者导弹，为防御战略导弹储备技术[9]。布什政府还诱使苏联同意修改《反导条约》，允许部署有限的非核防御系统。美国国会对 SDI 的支持进一步加强，将开支从 1991 财年的 29 亿美元提高到 1992 财年的 41 亿美元。

　　这一时期，空间没有发展成为军备竞赛的竞技场，究其原因，主要包括：一是已有条约发挥了约束作用，如外空条约，反导条约；二是美国的 SDI 发展过程中面临很大的技术挑战；三是迫于现实压力，苏联不愿卷入这场竞赛中。尽管美苏就空间军控开展了磋商，但美国一味追求防御性空间武器，谈判并没有取得实质性进展。不过，随着军事空间支援能力与商业航天服务能力的不断提高，美国对空间安全的关注程度正日益加深。

2　冷战结束至 21 世纪初美国空间安全政策发展

　　冷战结束后，美国获得全面空间优势，逐渐走上军事控制空间的道路。

2.1　克林顿政府时期（1992～2000 年）

　　苏联解体，美国一超独霸，克林顿政府选择"折中"战略，保留武器选择权，抑制俄罗斯采取措施应对美国的空间活动。在空间安全政策上倾向于依靠条约束缚，而不是强调发展军事手段，采取的措施主要有：一是大幅度调整发展导弹防御系统的计划，放弃老布什的"防御有限攻击的全球保护"计划，并大幅度削减用于导弹防御系统的预算开支；二是主张维护《反导条约》有效性，并承认《反导条约》是"战略稳定的基石"[10,11]。克林顿发展与苏联的空间合作，还推动空间碎片工作的开展。

　　1993 年，克林顿政府下令将 1994 财年导弹防御的资金砍掉 41%，削减为 37.63 亿美元；彻底终止 SDI 项目；将"战略防御倡议组织"更名为"弹道导弹防御组织"；将发展陆基"战区导弹防御"系统作为重点，而不是天基"国家导弹防御"。克林顿政府《1994

财年国防授权法案》还强调美国将遵守《反导条约》，转而与俄罗斯合作寻求联合导弹防御。

克林顿执政后期，强硬派势力抬头。迫于国会压力，1996 年克林顿政府宣布了三年研制、三年部署的"3 加 3"新计划，正式将"国家导弹防御"计划从"技术准备"转为"部署准备"，并重新启动"动能反卫星"（KEASAT）系统项目。1999 年在包括国会在内的各种弹道导弹威胁评估的压力下，克林顿政府又大量增加导弹防御预算，签署《国家导弹防御法案》，要求尽快部署国家导弹防御系统保卫本土。尽管如此，克林顿政府的基本主张仍然是在不突破《反导条约》的前提下，发展有限的、陆基国家导弹防御系统。1999 年 12 月，克林顿政府明确提出决定部署系统的四个必备标准，即威胁迫近、技术可行、费用可承担及对军控与国际关系无负面影响。2000 年克林顿宣布推迟部署国家导弹防御系统。

2.2　小布什政府时期（2001～2008 年）

进入 21 世纪，美国面临更多挑战，空间安全政策关注焦点是：谋求绝对空间优势，实现军事控制空间。具体措施包括退出《反导条约》；发布具有浓厚军事单边主义思想的空间政策；在导弹防御上加倍投入资金；大力发展全球打击的空间攻防武器。

"9·11"事件后美国调整国家安全战略，将恐怖主义和大规模杀伤性武器确定为美国面临的最大威胁，对内加强本土防卫，对外强调"先发制人"。在美国空间相关技术迅速发展的同时，俄罗斯空间复兴计划也对美国构成了压力。

2001 年，美国宣布退出《反导条约》。其理由是：《反导条约》限制美国发展防范恐怖主义的防务能力，《反导条约》是冷战产物，《反导条约》阻碍美俄两国合作发展。《反导条约》禁止拥有核武器国家发展导弹防御系统，美国退出使布什政府建立导弹防御系统的努力合法化，这就必然会将"战略防御"概念正式引入战略力量建设，使美国战略力量的威慑体系兼备了"进攻性威慑"和"防御性威慑"的双重内容①。

布什政府全方位发展的导弹防御项目包括用于导弹预警的天基红外系统高轨/低轨；用于导弹跟踪的 X 频段雷达；拦截近程和中程导弹的爱国者-3、战区高空防御、海基宙斯盾系统，机载激光器；以及拦截远程导弹的中段陆基拦截器、天基激光、天基动能杀伤拦截器。2004 年秋，美国国会批准为导弹防御投资 90 亿美元。在布什的第二任期，来自强硬派的批评使美国政府大力发展天基能力，开展一系列试验，包括机载激光器试验、微卫星近距离飞越、众多跟踪与拦截测试等[12,13]。

美国 2006 年发布的《国家空间政策》提出，为保持美国的空间领先地位和"制空间权"，建立一个健全、有效和高效的空间能力的战略目标，要求国防部"提供空间能力以支持持续的、全球战略性的、战术预警性的多层次一体化导弹防御"。新政从空间自由进入和通过的能力、空间监视能力、空间攻防能力和航天产业发展、基础能力建设、保障能力建设等方面全方位提出了战略任务，形成任务体系框架，突出了从空间基础能力建

---

① 来自 2003 年《中国日报网》的《美国退约：是耶，非耶？—评布什退出反导条约声明》。

设向空间军事化攻防能力建设转变,从防御和开发型政策向进攻性和控制型政策转变,强调空间武器化[14]。

2.3 奥巴马政府时期(2009~2016年)

奥巴马政府时期,美国逐渐确定"亚太再平衡"战略,空间安全政策上,意图重塑新型领导地位、综合控制空间,利用政治、经济、外交、军事等多种措施实现空间安全战略目标。

奥巴马执政以来,美国先后颁布一系列报告,使美国的再平衡战略日益清晰,最终确定"亚太再平衡"战略。2010年以来美国颁布一系列空间顶层政策文献,对当前空间安全战略环境、空间安全战略目标与措施等做出阐释。2010年6月,美国发布《国家空间政策》,在强调发展硬实力的同时,提出构建空间新秩序,以软实力实现国家安全目标。2011年2月,美国发布《国家安全空间战略》提出未来10年空间安全战略目标,为国防部发展军事航天提供了行动指南。2012年11月,美国国防部发布《空间政策指令》(DoDD 3100.10),就全面落实上述空间政策与战略进行具体部署[15-18]。2016年11月,美国国防部修订《空间政策指令》,提出慑战并举、有效协同的军事航天发展思路。

美国认为,空间安全战略环境呈现三大趋势,即空间变得"越来越拥挤,越来越具有对抗性和竞争性"(3C)。在空间安全战略目标方面,美国将国家安全空间目标概括为三点:一是增强空间的平安、稳定与安全;二是保持并增强空间赋予美国的战略性国家安全优势;三是使支撑美国国家安全的空间工业基础充满活力。为实现上述空间安全战略目标,美国强调综合运用各种国家力量。具体措施包括:一是主导构建国际空间新秩序。美国提出:以"负责任的空间行为"扩大美国的空间利益,倡导负责任地、和平地、平安地使用空间,并以此作为应对空间拥挤问题和对抗性问题的基础,使其他战略方针成为可能。二是巩固航天工业基础以期提升空间能力。美国将研制、采购、部署、运行并维持空间能力,保持美国领先地位的关键在于:改善采办流程、激活航天工业基础(包括改革出口管制制度)、加强技术创新、发展航天人才。三是建立美国主导的、广泛的国际空间合作联盟。美国强调与负责任的国家、国际组织,以及商业公司建立广泛的伙伴关系。四是多层次提升慑退与空间对抗实战能力。包括:支持那些倡导负责任空间行为规范的外交努力;寻求国际伙伴关系,以迫使潜在敌人自我克制;优先发展空间态势感知能力,提高美国追查攻击者的能力;增强美国的体系架构的抗毁能力,使攻击方得不到什么收效;保留反击的权利以防万一威慑失效。此外,美国还进一步施加战争升级威慑。

3 美国现行空间安全政策研究(2017年至今)

奥巴马政府后期,强硬派的控制空间思想抬头,空间安全领域出现重大转向,美国全面评估其空间安全,逐渐偏离奥巴马政府以威慑、遏制为主的既定战略。在此基础上,特朗普政府发布一系列空间战略政策文件,将空间安全战略目标转向:慑战并举,空间领域保持"美国独尊"的战略优势。除综合运用内政、外交多种手段外,特朗普政府尤其注重强化军事航天实力，具体措施主要包括：深化空间力量组织管理体制改革，建设新型空间作战部队，发展下一代空间作战装备，完善新型作战指挥体制。

新时期美国政府调整空间安全战略，主要是基于"国家安全和空间领导地位面临新挑战"的认识，认为现有空间安全战略已经难以应对新形势下的挑战。一是国家安全环境方面，全球环境呈现动荡性，主要竞争对手转向大国长期对抗。二是空间安全环境方面，国际航天事业快速发展、竞争加剧，美国认为空间安全威胁日益严重，其一超独霸地位受到了多极世界的挑战，将影响美国国家安全和经济发展。三是航天技术扩散，加剧了安全环境的不稳定。四是航天活动范围扩大，美国管理体制已不适应当前新环境。五是各国对世界航天话语权和主导权争夺更加激烈。

2017 年 12 月，美国政府发布新版《美国国家安全战略》，分析了当前战略竞争环境、阐明战略目标与实施途径。2018 年 1 月，美国防部长签发新版《国防战略》，提出更加细化、可操作的国防建设目标和实施途径，明确提出"将空间作为作战域"。在空间安全政策战略方面，特朗普政府先后发布 1 号、2 号、3 号航天总统令、《国家航天战略》，对军事航天、民用航天、商业航天做出系统规划。

3.1 空间安全战略环境与战略目标

美国《国防战略》《美国航天战略》（要点）在继承前期理论与实践成果基础上，将空间疆域定性为战场。2014 年以来，美军高层不断强调，空间环境特点已转变为"对抗加剧、作战效果降低、军事行动受限"，中俄发展的反卫星能力，已对美国在轨卫星造成潜在威胁。过去，空间系统主要服务于核威慑，攻击卫星被视为挑衅并导致冲突升级。为维护"相互确保摧毁"的恐怖平衡，美、苏两国在空间保持克制，从而保障了空间系统的安全性。但随着空间系统对常规力量的支援作用不断增强，中俄正在寻求削弱或摧毁这些优势的能力。2018 年《美国国防战略》正式明确："将空间和赛博视为作战域"；随后的《国家航天战略》指出，"美国的竞争对手和敌人已让空间疆域成为战场"。

美国空间安全战略目标可以概括为：慑战并举，在空间领域保持"美国独尊"的战略优势。特朗普政府发布的《国家安全战略》《国防战略》强调：大国竞争再次显现，中俄正在争夺美国的地缘政治优势，试图主导国际秩序；并且利用精确、廉价武器与美国争夺在空间等疆域的优势；美国必须将威慑扩展到包括空间在内的所有疆域。同时指出：美国的核心利益是自由进出空间，以及在空间自由行动；对于以美国核心空间资产为目标、直接影响美国核心利益的干扰和攻击，美国将予以还击。《国家航天战略》（要点）在空间领域落实"美国独尊"思想，并与《国防部空间政策指令》一脉相承，要求加速推进美军慑战实力发展，强调以军事实力维护美国空间优势。在强对抗环境下，空间能力的建设重视慑战并举，关注有效、可靠地开展空间任务，强调空间与其他领域作战力量的跨域协同，以及在空间作战的能力。

3.2 空间安全战略落实措施

奥巴马时期，美国强调运用经济、外交等多手段建立综合制衡效果，"追求稳定的空间环境"、降低空间发生冲突可能性。特朗普政府在继承奥巴马政府多层次综合制衡的基础上，更加强调以军事实力维护国家安全与利益，强调在强对抗环境下，增强空间力量的整体作战能力。

3.2.1 突出强调以军事实力维护空间利益

《美国国家安全战略》指出，美国在空间的核心利益是：自由进出空间和在空间自由行动。对于以美国核心空间资产为目标的、直接影响美国核心利益的任何有害干扰或攻击，美国都将予以还击。《国防战略》进一步明确美国将：建立更具杀伤力的联合部队，同时重建军事战备能力；改革国防部的业务做法，追求更好的绩效和经济可承受性。《国家航天战略》重申在空间的核心利益。

结合《国家航天战略》（要点）与美国空间军力发展实践，美国提升军事航天力量发展措施主要包括：一是深化空间力量组织管理体制改革。在重塑美国军力指令要求下，美国国防部正在深入推进空间力量的统筹管理，扭转政出多门，缺乏顶层统管协调的局面。二是建设新型空间作战部队。美军已成立多个新型空间任务部队，重点完成职业训练和作战支持两项工作；正在筹建独立的天军，组建一支业务能力更强大的作战部队。三是发展下一代空间作战装备，加速向更具弹性的空间体系架构转型发展，增强弹性、防御能力及受攻击后重建能力；重点提升基础能力，改进空间系统架构、优化采办流程。四是完善新型作战指挥体制。颁布《空间作战条令》，制定空间作战框架，增强空间在美军整体力量中的作战效能，指导新时期空间作战。

当前美国开展的国防部军事航天组织机构调整与组建天军等工作，将推动美军新一轮空间军力转型发展进入深化阶段，进而提升其空间慑战能力。

3.2.2 释放商业航天发展活力

《美国国家安全战略》将促进商业合同视为在空间领域的三大优先事项之一，强调简化并更新商业航天活动管理条例，以提高竞争力。随着美国政府与美国商业航天机构合作，提高空间基础设施的弹性，美国也会考虑在需要时将国家安全保护覆盖至私营部门合作伙伴。

特朗普签署 2 号航天政策指令《简化对空间商业化利用的监管》，要求运输部、商务部、国家航天委员会等开展合作，简化商业航天监管、提升管理效率，以促商业航天发展，保持美国商业航天的全球领导地位。一是打破传统审批和监管流程，推动商业航天监管深度改革。美政府将简化商业航天发射和遥感审批流程，对烦琐的审批程序进行修订，扫除影响商业航天快速发展的障碍；协调频谱资源分配，满足商业航天活动需求；重新审查出口管制条例，扩大航天产品出口。二是提升政府商业航天管理层级，加强集中管理。联邦政府将赋予商务部管理商业航天活动的更多权力，在商务部内提升商业航天活动管理层级，改革商务部多个部门分散管理的现有体制，强化对商业航天活动的集中管理，提升管理效率。三是通过立法确保商业航天监管改革有效落实。依据政策指令，美国政府将进一步推动商业航天立法，从法律上明确各部门管理职能、管理流程，为简化审批程序、整合管理机构、加强集中管理等改革举措提供法律依据，使商业航天监管改革落到实处。

通过释放商业航天发展活力，将进一步激活航天工业基础与技术创新，有利于国防部和情报界优先投资那些积聚最大优势的能力，将为国家长期安全奠定基础。

3.2.3　扩大美国主导的国际空间联盟

《美国国防战略》强调，要加强联盟，同时吸引新伙伴加入。互利的联盟和伙伴关系，对国防战略至关重要，还可为美国带来持久的、无人能敌的非对称优势。《国家航天战略》（要点）要求创造有利的国际环境。美国将继续开展双边和多边合作，以推动人类的探索活动，促进责任分担和合作应对威胁。

2017 年以来，美军继续与盟友开展空间战演习，推进军事航天装备在海外部署，成立联盟空间作战中心，扩大空间态势感知数据共享合作伙伴阵营。截至 2018 年 10 底，美军邀请盟友，先后举行两次"施里弗演习"、两次"全球哨兵"演习，联合空间作战中心也正式更名为联盟空间作战中心，意在深入探索美军与盟友在空间成为战场环境下，如何赢得战争、保持空间战略优势。美军已与英国、法国、德国、加拿大、日本、澳大利亚、韩国等 15 个国家、欧洲航天局、欧洲气象卫星应用组织，以及 70 多家商业航天公司签署空间态势感知数据共享协议，简化合作伙伴向美军请求数据的流程。美军两个重要的空间态势感知装备——C 波段雷达与空间监视望远镜，相继迁移至澳大利亚部署。通过拓展态势感知国际联盟，向重点区域迁移装备，美军将获得合作伙伴在轨卫星数据，更好地监视潜在对手在轨卫星，进而提升其空间态势感知能力与作战指控能力。

通过扩大国际合作，美国可以强化领导地位，为推行空间新秩序奠定基础；同时利用整个联盟之力，依靠"软实力"，提升美国自身能力，孤立、约束潜在对手，提高与其对抗的风险与代价。

3.2.4　推动构建国际空间新秩序

《美国国家安全战略》强调：美国必须领导和参与制定形成众多规则、进而影响美国利益和价值观的多国机制。美国《国家航天战略》（要点）则声明：该战略将确保国际协议将美国人民、美国工人和商业界的利益被放在首要位置。

特朗普签署的 3 号航天政策令《国家空间交通管理政策》，意在防范因日益拥挤、竞争性加剧造成的空间活动风险。空间交通管理涉及国家航天战略与政策、航天装备与技术，以及相关法规和标准等广泛领域，与承担军、民、商航天管理职责的各个部门相关，需要明确职责、协同管理，构建有效的管理体系。此次明确的分工，考虑了政府各部门优势，其中，商务部负责公布态势感知数据，有利于集成商业能力，淡化空间态势感知的军事色彩。《国家空间交通管理政策》虽然面向美国发布实施，但提出将向国际推广其空间交通管理标准和做法，将有利于美国争得联合国框架下的空间环境监视权，为其谋取主导制定国际规则、构建国际空间新秩序奠定基础。

美国倡导负责任的空间行为，并积极出台政策，推动解决国际社会十分关注的空间交通管理问题，有利于减少美国面临的现实威胁，保护有利于美国的空间环境及空间利用，同时也有利于营造符合美国发展利益的国际法律氛围。

4　美国空间安全政策特点分析

纵观美国空间安全政策与战略发展演变过程可知：尽管各阶段美国空间安全关注焦点及采取措施不尽相同，但美国政府始终强调：空间安全对于美国至关重要，保护美国的空间利益并确保国家安全是美国空间安全政策总目标；保持美国空间霸主地位，发展军事控制空间能力是美国实现空间安全目标的根本举措。

4.1　空间安全内涵不断丰富

随着空间安全地位的逐年提升，空间安全已跃居为国家安全的战略制高点。美国从国家安全层面上谋划空间安全问题，并将空间安全界定为：确保可持续、稳定、安全、自由地进出、利用外层空间，用以维护国家重要利益。相应的，空间安全内涵也得到进一步扩展，包括：空间活动安全；空间资产和设施的有效性、安全性和可靠性；防止来自空间的威胁；航天可持续发展。冷战期间，空间安全的关注焦点主要集中在战略弹道导弹通过空间的核打击问题。世纪交替之际，战略弹道导弹与导弹防御系统在空间的攻防对抗成为空间安全关注焦点。近期，美国空间安全观的出发点从基于能力向基于威胁转变，包括在轨空间系统可能受到攻击、潜在空间武器化和日益增多的空间碎片及在轨航天器的互碰对在轨航天器的威胁、对空间资源的争夺、保障空间能力持续发展的航天工业基础，以及地外天体撞击地球的威胁等，但重点是在轨空间系统的安全问题。

4.2　空间安全政策目标发生转变

冷战期间，美国政府的空间安全问题与美苏争霸的对抗关系紧密结合在一起，空间安全的首要目标是取得对苏联的空间优势。冷战结束后，空间技术向全球扩散，空间行为体增多，美国强调在空间的绝对优势和主导地位，控制空间思想逐渐发展成为美国空间安全战略的总目标。

4.3　空间安全战略措施得到扩展

从冷战初期依靠军事引领实现空间安全，到冷战后期空间军事化，再到21世纪初谋求空间霸权，美国军事控制空间思想得到进一步完善。奥巴马执政期间，依托强大的军事实力，运用所谓"巧实力"策略，采取更加灵活务实的方式，力图综合运用国家权力的所有要素，从政治、经济、外交与军事等方面，通过"相互关联"的多种途径，应对空间日益拥挤、越来越具对抗性和竞争性带来的挑战。特朗普执政期间，重新强调以军事实力维护空间安全，突出强调强对抗环境下的军事航天力量发展与建设，进而提升其空间威慑整体实力；同时积极推动奥巴马政府时期确定的多手段、多措施的进一步落地。

5 小 结

当前，由于美国在航天领域遥遥领先，只要不受攻击，就能保持绝对领先优势，因而美国认为应对空间攻击的最佳策略是慑止攻击。美国选择了以军事实力维护利益，同时释放商业航天发展活力，又不放弃综合运用其强大的国际话语权、国际规则主导权等一系列综合能力，通过建立国际利益联盟、构建国际空间新秩序，慑止对手攻击。

作为世界上唯一的超级大国和空间实力最强大的国家，美国的空间安全政策已经对其他国家的空间政策乃至国际空间活动产生了重大影响。2014年以来，英国、日本等国先后发布与美国类似的空间安全政策，都提出将综合利用政治、经济、军事、外交等手段，维护空间既得利益，确保空间生存安全与发展安全[19,20]。

美国的空间安全策略已从早期单纯依托军事行动，一度拓展到综合运用政治、经济、外交与军事等国家权力的所有要素遏制对手，再变为突出强调军事实力维护空间安全。面对新的发展形势，我国应尽早制定与我国国家地位及发展利益相称、相适应的空间安全政策，积极参与国际谈判，为实现空间安全目标提供政策保障[21]。

参 考 文 献

[1] 何世华. 艾森豪威尔政府的外层空间政策及其影响 [J]. 东北师大学报（哲学社会科学版），2001，（2）：47-53.

[2] James C M. The Politcis Of Space Security [M]. Santa Clara County：Standford University Press，2011.

[3] 朱昕昌，刘菁文. 美国"高边疆"战略的发展历程及其影响 [N]. 解放军报，2004，（3）：115-126.

[4] 北上. 风起青萍——星球大战计划诞生之回顾 [J]. 现代兵器，2010，（10）：33-40.

[5] 程永曾. 里根政府的全国空间政策咨文简介 [J]. 国际科技交流，1988，（10）：1-4.

[6] 杨秀敏. 美国侦察卫星近年来的发展 [J]. 国外空间动态，1982，（5）：13-19.

[7] 罗伯特·M 鲍曼. 星球大战——防御星还是死亡星 [M]. 程不时，叶惠民译. 上海：上海科学普及出版社，1988.

[8] 李永锋，郝红利，徐卫昌. 美国弹道导弹防御系统发展研究 [J]. 飞航导弹，2014，（2）：47-50.

[9] Jim R H，James J R. Between Diplomacy and Deterrence：Strategies for US Relation with China [M]. Washington D. C：The Heritage Foundation，1997.

[10] 谭家骥. 美国军事卫星通信系统发展概况 [J]. 军事通信技术，1985，（14）：64-67.

[11] 顾国良. 布什政府与克林顿政府军控政策之比较 [J]. 国际经济评论，2001，（9-10）：33-37.

[12] 侯宇葵，侯深渊，马骏. 美国航天政策的演变与布什新空间计划 [J]. 卫星应用，2004，（2）：1-13.

[13] 刘晓恩. 转型下的美军空间力量发展 [J]. 中国航天，2004，（11）：20-24.

[14] 焦亮. 试析美国空军新版《空间作战》条令 [J]. 外国军事学术，2007（5）：49-57.

[15] 孙哲，徐洪峰. 奥巴马政府战略重心东移对美俄关系的影响 [J]. 美国研究，2013（1）：9-21.

[16] 徐鹏. 构建以美国为主导的世界空间新秩序——美国2010年版国家空间政策评析 [J]. 863航空航天技术，2010，（8）：1-10.

[17] 曹秀云. 美国的空间安全政策与战略 [J]. 国防科技工业，2013，（6）：60-61.

[18] 王若衡，桐慧，李云英，等. 英国《国家空间安全政策》解读 [J]. 中国航天杂志，2014，（8）：

32-37.

［19］宇宙開発戦略本部．宇宙基本計画［Z］．平成 27 年（2015）．

［20］张振军．美国外空安全新政策及其国际影响［J］．北京理工大学学报（社会科学版），2013，
（6）：100-107

［21］杨毅．中国国家安全战略构想［M］．北京：时事出版社，2009.

面向三维工艺设计的知识推送方法研究

孙　璞　侯俊杰　石　倩　刘骄剑

（中国航天系统科学与工程研究院，北京，100048）

摘要： 为应对三维工艺设计中知识应用所出现的知识检索效率低、知识获取准确度低及工艺知识缺乏个性化等问题，提出了面向三维工艺设计的知识推送方法。以"工艺设计意图的获取与表达—工艺知识的组织与表示—工艺知识的匹配与筛选"为主线，构建了面向三维工艺设计的知识推送框架，并详细阐述了框架中各个模块的功能及关键技术。最后，以某宇航产品工艺设计过程中工艺知识的应用为例，验证了知识推送方法的有效性。

关键词： 工艺设计；工艺设计意图；工艺知识；知识推送

1 引　言

随着三维产品建模技术及基于模型的定义（model-based definition，MBD）技术的发展，如何高效继承上游的设计模型信息，推动工艺设计过程的自动化已成为制造企业进行工艺设计的重点方向。目前，在三维工艺设计的研究与应用中，学术界及产业界普遍认为，工艺的知识化是工艺设计过程自动化、智能化的必要前提。

近年来，随着企业信息化的不断发展，各企业根据自身业务的需要，构建了相应的知识库，致使目前存在于企业知识库中的知识种类多、数量大。然而，在这种的情况下，知识检索技术在支撑知识重复使用过程中显得捉襟见肘，如经常会出现"知识迷航"，"查准率不足、查全率有余"等情况，使得知识在实践过程中的支撑作用大大削减。基于此，知识推送技术作为一种"知识找人"的知识重用方式，在知识应用过程中具有诸多优点（如知识推送服务的主动性、推送知识的精确性等），大大弥补了知识检索所出现的上述不足。

近年来，在产品研制领域，知识推送技术得到了国内外学者的广泛研究。Moon 等[1]为支持动态电子市场环境下的产品族设计，运用了一种基于多 Agent 的设计知识推送方法。该方法首先通过对用户的偏好进行学习，然后基于学习的结果将合适的产品设计知识推送给用户。Zhang 等[2]在分析知识推送对飞机结构设计的重要性的基础上，通过构建动态的、实时更新的用户兴趣模型，实现了飞机设计知识的主动推送。王克勤和杜军[3]针对知识库中知识推送精度低的问题，在确定设计任务和设计知识、构建设计人员知识需求模型的基础上，将设计任务、设计知识和设计人员知识需求模型进行匹配，从而实现了产品设计知识的精确推送。乐承毅等[4]在对企业知识按照知识属性、流程及领域三个维度进行描述的基础上，给出了面向流程的知识主动推送架构，并提出了流程驱动的知识主动推送方法。谢强和张磊[5]在建立用户知识需求模型的基础上，实现知识的自动供给，并为企业员工提供个性化的知识服务。

综上所述，在产品研制领域，知识推送的研究主要集中在产品设计知识、制造知识等方面，而面向三维工艺设计的知识推送方法的研究还并不多见。基于此，本研究面向三维工艺设计过程，研究工艺知识推送方法，以期实现工艺知识的精准推送，提升工艺设计的质量和效率。

2 面向三维工艺设计的知识推送框架

为满足三维工艺设计过程对知识推送的迫切需求，本节给出面向三维工艺设计的知识推送框架，如图 1 所示。

1）工艺设计意图的获取与表达

工艺设计意图（design intention，DI）的获取主要包括零件几何特征的自动识别、MBD 模型中非几何信息的提取及对工艺设计问题的输入。工艺设计意图的表达主要包括对所获取的工艺设计意图信息加以有效组织、表示，以便于工艺设计意图信息为计算机读取、处理。

2）工艺知识的组织与表示

工艺知识（process knowledge，PK）的组织与表示主要包括工艺知识具体类型的介绍、工艺知识组成结构模型的构建及工艺知识的封装。

3）工艺知识的匹配与筛选

工艺知识的匹配与筛选主要包括基于人工免疫算法的候选工艺知识集生成、基于用户知识兴趣模型的候选工艺知识集筛选及推送两部分内容。基于人工免疫算法的候选工艺知识集生成主要包含工艺设计意图与工艺知识的匹配及基于免疫调节机制的候选工艺知识集生成（生成的工艺知识具有解的多样性的特点）；基于用户知识兴趣模型的候选工艺知识集筛选及推送主要包含用户知识兴趣模型构建及基于用户知识兴趣模型对候选工艺知识集加以筛选，以确定推送工艺知识集，并将其推送给工艺人员。

4）工艺知识应用

工艺知识应用是工艺知识推送活动的出发点和落脚点，它通过提供工艺设计意图及工艺人员信息，从而精确地从知识库中寻找出适当的工艺知识，并最终通过得到的工艺知识，辅助工艺人员进行工艺设计。

3 工艺设计意图的获取与表达

3.1 工艺设计意图的内涵

1）工艺设计意图的定义

在借鉴设计意图概念及内涵、分析工艺设计特点的基础上，对工艺设计意图定义如下：

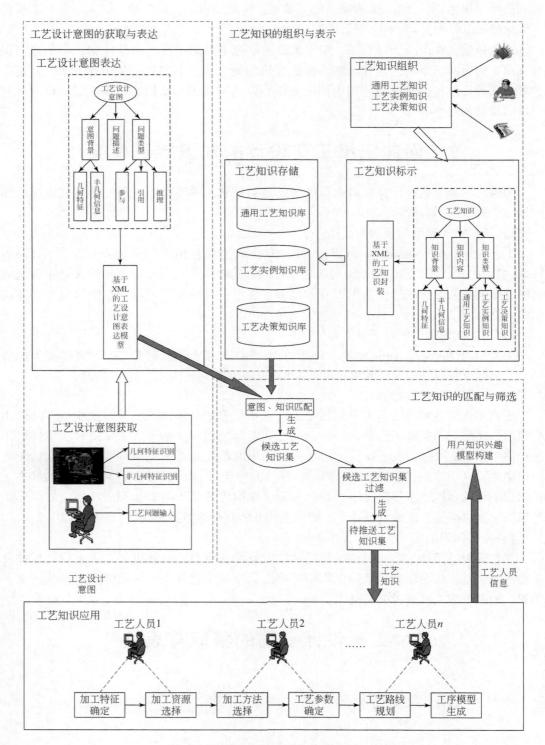

图 1　面向三维工艺设计的知识推送框架

工艺设计意图，指在进行工艺设计过程中所需的一些背景、设计目标及工艺人员为实现工艺设计目标的一些预期步骤等信息。

具体地，工艺设计意图主要表现为：继承于设计的几何形状、拓扑结构等几何信息，附着在几何信息上的材料、尺寸、公差、表面粗糙度、精度等非几何信息，以及工艺设计过程中所要求解的具体问题。

2）工艺设计意图与工艺知识间的相互关系

基于以上工艺设计意图的定义，可将工艺设计过程理解为：工艺设计人员基于工艺设计意图，并运用工艺知识，以计划、规划、设想、决策等方式得出工艺设计结果的过程。具体地，基于工艺设计意图的工艺设计过程如图2所示。

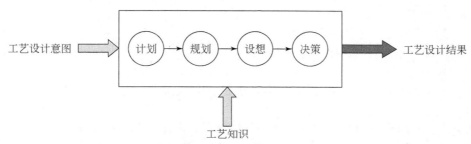

图 2　基于工艺设计意图的工艺设计过程

通过图2可以看出，在工艺设计过程中，工艺设计意图与工艺知识的关系类似于问题与答案间的关系，工艺设计意图负责提出问题，而工艺知识则是针对相应的问题给予相应的解决方案，以辅助工艺设计过程。

将上述概念及内涵落在面向工艺设计的知识主动推送过程中，工艺设计意图可理解为引发工艺知识推送的诱因，推送何种工艺知识，其具体内容是什么，均与工艺设计意图的具体内容息息相关。

综上所述，要实现精确的工艺知识推送，就必须对工艺设计意图予以精确地获取与表示。

3.2　工艺设计意图的获取

工艺设计意图信息的获取是工艺设计意图进行表达、应用的前提。因此，本节将对零件及特征的几何信息，附着在几何信息上的公差、表面粗糙度等非几何信息，以及工艺设计过程中所要求解的问题 3 种类型的工艺设计意图信息的获取进行介绍。

3.2.1　零件几何特征的识别

近年来，随着基于 MBD 的三维工艺设计模式逐渐得到广泛研究与应用，基于属性邻接图（attributed adjacency graph，AAG），运用子图同构算法进行加工特征的识别得到了广泛应用。由于这种方法具有较高的识别精度，且该方法简便高效，本研究将采用基于属性邻接图的子图同构算法进行零件几何特征的识别。

属性邻接图首先是由 Joshi 和 Chang 在文献［6］中作为基本结构用于对拓扑关系进

行描述的。属性邻接图是基于图结构表达零件边界的思想来开展的，在属性邻接图中，图中的节点表示面，而节点间的连线表示两个面之间的公共边，且属性邻接图中还反映了邻接面之间具体的几何关系（如面与面间的角度），此外，还要用虚实线或数字表示节点间连线的凹凸性。具体的几何特征对应的属性邻接图表示方法如图3所示。

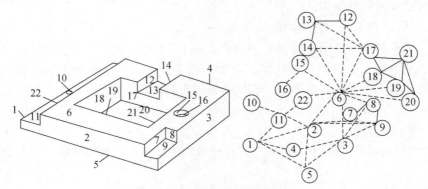

图3　基于属性邻接图的几何特征表示

基于此，本研究给出基于属性邻接图的特征识别方法，其具体步骤如下。

步骤1：根据零件几何特征模型的 STEP 文件，构造几何特征的属性邻接图；

步骤2：确定几何特征中各个边的凹凸性，以 "0" 代表凹边，"1" 代表凸边；

步骤3：去掉属性邻接图中的所有凸边，形成全凹面连接子图；

步骤4：通过去掉凹面子图中代表毛坯面的节点，形成特征子图；

步骤5：调用特征识别器识别各特征子图；

步骤6：输出特征信息，保存结果。

3.2.2　MBD 模型非几何信息的提取

产品零件 MBD 模型除了上述的几何特征信息外，还通过标注或属性参数数据描述的方式定义了该零件所需要的所有非几何信息，如通用公差要求、精度要求、表面技术要求等。通过悉心总结，本研究将 MBD 数据集中的非几何信息加以汇总，其中所含具体的非几何信息见表1。

表1　MBD 数据集中的非几何信息

名称	来源	是否与几何模型关联	表达方法
坐标轴	零件设计模型	是	默认
坐标平面	零件设计模型	是	默认
材料信息	零件设计模型	否	属性
基准	设计基准	是	标注
尺寸	零件设计模型	是	属性+标注
公差	工艺规划	是	标注
表面粗糙度	零件设计模型	是	标注
加工面	工艺规划	是	颜色显示

为了对 MBD 数据集中的非几何信息加以提取，首先需要对模型中的区域进行选取，这可以通过 2.2.1 节中的特征识别方法实现，其次需要对该特征上所对应的 MBD 数据集进行扫描，得到相应的非几何信息列表及其具体的参数。MBD 模型上的非几何信息的具体提取流程如图 4 所示。

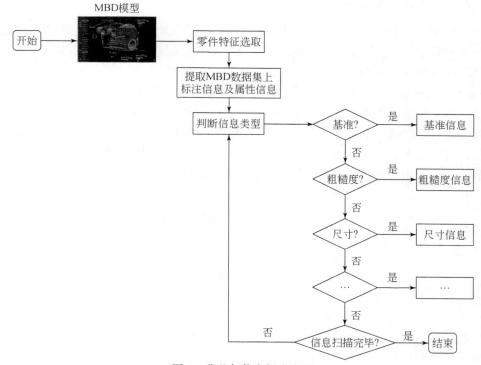

图 4　非几何信息提取流程

3.2.3　工艺设计问题输入

工艺设计问题（process question，PQ）是工艺设计意图的重要组成部分。它主要由工艺人员根据工艺设计需求，通过手动输入的方式来实现工艺设计问题的获取。

工艺设计问题主要包含两部分内容，即工艺设计问题的问题类型（question type，QT）及问题描述（question description，QD）。其中，工艺设计问题的问题类型主要明确工艺人员在解决工艺问题时对知识的应用类型，如用于工艺参考、工艺引用还是进行工艺推理；问题描述则是对所求问题的具体描述。

特别地，在工艺设计过程中，工艺设计问题的问题类型主要包含以下 3 种主要方式，即

工艺参考——用于参考标准、手册、公式等成熟的通用知识，来辅助工艺设计；

工艺引用——工艺设计过程中，通过匹配以往相似的成功实例，并对其稍加修改，以实现直接引用的目的；

工艺推理——在工艺设计过程中，通过运用规则等知识实现工艺的自动推理。

问题描述则是对工艺设计过程中所涉及的具体问题进行描述，具体地，如加工参数选择、刀具选择等。

3.3 工艺设计意图的表达

3.3.1 工艺设计意图的组成结构

综上所述，工艺设计意图主要包括零件几何特征、非几何信息及工艺设计问题等信息。为便于实现与工艺知识间的相互匹配，将这些获取的意图信息进行重新组织。

通过重新组织，可将工艺设计意图表示为一个 3 元组：DI = {IB，QT，QD}。IB（intention background）表示意图背景，它是工艺设计的背景信息，是进行工艺设计的原始素材，主要包括零件几何特征和非几何信息；QT 表示工艺设计问题的问题类型，它用于明确工艺人员在解决工艺问题时，对知识的需求类型，如需要用工艺知识来供工艺人员参考、引用，或是辅助工艺人员进行工艺决策；QD 表示问题描述，它是对所求问题的具体描述。基于此，工艺设计意图的组成结构如图 5 所示。

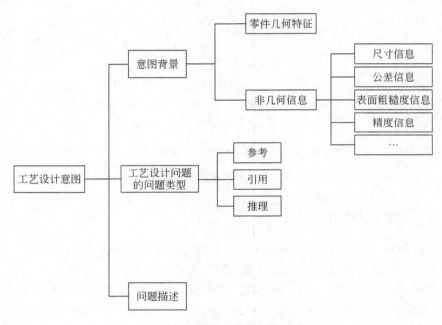

图 5　工艺设计意图的组成结构

3.3.2 工艺设计意图的表示

为了使工艺设计意图可以被计算机识别，以便于后续处理，需要对工艺设计意图运用形式化语言进行表示。由于 XML 是一种元语言，可以设置自己的标签，使用方便，灵活性好[7]，且其可表达模型、文本、图片等各类数据，本研究用 XML 对工艺设计意图予以表示。

一份完整的描述用户知识的 XML 文档由文件头与文件主体两部分构成，文件头包括 XML 声明及数据结构定义，文件主体用树形结构存储知识信息[8]。在应用 XML 对工艺设计意图予以表示时，应首先采用2.3.1节所述的工艺设计意图的组成结构对工艺设计意图进行层次化组织，再根据组织模型对相应的工艺设计意图予以表示。

下面，以半框零件中的孔特征为例，运用 XML 对工艺设计意图加以表示，具体的 XML 代码如下所示。

```xml
<? xml version="1.0" encoding="GB2312"? >
<工艺设计意图>
  <意图背景>
      <零件几何特征>
            <零件编号>S-0740-011</零件编号>
            <零件名称>半框零件</零件名称>
            <特征编号>0004H</特征编号>
            <特征名称>孔</特征名称>
      </零件几何特征>
      <非几何信息>
            <孔径>60</孔径>
            <材料>LY11</材料>
            <精度等级>IT9</精度等级>
            <表面粗糙度>Ra 0.8</表面粗糙度>
            <公差>±0.05</公差>
      </非几何信息>
  </意图背景>
  <问题类型>
      <类型编号>2</类型编号>
      <具体类型>引用</具体类型>
  </问题类型>
  <问题描述>
      <描述内容>工艺路线</描述内容>
  </问题描述>
</工艺设计意图>
```

4 工艺知识的组织与表示

4.1 工艺知识的组织

4.1.1 工艺知识的类型

为利于知识等在工艺设计过程中的使用，本研究将工艺知识分为以下几类。

通用工艺知识：是针对知识参考这类知识应用而言的，指在工艺设计过程中通过查阅来辅助工艺设计的知识，主要包括工艺设计遵循的标准、规范、手册、原则等指导性和理论性的知识。通常，这类知识一般为文档类知识。

工艺实例知识：是针对知识引用这类知识应用而言的，指在工艺设计中可直接引用或修改后引用的知识，主要包括典型工艺实例、典型工艺片段、常用工艺操作等。一般而言，这类知识具有一定程度的结构化，且不同的知识内容（knowledge content，KC）会具有不同的层次结构粒度。

工艺决策知识：是针对工艺推理这类知识应用而言的，指在工艺设计过程中，以知识规则的表现形式支持工艺决策的知识。一般地，这类知识至少包括两个基本部分，即条件和结论，条件一般描述已知的属性和信息，结论则描述在这些属性和信息发生的基础上所引发的结果。

4.1.2　工艺知识的组成结构

对应于 2.3.1 节的工艺设计意图的组成结构，可将工艺知识（PK）表示为一个三元组：PK = {KB，KT，KC}，其中，KB（knowledge background）表示知识背景，它是工艺知识的背景条件，主要包括零件几何特征及非几何信息；KT（knowledge type）表示知识类型，主要包括通用工艺知识、工艺实例知识及工艺决策知识；KC 表示知识内容，主要指各类知识的具体内容。具体地，工艺知识的组成结构如图 6 所示。

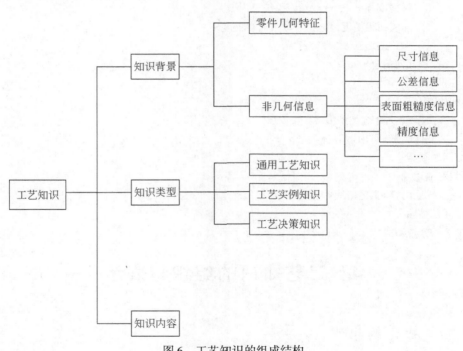

图 6　工艺知识的组成结构

4.2　工艺知识的表示

为便于工艺知识被计算机识别、被知识库存储及与工艺设计意图进行匹配，本研究按照工艺知识的组成结构，分类、分层地采用 XML 对工艺知识进行表示。

下面，以半框零件为例，可运用 XML 对工艺知识表示如下：

```
<? xml version="1.0" encoding="GB2312"? >
<工艺知识>
  <知识背景>
      <零件几何特征>
          <零件编号>S-0740-011</零件编号>
          <零件名称>半框零件</零件名称>
          <特征编号>0004H</特征编号>
          <特征名称>孔</特征名称>
      </零件几何特征>
      <非几何信息>
          <孔径>40</孔径>
          <材料>LY11</材料>
          <精度等级>IT6</精度等级>
          <表面粗糙度>Ra 0.8</表面粗糙度>
          <公差>±0.025</公差>
      </非几何信息>
  </知识背景>
  <知识类型>
      <类型编号>2</类型编号>
      <具体类型>工艺实例知识</具体类型>
  </知识类型>
  <知识内容>
      <工艺设计问题>工艺路线</工艺设计问题>
      <解决方案>钻-扩-铰-手铰</解决方案>
  </知识内容>
</工艺知识>
```

5　工艺知识的匹配与筛选

5.1　基于人工免疫算法的工艺知识匹配

在工艺知识的搜寻过程中，通常会出现许多条相似的工艺知识，这将使工艺人员将大量的时间花费在知识的筛选过程中，大大降低了工艺设计的效率。因此，本研究引入人工免疫算法，实现对相似工艺知识数量的动态调整，从而在限制工艺知识数量的条件下，还可保证工艺知识的多样性。

在人工免疫算法中，工艺设计意图相当于免疫算法中的抗原，而工艺知识相当于免疫算法中的抗体。工艺设计意图与工艺知识的匹配问题则相当于抗原与抗体相互识别的问题。当捕获到特定的工艺设计意图 I 后，系统对工艺设计意图 I 中所含的信息进行分析，并提取出工艺设计意图中的关键特征，基于这些关键特征，在知识库中寻找与之匹配的工艺知识，在找到满足匹配条件的工艺知识后，将其加入候选工艺知识集中，以供后续处理。若没有与之匹配的工艺知识，则输出相应的提示信息。

令 $K=\{K_1, K_2, \cdots, K_n\}$ 表示具有 n 条知识的知识集合。第 p 条知识可表示为 $K_p=\{K_{pGF}, K_{pNG}, K_{pKT}, K_{pKC}\}$，其中，$K_{pGF}$ 表示该条知识知识背景中的几何特征（Geometrical Feature，GF）信息，$K_{pNG}=\{K_{pNG1}, K_{pNG2}, \cdots, K_{pNGn}\}$ 表示该条知识背景中的非几何（Non Geometry，NG）信息集合，K_{pKT} 表示该条知识的知识类型，$K_{pKC}=\{K_{pKC1}, K_{pKC2}, \cdots, K_{pKCn}\}$ 表示组成该条知识具体知识内容相关信息的集合。

I_q 表示第 q 条工艺设计意图。该工艺设计意图可表示为 $I_q=\{I_{qGF}, I_{qNG}, I_{qQT}, I_{qQD}\}$，其中，$I_{qGF}$ 表示该工艺设计意图背景中的几何特征信息，$I_{qNG}=\{I_{qNG1}, I_{qNG2}, \cdots, I_{qNGn}\}$，表示该工艺设计意图背景中的非几何信息集合，$I_{qQT}$ 表示该条工艺设计意图中的问题类型，$I_{qQD}=\{I_{qQD1}, I_{qQD2}, \cdots, I_{qQDn}\}$ 表示该工艺设计意图中的问题描述信息集合。

于是，若针对某个特定的工艺设计意图 I_q，要选择可与该工艺设计意图匹配的 M 条工艺知识，其工艺设计意图与工艺知识相匹配的问题的数学模型可表示为

$$\| I_{qGF}-K_{jGF} \| =0;\tag{1}$$
$$\min^R = \{ \| I_{qNG}-K_{1NG} \|, \| I_{qNG}-K_{2NG} \|, \cdots, \| I_{qNG}-K_{nNG} \| \};\tag{2}$$
$$\| I_{qQT}-K_{jKT} \| =0;\tag{3}$$
$$\min^S = \{ \| I_{qQD}-K_{1KC} \|, \| I_{qNG}-K_{2KC} \|, \cdots, \| I_{qNG}-K_{nKC} \| \}\tag{4}$$

式（1）~式（4）中，$j=1, 2, \cdots, n$，表示与特定工艺设计意图 I_q 进行匹配运算的工艺知识集合中含有 n 条知识；$\min^R$、$\min^S$ 表示集合中取值最小的 R 和 S 个值，且有 $R>M$，$S>M$。此外，表示各匹配项间的一种相似程度的度量方式。

基于此，通过借鉴以上人工免疫算法机理及其详细的算法流程，可得基于人工免疫算法的工艺设计意图与工艺知识匹配流程见表2。

表2　基于人工免疫算法的工艺设计意图与工艺知识匹配流程

输入	捕获的工艺设计意图 I；候选工艺知识集所含工艺知识条数：M； 工艺设计意图与工艺知识间的相似度阀值：α； 工艺知识间的相似度阀值：μ； 候选工艺知识集中相似工艺知识的条数阀值：β； 终止条件：匹配次数达到 max
匹配步骤	步骤1：针对特定工艺设计意图 I，初始化候选工艺知识集中所含的工艺知识条数为 M，工艺设计意图与工艺知识间的相似度阀值为 α； 工艺知识间的相似度阀值为 μ；候选工艺知识集中相似工艺知识的条数阀值为 β；终止条件为匹配次数达到 max。 步骤2：针对特定工艺设计意图 I，产生初始候选工艺知识集； 步骤3：计算特定工艺设计意图 I 与候选工艺知识集中各条工艺知识间的相似度； 在工艺设计意图与工艺知识间的相似度计算中，有以下规定： （1）意图背景中的几何特征与知识背景中的几何特征需满足子图同构条件； （2）工艺设计意图中的问题类型要与工艺知识中的知识类型精确匹配。

匹配步骤	在以上规定的基础上，计算工艺设计意图 I 与满足以上两项规定的工艺知识的相似度，并对各工艺知识按相似度降序排列，并对相似度小于阀值 α 的工艺知识做剔除操作。 步骤4：计算候选工艺知识集中剩余工艺知识之间的相似度。 定义2：相似工艺知识 若两条工艺知识间的相似度大于阀值 μ，则认为这两条工艺知识属于相似工艺知识。 对候选工艺知识集中相似工艺知识条数高于阀值 β 的，对多余的相似工艺知识予以剔除。 步骤5：判断是否满足终止条件。若满足，转步骤6；否则，向候选工艺知识集中补充新的工艺知识，使得候选工艺知识集中工艺知识条数达到 M，并转步骤3。 步骤6：退出
输出	与工艺设计意图实现良好匹配的候选工艺知识集

5.2　基于知识兴趣模型的工艺知识筛选

5.2.1　理论基础

鉴于4.1节中生成的候选工艺知识集中的工艺知识在几何特征和知识类型方面是精确匹配的，因此在工艺知识兴趣模型的构建过程中不予考虑。而在非几何信息和知识内容方面是不完全匹配的，因此可将这些信息作为知识属性，基于这些构建工艺知识兴趣模型。

可将工艺知识中的非几何信息及知识内容看作知识属性，应用知识属性构建工艺知识兴趣模型，需明确以下指标：

定义3　工艺知识属性

令一条工艺知识中的知识属性为 $KA = （KA_1，KA_2，\cdots，KA_n）$，其中，$KA_1$，$KA_2$，$\cdots$，$KA_n$ 为该条工艺知识中的非几何信息及知识内容信息；基于此，对一个含有 m 条工艺知识的工艺知识集合，其知识属性（SA）可表示为

$$SA = \begin{pmatrix} a_{11} & a_{12} & \cdots & a_{1n} \\ a_{21} & a_{22} & \cdots & a_{2n} \\ \vdots & \vdots & \vdots & \vdots \\ a_{m1} & a_{m2} & \cdots & a_{mn} \end{pmatrix} \tag{5}$$

式（5）中，a_{ij} 表示第 i 条工艺知识的第 j 个属性。

定义4　工艺知识关于某属性的相似度

在上述工艺知识集合中，设 K_p、K_q 为其中的第 p 条，第 q 条知识项，则它们关于属性 t 的属性相似度为

$$As_{pq}^t = \parallel a_{pt} - a_t \mid - \mid a_{qt} - a_t \parallel \tag{6}$$

式（6）中，a_{pt} 为工艺知识 K_p 关于属性 t 的属性值；a_{qt} 为工艺知识 K_q 关于属性 t 的属性值；a_t 为工艺集合中所有工艺知识关于属性 t 的均值。

定义5　工艺知识属性相似度

对任意工艺知识 K_p、K_q，其属性（包含知识的所有属性）相似度为

$$\text{Ans}(p, q) = \frac{\sum_{k=1}^{n} \text{As}_{pq}^{t_k}}{n} \tag{7}$$

式（7）中，t_k 表示工艺知识中的某一属性。

定义 6　工艺知识属性相似度矩阵

对含有 m 条工艺知识的工艺知识集合，其知识属性相似度矩阵为

$$\textbf{AnsM} = \begin{pmatrix} \text{Ans}(1, 1) & \text{Ans}(1, 2) & \cdots & \text{Ans}(1, n) \\ \text{Ans}(2, 1) & \text{Ans}(2, 2) & \cdots & \text{Ans}(2, n) \\ \cdots & \cdots & \cdots & \cdots \\ \text{Ans}(m, 1) & \text{Ans}(m, 2) & \cdots & \text{Ans}(m, n) \end{pmatrix} \tag{8}$$

定义 7　工艺知识属性综合相似度

给定一个含有 m 条工艺知识的工艺知识集合及其属性相似度矩阵。对其中一条知识 $K\text{p}$，其属性综合相似度 ASS_p 为

$$\text{ASS}_p = \sum_{q=1}^{m} \text{Ans}(p, q) \tag{9}$$

定义 8　工艺知识属性最大相似度

给定一个含有 m 条工艺知识的工艺知识集合，以及每条工艺知识的属性综合相似度，其属性最大相似度 AMS 为

$$\text{AMS} = \max_{p=1}^{m} \text{ASS}_p \tag{10}$$

定义 9　工艺知识偏离相似度

给定一个含有 m 条工艺知识的工艺知识集合及其属性最大相似度 AMS，对知识集中的某条知识 K_p，则其偏离相似度 DS_p 为

$$\text{DS}_p = \frac{\text{AMS} - \text{ASS}_p}{\text{AMS}} \tag{11}$$

式（11）中，偏离相似度 DS_p 反映了某条知识 K_p 与工艺知识集合的综合兴趣相背离的程度，偏离相似度的值越小，其偏离程度越高。因此，可对偏离相似度 DS 设定阀值 β，若某工艺知识的偏离相似度 DS 大于 β，则可认为该条工艺知识符合工艺人员的兴趣；否则，不符合工艺人员的兴趣。

5.2.2　工艺知识筛选

工艺知识筛选是对匹配计算所得的候选工艺知识集的进一步过滤，它通过融入工艺人员的个性化信息，从而使待推送的知识更符合用户的要求。在工艺知识的筛选过程中，首先需要在系统中获取用户的日志信息，查到工艺人员曾经浏览过的工艺知识，并基于这些浏览过的工艺知识构建该工艺人员的知识兴趣模型，并基于该知识兴趣模型对候选工艺知识集进行过滤，对不符合工艺人员兴趣的工艺知识予以剔除，并将剔除后的工艺知识集推送给工艺人员，用于辅助工艺设计。具体地，工艺知识筛选的过程如图 7 所示。

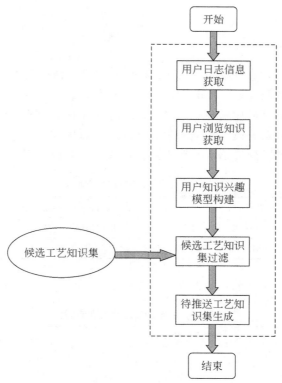

图 7 工艺知识筛选

综上，基于知识兴趣模型的工艺知识筛选的具体流程见表 3。

表 3 工艺知识筛选的具体流程

输入	候选工艺知识集：S_h； 用户浏览过的所有工艺知识集合：S_u； 偏离相似度阀值：γ
具体过程	步骤 1：根据式（9），计算出 Su 中所有工艺知识的属性综合相似度 ASS。 步骤 2：根据式（10），计算出 Su 的属性最大相似度。 步骤 3：根据式（11），计算出 Su 中所有工艺知识的偏离相似度 DS。 步骤 4：判断所有工艺知识的偏离相似度 DS 是否大于偏离相似度阀值 γ。若大于 γ，则将其添加进工艺知识兴趣集合 S_i；否则，将其剔除；形成工艺知识兴趣集合。 步骤 5：针对候选工艺知识集中的所有工艺知识，逐一将候选工艺知识添加到工艺知识兴趣集合中，并计算其偏离相似度 DS_{hi}。 步骤 6：若某候选工艺知识的偏离相似度 DShi 大于 γ，则该候选工艺知识符合工艺人员兴趣，并将其添加到待推送工艺知识集：S_p；否则，不予添加。 步骤 7：候选工艺知识集是否扫描完毕。若完毕，跳步骤 8；若没有，跳步骤 5。 步骤 8：输出待推送工艺知识集
输出	待推送工艺知识集 S_p

最终，待推送工艺知识集 Sp 将推送至用户界面，用于辅助工艺人员进行工艺规划。

6　实例验证

为验证4.1节和4.2节所述的工艺知识匹配与筛选算法的有效性，本节以航天某型号厂框类零件的通孔工艺设计过程中的工艺知识应用为例，介绍工艺知识匹配与筛选过程。框类零件是卫星等宇航产品中常用的一种承力构件，因此在框类零件的通孔工艺设计过程中，通常参考以往成熟的典型实例工艺，从而通过派生的方式进行新工艺的工艺规划。

为实现工艺知识的匹配与筛选，首先需获取通孔工艺设计意图，见表4。

表4　通孔工艺设计意图

工艺设计意图背景				工艺设计问题的问题类型	工艺设计问题描述
几何特征	孔径	表面粗糙度	材料	问题类型/类型编号	问题描述
通孔	Φ12	Ra1.6	LY11	工艺引用/2	工艺路线确定

假设待匹配与筛选的工艺知识集中含有10条工艺知识，其具体信息见表5。

表5　待匹配与筛选的工艺知识集

管理信息		工艺知识背景				工艺知识类型	工艺知识内容
序号	知识编号	几何特征	孔径	表面粗糙度	材料	知识类型/类型编号	知识内容
1	KN_0004	通孔	Φ8	Ra1.6	LY11	工艺决策知识/3	IF（钻头：锥柄钻头；）THEN（夹具：钻套；）
2	KN_0006	通孔	Φ30	Ra1.6	LY11	工艺实例知识/2	钻-粗拉-精拉
3	KN_0017	盲孔	Φ30	Ra1.6	45钢	工艺实例知识/2	
4	KN_0024	通孔	Φ60	Ra1.8	40Cr	通用工艺知识/1	钻孔时应先钻一个浅坑，确定是否对中
5	KN_0028	通孔	Φ14	Ra1.6	LY11	工艺实例知识/2	钻-粗镗-半精镗-金刚镗
6	KN_0038	通孔	Φ18	Ra1.6	LY11	工艺实例知识/2	钻-粗镗-半精镗-金刚镗
7	KN_0055	通孔	Φ50	Ra3.8	30CrMn	工艺实例知识/2	钻-扩-铰-手铰
8	KN_0103	通孔	Φ28	Ra1.6	LD8	工艺实例知识/2	钻-粗拉-精拉
9	KN_0134	通孔	Φ40	Ra1.6	LY11	工艺实例知识/2	钻-扩-铰
10	KN_0235	通孔	Φ35	Ra1.8	LY11	工艺实例知识/2	钻-粗镗-精镗

步骤1：设定候选工艺知识集所含工艺知识条数为$M=5$；两条相似工艺知识间的相似度至少为：$\mu=93\%$；候选工艺知识集中相似工艺知识条数最多为$\beta=1$，工艺设计意图与工艺知识的相似度至少为：$\alpha=60\%$。

步骤2：针对工艺设计意图，剔除掉工艺知识集中与其几何特征不同构，问题类型与知识类型不匹配的工艺知识，即剔除掉知识KN_0004、KN_0017、KN_0024三条工艺知识。

步骤3：计算工艺设计意图与工艺知识集中各条工艺知识的相似度，计算得出只有 KN_0055 这条工艺知识与工艺设计意图的相似度为53.2%，小于工艺设计意图与工艺知识的相似度阀值：$\alpha = 60\%$，故将该条知识剔除。

步骤4：计算工艺知识集中剩余工艺知识间的相似度，得出只有 KN_0028 与 KN_0038 这两条工艺知识的相似度为95.6% >93%，由于知识集中相似工艺知识条数最多为1条，删掉与工艺设计意图相似度较低的知识 KN_0038。

由于已满足候选工艺知识集所含工艺知识条数为5的条件，此时工艺设计意图与工艺知识匹配过程完毕，得到候选工艺知识集为：Sh = { KN_0006，KN_0028，KN_0103，KN_0134，KN_0235 }。

步骤5：设定偏离相似度阀值 $\gamma = 30\%$，并基于工艺人员所浏览过的工艺知识集及式（11），分别计算候选工艺知识集中各条工艺知识与用户浏览过的工艺知识集的偏离相似度 DS。

步骤6：计算得到知识 KN_0006、KN_0028、KN_0103、KN_0134、KN_0235 的偏离相似度 DS 分别为22.7%、64.1%、16.3%、27.2%、43.9%，将偏离相似度小于偏离相似度阀值 γ 的知识均予以剔除，将大于 γ 的知识添加至待推送工艺知识集 S_p = { KN_0028，KN_0235 }，S_p 的具体内容见表6。

表6　待推送工艺知识集

管理信息		工艺知识背景			工艺知识类型	工艺知识内容
序号	知识编号	几何特征	孔径	表面粗糙度	材料	知识类型/类型编号	知识内容
1	KN_0028	通孔	Φ14	Ra1.6	LY11	工艺实例知识/2	钻－粗镗－半精镗－金刚镗
2	KN_0235	通孔	Φ35	Ra1.8	LY11	工艺实例知识/2	钻－粗镗－精镗

步骤7：将待推送工艺知识集 S_p 推送给工艺人员，辅助工艺人员进行工艺设计。

7　结　束　语

本研究针对三维工艺设计中知识应用所出现的知识检索效率低、知识获取准确度低及工艺知识缺乏个性化等问题，研究面向三维工艺设计的知识推送方法。首先，基于人工免疫算法实现工艺设计意图与工艺知识间的相互识别与匹配，从而生成候选工艺知识集；其次，基于用户知识兴趣模型的构建，实现了对候选工艺知识集的个性化筛选，并将筛选结果推送给工艺人员；最后，通过实例验证了上述方法的有效性。实例验证表明，上述方法可有效地提高工艺设计的效率和质量，可为基于知识的快速工艺设计提供有效支撑。

参 考 文 献

[1] Moon S K, Simpson T W, Kumara S R T. Anagent-based recommender system for developing customized families of products [J]. Journal of Intelligent Manufacturing, 2009, 20 (6)：649-659.

［2］ Zhang L Z, Yi Y, Yan Z G, et al. Knowledge active push based on personalized interest model in aircraft structure design ［C］. 2nd International Conference on E-Business and E-Government, 2011.

［3］ 王克勤，杜军. 基于粗糙集的设计人员知识需求模型及知识推送研究 ［J］. 制造业自动化，2014，36（16）：19-23，37.

［4］ 乐承毅，代风，吉祥，等. 基于流程驱动的领域知识主动推送研究 ［J］. 计算机集成制造系统，2010，16（12）：2720-2727.

［5］ 谢强，张磊. 基于任务类知识需求模板和用户模型的知识需求研究 ［J］. 武汉大学学报（工学版），2006，39（2）：36-41.

［6］ Joshi S, Chang T C. Graph-based heuristics for recognition of machined features from a 3D solid model ［J］. Computer Aided Design, 1988, 20（2）：58-66.

［7］ 范文慧，熊光楞，王计斌，等. 产品设计历史的捕获与管理 ［J］. 计算机工程与应用，2002，38（3）：1-4，37.

［8］ 刘骄剑. 面向复杂产品网络化制造的知识集成与应用关键技术研究 ［D］. 南京：南京航空航天大学博士学位论文，2012.

人工智能技术在武器装备中的应用探讨

姚保寅　李浩悦　张瑞萍

（中国航天系统科学与工程研究院，北京，100048）

摘要：人工智能技术是 21 世纪三大尖端技术之一，有望对国防武器装备产生颠覆性影响。从关键技术层面，对人工智能在武器装备中的应用进行了探讨。首先，介绍了人工智能技术的基本内涵与发展历程；其次，构建了基于人工智能的武器装备的系统分析模型，并在此基础上，从智能感知、智能决策和智能反馈三个环节，探讨了人工智能技术在武器装备中的应用；最后，展望了未来基于人工智能的武器装备的发展趋势。本研究为促进人工智能在军事中的应用提供参考。

关键词：人工智能；武器装备；关键技术

1　引　　言

大纵深、立体化、信息化、密集综合火力支援及快速机动，已成为未来战场的突出特点。在新的作战思想和作战模式下，必须进一步提高武器装备性能，以适应未来形势发展的需要。人工智能与基因工程和纳米科学，并称为 21 世纪三大尖端技术。将人工智能技术应用于武器装备，可适应未来"快速、精确、高效"的作战需求，使武器装备对目标进行智能探测、跟踪，对数据和图像进行智能识别及对打击对象进行智能杀伤，大大提高装备的突防和杀伤效果[1-5]。

世界各主要军事强国大力推进武器装备的智能化战略，人工智能的军事应用成为国内外研究的热点。Goztepe 对人工智能的概念及其在军事中的应用进行了初步分析[6]。张路青等对人工智能技术在信息化战场中后勤保障、指控系统、作战等方面的应用进行了探讨[7]。但当前研究大多从应用维度对人工智能的军事应用展开研究，而从人工智能的关键技术维度系统展开其军事应用探讨的较少。

本研究从人工智能技术的基本内涵出发，从模式识别、专家系统、深度学习和运动控制等关键技术层面，探讨了人工智能技术在武器装备中的应用，并展望未来基于人工智能的武器装备的发展趋势。

2　人工智能概述

人工智能诞生于 1956 年，经过 60 余年的发展，融合计算机科学、控制论、信息论、仿生学、生物学、心理学、语言学、医学和哲学等多门学科，并在自动推理、机器学习、自然语言理解、模式识别、运动控制、专家系统等多项关键技术方面取得丰硕成果[8-10]。

人工智能对人的智能进行模拟、延伸和扩展，以实现某些机器智能或脑力劳动的自动化，并使其具备感知、决策和反馈的功能（图1）[11,12]。总体来看，人工智能大致分为以下几个发展阶段。

第一阶段（1956年至20世纪60年代初）：该阶段研究偏向于运用领域知识和启发式思维，发展和编写相关的智能计算机程序，为现代的计算机理论奠定一定的基础。

第二阶段（20世纪60年代至70年代末）：该阶段人类尝试用自然语言通信，实现计算机对自然语言的理解，并尝试分析图像。一些专家系统相继出现并应用。

第三阶段（20世纪80年代至今）：该阶段以知识为中心，重视模拟智能中的知识，并向着大型化、分布式、多协同的方向发展。

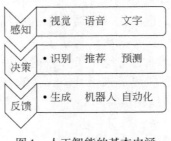

图1　人工智能的基本内涵

实现人工智能主要有符号主义、连接主义和行为主义三种路线。其中，符号主义路线基于逻辑方法进行功能模拟，即应用计算机研究人的思维过程，模拟人类智能活动，代表领域有专家系统和知识工程；连接主义路线基于统计方法进行仿生模拟，即通过对神经网络和神经网络间连接机制的研究，对人脑模型进行仿生模拟，代表领域有机器学习和人脑仿生；行为主义路线，基于控制论及感知–动作型控制系统，即从进化角度出发，研究拟人的智能控制行为[13]。

目前，模拟人类思维结构、人类语言、视觉和听觉成为现代人工智能的重要方向。未来战争中，为了提高武器的作战效能，协同作战、体系化作战已成为发展趋势，需要武器装备像人一样相互协作，自动识别、智能决策，将人工智能技术应用于武器装备，势在必行。到2035年，美军计划将首批完全自主、高智能的机器人士兵投入实战。人工智能对军队组织形态、作战方法和战争观念等，都将产生广泛而全面的冲击。

3　系统基本模型

基于人工智能的武器装备借助人工智能技术从而具备感知、决策和反馈能力——感知自身状态及战场环境变化，实时替人类完成中间过程的分析和决策，最终形成反馈，实施必要机动，完成作战使命。

如图2所示，一种典型的基于人工智能的武器装备利用类似人的视觉、听觉等传感器，对目标和战场环境进行跟踪探测，所得信息与C4ISR提供的信息通过类似人脑的自载计算机进行处理，进行分析识别、思维判断和自主决策，对目标进行智能打击。

基于人工智能的武器装备一般具备以下特征：

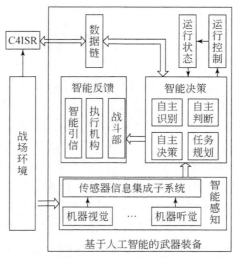

图 2 一种典型的基于人工智能的武器装备

(1) 自动目标探测识别和多传感器数据融合。武器系统利用计算机、数据库、人工智能等技术不仅能从复杂环境下有效地提取目标的航迹，还能进行多传感器数据融合，综合处理多种传感器数据。在得到的目标或数据不完整时，可通过联想而得到合理结果。武器具有人类行为特性，出现仿真视觉、仿真听觉和仿真语言等，捕获目标本身发出的一切信息。

(2) 具有智能抗干扰和电子对抗能力。能够克服作战任务中自然环境（天气、昼夜、寒暑等）和电磁环境等带来的不利影响，自动、有效地进行敌、我、友目标识别，减少甚至消除打击目标时的错误选择。

(3) 具有实时预测和评估战场态势、毁伤效果的能力。发射平台和武器本身装配有专家系统，综合利用接收的天基、空基、海基或地面控制站的信息及敌方武器的电磁及声波等信息，对战场态势和毁伤效果进行预测和评估。

(4) 具有自主决策的能力。当目标特征和其他作战条件改变时，能够自主制定作战对策，选择最优方案，实现对目标的精确打击。

(5) 具有智能目标杀伤的能力。采用群体编队作战模式，不同成员间相互协调，在兼顾环境不确定性及自身故障和损伤的情况下实现重构控制和故障管理，实现对目标的智能杀伤。

4 人工智能技术在武器装备中的应用

根据图 2 所示系统模型，人工智能技术在武器装备中的应用主要体现在模式识别（智能感知）、专家系统（智能决策）、深度学习（智能决策）和运动控制（智能反馈）等几个方面。

4.1 模式识别在武器装备中的应用

模式识别是计算机模拟人类感觉器官，对外界产生各种感知能力的技术途径之一，包括语音识别、机器视觉、文字识别等。模式识别技术有助于武器装备获得自动目标识别（automatic target recognition，ATR）能力。

模式识别中的机器视觉，可通过光学非接触式感应设备，自动接收并解释真实场景的图像以获得系统控制的信息。例如，美国国防高级研究计划局（Defense Advanced Research Projects Agency，DARPA）的"心眼"项目和"图像感知、解析、利用"项目开发的机器视觉系统，具有"动态信息感知能力"，对动态物体的解构，利用卷积神经网络图像识别技术，将图片中的信息转化成计算机的"知识"。在实际作战中，模式识别系统通过观察目标的视频动态信息，借助神经网络、专门的机器视觉硬件，可在复杂的战场环境下，自动识别出潜在威胁，为目标打击提供参考信息。

ATR 系统的探测装置主要为红外成像传感器、激光雷达、毫米波雷达和合成孔径雷达等。红外图像 ATR 系统已在武器装备中成功应用，激光雷达 ATR 技术也正在进入实用化，相对而言，用于射频导引头（毫米波雷达和合成孔径雷达）的 ATR 技术，目前还尚未成熟[14]。

4.2 专家系统在武器装备中的应用

专家系统（expert system，ES）是一类具有专门知识的计算机智能程序系统，运用特定领域中专家提供的专门知识和经验，采用人工智能中的推理技术来求解和模拟通常由专家才能解决的各种复杂问题，是目前人工智能领域最活跃、最有成效的一个分支。专家系统一般由数据库和知识库、推理机制、解释机制、知识获取和用户界面等组成（图3）。

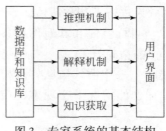

图 3 专家系统的基本结构

专家系统应用于武器装备可使其具备实时战场态势评估的能力。将已证明的专家关于武器在战时的典型态势和毁伤效果评估的事实和过程，用数学方法加以描述，组成数据库和知识库。作战中武器装备接收的天基、空基、海基或地面控制站的信息，武器自身传感器获得的地理信息和敌方武器发出的声波、无线电波、可见光、红外、激光等信息，与数据库和知识库中信息进行比对，借助人工智能的自动推理技术，经计算机快速处理，确定战场环境中出现的威胁，并与用户界面的专家和指战员进行交互[15]。

专家系统可与数据存储和通信网络技术相结合，用于各种野战军用系统，如飞机的机载预警和控制系统、美军"宙斯盾"战舰和侦察卫星，帮助判断敌军的位置和动机。美国海军利用网络化专家系统为在作战区域内的所有军队提供通用作战图像，从而具备协同作战的能力。最有名的是美国研制的智能 C3I 信息系统，具有"个性"和人的"特征""智慧"，熟知指挥官的脾气、思维习惯和其他情感特征，能在几分钟内甚至几秒内帮助指挥官判断战场情况。

DARPA 于 2007 年提出"深绿"系统（图 4），可预测战场的瞬息变化，帮助指挥员提前思考，判断是否需要调整计划，并将注意力集中在决策选择而非方案细节制定上。

整个系统由指挥官助手（人机接口）、闪电战（模拟仿真）、水晶球（系统总控，完成战场态势融合和分析评估）、"深绿"与指挥系统接口四部分组成。其主要特点有三点：一是基于草图指挥，包含"草图到计划"（STP）、"草图到决策"（STD）两个模块，实现从战场态势感知、作战方案制定到作战行动执行、作战效果评估，全部实现"基于草图进行决策"。二是自动决策优化。决策通过模型求解与态势预测的方式进行优化，系统从自动化接口的"指挥官助手"进去，然后通过"闪电战"模块进行快速多维仿真，再通过"水晶球"模块实现对战场态势的实时更新、比较、估计，最后给指挥员提供各种决策的选择。三是指挥系统的集成，负责将决策辅助功能集成进一个名为"未来指挥所"的指挥信息系统中。

图 4　"深绿"概念示意

4.3　深度学习在武器装备中的应用

深度学习技术基于多层网络的神经网络，能够学习抽象概念，融入自我学习，收敛相对快速。它模仿人脑机制，可以完成具有高度抽象特征的人工智能任务，如语音识别、图像识别和检索、自然语言理解等，深度学习具有多层的节点和连接，经过这些节点和连接，它在每一个层次会感知到不同的抽象特征，且一层比一层更为高级，这些均通过自我学习来实现。代表项目有 DARPA 启动的应用于合成孔径雷达"对抗环境下的目标识别与自适应"项目，应用深度学习领域最新研究成果，有望在合成孔径雷达图像中自动定位和识别目标，增强飞行员的态势感知能力。

将深度学习技术应用于武器装备的目标识别和定位，有望实现武器装备的自动目标识别和实时态势感知。采用了包含多个隐藏层的深层神经网络模型，利用隐藏层，通过目标特征组合的方式，逐层将目标信息的原始输入转化为浅层特征、中层特征、高层特征，直至最终实现对目标的定位和作战态势感知。

4.4　运动控制在武器装备中的应用

运动控制技术集人工智能感知、决策和反馈于一体，包括单体运动控制和群体运动控制，主要应用于机器人和无人系统。单体运动控制以美国的四足"大狗"机器人（图5）和双足人形"阿特拉斯"机器人为代表，它们自带大量传感器，用于监测身体姿态与加速、关节运动、发动机转速及内部机械装置的液压等参数。通过先进的学习算法，机器人能够不断累积经验，自主避障，穿越越来越复杂的地形，具备在高危战场环境下的作战能力。

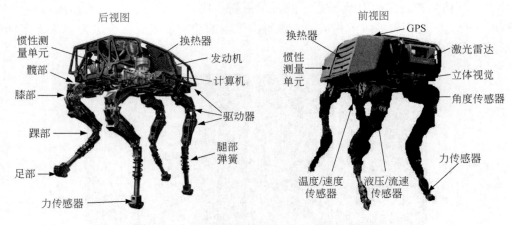

图5　"大狗"机器人的结构和传感器分布示意

群体运动控制又包含无人系统集群控制及无人和有人系统编组协同技术。无人系统集群控制由无人系统根据任务及外界环境的变化自主形成协同方案，具有分散性和非线性特征（图6），使武器作战效能将成倍增加[16]。2014年，美国成功完成无人艇"蜂群"技术的作战测试。13艘无人艇组成的集群自主发现目标，制定行动计划并成功完成对目标舰船的拦截。导弹无人集群作战指在导弹上加装战术数据链，使导弹在攻击目标过程中能够实现导弹与导弹之间、导弹与发射平台之间的信息实时传输，及时传递探测信息，从而达到提高突防概率，实现"战术隐身"、扩大战果的目的（图7）。

在有人和无人系统编组协同技术方面，美军2011年首次组织"有人与无人系统集成能力"演习，演示了有人驾驶直升机与"灰鹰""猎人""影子"等无人机，以及各型地面控制站和终端间的视频相互传输及接力传输，以提升无人武器与有人武器的协同作战能力。法国也试验了由"阵风"战斗机作为指挥机，控制4~5架"神经元"隐形无人机进行协同作战的编组形式。

随着人工智能技术进步，计算机处理速度的不断提高，新技术、新材料、新工艺等前沿基础技术的发展应用，将推动基于人工智能的武器装备向着更加自主化、小型化的方向发展。纳米电子技术和微（纳）机电技术的进步，推动纳米合成孔径雷达及智能化微机电导航系统的发展，有望使得武器装备的制导、导航、推进等各方面发生质的变化，推动基于人工智能的武器装备整体更趋小型化[17-20]。

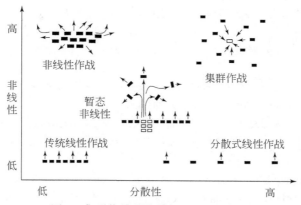

图 6　集群作战的分散性和非线性示意

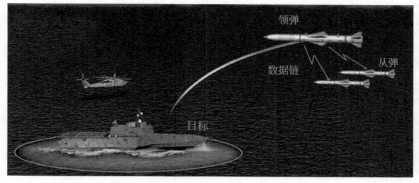

图 7　导弹无人集群作战

5　结　束　语

人工智能技术作为信息化时代的关键使能技术，影响一个国家的格局甚至国家的国际竞争力。其在武器装备上的应用，将显著提升武器制导精度、命中精度、毁伤能力、反应速度等。国内外都会利用最新的信息技术和人工智能技术，有针对性地开展关键技术研究，逐步把人工智能的理论和技术引进未来武器系统的研制中。

参 考 文 献

［1］顾云涛 . 人工智能技术在武器投放系统中的应用［J］. 现代导航，2013，4（6）：452-456.

［2］文苏丽，陈琦，苏鑫鑫，等 . 智能化导弹与导弹智能化研究［J］. 战术导弹技术，2015，（6）：21-26.

［3］涂序彦．人工智能：回顾与展望［M］．北京：科学出版社．2006.

［4］Charniak E，McDermott D. Introduction to artificial intelligence［M］．Boston：Addison-Wesley. 1985.

［5］Kurzweil R. The Age of Intelligent Machines［M］．Cambridge：MIT Press，1990.

［6］Goztepe K. Artificial Intelligence applications：Do army need it［J］．Journal of Military and Information Science，2014，2（2）：20-21.

［7］张路青，许宏泉，詹广平．人工智能在信息化战场的应用探析［J］．舰船电子工程，2009，29（6）：13-16.

［8］Russell J S，Norvig P. Artificial Intelligence：A Modern Approach［M］．2nd edition. New Sersey：Prentice Hall. 2003.

［9］Luger G，Stubblefield W. Artificial Intelligence：Structures and strategies for complex problem solving［M］．5th edition，Boston：Addison Wesley，2004.

［10］Artificial intelligence. Wikipedia，http：//en. wikipedia. org/wiki/Artificial_ intelligence，2014-11-24.

［11］张妮，徐文尚，王文文．人工智能技术发展及应用研究综述［J］．煤矿机械，2009，30（2）：4-7.

［12］Brunette E S，Flemmer R C，Flemmer C L. A review of artificial intelligence［C］．Proceedings of the 4th International Conference on Autonomous Robots and Agents，Wellington，New Zealand，2009：385-392.

［13］徐勇．关于人工智能发展方向的思考［J］．科技创新与应用，2016，（3）：4.

［14］冯忠国，钟生新．舰空导弹引信发展趋势研究［J］．飞航导弹，2006（9）：15-19.

［15］黄景德，王强．人工智能在武器系统保障中的应用［J］．飞航导弹，2001，（7）：39-41.

［16］Dorigo M，Gambardella L M. Ant colony system：A cooperative learning approach to the traveling salesman problem［J］．IEEE Transactions on Evolutionary Computation，1997，1（1）：53-66.

［17］Hanse J G. Honeywell MEMS inertial technology & product status［C］．Position Location and Navigation Symposium，California，USA，2004：43-48.

［18］格雷戈里·T. A. 科瓦奇·微传感器与微执行器全书［M］．北京：科学出版社，2003.

［19］陈宇捷．基于 MEMS 的微小型嵌入式航姿参考系统研究［D］．上海：上海交通大学硕士学位论文，2009.

［20］许江湖，宋元．人工智能技术在舰载武器系统中的应用［J］．舰船论证参考，2003，（3）：59-62.

无人机气动布局技术专利现状及发展趋势

褚鹏蛟　臧春喜　王　琼　张晓飞

（中国航天系统科学与工程研究院，北京，100048）

摘要：无人机气动布局直接影响无人机的飞行品质，是无人机的关键技术之一。本研究针对无人机气动布局技术开展专利分析，包括申请趋势、技术分布、申请人和技术发展路线分析，以期了解在该技术领域的技术发展现状和竞争格局，进而预测技术发展趋势。

关键词：无人机；气动布局；专利分析

1　引　　言

无人机具有零伤亡、使用限制少、隐蔽性好、效费比高等特点，在现代战争中占据重要地位。无人机气动布局技术不仅仅是设计无人机的气动外形，还要与无人机的结构设计、动力系统、任务载荷、可靠性等各个方面进行协调、优化，从而达到整个无人机系统的最优设计。按照翼的形式，可以将无人机的布局形式分为旋翼、固定翼、可变形翼或者可折叠翼、涵道风扇及混合布局形式。

本研究在 Thomson Innovation 专利数据库通过关键词和分类号组合检索的方式共获得1485 件无人机气动布局相关专利，检索截止日期为 2014 年 6 月 1 日。下面针对检索到的无人机气动布局技术相关专利开展分析，以期了解在该技术领域的技术发展现状、竞争格局，进而预测技术发展趋势，为无人机相关研发企业提供参考。

2　专利申请趋势分析

本研究对 1485 件专利申请进行优先权年统计，获得如图 1 所示的申请趋势。可以看出，无人机气动布局专利申请趋势的发展大致可以分为：萌芽期（1965～1988 年）、酝酿期（1989～1999 年）和高速成长期（2000～2012 年）。无人机气动布局技术经过了 20 世纪漫长的萌芽期和酝酿期，伴随着 21 世纪初的几次局部冲突和反恐战争，终于迎来了产业发展的高速成长期。在萌芽期，只有美国和欧洲的少数企业申请了部分专利，年专利申请量不到 10 件；在酝酿期，1992 年的专利申请最多，达到 62 件，这主要是由于这一年美国加大了对涵道式无人机技术的研发，产生了较多的专利，其他年份的专利申请量在 20 件上下；在高速发展期，2000 年美国申请了高空长航时氢动力固定翼无人机专利（US8308106B2），并在包括中国在内的全球 29 个国家进行布局；随后各个国家加大了对无人机的研发投入，军用无人机的采购需求加大，参与无人机研发的企业增多，产生了大量的成果，导致专利申请量呈现较快增长，并在 2012 年达到 144 件，形成专利最高峰。可以预计，无人机气动布局技术专利申请仍将呈现上升趋势。

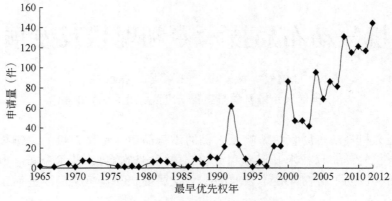

图 1   无人机气动布局专利申请趋势

3   专利技术构成分析

本研究对无人机气动布局进行了进一步细分，获得了如图 2 所示的技术构成图。整体来看，各个分支的专利申请比较分散，固定翼无人机的专利申请最多，其次是旋翼无人机，可变形或可折叠翼无人机的专利申请最少。旋翼无人机和固定翼无人机已经在型号

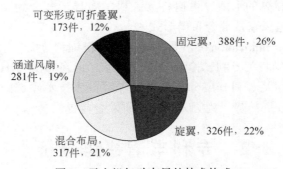

图 2   无人机气动布局的技术构成

中大量使用，混合布局无人机和涵道风扇无人机已经在少量型号中使用。可变形或可折叠翼无人机还处于起步和探索的阶段。

3.1   各国专利技术分布

如图 3 所示，与中国和欧洲相比，美国在各个技术分支上的专利申请都是最多的，体现出较强的技术优势。对中国来说，在固定翼无人机上的专利申请最多，达到 74 件，在可变形或可折叠翼、涵道风扇无人机方面的专利申请较少。对美国来说，在涵道风扇无人机方面的专利申请最多，达到 197 件。对欧洲来说，其在混合布局无人机方面的专利申

请最多，达到 130 件。由此可见，各个国家的研发重点有所区别。中国的无人机型号主要采用固定翼和旋翼布局形式，在可变形或可折叠翼、混合布局、涵道风扇无人机方面还处在预研阶段，在型号中较少使用，在未来需要加强相关方面的研究。欧洲的无人机型号主要采用固定翼和旋翼布局形式；美国在这五种气动布局类型中均有相关无人机型号。

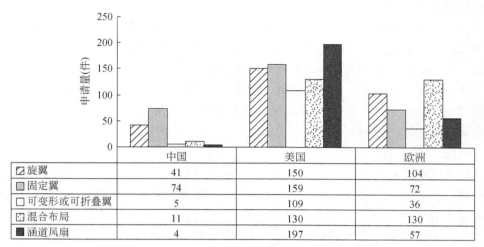

	中国	美国	欧洲
旋翼	41	150	104
固定翼	74	159	72
可变形或可折叠翼	5	109	36
混合布局	11	130	130
涵道风扇	4	197	57

图3　中国、美国、欧洲在无人机气动布局上的技术分布

3.2　各布局形式专利申请趋势

如图 4 所示，旋翼无人机的专利申请出现最早，1965～1997 年，专利申请处于萌芽期，断续现象较严重；1998～2003 年，进入了缓慢发展期，专利申请量在 8 件以下；从 2004 年开始，专利申请量开始增长，并在 2012 年达到 68 件，形成了专利申请高峰，2012 年的专利申请增长主要是由于美国和中国的创新主体都参与旋翼无人机的研发中，产生了较多的成果。从专利申请量来看，旋翼无人机仍然是未来主要的发展方向。

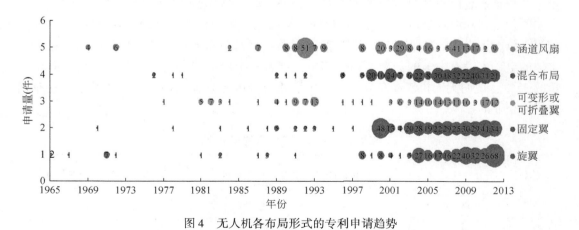

图4　无人机各布局形式的专利申请趋势

固定翼无人机在 20 世纪的专利申请量较少，并且存在断续现象，进入 21 世纪，固定

翼无人机的专利申请突增至 48 件，形成了专利申请高峰，这主要是由于这一年美国航空环境公司针对"全球观察者"无人机进行了大量专利布局；从 2003 年开始，固定翼无人机的年专利申请量在 30 件左右变化；2010 年后，美国的固定翼无人机的专利申请开始下降，中国的专利申请量开始上升。固定翼无人机已经在型号中大量使用，未来专利申请将保持稳定态势。

可变形或可折叠翼无人机的专利申请量一直较少，最高一年的专利申请量为 17 件。该类型无人机技术复杂，工程化实现难度较大，还处于预研阶段，在预研转型号过程中仍然会产生一定的成果，未来专利申请量仍将增加。

混合布局无人机的专利申请从 1976 年出现，至 1998 年，专利申请量一直不高，并且存在断续现象；从 1999 年开始专利申请量开始增长，并在 2010 年达到了 40 件，形成了专利申请高峰。混合布局无人机的结构较复杂，动力系统冗余较多，目前在型号中使用较少，因此专利申请量有所下降。

对涵道风扇无人机的研究是从 20 世纪 80 年代兴起的，在这一阶段美国海军陆战队提出要研制一种采用涵道风扇无人机的空中远程遥控装置用于短时间的空中侦察和监视。

美国于 1992 年开展了采用涵道风扇无人机的多用途安全与监测任务平台项目，在项目带动下，1992 年的专利申请量达到 51 件，形成第一个申请高峰。进入 21 世纪，越来越多的国家开始进入这一领域，涵道风扇无人机技术得到了进一步的发展，专利申请量平均达到 20 件；2008 年，在美国国防高级研究计划局（Defense Advanced Research Projects Agency，DARPA）和陆军微型无人机（micro air vehicle，MAV）项目驱动下，专利申请量达到第二个高峰，共有 41 件。近年来，随着相关技术的成熟和无人机型号的列装、生产，涵道风扇无人机的专利申请量开始下降。

4　专利申请人分析

由表 1 可知，在无人机气动布局排名前十位的专利申请人中，美国的创新主体有 8 家，分别是排名第一到第五位的航空环境公司、联合技术公司、贝尔直升机公司、霍尼韦尔国际公司和波音公司，排名第七位的雷神公司、第八位的 FREEWING 飞行技术公司和第十位的极光飞行科学公司；说明美国在无人机气动布局技术拥有较强实力。排名前十位的申请人没有中国的创新主体。其中，排名前十位申请人的专利申请量仅占总申请量的 32%；说明无人机气动布局的专利申请相对分散地掌握在各创新主体手中，这有利于后续企业的参与。

表 1　无人机专利申请人的技术分布

排名	专利权人	申请量	旋翼	固定翼	可变形或可折叠翼	混合布局	涵道风扇
1	航空环境公司	110	37	51	10	12	
2	联合技术公司	99	7			19	73
3	贝尔直升机公司	62	50	5	2	5	

续表

排名	专利权人	申请量	旋翼	固定翼	可变形或可折叠翼	混合布局	涵道风扇
4	霍尼韦尔国际公司	56				2	54
5	波音公司	38	5	25	7	1	
6	以色列航宇工业公司	33		20	2	5	
7	雷神公司	26		4	21		1
8	FREEWING 飞行技术公司	22			22		
9	欧洲宇航防务集团（EADS）	20	1	10		9	
10	极光飞行科学公司	19		5	12	2	

由表1可知，在旋翼无人机上，贝尔直升机公司和航空环境公司具有较多的专利申请。在固定翼无人机上，航空环境公司、波音公司和以色列航宇工业公司提交了较多的专利申请。在可变形或可折叠翼无人机上，雷神公司和FREEWING飞行技术公司的专利申请较多。在混合布局无人机上，联合技术公司的专利申请最多。在涵道风扇无人机上，联合技术公司和霍尼韦尔国际公司的专利申请较多，主要为Cyber1及RQ-16A等无人机型号的专利布局。

排名第一位的美国航空环境公司有51件专利申请是关于固定翼无人机的。航空环境公司的RQ-11B Raven（大乌鸦）、Wasp（胡蜂）、Wasp AE、RQ-20A Puma（美洲狮）和Shrike VTOL构成了该公司的小型无人机家族系统，其中，"美洲狮"、"胡蜂"和"大乌鸦"构成美国国防部无人机部队85%的份额。瑞典、澳大利亚、法国和英国等国家已

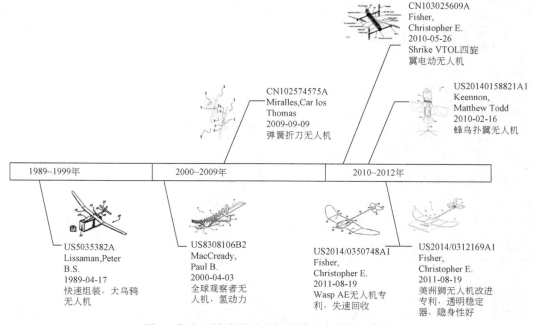

图5　航空环境公司无人机型号对应的核心专利

经订购了该公司小型无人机家族系统。如图 5 所示，该公司针对大乌鸦、全球观察者、弹簧折刀、Shrike VTOL、蜂鸟扑翼无人机、Wasp AE 和美洲狮等无人机型号先后申请了相关核心专利。

5　技术发展路线及技术发展趋势

本文通过对无人机气动布局的专利信息进行技术发展路线分析，找到无人机回收技术的技术演进情况，以便全面了解技术发展脉络，为企业技术开发提供知识、信息基础，为政府提供决策依据。通过对申请日期、被引证频率、同族情况、与无人机型号的关联程度及技术先进性的综合考虑确定出图 6 所示无人机气动布局发展路线中的重点专利。

如图 6 所示，20 世纪 80 年代的专利申请以旋翼无人机和小型固定翼无人机为主；进入 20 世纪 90 年代，以美国为代表的国家开始研究能够垂直起降的涵道风扇无人机和混合布局无人机，固定翼无人机开始发展空中侦察打击一体化的无人机，如捕食者无人机（US5918832A）。进入 21 世纪，可变形或可折叠翼无人机开始出现，以 CN102574575A 为代表的专利公开了弹簧折刀潜射无人机的气动布局方案；其他布局形式的无人机继续蓬勃发展。

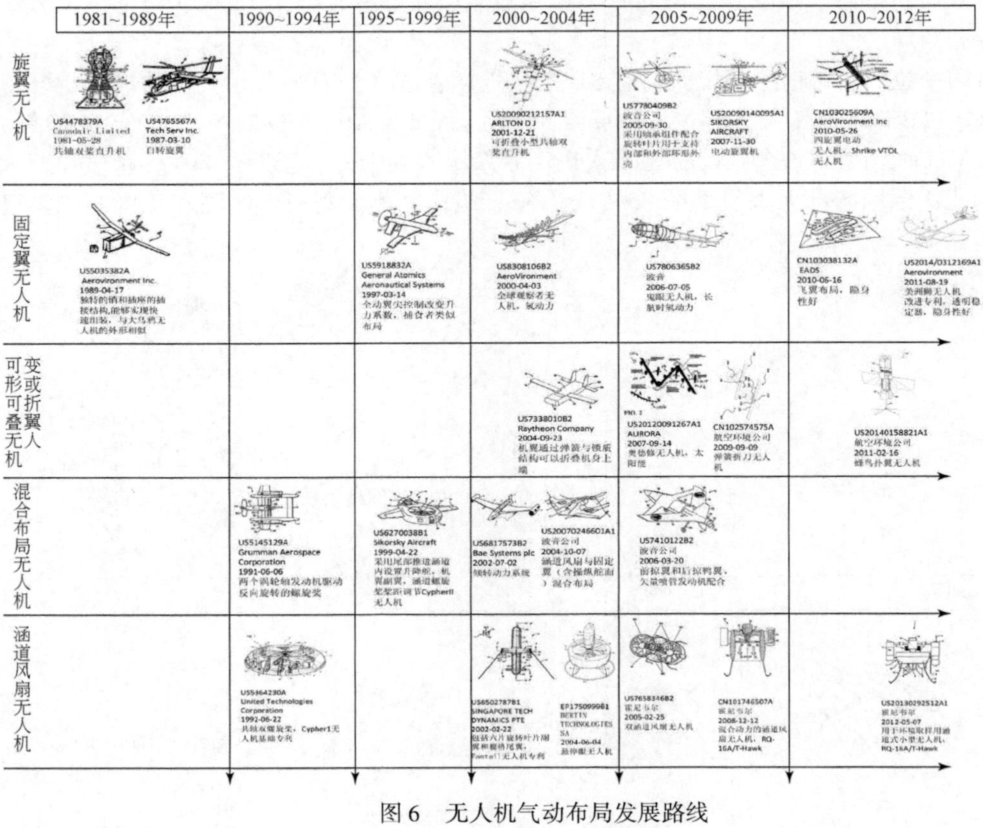

图 6　无人机气动布局发展路线

旋翼无人机的发展过程中先后出现了共轴双桨（US4478379A）、自转旋翼

（US4765567A）和四旋翼无人机（CN103025609A）；动力由发动机向电动无人机（US20090140095A1）发展，从而能够降低噪声。旋翼无人机目前的一个发展方向是微型化，用于侦察；如英国目前装备使用的微型无人机"黑色大黄蜂"，2013年2月，驻扎在阿富汗的英国军队首次使用该型无人机执行前线军情侦察工作。航空环境公司已经研制成功四旋翼无人机——Shrike VTOL无人机，并申请了相关专利CN103025609A。2014年，洛马希德·马丁空间系统公司宣布研制成功"英达哥"四旋翼无人机，可用于作战部署。旋翼无人机另一个发展方向是大型化，用于载货，如在美国陆军作战队和美国海军陆战队的资助下，先进战术公司（AT）自2010年以来一直在研究空地两用的多旋翼无人直升机——multicopter，该机被称为"黑骑士"。

固定翼无人机，先后出现了美国小型无人机大乌鸦、中空查打一体化的捕食者无人机、全球观察者和鬼眼等高空长航时氢动力无人机、飞翼布局的无人机和美洲狮及Wasp AE等小型无人机的专利申请。固定翼无人机的一个发展方向是飞翼布局的无人作战飞机；无人作战飞机相比有人作战飞机作战效费比高、全寿命周期费用低，使得许多国家把无人攻击机的发展置于优先地位。飞翼布局成为目前无人作战飞机气动布局形式的极佳选择。在研的飞翼布局形式的X-45A、X-47B、神经元、雷神等无人作战技术验证机也进一步佐证了飞翼布局在类似无人作战飞机上的应用优势。目前来看，隐身一般都需要牺牲航时来实现；未来，固定翼无人机的另一个发展方向是隐身并且长航时的无人机。另外，小型化、低成本的固定翼侦察无人机仍然具有发展前景。

可变形或可折叠翼无人机近年来出现了以弹簧折刀无人机（CN102574575A）和蜂鸟扑翼无人机（US20140158821A1）为代表的核心专利。与微型固定翼、微型旋翼无人机相比，微型扑翼无人机具有更高的气动效率，使得隐蔽性好的微型扑翼仿生无人机将成为可变形或可折叠翼无人机的研究方向。

混合布局无人机在研究各种混合方式，如倾转动力、涵道风扇和固定翼无人机混合、固定翼与矢量喷管发动机配合等。近年来的混合布局的重点专利较少，各国的混合布局无人机目前仍处于预研阶段，混合布局无人机的发展方向是在保证巡航速度的前提下能够实现垂直起降。2014年，洛马希德·马丁空间系统公司和皮亚斯基飞机公司着手为DARPA设计垂直起降无人货运飞机。

涵道风扇无人机在各国型号研制任务驱动下发展，先后出现了美国联合技术公司的Cyber1无人机核心专利US5364230A、新加坡技术动力公司的Fantail无人机核心专利US6502787B1、法国BERTIN技术公司Hovereye（悬停眼）无人机的核心专利EP1750999B1、美国霍尼韦尔公司的RQ-16A/T-Hawk无人机的核心专利US20130292512A1。未来，涵道风扇无人机重点解决噪声问题和进行各种民用环境应用研究。

6 结 束 语

（1）本研究通过将专利信息与情报信息结合，挖掘出涉及弹簧折刀、捕食者、大乌鸦、全球观察者等无人机型号的专利技术，对我国从事类似型号研发的无人机企业来说具有重要参考意义。

（2）从专利申请趋势来看，无人机气动布局的专利申请仍呈现上升趋势；无人机在国内外市场需求潜力巨大，未来无人机市场仍将继续成为世界航空航天工业最具增长活力的市场，特别是小型无人机市场将继续迅速发展。因此，建议我国继续加强对无人机特别是小型无人机的气动布局技术的研发，在充分借鉴国外无人机型号核心专利技术的基础上，发展适合我军作战模式的无人机气动布局技术，提高综合作战能力。

（3）我国在可变形或可折叠翼无人机、混合布局无人机等方面的专利申请与美国差距较大，这些技术也是未来无人机重要的发展方向，因此，我国一方面要充分借鉴和利用重要专利实现消化吸收再创新；另一方面要持续跟踪航空环境公司、雷神公司、联合技术、极光飞行科学公司等公开的后续专利申请，从而加强相关技术的储备。

参 考 文 献

［1］审查业务管理部．专利分析实务手册［M］．北京：知识产权出版社，2012.

［2］韩竞择，陈中原，蒋炳炎，等．涵道风扇式无人机发展现状与关键技术分析［J］．飞航导弹，2013，（9）：45-49.

［3］何宇，刘海军，刘博．微小型旋翼无人机总体设计与实现［J］．战术导弹技术，2012，（4）：9-15.

［4］李阳．折叠翼变体无人机气动布局设计［M］．北京：航空工业出版社，2014.

钱学森总体设计部思想的当代意义

薛惠锋　杨　景

（中国航天系统科学与工程研究院，北京，100048）

摘要：大数据融合的新时代，世界已经演变成复杂的巨系统，新经济、大政治、多文化、融社会、宽环境的新情况、新问题开始成为主流。环境的变化必然带动思维的转变、方法的更新、理论的提升。无论是全面建成小康社会、深化改革，还是全面依法治国、从严治党都是在做顶层设计和总体设计。钱学森创立的总体设计部是助推系统综合提升的主要力量，已在工程系统工程中取得成效。进一步研究总体设计部的时代内涵和运行机制具有重要意义，总体设计部是系统综合提升的重要方法、高端智库建设的引擎，并助力社会治理系统迈向新高度。

关键词：系统工程；总体设计部；社会系统

1　新时代经济社会面临的问题呼唤总体设计部

1.1　新的国际环境需要总体设计部的高瞻远瞩

21 世纪以来，新兴大国的群体性崛起，参与国际治理程度加深，世界多极化趋势、新旧两种力量在经济利益上的深度交融，使得国际形势错综复杂、瞬息万变。经济一体化、文化交融性、社会协同化的国际环境下，人类的生产、生活交互更多地呈现出更加便捷、更加频繁、更加深入的特征。与此同时，领土争端、宗教分歧、种族矛盾等问题带来的地区冲突此起彼伏，国际社会面临的共同挑战越来越多。当前，伴随着周期性的经济危机的影响，军事霸权国家正逐渐衰弱，其军事战略呈收缩态势，技术创新上的明显优势也不复存在，全球影响力逐步减退。而欧洲作为世界中心，在经历两次世界大战后力图加强合作重整旗鼓。从欧洲共同体到欧盟，欧洲圈内贸易往来不断深化。但随着欧债危机和时有发生的经济危机，南北欧经济发展的鸿沟开始成为阻碍其合作的重要因素。而东亚地区作为正在崛起的"新中心"，虽然无论是货币交易量还是货物贸易量等在全球范围内都是第一，但与欧洲相比还有一段很长的路要走。在东北亚，中日韩走向更深层的合作是必要也是必然。在东南亚，"一带一路"倡议促进了该地区经济社会的全面发展。可以看出，以国家政治关系、经济关系、文化关系等为主要特征的国际关系越来越复杂，各种关系交织在一起，国际社会已经达成了"你中有我，我中有你"的联动协同发展的共识。在发展国际交往、处理国际问题的过程中，必须站在更高的层面来考虑问题，必须有一个跨部门、跨领域、跨时代构成的咨询机构来提供高瞻远瞩的决策服务支撑。

1.2　新的国家战略需要总体设计部的保驾护航

　　新时代催生了新的国家战略，站在新的起点上，新一届领导集体锐意改革，提出了国家总体安全战略、国防工业军民深度融合战略、创新驱动战略，为国家治理总体设计了发展方向。首先，国家总体安全战略就是以人民安全为宗旨，以政治安全为根本，以经济安全为基础，以军事、文化、社会安全为保障，以促进国际安全为依托，实现国家系统内外的整体安全状态。其次，国防工业军民深度融合战略。如何利用国防工业的发展来提升科技进步能力，并有效地带动产业转型。在当今"警惕性竞争"的国际环境下，要真正赢得大国之间发自内心的相互尊重并保持战略机遇期，最核心的基石就是中国国防工业水平和能力。因此，推动国防工业升级，带动中国经济向高新技术自主转型，是中国未来长期发展战略可以选择的路径，同时也是中国真正成长为全球大国的必然选择。最后，创新驱动发展战略。一个国家的创新能力已经成为能否在国际舞台崭露头角的决定性因素，特别是在以信息革命为特征的时代，只有不断提高自主创新能力，才能发挥科技对经济社会的支撑和引领作用，才能提高科技对经济的贡献率。无论从国家层面来讲，还是科技组织层面来讲，实施创新驱动发展战略意义深远。从国家经济社会发展角度来看，实施创新驱动发展战略是提升国际竞争力的有效路径，是转变经济发展方式的根本途径，是提升科技实力的战略选择。这些国家战略是指导国家治理与国家发展的纲领性内容，这些战略包含的内容丰富、技术含量高、涉及范围较广，战略内容的相关性和联动性也比以前较为复杂。所以在这样的背景下，建立总体设计部能够为战略决策保驾护航。

1.3　国家治理新常态需要总体设计部的智力支撑

　　全面深化改革的总目标是实现国家治理体系和治理能力的现代化，治理国家最终实现整个国家系统的善治，新常态下的国家治理是一项复杂多变的系统工程，更需要智力支撑。当前，经济上中高速增长、经济结构不断优化、创新驱动经济增长、缩小城乡差距的经济动向等为主要特征；政治上以依宪治国、健全社会主义法制体系、实现党的统一领导与人民民主、法治中国建设的统一为特征；社会建设上以维护公平正义，践行社会主义核心价值观，使我们的社会不仅是物质富足的社会，而且是有理想、有文化、有道德、有价值为特征；在军事上以实行军民融合发展的经济建设与国防建设统筹发展之路为特征；在党建上以"八项规定"为标志，全面从严治党，贯彻落实"三严三实"，对腐败现象"零容忍"，坚持不懈地开展反腐败斗争，永葆党的先进性、纯洁性，为党长期执政、依法执政、为民执政奠定坚实基础为特征。这些新要求不能再用老思想、旧观念来解决经济社会诸多方面的难题，必须放开眼界，善于运用新理论、新技术。总之，国家治理处于全面更新与持续更新的常态背景下，如不及时更新观念和寻找处理问题的新方法，治理速度与质量将无法保障。总体设计部是为科学决策提供智力支撑的机构，能够为新常态下的国家治理出谋划策。

2 总体设计部的思想基础及时代科学内涵

2.1 总体设计部的思想基础

2.1.1 总体设计部的哲学基础——整体论与还原论的辩证统一

恩格斯曾说："一个民族想要站在科学的最高峰，就一刻也不能没有理论思维"[1]。马克思主义哲学认为，理论与实践具有辩证统一的关系，实践是理论的基础，理论反过来指导实践。从某种意义上来说，人类实践最概括的总结就是哲学。随着科学技术的发展，作为它的理论概括的哲学也会有所发展。哲学作为较高层次的理论，在实践中发挥着指导性的作用，特别是在科学技术有重大突破的时候，又对理论的发展注入了新鲜血液。正如钱学森依据近百年来的哲学发展和科学技术进步及其在工程实践中的经验指出"我们认为马克思主义哲学有其崇高的地位，但是，哲学作为科学技术的最高概括，它是扎根于科学技术中的，是以人的社会实践为基础的；哲学不能反对、也不能否定科学技术的发展，只能因科学的发展而发展"[2]。所以，科学技术与哲学具有先天的统一性，哲学是科学认识成果的最高概括，因而反过来指导一切科学研究。

钱学森认为，系统论是沟通系统科学和哲学的桥梁，属于哲学范畴。系统方法论的哲学基础是辩证唯物论，总体设计部是系统方法论的应用技术层，所以辩证唯物论也是总体设计部的哲学基础。以整体论与还原论相统一为特征的辩证法是总体设计部的哲学源泉。辩证法的精髓就是把一切事物都看成对立统一，整体论与还原论是对立统一体。

近几个世纪以来建立的科学体系，主要依据还原论思想对事物进行分析研究，解决了大量的现实问题，还原论思维方法仍是指导未来科学实践的重要思想，但当今处于辩证综合的发展阶段，特别是近几十年，在数学、物理、化学、天文、地理及生物等跨学科领域都在开展复杂性及复杂系统的研究，对不同学科的交叉结合逐步聚焦在复杂性进行积极探索。可以说，实现还原论与整体论的辩证统一是科学研究的哲学基础。

还原论认为，复杂系统可以通过各个组成部分的行为及其相互作用来加以解释。还原论方法是迄今为止自然科学研究的最基本的方法。人们习惯于以"静止的、孤立的"观点考察组成系统诸要素的行为和性质，然后将这些性质"组装"起来形成对整个系统的描述。例如，为了考察生命，我们首先考察神经系统、消化系统、免疫系统等各个部分的功能和作用，在考察这些系统的时候我们又要了解组成它们的各个器官，要了解器官又必须考察组织，直到最后是对细胞、蛋白质、遗传物质、分子、原子等的考察。现代科学的高度发达表明，还原论是比较合理的研究方法，寻找并研究物质的最基本构件的做法当然是有价值的。

与还原论相反的是整体论，这种哲学认为，将系统打碎成为它的组成部分的做法是受限制的，对高度复杂的系统，这种做法就行不通。因此，我们应该以整体的系统论观点来考察事物。例如考察一台复杂的机器，还原论者可能会立即拿起螺丝刀和扳手将机器拆散成几千个、几万个零部件，并分别进行考察，这显然耗时费力，效果还不一定很理想。整体论者不这么干，他们采取比较简单一些的办法，不拆散机器，而是试图启动运行这台机器，输入一些指令性的操作，观察机器的反应，从而建立起输入–输出之间的联系，这样就能了解整台机器的功能。整体论基本上是功能主义者，他们试图了解的主要是系统的整体功能，但对系统如何实现这些功能并不过分操心。这样做可以将问题简化，但当然也有可能会丢失一些比较重要的信息。

将还原论与整体论有机结合起来。两种方法没有上下优劣之分，而是高度互补。还原论强于部分和微观，整体论强于整体和宏观；还原论擅长通过部分解释整体，整体论擅长通过整体解释部分。人体的高度复杂性决定了单独使用任何一种方法都具有高度的局限性：不还原到细胞甚至分子层次，不了解局部的精细结构，我们对整体的认识只能是直观的、猜测性的、笼统的，缺乏科学性；没有整体观点，我们对人体的认识只能是零碎的，只见树木，不见森林，不能从整体上把握事物、解决问题。

"总体设计部把系统作为它所从属的更大系统的组成部分进行研制；对每个分系统的技术要求都首先从实现整个系统技术协调的观点来考虑；对分系统与分系统之间的矛盾、分系统与系统之间的矛盾，都首先从总体协调的需要来考虑。"总体设计部既是将系统分成若干个需要的分系统，又要将分系统与系统及系统所从属的更大系统之间辩证地统一起来，这正体现了整体论与还原论的辩证统一。

2.1.2　总体设计部的理论基础——思维科学

思维科学是关于人脑对信息处理的研究，是探究人的内在、本源力量的科学。人作为认识与改造客观世界的主体，而主体的思维能力又是认识和改造世界的核心。思维活动是主体自身大脑功能的体现，它不仅可以操控主体的外部世界，而且也能操控主体的内部世界。正因为人类通过思维活动认识了人脑思维的功能、本质、规律，认识了自然与社会的本质与规律，人类才创造出了当代思维科学、自然科学和社会科学的辉煌成果，所以思维科学处于十分重要的地位。

1985年钱学森倡导开展思维科学研究以来，国内的研究在兴起和发展中前进，取得了一些成果。钱学森在研究系统科学中高度重视以计算机、网络等为核心的技术，并认为信息技术对人自身的思维来说也产生了重要影响。钱学森指出"逻辑思维，微观法；形象思维，宏观法；创造思维，宏观与微观相结合。创造思维才是智慧的源泉，逻辑思维和形象思维都是手段"，同时，"尽管人脑是极为复杂而庞大的系统，系统学的进一步发展终会使微观研究思维学的方法取得成功，完成从微观到宏观的过渡，在研究中我们也可以借助于电子计算机模拟的人工智能工作"[3]。据此，钱学森提出了人–机结合、以人为主的思维。于景元也指出，"人脑和计算机都能有效处理信息，但两者有极大的区别。计算机在逻辑思维方面确实能做很多事情，甚至比人脑做得还好还快，善于信息的精确处理。但在形象思维方面，现在的计算机还不能给我们以很大的帮助。至于创造思维就只能依靠人脑了"[4]。这种人–机结合、以人为主的思维方式成为系统科学理论重要的方法基础。

总体设计部体现的是系统工程的科学方法，更是系统科学的理论基础。总体设计部作为决策咨询机构，需要处理的不仅是原始信息，还要对知识进行加工，并最终上升为智慧的高度。在总体设计部的运行过程中，就是人脑对信息的处理和信息技术对信息的处理相结合的过程，也就是形象思维和逻辑思维的结合过程，也就是人–机结合、人–网结合，以人为主的处理过程。可以说，这种人机人网结合、以人为主的思维方式和研究方式是总体设计部所体现的科学方法之一，具有较强的创造性，也就是总体设计部的方法基础。

2.1.3　总体设计部的技术基础——人–机、人–网结合的综合集成

社会系统工程方法是自然科学方法发展史上的重大突破。通常情况下自然科学研究的对象——自然界是开放的简单巨系统，运用的是自然科学的分析方法。"自然科学这个研究方法经过培根、笛卡儿、伽利略与牛顿等的创造、加工并运用于自己的研究工作中，取得了举世触目的成就。到 19 世纪末 20 世纪初，在康托尔的数学革命、罗素的逻辑学革命与爱因斯坦及普朗克的物理学革命的推动下，形成了公认的、正统的自然科学的研究方法，其基本程序如下：

问题→观察、实验→假设→逻辑推理与数学演算→实验检验→证实或证伪

这就是自然科学'从定性到定量的分析方法'。自然科学在短短四百多年内取得如此巨大的进步，如此辉煌的成就，应该归功于这个研究方法"[5]。1968 年贝塔朗菲出版了《一般系统论——基础发展和应用》，不仅标志着系统科学理论的开端，也标志着简单的自然科学分析方法已经不能解决越来越复杂的局系统问题。20 世纪 80 年代末到 90 年代初，结合现代信息技术的发展，钱学森又先后提出"从定性到定量综合集成方法"及其实践形式"从定性到定量综合集成研讨厅体系"。从方法和技术层次上看，它是人–机结合、人–网结合、以人为主的信息、知识和智慧的综合集成技术。从应用和运用层次上看，是以总体设计部为实体进行的综合集成工程。将数据、知识、信息和智慧与计算机仿真有机地结合起来，把有关学科的科学理论与人的经验和智慧结合起来，发挥综合系统的整体优势，建立应用于科学决策的从定性到定量的综合集成系统，用于研究复杂巨系统问题。这一方法具有开创性特点，是解决复杂巨系统的较为科学、合理的方法。综合集成方法是一种指导分析复杂巨系统问题的总体规划、分步实施的方法和策略。这种思想、方法和策略的实现要通过以下几种技术的综合运用，包括定性定量相结合、专家研讨、多媒体及虚拟现实、信息交互、数据融合、模糊决策及定性推理技术和分布式交互网络环境等。这几种技术中的每一种只能从某个侧面解决复杂巨系统问题，而它们的综合运用是研究复杂巨系统问题的有效途径之一。其中，从定性到定量、综合集成、研讨是系统实现的三大核心内容。

从定性到定量就是把专家的定性知识同模型的定量描述有机地结合起来，实现定性变量和定量变量之间的相互转化。对复杂巨系统问题，首先需要运用专家的智慧对问题进行定义也就是定性，其次利用各种分析方法、工具、模型等进行深入剖析并对定性认识进行论证，最后再综合集成数据、信息、知识、智慧、方法、工具、模型，构造出适应于问题的决策支持环境。对结构化很强的问题，主要用定量模型来分析；对非结构化的问题，更多的是通过定性分析来解决；对既有结构化特点又有非结构化特点的问题，就要采取紧耦合式的定性定量相结合的方式。从定性到定量综合集成研讨厅就是要把人脑中的知识同系统中的数据库、模型库和知识库等有关信息结合起来。系统提供分布式

的专家研讨环境，专家可在不同的用户终端上发表见解，对其他专家的意见进行评价；还可在用户终端进行必要的数据信息查询，以获得问题的背景知识；并可利用研讨厅提供的统一的公用数据和模型，对参加研讨的局中人的决策后果进行评价或判断。从定性到定量综合集成研讨厅还需要一些关键技术进行支撑，主要可以利用的是分布式网络技术、超媒体及信息融合技术、综合集成技术、模型管理技术和数据库技术、人在回路中的研讨技术、模糊决策及定性推理技术等的综合集成。不难看出，综合集成又是人-机结合、人-网结合，从定性到定量综合集成研讨厅的核心方法，每一个步骤和内容都需要运用综合集成方法。

2.2　总体设计部的现代科学内涵

总体设计部是"负有工程全局责任的总体人员团队称为总体部，负责工程分系统全局责任的总体人员的团队称为总体室，再下一层的总体人民的团队称为总体组，负有工程之上更大工程全局责任的总体人员的团队称为大总体部。"钱学森在《组织管理的技术——系统工程》中将总体设计部定义为"由熟悉系统各方面专业知识的技术人员组成，由知识面比较宽广的专家负责领导，以系统工程为科学方法基础，是整个系统研制工作中必不可少的技术抓总单位。"

总体设计部由跨领域、多学科的专业人才、具有决策支撑经验的高级顾问及领导者共同构成，是以总体设计、民主集中制为根本原则，以系统从不满意状态提升到满意状态为目标，运用从定性到定量的综合集成和从原型到模型的跨越式综合提升为方法，以自上而下的统一领导和自下而上的分级筛选方案、分类融合、模拟实践、循环迭代和集中决策为流程，为社会主义政治、经济、文化、社会、生态、党的建设及人自身建设与改革提供决策咨询服务的实体机构。

2.3　总体设计部运行程序

总体设计部在实践操作中遵循的运行程序是：由跨专业、跨领域人才协作，提供多种论证方案，进行分类融合、实践模拟、集中决策。

系统的复杂性及内容的宽泛性决定总体设计部的产品必须要跨专业、跨领域、跨年龄的人才共同合作。总体设计部的产品是专业知识、思想、技术路线图和实施方案等，主要依靠这些智慧来获取支持并影响政策制定过程。这些智力产品基本上解决复杂巨系统问题，特别是随着信息科技的发展，系统联系越来越频繁，也就变得越来越复杂，"单打独斗"已经被时代淘汰，需要跨专业、跨专业团队的协作才能保质完成，因此，总体设计部的运行要以跨专业、跨领域的专业人才的合作、协同创新为重要内容。

总体设计部的最终产品来自多方案的筛选结果。总体设计部在整个方案的筛选过程中还要确保每一个系统问题都必须给出多种论证方案，这些论证方案是对同一个问题给出的不同解，每一个解都需要竭尽全力来论证其正确性和合理性，然后进行比较。

对多方案的分类融合是总体设计部运行的重要内容。分类融合就是针对某一问题的多种论证方案，在筛选过程中如果 A 方案提出的措施第一条更适合 B 方案，那么就可以将多方案进行融合，得出一个集成结果 C 供选择，以此类推。这一过程借鉴了"遗传算法"，即模拟达尔文生物进化论的自然选择和遗传学机理的生物进化过程的模型，是一种通过模拟自然进化过程寻求最优解的方法。也就是在前期由自下而上的形成的多种方案的基础上，由顾问委员会和跨部门协调委员会共同参与，确定初选的方案集，对这些方案集根据相应的分类标准进行分类，分类后的方案则更容易进行比较，这样可进行再次筛选，之后将是对方案集进行再次整合，形成融合了优化内容的新方案，将组织专家体系、机器体系及人机结合体系进行评价，也就是要运用从定性到定量的综合集成研讨厅方法进行再次论证，如果论证的结果符合目标系统，达到了满意状态，则分类融合部分结束，形成的新方案被采纳送至总设计师处形成决策参考；如果评价论证没有通过则还需要进行遗传操作，也就是对上述各阶段的分类融合后的方案，即已经改变的方案再通过选择、分类、融合进行遗传性操作过程（图1）。

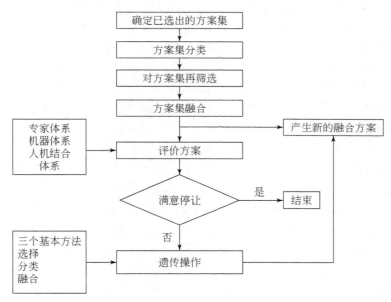

图1　方案分类融合的过程

　　方案敲定后要进行仿真模拟实验，在实验中对变量进行更改，实验可以得出更加科学的方案，之后还要再进行反复迭代，根据变量适时调整策略，以应对时刻变化的数据和信息。

　　方案最终还是要最终的决策者进行决策才能成为政策被执行，总体设计部的方案是由下而上层层筛选的结果，是民主集中制原则下的结果，所以它是得到大家认可的方案，是民主集中制的产物，但总体设计师还是要行使集中决策权，对方案做最终的定夺，当然也承担相应的决策责任，也就是对方案负全责。这也给总体设计师提出了更高的要求，在最后的审核中要严格把关，总体负责。

3 总体设计部思想的当代价值

3.1 总体设计部体系是系统综合提升的重要方法

1978 年，钱学森在《组织管理的技术——系统工程》一书中指出："总体设计部的实践，体现了一种科学方法，这种科学方法就是系统工程"。总体设计部体现的科学方法是系统工程，同时又是系统工程创新理论的组织实现形式。

总体设计部体现的科学方法是系统工程，同时又是系统工程创新理论方法的实现形式。在新的时代背景下，在继承钱学森"从定性到定量的综合集成"理论方法的基础上，著名系统工程理论专家、中国航天社会系统工程实验室主任薛惠锋教授提出了"任何系统的发展都源自人类主体持续将系统的不满意状态提升到满意状态的追求。系统工程是运用一切可采用的思想、理论、技术、方法、手段及实践经验等综合集成体将一个系统从不满意状态提升到最满意状态，实现系统状态的跨越式晋级，达到更高目标的过程"[6]，称为"综合提升"理论。这一思想认为，"综合集成"解决的是系统最优化问题，而"综合提升"则是将系统构成要素及其要素间关系的"原型"状态综合集成为可以用"模型"表示的现实状态，也就是"目标满意"状态，即一种按照目标要求对系统状态进行改变的提升，是迈向新高度的提升。"综合提升"理论重点突出了持续动态的提升系统从不满意状态到较为满意状态，它的方法实现形式是总体设计部。

综合提升方法是在综合集成从定性到定量、研讨厅的方法对"原型"系统优化的基础上实现系统的跨越式提升。跨越就是从某点到某点跨过中间存在的障碍，直接过渡到更高层次。例如，钱学森说："中国一穷二白，到底中国先发展航空工业，等航空工业发展到一定程度，再去发展这个导弹事业，这条路子能不能走通？"是走追赶型的道路，还是走赶超型的道路，这是两种道路的模式。我们在选择航空和导弹的道路上，走了一条赶超型道路，当时钱学森也是把技术上的问题作为国情层面去考虑。他想航空工业如果发展，中国当时一穷二白下的材料系统和信息制导系统，我们不是一天两天能赶上的，对材料工业的要求，对人的要求，飞行员的培养和整个素质培养也不是一两天能赶上的。他认为航空工业发展需要代价，同时考虑国家的实际，国家发展航空工业和发展导弹，发展导弹可能成本稍微小一点，花的代价小一点，而且如果先发展航空再发展导弹，可能我国国防尖端科技水平与现在还存在很大的差距。从一个系统来看，如果一味地一级一级地进行提升，也就是在原型系统上进行修修补补，而不敢根据具体系统元素的变化进行颠覆性的改革，只能影响系统提升的时效性，导致问题更加复杂而无法真正解决。综合提升方法就是要求运用一切可以运用的理论、方法、技术、经验、知识等对社会系统工程进行研究，不受专业限制、不受时空影响、不受领域桎梏，这源自社会系统的复杂性和极度的交融性，特别是在当今数据化、智能化时代的社会系统变得更加复杂、更加多变的情况下，直接与间接原因分析已无法满足需求，相关关系分析已经成为主要方法之一。综合提升方法运用的是对已优化的系统实现跨越式的提升，将系统提升到更加满意的状态，实现系统的晋升。从原型到模型的跨越式综合提升方法就是在综合集成方法之后对优化后的系统进行再设计的方法，该方法重在运用跨越式思维将优化的原型系统提升为模型系统，运用一切可以运用的各种思想、理论、知识、方法、技术，打破原有的专业壁垒和知识结构，将跨专业、跨领域、跨部门融合起来，大胆集成，从而实现系统的跨越式提升。

3.2 总体设计部是高端智库建设的引擎

智库与总体设计部的区别与联系。就目前现实情况来看，国内已经拥有较多数量的智库，有官方思想库也有非官方的咨询机构，它们在一定程度上为国家治理提供了咨询服务。根据美国宾夕法尼亚大学詹姆斯·G.麦甘领衔发布的全球智库报告不难看出，中国智库的国际影响力正在不断增强。上海社会科学院智库研究中心最新报告指出，"30多年来，随着各级政府决策科学化、民主化进程不断加快、程度不断提高，中国基本形成了从以政府内部附属智库为主，到社会科学院智库、高校智库和民间智库共同发展的繁荣局面"，"专业知识与决策机制的结合更为紧密，智库和专家介入公共政策制定的趋势日益明显"[7]。智库已经成为影响和为决策提供智力支撑的重要力量，特别是在社会系统变得更加复杂、更加庞大的信息时代，现有智库需要不断提升研究能力和为决策服务的质量。

现有智库起源于计划经济转型期，大多数官方智库是以党政军智库为主，他们组织形态较为严密，全由政府全额拨款，主要的研究方向是政府内部课题，较多的工作是为决策的正确性进行论证；社会科学院智库作为中央直属的事业单位，虽然开始面向社会具有相对的独立性，但受其自身历史创建因素的影响，在研人员大都来自相同专业、相似的教育背景等，研究内容上还较为局限，研究技术上是简单地以理论来论证，缺乏科学定量分析方法等；非官方智库大多是高校或者企业创办的各种"研究所""研究中心"等。高校型智库虽在学术研究方面卓有成效，但很多学术研究与中国现实相脱节而缺乏实效性，企业型智库则以自身利益为出发点展开相关研究，带有很强的部门利益。可以看出，这些智库大都缺乏独立性、规范性、综合性、跨领域性，也缺乏科学手段的研究和支撑，很难达到中央对高端智库的需求。而总体设计部是以系统总体目标为依据，把系统作为其所从属的更大系统的组成部分进行研究，注重对每个分系统的技术进行分解，运用系统工程理论、方法并综合运用相关学科的理论与方法，对其进行总体分析、总体设计、总体协调，提出各种可行性决策方案（最优方案和可能方案）供决策部门参考，具有跨学科、跨领域、跨年代、跨层次、独立话语权、可信度高、技术优势明显特征的新型高端智库。

3.3 总体设计部助力社会治理系统迈向新高度

大数据时代，社会治理系统是一个复杂的工程系统。这种复杂的巨系统要求人们必须按照系统的观点、用系统的方法分析问题和解决问题；要打破学科、领域和部门的分割，创造跨学科、跨领域的研究方法与组织管理机制及体制。为此，钱学森早在1980年时就向中央建议要成立一个社会主义现代化建设的总体设计部，为中央部门、地方的科学决策提供高质量的智力成果。由此可见，提升社会治理需要运行系统工程理论方法，而总体设计部思想体现的科学方法就是系统工程，即总体设计部对实现社会治理水平的综合提升可起到有力支撑作用。总体设计部为社会治理提供顶层规划、咨询服务、决策支持。总体设计部在社会治理体系的任何一个层级都可以存在，运行项目的各个节点中也可以存在，这样就构成了贯穿各个层级的社会治理总体设计部体系。如果某一层级的总体设计部由决策者组成，那么这一机构具有决策机构的性质；如果仅是提供意见、支持，则其具有决策咨询机构的性质。从本质上来讲，总体设计部不仅是社会治理体系的实体机构，还是一种决策机制、决策支持体系，这一机制的原则是民主集中制。总体设计部体系的建立，有助于将社会治理体系与系统构成要素有机地结合起来，真正实现社会治理的要素整合和体系的有序健康发展。

4 结 束 语

国家治理的系统性、全局性、复杂性决定了我们必须改变原有的治理模式，走一条"敢超"的道路，才能实现跨越式提升，才能勇立潮头。全面依法治国是"四个全面"建设的子系统，是国家治理体系中的重要内容。所以，要运用系统思维构筑社会系统的总体框架图，要全面贯彻落实中央高层的总布局决策，要学习运用总体设计部思想来建设党领导下的具有中国特色的社会主义。随着"十三五"规划的展开、国家转型的逐步深入、双创事业的推进，要抓住机遇，在社会治理的实践与创新中要敢于超越，走别人没有走的路，走别人想不到的路，才能引领社会治理前沿。对社会系统进行总体设计，统筹兼顾、协同发展，创建国家法治化治理新模式，从而实现"五位一体"新高度本质上综合协调的状态和过程，尤其是对多样的社会治理主体、治理主体与治理活动、治理模式与治理机制相互关系的综合协调。"创新"就是要运行系统工程理论方法，而总体设计部思想体现的科学方法就是系统工程，即总体设计部对实现社会治理水平的综合提升可起到有力支撑作用。在各层级设立总体设计部能够更好地掌控整个区域经济、政治、文化、社会、生态、党的建设的融合性发展，能够为决策提供更为科学、合理、民主的政策咨询服务，能够实现区域国家治理的法治化、现代化，使其迈向更高的层次。

致 谢

本论文在撰写过程中得到了著名的系统工程专家于景元的耐心讲解和悉心指导，让我们更加全面系统地了解了其深刻的思想基础，才使得文章的论述更具科学性、客观性。在此再次感谢于老渊博的专业知识、严谨的治学态度、精益求精的学术风范，"路漫漫其修远兮，吾将上下而求索"。

参 考 文 献

[1] 中共中央马克思恩格斯列宁斯大林著作编译局. 马克思恩格斯全集（20卷）[M]. 北京：人民出版社，1971.

[2] 钱学森. 创建系统学（新世纪版）[M]. 上海：上海交通大学出版社，2007.

[3] 钱学森. 论系统工程 [M]. 上海：上海交通大学出版社，2013.

[4] 于景元. 钱学森系统科学思想和系统科学体系 [M]. 北京：中国宇航出版社，2013.

［5］ 黄顺基．钱学森对自然辩证法的重大贡献 ［J］．自然辩证法研究，2010，26（6）：112-116.

［6］ 中国航天系统科学与工程研究院．系统工程讲堂录（第二辑）［M］．北京：科学出版社，2015.

［7］ 上海社会科学院智库研究中心项目组，李凌．中国智库影响力的实证研究与政策建议 ［J］．社会科学，2014，（4）：4-21.

数据推进的历史使命

薛惠锋　张　南

（中国航天系统科学与工程研究院，北京，100048）

科技进步使客观世界越来越逼真地通过数据进行表征，而让数据有序运转，发挥其潜在的价值却是一项复杂而艰巨的任务，这将是未来一段时间世界各国研究和突破的重点，实现数据价值的过程就是数据推进。

1　数据推进是历史发展的必然

数据承载着人类文明的演进。客观世界进行量化和记录的结果是数据，从古至今一直存在，只是近年来随着信息科技的发展，使海量数据的存储和处理成为可能，世界各国高度重视数据，并纷纷制定数据发展战略。回顾人类文明发展史，语言、文字的产生，使人与人之间实现了链接，思想的表达产生了语言、书写文明；货币的产生，使人与物之间实现了链接，资产的交换产生了商业文明；法理的产生，使人与秩序之间实现了链接，管理社群产生了政治文明；互联网的产生，使人与一切实现了链接，开放共享的自由协作产生了信息文明。可以看出，语言、文字、货币、法理等不同时期、不同种类的数据推动着人类文明的演进过程。

纵观科技发展及工业变革，越来越多的数据是科技发展的产物，数据推进是历史的必然。从以蒸汽机的发明为主要标志的第一次工业革命，到以电力和内燃机的发明为主要标志的第二次工业革命，再到以信息技术等重大突破为主要标志的第三次工业革命，人类社会经济经历了机械化、电气化、自动化、信息化的转型升级，即将爆发的第四次工业革命，将朝着智能化方向发展，这些都推动了工业文明的发展，滋生出了海量数据，而这些数据蕴藏着巨大价值和力量，未来，数据发展将引领世界变革。

互联网是最广泛、认可度最高的数据源。回顾互联网发展的四个重要阶段：第一个阶段是人与信息互联阶段，这个阶段搜狐、新浪各种网站当道，主要特征是"内容为主、服务为辅"；第二个阶段是人与人、人与物的互联阶段，腾讯、京东、阿里巴巴等电子商务及社交互动网站出现，主要特征由"内容为主"逐步转变成"内容与服务并重"；第三个阶段是人与人、物与物、业与业互联阶段，腾讯、京东、阿里巴巴等公司得到进一步的发展，主要特征为"服务为主、内容为辅"；随着卫星、无人机等空间信息网络基础设施建设的完善，互联网将走向全面的互联互通，未来社会将通过网络实现地球家园的共享共治，这些将带来更为全面、更为广泛的数据资源。

无论是工业革命、互联网革命，都将引发一场前所未有的数据革命。数据革命分为数字化和数据化两个重要阶段，数字化建立在采样定理之上，使真实世界中连续变化的声音、图像等模拟信息能够在计算机中用 0 和 1 表示，信息科技发展带来的信息化、网络化等归根结底就是数字化。随着数据量的不断增加，数据的收集与积累的手段越来越先进，人们也越来越发现数据的潜在价值，世界知名公司，如苹果、谷歌、亚马孙、微软等，正在不断采集用户的数据信息，并利用这些数据预判未来用户需求及企业未来发展，数据应用的好坏直接体现着企业的效益，这个过程就是数据化。政府是数据化的采集者和掌握者，运用数据治理国家、服务社会是未来发展的趋势。现代信息科技发展的核心是数据推进，因而，数据推进社会发展是历史的必然。

2　数据推进的中国力量

系统工程的普遍性、适用性使其海纳百川，系统工程方法是未来数据推进的重要手段。被誉为"中国航天之父""中国导弹之父""中国自动化控制之父""火箭之王"的世界著名科学家、空气动力学家钱学森是系统工程中国学派的奠基人。良好的家庭环境与社会教育、广泛的兴趣爱好与探索精神、国防领域的美国经历与中国实践……，这些丰富的人生经历和社会积累成就了其包容的系统工程思想与系统科学。

钱学森等人所倡导的系统论、控制论、信息论是经济社会发展的理论与方法基础。他提出的复杂巨系统理论及从定性到定量的综合集成方法，为当时的国民经济发展做出了重要贡献。自 20 世纪 80 年代，钱学森在原航天部 710 所（中国航天系统科学与工程研究院前身之一，简称"710 所"）开展"系统学讨论班"，使系统工程在全国范围蔓延、开花，710 所也因此成为中国系统工程的策源地和摇篮，成为钱学森提出的从定性到定量综合集成方法的探索者和第一实践者。710 所先后承担了"中国人口控制与预测""财政补贴、价格、工资系统研究""中国宏观经济政策模拟和经济调控系统研究"等重大课题，成功地应用系统工程方法为国家改革和宏观决策做了巨大贡献。

大数据时代已经来临，新时期数据推进任重而道远。笔者继承钱学森的系统科学思想与方法，并在综合集成方法的基础上提出了综合提升方法。综合提升方法就是在综合集成方法的基础上，综合集成一切思想、理论、技术、方法和实践经验的智慧积累等手段，把系统从不满意状态提升到满意状态，实现系统性能的整体提升。数据推进过程是通过获取数据，探寻数据间的关联关系，挖掘数据的潜在价值，以获取可用信息的过程。数据的产生、传输、存储、处理、应用、展示全生命周期是一个复杂的系统过程，钱学森等人所提倡的系统工程思想、理念、技术、方法、管理等对当前数据推进仍具有重要的指导意义。而实现这一数据推进过程就是"钱学森数据推进"。中国航天系统科学与工程研究院正与有关部门合作建立"钱学森数据推进实验室"，建立集数据分析、挖掘、集成、融合等为一体的数据推动平台，提升数据的科学应用能力，服务于国民经济发展的各个领域。

3　未来不可撼动的中国智库

当今时代，数据作为新的生产要素，给人们的生产生活方式带来了深刻的影响，利用数据推进中国特色是新型智库建设的核心。中国航天系统科学与工程研究院将以钱学森系统科学思想为指导，以数据推进为抓手，大力推进钱学森高端智库建设。

钱学森与世界顶级智库兰德公司（RAND Corporation）有着深厚的渊源。1944 年 11 月，时任美国陆军航空兵司令、五星上将亨利·阿诺德（H. H. Arnold）提出将第二次世界大战期间为美国军方服务的科学家组成一个"独立的、官民之间进行客观分析的研究机构"。1945 年年底，美国陆军与道格拉斯飞机公司签订了"研究与发展"计划（即著名的"兰德计划"）合同，兰德（RAND）是"研究与发展"（research and development）的缩写。1946 年 02 月 13 日，阿诺德上将致信钱学森，对其为科学顾问团所写的《迈向新高度》研究报告及所做贡献给予高度评价。该报告共 13 卷，钱学森参与其中 5 卷的编写工作，报告奠定了第二次世界大战以后美国的国防战略地位，并指导着第二次世界大战以后及世界近 50 年的高新技术发展，对美国甚至世界产生了深远影响。1948 年 05 月，"兰德计划"脱离道格拉斯飞机公司成立独立的兰德公司。这家著名的智库，以研究军事尖端科技及重大军事战略著称于世，现已扩展为综合性的世界顶级智库，钱学森在兰德智库的建设中起着重要的作用。

在全面深化改革及军民融合大发展的关键时期，中国航天系统科学与工程研究院继承并发展钱学森系统科学思想、理论与方法，创建了"钱学森数据推进实验室"，成立了钱学森决策顾问委员会、钱学森创新委员会，集成中国科学院、中国工程院、军队、党政机关、高校及大型企业等各个领域的顶尖专家、学者，形成跨领域、跨专业、跨地域的优秀顶尖人才队伍，并运用钱学森在思想、理论、技术、工程、产业、管理等方法的卓越成果，统筹各方优势资源，重视并发展数据，以数据为支撑打造未来不可撼动的数据推进国家智库。

4　结　束　语

数据正在改变人类社会，数据概念已渐渐渗透到社会的发展中，数据技术已开始应用到各行各业。如何将数据加工出信息、产生智能、解决过去无法解决的问题和开创新的管理及商业模式以产生新的价值，特别是运用过去无法获得的数据来催生新的服务，是未来数据时代面临的挑战和期望。航天系统科学与工程研究院立足于支撑航天、服务国家及实施军民融合发展战略，承担着数据推进的历史使命，坚持创新驱动发展，勇攀科技高峰，有决心、有能力打造国家级科学技术研究与工程实践平台及重大产业化项目的高端智库，助推数据强国的中国梦实现！

主要航天国家航空航天技术研究发展态势
——基于 web of science 数据库的科学计量分析

薛惠锋　胡良元　袁建华　马雪梅　李双博

（中国航天系统科学与工程研究院，北京，100048）

摘要：航天产业在国家战略中的地位与作用日益突显，是提升国家竞争力和影响力的关键。作为战略性前沿技术领域，航空航天技术的发展和进步无疑是推动航空航天产业技术创新、促进航天产业快速发展的重要引擎。本研究基于 web of science 数据库，以《期刊引用报告》（Journal Citation Reports，JCR）收录的 30 个航空航天工程领域的科技期刊在 2006~2015 年所刊载的科技论文为数据源，运用科学计量方法，对主要航天国家在航空航天技术领域的研究现状和发展态势进行分析，着重完成中国与美国、欧盟、俄罗斯及日本和印度五个国家（组织）的比较分析。研究发现，全球对航空航天领域的研究热度持续升高，并保持增长的态势；美欧航空航天技术研究依旧处于领先地位，其研究热点更加集中于航天前沿技术探索上，而中国和其他主要航天国家更加重视航天技术的应用研究；中国与世界航天强国相比，存在一定的差距。本研究旨在于为建设航天强国提供参考和建议。

关键词：航空航天；科学计量；航天强国；创新能力

1　引　言

中国航天事业经过 60 多年的发展，航天产业在国家战略中的地位与作用日益突显，是提升国家竞争力和影响力的关键，目前几乎所有大国都把航空航天产业作为重点发展的战略领域。《国家中长期科学和技术发展规划纲要（2006—2020 年）》中明确提出，航空航天技术是八大前沿技术领域之一。作为战略性前沿技术领域，航空航天技术的发展和进步无疑是推动航空航天产业技术创新、促进航空航天产业快速发展的重要引擎。然而，与美国等航天强国相比，当前我国技术创新体系还不适应航天强国建设需求，存在原始创新能力不足、技术水平与航天强国存在较大差距等问题，使我国航天仍处于第二梯队。如何从航天大国迈向航天强国，提高我国航空航天产业的技术创新能力和国际竞争力，是业界和学界都需要思考的问题。

科学研究成果是科学研究状况的重要测度角度，能够反映一个地区、一个国家，乃至全球的科学发展水平，而论文发表是测度创新的有效指标之一。利用文献分析一国科学研究的国际化成果产出状况和质量水平，已经成为当今国际科学评价发展的必然趋势。因此，通过文献的科学计量可以深入分析航空航天技术研究的现状与发展态势，为解读航空航天产业的发展提供理论依据，对理解主要航天国家在航空航天技术领域的创新能力和竞争力具有重要的意义。

本研究将基于 web of science 数据库，以 JCR 收录的 30 个航空航天工程领域的科技期刊为数据源，选取这些期刊在 2006～2015 年所刊载的科技论文作为研究对象，运用科学计量方法，对主要航天国家在航空航天工程领域的研究现状和发展态势进行分析，着重完成中国与美国、欧盟、俄罗斯及日本、印度五个国家（地区）的比较分析，以期得到有价值的结论和发现，为未来研究和实践提供参考。

2016 年 4 月 24 日，习近平总书记在首个航天日提出，"探索浩瀚宇宙，发展航天事业，建设航天强国，是我们不懈追求的航天梦"，寄语中国航天事业的发展。建设航天强国，需要强大的基础研究和创新能力作为支撑。对航空航天领域进行深入分析，深刻把握航空航天技术领域研究的全景，有助于科技人员和决策者及时了解航天技术的研究现状及动向，为航天技术领域及其基础研究提出有效的发展和决策建议，切实提升我国基础研究的能力，促进航空航天事业的繁荣与发展，对我国建设航天强国具有重要的参考价值。

2　研究方法与数据来源

本研究采用科学计量学的方法，运用统计分析方法对航空航天工程领域的各个方面和整体进行定量化研究，有助于揭示其发展规律。本研究的数据来源于美国科学信息研究所（Institute for Scientific Information，ISI）创建的 web of science 数据库。web of science 数据库是汤森路透科技集团（Thomson Reuters）旗下的产品，是国际上最重要的、最有学术权威性的引文信息源，包括 SCI、SSCI、A&HCI 三大著名的引文索引数据库。利用 web of science 可以快速地检索科研信息，也可以全面地了解有关某一学科、某一领域的研究信息。其严格的选刊标准和引文索引机制，使得 web of science 在作为文献检索工具的同时，也成为文献计量学和科学计量学的核心评价工具之一。

在 web of science 数据库的基础上，选择 web of scienceTM 核心合集，围绕航空航天技术领域，本研究以 JCR 收录的 30 个航空航天工程领域（engneering，aerospace）的外文期刊作为数据源（JCR 中收录的 30 个航空航天工程领域外文期刊及其影响因子的详细列表参见附录 A）。JCR 是国际公认的权威期刊评价工具，收录的期刊具有一定的权威性和前瞻性。对这些期刊近 10 年所刊载的科学文献进行检索，选取时间范围为 2006～2015年，共计检索到 28 810 篇，经过数据清洗，形成最终的数据样本。检索时间为 2016 年 9月。在 JCR 收录的 30 个航空航天工程领域的外文期刊中，影响因子最高的是《航空航天科学进展》（*Progress in Aerospace Sciences*），于 1961 年创刊，是国际综合性的航空航天期刊，其刊载了广泛的有关航空航天科学及其应用的研究论文。

3　分析结果

本研究从论文产出、基金资助机构、研究机构和被引论文最多的文献四个方面对航空航天技术领域的研究现状和发展态势进行统计与分析，挖掘并尝试分析航空航天工程领域的主要国家、重要文献和重要机构，以此了解主要航天国家在航空航天技术领域的研究状况。

3.1 航空航天技术领域的论文产出情况

科技论文的总量是衡量知识产出能力的主要指标之一。论文产出情况也可用来测定一个国家或地区的科学活动在国际上的地位和比重，从而监测该国家或地区科研创新能力的变化。笔者对航空航天技术领域近 10 年论文发表数量排名前 15 位的国家进行了统计，如图 1 所示。

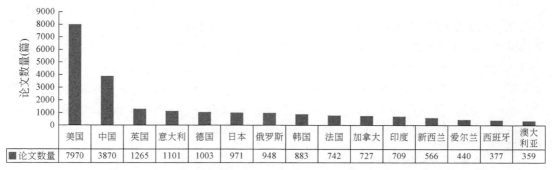

	美国	中国	英国	意大利	德国	日本	俄罗斯	韩国	法国	加拿大	印度	新西兰	爱尔兰	西班牙	澳大利亚
■论文数量	7970	3870	1265	1101	1003	971	948	883	742	727	709	566	440	377	359

图 1　航空航天技术领域近 10 年论文发表数量排名前 15 位的国家（2006～2015 年）

2006～2015 年，航空航天技术领域发表相关文献共计 28 810 篇，其中，发表论文最多的三个国家依次为美国、中国和英国。美国发表论文 7970 篇，占国际论文的比例为 27.7%，位居世界第一位；中国发表论文 3870 篇，占国际论文的比例为 13.4%，位居世界第二位；英国发表论文 1265 篇，占国际论文的比例为 4.4%。美国和中国在航空航天技术领域发表的论文总量占全球的 41.1%，是航空航天技术领域最主要的论文产出国家。

2006～2015 年航空航天技术领域论文发表数量统计如图 2 所示。可以看出，航空航天技术领域的整体论文发表总数连年提升，说明全球对航空航天技术领域的研究热度持续升高，近 10 年一直保持增长的态势。

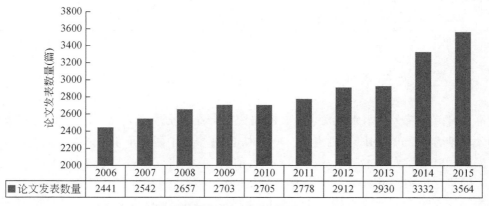

	2006	2007	2008	2009	2010	2011	2012	2013	2014	2015
■论文发表数量	2441	2542	2657	2703	2705	2778	2912	2930	3332	3564

图 2　航空航天技术领域论文发表数量（2006～2015 年）

3.2 航空航天技术领域的主要基金资助机构

通过对数据样本的主要基金资助机构进行统计分析，可以为分析基金资助机构的资助效果提供参考依据。在 2006～2015 年航空航天技术领域排名前 20 位的基金资助机构中，美国占了 7 个，中国占了 5 个。其中，航空航天技术领域发表论文排名前 10 位的基金资助机构见表 1。资助发表论文最多的基金资助机构为中国国家自然科学基金（National Natural Science Foundation of China，NSFC），近 10 年累计资助发表论文 711 篇。国家自然科学基金是我国支持基础研究的主渠道之一，在推动我国自然科学基础研究发展，促进基础学科建设，发现、培养优秀人才方面取得了巨大成绩，为我国基础研究的发展和整体水平的提高做出了积极贡献。资助发表论文位居第二位的基金资助机构为美国航空航天局（National Aeronautics and Space Administration，NASA），近 10 年累计资助发表论文 241 篇。NASA 创立于 1958 年，至今已经成为地球上最权威的航天局。资助发表论文排名第三位的机构为俄罗斯基础研究基金会（Russian Foundation for Basic Research，RFBR），近 10 年累计资助发表论文 224 篇。

表 1　航空航天技术领域发表论文排名前 10 位的基金资助机构（单位：篇）

序号	基金资助机构名称	论文发表数量
1	National Natural Science Foundation of China（中国国家自然科学基金）	711
2	NASA（美国航空航天局）	241
3	Russian Foundation for Basic Research（俄罗斯基础研究基金会）	224
4	National Science Foundation（美国国家自然科学基金）	171
5	US Air Force Office of Scientific Research（美国空军下属的空军科研办公室）	139
6	Fundamental Research Funds for the Central Universities（中央高校基本科研基金）	137
7	European Commission（欧盟委员会）	80
8	Air Force Office of Scientific Research（美国空军科学研究局）	74
9	European Union（欧盟）	70
10	Office of Naval Research（美国海军研究办公室）	67

3.3 航空航天技术领域的主要研究机构

笔者对航空航天技术领域发表论文的研究进行统计分析。在 2006～2015 年航空航天技术领域排名前 25 位的研究机构中，美国占了 10 个，中国占了 4 个。主要研究机构以高校占多数。航空航天技术领域发表论文排名前 10 位的研究机构见表 2。NASA 是发表论文最多的研究机构，近 10 年累计发表论文 884 篇，数量遥遥领先于其他研究机构。作为美国联邦政府的一个行政机构，NASA 负责制定、实施美国的民用太空计划并开展航空航天科学的研究。NASA 在利用航空航天技术以满足国家需要方面起到了绝对的领导作用，保持了美国民用航天的优势，并将航天技术和知识转移以用于一般工业。发表论文排名第 2 位的研究机构为俄罗斯科学院，近 10 年累计发表论文 437 篇。排名第三位的是佐治亚理工学院，近 10 年累计发表论文 353 篇。其下属的航空航天系统设计实验室承担了美国政府、军方或大型企业的一些重大科研项目。我国哈尔滨工业大学、北京航空航天大学、国防科技大学在航空航天技术领域的论文发表均处世界前列。

表 2　航空航天技术领域发表论文排名前 10 位的研究机构（单位：篇）

序号	机构名称	论文发表数量
1	NASA	884
2	俄罗斯科学院	437
3	佐治亚理工学院	353
4	美国空军研究实验室	343
5	哈尔滨工业大学	309
6	代尔夫特理工大学	271
7	克兰菲尔德大学	266
8	密歇根大学	255
9	国防科技大学	250
10	日本宇宙航空研究开发机构	242

3.4　航空航天技术领域的被引论文最多的文献

被引频次是论文影响程度的一个重要指标，它体现了科研团体对学者的关注度和信赖度，高被引学者往往成为科研领域内的核心人物。表 3 中列出了 2006 ~ 2015 年航空航天技术领域总被引频次排名前 10 名论文的题目、出版年度、单位、国别和被引频次。

表 3　航空航天技术领域总被引频次排名前 10 位的文献

序号	论文题目	出版年度	国家	被引频次
1	*Micro-doppler effect in radar：Phenomenon，model，and simulation study*	2006	USA	515
2	*Ultraweak simultaneous signal detection with theoretical phase calculation approaches*	2009	England	388
3	*PHD filters of higher order in target number*	2007	USA	309
4	*Nickel-based superalloys for advanced turbine engines：Chemistry，microstructure，and properties*	2006	USA	302
5	*Survey of nonlinear attitude estimation methods*	2006	USA	299
6	*Nonlinear longitudinal dynamical model of an air-breathing hypersonic vehicle*	2007	USA	244
7	*Recent progress in flapping wing aerodynamics and aeroelasticity*	2010	USA	225
8	*State of the art in wind turbine aerodynamics and aeroelasticity*	2006	Denmark	217
9	*Control-oriented modeling of an air-breathing hypersonic vehicle*	2007	USA	211
10	*Direct trajectory optimization and costate estimation via an orthogonal collocation method*	2006	USA	210

排名前 10 名的学者主要来自美国（8/10），分别来自不同的高校、研究机构和企业。美国海军研究实验室的 Chen 发表的论文以被引 515 次排名第一位，其研究涉及雷达中的微多普勒效应。来自英国的 Lanzerotti 发表的论文以被引 388 次排名第二位，其研究主题涉及微弱信号检测。来自美国洛克希德·马丁空间系统公司的 Mahler Ronald 发表的论文以被引 309 次排名第三位，其研究与滤波器有关。排名前 10 位的其他被引论文最多论文依次来自美国密歇根大学、纽约州立大学布法罗分校、美国空军研究实验室、丹麦科技大学，以及美国麻省理工学院等研究机构，研究主题涉及涡轮发动机、非线性姿态估计、吸气式高超声速飞行器、空气动力学、正交线圈直接轨迹优化和共态估计等技术领域。

4　与主要航天国家的比较研究

在富创公司《2014 年全球航天竞争力指数报告》指出，美国、欧盟及俄罗斯位列全球航天竞争力前三位，属于第一梯队，中国、日本和印度分别位列第 4 ~ 第 6 位，处于第二梯队。因此，笔者着重讨论美国、欧盟、俄罗斯、日本和印度等主要航天国家（组织）在航空航天技术领域的研究情况，并尝试将中国与这些国家比较分析。

表 4　2008 ~ 2014 年航天竞争力指数多年趋势

2014 年排名	国家	2008 年	2009 年	2010 年	2011 年	2012 年	2013 年	2014 年	梯队
1	美国	95.31	94.33	92.49	91.78	91.36	91.09	90.60	第一梯队
2	欧盟	50.18	48.81	50.39	49.15	50.36	49.30	50.34	
3	俄罗斯	36.34	34.29	37.99	39.55	39.29	40.55	43.76	
4	中国	18.14	19.35	19.11	23.00	25.66	25.14	24.39	第二梯队
5	日本	14.89	21.57	19.68	21.15	20.07	22.06	21.45	
6	印度	17.59	15.30	18.07	18.69	19.49	20.33	20.49	

资料来源：富创公司出版的《2014 年全球航天竞争力指数报告》

4.1　历年论文产出趋势比较

本研究利用各主要航天国家历年在航空航天技术领域的论文发表数量绘制了论文发表数量的变化趋势图（图 3），以期完成对六个国家（地区）论文数量变化的趋势比较。

从图 3 可以看出，美国的论文发表数量自 2006 年以来连续 9 年一直处于世界第一位的位置，数量遥遥领先于其他国家，只在 2015 年被中国超越。中国在航空航天技术领域论文发表数量处于连年提升的状态，并于 2015 年赶超美国，成为世界上发表航空航天技术领域论文最多的国家。欧盟［受样本数据的限制及便于统计，本研究选择用欧盟涉及的国家总量来代替欧盟进行计算。具体涉及的欧盟国家包括：意大利、德国、法国、新西兰、西班牙、瑞典、比利时、波兰、澳大利亚、希腊、葡萄牙、爱尔兰、芬兰、捷克、罗马尼亚、匈牙利、丹麦、斯洛文尼亚、斯洛伐克、保加利亚、爱沙尼亚、卢森堡、拉脱维亚、立陶宛、马耳他］历年论文发表数量基本稳定，2012 年前一直处于世界第二位

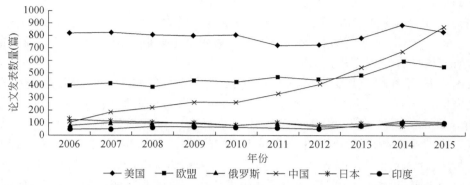

图 3　主要航天国家航空（组织）航天技术领域历年论文发表趋势比较

的位置，2012 年后被中国赶超处于世界第三位的位置。日本、俄罗斯及印度三国的历年论文发表数量较为稳定且不分伯仲。六个国家（组织）中，趋势变化最为明显的就是中国，以高速增长的势头赶超美国、欧盟，成为论文数量最多的国家。美国、欧盟和中国属于论文发表的第一梯队，而日本、俄罗斯及印度与美国、中国、欧盟差距较大，属于论文发表的第二梯队。

在论文发表数量趋势比较的基础上，笔者又引入了被引频次指标来综合考察各主要航天国家的论文发表情况。由表 5 可以看出，美国作为在航空航天技术领域发表论文最多的国家，其总被引频次高达 56 480 次，远超过其他国家（组织）。其篇均被引达到 7.09 次，反映了美国航空航天技术领域的论文在全球受到极高的关注。欧盟以总被引频次 19 765 次紧随其后，其篇均被引达到 4.29 次，与美国相比，篇均被引频次尚有较大差距。

表 5　主要航天国家航空航天技术领域论文总量和被引频次

项目	美国	欧盟	俄罗斯	中国	日本	印度
论文总量（篇）	7 970	4 607	948	3 870	971	709
总被引频次（次）	56 480	19 765	2 660	19 264	4 067	2 752
篇均被引频次（次）	7.09	4.29	2.81	4.98	4.19	3.88

中国以总被引频次 19 264 次排名第三位，其篇均被引频次达到 4.98 次。同样，与美国相比，中国的篇均被引频次也尚有较大的差距。由此可以说明，尽管中国近年来在航空航天技术领域的论文发表数量呈现出高速增长的态势，但是中国发表论文的受关注程度和信赖程度还有待提高，中国航空航天技术的发展对世界航天科研工作者的影响力还有待进一步提升。日本总被引频次为 4067 次，篇均被引频次达到 4.19 次，说明日本虽然在论文发表数量优势并不明显，但是其发表的航空航天技术领域论文的受关注程度和信赖程度处于较高水平。俄罗斯和印度的总被引频次和篇均被引频次相较于美国、欧盟、日本及中国存在较大的差距。

4.2　研究热点领域比较分析

笔者用每篇文献标注的"关键词"（DE）作为分析各个主要航天国家在航空航天技

术领域的基础。通过对 28 810 篇科技文献关键词的清洗分析，研究主要集中在 spacecraft（航天器）、aircraft（航空器）、fluid dynamics（流体动力学）、numerical simulation（数值模拟）、microgravity（微重力）等热点问题。对六个主要航天国家（组织）航空航天技术领域研究热点的汇整见附录 B。

美国近 10 年在航空航天技术领域的研究主要集中在 SETI（对外星智能的探索）、mars（火星）、moon（月球）、微重力、solar sail（太阳反射器）、space debris（空间碎片）、orbital debris（轨道碎片）及 asteroids（小行星）等热点问题；欧盟国家近 10 年在航空航天技术领域的研究主要集中在微重力、空间碎片、satellite（卫星）、对外星智能的探索、月球、magnetic levitation（磁力悬浮）、trajectory optimization（轨道最优化）等热点问题。与中国、日本、俄罗斯、印度等国家比较，美国和欧盟的科学研究更多集中在对太空的探索研究上，在进入太空、利用太空等一系列相关研究问题上处在世界前列，拥有巨大的科研优势。包括火星、月球探测、空间碎片等前沿问题，美国和欧盟的研究关注度一直很高。

俄罗斯近 10 年在航空航天技术领域的研究主要集中在微重力、卫星、supersonic flow（超声速流动）、combustion（氧化）、lift force（升力）、gravity（地心引力）等热点问题；印度近 10 年在航空航天技术领域的研究主要集中在 finite element（有限元）、vibration（震动）、laminate composite（成层材料）、hypersonic（极超音速）、jet mixing（喷射混合）等问题；日本近 10 年在航空航天技术领域的研究主要集中在微重力、flapping Wing（扑翼）、guidance and control（制导与控制）、propulsion（推进力）、氧化等热点问题；中国近 10 年在航空航天技术领域的研究主要集中在 aerospace propulsion system（航天推进系统）、hypersonic vehicle（高超声速飞行器）、scramjet（超音速冲压喷射装置）、attitude control（姿态控制）等热点问题。相较而言，俄罗斯、日本、印度和中国在航空航天技术领域的研究更加侧重于航天应用问题的研究，包括航天器系统的性能、载荷、机构材料、可靠性、姿态与控制、推进系统等。

计算流体力学（computational fluid dynamics，CFD）作为介于数学、流体力学和计算机的交叉学科，几乎是各主要航天国家在航空航天技术领域都涉及的学科，可见其在航空航天领域的广泛应用，并仍处于迅速发展中。微重力问题是各主要航天国家在航空航天技术领域广泛关注的核心研究问题和研究前沿。作为伴随空间探索而发展起来的新兴科学，微重力科学的发展，对太空实验、太空开发具有十分重要的意义。

5　结论与启示

5.1　主要结论

本研究运用科学计量方法，对主要航天国家在航空航天技术领域的研究现状和发展态势进行分析，着重完成中国与美国、欧盟、俄罗斯及日本和印度五个国家（组织）的比较分析。主要结论如下：

（1）近年来全球对航空航天技术领域的研究热度持续升高，论文产出一直保持增长的态势。科技论文作为知识创新最主要的产出形式，是技术创新的基础，由此可以看出全球航空航天技术研究处于蓬勃发展的态势。美国作为全球航天竞争力指数排名第一位的航天强国，其论文产出及影响力都是全球第一位。

（2）在航空航天技术领域排名前 10 位的基金资助机构中，有一半来自美国，可以看出美国非常重视科学基础研究与技术开发创新，对航空航天技术的经费支持力度非常大，中国紧随其后。在航空航天技术领域排名前 10 位的研究机构中，美国和欧盟占了绝大多数，说明美欧在航空航天研究方面仍旧处于遥遥领先的地位。

（3）中国在航空航天技术领域论文发表数量处于连年提升的状态，并于 2015 年赶超美国，成为世界上发表航空航天技术领域论文最多的国家。但是，与美国等航天强国相比还有很多的差距。尽管中国论文产出呈现出高速增长的态势，但是相应的受关注程度和信赖程度还有待提高，中国航空航天技术的发展对世界航天科研工作者的影响力还有待进一步提升。

（4）美国和欧盟的科学研究更加集中在航空航天的前沿技术探索上，而中国和其他主要航天国家更加重视航空航天技术的应用问题的研究。美欧在火星、月球探测、空间碎片等一系列进入太空、利用太空、太空探索的前沿问题上处在世界前列，拥有巨大的科研优势。而中国、俄罗斯、日本、印度在航空航天技术领域的研究更加侧重于航天应用问题的研究，包括航天器系统的性能、载荷、机构材料、可靠性、姿态与控制、推进系统等。

5.2　不足与启示

如何提高科学基础研究能力，促进航空航天技术快速发展，从而提高国家航天科技创新能力，特别是原始创新能力，是整个航天产业亟待思考和解决的问题，具有重要的理论意义和现实意义。航空航天技术领域涉及保密性，本研究用以分析的数据仅为公开的科技文献数据，同时，论文产出并不能完全反映各国在航空航天技术领域的科研成果及科技创新能力。因此，本研究的数据及结论都存在一定的局限性。未来，笔者还将进一步扩展研究，通过引文分析、专利挖掘等多种途径和方法对主要航天国家进行多层次、多维度的研究，力图全面解读和分析主要航天国家航空航天技术研究的发展态势。

对标世界航天强国，提高航空航天技术研究的能力是中国建设成为航天强国、拥有航天技术话语权的关键。基于科学计量学视角，与美欧航天强国对比，有如下启示：

（1）中国航天需要进一步提高基础创新的能力，提升中国在全球航空航天技术研究的影响力和话语权。

（2）中国在重视应用基础研究的同时，应积极开展航空航天前沿技术的探索。借鉴航天强国经验，进一步加强航空航天技术的战略布局。

（3）相关机构应加大对航空航天基础研究的支持力度，提升技术创新的源头供给，构建有效的科研成果评价体系和基础研究奖励体系，提高科研产出的质量。

（4）借鉴 NASA（美国航天局）、ESA（欧洲太空局）等机构的成功经验，提升中国航空航天相关研究机构的创新能力。

（5）从航天大国迈向航天强国，需要中国航天领域有关政府机构、高校、科研院所、企业等共同努力，支撑中国航天的发展。

参 考 文 献

[1] Alexander J K. Setting priorities in US space science［J］. Space Policy, 2003, 19（3）: 177-182.

[2] Brachet G, Pasco X. The 2010 US space policy: A view from Europe［J］. Space Policy, 2011, 27 （1）: 11-14.

[3] Cornell A. Five key turning points in the American space industry in the past 20 years: Structure, innovation, and globalization shifts in the space sector ［J］. Acta Astronautica, 2011, 69（11）: 1123-1131.

[4] Elenkov D S. Russian aerospace MNCs in global competition: their origin, competitive strengths and forms of multinational expansion［J］. The Columbia Journal of World Business, 1995, 30（2）: 66-78.

[5] Launius R D. NASA: a history of the US civil space program［J］. NASA: a history of the US civil space program, 1994, 14（1）: 65-66.

[6] 戴阳利, 于淼. 航天强国发展与启示［J］. 卫星应用, 2014,（3）: 7-14.

[7] 富创公司. 2014年全球航天竞争力指数［R］, 2014.

[8] 梁永霞, 杨中楷, 刘则渊. 基于CiteSpace II 的航空航天工程前沿研究［J］. 科学学研究, 2008, 26（S2）: 303-312.

[9] 孟祥昊, 潘云涛. 中美俄航空航天工程领域科学论文产出对比研究［J］. 科技管理研究, 2014, 34（23）: 8-13.

[10] 潘坚. 中国离航天强国到底有多远？——从一种定量分析的视角来预测［J］. 中国航天, 2013,（10）: 30-33.

[11] 田晓伟, 吴国蔚. 中国航天产业竞争力的提升路径研究［J］. 经济论坛, 2007,（22）: 38-41.

[12] 汪夏, 侯宇葵, 罗钢桥. 国家"一带一路"战略对中国航天的需求分析［J］. 中国航天, 2016, （1）: 12-18.

[13] 张晓强. 我国航天产业发展的战略重点与几点思考［J］. 中国航天, 2007,（4）: 3-7, 9.

[14] 张振军. 中国航天软实力与世界航天强国建设（上）［J］. 中国航天, 2013,（11）: 33-37.

[15] 张振军. 中国航天软实力与世界航天强国建设（下）［J］. 中国航天, 2013,（12）: 18-21.

[16] 赵春潮. 我国航天国际化发展趋势探究——基于全球航天产业发展趋势的分析［J］. 中国航天, 2014,（11）: 20-25.

附录 A　JCR 收录的 30 种航空航天工程领域期刊及其影响因子

期刊名称	IF	5-Year IF	发表文章	
1	PROGRESS IN AEROSPACE SCIENCES	2.127	3.853	236
2	IEEE TRANSACTIONS ON AEROSPACE AND ELECTRONIC SYSTEMS	1.394	1.755	1910
3	JOURNAL OF GUIDANCE CONTROL AND DYNAMICS	1.151	1.482	1984
4	AIAA JOURNAL	1.165	1.428	2929
5	ACTA ASTRONAUTICA	0.816	0.791	3023
6	Chinese Journal of Aeronautics	0.689	0.830	1095
7	Journal of Aerospace Computing Information and Communication	0.281	0.387	131
8	IEEE AEROSPACE AND ELECTRONIC SYSTEMS MAGAZINE	0.438	0.488	747
9	AEROSPACE SCIENCE AND TECHNOLOGY	1.000	1.275	1250
10	MICROGRAVITY SCIENCE AND TECHNOLOGY	0.648	0.685	627
11	JOURNAL OF PROPULSION ANDPOWER	0.612	0.965	1621
12	JOURNAL OF AEROSPACE ENGINEERING	0.926	1.013	621
13	JOURNAL OF THE AMERICAN HELICOPTER SOCIETY	0.627	0.774	333
14	ESA BULLETIN-EUROPEANSPACE AGENCY	0.698	1.093	499
15	INTERNATIONAL JOURNAL OF SATELLITE COMMUNICATIONS AND NET-WORKING	0.896	0.811	270
16	PROCEEDINGS OF THE INSTITUTION OF MECHANICAL ENGINEERS PART G-JOURNAL OF AEROSPACE ENGINEERING	0.454	0.554	1222
17	Navigation-Journal of the Institute of Navigation	0.691	0.813	99
18	JOURNAL OF AIRCRAFT	0.488	0.724	2230
19	JOURNAL OF SPACECRAFT AND ROCKETS	0.474	0.688	1445
20	COSMIC RESEARCH	0.348	0.372	586
21	International Journal of Aeronauticaland Space Sciences	0.315	0.362	192
22	International Journal of Micro Air Vehicles	0.471	0.848	134
23	International Journal of Aerospace Engineering	0.926	1.013	146
24	AERONAUTICAL JOURNAL	0.336	0.449	706
25	International Journal of Aeroacoustics	0.644	0.867	250
26	AIRCRAFT ENGINEERING AND AEROSPACE TECHNOLOGY	0.480	0.41	2042
27	TRANSACTIONS OF THE JAPAN SOCIETY FOR AERONAUTICAL AND SPACE SCIENCES	0.315	0.362	401
28	INTERNATIONAL JOURNAL OFTURBO & JET-ENGINES	0.218	0.287	273
29	Journal of Aerospace Information Systems	—	—	157
30	AEROSPACE AMERICA	0.048	0.039	1651

IF=Journal Impact Factor；5-Year IF=5-Year Impact Factor

注：附录 A 中列出的影响因子指数信息来源于汤森路透科技集团（Thomson Reuters）在 2014 年发布的《InCitestm Journal Citation Reports》。

附录 B 主要航天国家近十年在航空航天技术领域研究热点（2006～2015）

美国	欧盟	俄罗斯	中国	印度	日本
SETI	Microgravity	Microgravity	Aerospace propulsion system	Aircraft	CFD
对外星智能的探索	微重力	微重力	航天推进系统	航空器	计算流体力学
Mars	Formation flying	Combustion	Hypersonic vehicle	CFD	Microgravity
火星	编队飞行	氧化	高超声速飞行器	计算流体力学	微重力
Microgravity	Space debris	Stability	Scramjet	Finite element	Flapping Wing
微重力	空间碎片	稳定（性）	超音速冲压喷射装置	有限元	扑翼
CFD	Satellite	Satellite	Thermocapillary Convection	Vibration	guidance and control
计算流体力学	卫星	卫星	毛细现象	震动	制导与控制
Solar sail	SETI	Lift force	Attitude control	Helicopter	Numerical simulation
太阳反射器	对外星智能的探索	升力	姿态控制	直升机	数值模拟
Space debris	Heat transfer	Supersonic flow	Microgravity	gas dynamics	Propulsion
空间碎片	热传递	超声速流动	微重力	气体动力学	推进力
Orbital debris	Mars	Thermocapillarity	Numerical simulation	laminate composite	shock wave
轨道碎片	火星	毛细现象	数值模拟	成层材料	激波
Moon	Trajectory optimization	Evaporation	Microstructure	hypersonic	Combustion
月球	轨道最优化	蒸发	微观结构	极超音速的	氧化
Asteroids	Aerodynamics	Fluid	Kalman filter	jet mixing	Air Traffic Management
小行星	空气动力学	流体	卡尔曼滤波器	喷射混合	空中交通管理
Aeroelasticity	Magnetic levitation	Gravity		Microgravity	Dynamics
气动弹性	磁力悬浮	地心引力		微重力	动力学

基于职务发明人报酬的专利价值评估方法研究

茹阿昌[1] 及 莉[2] 程 何[1]

（1. 中国航天系统科学与工程研究院，北京，100048）
（2. 中国空间技术研究院，北京，100094）

基于职务发明人报酬的专利价值评估方法研究

茹阿昌[1] 及 莉[2] 程 何[1]

（1. 中国航天系统科学与工程研究院，北京，100048）
（2. 中国空间技术研究院，北京，100094）

摘要：当前，随着我国国防科技工业迅速发展，国防知识产权越来越受到重视。本研究通过对国内外企业职务发明人奖励和报酬实施办法的深入研究，分析了我国相关法律法规的要求和实施中遇到的实际问题，结合专利价值评估方法，构建基于确定职务发明人报酬的专利价值评估方法，并就专利转让和专利自实施两种不同情况对确定职务发明人报酬提出了针对性的措施和建议。

关键词：职务发明；报酬；价值评估

1　引　　言

2013 年，国家知识产权局和中国人民解放军总装备部①等十三部委联合下发《关于进一步加强职务发明人合法权益保护 促进知识产权运用实施的若干意见》。若干意见中要求明确提高职务发明的报酬比例。针对国防领域，许多知识产权是用于自实施的，那么如何落实十三部委文件中提及的"在未与职务发明人约定也未在单位规章制度中规定报酬的情形下，国有企事业单位和军队单位自行实施其发明专利权的，给予全体职务发明人的报酬总额不低于实施该发明专利的营业利润的 3%"，将成为落实职务发明人权益的关键。

当职务发明人与单位之间因报酬问题发生纠纷的时候，计算基数的确定将会成为重中之重。此款规定中，何为"实施该发明的营业利润"？目前通行的做法是在双方当事人无法达成一致意见的情况下由双方共同委托的或者法院、仲裁机构指定的第三方鉴定机构对该专利的贡献率进行鉴定，鉴定机构会在考虑了所有专利的基础上就特定专利所做的贡献率做出一个判断。

2　国内外职务发明人奖酬情况研究

2.1　国内外职务发明制度概况

关于智力成果财产权益分配关系，世界上以美国、中国、法国的相关制度最为典型。

---

① 2016 年，中国人民解放军总装备部改名为中国共产党中央军事委员会装备发展部。

在美国，雇员发明的财产权利首先归属于"真正的发明者"或者雇员，雇主只享有优先受让权和不排他使用权。在法国，对一项雇员"任务发明"来说，其财产权利归属于雇主，而对一项雇员"任务以外可归属雇主的发明"来说，雇主有权做出选择。对雇员"任务以外不可归属雇主的发明"来说，其发明成果的财产权利归属于雇员。其他发明成果的财产权利也一概归属于雇员。在中国，对一项职务发明来说，其专利申请权利完全归属于单位或国家，发明人享有受到奖励和报酬的权利。

上述三种制度分别反映了三种不同的立法理念，应该说这三种立法理念在不同的立法时点都彰显了各自的分配正义观，美国强调最初智力成果财产权利取得者发明活动的原创性，法国则确认了雇用契约的优先性。前者的分配正义是基于人的创造成果的个人私权保护观，后者的分配正义则是基于人本思想的个人意愿至上观。而我国的立法观念主要是基于社会进步的需要，因而更为关注物质投资人投资利益的保护，其权利归属视社会公益与资本效益最大化为基本正义。

2.2　国内外落实职务发明人报酬的典型做法

2.2.1　日立公司

专利在公司内实施或授权其他公司实施，根据情况一年约给付数十万日元的奖金。只要专利存在或被使用一天，做成该发明的员工无论离职或死亡，仍可领取该项奖金。

2.2.2　戴姆勒—奔驰宇航公司

公司自己实施专利，将销售额的 0.2% 给发明人作为报酬；许可他人实施，提取使用费的 22% 给发明人作为报酬。

2.2.3　IBM

IBM 通过协议规定，只要是从 IBM 内部取得若干机密信息或是从以前员工完成的发明、著作等创作物中撷取若干信息来完成的有关研究成果，以及其因执行职务或为公司业务而产生的成果，都应该将这些成果的知识产权移转给公司。另外，当专利权对整个公司有重大的贡献时，该发明人还可依其贡献程度的大小得到若干的奖金。

2.2.4　美国的大学

技术转让收入分配办法通常是：在扣除专利申请与技术转让成本后，净收入的 1/3 归发明者，1/3 归发明者所在的系，1/3 归大学研究基金。

3　专利价值评估理论

随着专利在市场经济中的作用日益突出，关于专利的价值评价问题也逐渐凸显。国外较早地在各个领域开展广泛评价活动。大多数经济合作与发展组织（Organization for Economic Co-operation and Development，OECD）成员国都已开始关注如何提高政府资助的科研活动的效率和质量，开展科技评价已是世界趋势。知识产权价值评估是资产评估的一个分支。资产评估学作为经济学的一门应用技术，本身没有独立的理论，其基本理论仍然是经济学的，特别是经济价值理论。资产评估有三种基本方法，即成本法、市场法和收益法，都得到世界范围评估业的普遍认可，其他的评估方法都是由这三种基本方法经过衍生变形出来的。

4　基于确定职务发明人报酬的专利价值评估方法研究

4.1　专利价值评估模型的建立

对许可、转让及作价入股的情况，规定或约定优先，也可以直接根据转让费、许可费或者出资比例确定对职务发明人的报酬额度或者比例。相对操作容易，不作为研究重点。

对自实施的情况，重点是确定自实施专利职务发明人报酬的计算基数，本研究主要是通过专利价值评估，确定实施该专利的营业利润，但何为"实施专利的营业利润"？例如，在一个项目中存在若干个发明或实用新型专利，如果每一个专利都以整个项目的营业利润进行计算显然是不公平的。基于此，采用收益法构建专利价值评估模型，以期能相对合理地确定职务发明人的报酬。

以一个项目中产生所有专利的集合作为专利群（也可以是一个产品所包含所有专利的集合），采用收益法构建以下专利价值评估模型：

专利群收益＝专利技术分成率×项目收益（技术分成率的分成基础是收益）　　（1）
专利群收益＝专利技术分成率×产品净售价（技术分成率的分成基础是产品的净售价）

（2）
某个专利的收益＝专利在专利群中的贡献度×专利群收益　　（3）
某发明人的报酬＝某发明人在某个专利中的贡献度×某个专利的收益　　（4）

其中，专利技术分成率 α 是根据专利技术所起的作用和贡献，确定其在利润中应分享的比例，进而从项目预期收益中计算出专利的预期收益。专利技术分成率 α 的计算公式如下：

$$\alpha = m + (n-m) \times Z \tag{5}$$

式中，α 为专利技术分成率；m 为专利技术分成率的取值下限；n 为专利技术分成率的取值上限；Z 为专利技术分成率的调整系数。

4.2　专利价值评估模型的计算

4.2.1　专利技术分成率 α 的取值范围

以产品净售价为分成基础的专利技术分成率，国外的研究有很多，联合国贸易和发展组织对各国专利技术合同的分成率做了大量的调查统计工作，调查结果显示，专利技术分成率一般为产品净售价的 0.5% ~ 10%，并且行业特征十分明显。我国对专利技术的统计和调查中，如以净售价为分成基础，专利技术分成率一般不超过产品净售价的 5%。

但是以收益为分成基础的专利技术分成率的范围没有相关参考值，可以采用"三分法"确定，即主要考虑生产经营活动中的三大要素：资本、技术和管理，这三种要素的贡献在不同行业是不一样的。一般认为，对资金密集型行业，三者的贡献依次是 50%、30%、20%；技术密集型行业，依次是 40%、40%、20%；高科技行业，依次是 30%、50%、20%；一般行业，依次是 30%、40%、30%。在确定专利技术分成率的基础上，可以根据专利技术对整个产品或项目的技术贡献度确定专利技术分成率。

4.2.2　专利群收益的计算

确定专利群评价指标体系：专利技术分成率的确定受法律、技术、经济因素影响。评价指标主要针对专利群建立，综合考虑了军工企业知识产权的共同特点，即可能面向两个市场（军品市场、民品市场），遵守两种竞争规则（不完全市场竞争、完全市场竞争），实现双功能（军事功能、经济功能）、双效益（军事效益、经济效益）等。

法律因素：发明专利比率、有效专利比率、保护范围合理性、专利侵权可判定性；

技术因素：专利群与项目关键技术的匹配度、专利群相关技术的整体创新性、专利技术成熟度、项目经费投入与发明专利产出的比率、技术适用范围（国际专利分类）；

经济因素：普通发明专利占发明专利总数的比率，项目涉及产品批产的可能性，在不同系列型号、不同产品、不同应用领域进行自实施专利的比率，技术转移专利数量的比率，竞争对手情况。

确定各评价指标的权重：首先列出待定权重的指标，请专家根据自身对各指标相对重要程度的判断，采用多对分值，按照两两比较得分和一定的原则，将某项指标同其他各项指标逐个比较、评分得出其权重 W_i，从而计算出调整系数 Z。

$$Z = \sum_{i=1}^{3} w_i \sum_{j=1}^{14} w_{ij} Y_{ij} \tag{6}$$

计算出调整系数 Z 后，根据式（5）确定专利技术分成率 α，进而根据式（1）或式（2）计算出专利群收益。

4.2.3　专利群中每个专利收益的计算

（1）将专利群按照项目的关键技术图谱进行归类，如某专利群涉及四类关键技术，将所有的专利分别归到四类关键技术中。综合考虑各类关键技术的重要程度、创新性及该类关键技术中专利的整体情况给出权重。

（2）给出每类关键技术中各项专利的评价指标：基础专利或改进专利、核心专利或外围专利、专利类型、专利技术成熟度等。

（3）根据专利评价指标及其所在关键技术的权重计算每件专利的得分，计算所有专利的总得分后，分别确定每件专利（r_i）在专利群中的贡献度 $= \dfrac{r_i}{\sum\limits_{i=1}^{h} r_i}$，根据贡献度及专利群收益，计算每个专利的收益。

4.2.4 确定每个专利发明人的报酬

方案一:

如果考虑到专利发明人排序对专利贡献度的差异,可以主要依据某个专利发明人个数和某专利发明人的排名进行确定,设专利发明人个数为 h,第一个专利发明人和最后一个专利发明人的贡献比按照 $h:(h-1):(h-2):\cdots:2:1$ 计算,则专利发明人在某个专利中的贡献度依次为 $\dfrac{2h}{h(1+h)}$,$\dfrac{2(h-1)}{h(1+h)}\dfrac{2(h-2)}{h(1+h)}$,$\cdots$,$\dfrac{4}{h(1+h)}$,$\dfrac{2}{h(1+h)}$,从而可以确定每个专利发明人的报酬。

方案二:

按照《专利法》的相关规定,专利发明人的排序在法律上是没有差别的,因此,也可以按照平均分配的原则确定每个专利发明人的报酬。

5 专利价值评估模型应用的案例

以某光纤陀螺产品项目为例,以收益为基础计算专利群收益。

(1)专利技术分成率 α 的取值范围为 30% ~ 50%;

(2)建立综合专利群评价指标体系,计算调整系数。

权重		考虑因素	权重	分值
0.3	法律因素	发明专利比率(1)	0.2	0.9
		有效专利比率(2)	0.2	0.8
		保护范围合理性(3)	0.3	0.7
		专利侵权可判定性(4)	0.3	0.85
		小计		0.705
0.4	技术因素	专利群与项目关键技术的匹配度(5)	0.2	0.6
		专利群相关技术的整体创新性(6)	0.2	0.7
		专利技术成熟度(7)	0.2	0.8
		项目经费投入与发明专利产出的比率(8)	0.2	0.9
		技术适用范围(9)	0.2	0.8
		小计		0.76
0.3	经济因素	普通发明专利占发明专利总数的比率(10)	0.1	0.5
		项目涉及产品批产的可能性(11)	0.3	0.95
		在不同系列型号、不同产品、不同应用领域进行自实施专利的比率(12)	0.2	0.8
		技术转移专利数量的比率(13)	0.2	0.3
		竞争对手情况(14)	0.2	0.9
		小计		0.735

根据构造的专利群指标体系计算出调整系数 Z

$$Z = 0.3 \times 0.705 + 0.4 \times 0.76 + 0.3 \times 0.735 = 0.736$$

（3）确定专利技术分成率 $\alpha = 44.72\%$，根据项目收益进而可以计算出专利群收益，从而可以确定专利发明人报酬的计算基础。

6 确定职务发明人报酬的方案建议

6.1 关于转让、许可与出资入股

方法一：与职务发明人约定转让、许可他人实施发明专利权或者以发明专利权出资入股时，给予职务发明人的报酬额度或者比例（约定一般要一事一约相对烦琐，不建议采纳）。

方法二：在单位的规章制度中规定转让、许可他人实施发明专利权或者以发明专利权出资入股时，给予职务发明人的报酬额度或者比例（可以结合单位的实际情况进行规定，避免发生纠纷，相对简单合理，建议采纳）。

示例一：转让、许可他人实施发明专利权或者以发明专利权出资入股的，给予全体职务发明人的报酬总额为转让费、许可费或者出资比例的10%。

示例二：转让、许可他人实施发明专利权或者以发明专利权出资入股的，当转让费、许可费或者出资额处于100万元（不含）以下时，给予全体职务发明人的报酬与转让费、许可费或者出资之间的比例为30%；处于100万~200万元（不含）部分时，比例为25%；处于200万（含）~500万元（不含）部分时，比例为20%；处于500万（含）~1000万元（不含）部分时，比例为15%；处于1000万~2000万元（不含）部分时，比例为10%；处于2000万元（含）以上时，给予全体职务发明人的报酬为300万元。

方法三：（没有约定也没有规定的，要参照相关法律法规执行）转让、许可他人实施发明专利权或者以发明专利权出资入股的，给予全体职务发明人的报酬总额不低于转让费、许可费或者出资比例的20%（存在法律风险，容易发生纠纷，实际操作困难，不建议采纳）。

考虑因素：公平合理性、创新积极性、国有资产流失的风险。

6.2 关于自实施

同样，根据约定或规定优先的原则，各单位可以与发明人提前约定自实施专利权的报酬，也可以在单位的规章制度中做出明确规定，对没有约定或规定的，要参照国家相关法律法规执行，即对各单位自行实施其发明专利权的，给予全体职务发明人的报酬总额不低于实施该发明专利营业利润的2%。

建议各单位通过规章制度进行规定，各单位自行实施其发明专利权的，给予全体职务发明人的报酬总额为实施该发明专利营业利润的3%~15%（前提是涉及产品创造营业利润）。（对专利涉及的产品无批产或产业化可能性的，即属于一次性给予报酬的专利，可以靠近上限取值；对专利涉及的产品能够批产或产业化的，即属于 3~5 年按年度营业利润分别给予报酬的专利，可以靠近下限取值）

以产品或项目为视角，所有专利的集合作为专利群，则专利收益（营业利润）可以采取本项目研究成果中涉及的式（1）~式（5）进行计算。

公式中参数的确定方法可以从如下方案中选择。

方法一：定量定性结合法。完全按照上述研究的步骤走，有理论计算，有专家参与，定量定性结合，计算结论相对更公平合理，但复杂程度高，各单位实际操作困难，不建议采纳。

方法二：专家打分法。首先由技术专家确定专利技术分成率初值 x，然后由知识产权与技术专家共同确定专利技术分成率的调整系数 k，并根据公式 $y=kx$ 确定专利技术分成率 y，从而计算出专利群收益。当以项目（产品）收益为基础计算专利收益时，专利技术分成率初值 x 的参考范围为 30%~50%。当以产品售价为基础计算专利收益，专利技术分成率初值 x 的参考范围为 3%~8%。

最后由专家对每件专利在专利群中的贡献程度进行评估，确定每件专利的收益，分配报酬给予发明人。

方法三：经验取值法。根据军工高科技企业的特点，以项目（产品）收益为基础计算专利收益时，专利技术分成率取值 40%，以产品售价为基础计算专利收益，专利技术分成率取为 5%，计算专利群收益；最后对每件专利在专利群中的贡献程度进行评估，确定每件专利的收益，分配报酬给予发明人。

方法四：限额规定法。不引入专利技术分成率，规定一定的收益额度提取一定的比例作为报酬给发明人。

从美国 2018 财年国防预算看其高超声速技术发展动向

张连庆　特日格乐　姚　源

（中国航天系统科学与工程研究院，北京，100048）

摘要：美国国防部及各军种陆续发布其 2018 财年预算文件。通过分析预算文件可分析美国 2018 财年的对高超声速技术领域的项目布局和经费投资，以及后期计划开展的工作。2018 财年，美国大幅增加其高超声速技术经费，推动高超声速技术的实用化发展。

关键词：高超声速技术 2018 财年预算

2017 年 5 月，美国国防部及直属机构、各军种陆续发布了 2018 财年预算报告，其中，高超声速技术领域研发投入继续增长，高超声速技术项目总经费为 7.13 亿美元，较 2017 财年增加约 2.16 亿美元。美国国防部长办公室（Office of the Secretary of Defense，OSD）和国防高级研究计划局（Defense Advanced Research Project Agency，DARPA）延续已有高超声速技术发展计划，空军增加高超声速原型机制造项目，继续推进高超声速技术快速发展；导弹防御局（Missile Defense Agency，MDA）新成立高超声速防御专项，针对高超声速助推滑翔武器发展相关预警能力及拦截能力。

1　美国 2018 财年高超声速技术研发预算概述

美国 2016～2018 财年高超声速技术研发预算总体情况见表 1。在美国 2018 财年国防预算中，涉及高超声速技术研究的项目为 49 个，其中 19 个项目专用于高超声速技术研究，称为高超声速技术项目；其余 30 个项目的应用范围较为宽泛，高超声速技术研究仅为其研究的一部分，称为通用项目。高超声速技术项目 2018 财年预算较 2017 财年增长 43%，主要源于空军"原型机制造"及 MDA 的"高超声速防御"专项，预算分别为 9000 万美元和 7530 万美元。

表 1　美国 2016～2018 财年高超声速技术研发预算总体情况

机构	合计（个）	通用项目（个）	高超声速技术项目（个）	2016 财年（亿美元）	2017 财年（亿美元）	2018 财年（亿美元）
OSD	8	1	7	1.26	2.01	2.17
空军	28	22	6	1.09	1.68	2.53
DARPA	6	2	4	0.43	1.24	1.63
海军	3	2	1	0.04	0.04	0.05

续表

机构	合计（个）	通用项目（个）	高超声速技术项目（个）	2016 财年（亿美元）	2017 财年（亿美元）	2018 财年（亿美元）
MDA	4	3	1	—	—	0.75
合计	49	30	19	2.82	4.97	7.13

注：预算额度单位为亿美元。

从 19 个高超声速技术项目的军种部门分布来看，OSD 高超声速技术项目最多，其经费规模在 2016～2017 财年均领先于其他部门，虽然 2018 财年申请经费继续增加，但仍落后于空军；其高超声速技术项目研发经费主要用于系统开发与验证，具体见表 2。空军通用项目最大，高超声速技术项目次之，近三年总经费快速增长，经费规模首次超过 OSD；其高超声速技术项目研发经费用于应用研究、先期技术发展、先期部件发展与原型机研究，且三部分分布相对均衡。DARPA 近三年高超声速技术项目经费持续快速增长，且均用于先期技术发展。海军经费相对稳定且数量在各部门中最小，用于应用研究。MDA 在 2018 财年首次编列高超声速技术项目，用于先期部件发展与原型机研究。

表 2　美国 2018 财年高超声速技术项目经费分布情况（单位：万美元）

机构	应用研究	先期技术发展	先期部件发展与原型机	系统开发与验证	合计
OSD	161.7	1 396.1	—	20 174.9	21 732.7
空军	5 518.4	10 756	9 000 *	—	25 274.4
DARPA	—	16 260			16 260
海军	471.2	—	—		471.2
MDA	—		7 530		7 530
合计	6 151.3	28 412.1	16 530	20 174.9	71 268.3

＊表示该项目非专门高超声速项目，但分配给高超声速技术的经费可明确

此外，2018 财年预算中的 30 个通用项目分布在基础研究、应用研究、先期技术发展、管理保障等四个类别中，申请经费达 13.98 亿美元。

2　美国重点高超声速技术项目预算投入及进展分析

2.1　常规快速全球打击计划经费快速增长

常规快速全球打击（CPGS）是由 OSD 牵头实施的中程及远程打击武器发展计划，旨在为美国提供在一小时内打击全球任意目标的能力，在冲突爆发前或冲突中，通过打击高价值目标或时间敏感目标，支持美国制止并击败对手。CPGS 计划包括"高超声速滑翔试验和概念验证支持""备选再入系统/弹头工程""试验靶场发展""国防部长办公室 CPGS 研究"四个项目，预算如图 1 所示。

"备选再入系统/弹头工程"项目旨在发展前沿部署的 CPGS 方案，重点发展陆军

图 1　CPGS 计划预算变化情况

"先进高超声速武器"（advanced hypersonic weapon，AHW）及海军潜射型 AHW，并进行相关地面和飞行试验。该项目是 CPGS 计划的优先发展项目，自 2017 财年超过 1.74 亿美元，较 2016 财年增加 1.36 倍以后，其经费持续增长，占总经费的 95% 以上。2016 财年，该项目完成潜射型 AHW 第一次飞行试验（FE-1）关键设计评审，开始进行 FE-1 集成系统试验、评估与装配，并启动 FE-2 助推器设计。2017 财年，该项目完成 FE-1 高超声速飞行试验，升级技术发展战略及系统工程文件。2018 财年计划完成 FE-1 高超声速飞行试验及后续分析，开始 FE-2 助推器的制造与试验，并发展 FE-3 所需的中等射助推器。

2.2　美国战术高超声速打击武器项目经费稳步提升

战术高超声速打击武器指速度在 Ma5 以上的防区外战术打击武器，装备常规战斗部，对关键指挥节点等关键目标实施时敏打击。空军于 2013 年启动"高速打击武器"（HSSW）项目（对应 634926/高速/高超声速集成与演示验证计划下高速/高超声速飞行器技术项目），目的在于在 X-51A、HTV-2 等项目的基础上进一步提升高超声速巡航导弹及高超声速助推滑翔导弹的技术成熟度水平；DARPA 则启动"吸气式高超声速武器概念"（HAWC）和"战术助推滑翔"（TBG）项目，支撑 HSSW 项目发展。战术高超声速打击武器项目 2016～2018 财年经费如图 2 所示。

HAWC 项目旨在对经济可负担的空射高超声速巡航导弹关键技术开展飞行演示验证，如先进飞行器构型设计、碳氢燃料超燃冲压发动机、高温巡航热管理方法等。2016 年，在完成 HAWC 项目初步设计评审后，DARPA 先后授予洛马希德·马丁空间系统公司和雷神公司 HAWC 项目第 II 阶段研发合同，总经费约 3.46 亿美元，分别开展 HAWC 的详细设计、制造与飞行试验。2016 财年，HAWC 项目完成全尺寸推进系统自由射流试验，并开始热防护系统的制造与试验。2017 财年开始原型机子系统关键设计、试验靶场飞行

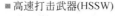

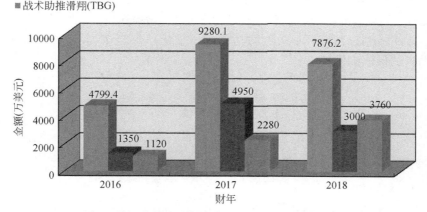

图 2　美国高超声速打击武器项目近 3 年投资情况

验证评审等内容；2018 财年将完成原型机关键设计评审等研究内容。

　　TBG 将发展并验证空射战术射程高超声速助推滑翔武器关键技术，并进行系统级演示验证。2016 年，在完成初步设计评审后，DARPA 授予洛马希德·马丁空间系统公司 TBG 项目第Ⅱ阶段合同，总经费为 1.47 亿美元，继续进行原型机的详细设计、制造与试验。2016 财年，TBG 项目完成第Ⅰ阶段 TBG 作战系统作战分析、政府参考飞行器（GRV）的基础作战分析、选择 TBG 演示试验靶场、第Ⅰ阶段气动和气动热概念试验、第一代气动数据库等内容。2017 财年，TBG 项目开展全过程综合气动与气动热试验、材料电弧加热等离子体射流试验；2018 财年将完成 TBG 验证器关键设计评审，并进行验证器集成与试验。

　　此外，空军还通过其他项目开展战术高超声速武器研究。自 2017 财年起，空军在"实验活动"项目中启动高超声速原型机研究，并在 2018 财年将其转入"生命周期原型机制造"项目下，申请 9000 万美元经费。"空空武器概念发展"项目和"空地武器概念发展项目"旨在加速成熟、集成并验证空空及空地武器部件及系统，均包含高超声速技术内容，2018 财年申请总经费达 8202 万美元。

2.3　高超声速飞机组合循环推进技术研发经费增长幅度较大

　　高超声速组合循环推进系统，特别是涡轮基组合循环发动机（turbine based combined cycle propulsion，TBCC）是实现重复使用高超声速飞机的关键。DARPA 和空军均在推进 TBCC 技术的发展，相关项目经费如图 3 所示。"先进全速域发动机"（AFRE）项目旨在发展一型能在 Ma 0 ~ Ma 5+范围内无缝工作的可重复使用、全尺寸碳氢燃料发动机，并开展地面演示验证，支撑未来高超声速情报/监视/侦察（ISR）飞机的发展。DARPA 在其 2017 财年预算中首次编列该项目，批复经费 1200 万美元，较申请增加 300 万美元，开始 TBCC 地面演示推进系统的初步设计、大尺寸常规进气道设计、全尺寸燃烧室设计与制造等研究工作。2018 财年申请 3500 万美元，将完成大尺寸常规进气道、全尺寸燃烧室、全尺寸喷管的制造与试验等研究工作。

空军相关研究项目则重点开展关键技术研究，如"超燃冲压发动机技术"项目发展中等尺寸（约为 X-51A 超燃冲压发动机的 10 倍）超燃冲压发动机，用作 TBCC 发动机高速工作模态。"涡扇/涡喷发动机核心技术"项目和"涡扇/涡喷发动机风扇、低压涡轮与集成技术"项目分别发展涡扇/涡喷发动机的压缩机、燃烧室、涡轮等部件，可应用于 TBCC 发动机的低速工作模态。

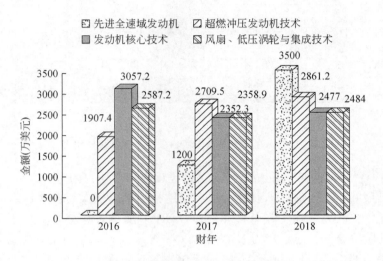

图 3　美国组合循环发动机及相关技术近 3 年投资情况

2.4　低成本进入空间应用研究进入新阶段，经费大幅度增长

DARPA 的"实验型航天飞机"（XS-1）旨在发展低成本、高效率发射技术，可在 10 天内完成 10 次飞行任务，以不高于 500 万美元/次的成本将 1360kg 载荷送入预定轨道。2017 年 5 月 24 日，DARPA 选定波音公司执行 XS-1 项目第 Ⅱ/Ⅲ 阶段研究任务。波音 XS-1 方案名为"幻影快车"，机身长为 30.5m，高为 7.3m，直径为 4.1m，翼展 19m，以一台航空喷气洛克达因公司的 AR-22 液氢液氧火箭发动机为动力，采用先进轻质复合材料低温燃料储箱、混合金属复合材料机翼和控制面、自主飞行控制与终止技术等先进技术，以获得短周期、低成本进入空间的能力。除 DARPA 提供的研发资金外，波音公司还将自筹部分资金。

2016 财年，XS-1 项目实际投资 1848.5 万美元，较批复额 3000 万美元有较大幅度降低，其原因可能是第 Ⅱ 阶段研制工作的延迟。2016 财年主要完成了可行方案初步设计评审、低温推进剂贮箱、新型低成本热防护设计和制造等工作。2017 财年计划完成低温贮箱代表性专门试验，并启动飞行器制造及飞行试验详细计划设计、推进系统集成、发射设施改造等工作。2018 财年计划完成推进系统验收试验、10 天内完成 10 次发动机点火试验，并开始制造所有主要子系统。

表 3　美国 XS-1 项目 2014～2018 财年预算（单位：万美元）

历年政策文件	2014 财年	2015 财年	2016 财年	2017 财年	2018 财年
2015 财年预算	1000	2700			
2016 财年预算	1000	2700	3000		
2017 财年预算		2500	3000	5050	
2018 财年预算			1848.5	4000	6000

注：每年预算文件都会给出前两年的经费批复情况，再给出当年申请的经费

2.5　首次设立高超声速防御专项，应对高超声速威胁

应《2017 财年国防授权法案》要求，MDA 在 2018 财年设立高超声速防御专项，申请经费达 7530 万美元。该项目将发展并转化一系列关键技术，以应对高超声速威胁。MDA 将利用现有的探测器和地面基础设施/指挥与控制系统，快速验证并应急部署高超声速威胁实时预警能力。

3　几点启示

美国国防部将高超声速技术视为"第三次抵消战略"的一部分，近年来一直寻求为高超声速技术研发提供更多的资金，以保持对潜在对手的优势。通过分析美国 2018 财年国防预算及高超声速技术相关动向，可得出以下启示。

3.1　瞄准 2020 年代初期具备初始作战能力，美国加速发展快速全球打击武器

据美国战略司令部预计，美国将在 2025 年左右部署 CPGS 武器。目前，CPGS 是高超声速技术领域最重要的项目：从预算类别来看，CPGS 项目处于系统开发与验证阶段，主要进行装备型号的研制；从预算规模上看，基于"先进高超声速武器"的中远程高超声速打击导弹所获得的经费在美国所有高超声速项目中占据优势地位；从项目进展上看，该计划将于 2017 年第 4 季度进行海基型 AHW 首次飞行试验，2019 年进行第 2 次飞行试验，有望最先实战部署。据《防务内情》可知，美国国防部承诺将在 2018～2022 财年首先向欧洲司令部和太平洋司令部提供"一定"的 CPGS 能力。

3.2　战术高超声速打击武器计划稳步推进，三种方案同步发展

在 HSSW 计划下，美国正在发展两种类型、三种方案空射高超声速打击武器，一类为洛马公司发展的助推滑翔方案；一类为洛马希德·马丁空间系统公司和雷声公司分别发展的吸气式巡航导弹方案。目前，三种高超声速导弹方案均已经进入原型机详细设计、制造与飞行试验阶段。此外，空军试验活动项目中新增的高超声速原型机制造部分极有可能针对高超声速打击武器而设置，若如此，则表明美国空军将高超声速打击武器作为

其空军能力发展委员会直管的高度优先发展的项目，并将提供较为充足的经费支持。

3.3　近期优先发展高超声速目标预警能力

鉴于俄罗斯等国在高超声速武器上"投资巨大、进展显著且成就惊人"，严重威胁美军前沿部署部队，甚至美国本土；同时，高超声速武器拦截难度极大，目前尚不存在能够有效防御高超声速目标的装备或技术。因此，美国在高超声速防御领域近期优先发展高超声速目标预警能力，执行类似于战略预警卫星的任务，降低敌方高超声速打击的突然性；同时积极发展高超声速打击武器，从对抗的角度慑止对手可能发起的高超声速打击。

装备预研项目竞争性采购管理与评估方法研究

刘　瑜　王婷婷　张凤娟　夏倩雯

（中国航天系统科学与工程研究院，北京，100048）

摘要： 本研究旨在研究提出我国航天预研项目竞争性采购的管理策略与评估方法。通过对国外装备预研项目竞争性采购管理模式与评估方法进行调研分析，结合我国国情，构建了我国航天装备预研项目竞争性采购多级评估指标体系，提出了航天预研项目竞争性采购管理模式与建议。本研究的研究工作对提高我国航天预研项目竞争性采购的创新管理水平具有重要意义。

关键词： 装备预研项目；竞争性采购；预研管理；竞争评估

1　引　　言

竞争性装备采购，指采用公开招标、邀请招标、竞争性谈判、询价、评审确认等竞争性采购方式，确定装备承制单位和采购价格，获取装备全生命周期各阶段（预研、型号研制、购置和维修等）的产品、技术与服务的采购行为[1]。2009年，中国人民解放军总装备部①颁发《关于加强竞争性装备采购工作的意见》，指出将在装备预研、研制、购置和维修各阶段灵活采取多种竞争方式，引导各类符合条件的市场主体进入武器装备采购领域。2014年，总装备部颁布《中国人民解放军竞争性装备采购管理规定》，作为规范和指导军队竞争性装备采购工作的基本规章。在国家深入实施军民融合发展战略的大形势下，为贯彻国防装备竞争性采购相关规定，我国航天积极探索航天产品竞争性采购的创新管理模式与实施方法。

在装备全生命周期竞争性采购中，预研阶段竞争是全生命周期竞争的源头，是保证后续几个阶段开展良好、有序竞争的重要前提。鼓励并保护预研阶段的竞争，一是可以吸引更多竞争主体参与预研项目研究，为后续型号阶段竞争培育竞争市场；二是可以鼓励不同技术体制并存，实现技术创新，促进产品性能提升。开展好航天装备预研项目竞争采购工作，一方面需要完善预研项目竞争性采购管理机制与策略，加强预研项目竞争的顶层设计；另一方面需要开发针对装备预研项目特点的竞争择优评估方法与工具，确保竞争性采购工作公平公正，从而保护承研单位参与预研项目竞争的积极性。

目前，我国军工行业比较封闭，军工产品存在竞争主体不足的现象，同时装备采购信息定向发布，许多企业难以获得竞争机会。针对航天预研阶段的竞争，存在管理政策

---

① 2016年，中国人民解放军总装备部改名为中国共产党中央军事委员会装备发展部。

与机制不够完善、竞争市场活性差、预研项目竞争采购评估方法欠缺等现象。现行装备竞争性装备采购政策与法规中，尽管也覆盖了预研阶段，但是未根据装备预研阶段竞争采购特点提出针对性强的管理策略与模式，也未制定一套可操作性强的装备预研项目竞争采购评估方法。

本研究旨在探索研究我国航天装备预研项目竞争性采购的管理与评估方法。在对美国国防装备预研项目的竞争采购管理方法和评估方法调研分析的基础上，初步构建了我国航天预研项目竞争性采购评估方法，提出了我国航天预研项目竞争性采购管理模式建议。

2　美国国防装备预研项目竞争性采购管理

2.1　我国航天装备预研阶段与美国装备科研活动的对应关系

装备预研指新型装备在研制之前开展的科学研究和技术开发活动，具有研究内容广泛、研究周期长、技术风险高、应用潜力大、成果通用性强等特点。通常，我国航天装备预研活动分为基础研究、应用研究和先期技术发展三个阶段[2]。

考虑到美国国防装备发展生命周期中没有与我国类似的"预研"或"预先研究"的说法，本研究首先对我国航天预研阶段与美国国防部（United States Department of Defense，DoD）的科研活动的对应关系进行了分析。

DoD 按照拨款活动将装备发展生命周期划分为 7 种拨款类型，见表 1。其中，前三种拨款类型，即基本研究、应用研究和先进技术开发，被称为科学与技术类（S&T）拨款类型，与我国航天装备预研阶段相对应。另外，在 DoD 武器装备采办生命周期中（图1），里程碑 B 之前的"装备解决方案分析阶段"和"技术成熟与风险降低阶段"（2013年前称作"技术开发阶段"）与我国航天预研阶段相对应。本研究重点关注美国与我国航天装备预研阶段对应的科研活动的相关内容。

表 1　DoD 武器装备发展生命周期的 7 种拨款类型（单位：亿美元）

拨款类型	名称	2000 年经费
1	基本研究	12
2	应用研究	28
3	先进技术开发	34
4	演示与验证	56
5	工程化与制造开发	85
6	研发测试与评估的管理支持	31
7	作战系统开发	113

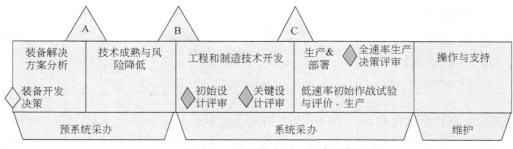

图 1　美国 DoD 武器装备采办生命周期划分

2.2　美国装备预研阶段竞争性采购管理要求

美国在国防装备竞争性采办中鼓励并保护预研阶段开展竞争，有明确的预研阶段竞争采购管理顶层要求。2008 年，DoD 负责装备、技术与后勤的助理副部长指示各军兵种，要求在装备研制里程碑 B 之前的技术开发阶段（相当于预研阶段）资助两个或者更多的竞争团队开发系统和系统关键单元的原型。2014 年，DoD 发布了《竞争性采办指南》，旨在为 DoD 的供货和服务创造及维持一种竞争环境[3]。该指南要求在装备全生命周期中开展持续竞争，以创造一种压力环境，促进产品提升，提高装备采购效益。同时，DoD 指出不要在整个生命周期中都依赖或锁定于一个承包商，否则这种垄断情况会使 DoD 在面对技术升级、工程修改或项目其他问题时比较被动，只能听从该承包商的意见，导致采购效益受损。另外，该指南重点强调，要在装备技术研发阶段初期（即预研阶段）就启动竞争。

《美国联邦采购法》[4]及 DoD《竞争性采办指南》[3]中提出了多种竞争采购模式，用于鼓励和保护竞争主体，如"双/多承担方"和"领导者-追随者"模式。前者采用并行研发、分包任务或基于百分比式的分配合同，后者适用于竞争主体少或竞争主体实力差距较大的情况，通过激励技术实力强的"领导者"单位向技术实力差的"追随者"单位提供帮助和支持，达到培育更多项目承担方的目的。美国的这些做法对我国装备预研竞争性采购管理具有较好的借鉴意义。

2.3　美国装备预研项目的一种渐进式采购管理方式

调研过程中发现，美国 DoD 与预研阶段相对应的一类技术研发计划，这类计划采用了一种对承担单位进行渐进式筛选的管理模式，值得我国装备预研管理借鉴。这类计划是 DoD 的小企业创新研究（small business innovation research，SBIR）计划和小企业技术转移（small business technology transfer，STTR）计划。表 2 中 DoD 将 SBIR/STTR 项目分成三个阶段管理（阶段Ⅲ的经费不在 SBIR/STTR 计划中），其中，阶段Ⅰ（可行性研究阶段）和阶段Ⅱ（开发及原型研究阶段）与 DoD 的拨款类型"应用研究"和"先进技术开发"相对应，属于预研活动范畴。一般来讲，阶段Ⅰ的经费和工期较少，阶段Ⅱ明显增多。

表 2　DoD 的 SBIR/STTR 项目概况

项目阶段	工期（月）	经费（美元）
Ⅰ：可行性研究阶段	6 ~ 12	最高 15 万
Ⅱ：开发及原型阶段	24	最高 150 万
Ⅲ：商业化阶段	将 SBIR/STTR 技术进行商业化应用	

　　表 3 给出了美国海军 2011 年 SBIR/STTR 课题概况。可以看到，对 SBIR/STTR 项目采取的是一种渐进式筛选的持续竞争模式。以 2008 ~ 2010 年发布的单位数量课题为基准，得到了一个课题的竞争单位数及项目各阶段的获准单位数（粗略比例）。通过计算，一个课题约有十几个单位参与竞争，阶段 Ⅰ 的竞争中选择了 2 ~ 3 个单位在短时间内同时开展可行性研究，然后根据阶段 Ⅰ 的任务完成情况选择一个单位作为阶段 Ⅱ 的承担单位，开展正式的技术研发工作，形成技术原型。这种分阶段渐进式筛选的持续竞争模式带来的好处是，提倡了竞争，增加了选择的机会，降低了采购风险，同时对参与竞争初步合格的各方都提供了开展前期研究的经费支持，从而保护了参与竞争各方的积极性。

表 3　美国海军 2011 年 SBIR/STTR 课题概况

项目		2008 年	2009 年	2010 年	与发布课题数粗略比例（%）
发布课题数（个）		219	224	233	—
竞争单位数（个）		2708	3555	4098	10 ~ 20
获准单位数（个）	阶段 Ⅰ	555	593	658	2 ~ 3
	阶段 Ⅱ	272	240	296	1

3　美国国防装备预研项目竞争性采购评估方法分析

3.1　美国 DoD 竞争性装备采购评估方法

　　为构建我国航天装备预研项目竞争性采购评估方法，本研究对美国装备采购评估方法进行了初步调研。在美国 DoD[5]、海军[6]、空军[7] 等机构发布的竞争性采购法规和指南中，基本上采用了一套统一的评估方法。该方法的主要特征包括三点。第一，从评估指标来看，一般包括技术/能力及其风险、以往绩效、成本/价格三个方面。第二，从评估指标的评价方式来看，采用定性分级方式，如技术/能力要素的各个级别用蓝、紫、绿、黄、红等颜色进行描述（表 4），技术风险用高、中、低等级别描述。第三，从综合集成方法来看，评估指标的权重采用相对重要性进行描述，如 A 比 B 显著重要、A 和 B 一样重要等，而未采用定量的数字或百分比式的权重。

表4 技术/能力及其风险的等级划分

颜色	等级	描述
蓝色	优秀	建议书满足要求，提出了一种特殊的方法和对需求的理解。优点远大于任何缺点。项目失败的风险很低
紫色	好	建议书满足要求，提出了一种全面的方法1对需求的理解。优点大于缺点。项目失败的风险低
绿色	良好	建议书满足要求，提出了一种适当的方法和对需求的理解。优点和缺点能够相互抵消，对合同绩效的实现没有或有很小的影响。项目失败的风险中等偏上
黄色	及格	建议书不完全满足要求，并且没有提出适当的方法和对需求的理解。建议书中有一项或多项缺点，并不能被其优势抵消，项目失败的风险高
红色	不及格	建议书不满足要求，且有一项或多项缺点

3.2 美国 SBIR/STTR 项目竞争择优评估方法

DoD、空军、海军等机构的竞争性装备采购指南中提到的上述评估方法，为我国航天预研项目竞争采购评估方法提供了两点启示：一是需考虑的主要评估指标，二是评估指标采用了分级描述及定性权重。在此基础上，本研究对具有预研项目特点的美国 SBIR/STTR 项目的评估方法进行了初步分析。DoD 对 SBIR/STTR 项目的评估指标主要包括三点，其中，指标1的重要性最高，指标2的重要性次之，指标3的重要性最低。

（1）指标1：建议书的健全性、技术优势和创新性。

（2）指标2：主要带队人、支持的团队和顾问的资格或者条件。这种资格或者条件不仅包括完成研究和开发的能力，还包括将其科研成果商业化的能力。

（3）指标3：商业化应用的可能性。

NASA 对 SBIR/STTR 项目的评估指标主要包括以下5个方面。

（1）指标1：科学/技术方面的价值和可行性。

（2）指标2：经验、资格或者条件及设施。

（3）指标3：拟定的工作计划的有效性。

（4）指标4：（仅适用于阶段Ⅱ）：商业化应用的可能性及可行性。

（5）指标5：（仅适用于阶段Ⅱ）：价格的合理性。

可以看出，针对预研项目，最重要的指标是技术的价值、优势与创新性。同时，DoD 和 NASA 的评估指标中均提到了商业化应用的可能性。尽管他们提出的商业化策略不一定适用于我国航天，但是我们可能需要了解承包商在完成原型研制任务之后在产品阶段的潜在能力及存在问题，防止出现一个科研能力较强的单位难以继续承担后续批产任务的情况。所以在构建我国航天预研项目评估指标体系时，可考虑增加类似内容。

4 我国航天预研项目竞争性采购评估方法研究

4.1 我国航天预研项目竞争性采购评估指标体系

在充分借鉴国外装备预研项目竞争评估方法的基础上，参考我国现行装备竞争性采购中提到的一些评估方法，初步构建了我国航天预研项目竞争性采购评估指标体系，如图2所示。建立指标体系时遵循了两个基本原则：一是尽量与国内外装备竞争性采购评估指标考虑的几个主要方面保持一致，二是充分体现航天预研项目竞争性采购评估的特点，建立针对性强的评估指标。

如图2所示，评估指标体系包括三个一级指标，分别是技术、基础能力和进度费用。"技术"是最重要的指标，包括技术方案、试验验证、技术风险、前期研发基础、批产能力预估5个二级指标。"技术方案"从两个方面进行衡量，即技术方案可行性、技术优势与创新性。"试验验证"主要考察试验内容全面性及试验环境逼真度。其中，试验内容全面性指项目试验内容是否能够全面验证关键技术与战术指标，试验环境逼真度指试验环境与预期装备使用环境的相似程度，是考察项目是否试验验证充分的重要指标。"技术风险"主要从风险预测及风险控制措施两个角度进行衡量。考虑到装备预研项目技术风险较大，所以关注了"前期研发基础"，该指标主要考察项目涉及的关键技术已达到的技术成熟度[8]。同时考虑到预研项目后续可能的研制生产阶段，增加了"批产能力预估"指标。该指标考察的主要内容包括可望达到的批产能力、为达到批产能力需要的技术改造投入、批产成本估计等。

"基础能力"主要包括以往业绩、元器件供货链、团队条件和研保条件4个二级指标。在对美国装备竞争性采购评估方法调研过程中发现，美国非常重视对竞争方"以往业绩"的评估，还颁布了相关指南[9]。"以往业绩"包括以往承担相关项目经验和单位信誉2个三级指标。"元器件供货链"包括供货来源稳定性和元器件进口依赖度2个三级指标。"团队条件"包括主要带队人的经验和资格、团队研究能力。"研保条件"包括研究/测试/试验条件和维护保障条件2个三级指标。

"进度费用"主要从节点设置的合理性和预算合理性两个方面来考察。

4.2 对我国航天预研项目竞争性采购评估方法的建议

在构建航天装备预研项目竞争性采购评估指标体系之后，还需研究确定各指标评价方法，包括权重确定方法及综合集成方法。3.1节和3.2节中提到，美国DoD竞争性装备采购及SBIR/STTR项目采用定性评估方法，主要特征是加权系统并未采用数字式或百分比式的定量权重，而是采用了相对重要性的定性描述。美国DoD及空军认为，采用定量权重会增加评估复杂度，而采用定性评估方法则可以支持军方更加灵活地选择承包商[5,10,11]。

与国外不同的是，我国武器装备竞争性采购活动倾向于使用定量评估方法。例如，

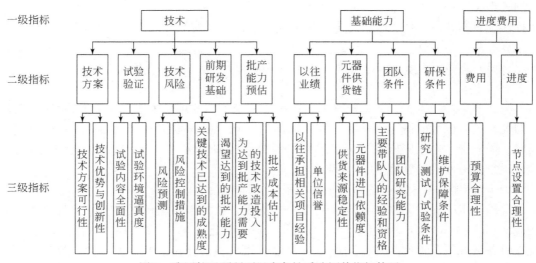

图2　我国航天预研项目竞争性采购评估指标体系

通过层次分析法确定各评估指标的权重值（数字或百分比），然后采用专家打分法对各评估指标打分，最后加权求和，综合集成得出评价结果。

　　国内外装备预研项目竞争性采购评估方法的这种差异值得重视和进一步研究。定性评估方法可以根据采购目的与采购方的意愿更加灵活地选择承担方，但是在评估指标较多的情况下，评估结果可能不易综合集成，对评估团队的要求也更高。定量评估方法在反映采购需求方面灵活度较差，但是更加直观，也更好操作。两者特点不同，适用条件也不同。因此，建议在具体实施过程中，评估团队根据采购目的与采购条件，灵活选用适用的评估方法。

5　我国航天预研项目竞争性采购管理策略与模式研究

5.1　航天预研项目竞争性采购目的与特点

　　与航天型号阶段竞争性采购的主要目的是选择产品性能更优的承担方不同，航天预研阶段开展竞争的主要目的是鼓励多家单位参与项目研究，保持市场竞争活性，为后续型号阶段竞争培育竞争主体。同时，鼓励多种技术体制并行发展，百花争艳而不是一枝独秀，促进技术创新发展，降低型号研制风险。

　　预研阶段具有技术风险大、经费投入和经费风险相对较小、可参与研究的机构相对较多等特点。由于技术风险较大，如果仅选择一个单位承担项目，容易出现由项目研发失败或技术方案不正确而导致较大风险的情况。如果通过竞争选择两个或者多个单位同时承担项目，则多个单位互为备份及竞争压力，使得预研项目出现失败的可能性降低，出现较高业绩的可能性增加。另外，预研阶段通常处于技术成熟度的低级别，竞争起点较低，对承研机构资格、经验和条件等要求也相对较低，可参与预研项目研究与竞争的机构较多，除军工大企业外，还可以有高校和小企业参与。这些特点为预研阶段开展竞争提供了有利条件，便于吸引更多机构加入竞争，为后续的型号竞争维持竞争格局。

5.2　我国航天预研项目竞争性采购管理策略与模式建议

第2节中提到了美国装备预研项目竞争性采购管理的顶层要求与多样化的管理模式，这与美军具有庞大的研究机构和军费投入有关。研究我国航天预研项目竞争性采购管理策略，需充分考虑我国国情，适度借鉴美国的做法和经验。本研究提出了我国航天装备预研项目竞争性采购管理策略与模式建议。

1）研究制定航天装备预研项目竞争采购管理规范

美国制定了较为完善的竞争性装备采购法规、条例与指南体系，在《美国联邦采购法规》（FAR）的顶层文件下，DoD和各军兵种均制定了竞争性装备采购指南。这是美国现在具备良好的竞争性装备采购环境与实施效果的重要基础。我国航天竞争性装备采购的法规体系尚不健全，特别是针对装备预研项目的管理规范尚未发布。因此，需要在充分调研当前我国航天装备预研阶段竞争市场（主要产品与技术领域、承担方的情况、当前竞争态势等）的基础上，研究制定针对一定范围的航天预研项目竞争采购管理规范，指导竞争采购活动实施。

2）遵循持续竞争原则，装备竞争起点前移

DoD强调在装备发展周期内开展持续竞争，特别是在预研阶段就及早引入竞争。我国国防装备预研阶段的竞争态势不容乐观，存在竞争主体不足的现象。建议今后在航天装备研制的预研阶段引入竞争，特别是对有发展前景的重点预研项目，在项目技术方案论证或技术攻关前期就安排多个单位参与工作，培育竞争主体，降低项目风险。

3）逐步实施多样化的竞争采购模式，提高装备采购效益

借鉴国内外已有装备竞争性采购模式，研究制定并逐步实施多种采购模式。建议可采用的竞争模式包括以下4种。

（1）分阶段竞争模式：将航天预研项目分为几个相互衔接的阶段开展竞争，经费也分阶段投放。第一阶段可由两个或多个单位同时开展研发，第一阶段结束时择优选择下一阶段的承担单位。这种渐进式筛选的管理模式可以有效地提高竞争方参与竞争的积极性，也可以降低项目研发风险，促进技术创新与产品质量提升。

（2）竞争性多承担方模式：主承担方获得大部分资助，次承担方获得少量资助开展项目前期研究。这种模式的目的是形成一种有压力的竞争环境，在主承包商出现问题时次承包商可以继续项目开发，降低采购风险。

（3）项目分包模式：要求胜出方将一部分项目合同以分包的方式分给失利方，保护失利方参与后续竞争的积极性。

（4）"领导者-追随者"模式：在竞争主体少、竞争格局尚不稳定的情况下，可考虑借鉴美军的这种特殊采购模式，通过给予"领导者"单位一定的激励措施，鼓励其带动和培养一些缺乏型号经验的"追随者"，达到培育竞争市场的目的。

6 结 束 语

与航天型号研制及生产阶段的竞争性采购不同，航天装备预研项目竞争性采购有其自身特点。本研究结合航天预研项目竞争特点，调研分析了国外装备预研项目竞争性采购管理策略与评估方法，在充分借鉴国内外已有做法和经验的基础上，构建了我国航天装备预研项目竞争性采购评估指标体系与评估方法，研究提出了我国航天预研项目竞争性采购管理策略与模式建议。本研究对提高我国航天装备预研项目竞争性采购的创新管理水平具有重要意义。

参 考 文 献

[1] 谢文秀，艾克武，等. 装备竞争性采购 [M]. 北京：国防工业出版社. 2015.

[2] 袁俊. 武器装备预研的若干问题讨论 [J]. 国防技术基础，2007，(12)：48-51, 60.

[3] DoD. Competition guidelines, for creating and maintaining a competitive environment for supplies and services in the department of defense [J]. DoD, 2014.

[4] General Services Administration. department of defense, national aeronautics and space administration, federal acquisition regulation [R]. 2005.

[5] Office of the Under Secretary of Defense. Source selection procedures [R]. DoD, 2011.

[6] Naval Air Systems Command. NAVAIR Acquisition Guide [R]. 2015.

[7] U. S. Air Force. Source Selection Procedures Guide [R]. U. S. Air Force, 2000.

[8] 李达，王崑声，马宽. 技术成熟度评价方法综述 [J]. 科学决策，2012，(11)：85-94.

[9] Office of the Under Secretary of Defense For Acquisition. Technology logistics, a guide to collection and use of past performance information [R]. DoD, 2003.

[10] Alexander R S. Best value source selection-the air force approach, Part I [J]. Defense AT&L, 2004, 52-56.

[11] Alexander R S. Best value source selection-the air force approach, Part II [J]. Defense AT&L, 2004, 38-40.

世界工程科技重大计划与前沿问题综述

宋　超　孙胜凯　陈进东　王亚琼　阚晓伟　魏　畅　崔　剑

（中国航天系统科学与工程研究院，北京，100048）

摘要：本研究主要梳理了近年来主要国家工程科技领域的重大战略计划和措施，简要分析了当前工程科技主要领域发展状况、水平，并对世界各国工程科技领域计划的目标、路径与内容进行了比较分析，描绘了工程科技计划关系图、聚焦点和前沿问题。

关键词：工程科技；主要国家；重大计划；前沿问题；聚焦点

1　前　　言

科技创新发展是深刻影响人类文明走向和进程的重要因素，在某种意义上决定着一个国家、一个民族的兴衰和命运。当今世界，科技创新浪潮迭起，世界主要国家大力推进中长期科技战略规划，旨在准确把握、及时布局科技创新的方向和重点，以掌握竞争发展的主动权[1]。本研究主要梳理了近年来主要国家工程科技领域的重大战略计划和措施，简要分析了当前工程科技主要领域发展状况、水平，并对世界各国工程科技领域计划的目标、路径与内容进行了比较分析，提出了当前工程科技主要领域的前沿问题与发展趋势。

2　世界各主要国家和地区工程科技领域的 重大战略计划

集中优势力量、组织重大科技计划是世界主要国家推进技术与产业创新的重要手段，为国家战略目标实现提供了有力支撑。本部分主要梳理了近几年世界各主要国家发布的工程科技领域的重大战略计划，分析其关注的前沿热点和主要技术方向。

2.1　美国

美国重大科技计划一部分出自国家层面，另一部分是各类智库提出的咨询报告和建议，共同支撑了一系列体现国家战略意图的科技计划的出台。

近几年，美国白宫科技政策办公室、国家科学技术理事会（NSTC）、美国国防高级研究计划局（Defense Advanced Research Projects Agency，DARPA）战略与国际研究中心（Center for Strategic and International Studies，CSIS）等国家相关部门及麦肯锡等咨询公司相继发布了各重大科技计划和科技战略研究报告[2-4]，其主要聚焦的领域和技术方向见表1。

表 1　美国各重大计划聚焦的领域和技术方向

美国国家创新战略 2015	21 世纪国家安全科技与创新战略	美国陆军 2045
·先进制造；精密医疗；大脑计划 ·先进汽车；智慧城市 ·清洁能源和节能技术；教育技术 ·太空探索；计算机新领域	·军事领域；国土安全领域 ·情报领域；制造领域 ·先进计算与通信领域 ·弹性、清洁及经济可承受能源领域	·机器人与自动化系统；增材制造；数据分析；人类增强；医学 ·智能手机与云端计算；网络安全；物联网；能源；智能城市 ·食物与淡水科技；量子计算 ·社交网络；先进数码设备 ·混合现实；先进材料 对抗全球气候变化；新型武器；太空科技；合成生物科技
麦肯锡 2025 颠覆性技术	国防 2045	
·移动互联网；先进机器人 ·知识工作自动化；3D 打印；自动驾驶汽车 ·云技术；下一代基因组学；物联网 ·储能技术；先进材料；先进油气勘探开采 ·可再生能源	先进计算技术/人工智能技术；增材制造；合成生物技术；机器人技术；纳米技术和材料科学 DARPA 未来技术论坛 ·航天；交通与能源领域 ·医药与健康；材料与机器人 ·网络与大数据	

　　除以上综合性的重大战略科技计划外，美国还发布了很多领域、行业发展计划，如"先进制造业：联邦政府优先技术领域概要""4 年技术评估，能源技术和研发机遇评估""推进创新神经技术脑研究计划""材料基因组计划""2050 年远景：国家综合运输系统"等。总体上看，美国基本上在工程科技各领域均部署了不同层面的科技计划，其中，对先进制造、清洁能源、精密医疗、大数据及先进计算技术等方面关注度颇高。

2.2　欧洲

　　2013 年，欧盟在"里斯本战略"落幕的同时迎来了"欧盟 2020 发展战略"的启动。作为落实欧盟发展战略的主要操作工具，新的研究与创新框架计划——"地平线 2020"（Horizon 2020）于 2013 年 12 月 11 日年正式启动，为期 7 年（2014 ~ 2020 年），以期依靠科技创新实现"促进实现智能、包容和可持续发展"的增长模式。"地平线 2020"聚焦三大战略目标，即打造卓越的科学、成为全球工业领袖、成功应对社会挑战，其中，工程科技相关领域的计划部署见表 2[5]。

表 2　欧盟"地平线 2020"部署的工程科技相关领域计划

框架计划	专项计划	支持目的
"工业的领袖"计划	促成工业技术的领先地位	对信息通信、纳米、新材料、生物、先进制造及加工和空间技术等方面提供专项支持，确立在工业技术领域的领先地位，并支持跨领域合作

续表

框架计划	专项计划	支持目的
"社会的挑战"计划	人口健康、人口结构变化及社会福利	该计划将积极与"欧洲创新伙伴关系"（European Innovation Partnerships）计划的科研活动建立联系，并融合推进
	食品安全、可持续农业、海洋/海事、生物经济	
	安全清洁能源	
	智能交通运输	
	气候变化、能源利用效率和原材料	
	包容创新安全社会	

综上可见，欧盟整个科技与创新框架体系全方位覆盖创新领域，包括人口健康，食品安全、可持续农业、海洋和海事研究、安全清洁能源，智能交通、气候变化等 17 个领域，其中对工业技术相关领域关注度相对较高。

兰德公司（欧洲）认为数字技术与经济社会发展的各个方面呈现出越来越紧密的关系，研究提出"地平线 2020"计划中对塑造和提高欧盟研发、创新能力具有关键作用的数字技术十大主题，并分析了未来趋势，见表 3。

表 3 兰德公司提出的数字技术十大主题和趋势

主题	趋势	主题	趋势
数字化农业和食品	· 传感器、机器人和无人机支撑下的精准农业 · 大数据	新经济模式	· 可持续 · 个人经济 · 对等经济 · 分配模式创新
新兴消费模式和互联网经济	· 消费模式的创造和创新 · 大数据 · 高度互联和电商	个性化制造：3D 打印和增材制造	· 个性化制造 · 批量生产向批量定制转变 · 当地生产 · 何时何地生产任何产品的自由
个性化和自适应（人工智能走向全脑仿真）	· 机械设计 · 机器学习 · 计算速率的指数型增长	自动化/机器人化的经济和社会影响	· 更多地采用工业机器人 · 户外机器人和类人机器人更广泛的应用 · 自动化设备全球化 · 全球的机器人相关专利、产品和投资项目将更多
教育改革	· 游戏化 · 在线/远程学习 · 大数据和知识分析 · 正规教育/非正规教育模糊化	数字化的艺术和科学	· 科学出版物和数据更开放 · 众筹、公民科学、共同创造 · 大型、协作性科研项目
网络结构变革：物联网	· 互联设备数量激增 · 设备更廉价、更小型、更智能 · 先进的无线通信技术 · 物联网全球覆盖	政府治理和政策制定	· 电子政务：以用户为中心和用户驱动的公共服务 · 更加开放、协同的治理 · 在设计和提供服务的环节有更多沟通和协调

表 4　对英国 2030 年至关重要的技术

四大领域	技术		
材料和纳米技术	3D 打印和个性化制造 建筑及建筑材料 碳纳米管和石墨烯 超材料	纳米材料 纳米技术 智能聚合物	活性包装 多功能材料和仿生材料 智能交互式纺织品
能源和低碳技术	先进的电池技术 生物质能 碳捕集和封存 核裂变 燃料电池	核聚变 氢能 微型发电技术 循环利用 智能电网	太阳能 智能低碳车辆 海洋和潮汐发电 风能
生物和制药技术	农业技术 医学成像 工业生物技术 芯片实验室 核酸技术	组学 效能促进剂 干细胞 合成生物学 剪裁特效药	组织工程 模拟人类行为 脑机接口 电子健康
数字和网络技术	生物识别技术 云计算 复杂性 智能传感器网络与普适计算 新的计算技术	下一代网络 光子学 服务机器人和群体机器人 搜索和决策 安全通信	仿真与建模 超级计算 监测 大数据集的分析技术 仿生传感器

英国从 2002 年开始开展第三轮技术预见，并于 2010 年发布了《技术与创新未来：英国 2030 年的增长机会》，对英国面向 2030 年的技术发展进行了系统性预见，提出四大领域 53 项至关重要的技术，见表 4[6]。

德国近几年也出台了多个研究创新计划，包括能源转型的哥白尼克斯计划、IT 安全研究计划、基因组编辑新方法对社会影响研究计划等。2010 年出台了《思想·创新·增长——德国 2020 高技术战略》，2013 年提出新的高技术战略计划"工业 4.0"战略，支持工业领域新一代革命性技术的研发和创新，抢占新一轮工业革命的先机。

法国于 2015 年 5 月推出了"未来工业"战略，包含新型物流、新型能源、可持续发展城市、生态出行和未来交通、未来医疗、数据经济、智慧物体、熟悉安全和智慧饮食 9 个项目，并于 7 月出台了《绿色转换能源法案》，提出限定核能发电量、降低化石能源消耗、提升可再生能源在能源总消耗中的比例，并且到 2050 年能源消耗量降低一半。

2.3　日本

日本从 1971 年在世界上首次组织了大规模的技术预见，此后每 5 年进行一次，每次技术预见结果支撑日本不同重大科技计划的制定。2015 年，日本进行了第 10 次科技预测调查，为日本第五期科学技术基本计划提供了依据。日本内阁会议于 2016 年 1 月 22 日审议通过了《第五期科学技术基本计划（2016—2020）》，提出未来 10 年日本将大力推进和实施科技创新政策，把日本建成"世界上最适宜创新的国家"[7]，主要包括以下 3 个方面。

1）超智能社会

在世界迎来第四次产业革命的背景下，日本将以制造业为核心，灵活利用信息通信技术，基于互联网或物联网，打造世界领先的"超智能社会"（5.0社会）。将优先推进《科技创新综合战略2015》中确定的11个系统的建设工作，即能源价值链优化系统、地球环境信息平台、高效基础设施的维护管理更新系统、防抗自然灾害的社会系统、高速道路交通系统、新型制造系统、综合型材料开发系统、地方治理系统、工作流程管理系统、智能食物链系统及智能生产系统。

2）共性技术研发

日本政府提出，将不断完善知识产权和国际标准化战略，推动网络安全、物联网系统构建、大数据解析、人工智能等服务平台建设必不可少的共性技术研发，同时，围绕机器人、传感器、生物技术、纳米技术和材料、光量子等创造新价值的核心优势技术，设定富有挑战性的中长期发展目标并为之付出努力，从而提升日本的国际竞争力。

3）积极应对经济和社会发展面临的挑战

为了及早解决日本国内及全球面临的经济和社会发展挑战，日本政府预先选定了要通过科技创新解决的13个重点政策课题，见表5。

表5　通过科技创新解决的13个重点政策课题

目标	课题
实现可持续增长和区域社会自律性发展	确保能源稳定供应和提高能源利用效率； 保障资源稳定并实现循环利用； 保证食品稳定供应； 实现世界最尖端的医疗技术，建成健康长寿社会； 建设城市和区域可持续发展的社会基础； 延长高效高性能基础设施使用寿命的对策； 提升制造业的竞争力
确保国家和国民安全安心与实现富裕高质量的生活	应对自然灾害； 确保食品安全、生活环境及卫生条件； 确保网络安全； 解决国家安全保障相关问题
应对全球性挑战和为世界发展做出贡献	应对全球性气候变化； 应对生物多样性挑战

2016年4月，日本内阁府与科学技术振兴机构（Japanese Science and Technologies Agency，JST）联合推出包含16个领域的综合性科技创新计划——"日本颠覆性技术创新计划"（impulsing paradigm change through disruptive technologies program，ImPACT）[8]。6月，日本产业技术综合研究所（National Institute of Advanced Industrial Science and Technology，AIST）发布了《2030年研究战略》，提出了日本产业与科技创新的重点发展方向[9]，主要内容见表6。

表 6　日本产业与科技创新的重点发展方向

发展方向	研究内容
发展超智能产业	·实现人类知觉、控制的扩展 ·人工智能硬件和软件的创新 ·数据流通保密技术 ·情报交换设备和高效率网络 ·新一代制造系统 ·针对数码化制造业的创新测量技术
实现社会的可持续发展	·加强再生能源的普及 ·开发新能源 ·开发节能储能技术 ·实现氢能源社会 ·推进环保资源开发和循环利用 ·开发环保的新催化剂、新化学合成技术
活用物质和生命构造	·超显微测量技术 ·新机能材料 ·高附加值材料 ·新原理、新机能设备 ·合成技术创新 ·生理构造解析 ·生物芯片与健康可视化
增强社会的安全性	·评估和降低自然灾害风险 ·新测量技术 ·地质信息的可视化 ·保障稳定供水供粮的新系统

综合日本各项重大计划和战略可以看出，日本近几年主要关注的工程科技发展方向集中在智能产业、能源资源及医疗、人口健康等方面。

2.4　中国

党的十八大提出实施创新驱动发展战略，推动以科技创新为核心的全面创新，继而陆续提出了"中国制造2025"、"互联网+"、网络强国、海洋强国、航天强国、健康中国、军民融合发展、"一带一路"建设、京津冀协同发展、长江经济带发展等一系列国家战略及倡议，并通过实施全面系统的科技规划推动创新发展。2016年中央颁布了《国家创新驱动发展战略纲要》，明确提出了建设世界科技强国的战略目标，之后，国务院印发了《"十三五"国家科技创新规划》，明确了"十三五"时期科技创新的总体思路、发展目标、主要任务和重大举措，在电子信息、在先进制造、能源、环境、农业、生物和健康及太空海洋开发利用领域都进行了相应布局[10]，进而面向2030年，部署了一批体现国家战略意图的重大科技项目与工程，形成远近结合、梯次接续的系统布局（表7）。

表 7　科技创新 2030——重大项目

重大科技项目	重大工程
· 航空发动机及燃气轮机 · 深海空间站 · 量子通信与量子计算机 · 脑科学与类脑研究 · 国家网络空间安全 · 深空探测及空间飞行器在轨服务与维护系统	· 种业自主创新 · 煤炭清洁高效利用 · 智能电网 · 天地一体化信息网络 · 大数据 · 智能制造和机器人 · 重点新材料研发及应用 · 京津冀环境综合治理 · 健康保障

3　各国规划计划的比较分析

对美国、欧盟、日本和中国的各重大计划中工程科技相关内容进行聚类分析，以发掘主要国家共同关注及各自重点关注的工程科技技术方向，结果如图 1 所示。

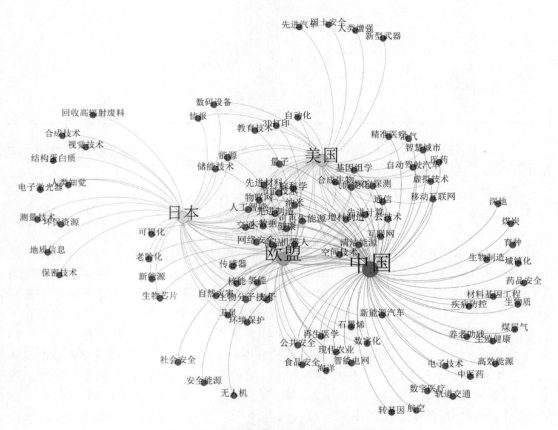

图 1　世界主要国家和地区重大计划聚类分析

由图可见,各国(地区)对工程科技的共同关注点主要集中在信息、先进制造、能源和生物技术四大领域。信息领域,大数据、云技术、人工智能和量子技术等当今热点受到广泛关注,同时,大数据发展带来的对先进计算技术的需求,以及互联网、物联网快速发展带来的网络安全问题也受到各国重视。先进制造领域,智能感知传感器技术、机器人技术及面向个性化制造的3D打印技术是关注热点。能源领域,可再生能源和清洁能源技术是未来主要发展方向,各国对氢能、核能有所部署,节能和储能技术也备受关注。生物技术领域,合成生物、基因组学和生物分子技术受到关注,脑科学研究也越来越受到重视。

各国在重大计划安排上各具特色。美国对安全方面的技术关注度较高,对国土安全、新型武器和情报等方面进行技术部署。日本由于其国家自然地理条件较为特殊,对自然灾害和地质相关技术更为关注,同时十分重视回收高辐射核废料。从总体上看,欧盟的重大计划部署与国际大趋势基本吻合,但欧洲各国的关注点则各有侧重。中国作为农业大国,对现代农业技术、转基因和育种技术较为重视;同时对煤炭和煤层气技术较为关注;在电子技术方面,由于中国技术基础相对较弱,成为制约发展的瓶颈问题,因而在集成电路和电子芯片等方面加强部署。此外,轨道交通、中医药等优势技术也受到进一步重视。

4 世界工程科技领域前沿问题与发展趋势

当前,全球进入创新密集和产业变革孕育加速的时代,工程科技各领域在技术牵引和需求推动的双重动力下正在加速发展,结合世界各主要国家重大科技计划的梳理分析,当前世界工程科技各领域前沿问题与发展趋势如下。

4.1 智能、绿色、高效技术发展推动化石能源清洁化、新能源经济化、能源服务智能化

煤炭开发向安全、高效、绿色、智能开采发展,煤炭利用朝着高效、节能、节水和清洁方向发展;非常规油气和海洋深水油气成为世界油气储量与产量的新增长点,油气资源勘探开发向海底化、智能化、复合化方向发展;核电发展更加强调安全性和可持续性;可再生能源技术研发向大型化、高效低成本方向发展,可再生能源利用朝着多能互补、冷热电联产与综合利用方向发展;电力工程技术发展特征是安全可靠、经济高效、智能开放,构建智能电网,发展大规模可再生能源接入技术、融合分布式可再生能源的微电网技术、直流电网或交直流电网模式;非能源矿业向实现深部资源的安全开采和高效回收发展。

4.2 着眼环境质量与人类健康影响,全球全过程复合污染控制与生态协同修复成为趋势

当前,世界范围不同阶段、不同层面、不同特征的环境生态问题共存,既有重工业

发展区域面临的传统重工业污染及新型污染多重复合型污染问题，也有工业化区域面临的环境生态深度改善及全球化环境改善难题，源头削减污染、清洁生产成为环境质量改善的关键，复合与新型污染物高效深度处理是解决点源及部分面源污染问题的关键，大区域与流域生态及土壤修复大面积展开，环境基准与人体健康影响研究成为关注焦点，大尺度环境监测及快速预警应急得到快速发展。

4.3 信息技术急需突破计量、感知、计算与使能技术及体制瓶颈，大力推进泛在智能和移动互联

当前，以测量、通信、计算为三大支柱的信息电子技术在精度、速度、广度、深度等方面的要求越来越高。新一代计量基标准和高精度测量技术长足发展，感知技术趋向体制革新、高性能与智能化，使能材料和器件技术的发展促进工业不断升级，网络与通信技术呈现"千亿级人-网-物三元互联"，计算技术向超高性能、超低功耗、超高通量和多计算范式等方向发展，软件技术向高智能、高聚合、高适应方向发展。

4.4 材料发展呈现结构功能一体化、材料器件一体化、纳米化与复合化，支撑产品功能创新和性能优化

世界各国高度重视新材料的创新研发，力图在新能源材料、节能环保材料、纳米材料、生物材料、医疗和健康材料、信息材料等领域的未来国际竞争中抢占一席之地。新材料不断更新换代，硅材料发展推动微电子芯片集成度及信息处理速度大幅提高，成本不断降低；宽禁带碳化硅、氮化镓材料为下一代射频高能效高功率器件开辟了广阔的市场前景；低温共烧陶瓷技术（low temperature co-fired ceramics，LTCC）的研究开发取得重要突破，大量无源电子元件整合于同一基板内已成为可能。此外，变革新材料研发模式逐渐成为关注的重点。

4.5 制造技术与信息技术深度融合，推动装备制造智能化

人工智能、物联网与自动化的融合为传统制造业赋予了新能力，人工智能机器人逐渐广泛应用，增材制造开创生产和商业的新模式，仪器仪表向小型化、多功能、智能化发展，共同促进了以生产网络化、智能化为标志的第四次工业革命的发展。

4.6 流程工业聚焦低碳、循环、减量、高效，广泛建立工业生态链接，发展智能工厂

流程工业正在向绿色化、生态化方向发展，通过建立广泛的工业生态链接，减少化石燃料消耗和污染物排放，通过智能化工程，不断提升流程工业效率。未来，流程工业各行业进一步调整企业结构、流程结构、资源结构、耗能结构，提高能源效率，实现节约化和高效化生产。

4.7 瞄准低能耗、高可靠、绿色化与智能化，发展智慧城市和高品质、强安全基础设施

当前，人类社会已真正进入"城市世纪"，绿色建筑设计和城市设计得到广泛关注，智慧城市成为世界主要经济体城市发展的新引擎；新型结构体系不断涌现，工程结构的可靠性、耐久性及全寿命设计理念得到初步实现；水安全保障体系呈现出全球化、多元化趋势，智慧水系统和水资源再生技术得到了持续关注。

4.8 构建主动控制型综合交通系统，推动运载工具智能化、交通设施智慧化、管理服务协同化

在以"绿色、智能、泛在"为特征的群体性重大技术变革之下，交通运输成为大数据、云计算、移动互联网、智能制造、新能源和新材料等新兴技术重点应用领域，交通运输工具向节能环保、高效智能、安全便捷的方向发展，高速铁路技术创新主题由功能设计逐步转向结构运营安全保障、运营品质提升与维护，网联化、协同化和智慧化的综合交通体系正在逐步形成，精准实时高效的交通应急搜救与安全保障体系也得到日益重视。

4.9 空间海洋探测与应用技术向更广、更深、更精方向发展

空间海洋仍然是主要国家竞争的战略制高点。世界主要航天国家正在推进高可靠、高效费比的天地往返运输能力建设，支撑载人航天与深空探测发展，面向空间信息的高效泛在应用，构建天地一体化卫星应用与服务体系。海洋环境立体综合观测与智能服务系统得到广泛关注，海洋资源勘查及开发走向多样化、精准化并向深远海发展，海水资源和海洋能高效综合利用技术攻关方兴未艾。

4.10 生物与信息技术推动农业绿色革命，大力发展精准化、集约化、高值化农业生产技术

现代农业生物技术、信息技术迅猛发展，成为现代农业发展的重要引擎。新的绿色革命推动传统农业技术改造升级，包括生物化、信息化、无害化、循环化和标准化等方面，发达国家围绕农业生产精准化、集约化、高值化已开始了新一轮的战略部署。种质资源保护与创制成为各国前瞻性战略，生物基因组学成为国际种业竞争制高点；世界各国十分重视重大动物疫病及人畜共患病的影响，发达国家利用生物技术防控动植物重大疫病处于引领地位；农业资源高效利用、循环经济及生态环境保护技术成为国际关注焦点；智慧农业工程科技的发展已成为国际上现代农业技术发展前沿；全球农产品加工向多领域、多梯度和高科技方向发展。

4.11 健康优先、预防为主，推进精准医学、再生医学、药物创新研究，提升医疗卫生信息化水平

21世纪，医学研究更加注重对人类健康的研究，促进以"治病救人"为导向的诊疗医学向"防病健身"的预防医学方向发展。慢性病防控已经成为全球战略行动，新发传染病防控及诊治技术是国际社会长期关注热点；组学与大数据技术推动了个体化医学、整合医学发展；再生医学正成为生命科学和临床医学研究重点，有望为人类难以治疗的疾病带来福音；认知与行为科学研究为精神疾病和神经疾病的预防及治疗提供全新技术，并将促进人工智能的发展；遗传学筛查和细胞治疗等成为生殖医学研究重点；基因调控与基因工程为药物工程带来新革命；中药资源保护与利用先进生物技术发展中医药学成为中医药现代化的必然要求；数字医学、生物3D打印、微创精准医学工程技术为医学与健康领域带来了颠覆性的变化。

4.12 以预防、应对和韧性为核心，推进公共安全向风险综合化、预测专业化、处置高效化和保障一体化发展

在全球化、新技术及个人社会角色转变的推动下，公共安全已逐步上升到世界各主要国家的国家战略高度。当前，公共安全综合保障强调监测、预警、应急联动并向智能化、自动化发展，交通安全向系统安全性与可靠性方向发展，危化品安全研究关注全生命周期各环节，全链条、大尺度水安全管理技术仍是关注重点，而防恐反恐科技成为全世界重要关注点。

5 结　语

提出发展战略、组织重大科技计划是世界各国加强超前部署、集中优势力量推进重大技术突破，以期实现国家战略目标、推进经济社会进步，赢取全球竞争优势的重要举措。本研究梳理世界各主要国家近年来的重大科技计划，分析了当前世界工程科技领域的主要关注方向和布局。当前，我国科技创新步入以跟踪为主转向跟踪和并跑、领跑并存的新阶段，及时把握世界科技前沿、进展和发展态势，分析科技创新布局，对描绘我国科技发展蓝图、制定科技发展路径具有重要借鉴意义。

参 考 文 献

[1] 潘教峰，张凤. 以科技发展战略研究引领未来创新发展方向 [EB/OL]. [2016-10-15]. http://www.cnfffff.com/a/tj/381262.html.
[2] 中国科协创新战略研究院. 美国对颠覆性技术创新方向的预判 [EB/OL]. [2016-10-18]. http://www.360doc.com/content/16/0205/13/27398134_532866471.shtml.
[3] 马爱民，石培新. 美国国家安全科技创新体系的6大重点创新领域 [EB/OL]. [2016-10-18]. http://www.81.cn/jwgz/2016-09/06/content_7243373.htm.
[4] 澎湃新闻网. 美国陆军发布20项重大科技趋势，可能在未来30年改变世界 [EB/OL]. [2016-

10-5］. http：//news. 163. com/16/1116/19/C61158VF000187VE. html.

［5］ 梁偲，王雪莹，常静. 欧盟"地平线 2020"规划制定的借鉴和启示［J］. 科技管理研究，2016，36（3）：36-40.

［6］ 孟弘，许晔，李振兴. 英国面向 2030 年的技术预见及其对中国的启示［J］. 中国科技论坛，2013，（12）：155-160.

［7］ 中国科学技术信息研究所政策与战略研究中心. 日本发布《第五期科学技术基本计划》欲打造"超智能社会"［EB/OL］.［2016-9-5］. http：//news. sciencenet. cn/htmlnews/2016/5/345385. shtm.

［8］ 梁晨，曾乐融，王达. 日本颠覆性技术创新计划研究要点［EB/OL］.［2016-11-28］. http：//mt. sohu. com/20161126/n474184219. shtml.

［9］ 曾乐融. 日本产业与科技创新的重点发展方向［EB/OL］.［2016-9-5］. http：//mt. sohu. com/20160904/n467545877. shtml.

［10］ 国务院文件. "十三五"国家科技创新规划［EB/OL］.［2016-8-6］. http：//www. gov. cn/zhengce/content/2016-08/08/content_ 5098072. htm.

以服务经济社会为目标的航天重点
发展领域探讨

张　璋　黎开颜　钟　强　常　青　徐迩铱

（中国航天系统科学与工程研究院，北京，100048）

摘要：新时期我国经济社会对航天科学技术发展提出了更高的要求，现阶段，航天科学技术服务经济社会存在商品化不足、转化应用创新水平有待提升等问题。考虑到各类航天技术在创新程度、社会经济价值方面存在差别，区别其特征并有针对性地采取推动措施，才能促进航天科学技术为经济社会服务。本研究对航天重点发展领域进行特征分析，并提出以政府为主导加强空间基础设施建设的持续性，政府发挥引导作用推进地理信息产业市场化发展，以及企业着力提升航天科学技术转化应用水平的建议。

关键词：航天科学技术；服务经济社会；重点发展领域

1　新时期我国经济社会对航天科学技术的需求分析

"十八大"后，党中央已经明确了全面建成小康社会决胜阶段的指导思想、主要目标和"创新、协调、绿色、开放、共享"的基本发展理念，为航天科学技术服务经济社会指明了方向。

1.1　改善人民生活质量对航天科学技术的需求

"中国梦"是教育、医疗、养老等社会民生事业不断改善的"民生梦"，是强国富民、改善环境的"小康梦"。食品安全问题、上学问题、看病问题、就业问题、养老问题是老百姓的关注点所在，也是航天科学技术发挥自身优势为经济社会服务的重要方面。改善人民生活质量需要通信卫星服务为远程教育、远程医疗提供更便捷、高效的条件，需要导航和遥感服务为物流运输、家庭养老等提供更精准、完备的手段，更需要卫星应用产业自身蓬勃发展，创造更多的就业岗位，满足就业需求。大众对航天科学技术的需求映射在航天科学技术与多个行业的紧密结合点上（如卫星制造与应用和互联网、教育、医疗、物流等各行业的融合），是在融合中发现新的商机，在融合中满足消费者需求，顺应国家供给侧改革要求，提供更多真正满足经济社会发展需求的产品与服务，使航天科学技术能够真正服务于人民生活，为国民经济稳定发展做出实质性的贡献。

1.2 实现新常态下的产业升级对航天科学技术的需求

认识新常态、适应新常态、引领新常态，是当前和今后一个时期我国经济发展的大逻辑。我国经济正处于"三期叠加"的"新常态"之中，经济发展方式正在加快转变，新的增长动力正在孕育。在过去的发展中，我国很大程度上处在一个以重化工业为主导的经济周期中，制造业大国地位也在这段时期内得到了确立和巩固。未来的制造业将以信息化融合为中心，呈现依靠技术进步与提高劳动者素质推动、更加注重技术能力积累、制造偏向服务型、向世界制造业价值链高端挺进、环境友好等特征。在制造业升级发展的趋势中，航天产业作为高端制造业的重要组成内容，需要率先实践先进生产理念，摸索转型经验，为我国制造业升级发展提供宝贵的经验，建立良好的示范效应。

2 航天科学技术服务经济社会存在的不足

2.1 我国航天科学技术直接应用的商品化水平有待提高

航天科学技术的直接应用一般指卫星应用产业，我国卫星应用产业经过多年的发展，初步建成再应用卫星及其地面系统构成的空间基础设施框架，具备良好发展基础，卫星应用产业呈快速增长态势，有良好的未来市场前景。但是，从航天科学技术服务经济社会发展的关键环节考虑，我国卫星应用的商品化还有较大的发展空间。

2.1.1 我国卫星应用产业市场客户比例偏低

目前，全球卫星通信产业已经形成较为成熟的私人经济模式，不再依赖政府投资；卫星遥感商业化市场供给较为发达；从全球导航产业发展趋势看，过去的十年间卫星导航的市场格局已经转变为以个人消费应用为主流的市场格局。而在最依赖政府、公益类客户的卫星遥感领域，全球遥感测绘销售第一的美国数字全球公司的客户中美国政府占58.4%，也未占绝对多数的比例。

相较国外发展情况，我国卫星应用产业市场客户比例偏低。我国卫星广播领域受129号令限制，卫星直播发展受到较大约束，目前主要以"村村通""户户通"等公益类为主，商业化运行尚未起步。我国的遥感卫星运营主要采取政府所有、事业单位运营的方式。目前，我国卫星遥感的主要应用市场是国土资源监测、气象探测和农林监测三大领域，其中，国土资源监测占据大部分市场。在我国，政府对遥感产品和服务的需求还处于快速增长阶段，因此，以政府为主体的遥感卫星运营模式将持续较长时间。我国卫星应用发展相对来说缺少创新动力，同时，服务经济社会的覆盖面和影响力也较为有限。

2.1.2 我国卫星应用产业品牌的市场认同度不足

品牌受产品质量、服务水平等多种因素综合影响，需要通过技术创新、开发产品、提高服务质量等全方位的手段来培育。卫星应用产业建立受市场认同的品牌的过程，也是满足人民生活需求，服务经济社会的过程。现阶段，我国卫星应用国内市场中外国品牌的占有率偏高。例如，我国卫星通信设备大都采用美国休斯飞机公司、以色列吉莱特公司、法国阿尔卡特公司等国外厂商的系统设备。我国卫星导航领域使用的主要是 GPS 服务，北斗的应用比例还有待提高。在我国卫星遥感领域，不仅是商业用户倾向于购买国外知名遥感卫星的数据，政府机构也较多采购国外数据。用户的选择说明我国卫星应用产业的品牌认同度不足，卫星应用商品的综合水平还有待提高，满足市场需求、服务经济社会的能力有待提升。

2.2　我国航天科学技术转化应用的创新程度有待进一步提升

基于对美国国家航空航天局（NASA）2008～2014年发布的《技术转化》（*Spin off*）报告的分析，美国合计实施航天技术转化应用321例，平均每年可成功转化50例左右。所转化的航天技术主要来自航天运输、宇航员生命支持、深空探测、国际空间站、卫星和图像技术、航空研究等领域，转化应用的领域主要有工业生产、公共安全、健康与医药、交通运输、能源与环境、消费者产品和信息技术七大领域。美国的航天科学技术转化应用在改善人民生活水平、提高生产效率等方面取得了较好的成绩。在对我国航天技术转化应用的案例分析及与国外航天科学技术应用对比的基础上，总结出我国航天技术转化应用还存在以下几点不足。

2.2.1　侧重向较为成熟的产业转移，缺乏开拓性产品

我国航天技术转化应用侧重向较为成熟的产业转移，如航天煤气化工程、气动脱硫脱硝工程项目在近几年发展迅速，在环保领域获得较好的市场认可度。但是航天技术转化应用向成熟产业转移，其竞争优势较多体现为售价较低，这种在"红海"竞争的方式一方面成熟领域内的主要企业优势地位较为稳固，后来者较难替代，使得航天技术转化应用方面临较大的经营压力；另一方面造成企业利润率较低，难以产生持续性的经济效益。航天技术本身具有前沿性、探索性的特点，而向成熟产业转移不利于充分发挥航天技术的优势，使得航天技术转化应用缺乏开拓性产品，难以获得较高的经济效益。

2.2.2　引领产业转型升级不够，以追随创新为主

航天技术在工业生产、交通运输、医疗、节能环保、新能源等多个领域不断应用和开拓，但是从技术创新的特点来看，大部分航天技术应用处于追随创新阶段，不具备技术优势。在大部分应用领域，领先的技术掌握在国外企业手中，航天技术的应用对产业发展、转型和升级的引领作用有限。例如，光伏产业目前虽然经济规模大，但竞争力不足，主要是因为光伏产业中最核心、附加值最高的是多晶硅提纯的技术，但这部分核心技术却掌握在少数几个发达国家，形成了技术垄断；航天风电装备也面临同样的问题，虽然已经实现了系列化的风机产品，但一些技术要求高的核心部件仍依赖进口。由于缺乏世界领先的研发能力和核心技术，航天技术无法形成引领行业发展的核心能力，在推动相关产业领域转型升级方面发挥的作用也有限。

3 航天重点发展领域特征分析

分析重点领域的目的是判断如何推动航天科学技术为经济社会服务，首先需要对推动这一行为的主体进行界定。总体来看，航天科学技术的各个参与主体都有推动其服务经济社会发展的责任和作用，政府作为决策制定者及主要的需求方，拥有决定航天科学技术是否能真正服务经济社会的选择权与决定权。因此，笔者从政府的角度出发，研究政府在不同类型的航天科学技术重点领域为推动其为经济社会服务所需采取的不同手段与方式。

3.1 重点领域的分析方法选择

重点领域的分析方法一般包括德尔菲法、层次分析法和象限分析法。这三种方法在筛选对象、调查范围与调查周期方面各具有优缺点。本研究航天科学技术为经济社会服务的重点领域是面向未来较长时期的、方向性的判断，而德尔菲调查法筛选对象更为具体，层次分析法对筛选对象的量化要求较高。相较上述两种方法，象限分析法适合基于共性的、对未来发展趋势的判断。

新时期经济社会对航天科学技术的需求主要有两点：一是发挥航天科学技术的创新引领作用，为我国科学技术发展提供需求牵引和条件支撑；二是实现航天科学技术的社会价值，改善人民生活质量，实现产业升级发展，发挥经济效益和战略效益。因此，采取象限分析法，以科学技术创新程度为横坐标轴的度量内容，以社会价值为纵坐标轴的度量内容。

3.1.1 横坐标——科学技术创新程度

以科学技术创新程度为横坐标轴，横坐标轴按科学技术创新程度的不同类别，即按照持续性创新、颠覆性创新进行划分。

持续性创新指在技术或产品中仅产生次要变化，是对现有技术、服务、产品及管理方式的改进性质的创新。这类创新技术或产品基本上是沿用已有的原理或消费习惯，属于改良的范畴。持续性创新的变革幅度较小，符合一定的周期和规律，如摩尔定律，是技术进步不可忽视的力量，但也是技术研发与产品开发自主推进动力较大的领域。

颠覆性创新指在技术或产品中产生了实质性的变化，由于技术发展过程中的重大突破产生出跳跃性革新应用的创新。一般以某行业技术或若干行业综合技术的进步作为先导，往往对原有的技术模式、整个行业构成致命威胁，甚至可能导致新行业的诞生，如互联网、电脑、智能手机的出现。颠覆性创新一般需要经过较长时间的培育期，在初期难以显现明确的价值，并且存在较高的失败风险，自发推进的动力不足，更加需要外界的推动力量。然而，颠覆性创新成功应用后对传统的冲击和其产生的变革性进步又具有极高的战略价值和经济价值，相对落后的国家通过颠覆性创新能够实现产业升级赶超，向产业链高端转移，获取更高的利润，并能够提升国家竞争实力。因此，在筛选推动航天科学技术为经济社会服务的重点领域研究中，更侧重于推动颠覆性创新活动的开展。

3.1.2 纵坐标——社会价值

经济价值是航天科学技术服务经济社会直接创造的收益，而战略价值是航天科学技术所产生的政治价值、军事安全价值、科技进步等间接作用的综合体现。经济价值和战略价值都不可偏废，但是由于产生的价值的外部性不同，推动其发展的手段则有区别。

战略价值需要政府的全面支持推动。航天科学技术给国家安全及人民生活带来了更好的保障，在整体上提高国家在某方面的水平和能力，使社会获得进步等，都是航天科学技术创造的社会价值。这类价值具有非排他性，创新投入主体很难针对这类价值获取合理的收入，缺少自主投入研发的动力。然而，从社会整体角度来看，航天科学技术所形成的各种形式的成果，使更多的人有"搭便车"的机会，形成广泛的社会价值，这正是航天科学技术优势的体现。因此，创造较高社会价值的航天科学技术需要政府的全面支持。

经济价值需要发挥市场的作用，政策适当引导。航天科学技术创造的经济价值是国民经济重要的组成部分，经济价值既能增加国民收入又能够反哺航天科学技术的可持续发展。经济价值是通过明确的产权界定来获取收益的，因此，航天科学技术创新主体自发推动经济价值的动力相较战略价值更为充足。而完善的政策环境是发挥好航天科学技术创新主体的主动性必不可少的条件，政府应以适当引导为主。

3.2 航天重点发展领域推动方式探讨

航天重点发展领域可按象限分类为以下四种（图1）。

第Ⅰ象限：该象限中的航天科学技术以颠覆性创新为主，以研发周期长、投入成本高、科研环境要求高、预期经济效益显著不明显为特征。主要包括深空探测、空间科学、空间基础设施等。该象限推动方式为政府全面支持。

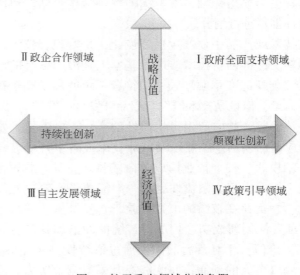

图1 航天重点领域分类象限

第Ⅱ象限：该象限以持续性创新为主，主要为改进性科学技术开发，战略价值较为显著，经济价值较弱，主要包含产业化共性技术。此象限中的航天科学技术科研活动符合开放性、通用性的特征。这一象限自主投入动力不足，需要政府与企业等主体合作支持。

第Ⅲ象限：该象限的航天科学技术以持续性创新为主，经济价值较为显著。主要包含成熟产品的改进（如航天技术转化产品的换代升级），以提高劳动生产率、资源利用率和经济价值产出率等具体应用问题为主，该领域的研发成果可以实现一定程度的产权保护，具有一定的市场竞争性，该象限以自主发展为主。

第Ⅳ象限：该象限以解决航天重大应用性创新问题为导向，该类研发活动瞄准航天科学技术及应用的战略前沿领域，为航天产业跨越式的增产、增收和增效服务，对实现并维护我国航天产业在一定区域内的核心竞争力具有决定性影响。该领域的研发成果在一定程度上具有一定的排他性，经济价值高，推动方式以企业为主，政府提供政策引导。

4 推动航天科学技术服务经济社会的建议

4.1 以政府为主导加强空间基础设施建设的持续性

在国家民用空间基础设施规划中对公益性、公益先导性、科技发展性卫星平台和载荷进行统筹规划，避免重复建设，实现效益最大化。在持续建设天网的同时，注重加强地面应用系统建设和协调管理，解决将现有卫星"用好"的基础设施问题。

4.2 政府发挥引导作用推进地理信息产业市场化发展

一是着重统筹规划导航、遥感数据共享平台的建设。面向大众提供涵盖陆海大气、覆盖全球的、能够及时更新的遥感数据共享平台，满足各地、各层级政府对城镇规划建设的基本需求、预警和防范自然灾害的需求，满足民众保护自身健康对环境信息的需求、满足科学技术跨学科探索的需求、满足商业创新对基础数据的需求等。二是充分发挥政府在商业遥感发展中的重要作用。我国商业性遥感技术应用市场还处于发展初期，需要政府通过政策引导或财税杠杆等多种软性手段，率先在国家重大行业、重大项目中大规模推广国产遥感技术商业应用，重点鼓励、扶持中小型专业化公司发展。并依据优先采购政策，与国产商业卫星或具有商业价值的公益类遥感卫星签订长期购买合同，支持自主商业性遥感卫星的持续发展。

4.3 企业着力提升航天科学技术转化应用水平

企业需要审慎选择转化应用领域。航天科技成果只有同大众需要、市场需求相结合，完成从科学研究、实验开发、推广应用的三级跳，才能真正实现创新价值，实现创新驱动发展。企业或众创空间对创新的内容需要有一个整体规划，沿着一定的路线有目的地推进。以充分的社会调查为基础，结合经济社会发展需求，选择在贴近大众生活的健康医疗、社会救助、交通旅游等领域，在改善工业生产与管理的航天装备等领域，开展应用技术的研发设计或者航天科学技术的二次开发，逐步开辟出新的细分市场，培养新的经济增长点。

日本第十次技术预见及其启示

孙胜凯 魏 畅 宋 超 裴 钰

（中国航天系统科学与工程研究院，北京，100048）

摘要： 日本将技术预见作为一项系统性国家科技政策，长期坚持并卓有成效地开展。目前已开展了十次技术预见活动，对推动日本科技发展部署、企业技术创新与管理能力提升发挥了重要作用，并对深入认识技术发展规律具有重要意义。本研究较系统地介绍了日本第十次技术预见的方法、模式、实施体制及调查流程，分析了其主要经验与问题，为我国开展技术预见活动提供借鉴。

关键词： 日本；技术预见；课题解决型；情景规划；德尔菲调查

1 日本技术预见概述

1971 年，日本开始在全国范围内组织开展第一次大规模的技术预见活动，成为最早由政府组织实施大规模技术预见的国家。随后，日本每五年组织一次技术预见，每次预见跨度为 30 年。到 2016 年，日本已经进行了十次技术预见，每次技术预见活动都为未来 15～30 年的科技发展提供了方向和目标，成为世界上开展技术预见最具影响力的国家，是许多国家和地区开展技术预见活动的样板。

这十次技术预见活动不断创新完善，水平和影响力不断提高，大致可以分为三个阶段[1]：第一～第四次为起步探索阶段，技术预见的领域分类和项目个数不断增加和调整，分类体系日趋完善；第五～第七次为改进完善阶段，实施步骤更加完善合理，问卷的设计、参与者的选取都更加客观；第八～第十次为成熟丰富阶段，预见方法更加多元化，其中，第八次在德尔菲法的基础上同时引入了需求分析法、文献计量法和情景分析法协同研究，并注重学科间的融合，增加了"产业基础结构""社会基础结构""社会科学与技术"三个社会技术方面的基础领域，社会技术方面的技术课题几乎占技术课题总数的 1/4；第九次在应用德尔菲法和情景分析法的同时开展了区域创新能力的调查，并且更加关注科技对社会发展的影响和贡献；第十次技术预见的特征为课题解决型情景规划[2]，注重科技政策与创新政策一体化，采用了未来愿景、德尔菲法和情景分析法，这些方法相辅相成，提高技术预见的科学性和准确性。

2 日本第十次技术预见的主要方法和模式

2.1 课题解决型情景规划方法

日本第十次技术预见由日本国家科技政策研究所（National Institute of Science and

Technology Policy of Japan，NISTEP）负责组织。在第十次技术预见前期，开展了课题解决型情景规划。课题解决型情景规划即为解决一个课题而进行的多选项研究，分析在经济效果、财政负担、技术实现的可能性及社会实现的困难性、社会接受性等产生折中选择时的情况，探讨更有效的政策选项。具体流程为，首先开展了未来社会愿景调查，其次根据愿景提出未来可能实现的科学技术并对其进行评估，最后基于提出的相关科学技术群开展多选项研究，进而创建未来情景，通过技术情景与社会情景的组合分析，提出政策选项，实现科技政策与创新政策一体化。日本第十次技术预见前期课题解决型情景规划流程如图 1 所示。

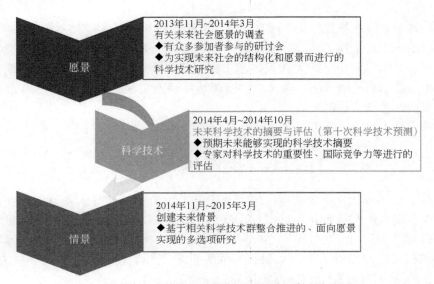

图 1　日本第十次技术预见前期课题解决型情景规划流程

　　例如，在由老龄化导致人口减少的社会中，对劳动年龄人口（按人口统计，生产活动中坚力量中的 15～65 岁人口）的生产性影响最大的疾病是糖尿病。解决此问题的科学技术政策选项包括：

（1）依据捕捉 β 胰细胞微细变化的成像技术和制造商的预知技术开发来介入早期治疗；

（2）依据注入和再生被破坏的 β 胰细胞的再生医疗来介入末期治疗；

（3）通过可大量生产的低分子医药取代胰岛素来降低药价；

（4）导入运动疗法、饮食疗法等生活指导，依据预防开发技术介入亚健康等。

2.2　日本第十次技术预见调查概况

2.2.1　调查目的

　　日本第十次技术预见的主要目的是面向未来的目标社会，对科学技术发展方向进行研究，以利于国家科学技术创新相关政策及战略的制定；同时，也将提高未来学术发展与企业发展的可能性作为目标。以此为目标，就实现目标社会所需的科学技术中长期发

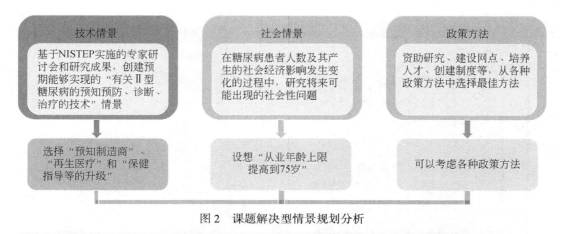

图2　课题解决型情景规划分析

政策选项1	投资所有技术开发支援	300亿日元※1	2-4全部实现	2-4全部实现	政策目标
政策选项2	集中投资预知制造商技术的开发支援	100亿日元※1	2020年左右实现	普及比例50%※2	政策目标
政策选项3	集中投资再生医疗技术的开发支援	100亿日元※1	2025年左右实现	普及比例15	政策目标
政策选项4	集中投资提高指导技术的支援	100亿日元※1	2020年左右实现	普及比例50%	政策目标
政策选项5	无政策	-	-	-	

图3　课题解决性方案选择

※1 假想投资总额（设想到实现开发为止，每年的平均投资）；※2 估算，设想一半制造商利用者能改善生活

展（今后30年）方向，以及所需形成的社会系统等收集和分析专家的见解。分析结果阐述了对日本将来非常重要的而且具有很高潜能的科学技术。

2.2.2　技术预见概要

第十次技术预见的展望期为2050年，但是2020年、2030年、2050年也均为技术预见的目标年份。

技术预见包括八个目标领域：①信息技术、分析学；②健康、医疗、生命科学；③农林水产、食品、生物技术；④宇宙、海洋、地球、科学基础；⑤环境、资源、能源；⑥材料、设备、工艺；⑦社会基础；⑧服务型社会。各领域委员会研究其细节及课题，累计共提出932个调查课题。

德尔菲调查是技术预见的主体方法，实施问卷调查的时间为2014年9月1日~9月30日，通过互联网开展问卷调查，委托日本国家科技政策研究所的约2000名专家网络特约研究员及相关学会协会会员开展合作。登记的调查专家共计5237名，其中4309名进行了回答，其中，大学等科研单位占49.1%，企业及其他占36.4%，事业单位占14.5%。年龄范围为：40岁以下占30%，41~50岁占26%，51~60岁占22%，60岁以上占12%，年龄不明占10%。

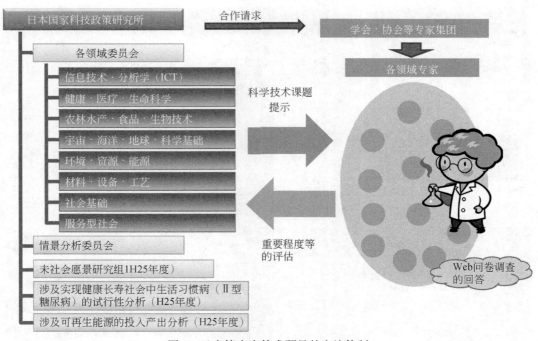

图 4　日本第十次技术预见的实施体制

2.3　日本第十次技术预见问卷调查的主要问题

调查问卷从研发特性、预测实现时期和重点措施三方面进行考量设计（表 1 ~ 表 3）。

表 1　对技术的研发特性调研问卷设计

项目	定义	选项
重要程度	从科学技术和社会两方面考察综合重要程度	从非常高/高/低/非常低中选择其一
不确定性	研发中有许多随机元素，需要容许失败和研究多种方法	
非连续性	研发成果具有市场破坏性和创新性，而不是现在的延长	将回答数值化，并计算评分（非常高：4分，高：3分，低：2分，非常低：1分）
伦理性	研发中需要考虑伦理性和社会可接受性	
国际竞争力	日本比其他国家更具国际竞争力	

表 2　对技术的预测实现时期调研问卷设计

项目	定义	选项
技术实现	预测技术性实现的时期（在包括日本在内的世界某一地区实现）。装备能够获得预期性能等技术性环境的时期（如在研究室阶段预测技术开发时期）。如果为基础课题，则是原理、现象已被科学阐明的时期	从已实现/将要实现/未实现/未知中选择其一

续表

项目	定义	选项
社会实现	在日本的应用，或者以日本为主体进行的在国际社会中的应用时期。实现的技术可用于产品和服务中的时期（或者普及期）。如果为科学技术以外的课题，则是建立制度、确立伦理规范形成价值观、达成社会协议等时期	选择"实现"时，如果为实现年份，则回答2015~2050年的某一年

表3 对技术实现所采取的重点措施调查问卷设计

项目	选项
为达成技术实现而最应采取的措施	从人才战略/资源配置/内外协调与合作/环境治理/其他中
为达成社会实现而最应采取的措施	选择其一

3 日本第十次技术预见的主要结果

3.1 研发特性分析

将各特性的回答数值化（非常高：4分；高3分；低2分；非常低：1分）并计算评分。图5~图9是对各特性相当于主要课题前1/3的310个课题，按领域显示主要课题所占比例。

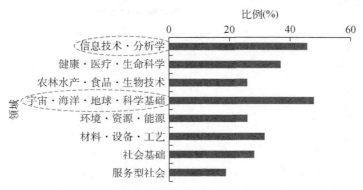

图5 重要程度占参调技术项前1/3的各领域分布

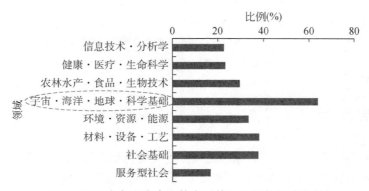

图6 国际竞争力占参调技术项前1/3的各领域分布

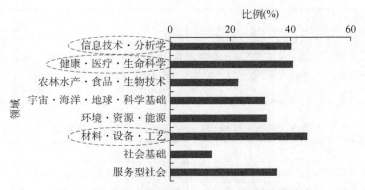

图 7　不确定性占参调技术项前 1/3 的各领域分布

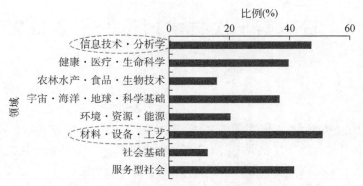

图 8　非连续性占参调技术项前 1/3 的各领域分布

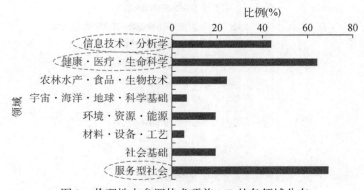

图 9　伦理性占参调技术项前 1/3 的各领域分布

3.2　重要程度与国际竞争力分析

基于调查问卷，可以对所提出课题的重要程度与国际竞争力进行分析。例如，ICT 领域，"HPC"技术方向，重要程度高，国际竞争力也高；"网络安全"和"软件"技术方向，重要程度高，但国际竞争力低（图 10）。

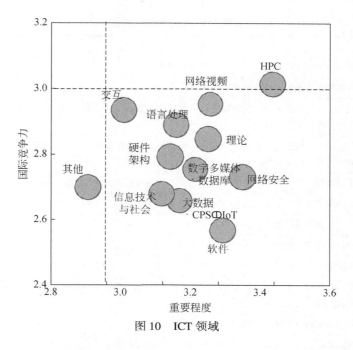

图 10　ICT 领域

　　健康、医疗、生命科学领域（图 11），"再生医疗"技术方向，重要程度高，国际竞争力也高；"新出现和再次出现的传染病"技术方向，重要程度高，但国际竞争力低。

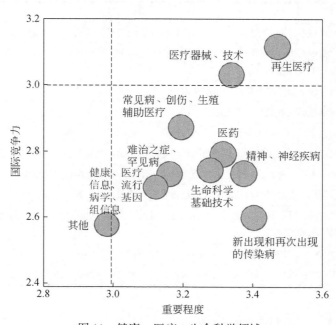

图 11　健康·医疗·生命科学领域

表 4、表 5 为经过调查筛选出来的重要主题。

表 4　重要程度高的 100 个主要课题-1

领域	课题
信息技术	保护个人隐私的数据利用方法开发及其理论保证
信息技术	不包括可远程攻击安全漏洞在内的软件开发技术
信息技术	在 100 万节点以上的超大规模超级计算机及大数据 IDC 系统中，可将性能功率比提高至现在 100 倍的技术
信息技术	即使通过电脑长时间访问，众多网站也实现了易用性和低成本，从安全性方面来说，是可以放心使用的个人认证系统
信息技术	在护理和医疗现场，实时掌握患者的状态，并以低成本提供适用于该状态的系统
健康医疗	廉价且容易导入的失智症护理辅助系统
健康医疗	使听觉和视觉功能再生的医疗技术
健康医疗	抑制从癌前状态发展到致癌的预防药物
农林水产	在沙漠（干燥地带）等不适宜耕种的环境中，也可以收获的农作物
农林水产	在环境和渔业的波动下，预测远东沙丁鱼和金枪鱼等主要渔业资源长期变化的技术和以此为基础的水产资源合理管理技术
农林水产	沿岸区域谋求渔业再生的放射性物质去除技术
宇宙海洋	为在所有活火山中找出下一次要喷火的火山而进行的紧迫性评估

表 5　重要程度高的 100 个主要课题-2

领域	课题
宇宙海洋	在功能性材料中，局部结构和电子状态是判断其功能发现机制及功能控制所不可缺少的信息
宇宙海洋	基于高解析度模拟与数据同化，以 100m 以下的空间分辨率预测数小时以后的局部暴雨、龙卷风、冰雹、打雷、下雪等技术
环境资源	海洋矿物资源采集所需的采矿、运矿技术
环境资源	因气候变动而影响食品生产的预测技术
环境资源	在发展中国家可为一般大众利用的经济性污染水净化和再利用技术
材料	即使采用现行大小、重量，也具有持续行驶距离达 500km 性能的汽车用二次电池
材料	不增加单位面积功耗而提高信息处理能力，用 1 个芯片实现现在超级计算机性能的集成电路技术
材料	一种可以预测具有要寻找的功能和性能结构本身的模拟技术，而不是赋予其结构后预测其功能和性能
社会基础	实现起降时的低噪音化和飞行时的低排气化，进而达到降低机体摩擦阻力、提高发动机燃烧效率目的的低污染、节能型飞机
社会基础	100 万 kW 级反应堆的废堆技术与放射性核废物处理技术的确立
服务	人工检查成本高或危险性建筑和基础设施检查中需要机器人检查的技术普遍化

3.3　重要程度与非连续性分析

按照不同类别技术的发展态势和特点进行发展策略分析，是技术政策制定的重要支撑，也是技术预见的重要目的。本次技术预见中，对重要程度高的前 1/3 课题的发展潜力、不确定性与非连续性进行了比较分析。重要程度评分占前 1/3 的课题共 312 个，合计其不确定性与非连续性的评分，选出主要 10%（30 个课题）和次要 10%（30 个课题），并按国际竞争力分别对上述主要课题和次要课题进行排列，得到图 12。

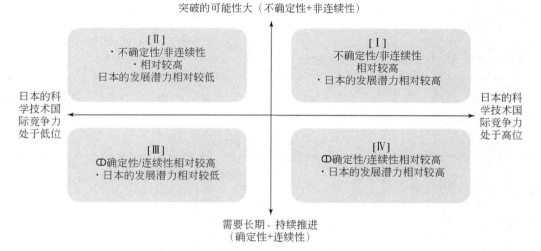

图 12　重要程度分析

进一步对四类情况分析，可以将技术分为四类。

类别Ⅰ：不确定性与非连续性相对较高，日本的发展潜力也相对较高，主要集中于再生医疗、汽车用燃料电池·二次电池、地震发生预测等技术方向，见表 6。

表 6　类别Ⅰ统计结果

领域	课题	重要程度	不确定性	非连续性	国际竞争力	实现时间
信息技术	依据纳米光子技术，将每单位传输数据量的功耗降低至现在 1/1000 的网络节点	3.5	3.0	2.9	3.2	2025 2030
健康医疗	了解分化细胞初始化机制的全貌	3.5	2.9	2.9	3.4	2023 2025
健康医疗	无须从分化细胞进行基因转移即可生成 iPS 细胞等干细胞的技术	3.5	3.0	2.9	3.2	2020 2025
农林水产	物流中，无须冷冻·冷藏也可保存新鲜食品 1 周左右的技术	3.6	3.0	2.8	3.3	2023 2025
宇宙海洋	预测 M7 级以上地震发生时期（1 年以内）、规模、发生地区、受灾情况的技术	3.5	3.6	2.9	3.1	2030 2032
宇宙海洋	通过分析地壳的偏态分布及过去的地震履历等，预测发生 M8 级以上大规模地震的技术	3.5	3.5	2.7	3.2	2030 2030
材料	使用强关联电子的室温超电导材料	3.4	3.4	3.4	3.2	2030 2040
材料	转换效率超过 50% 的太阳能电池	3.5	3.0	2.8	3.1	2025 2030

领域	课题	重要程度	不确定性	非连续性	国际竞争力	实现时间
材料	即使采用现行大小、重量，也具有持续行驶距离达500km 的性能（能源密度为 1kW·h/kg 以上，输出密度为 1kW/kg 以上）的汽车用二次电池	3.6	2.8	2.9	3.3	2025 2030
材料	不使用稀有金属的汽车用高效燃料电池	3.6	3.0	3.0	3.3	2025 2030

类别Ⅱ：不确定性·非连续性相对较高，日本的发展潜力相对较低，主要集中于网络安全、精神疾病、传染病等技术方向，见表7。

表7　类别Ⅱ统计结果

领域	课题	重要程度	不确定性	非连续性	国际竞争力	实现时间
信息技术	在弄清计算的困难性后，实现新的计算模型：以从理论上解决计算困难问题的模型为基础，构建现实且极限性的解决问题平台	3.5	3.0	3.0	2.9	2027 2035
信息技术	识别攻击者攻击模式的动态变化，并自动实施适于其攻击的防御技术	3.6	3.0	2.9	2.7	2020 2022
信息技术	防止可访问系统的人实施内部犯罪的技术	3.6	3.1	2.8	2.7	2020 2024
健康医疗	继低分子化合物·抗体·核酸之后的新功能分子医药	3.5	3.0	3.0	2.8	2024 2025
健康医疗	根据阐明的精神分裂症大脑病理，制成了配合回归社会且副作用少的新抗精神病药	3.5	3.0	2.8	2.7	2027 2031
健康医疗	根据抑郁症大脑病理的亚型诊断分类，创造了具有速效性且不复发的新抗抑郁症治疗法	3.5	3.0	3.0	2.7	2025 2029
健康医疗	根据阐明的双极性障碍大脑病理，制成了可预防再发且副作用少的新型情绪稳定剂	3.5	3.0	2.8	2.8	2028 203
健康医疗	根据自闭症谱系障碍的大脑病理，创造了可进行自主社会生活的治疗和介入法	3.4	3.1	2.9	2.6	2025 2030
健康医疗	不受病毒抗原变异等的影响，可在数次接种中预防终身感染的流感疫苗	3.4	3.3	3.0	2.5	2025 2030
材料	并非赋予其结构并预测其功能和性能，而是可以预测具有功能和物理性能结构自身的模拟技术	3.5	3.0	2.9	2.9	2025 2030

类别Ⅲ：确定性·连续性相对较高，日本的潜力相对较低，集中于网络技术、医疗数据的使用、林业、监视等技术方向，见表8。

表 8　类别Ⅲ统计结果

领域	课题	重要程度	不确定性	非连续性	国际竞争力	实现时间
信息技术	自动构成有线和无线综合网络的技术，以使使用者未意识到变化，而可利用的状态时刻都在变化的网络访问	3.4	2.3	2.3	2.9	2020 2022
信息技术	根据动态适应系统内外部动作状况实施的网络虚拟化技术，可靠度高且持续提供期望服务的网络	3.4	2.3	2.4	2.9	2020 2020
健康医疗	基于合理利用生活方式大数据的疾病预防法	3.4	2.3	2.3	2.7	2020 2025
健康医疗	合理利用电子病历卡系统、检查和处方等医疗数据及各种网络数据，基于全面传染病监测系统的传染病流行预测和报警系统	3.5	2.3	2.2	2.5	2020 2022
健康医疗	使用病原体数据库的未知病原体分离鉴定技术	3.5	2.4	2.3	2.7	2022 2025
农林水产	确立基因改变农作物和动物的安全性评估法	3.6	2.3	2.3	2.7	2024 2025
农林水产	为应对人工林从间伐期到全伐（伐光）期，确保采伐后再生产的造林技术	3.5	2.3	2.0	2.3	2021 2025
农林水产	为实现写字楼等中高层木质建筑物而开发的高强度木质构件和木质耐火结构	3.4	2.2	2.3	2.6	2020 2025
宇宙海洋	面向确保国民安全和产业利用，通过人造卫星进行的 24h 高精度国土监视系统	3.5	2.2	2.2	2.9	2025 2025
社会基础	可用于低高度自主飞行领海监视、灾害监视、救援辅助等多种用途的无人驾驶飞机	3.4	2.3	2.3	2.9	2020 2025

类别Ⅳ：确定性·连续性相对较高，日本的发展潜力相对较高，集中于电子束应用（材料、治疗）、高效发电、资源再利用等技术方向，见表 9。

表 9　类别Ⅳ统计结果

领域	课题	重要程度	不确定性	非连续性	国际竞争力	实现时间
健康医疗	使用不妨碍日常生活并可在短期间内进行癌症治疗的、强度调变式小型粒子束照射装置的疗法	3.5	2.2	2.2	3.3	2025 2030
宇宙海洋	在未铺设海底电缆系统的海域观测浮标式海啸及地壳变动的技术	3.5	2.2	2.3	3.4	2025 2030
宇宙海洋	在软 X 射线领域超过 SPring-8 的中型高亮度辐射光设施（电子能源 3 GeV，水平发射度 1.2 nmrad 以下、亮度 1020phs/s/mm²/mrad²/0.1% B. W. 以上）	3.6	2.0	2.6	3.4	2020 2020
宇宙海洋	使用中子和 X 射线，在实际运转过程中使功能材料、结构材料的三维应力和偏态分布可视化，并现场观测的技术	3.5	2.2	2.4	3.2	2020 2022

续表

领域	课题	重要程度	不确定性	非连续性	国际竞争力	实现时间
宇宙海洋	根据基于光纤网络的频率链接技术，远程也可同样利用高精度标准、基准信号、位置信息等的技术（使用光载波频率的基于光纤连接技术、光速传输技术、时间同步的 GPS 技术高稳定化、超高精度化技术等）	3.4	2.2	2.4	3.2	2021 2025
环境资源	实现46%效率（HHV基准）的720℃级超临界压火力发电	3.4	2.4	2.2	3.3	2022 2025
环境资源	基于大规模、高效汽轮机（进口温度在1700℃以上）的大型联合循环发电	3.4	2.3	2.2	3.2	2021 2025
环境资源	从小型电子设备类、核废物和水下污泥焚烧飞灰中合理回收利用稀有金属的技术	3.4	2.4	2.2	3.2	2022 2026
环境资源	在发展中国家可为一般大众利用的经济性污染水净化和再利用技术	3.6	2.3	2.1	3.2	2020 2025
服务型社会	以失智症的逛游患者为首，普及一般消费者能够自然掌握的看守终端技术	3.5	2.2	2.3	3.2	2020 2022

3.4 重点措施分析

对技术预见调查得到的重点措施结果的统计分析如图 13 所示。由图 13 可见，为达成

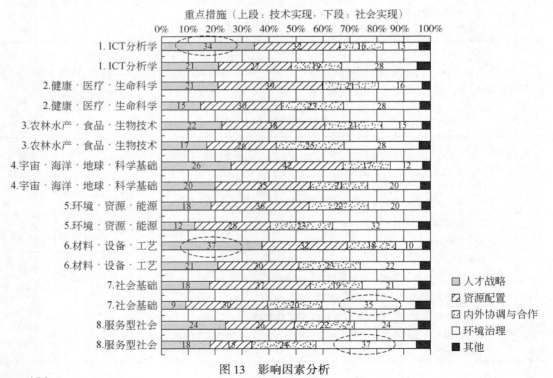

图 13 影响因素分析

技术实现，人才战略及资源配置的优先级较高。应特别向人才战略倾斜的领域包括 ICT、材料·设备·工艺。为达成社会实现，需要提高内外协调与合作及环境治理的优先级、特别向环境治理倾斜的领域包括社会基础及服务型社会。

4　日本技术预见对我国的启示

日本在 20 世纪 60 年代提出技术预见方法并于 70 年代开展实践，与当时日本经济的转型发展需求密不可分，日本经济在大力学习和引进国外先进技术的推动下快速发展，在 GDP 超越德国成为世界第二后，在许多领域都已经世界领先，成为引导者。面对角色的转变，如何制定合适的科技政策、保持经济的持续发展，成为日本政府十分关心的问题，客观上需要政府在制定科技政策时要有前瞻性和预见性[3]。当前，我国处于创新驱动发展和经济转型升级的关键时期，面向建设科技强国的战略目标，需要借鉴日本的经验，充分重视技术发展的不确定性和非连续性，高度重视社会需求、政策措施等因素对科技发展的作用，面向我国全面建成小康社会的愿景目标，系统开展科技发展路径研究，主动谋划和塑造未来，引领世界科技发展趋势。

参 考 文 献

[1] 范晓婷，李国秋．日本技术预见发展阶段及其未来趋势分析 [J]．竞争情报，2016，12（3）：37-42.
[2] 文部科学省科学技術·学術政策研究所科学技術動向研究センター．第 10 回科学技術予測調査 [EB/OL]．[2015-08-12]．http：//www. nistep. go. jp/aehiev/ftx/eng/mat077e/html/mat077ae. html.
[3] 陈春，肖仙桃，孙成权．文献计量分析在日本技术预见中的应用 [J]．图书情报工作，2007，51（4）：52-55.

新常态下航天企业固定资产投资审计模式研究

刘 健[1] 于 泽[2]

（1. 中国航天系统科学与工程研究院, 北京, 100048）

（2. 中国航天科技集团公司, 北京, 100048）

摘要：从新常态的内涵与表现出发, 结合航天企业固定资产投资审计实际, 以提高固定资产投资效益, 使审计充分发挥经济"免疫系统"的功能为目的, 创造性地提出了全过程风险导向综合绩效审计模式。该新型审计模式顺应新常态下航天企业发展形势, 能够促进航天企业加强固定资产投资审计工作, 更好地服务于新常态下的企业发展。

关键词：固定资产投资审计；系统工程；风险导向；绩效审计

1 引 言

自党的十八大以来, "新常态"成了热议的高频词汇[1]。在经济领域, 新常态体现为：我国经济的增长速度从高速转变中高速, 同时经济结构得以优化升级, 逐步从要素驱动、投资驱动转向创新驱动。谋求发展的同时要摒弃一味追求速度而忽视资源节约、环境保护、科学发展等要求[2]。

新常态对航天企业的固定资产投资审计（简称"投资审计"）工作提出了新的任务和挑战, 作为经济"免疫系统"[3]的重要组成部分, 投资审计如何顺势而上、有所作为？这就需要对其审计定位、职能和方式方法进行调整[4], 归根结底, 是要对投资审计模式进行改进和创新。

目前, 航天企业在投资审计方面以竣工财务决算审计的方式为主, 审计重点在于项目建设过程的合法合规性及会计估计的真实准确性。对其他审计方式, 如跟踪审计, 正在部分项目中尝试开展。总体上看, 航天企业的投资审计虽然取得了一定的成效, 但在新常态下的投资审计价值尚未得到充分体现, 体现在以事后审计为主的方式难以对事先的情况进行预防和控制, 审计反馈的信息也存在明显滞后的情况, 对工程项目进程中的一些舞弊现象无法把控, 特别是隐蔽工程部分[5], 容易导致由信息失真而造成的审计结论偏颇的风险方面。

2016 年 6 月, 审计署在其发布的《"十三五"国家审计工作发展规划》中提出"对重大投资项目、重点专项资金和重大突发事件开展跟踪审计。大力推行现代综合审计模式, 创新审计管理模式和组织方式"[6]。在这样的新形势下, 为了使航天企业的投资审计工作在新形势下更好地发挥职能作用, 本文研究提出了新型的全过程风险导向综合绩效审计模式。

2 全过程风险导向综合绩效审计模式分析

2.1 内涵

全过程风险导向综合绩效审计模式（简称"综合审计模式"），指以项目管理理论为基础，以新常态下航天企业固定资产投资目标为导向，以项目进度（工期）、项目质量、项目成本管理活动为重点审计内容，遵循全过程跟踪审计的业务逻辑，运用风险导向审计的方法，最终实现项目综合绩效最大化的制度设计与安排[7]。它是在特定背景下，由多种审计相关理论与方法综合集成的产物。

投资项目的效益不仅来自项目本身涉及的人力、财力和物力，很大程度上也来自项目中的各项管理活动。而项目管理的核心就在于管理者如何在项目的"三重约束"[8]——进度、质量、成本中寻求平衡，最终实现项目管理的目标。传统的绩效审计讲究的经济性、效率性、效果性，应该属于综合审计模式中的一部分，作为评价主线贯穿综合审计始终。考虑到航天企业固定资产投资规模和复杂程度的日益扩大和增加，引入风险导向审计，谨防投资风险。

2.2 特征

1）系统性

综合审计模式结构如图1所示。它是一个相对独立且复杂的内部审计系统，包含财务审计、造价审计、管理审计、质量审计、效益审计等审计要素，并且围绕综合绩效最大化[9]的目标，通过综合审计模式追求的真实性、合规性和效益性相互联系并影响。

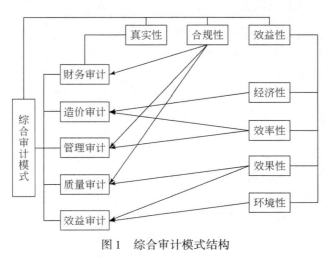

图1　综合审计模式结构

2）增值性

综合审计模式的有效施行是航天企业价值链中的一项辅助活动，其核心宗旨就是为航天企业提升价值。这种增值性体现在两方面：一是通过审计为企业减少损失，如果减少的损失高于审计的成本，则能够实现航天企业价值的提升；二是综合审计能够对企业管理者和相关职能部门起到威慑作用，促使其加强内部控制，优化审计资源配置，从而为航天企业增加"潜在价值"。

3）时效性

综合审计模式遵循新常态科学发展的思想，在效益性中引入了环境性评价项，实时监督固定资产投资活动是否以牺牲环境为代价提高效益，符合新常态下航天企业的固定资产投资向环保领域倾斜的形势，并且能够适应新常态下内部审计环境的客观转变，合理调配审计资源，提高审计效率。

3 全过程风险导向综合绩效审计模式构建

3.1 总体方案

综合审计以全面评估固定资产投资项目的风险为基础，充分把握易出现风险的审计环节，对其进行重点监控。综合审计模式的总体实施方案及路径如图2所示。

开展综合审计时，对项目进行充分的审前调查是十分必要的。首先，从系统的角度，对固定资产投资项目进行总体层面分析，包括项目背景信息、项目所处的内外部环境等要素，充分了解项目系统级风险产生的背景及源头；其次，明确审计目标。

在制定审计计划时，要始终保持审计重点对审计目标的统一指向性，充分了解并梳理对项目影响重大的关键流程，采用定性与定量相结合的方法对其进行风险评估，结合风险应对措施制定完备的审计实施方案。

在审计方案实施阶段，审计人员需要持续评估审计程序的执行结果，以此为基础，对针对不同业务流程设定的审计程序进行评估，确认其是否充分，若存在瑕疵则予以修订，如此循环进行，最终完成审计程序，出具审计报告，提出管理建议。

在审计路径方面，如图2最右侧所示。传统的制度导向审计模式的路径是由下而上，而综合审计模式的路径恰好相反，首先确立投资项目的目标，然后紧密围绕目标评估业务进行中影响目标实现的风险并且提出控制风险的手段，审计人员的最终目标就是有效地管控投资风险，而不是一味地拘泥于制度的控制，这充分体现了投资审计对企业目标实现的价值所在。

3.2 审计方法——杜邦沸腾壶模型

综合审计模式在实施过程中采用抽样的方法分配审计资源，根据风险评估结果，在高风险领域分配主要的审计资源，有的放矢，提高审计效率。在综合审计模式中，拟采用当前流行的美国杜邦公司的"沸腾壶"风险审计模型[10]，如图3所示。

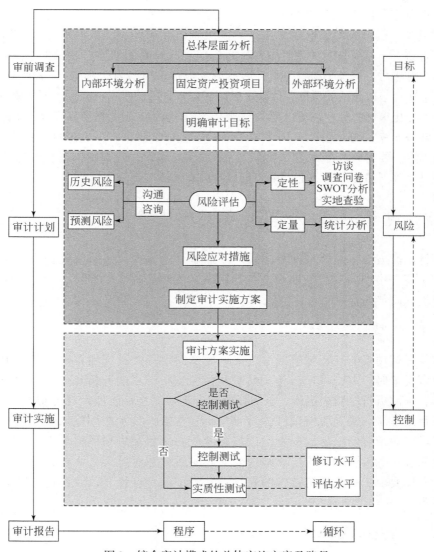

图2 综合审计模式的总体实施方案及路径

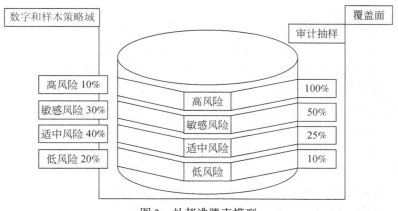

图3 杜邦沸腾壶模型

该模型基于风险管理理论与方法，将企业风险作为审计对象，且将风险划分为高风险、敏感风险、适中风险、低风险四个不同级别。在审计时，根据风险级别的高低配置不同的审计资源，通常配置的审计资源随风险级别的升高而增加。在图3中，采用图形模拟这种审计方法时，构成图类似壶状，因而形象地称该模型为"沸腾壶"模型。该模型直观地反映了审计与风险的关系面，体现了风险管理审计的精髓——根据不同风险配置不同审计资源的差异化审计思想。在该模型中，风险因素的结构一般是按照高风险、敏感风险、适中风险和低风险来划分，占比分别为10%、30%、40%和20%。在据此分配审计资源时，对高风险因素需要百分之百地详细审计，对敏感风险因素一般在提供资料中抽样50%来审计，适中风险因素的抽样比例是25%，低风险因素抽样比例仅10%即可。

3.3 审计内容——"三阶段"跟踪审计

在审计内容方面，综合审计模式采用跟踪审计的方式，按照航天企业固定资产投资项目前期决策、中期实施、后期竣工三个阶段，逐步从财务、造价、管理、质量、效益五方面开展风险导向审计。

3.3.1 决策阶段审计

决策是投资项目的基石和航标，决策审计是固定资产投资项目审计模式中的最高阶段。在投资决策时，需要对项目相关情况和指标进行详尽的分析和预测，对其经济效益进行评价，编制可行性研究报告，保障投资的合理性。在该阶段审计的重点内容应包括：①投资项目的发展前景及可持续性，是否与企业在航天技术应用领域、高技术民品市场拓展及促进产业结构调整方面的发展战略相匹配；②预测资料的科学性、合理性和论证资料的可靠性；③投资方案的选择是否能够适应新常态对航天企业在经济结构和创新驱动方面的发展要求，是否满足技术的先进性和经济的合理性，以及投资方案的经济效益是否可观等。

3.3.2 实施阶段审计

实施阶段是投资项目的主体部分，情况最为复杂且耗时最长。实施阶段包括设计、发包、施工三个重点环节，各环节的审计重点如下。

1）设计环节

设计环节的审计宗旨是保证投资项目的设计概算小于投资估算。在该环节可将"项目价值分析"和"项目限额设计"两种审计方法综合使用，以解决项目的平面设计和空间设计问题，同时将建材、设备、工艺等设计内容的组合最优化后，保障项目功能合理、技术先进，进而确定设计概算和投资上限。因此，在设计环节要重点审查设计概算和施工图预算的准确性，具体内容包括：①总体设计方案的合理性与先进性，是否符合航天产业政策和宏观经济形势的要求，是否留有后续改进的余地；②施工图、结构图等设计图纸的齐整性、合理性和规范性；③材料、设备等设计预算价格的准确性，采用定额指标的合理性；④施工预算中的工程类别划分、各项取费的准确性，是否存在概算外列支不合理支出的现象，以及施工图预算是否超过设计预算等。

2）发包环节

发包环节涉及项目招标与合同签订这两项受法律严格约束的行为，其是投资项目的关键一环。对该环节的审计需严格以国家相关法律法规为依据，重点审查以下内容：①承包商的选择是否经过严格的资格审查等规范程序；②招标方式、招标程序等是否合法合规，以及招标文件的编制是否科学准确等；③发包方式选择及合同条款的规范性等。

3）施工环节

施工环节是投资项目实施的实质阶段。该环节审计的宗旨在于施工造价是否严格按照施工图预算或合同承包价进行。审计重点内容包括：①承包单位的施工方案和施工进度能否满足预期经济效益的要求；②隐蔽性工程的工程量计量及施工做法的合规性；③材料、设备的价格是否受市场规律影响而使工程造价增加；④其他导致工程造价提高的情况。

此外，在投资项目实施阶段，各项需要管理部门审批的环节是否严格履行权限，特别是航天产业与国家安全息息相关，投资项目资料及合同的真实性等问题也需要重点审计。

3.3.3 竣工阶段审计

竣工阶段审计是投资项目能否顺利验收交付的关键。该阶段包括竣工结算和竣工决算两方面审计内容。

竣工结算审计的目标是项目竣工结算的总金额不能超过施工图预算价或中标合同价。审计的重点内容包括：①结算资料的完备性；②有效竣工图纸的工程量；③项目变更部分和隐蔽工程的真实性；④分部分项工程单价、差价及各类取费的真实性与合理性；⑤项目竣工结算总费用。

竣工决算关注的是项目实际的总造价。在竣工决算审计前，为了避免由审前准备不充分而导致审计进展不顺利的情况发生，需将审计前的审核要点加以固化（表1）。

表1 固定资产投资项目竣工决算请示审核要点

序号	需提供资料清单	审核要点
1	被审计单位审计请示	①红头文件到达航天企业集团公司审计部
		②审核请示内容，被审计项目是否在验收计划中或已提交审计委托
2	可研、初设、各阶段批复及调整情况	①明确被审计项目是否需相关主管部门审批
		②审核项目建议书、可研报告及初设文件
		③审核各阶段批复文件是否按照权限审批
		④项目调整按照审批权限调整，并获得调整批复
3	项目实施与批复对比情况，项目总结报告	①审核项目实施过程中是否出现重大调整，并按照审批权限调整完毕
		②审核项目在可行性研究报告批复或备案后是否长期（超过1年）未开工建设
		③与批复对比，审核项目是否已全部建设完毕

续表

序号	需提供资料清单	审核要点
4	工程规划许可证、施工许可证、土地证	①具备工程规划许可证
		②具备施工许可证
		③具备征用土地证
5	与该项目相关的其他项目可研及批复	①审核项目单体是否独立实施
		②审核相同项目是否通过不同口径报送
6	招投标实施情况汇总清单	①根据有关规定，审核项目招投标的合规性
7	单项（位）工程结算报告	①单项（位）是否完成工程结算
8	其他	①是否存在将建设工程肢解发包
		②建筑安装工程是否实行工程监理
		③项目财务是否独立账套管理
		④其他

竣工决算审计时的重点内容包括：①竣工决算编制的真实性。体现在在建工程与完工工程的划分准确性；交付使用的固定资产的明细表是否符合国家要求；投入成本的合理性等。②项目资金使用的合理性。体现在资金使用方面的内部控制制度的健全性；资金使用用途的合规性等。③税金清缴的及时性。④投资效益的实现性等。

3.4 审计模式运行——项目综合绩效分析

考虑到投资项目的综合绩效并没有统一的衡量标准，本文将从综合审计模式中各审计要素的相互作用出发，从理论上分析使投资项目综合绩效最大化的审计模式如何运行。

在图1中的各项审计要素中，考虑到财务审计和效益审计侧重于事后评价，对投资项目的综合绩效无直接影响，而造价审计、管理审计、质量审计则对项目整体绩效影响较大，在实际审计中也最具可操作性，结合项目管理目标实现的"三重约束"和系统理论，以项目综合绩效最大化为综合审计模式的总体目标系统，造价、质量和工期为三个目标子系统。此外，管理是项目实施过程中实现资源合理配置的有效手段，同时也是实现其

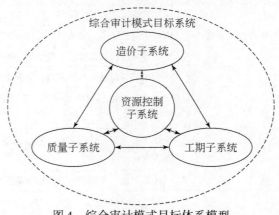

图4 综合审计模式目标体系模型

他子目标的前提。因此，将资源控制也作为一个子目标与造价、质量、工期构成一个整体。综合审计模式体系模型如图 4 所示。

在现实思维层面上，固定资产投资项目整体绩效取决于项目实施过程中造价、质量、工期、资源控制的整体协同，因此，可将投资项目综合绩效 IP 表示为

$$IP = f(S_c, S_q, S_t, S_r)$$

式中，S_c 为造价子系统；S_q 为质量子系统；S_t 为工期子系统；S_r 为资源控制子系统。

设项目初始状态为 χ_0，则投资项目综合绩效 IP 在初始状态可表示为

$$IP = f(S_c, S_q, S_t, S_r)_0 + \left[\left(\frac{\partial f}{\partial S_c}\right)_0 \delta S_c + \left(\frac{\partial f}{\partial S_q}\right)_0 \delta S_q + \left(\frac{\partial f}{\partial S_t}\right)_0 \delta S_t + \left(\frac{\partial f}{\partial S_r}\right)_0 \delta S_r \right] +$$

$$2\left[\left(\frac{\partial^2 f}{\partial S_c^2}\right)_0 (\delta S_c)^2 + \left(\frac{\partial^2 f}{\partial S_q^2}\right)_0 (\delta S_q)^2 + \left(\frac{\partial^2 f}{\partial S_t^2}\right)_0 (\delta S_t)^2 + \left(\frac{\partial^2 f}{\partial S_r^2}\right)_0 (\delta S_r)^2 \right] +$$

$$\left(\frac{\partial^2 f}{\partial S_c \partial S_q}\right) \delta S_c \delta S_q + \left(\frac{\partial^2 f}{\partial S_c \partial S_t}\right) \delta S_c \delta S_t + \left(\frac{\partial^2 f}{\partial S_c \partial S_r}\right) \delta S_c \delta S_r + \left(\frac{\partial^2 f}{\partial S_q \partial S_c}\right) \delta S_q \delta S_c + \cdots$$

若令

$$N^1 = \begin{bmatrix} \left(\frac{\partial f}{\partial S_c}\right)_0 \delta S_c & 0 & 0 & 0 \\ 0 & \left(\frac{\partial f}{\partial S_q}\right)_0 \delta S_q & 0 & 0 \\ 0 & 0 & \left(\frac{\partial f}{\partial S_t}\right)_0 \delta S_t & 0 \\ 0 & 0 & 0 & \left(\frac{\partial f}{\partial S_r}\right)_0 \delta S_r \end{bmatrix}$$

则：

$$N^2 = \begin{bmatrix} 2\left(\frac{\partial^2 f}{\partial S_c^2}\right)_0 (\delta S_c)^2 & \left(\frac{\partial^2 f}{\partial S_c \partial S_q}\right) \delta S_c \delta S_q & \left(\frac{\partial^2 f}{\partial S_c \partial S_t}\right) \delta S_c \delta S_t & \left(\frac{\partial^2 f}{\partial S_c \partial S_r}\right) \delta S_c \delta S_r \\ \left(\frac{\partial^2 f}{\partial S_q \partial S_c}\right) \delta S_q \delta S_c & 2\left(\frac{\partial^2 f}{\partial S_q^2}\right)_0 (\delta S_q)^2 & \left(\frac{\partial^2 f}{\partial S_q \partial S_t}\right) \delta S_q \delta S_t & \left(\frac{\partial^2 f}{\partial S_q \partial S_r}\right) \delta S_q \delta S_r \\ \left(\frac{\partial^2 f}{\partial S_t \partial S_c}\right) \delta S_t \delta S_c & \left(\frac{\partial^2 f}{\partial S_t \partial S_q}\right) \delta S_t \delta S_q & 2\left(\frac{\partial^2 f}{\partial S_t^2}\right)_0 (\delta S_t)^2 & \left(\frac{\partial^2 f}{\partial S_t \partial S_r}\right) \delta S_t \delta S_r \\ \left(\frac{\partial^2 f}{\partial S_r \partial S_c}\right) \delta S_r \delta S_c & \left(\frac{\partial^2 f}{\partial S_r \partial S_q}\right) \delta S_r \delta S_q & \left(\frac{\partial^2 f}{\partial S_r \partial S_t}\right) \delta S_r \delta S_t & 2\left(\frac{\partial^2 f}{\partial S_r^2}\right)_0 (\delta S_r)^2 \end{bmatrix}$$

其中，N^i（$i = 1, 2, 3 \cdots n$）以此类推，利用单位行矩阵 $\boldsymbol{I} = [1, 1, \cdots, 1]$，有综合绩效变化值 δIP 为

$$\delta IP = IP - f(S_c, S_q, S_t, S_r)_0 = \boldsymbol{I}(N^1 + N^2 + \cdots N^n)\boldsymbol{I}^T$$

$$= \boldsymbol{I}N^1\boldsymbol{I}^T + \sum_{i \geq 2} \boldsymbol{I}N^i\boldsymbol{I}^T = \Delta_1 + \Delta_2$$

式中，$\boldsymbol{I}^T$ 为单位行矩阵的转置矩阵；$\Delta_1 = \boldsymbol{I}N^1\boldsymbol{I}^T$ 为 S_c、S_q、S_t、S_r 各自绩效优化对 δIP 的贡献，称为一级优化贡献；$\Delta_2 = \sum_{i \geq 2} \boldsymbol{I}N^i\boldsymbol{I}^T$ 为 S_c、S_q、S_t、S_r 二级及以上相互作用优化对 δIP 的贡献之和，即各子系统整体协同对 δIP 的贡献。在此基础上可能出现六种情况，包括：

（1）$\Delta_1 > 0$，$\Delta_2 > 0$，$\delta IP > 0$；（2）$\Delta_1 > 0$，$\Delta_2 < 0$，$|\Delta_1| > |\Delta_2|$，$\delta IP > 0$；

（3）$\Delta_1 > 0$，$\Delta_2 < 0$，$|\Delta_1| < |\Delta_2|$，$\delta IP < 0$；（4）$\Delta_1 < 0$，$\Delta_2 > 0$，$|\Delta_1| > |\Delta_2|$，$\delta IP < 0$；

（5）$\Delta_1 < 0$，$\Delta_2 > 0$，$|\Delta_1| < |\Delta_2|$，$\delta IP > 0$；（6）$\Delta_1 < 0$，$\Delta_2 < 0$，$\delta IP < 0$。

其中，情况（1）是最理想的，各子系统协同优化促进了系统整体的优化，综合绩效得到提高；情况（2）～情况（5）均为各子系统得到优化，但整体并不协同，不利于系统整体的优化，虽然情况（2）和情况（5）的综合绩效得到提升，但仍有待提高；情况（6）是最差的，不仅各子系统未得到优化，整体协同性也被破坏，综合绩效很低。

因此，各目标子系统的优化并不一定能够提高项目的综合绩效，决定项目综合绩效的关键在于各子系统的优化是否加强了系统整体的协同性，协同程度越高，综合绩效越高。综合审计模式在运行时，应注重各审计目标子系统互相之间的关联作用，各项审计工作应协同有序进行，相辅相成，才能促进综合绩效的提升，提高审计效率，实现审计目标。

4 结　　语

新常态是我国经济发展的必经阶段，也是历史的必然选择。这就要求航天企业在原有基础上进一步开拓创新，持续健康发展。航天企业的固定资产投资审计工作需要跟上新形势，推动新变化，满足新要求。经过研究和探索，本研究提出的综合审计模式可以为航天企业加强固定资产投资审计工作提供有益的借鉴。

综合审计模式中的风险导向方法，能够有效地将审计重心前移，从以单纯的审计测试为中心过渡到以风险评估为中心，审计目标更加明确。同时，审计人员的专业知识也在会计、审计等的基础上扩充了管理知识，更有利于审计工作的开展。

综合审计模式中的跟踪审计形式，不仅能够使项目进行的全过程都得到审计人员的监督和指导，保障各环节操作的规范性，发现问题能够及时解决，避免隐蔽性操作纠纷，提高审计效率，还能有效控制项目成本，提高项目质量，维护各利益相关方的权益。

综合审计模式中追求项目综合绩效最优的目标，能够提醒审计人员协同工作，不片面追求某专项审计活动绩效的最大化而牺牲项目整体绩效的最优。这在思维层面上提升了审计人员的审计意识。

综合审计模式在实践应用中还需要相关主管部门的重视，同时需要在审计人力资源和审计辅助手段上有充分的保障。综合审计模式为航天企业投资审计工作的转型提供了思路，在航天企业改革发展的道路上，固定资产投资审计工作定会日益完善，为企业保驾护航。

参 考 文 献

[1] 章敏健. 也谈新常态 [J]. 全面风险管理与内部控制，2014，(4): 1, 5.

[2] 王海兵，柴家宝. 基于新常态的企业内部控制文化构建研究 [J]. 中国内部审计，2016，(1): 4-8.

[3] 许召元. 从固定资产投资"新常态"看当前宏观经济形势 [J]. 发展研究，2016，(1): 20-26.

[4] 卷首语. 适应审计新常态 履行监督新职责 [J]. 现代审计与经济，2015，(1): 1.

［5］ 杨倩诗，关胜学．对建设工程固定资产投资项目的跟踪审计［J］．建筑管理现代化，2006，（6）：60-62.

［6］ 审计署．审计署关于印发"十三五"国家审计工作发展规划的通知．2016-6-3.

［7］ 赵华，宋世杰．基于利益相关者价值观的企业内部审计模式研究［J］．财会通讯（学术版），2007，（12）：110-112.

［8］《项目管理知识体系指南》（PMBoK⑧指南）第三版，2004 Project Management Institute, Four Campus Boulevard, New Square, PA 19073-3299 US.

［9］ 李冬，王要武，宋晖，等．基于协同理论的政府投资项目跟踪审计模式［J］．系统工程理论与实践，2013，33（2）：405-412.

［10］李有华，郑厚清，张爱红，等．风险导向固定资产投资审计实务研究［J］．中国内部审计，2012，（7）：58-63.

我国国防知识产权现状、问题与对策研究

臧春喜　杨春颖　茹阿昌

（中国航天系统科学与工程研究院，北京，100048）

摘要：国防知识产权作为国家知识产权的重要组成部分，伴随着国防知识产权战略实施工作的全面开展，各部门和单位对国防知识产权制度逐步接纳，对国防知识产权工作重要性的认识逐步提高。由于我国国防知识产权工作开展的时间较短，在国防知识产权意识、权利归属、保护与管理等方面还存在不少矛盾和问题，已经影响国防科技和装备建设创新发展。本研究深入分析了这些问题产生的原因，提出了有针对性的建议，希望通过本研究对我国国防知识产权工作起到抛砖引玉的作用。

关键词：知识产权；国防知识产权问题；对策研究

1 引　　言

在工业经济时代，知识产权制度是近代科学技术与商品经济发展的产物。英国专利制度的建立激励瓦特成功制造出瓦特蒸汽机，美国凭借建国之初既已确立的知识产权制度，实现了科学技术的飞速发展。在知识经济时代，它成为现代科学技术进步与市场经济发展的推进器，知识产权对创新的重要意义更是达到了前所未有的高度。随着知识经济和经济全球化深入发展，世界发达国家纷纷通过实施知识产权战略，夺取和巩固其科技竞争优势。美国 20 世纪 80 年代最先开始推行知识产权战略，将知识产权战略融入了国家创新体系；日本 2002 年提出"知识产权立国"战略；欧盟 2011 年提出保护知识产权新战略。我国于 2008 年全面实施知识产权战略，将其作为一项全局性、历史性、长期性和国策性的国家发展战略进行推进。实践证明，知识产权已经成为国家发展的基础性战略性资源[1-5]。

国防知识产权作为国家知识产权的重要组成部分，伴随着国防知识产权战略实施工作的全面开展，国防知识产权工作呈现出良好的发展态势，各部门和单位对国防知识产权制度逐步接纳，对国防知识产权工作重要性的认识逐步提高，国防知识产权的作用得到初显。

2　我国国防知识产权现状与存在的主要问题

2.1　我国国防知识产权现状

我国武器装备发展大致经历了跟踪仿制、自主研制和创新发展三个阶段。多年来，

我国武器装备建设取得的成就有目共睹，核心技术自主知识产权不断增多，关键领域实现了技术突破，达到国际先进甚至领先水平，武器装备研制逐步走上自主创新发展的道路。尽管如此，我国武器装备创新发展内生动力和推动力不足、原始创新成果不多、创新整体质量不高、核心自主知识产权匮乏和自主可控难以实现等一系列不容忽视的现实问题，严重制约武器装备长远、可持续发展，距离实现强军目标的总要求还有很大差距。国家知识产权局受理的发明专利申请中，与国防相关的高技术领域，光电子器件70%的发明专利，微电子领域83%的发明专利，航空发动机90%以上的发明专利为外国公司所有。通用中央处理器、通用操作系统100%为外国公司产品，或者基于外国技术。关键元器件、先进材料、基础软件，以及先进工艺、精密加工等核心领域中的知识产权，绝大部分掌握在外国人手中。由此可见，我国国防科技和武器装备发展乃至国家安全存在严重隐患。当前，我国正处在由大变强的关键阶段，国际国内形势深刻变化，国防和军队现代化建设面临的挑战和考验前所未有。上述问题的产生，复杂社会背景和历史发展阶段的制约是主要原因，但是，我们的知识产权制度和知识产权现状，与形势的发展要求严重不符，也是不容忽视的重要因素。

2.2 我国国防知识产权存在的主要问题

由于我国国防知识产权工作开展的时间较短，总体上仍处于初级阶段，存在不少矛盾和问题，已严重制约了国防知识产权事业的发展，进而影响国防科技和装备建设创新发展。具体分析，当前国防知识产权存在的问题体现在以下几个方面：

一是国防知识产权意识薄弱，无法发挥激励创新和导向作用，武器装备创新发展内生动力严重丧失。国防知识产权制度是我国改革开放的重要成果。长期受传统计划经济思想的束缚，我国国防科技创新体系自我封闭，缺少竞争机制，对国防知识产权缺乏内在需求。知识产权制度作为一种"舶来品"在国防领域一直存在"排异效应"，国防知识产权理念不够深入人心，国防知识产权工作长期不能得到足够重视和正确认识。即使对国防知识产权工作比较重视的单位，对国防知识产权的认识也只停留在科研评价、上级考核、成果评奖等层面，偏离了知识产权制度的本来目的，工作的自觉性和主动性不够。思想的禁锢是国防知识产权制度不能发挥作用的最大障碍。在短期利益的驱使下，国防知识产权未能真正融入武器装备创新发展，根本无法发挥也无从发挥知识产权对创新的激励和导向作用，在国防建设领域逐渐形成了"重应用轻基础""重效益轻投入"等现象，造成我国武器装备创新发展丧失了内生动力，后续发展乏力，严重制约了武器装备长远、可持续发展。

二是国防知识产权权利归属不清，严重影响创新积极性，武器装备战斗力大打折扣。现代产权制度是国防知识产权制度的核心，它通过合理确定人们对劳动成果的权利，调整人们在创造、运用知识和信息过程中产生的利益关系，从而激励创新，促进转化应用。目前，按照《中华人民共和国国防法》的规定，国家直接投入资金产生的技术成果归国家所有，但如何具体体现"国家所有"，尚没有明确规定。因此，实践中形成了形式上国家所有、事实上单位持有的局面，造成权利归属不明确、利益分配和职责不清晰的状况。随着社会主义市场经济的深入发展，国防建设领域各参与主体开始关注自身的权利。在使用知识产权时，由于国防知识产权权利归属不清，涉及知识产权利益的各方对权属理解不一致，认识不统一，权利冲突日趋激烈，导致武器装备建设受到严重影响。国防知识产权权属不清，严重挫伤了创新主体进行武器装备创新的积极性，导致创新成果不能共享、技术流转不畅、重复投资、低水平重复研究现象多有发生，协同创新无法完成；造成创新整体质量不高，原创性的技术创新稀缺，难以产生具有战略意义的核心自主知识产权。目前多数国防专利的内在质量和运用价值不高。在国防领域，科学技术就是第一战斗力。创新质量不高或缺少核心自主知识产权的武器装备拥有再多也不能快速形成现实的战斗力。知识产权权属不清已成为制约武器装备战斗力形成的关键因素。

三是国防知识产权保护制度不完善，打击创新保护运用主动性，武器装备创新发展难以自主可控。目前，国防知识产权保护机制不完善，尊重他人知识产权的文化氛围尚未形成，侵权行为时有发生，同时执法维权体系不健全，保护力度低。但国防知识产权的保密性，使得侵权细节和侵权方式无从举证，也没有明确的受理机关接受投诉，即使发生侵权行为也难以追究，严重损害了创新主体的合法权益。国防知识产权保护制度不完善，一是打击了知识产权保护的积极性和主动性，创新主体出于保护自主知识产权，不敢将创新思路告诉其他单位，也不敢将真正有价值的创新成果申报专利。二是打击创新成果转化运用的主动性，创新成果利用率低，创新成果束之高阁的现象非常普遍，难以产生具有推广运用价值的知识产权，一些战略高技术领域主要依赖进口，关键技术、核心技术的原始创新和集成创新停滞不前。长此以往，使得我国国防科技和武器装备的发展难以实现自主可控。一旦我国与某些大国发生重大冲突，像关键元器件、先进材料、基础软件，以及先进工艺、精密加工等核心领域中的高技术产品遭到禁运和封锁，我国重要武器装备的供应保障将因此而中断，国家安全将存在严重隐患。

四是国防知识产权融入融合不深，阻塞社会创新资源流通，严重制约武器装备建设的能力和水平。长期以来，国防科技和武器装备管理实行完全计划经济管理模式，武器装备由国家投资、定点研制，基本上不存在竞争，装备采购中存在"进度拖延、指标下降、经费上涨"现象和"竞争、评价、监督、激励"机制不健全的问题，国防知识产权制度难以融入融合武器装备的全寿命管理中，导致装备采购合同管理与知识产权管理相互脱节，基本上是"两张皮"。现行装备采购合同中，通常笼统地约定"合同中产生的技术成果归国家所有，双方共享"。国防知识产权利益分配机制尚未建立，造成合同不规范，武器装备采购和国防科研的质量效率不高。承研承制单位向装备采购部门交付装备时，承研承制单位为了追求利益的最大化，通常将创新成果用技术秘密雪藏起来，对文件、资料、软件等存在"留一手"的现象，军方无法有效掌控创新成果，导致装备采购部门和承研承制单位针对国防知识产权的权益争执时有发生，严重影响后期装备的使用、保障和维修。同时，价值评估没有明确规定，计价、定价问题未得到有效解决，影响了配套定价的合理性。尤其在军品研制生产和维修领域进行招投标时，很大程度上影响民用高技术进入装备建设领域，阻塞了社会创新资源的流动通道，无法发挥市场对科技资源的优化配置作用，严重制约武器装备建设的能力和水平。

3 对 策 建 议

党的十八届三中全会明确提出"加强知识产权运用和保护，健全技术创新激励机制，探索建立知识产权法院"，表明了党和国家对知识产权事业历史性最高层面的整体谋划。建立知识产权制度是我国改革开放的重要成果，实施知识产权制度是改革开放的重要保障，完善知识产权制度将是深化改革的重要手段。在知识产权竞争已成为人类社会最核心、最高级别竞争的背景下，它也必将成为催生武器装备深化改革，推动国防建设和经济建设协调发展的重要引擎。借助全面深化改革的最好机遇期，尽快解决知识产权工作发展中的一些战略性、深层次问题，实现国防科技和武器装备创新发展的自主可控，这既是深化改革对知识产权工作提出的要求，也是深化改革顺利推进的必然选择。因此，基于上述问题，笔者提出以下几点建议。

3.1 全面提升知识产权意识，发挥知识产权对创新的激励和导向作用，实现武器装备创新发展的良性循环

以制度建设为基础，在《中华人民共和国保守国家秘密法》《中华人民共和国国防法》《中华人民共和国军品出口管理条例》等已有的国防法律法规中充实国防知识产权的内容、规定或要求，形成层次分明、协调配套、操作性强的国防制度体系，为国防知识产权提供赖以生存的制度环境。以教育体系完善为抓手，在军队院校设立知识产权法律课程或建立知识产权学院，凝聚国防知识产权作为国防和军队现代化建设中重要战略资源的发展共识。建立国防知识产权战略实施工作联席制度，国防和军队建设各级政府、单位和部门应作为成员单位参加，明确各成员单位职责和要求，将知识产权工作部署作为共同要求，努力营造激励创新的环境，实现创新的良性循环。

3.2 打通权属和利益分配不清的机制障碍，激发创新活力，提升武器装备现实战斗力

加强顶层设计，责成相关部门对权利归属和利益分配机制问题开展深入研究，在综合考虑完全由国家直接投入资金形成的国防知识产权、由完成单位自筹资金形成的国防知识产权、由国家和完成单位共同投资形成的国防知识产权等不同情况下，加快研究出台相关政策和规章制度。对权利归属按"有限放权、强化监管"的原则进行安排，明确全部由装备建设经费直接投入产生的并专用于装备的知识产权由装备管理机关指定的机构拥有，除此之外，将权利授予装备承制单位，同时保留必要的权益并加以监管。

3.3 适时建立知识产权法院，切实加强知识产权保护和执法力度，保障武器装备创新发展自主可控

进一步完善国防知识产权保护体系，建立国防知识产权顶层法规，自上而下地形成一致性、指导性强的保护体系，依法保护创新主体的合法权益，营造重视和尊重知识产权的氛围。明确国防知识产权司法纠纷的处理机构，适时建立国防知识产权法院，加大执法力度，切实加强知识产权保护，打造良好的国防知识产权保护环境，为我国武器装备创新发展赢得更大的空间，创造更好的条件，保障武器装备创新发展自主可控。

3.4 建立健全知识产权管理体系，彻底打开"军民深度融合"的枢纽和创新资源流通的渠道，提高武器装备建设能力和水平

建立跨部门、跨行业的统一协调机构，着力解决权利分配和定价机制问题。完善武器装备采购体制机制，将知识产权管理纳入武器装备采购的主体工作，增强政府和军队对国防知识产权的配置、调控和管理能力，从根本上解决"两张皮"的问题，提高武器装备采购的质量效益。健全知识产权军民双向转化的机制，搭建互动平台，大力推进军民两用技术及产业化发展。建立和完善促进流通的资源配置机制，打破行业壁垒，形成"小核心、大协作"的格局，把武器装备建设根植于国民经济基础之上，全面提高武器装备建设能力和水平。

4 结 束 语

强军梦想在变革中实现，打赢能力在创新中提升。我们要紧紧抓住国防和军队改革的战略机遇期，正视我国武器装备存在的问题，深入实施国防知识产权战略，加强知识产权运用和保护，牢固树立"创新就是战斗力"思想，夯实国防和军队现代化建设根基，蹚出一条中国特色的"富国强军"路，早日实现中华民族伟大复兴的"中国梦"。

参 考 文 献

[1] 王丽顺，高原. 我国国防知识产权发展现状与对策研究 [J]. 中国军转民，2012，(9)：28-30.
[2] 张雅静. 国防知识产权的归属与利用 [J]. 社科纵横 (新理论版)，2013，28 (3)：89-90.
[3] 张永顺，李红军，王春光. 加强装备知识产权管理问题的思考 [J]. 中国军转民，2013，(3)：51-53.
[4] 刘傲，李尧，程广明. 我国国防知识产权管理现状及对策研究 [J]. 中国高新技术企业，2016，(24)：3-5.
[5] 宋志强，刘国锋. 加强国防知识产权管理工作的思考 [J]. 装备学院学报，2015，26 (1)：46-49.

冷原子干涉陀螺仪技术专利分析研究

李明泽[1]　褚鹏蛟[1]　张超[2]

（1. 中国航天系统科学与工程研究院，北京，100048）

（2. 中国兵器工业导航与控制技术研究所，北京，100089）

摘要：冷原子干涉陀螺仪是未来高精度惯性导航系统的核心器件，是提升导弹武器装备精确打击能力的关键技术。本研究围绕冷原子干涉陀螺仪的相关技术进行专利分析研究，包括技术分布、申请趋势、申请区域和重点申请人分析，旨在了解该技术领域的技术发展现状和分布情况，并通过对重点专利的解读，预测该技术的发展趋势，并对我国的发展提出建议。

关键词：高精度惯性导航；自主导航；冷原子陀螺仪；专利分析

1　引　　言

惯性导航系统作为一种自主式导航系统，与卫星导航系统相比具有全天候、全时空、隐蔽性好、不易被干扰、无法被反利用和生存能力强等优点；但是作为一种推算式导航系统，陀螺仪和加速度计误差（特别是陀螺仪误差）将导致其导航参数误差随时间积累，致使导航精度随时间而发散。虽然经过几十年的发展，陀螺仪性能有了较大的改进和提高，但仍然难以满足快速发展的高精度惯性导航系统的需求。随着原子激光冷却与陷俘技术、制备技术及原子光学等现代物理基础理论和关键技术相继获得重大突破，以冷原子干涉陀螺仪为代表的高精度惯性导航技术得到了相应突破。与热原子干涉仪相比，冷原子的应用可以更精确地控制原子速度及与激光交互作用时间，使原子干涉仪系统尺寸更小、精度更高，有望大幅提高空间飞行器自主导航及航空姿态控制的精确性。此外，自主导航设备在体积、重量、功耗和成本的减小上面临着严峻的挑战，为了满足当前战略乃至战术武器的使用要求，冷原子干涉陀螺仪的微小型化技术也被提上日程。高精度微小型惯性器件可以不依赖卫星信号进行独立导航，这将大大提高精准武器装备的应用范围和可靠性[1-7]。

2　专利趋势构成分析

本研究采用德温特世界专利索引数据库（Derwent world patents index，DWPI）对冷原子干涉陀螺仪及其微系统技术进行专利检索，检索截止时间为 2016 年 12 月 31 日，经人工去噪共获得 419 件专利文献，共 200 项 Incopat 同族专利，其中包括中国同族专利 81 项，外国同族专利 119 项。

冷原子干涉陀螺仪关键技术包括冷原子干涉陀螺仪总体方案设计、集成化激光光源、小型化高真空系统、电控系统研制、陀螺仪表头的稳定集成、冷原子捕获、冷原子初态制备技术研究、冷原子干涉陀螺仪干涉效应及陀螺效应实现与检测，如图 1 所示。冷原子干涉陀螺仪总体方案设计的专利申请最多，达到 58 项，占总申请量的 29%；其次为集成化激光光源技术，有 47 项，占 23%，小型化高真空系统和冷原子捕获的专利申请位于第二梯度，分别有 24 项和 25 项专利申请，占总申请量的 12% 和 13%。冷原子初态制备技术研究和冷原子干涉陀螺仪干涉效应及陀螺效应实现与检测的专利申请较少，分别有 17 项和 18 项，占比均为 9%；陀螺仪表头的稳定集成的专利申请更少，有 7 项，占比为 4%，电控系统的专利申请最少，只有 4 项，占比仅为 2%。

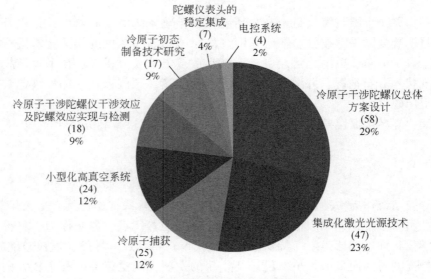

图 1　冷原子干涉陀螺仪技术构成

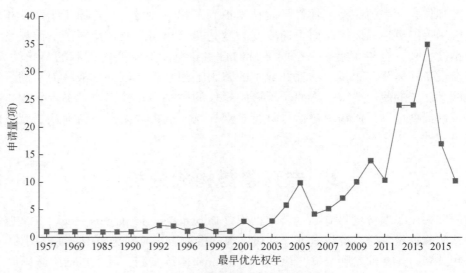

图 2　冷原子干涉陀螺仪技术专利申请趋势

冷原子干涉陀螺仪关键技术的相关专利申请从 20 世纪 50 年代中后期开始出现，经历了萌芽期（1957～2002 年）、发展期（2003～2010 年）和提升期（2011 年至今），见图 2。在萌芽期，年专利申请量不超过 2 项，先期技术发展比较缓慢，直到 20 世纪 90 年代，激光冷却技术的突破使原子干涉技术得到了迅速发展。1991 年美国斯坦福大学第一台原子干涉惯性传感器演示成功，首次观察到原子干涉仪的陀螺效应，由此基于原子干涉的陀螺仪和加速度计等传感器在惯性测量领域开始显示出巨大的潜力。2003 年，美国国防高级研究计划局（Defense Advanced Research Projects Agency，DARPA）制定了"高精度惯性导航系统"（PINS）计划，同年欧洲启动了"高精度冷原子空间干涉仪计划"（HYPER）和"空间原子干涉计划"（SAI），这些计划的推广实施，有效地促进了原子光学实验技术的进步，专利申请量开始增长。这个阶段原子干涉陀螺仪的研究经历了热原子束向冷原子束的过渡，冷原子相比热原子具有线宽窄的特点，在高精度测量和小型化系统集成方面更具优势，逐渐成为原子干涉陀螺仪工程化应用研究的主要方向。值得注意的是，21 世纪冷原子领域先后取得了多项重大的基础理论和关键技术突破，激光冷却与陷俘技术、玻色–爱因斯坦凝聚态制备技术分别于 1997 年、2001 年获得了诺贝尔物理学奖，量子光学基本原理和包括光梳在内的精密光谱学测量技术及量度和操控个体量子系统的突破性实验手法方面于 2005 年和 2012 年先后获得诺贝尔物理学奖，这些诺贝尔奖的诞生进一步促使了以冷原子干涉为基础的量子精密测量受到国际社会的广泛关注。从图 2 中也可以看出，2011 年至今，冷原子陀螺仪的各项关键技术得到了长足发展，专利申请量增长迅速。这一阶段冷原子干涉陀螺仪的研究开始面向工程化，瞄准惯性导航的实际需求，研究重点集中在降低设备体积、功耗，提高动态测量范围，检测带宽和环境适应性等方面。在此期间，我国也通过国家基础研究发展规划课题和国家自然基金项目等方式大力鼓励冷原子技术的发展，2009 年颁布实施了《国家知识产权战略实施推进计划》，更是激发了许多从事原子陀螺和惯性导航技术研发的国有科研院所和机构的专利申请热情，促使专利申请量的大幅增加，进而带动了 2009 之后全球专利申请趋势呈现出快速增长趋势，并在 2014 年达到 35 项专利申请的高峰。2014 年后的专利申请下降主要是考虑近年申请的专利尚有部分处于未公开状态下的因素，因为发明专利申请自申请日起 18 个月公布，而专利合作协定（patent coop eration treaty，PCT）专利申请可能自申请日起 30 个月才进入国家阶段，其对应的国家公布时间就更晚，因此，检索结果中包含的 2015 年和 2016 年的专利申请量不能代表实际情况。实际上 2015 年、2016 年的专利申请量比图 2 中表现出来的还要多。冷原子干涉陀螺代表了未来惯性导航和精密测量技术发展的新趋势，应用前景广阔，可以预见，未来一段时间该技术领域的专利申请量仍将呈现快速上升的趋势，冷原子干涉陀螺相关技术分支发展态势见表 1。

由表 1 可以看出，冷原子干涉陀螺仪总体方案设计、集成化激光光源技术、小型化高真空系统、冷原子捕获、冷原子初态制备技术研究和冷原子干涉陀螺仪干涉效应及陀螺效应实现与检测六个技术分支在最近十年的专利申请都呈快速增长趋势，说明这些关键技术发展前景看好，尤其是冷原子干涉陀螺仪总体方案设计和集成化激光光源技术两个分支更是增长突出，这说明原子干涉惯性陀螺仪已经开始从实验室迈入工程实用化的研究阶段，集成化和小型化使冷原子陀螺仪在惯性导航领域的应用更具优势，随着冷原子团重复装载技术和窄线宽激光稳定技术的发展，解决了冷原子陀螺仪的带宽问题，使得冷原子陀螺仪在工程化进程中更进一步，因此冷原子干涉陀螺仪总体方案设计和集成化激光光源技术这两方面的研究有十分重要的意义。当然，作为冷原子陀螺仪物理实现的基础和关键技术，小型化高真空系统、冷原子捕获、冷原子初态制备技术研究和冷原子干涉陀螺仪干涉效应及陀螺效应实现与检测技术在近十几年的申请也呈现稳步增长的趋势，相比而言，电控系统和陀螺仪表头的稳定集成方面，更多是一些工艺设计和细节改进，创新性不高，专利申请量较少。

表1　各技术分支发展态势

优先权年	冷原子干涉陀螺仪总体方案设计	集成化激光光源技术	小型化高真空系统	电控系统	陀螺仪表头的稳定集成	冷原子捕获	冷原子初态制备技术研究	冷原子干涉陀螺仪干涉效应及陀螺效应实现与检测
1957～1966年	0	2	0	0	0	0	0	0
1967～1976年	1	0	0	0	0	1	0	0
1977～1986年	0	1	0	0	0	0	0	0
1987～1996年	4	2	0	0	0	1	0	1
1997～2006年	8	7	5	0	1	4	3	3
2007～2016年	45	35	19	4	6	19	14	14

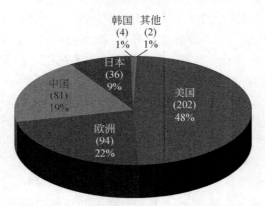

图3　冷原子干涉陀螺仪技术专利申请区域分布

对419件专利申请的技术产出国进行统计，获得如图3所示的专利申请区域分布图。其中，美国的专利申请最多，达到202件，占总申请量的48%；欧洲的专利申请量排名第二，有94件专利申请，占总申请量的22%；中国的专利申请量居第三位，共产出81件专利申请，占总申请量的19%；日本有36件专利申请，占总申请量的9%，韩国、澳大利亚等其他国家专利申请量较少，共占总申请量的2%。

美国的专利申请量排名第一，可见美国冷原子干涉陀螺仪关键技术的实力在世界上是最强的。美国的专利申请出现最早，从20世纪60年代中后期就开始出现，从出现至

2002 年，技术发展比较平缓，年专利申请量在 3 项左右；2003 年的 PINS 计划掀起了冷原子干涉陀螺仪的研究热潮，从 2009 年起，美国的相关专利申请开始呈现快速增长趋势，并在 2012 年达到 13 项专利申请高峰，2014 年以后美国的专利申请数量呈现下降趋势，说明美国已经基本完成了专利布局，从技术积累期进入实用化应用阶段。

欧洲的专利申请始于 20 世纪末，刚出现时也处于技术积累期，年申请量平均在 2 件左右，2003~2006 年经历了第一个专利申请的集中期，这与"高精度冷原子空间干涉仪计划"和"空间原子干涉计划"的实施不无关系，此后几年申请量略有回落，2010 年出现了一个小的申请高峰，近几年基本处于稳步发展的阶段。

日本由于与美国的盟友关系，而且近些年来在粒子物理等理论物理学科上积累了较强的技术实力，在原子干涉陀螺领域也紧跟国际先进步伐，研制原子陀螺的单位主要有精工爱普生公司、京都大学、日本国立情报学研究所和日本电信电话株式会社。

中国的专利申请出现较晚，从 2001 年开始才有相关专利申请，但是从出现至今整体呈现较快增长趋势，并且在 2014 年达到 20 项专利申请高峰。这一方面是由于近年来我国高等科研院所积极引进和吸引高新人才，国内加大了对冷原子量子物理领域的投入和研发力度，紧跟国外热点难点课题，产生了一定的技术成果；另一方面也与国家知识产权战略的驱动使得国内科研技术人员的知识产权保护意识逐步增强有关，但总的来说，我国拥有的基础专利和核心专利较少，专利申请人以中国科学院、中国计量科学研究院和中国科学院国家授时中心等研究所和高等院校为主。

结合图 4 可知，冷原子干涉陀螺仪总体方案设计和集成化激光光源技术是中美两国共同的研究重点。此外，中国在冷原子捕获和冷原子初态制备技术方面产出的专利申请较多，美国则更多是集中在冷原子干涉陀螺仪干涉效应及陀螺效应实现与检测方面，这反映了美国逐步从实验室步入工程应用阶段，而我国仍处于技术积累期，大多数的研究处于原理探索和实验验证阶段。

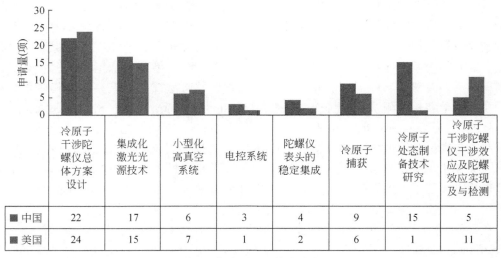

	冷原子干涉陀螺仪总体方案设计	集成化激光光源技术	小型化高真空系统	电控系统	陀螺仪表头的稳定集成	冷原子捕获	冷原子处态制备技术研究	冷原子干涉陀螺仪干涉效应及陀螺效应实现及与检测
■ 中国	22	17	6	3	4	9	15	5
■ 美国	24	15	7	1	2	6	1	11

图 4　中美两国的技术分布

3 主要专利申请人分析

选取全球申请进行申请人统计分析，得到如图 5 所示的全球专利申请人排名。其中，美国的申请人有 4 家，欧洲的申请人有 4 家，中国的申请人有 2 家，日本的申请人有 1 家。

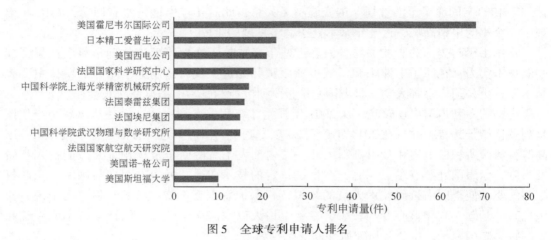

图 5 全球专利申请人排名

在美国的申请人中，霍尼韦尔国际公司自 1954 年收购了陀螺仪制造商 Doelcam 公司之后开始从事激光和光纤陀螺的研制工作，近几年涉足冷原子干涉陀螺仪及惯性传感器系统，并凭借其强大的技术基础取得了不小的进展，申请了 68 件专利申请，涉及频率稳定激光系统、芯片级冷原子钟、分叉波导原子陀螺仪和具有自适应发射方向及位置的原子干涉仪等多个方面；西电公司成立于 1869 年，和美国电报电话公司 AT&T 同属贝尔系统，西电负责制造和维护，AT&T 负责电信业务，1925 年，西电的研发部门独立为贝尔实验室，其在原子陀螺仪方面的申请都是在 1969～1972 年，涉及中性粒子的捕获和加速及激光生成等原理性基础技术；诺·格公司的申请主要涉及非连续工作陀螺的信号数据处理、磁光阱冷原子捕获和探测束频率稳定等方面，诺·格公司承担了美国防高级研究计划局的"芯片级组合原子导航器"项目，负责研制微型惯性导航系统，其在激光冷却原子及原子干涉相位测量和控制技术上拥有自己的专利，此外，诺–格公司还承担了美国"微型定位、导航 micro-PNT 与授时系统"项目的研制，其研制的第四代接近硬币大小的核磁共振陀螺标志着世界范围高精度、小体积陀螺技术领域已取得突破性研究进展；斯坦福大学在激光冷却和原子干涉领域具有深厚的研究背景，尤其是 Kasevich 研究小组属于最早从事原子干涉陀螺仪的，发表了众多有价值的核心期刊文献，并在捕获和加速中性粒子，以及原子操纵等方面拥有核心基础专利。

在欧洲的申请人中，法国国家科学研究中心（Centre National de la Recherche Scientifique，CNRS）成立于 1939 年，是法国最大的科学技术研究机构，也是欧洲最大的基础研究结构之一，其下设有国家核物理与粒子物理研究所，早在 1995 年就有原子捕获相关的专利申请，CNRS 和巴黎第十一大学的物理学家还首次成功地让两个独立的原子实现了相关，近十几年 CNRS 在冷原子陀螺方面的专利主要涉及冷原子干涉传感器、原子钟信号调控和中性粒子的放射冷却等技术；法国泰雷兹集团长期研制高性能陀螺仪传感器和惯性测量单元，在原子捕获、冷却和集成化激光光源技术等方面申请了相关专利；法国是世界航空技术的发祥地之一，由于惯导导航是航空工业的重要支撑，而陀螺仪是惯导系统的核心器件，其性能直接决定惯导系统的导航精度，法国历来十分重视陀螺仪方面的研制和生产任务，拥有一大批现代化科研院所，国家航空航天研究院是其中的杰出代表，其专利包含差分惯性测量、应用原子干涉仪进行重力场的测量、原子束与激光光束的相关作用及调控、两组原子对抛干涉仪的设计和集成光源设计等方面。值得注意的是，泰雷兹集团的 US8385376B2、US20150331142A1 和 US20090225800A1 及 ONERA 的 US20150090028A1 在美国也进行了专利布局，可见其与美国相关单位的竞争关系及对美国市场的重视。另外一位欧洲的申请人是意大利的埃尼集团，其在原子干涉型重力仪和重力场测量方法方面申请了相关专利，以满足其石油勘探和开采的需要，并在中国、俄国、印度和日本等国家都进行了专利布局。

日本精工爱普生公司成立于 1942 年，经营范围包括电子元器件和精密仪器，在高精度陀螺仪传感器和微机械陀螺仪（microelectro mechanical systems，MEMS）陀螺仪方面拥有较强的技术实力，在冷原子技术方面主要涉及原子电池、量子干涉装置、原子振荡器等。

中国科学院上海光学精密机械研究所是我国冷原子陀螺关键技术研究领域的先头兵，在王育竹等院士的带领下建立了我国第一个量子光学开放实验室，率先开展激光冷却气体原子的研究，近些年也取得了一系列的研究成果，申请了 17 项专利申请，主要集中在激光冷却原子装置和冷原子钟激光探测等领域。排名第 8 位的中国科学院武汉物理与数学研究所共有 15 项的专利申请，包含微型原子陀螺仪和冷原子干涉重力梯度测试仪等技术，其中，以詹明生为首的研究团队近年来围绕冷原子物理与基于原子的量子信息开展研究，建立了冷原子实验研究平台，实现了冷原子的双色电磁诱导透明、冷原子 Mach-Zehnder 干涉仪和 Ramsey 干涉花样，实现了 Rb 原子的玻色–爱因斯坦凝聚体和单个中性 Rb 原子的囚禁。

4　重点专利分析

本研究对近年来提交的国外主要申请人的专利进行梳理，发现如下重点专利：

（1）法国 Thales 公司在 2014 年 12 月 30 日提交了公开号为 WO2016107806A1 的专利申请，该专利公开了一种冷原子和 MEMS 相结合的混合惯性传感器，通过将冷原子惯性传感器和 MEMS 惯性传感器混合使用，既利用了冷原子惯性传感器的高精度和长期稳定性，又利用了 MEMS 惯性传感器的高数据率和大动态范围，可以兼具两者的优势，对冷原子惯性传感器的应用有重要价值。美国霍尼韦尔国际公司在 2011 年 12 月 15 日提交了公开号为 US20130152680A1 的专利申请，其中公开了一种基于原子的加速度计，器件设计为双阱结构，利用原子芯片进行原子的冷却和捕获，利用射频场通过双阱对原子进行分束等相干操控，通过小尺寸（1mm）的相互作用区，实现微型原子加速度计。

（2）美国 Draper 实验室在 2015 年 1 月 26 日提交了公开号为 US20160216114A1 的专利申请，提供了一种大面积原子干涉的方案，通过使用大的动量转移原子干涉测量与拉曼隔热通道扫描的惯性感测，将序列应用于原子云产生动量分裂，并且对原子云应用至少一个增强脉冲增加动量分裂，从而允许更高的数据速率。美国桑迪亚国家实验室在2013年5月29日提交了公开号为US9086429B1的专利申请，公开了一种光脉冲原子干涉测量装置，所述装置包括容器、两组磁线圈、两个磁光阱（MOT）和光学系统，所述磁光阱被配置为在被激活时将原子蒸汽磁性地限制在容器内，所述光学系统被配置为用激光照射容器内的原子蒸汽辐射，当适当调谐时，可以发射先前限制在每个MOT中的原子朝向另一个MOT。磁性线圈被配置为产生在陷阱之间的中点处非零的磁场。所发射的原子从一个MOT到另一个MOT的飞行时间为12ms或更短，所述装置被配置为根据特定的时间磁场梯度分布来激活磁性线圈，可以形成高速率的原子干涉。

（3）法国国家航空航天研究院在2014年4月3日提交了公开号为FR3019691A1的专利申请，公开了一种用于原子干涉仪的光学激光系统，所述系统包含的调制器中包含有调制输入控制部分，该部分根据施加到调制输入控制的调制信号来调制由调制器接收的激光束，调制与衍生的激光束的波长的组合由反馈信号基于后一激光束的波长组成，允许快速地修改波长并且减少空间需求，对外部噪声不敏感，在其整个使用寿命期间具有稳定的操作。美国AOSense公司在2012年9月4日提交了公开号为US8921764B2的专利申请，其中提供一种用于激光冷却原子的装置，包括二维磁光阱或三维磁光阱，或二维和三维磁光阱的组合。通过新型永磁体的布置形成所述磁光阱，具有大的捕获体积，在捕获体积内具有线性场，在捕获体积外具有小的边缘场，从而以有效的方式最大化捕获体积的原子进入陷阱的加载速度。

5　结论和建议

冷原子干涉陀螺仪技术作为未来惯性传感技术的重要发展方向，得到了世界各国的普遍重视，专利申请数量整体呈快速增长趋势，但大多处于概念阶段，各种技术路线尚有诸多不确定性，大多处于实验室原理样机阶段，只有美国、法国等几个国家逐步解决了系统长期稳定性和集成问题，正着力于攻克高动态范围和微小型化等应用难题，说明其技术已进入工程实用化阶段，中国在冷原子干涉陀螺仪技术领域起步较晚，尤其是对微小型化的研究方面刚刚起步，理论与实验基础研究经验不足。对我国而言，加速开展冷原子干涉陀螺仪技术研究对未来高性能武器和宇航领域惯性技术的创新发展具有重要意义。从国外近几年公开的专利来看，大动量传输、长基线原子干涉和利用辅助传感器提高冷原子干涉陀螺仪的测量精度，以及将冷原子惯导系统与传统惯性导航系统（INS）结合起来进行联合制导是目前国外主要的研发方向。另外，除原子传感器系统本体部分的微小型化方法和设计之外，原子传感器关键部件及其微小型化设计也是冷原子干涉陀螺仪技术实现的重要支撑和解决方案。

参 考 文 献

[1] 邹鹏飞，颜树华，林存宝，等. 冷原子干涉陀螺仪在惯性导航领域的研究现状及展望 [J]. 现代导航，2013，4（4）：263-269.
[2] 马永龙. 原子陀螺的研究进展 [J]. 光学与光电技术，2015，13（3）：89-92.

［3］邓建辉，郑孝天．冷原子干涉陀螺仪发展综述［J］．光学与光电技术，2014，12（5）：94-98.

［4］陈霞，郑孝天．原子干涉陀螺仪关键技术与研究进展［J］．光学与光电技术，2013，11（5）：65-70.

［5］严吉中，李攀，刘元正．原子陀螺基本概念及发展趋势分析［J］．压电与声光，2015，37（5）：810-817.

［6］Kitching J，Knappe S，Elizabeth A D. Atomic sensors-A Review［J］．IEEE Sensors Journal，2011，11（9）：1749-1758.

［7］梁洪峰，褚鹏蛟，王永芳，等．通过全球专利分析看深空探测自主导航与控制技术发展［J］．导航与控制，2017，16（3）：91-96.